工程管理专业理论与实践教学
指导系列教材

主　编　申　玲　戚建明
副主编　周　静　赵盈盈

工程造价计价

第四版

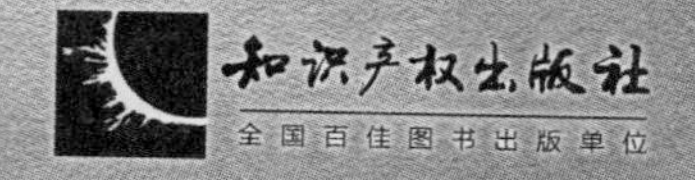

内容提要

本书系“工程管理专业理论与实践教学指导系列教材”之一，系统地阐述了工程造价的计价方式及计价依据，详细介绍了包括投资估算、设计概算、施工图预算、发承包合同价以及竣工决算等内容在内的建设全过程工程造价计价工作知识。书中注重将基础理论与实际应用相结合，收录了与基础理论对应的大量例题，阐释了《江苏省建筑与装饰工程计价表》（2004 年）的应用，此外还编录了国外工程造价计价等内容。

本书可作为高等院校工程管理、土木工程等专业的教材，也可供从事建筑工程造价工作的相关人员参考。

责任编辑：段红梅　张　冰
责任校对：韩秀天　　　　**责任出版**：卢运霞

图书在版编目（CIP）数据

工程造价计价/申玲，戚建明主编．—4 版．—北京：知识产权出版社，2014.2（2016.10 重印）

工程管理专业理论与实践教学指导系列教材

ISBN 978-7-5130-2572-0

Ⅰ.①工… Ⅱ.①申… ②戚… Ⅲ.①建筑工程—工程造价—教材 Ⅳ.①TU723.3

中国版本图书馆 CIP 数据核字（2014）第 024336 号

工程管理专业理论与实践教学指导系列教材

工程造价计价　第四版

主　编　申　玲　戚建明

副主编　周　静　赵盈盈

出版发行：知识产权出版社有限责任公司
社　　址：北京市海淀区马甸南村 1 号　　邮　　编：100088
网　　址：http：//www.ipph.cn　　邮　　箱：bjb@cnipr.com
发行电话：010-82000860 转 8101/8102　　传　　真：010-82005070/82000893
编辑电话：010-82000860 转 8024　　编辑邮箱：zhangbing@cnipr.com
印　　刷：北京富生印刷厂　　经　　销：新华书店及相关销售网点
开　　本：787mm×1092mm　1/16　　印　　张：31
版　　次：2014 年 2 月第 4 版　　印　　次：2016 年 10 月第 13 次印刷
字　　数：748 千字　　印　　数：25701～27700
定　　价：58.00 元
ISBN 978-7-5130-2572-0

工程管理专业理论与实践教学指导系列教材

总序

我国开办工程管理本科专业已经有20多年的历史，随着工程建设管理体制转变，建设市场竞争机制的完善，工程管理专业也逐步走向成熟，为我国的经济发展和城市建设输送了大量的工程管理和建设人才。目前，我国建设行业面临加入WTO后的国际性的竞争压力和挑战，建筑市场的管理体制改革和工程项目承包模式的多样化，项目管理知识体系和项目管理思想的广泛应用，工程建设行业的法律法规日趋健全，使我国的工程建设行业进入了一个新的发展阶段，对人才的竞争也将提出更高的标准。市场竞争最终就是人才竞争，建设行业也不例外，为提高我国工程管理人才的国际竞争力和满足国内市场的竞争需要，必须重视加强高等学校工程管理专业的教材建设，为培养适应新的国内外竞争环境所需要的复合性人才做好充分准备。

目前我国高校开办工程管理本科专业已达到200多所院校，在校就读的人数众多，但是由于各个工程管理专业依托的工科背景不同，致使工程管理专业的培养目标也各不相同。近年来，虽然各类工程管理的教材出版物较为丰富，但在诸多教材中能满足教学需要的却为数不多，或者是教材内容更新较慢，或者是信息量偏少。因此，策划和编写适合建设工程背景的工程管理专业教材就成为满足社会对工程管理人才培养需要的当务之急。

本系列教材充分把握工程管理专业的发展方向，妥善处理与相关专业或相关课程的关系，考虑信息时代学习方式的变化，注重传统教学与学习观念的转变，使教材的专业度增强、信息量增大，具有更强的可操作性、探索性和系统性。

本系列教材具有以下突出特点：

（1）及时将最新的项目管理理论以及工程管理最新的研究成果和发展趋势反映出来。

（2）体现建设行业管理体制改革和企业经营方式的转变以及建设工程法律法规完善的现状。

（3）针对社会对工程管理专业人才的需要，增强了教材的实践性指导内容，尽早让学生了解社会和企业的需求，体验市场竞争环境。

希望我们的努力和尝试能够获得读者的认可，但是由于我国的社会发展和经济建设正处于快速发展时期，加之编写人员专业的局限性和时间限制，教材中难免会存在一些问题，敬请广大的专家、学者、教师、工程技术和管理人员以及学生等及时给予指正，我们将不胜感谢。

本系列教材规划共 10 多本，包括工程管理专业的必选课、选修课和任选课的教材，可作为高等学校本科教学、各类执业资格考试以及工程技术和管理人员的学习和参考用书。

编写委员会

第四版前言

投融资体制和工程造价管理体制的改革，使我国工程造价的计价环境与计价方式发生了深刻的变化。学术界多年来对工程造价理论与方法的研究也取得了丰硕的成果，尤其是全过程计价的理论和方法已经成熟并产生实际需要。因此，为满足本科教学和计价工作的双重需要，编写一本既兼顾工程造价计价工作实际情况，又体现近年工程造价理论最新发展的工程造价教材，就成为了工程造价教学改革中的重要工作。

有鉴于此，我们于 2007 年年初出版了第一版《工程造价计价》教材。但随着工程造价管理体制改革的不断深入，工程造价管理的制度也在不断完善、更新，如何与时俱进，依据新法规、新规范、新规程及时调整、修改教材内容，使学生能及时了解新知识、新规定，毕业后能尽快融入社会并适应实际工作需要，就成为了工程造价教学工作者应做的一项重要工作。为此，我们于 2010 年 5 月出版了第二版教材，并于 2011 年 8 月对第二版教材进行了修订，出版了第三版教材。

2013 年是我国工程造价管理领域变化比较大的一年：住房和城乡建设部等部门颁布了《建筑安装工程费用项目组成》（建标［2013］44 号）、《建设工程工程量清单计价规范》（GB 50500—2013）以及《房屋建筑与装饰工程工程量计算规范》（GB 50854—2013）等九部工程量计算规范，以及《建设工程施工合同（示范文本）》（GF—2013—0201）。这些文件的相继颁布，完善了我国工程造价法律和管理制度。为了适应新的变化，我们以上述文件为依据，结合教材的使用情况，及时对教材进行了修订，编写了第四版教材。第四版教材主要对涉及上述文件的内容部分作了修改。

本教材力求与时俱进、求实创新，体现以下特色：

(1) 以工程造价全过程计价理念为指导，不仅讲授如何编制施工图预算、招标控制价及投标报价，同样重视讲授投资估算、设计概算、竣工结算及竣工决算的编制，并辅以较多实例帮助读者学习和理解。

(2) 从理论和实践操作角度系统地讲解工程量清单计价模式，而不是仅仅计较于个别清单子目的精确计算，做到"既见树木，又见森林"。

(3) 结合工程造价计价实际情况，不仅重视工程量清单计价模式的讲授，还力求讲清原先的定额计价制度和方法与最新的清单模式如何衔接。

(4) 不仅讲授"土建"而且讲授"水暖电"，力求让读者对一栋建筑物的计价有完整的概念。

(5) 不仅讲国内，也讲国外。本书中还介绍了国外工程造价计价的常规做法，以为进一步改革和完善我国工程造价计价方式方法提供参考，也为读者今后从事国际工程管理工作提供基础。

(6) 根据最新法律法规、政策、合同文本及时调整内容，以满足读者对最新内容的需求。

本书由申玲、戚建明主编，全书由申玲统稿。全书共十二章，第一、第二、第三、第六、第十二章由申玲编写；第四、第五章由于凤光编写；第七章由方林梅编写，第八章由赵盈盈编写；第九章由周静编写；第十、第十一章由戚建明编写。

限于作者水平与经验，加之时间仓促，书中难免有疏漏和不妥之处，衷心地期待专家与读者多给我们提出宝贵意见，以便今后不断地修订和完善。

编者

2013 年 9 月

第三版前言

投融资体制和工程造价管理体制的改革，使我国工程造价的计价环境与计价方式发生了深刻的变化。学术界多年来对工程造价理论与方法的研究也取得了丰硕的成果，尤其是全过程计价的理论和方法已经成熟并产生实际需要。因此，传统工程管理造价教材主要讲授施工图预算造价如何编制和确定，而忽视前期估算、概算以及后期结算、决算的做法已不能满足教学与实际工作的需要。编写一本既兼顾工程造价计价工作实际情况，又体现近年工程造价理论最新发展的工程造价教材，以满足本科教学和计价工作的双重需要就成为了工程造价教材改革中的重要工作。

有鉴于此，历经一年多的思考与撰写，我们于2007年年初出版了第一版《工程造价计价》教材。但随着工程造价管理体制改革的不断深入，工程造价管理的制度也在不断完善、更新，如何与时俱进，依据新法规、新规范、新规程及时调整、修改教材内容，使学生能及时了解新知识、新规定，毕业后能尽快融入社会并适应实际工作需要，就成为了工程造价教学工作者应做的一项重要工作。为此，2009年年初，我们开始了对第一版教材的修订工作，并于2010年4月出版了第二版教材。在教学过程中，我们发现了第二版教材中未完善之处，此次与知识产权出版社合作，对第二版教材再次进行了修订。第三版教材基本保持了第二版和第一版教材的原有体系，为保证教材的时效性和连贯性，此次修订主要是按照新修订的《建设工程工程量清单计价规范》（GB 50500—2008）的规定，对第六、第八、第九章等有关内容进行了修改。

本教材力求达到以下目的：

(1) 以工程造价全过程计价理念为指导，不仅讲授如何编制施工图预算、招标控制价及投标报价，同样重视讲授投资估算、设计概算、竣工结算及竣工决算的编制，并辅以较多实例帮助读者学习和理解。

(2) 从理论和实践操作角度系统地讲解工程量清单计价模式，而不是仅仅计较于个别清单子目的精确计算，做到“既见树木，又见森林”。

(3) 结合工程造价计价实际情况，不仅重视工程量清单计价模式的讲授，还力求讲清原先的定额计价制度和方法与最新的清单模式如何衔接。

(4) 不仅讲授“土建”而且讲授“水暖电”，力求让读者对一栋建筑物的计价有完整的概念。

(5) 不仅讲国内，也讲国外。本书中还介绍了国外工程造价计价的常规做法，以为进一步改革和完善我国工程造价计价方式方法提供参考，也为读者今后从事国际工程管理工作提供基础。

本书由申玲、于凤光任主编，全书由申玲统稿。全书共 12 章，其中第一、第二、第三、第六、第十、第十二章由申玲编写，第四、第五章由于凤光编写，第七章由方林梅编写，第八章由李莉编写，第九、第十一章由吴蓉蓉编写。

限于作者水平与经验，加之时间仓促，书中难免有疏漏和不妥之处，衷心地期待专家与读者多给我们提出宝贵意见，以便今后不断地修订和完善。

编者

2011 年 8 月

第二版前言

投融资体制和工程造价管理体制的改革，使我国工程造价的计价环境与计价方式发生了深刻的变化。学术界多年来对工程造价理论与方法的研究也取得了丰硕的成果，尤其是全过程计价的理论与方法已经成熟并产生了实际需要。因此，传统工程管理造价教材主要讲授施工图预算造价如何编制和确定，而忽视前期估算、概算以及后期结算、决算的做法已不能满足教学与实际工作的需要。编写一本既兼顾工程造价计价工作实际情况，又体现近年来工程造价理论最新发展的工程造价教材，以满足本科教学和计价工作的双重需要就成为了工程造价教材改革中的重要工作。

有鉴于此，历经一年多的思考与撰写，我们于 2007 年年初出版了第一版《工程造价计价》教材。但随着工程造价管理体制改革的不断深入，工程造价管理的制度也在不断完善、更新，如何与时俱进，依据新法规、新规范、新规程及时调整、修改教材的内容，使学生能及时了解新知识、新规定，毕业后能尽快融入社会并适应实际工作需要，就成为了工程造价教学工作者应该做的一项重要工作。由此，我们于 2009 年年初开始了对第一版教材的修订工作。第二版教材基本保持了第一版时的原有体系，本次修订主要体现在以下三个方面：

(1) 按照中国工程造价管理协会于 2007 年发布的《建设项目投资估算编审规程》(CECA/GC 1—2007)、《建设项目设计概算编审规程》(CECA/GC 2—2007) 和《建设项目工程结算编审规程》(CECA/GC 3—2007) 的规定，对本书第四、第五、第十章有关内容进行了增加与扩充。

(2) 按照新修订的《建设工程工程量清单计价规范》(GB 50500—2008)的规定，对第三、第八、第九章等有关内容进行了增加与扩充。

(3) 删除了原第十二章，并将原第十章第四节“竣工决算的编制与竣工后保修费用的处理”内容单列为一章。

本书力求达到以下目的:

(1) 以工程造价全过程计价理念为指导，不仅讲授如何编制施工图预算、招标控制价及投标报价，同样重视讲授投资估算、设计概算、竣工结算及竣工决算的编制，并辅以较多实例帮助读者学习和理解。

(2) 从理论和实践操作角度系统地讲解工程量清单计价模式，而不是仅仅计较于个别清单子目的精确计算，做到“既见树木，又见森林”。

(3) 结合工程造价计价实际情况，不仅重视工程量清单计价模式的讲授，还力求讲清原先的定额计价制度和方法与最新的清单模式如何衔接。

(4) 不仅讲授“土建”，而且讲授“水暖电”，力求让读者对一栋建筑物的计价有完整的概念。

(5) 不仅讲国内，也讲国外。本书中还介绍了国外工程造价计价的常规做法，以为进一步改革和完善我国工程造价计价方式方法提供参考，也为读者今后从事国际工程管理工作提供基础。

本书由申玲、于凤光任主编，全书由申玲统稿。全书共12章，其中第一、第二、第三、第六、第十、第十二章由申玲编写，第四、第五章由于凤光编写，第七章由方林梅编写，第八章由李莉编写，第九、第十一章由吴蓉蓉编写。

限于作者水平与经验，加之时间仓促，书中难免有疏漏和不妥之处，衷心地期待专家与读者多给我们提出宝贵意见，以便今后不断地修订和完善。

编者

2010年3月8日

第一版前言

投融资体制和工程造价管理体制的改革，使我国工程造价的计价环境与计价方式产生了深刻的变化。学界多年来对工程造价管理理论与方法的研究也取得了丰硕的成果，尤其是全过程计价的理论与方法已深入人心并产生实际需要。因此，传统工程管理造价教材仅讲授预算造价如何编制和确定，而忽视前期估算、概算与后期结算、决算的做法已不能满足教学与实际工作的需要。编写一本既兼顾工程造价计价工作实际情况，又体现近年工程造价理论最新发展的工程造价教材，以满足本科教学和计价工作的双重需要就成为了工程造价教材改革中的燃眉之急。

鉴于此，我们历经一年多的思考与写作，终于完成了呈现在读者面前的这本《工程造价计价》教材的编写。该教材力求达到以下目的：

(1) 反映工程造价全过程计价理念，不仅讲授如何编制施工图预算、标底及报价，同样重视讲授投资估算、设计概算、竣工结算和竣工决算的编制，并附以较多实例帮助读者学习和理解。

(2) 从理论和实践操作角度系统地讲解工程量清单计价模式，而不是仅仅计较于一些清单子目工程量的精确计算，做到“既见树木，又见森林”。

(3) 结合工程造价计价实际情况，不仅重视工程量清单计价模式的讲授，还力求讲清原先的定额计价制度方法与最新的清单模式如何衔接。

(4) 不仅讲授“土建”，而且讲授“水暖电”，力求让读者对一栋建筑物的计价有完整的概念。

(5)“他山之石，可以攻玉”，书中还介绍了国外工程造价计价的常规做法，以帮助读者学习和了解国外工程造价计价方法，为进一步改革和完善我国工程造价计价方式提供参考，也为读者今后从事国际工程管理工作提供基础。

本书由申玲、于凤光主编，全书由申玲统稿。全书共12章，第一、第二、第三、第六、第十章由申玲编写；第四、第五章由于凤光编写；第七章由方林梅编写；第八章由李莉编写；第九、第十一章由吴蓉蓉编写；第十二章由南京市龙腾计算机应用开发有限公司编写。

限于作者水平与经验，加之时间仓促，书中难免有疏漏和不妥之处，衷心地期待行家与读者多提出宝贵意见，以便今后不断地修订和完善。

编者

2007年1月

目录

总序
第四版前言
第三版前言
第二版前言
第一版前言

第一章　概论 ······ 1
第一节　概述　/1
第二节　现代工程项目管理理论与工程造价计价　/4
第三节　工程造价计价人员的执业资格制度　/8

第二章　建设工程造价的构成 ······ 12
第一节　概述　/12
第二节　设备及工器具购置费用的构成　/14
第三节　建筑安装工程费用的构成　/18
第四节　工程建设其他费用的构成　/25
第五节　预备费用和建设期贷款利息　/28

第三章　建筑安装工程造价计价方式和计价依据 ······ 30
第一节　概述　/30
第二节　建筑安装工程造价计价方式　/31
第三节　建筑安装工程造价计价依据的种类　/36
第四节　建筑安装工程人工、材料和机械定额消耗量确定方法　/47
第五节　预算定额及单位估价表　/62
第六节　企业定额和成本管理信息系统　/80

第四章　建设项目投资估算 …………………………………………… 86
第一节　概述　/86
第二节　项目建议书阶段的投资估算　/89
第三节　可行性研究阶段的投资估算　/91
第四节　投资估算文件编制　/100
第五章　建设项目设计概算 ……………………………………… 105
第一节　概述　/105
第二节　单位工程概算的编制　/107
第三节　单项工程综合概算与总概算的编制　/115
第六章　建筑与装饰工程施工图预算 ………………………… 119
第一节　概述　/119
第二节　建筑面积计算　/127
第三节　建筑与装饰工程工程量计算规则要点　/134
第四节　建筑与装饰工程施工图预算编制实例　/168
第七章　安装工程施工图预算 ……………………………………… 215
第一节　概述　/215
第二节　给排水、采暖工程施工图预算　/224
第三节　电气安装工程施工图预算　/254
第八章　工程量清单的编制 ……………………………………… 280
第一节　概述　/280
第二节　工程量计算规范　/287
第三节　建筑与装饰工程工程量清单编制实例　/339
第九章　建设工程招标控制价与投标报价及合同价款的约定 …………………………………………………… 371
第一节　概述　/371
第二节　工程量清单计价下招标控制价与报价编制的有关规定　/374
第三节　招标控制价的编制　/381
第四节　投标报价的编制　/395
第五节　工程合同价的确定　/405
第十章　建设工程价款结算 ………………………………………… 408
第一节　概述　/408
第二节　工程计量与价款支付　/410
第三节　工程变更与工程价款调整　/415
第四节　工程索赔　/427
第五节　竣工结算　/435

第六节　合同解除的价款结算与支付　/437

第十一章　竣工决算、缺陷责任和保修 …………………… 439

第一节　竣工验收　/439

第二节　竣工决算　/442

第三节　缺陷责任和保修　/447

第十二章　国外工程造价计价 ………………………………… 449

第一节　概述　/449

第二节　英国 QS 制度下的工程量清单计价　/454

第三节　SMM7 建筑工程工程量计算规则及计算方法　/456

第四节　国外工程投标报价　/466

主要参考文献 ………………………………………………… 477

第一章 概 论

第一节 概 述

工程造价计价是指工程造价计价人员在工程建设的全过程中，根据不同阶段的计价目的和要求，遵循计价原则，按照计价程序，选用计价方法，对计价对象的工程造价进行科学的推测与判断，即计算和确定工程造价，也可称为工程估价。因此，要合理计算和确定工程造价，必须首先正确理解工程造价的含义和熟悉工程造价的计价特点。

一、工程造价的含义

中国建设工程造价管理协会在组织了多次专题研讨和分析论证后，认为工程造价包含着两个相互区别又相互联系的含义：

(1) 工程造价就是工程投资费用，即建设一项工程预期开支或实际开支的全部固定资产投资费用，包括建筑安装工程费用、设备及工器具购置费用、工程建设其他费用、预备费用和建设期贷款利息等。

(2) 工程造价就是工程价格，即建设一项工程预计或实际在土地、设备、技术劳务市场以及承包市场等交易活动中所形成的建筑安装工程价格和建设工程总价格。

显然，含义 (1)（工程投资费用）是从投资者，即业主的角度来定义的，与之对应的工程造价管理实质上就是具体工程项目的投资管理。管理的环节包括：优选建设方案，控制建设标准，优化设计，合理确定工程投资估算、设计概算和施工图预算，搞好招标，优选各类工作的承包、承建单位，合理确定发承包价格和加强合同管理，控制好业主方自身的开支标准，优化建设资金的运作等。含义 (2)（工程价格）是对应于发承包双方，即业主和承包商双方而言的，在这种意义上的工程造价管理属于价格管理的范畴。管理的基本目标是：采取各种有效措施保证实现价格的公平合理，实现企业自主报价和市场形成价格的机制。由于工程价格的确定也是建设成本管理上的一个重要环节，因此它同时也是服务于含义 (1) 下的工程造价管理工作的，故两个含义既有区别也有联系。

工程投资费用的外延是全方位的，即工程建设所需的全部费用；而工程价格涵盖的范围则随工程发承包范围的不同有较大的差异，在实务操作中，工程发承包范围可以是涵盖范围很广的一个建设项目，也可以是一个单项工程或一个单位工程，甚至可以是整个建设工程中的某个阶段，如土地开发工程、建筑安装工程、装饰工程，或者其中的某个组成部分。此外，工程价格涵盖的范围即使对“交钥匙”工程而言也不是全方位的，如建设项目的贷款利息、建设单位的管理费等一般都不纳入工程发承包范围。因此，我们可以这样理解：在总体数额及内容组成等方面，工程投资费用总是大于工程价格的总和。

分清工程造价的两种含义和两个主题：一是为了保持概念在内涵和外延上的清晰，遵守同一律，避免人们在相互沟通上的矛盾；二是为了明确在工程造价管理的总体工作上必须着眼于两个主题，不能单一化。

二、建筑安装工程造价的含义

建筑安装工程造价是工程造价的重要组成。从投资者角度看，建筑安装工程造价是建设项目投资中的建筑安装工程投资；从市场角度看，建筑安装工程造价是业主和建筑安装施工企业在建筑市场交易活动中形成的建筑安装产品的价格。

建筑安装工程造价在项目的固定资产投资中占有50％～60％的份额，是工程建设中最活跃的部分，也是比较典型的生产领域价格。在建筑市场上，建筑安装施工企业所生产的产品作为商品，既有使用价值，也有价值，与一般商品相同，它的价值也由 $C+V+M$ 构成，但由于建筑安装产品的生产与管理具有独特的技术经济特点，例如，一次投资量大、生产周期长，露天作业易受自然地理气候条件影响，以及重视过程管理、参与管理方多和协调工作量大等，使其在交易方式、计价方法、价格构成以及付款方式上都存在许多特点。由此，研究建筑安装工程造价的计价是研究整个工程造价计价的核心工作。

三、工程造价的计价特点

工程造价的构成具有一般商品价格的共性，即由工程成本及费用、利润和税金组成，但其价格形成过程与机制却由于工程项目本身及其建设过程具有独特的技术经济特点而与一般商品有较大的差异，从而使其计价具有以下显著特点。

（一）单件性计价

每一个工程项目都有特定的用途以及特定的建设地点、建设标准和建设规模，从而具有其独特的建筑形式和结构形式，要求以不同工种类型与人数、不同的技术装备及组织管理方式进行生产，需要单独设计、单独施工。即使是功能要求、建筑形式及结构形式相同的项目，如同类标准工业厂房、住宅小区中同类住宅等，也由于其建设地点的地形、地质、水文和气象等自然条件及交通运输和材料供应等社会条件不同，构成工程费用的价值要素差异较大，最终导致工程造价不能像其他工业产品那样按品种、规格和质量成批地确定，只能通过特殊的计价程序和计价方式就各个工程项目计算，从而使工程估价具有单件性计价的特点。

（二）多次性计价

任何一项工程从项目策划→前期研究→决策→设计→施工→竣工交付使用都需要经历一个较长的过程，影响工程造价的因素很多，在决策阶段确定工程投资（价格）的规模后，工程价格随着工程的实施不断变化，直至竣工验收工程决算后才能最终确定工程价格。为了适应项目管理的要求，合理确定和有效控制工程造价，需要按照建设阶段动态跟踪调整造价，多次进行计价，其计价过程如图1-1所示。从投资估算、设计概算和施工图预算到招标承包合同价，再到工程结算和最后在竣工结算价基础上编制的竣工决算，它们在各个阶段的投入和控制范围以及计价内容虽有所不同，但其相互之间紧密相连，整个计价过程是一个由粗到细、由浅到深确定工程实际造价的过程，各个环节之间相互衔接，前者制约后者，后者补充前者。

1. 投资估算

投资估算是指在建设项目建设的前期工作（项目建议书和可行性研究或企业投资项目核准申请）阶段对拟建项目所需投资额的测算，它是论证拟建项目在经济上是否合理的重要文件，也是投资决策、建设资金筹措和工程造价控制的主要依据。投资估算必须按照可

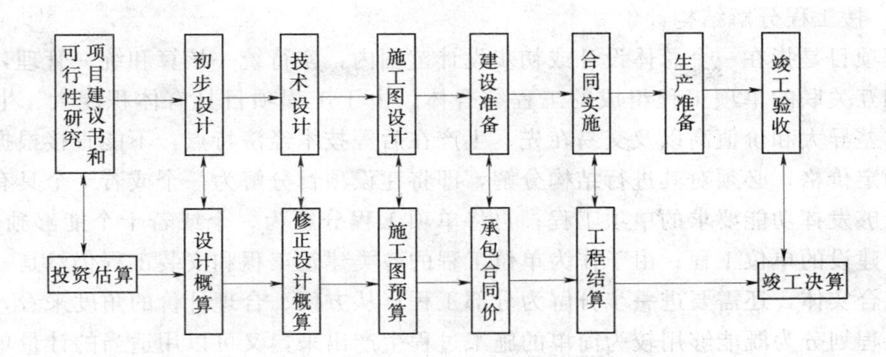

图 1-1 建设程序和各阶段工程造价确定示意

行性研究报告或核准申请报告确定的建设规模、建设内容、建设标准、主要设备选型、建设条件和建设工期，在优化建设方案的基础上，根据有关投资估算指标等，以编制期估算的价格进行编制。

2. 设计概算及修正设计概算

设计概算是指在初步设计阶段，在投资估算的控制下，根据初步设计图纸和有关规定，依据概算定额或概算指标和费用定额以及现行市场人、材、机价格等概略计算的建设项目从立项开始到交付使用为止全过程发生的所有费用的经济文件；修正设计概算是指在采用三阶段设计的技术设计阶段，根据技术设计的要求，在概算造价的控制下，对设计概算进行修改调整，使概算造价更加准确的经济文件。

3. 施工图预算

施工图预算是指在施工图设计阶段，在设计概算的控制下，根据施工图，按照各专业工程的预算工程量计算规则计算出工程量，并考虑实施施工图的施工组织设计确定的施工方案或方法，依据现行预算定额、单位估价表或计价表和市场人、材、机价格及各种费用定额等有关资料确定的单位工程、单项工程及建设项目工程造价的经济文件。

4. 承包合同价

承包合同价是指在工程发承包阶段，在投资估算（“交钥匙”发包，我国现阶段较少）或设计概算（初步设计完成后发包）、施工图预算（施工图设计完成后发包）的控制下，通过投标竞争后确定中标单位，签订工程总承包合同、建筑安装工程承包合同、设备材料采购及技术和咨询服务类合同所确定的价格。承包合同价的内涵随发承包的范围、内容和计价方法的不同有较大差异。

5. 工程结算

工程结算是指在合同实施阶段，按照合同约定的结算程序和方法办理结算工程价款，确定发包范围内及施工期间发生的应由发包人承担费用的工程实际造价。

6. 竣工决算

竣工决算是指在竣工验收后，由建设单位编制的建设项目从筹建到建设投产或使用的全部实际成本的技术经济文件。它是建设投资管理的重要环节，是工程竣工验收和交付使用的重要依据，也是进行建设项目财务总结和银行对其实行监督的必要手段。

（三）按工程分解结构计价

建设项目是指在一个总体设计或初步设计范围内，实行统一核算和统一管理，由一个或几个相互关联的单项工程组成的工程综合体。由于工程项目具有体积庞大、生产周期长、个体差异大和价值高以及交易在先、生产在后等技术经济特点，不能直接根据整个建设项目确定价格，必须对其进行结构分解，即将建设项目分解为一个或若干个具有独立意义的、能够发挥功能要求的单项工程；再将单项工程分解为一个或若干个能够独立设计、独立施工建设的单位工程；由于作为单位工程的各类建筑工程和安装工程仍然是一个比较复杂的综合实体，还需要进一步分解为分部工程；从方便、合理计价的角度来看，还需要把分部工程划分为既能够用较为简单的施工过程生产出来，又可以用适当的计量单位计算并便于测定或计算的工程的基本构造要素，即假定的建筑安装产品——分项工程。最后以分项工程为基本构造要素，以适当的计量单位和合适的计价方法，计算和确定分项工程造价，再逐层汇总得出分部工程、单位工程、单项工程直至整个建设项目工程的造价。建设项目分解示意如图 1－2 所示。

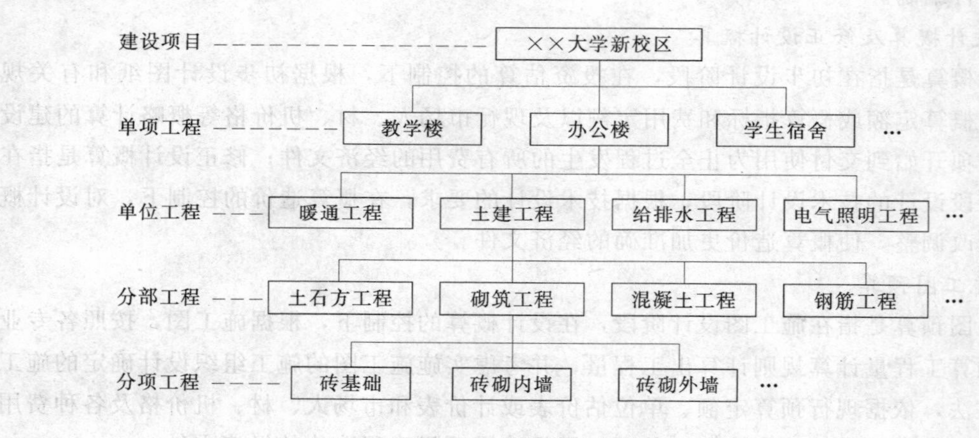

图 1－2 建设项目分解示意

第二节 现代工程项目管理理论与工程造价计价

一、工程项目管理整体化理论与工程造价计价

（一）工程项目管理整体化理论的提出

随着社会经济和技术的不断发展，工程建设投资规模不断增长，工程项目越来越庞大、越来越复杂，工程建设的劳动分工和专业化也在不断增强，工程项目被具有不同目标和经营策略的经营单位进行了“结构解体”。这种“结构解体”使工程项目参与方的整体化思维和行为方式受到限制，也使各参与方为了追求自己的功利目标而很容易忽略建筑产品使用者的愿望和要求以及社会的公众利益。在以高科技、网络化、低能耗和可持续发展为标志的知识经济来临之际，人们通过对工程项目被“结构解体”这种趋势的反思，逐渐形成了工程项目管理整体化的基本理念。通过工程项目管理的整体化，可以采用先进的制造系统技术实现工程项目的集成化管理，克服传统项目管理主要着重项目实施环节，更多

地站在项目实施方的立场上分析如何才能更好地完成项目，而忽略与工程建设密切相关的其他各方（如设计方、承包方、监理方和用户方等）利益的不足，实现项目参与方以整体化的思维和行为方式，使自身和项目参与其他各方都得到最大的满意度及项目目标的综合最优化，从而提高生产效率和工程项目的综合效益。

质量、进度和成本是工程项目管理的三大目标。它们三者之间是一个相互制约并且相互影响的统一体，其中一个目标的变化，势必会引起另一个目标的变化。一般来说，要求成本低，质量就不可能达到最佳，工期也较长；要求质量高，成本也就较高，工期也相对较长；要求工期短，要保证质量，成本就会较高。传统的项目管理通常是对三个目标分别管理，相互之间缺乏紧密的联系，这就给“三大目标”的实现带来了很多的问题，例如，估价时未充分考虑进度和质量要求，导致估价过低；资金不足不能保证进度和质量目标；因施工中出现质量和赶工问题，导致成本结算时严重超支；由于赶工引起潜伏的质量问题等。因此，进行质量、进度和成本的整合控制是现代工程项目管理迫切需要解决的问题。现代计算机技术的发展也为实现“三大目标”的整合控制提供了条件：利用计算机技术把网络进度计划和工程造价有机地结合起来，对一个项目绘制出各种性质的关于进度的成本流曲线，包括计划成本流曲线、实际消耗成本流曲线，就可以对工程进度和成本进行跟踪监控和整合管理。

（二）工程项目管理整体化的基本理论

工程项目管理整体化理论要求工程项目管理要有全局的整合观念，整合观念主要体现在如下三个相互密切关联的方面。

1. 目标整合

目标整合包括目标大三角整合和目标小三角整合。

（1）目标大三角整合是指工程项目管理要为项目业主进行包括系统—组织—人员在内的全目标整合，以期既实现业主的需求，又充分考虑工程建设参与各方的合理利益。

（2）目标小三角整合是指合理确定工程质量、进度和成本这三个既互相关联又互相矛盾的目标。例如，在达到规定质量标准的前提下，在进度和成本目标之间作出权衡；或在达到规定进度要求的前提下，在质量和成本目标之间作出权衡；或在成本一定的前提下，在质量和进度目标之间作出权衡。

2. 方案整合

不同的技术和管理方案，对不同的工程建设参与方和不同的项目目标会有不同的影响，例如，选用方案一可能对业主更为有利，而对承包商却略有不利，对实现质量目标更为有利，对实现进度要求则略显不利；但选用方案二则反之。在这种情况下，工程项目管理就要对各种方案加以整合，权衡各方面的利弊，找出可接受的方案，或取长补短找出折中方案，尽可能地满足工程建设参与各方的需求。

3. 过程整合

工程项目管理是一个整体化过程。各组管理过程与项目生命期的各个阶段有紧密的联系，在各组管理过程中，有三个关键性的过程需要做的整合工作最多，它们是项目计划、项目执行和整体变更控制。

（1）项目计划过程要求把各个知识领域的计划过程的成果整合起来，包括范围规划、质量规划、组织计划、人力资源计划和采购计划等，形成一个首尾连贯、协调一致并且条理清晰的文件。

(2) 项目执行过程要求对项目中各个分项、各种技术和各个部门之间的界面进行管理，对这些界面往往需要协调和整合较多的矛盾和冲突，使计划得以较顺利地实施。

(3) 整体变更控制过程是处理项目执行相对于项目计划的或多或少的偏离。为了控制和纠正这些偏离，需要采取变更措施。评价变更是否必要和合理，预测变更带来的影响和后果，都具有很强的综合性和整体性，例如，项目范围的任何变更都会引起成本、进度以及风险程度等的变化。因此，任何变更都要求多方面的整合，以确保符合项目目标的要求。

(三) 工程项目管理整体化理论对工程造价计价的要求

工程项目管理整体化理论中的目标大三角整合要求工程造价计价人员在工程建设投资开始之前，首先分析工程对象可能存在的风险，以及工程参与各方谁最有能力、最适合承担何种风险，以项目整体风险最小的原则将风险公平地分配给工程建设参与各方，并合理确定相应的风险费用，使工程造价计价能公正、公平、公开和合理“多赢”；目标小三角整合要求工程造价计价人员首先要根据项目的特点和总体要求合理拟定“三大目标”，然后在既定目标控制下综合考虑质量、工期与成本的关系，合理确定质量、工期和成本。一般来说，在合理确定工程质量和进度目标后，质量控制以预防为主，适当增加质量预防费的支出，可以提高工程质量，杜绝事故的发生，其支出远小于因质量事故造成的损失；同样，正确处理工期与成本关系，寻找最佳工期点成本，把工期成本控制在最低点，都会使工程造价的计价更加合理。

工程项目管理整体化理论中的技术方案整合要求工程造价计价人员协助工程设计与施工人员合理选择和优化设计与施工方案，确定与之对应的科学、合理的工程造价；管理方案整合要求工程造价计价人员合理选择招标方式、划分合同标包、选用合同形式、拟定合同条款、制定科学的评标定标办法以及加强工程预、结、决算管理，使工程造价构成及计价更为科学、真实。

工程项目管理整体化理论中的过程整合要求工程造价计价人员在工程建设全过程中，合理编制投资估算、设计概算、施工图预算、招标控制价及报价，本着实事求是的原则合理确定和调整合同价款，规范处理索赔和签证工作，及时办理工程结算，使工程造价计价更为客观、规范。

二、全寿命周期成本管理理论与工程造价计价

(一) 全寿命周期成本管理理论的提出

现代项目管理的任务不仅是执行项目，还包括开发项目和经营项目，即对项目的生命周期——项目构思决策、勘察设计、招投标、施工、竣工及运行与维护全过程——进行管理。显然，当代项目管理是扩展了的广义概念，它更加面向市场和竞争，注重人的因素，注重顾客，注重柔性管理，这就对传统的“三大目标”的管理提出了新的要求，因此，从项目全寿命周期以及项目参与各方都能得到最大的满意度出发，研究工程造价计价的内容及方法，对合理确定和有效控制工程造价有非常重大的意义。

从中国能源经济发展的现状看，能源是保证中国未来经济和环境可持续发展的一个重要问题。目前，中国的人均能源消费水平和世界平均水平相比差距非常大。国家发展和改

革委员会（以下简称为发改委）能源项目中心负责人认为，如果中国未来采取美国的发展模式，达到人均超过 11t 的煤当量的能源消费水平，到 2040 年，中国的能源需求将达到 173 亿 t，即使按日本的消费水平预测，到 2040 年也将达到 86 亿 t，对于中国这是不可能实现的。同时，在我国的能源浪费比较严重，从单位 GDP 的能耗看，尽管通过前 20 年的努力，单位 GDP 的能耗下降了 60%，但能耗还是经济合作与发展组织（OECD）国家的 3 倍，综合能源效率要比其他一些国家低十几个百分点。根据我国国情，如果按照 GDP 年均增长 4%的目标，到 2020 年的能源需求量大概在 24 亿～32 亿 t，这还是比较乐观的；如果按照目前的发展，可能要达到 36 亿 t 标准煤的需求量。如何才能更高效地利用能源，而且符合可持续发展战略目标，已成为我们面临的巨大挑战。根据发改委能源项目中心掌握的数据，我国单位建筑面积采暖空调的能耗量，外墙大体是发达国家的 4～5 倍，屋顶是 2.5 倍，单位建筑面积的采暖和空调负荷是发达国家的 2～3 倍。因此，要实现国民经济“翻两番”的目标，必须要实现能源翻一番，而我国建筑节能的潜力是非常大的。通过实施一些节能的措施，到 2020 年，建筑节能可以高达 1.5 亿 t 标准煤，电力可以节约 7500 亿 kW·h，相当于当时总用电量的 15%～20%。如果采用高效的空调，到 2020 年，可以削减的总量将是 5 个三峡电站满负荷的容量。如今，建筑和交通的发展越来越快，节能的重点已经从工业逐渐转向建筑业和交通，对于建筑领域，政府已着手在标准的制定、修订和执行，包括商用建筑空调系统的节能改造和技术推广等环节增加了节能措施，如采用热泵技术、回收预热的空调技术和绿色照明工程等。因此，从节能和可持续发展角度，工程造价计价必须考虑实施全寿命周期成本管理对其的影响，才能更为科学、合理。

（二）全寿命周期成本的基本概念

工程全寿命周期成本是指在工程设计、开发、建造、使用、维修和报废等过程中发生的全部费用，也是该项工程在其确定的全寿命周期内或在预定的有效期内所需支付的研究开发费、制造安装费、运行维修费和报废回收费等费用的总和。全寿命周期成本管理理论认为：工程全寿命周期成本不仅应包括资金意义上的成本，还应包括环境成本和社会成本。

1. 工程全寿命周期资金成本

工程全寿命周期资金成本，也就是人们常说的经济成本、财务成本，它是指工程项目从项目构思到项目建成投入使用直至工程寿命终结全过程所发生的一切可直接体现为资金耗费的投入的总和，包括建设成本和使用成本。建设成本是指建筑产品从筹建到竣工验收为止所投入的全部成本费用。使用成本则是指建筑产品在使用过程中发生的各种费用，包括各种能耗成本、维护成本和管理成本等。从其性质上说，工程全寿命周期资金成本投入可以是资金的直接投入，也包括资源性投入，如人力资源和自然资源等；从其投入时间上说，可以是一次性投入（如建设成本），也可以是分批、连续投入（如使用成本）。

2. 工程全寿命周期环境成本

根据国际标准化组织环境管理系列（ISO 14040）精神，工程全寿命周期环境成本是指工程产品系列在其全寿命周期内对于环境的潜在和显在的不利影响。工程建设对于环境的影响可能是正面的，也可能是负面的，前者体现为某种形式的收益，后者则体现为某种形式的成本。在分析和计算环境成本时，应对环境影响进行分析甄别，剔除不属于成本的系列。由于环境成本并不直接体现为某种货币化数值，必须借助于其他技术手段将环境影响货币化，这是计量环境成本的一个难点。

3. 工程全寿命周期社会成本

工程全寿命周期社会成本是指工程产品在从项目构思、产品建成投入使用直至报废不堪再用全过程中对社会的不利影响。与环境成本一样，工程建设及工程产品对于社会的影响既可以是正面的，也可以是负面的，因此，也必须对其进行甄别，剔除不属于成本的系列。例如，如果建设某个工程项目可以增加社会就业率，有助于社会安定，这种影响就不应计算为成本；如果建设某个工程项目会增加社会的运行成本，例如，由于工程建设引起大规模的移民，可能增加社会的不安定因素，这种影响就应计算为成本。

（三）全寿命周期成本管理理论对工程造价计价的要求

长期以来，人们总是把建设成本和使用成本分别加以管理，而全寿命周期成本管理理论要求把两者结合起来作为全寿命周期成本进行综合管理。这种必要性在强调社会和经济可持续发展的今天变得越来越突出。由于建设成本在建设项目开发设计阶段就基本上决定了，为了节省使用成本，也许值得多花费一些建设成本，因此，在项目建设阶段就应该进行透彻的研究，是减少使用成本好，还是减少建设成本而将费用转移到使用成本方面更为适宜，对此要加以权衡，找出整个系统的最佳平衡，使总费用达到最低。总之，仅从局部一部分一部分地考虑费用是不够的，更重要的是要从总体的角度进行研究。在使工程项目具备规定性能的前提下，要尽可能使建设成本和使用成本的总和达到最低，可以说，这正是研究全寿命周期成本最佳的途径。

全寿命周期成本分析又称为全寿命周期成本评价，它是指为了从各个可行方案中筛选出最佳方案以有效地利用稀缺资源，而对项目方案进行系统分析的过程或者活动。换言之，“全寿命周期成本评价是为了使用户所用的系统具有经济全寿命周期成本，在系统的开发阶段将全寿命周期成本作为设计的参数，而对系统进行彻底的分析比较后作出决策的方法。”

在通常情况下，从追求全寿命周期成本最低的立场出发：首先，确定全寿命周期成本的各要素，把各要素的成本降低到普通水平；其次，将建设成本和使用成本两者进行权衡，以便确定研究的侧重点从而使总费用更为经济；最后，再从全寿命周期成本和系统效率的关系这个角度进行研究。此外，由于全寿命周期成本是在长时期内发生的，因此对费用发生的时间顺序必须加以掌握。器材和劳务费用的价格一般都会发生波动，在估算时要对此加以考虑，同时，在全寿命周期成本分析中必须考虑“资金时间价值”。

全寿命周期成本管理理论要求工程造价计价人员在工作中要有全局概念，能协助建设单位和设计人员从全寿命周期成本管理角度，合理选择投资方向，科学拟定设计方案，正确处理建设成本和使用成本的关系，综合考虑社会成本和环境成本对建设项目总成本的影响，从更高层次的角度处理好工程造价的计价与管理工作。

第三节　工程造价计价人员的执业资格制度

一、我国造价工程师执业资格制度

（一）执业资格制度的建立

改革开放前，我国工程造价计价一直实行从苏联引进的工程概预算制度，概预算编制人员只能消极、被动地反映设计成果的经济价值，专业地位较低，更谈不上实行专业人员执业资格制度。20 世纪 90 年代后，随着我国改革开放的不断深入，原有的工程概预算人员从事的概预算编制与审核工作的专业定位已不能全面满足新形势下工程项目管理对工程造价管理人员等的要求，特别是随着工程招投标制度、工程合同管理制度、建设监理制度和项目法人责任制等工程管理基本制度的确立，以及工程索赔、项目可行性研究和项目融资等新业务的出现，客观上需要一批同时具备工程计量与计价知识、通晓经济法与工程造价管理的人才协助业主在投资等经济领域进行项目管理。同时，为了应对国际经济一体化以及我国加入 WTO 后建筑市场开放并面临国外建筑业进入我国的竞争压力，也要求这批高层次的人才必须通晓国际惯例。在这种形势下，原建设部标准定额司和中国建设工程造价管理协会开始组织论证在我国建立既有中国特点又与国际惯例靠拢的造价工程师制度。经过认真准备和充分论证，我国人事部和原建设部分别于 1996 年和 2000 年颁发了《造价工程师执业资格制度暂行规定》（人发［1996］77 号文）和《造价工程师注册管理办法》（建设部 75 号令），2006 年 12 月 11 日又经原建设部第 112 次常务会议讨论通过了新的《注册造价工程师管理办法》（建设部令第 150 号），这三个文件标志着我国造价工程师执业资格制度的建立和推行和完善。造价工程师的执业资格，是履行工程造价管理岗位职责与业务的准入资格。造价工程师执业资格制度是工程造价管理的一项基本制度，制度规定，凡从事工程建设活动的建设、设计、施工、工程造价咨询和工程造价管理的单位和部门，必须在计价、评估、审查（核）、控制及管理等岗位配备具有造价工程师执业资格的专业技术人员。

（二）造价工程师执业范围

（1）建设项目检疫书、可行性研究投资估算的编制和审核，项目经济评价，工程概、预、结算和竣工结（决）算的编制和审核。

（2）工程量清单、标底（或者控制价）、投标报价的编制和审核，工程合同价款的签订及变更、调整、工程款支付与工程索赔费用的计算。

（3）建设项目管理过程中设计方案的优化、限额设计等工程造价分析与控制，工程保险理赔的核查。

（4）工程经济纠纷的鉴定。

（三）造价工程师执业资格的取得

1. 申报条件

凡中华人民共和国公民，遵纪守法并具备以下条件之一者，均可参加造价工程师执业资格考试：

（1）工程造价专业大专毕业后，从事工程造价业务工作满 5 年；工程或工程经济类大专毕业后，从事工程造价业务工作满 6 年。

（2）工程造价专业本科毕业后，从事工程造价业务工作满 4 年；工程或工程经济类本科毕业后，从事工程造价业务工作满 5 年。

（3）获上述专业第二学士学位或研究生班毕业和取得硕士学位后，从事工程造价业务工作满 3 年。

（4）获上述专业博士学位后，从事工程造价业务工作满 2 年。

2. 考试内容

造价工程师执业资格考试分为四个科目："工程造价管理相关知识"、"工程造价计价与控制"、"建设工程技术与计量"（土建或安装）和"工程造价案例分析"。

"工程造价管理相关知识"主要考查投资与融资、工程经济 、工程财务、项目管理、经济法律法规和建设工程合同管理等知识。"工程造价计价与控制"主要考查工程造价构成、工程造价计价依据、建设项目决策阶段和设计阶段工程造价的确定与控制、建设项目招投标和合同价款的确定、建设项目施工阶段工程造价的确定与控制、竣工决算的编制和竣工后保修费用的确定等知识。"建设工程技术与计量"土建工程专业主要考查工程材料基本知识、工程构造基本知识、工程施工基本知识和工程计量；"建设工程技术与计量"安装工程专业主要考查工程材料基本知识、设备基本知识、施工基本知识和工程计量。"工程造价案例分析"主要考查报考人员在综合掌握前三门科目知识的基础上，解决工程造价计价与控制实际问题的能力。

二、英国的工料测量师制度

英国是世界上最早建立专业人员执业资格制度的国家。在英国建筑工程工料测量领域里从事工程量计算和估价及与合同管理有关的人士，传统上根据其是受雇于业主还是承包商又有不同的叫法，人们将受雇于业主或者业主代表的称为"工料测量师"，或称为业主的估价顾问；人们习惯上将受雇于承包商的称为"估价师"，或称为承包商的测量师。但两者的技术能力与所需资格并没有绝对的界限划分，如以前为某业主代表的工料测量师，以后也可能受雇于其他承包商作为其工程估价师。

英国的工料测量活动的内容非常广泛，主要包括：预算咨询，可行性研究，成本计划和控制，通货膨胀趋势预测；施工合同的选择咨询，承包商选择；建筑采购，招标文件的编制；投标书的分析与评价，标后谈判，合同文件的准备；在工程进行中的定期成本控制，财务报表编制，变更成本估计；已竣工工程的估价，决算，合同索赔的保护；与基金组织的协作；成本重新估计；对承包商破产或被并购后的应对措施；应急合同的财务管理等。

英国的工料测量师由皇家特许测量师学会（RICS）经过严格考核程序授予。工料测量专业本科毕业生可以豁免皇家特许测量师学会组织的专业知识考试而直接取得申请预算师专业工作能力培养和考核资格。仅具有高中学历或其他专业的本科生，或从事预算专业15年以上的人员，则要通过皇家特许测量师学会每年组织的专业考试。专业知识考试内容包括建筑技术、建筑管理与经济、工程量和造价计算、法律四方面。专业知识考试合格后，由皇家特许测量师学会发给专业知识考试合格证书，取得申请预算师专业工作能力培养和考核的资格。专业知识考试合格的人员，还要通过皇家特许测量师学会组织的专业工作能力的考核，即通过3年以上的工作实践，在学会规定的各项专业能力考核科目范围内，获得某几项较丰富的工作经验。经考核合格后，即由皇家特许测量师学会发给合格证书并吸收为学会会员，也就是获得了工料测量师职称。在取得了工料测量师职称之后就可以独立开业，承揽相关业务。工料测量师在工作12年或承担主要职务5年以上可获得高级工料测量师资格。

三、美国的"认证成本工程师CCE"和"认证成本咨询师CCC"制度

美国的"cost engineer"一词，1979年被日本引入并翻译为成本工程师，是具有工程师和会计两方面素养的专家。成本工程师的职责是：分析各种生产条件，从技术观点和生产方式两方面考虑去降低产品生产成本。成本工程师的工作内容是对影响成本的生产技术因素的研究、预测和编制；应用经济学知识，不仅会测定生产过程中生产效率和原料消耗量的测定，进行相关研究工作并制定标准，控制成本技术消耗和因素消耗，而且还会进行生产前的成本规划、成本的估预算及控制。

美国工程造价促进协会（AACE）和国际工程造价协会（ICEC）人员管理分为会员资格和认证资格两种。会员资格很容易取得，无须考核，只要填表交会费即可；而认证资格的取得则需参加相应考试，取得协会的认证才行。美国成本工程师认证通过AACE国际认证计划进行，该计划始于1976年，认证名称有两种——“认证成本工程师CCE”和“认证成本咨询师CCC”。要取得“认证成本工程师CCE”，必须具有4年以上工程学历教育并获得工程学士学位；要取得“认证成本咨询师CCC”，必须具有4年以上的建筑技术、项目管理和商业等专业学历教育并获得相应学位，或已取得项目工程师执照。

协会认证考试主要考查下列几方面的知识和技能：

（1）基本知识，如工程经济学、生产率学、统计与概率、预测学、优化理论和价值工程等。

（2）成本估算与控制技能，如项目分解、成本构成、成本和价格的估算概算、成本指数、风险分析和现金流量等。

（3）项目管理知识，如管理学、行为科学计划及资源管理、生产率管理、合同管理、社会和法律等。

（4）经济分析技能，如现金流量和盈利分析等。

在美国，工业生产和工程建设方面都很重视成本工程师的工作，以上四方面的知识和技能要求也在不断更新。

四、日本的积算师制度

日本在借鉴英国皇家特许测量师学会的基础上努力发展社会咨询业，并充分发挥社团的作用，使估价业务作为一个专业在实践中得以发展和提高，逐步使估价的业务规模化和系统化。日本积算师资格由积算师协会认定（考试合格），报考条件为大学毕业从事工程造价工作2年以上，大专毕业的要求3年以上，高中毕业的要求7年以上。积算师资格考试分两次：第一次为学科考试，考试时间为每年10月，主要考核建筑预算一般知识、工程量计算规则和工程造价相关知识等；第二次为实务考试，考试时间为学科考试次年1月，主要考核工程费计算和案例分析等。

第二章 建设工程造价的构成

第一节 概 述

一、建设项目总投资及其构成

（一）建设项目总投资及其相关概念

为规范建设项目投资估算文件的编制，提高建设项目决策阶段投资估算编制质量，中国建设工程造价管理协会于2007年2月8日发布了《建设项目投资估算编审规程》（CECA/GC 1—2007）[以下简称为《估算编审规程》（CECA/GC 1—2007）]，该规程对建设项目总投资及其相关概念定义如下。

1. 建设项目总投资

建设项目总投资是指项目建设期用于建设项目的建设投资、建设期贷款利息、固定资产投资方向调节税和流动资金的总和。建设项目总投资的各项费用按资产属性分别形成固定资产、无形资产和其他资产（递延资产）。

2. 建设投资

建设投资是指项目建设期间用于建设项目的全部工程费用、工程建设其他费用及预备费用之和。建设投资与项目方案设计有关，与资金筹措方案的变化无关。

3. 静态投资

静态投资是指建设项目在不考虑物价上涨、建设期贷款利息等动态因素情况下估算的建设投资。静态投资是以某一基准年、月的建设要素的价格为依据所计算出的建设项目投资的瞬时值，具体包括建筑安装工程费、设备及工器具购置费、工程建设其他费用及基本预备费等。静态投资是具有一定时间性的，应统一按某一确定的时间来计算，特别是遇到估算时间距开工时间较远的项目，应以开工前一年为基准年，按照近年的价格指数将编制的静态投资进行适当调整，否则就会失去基准作用，影响投资估算的准确性。

4. 动态投资

动态投资是指建设项目在考虑物价上涨、建设期贷款利息等动态因素情况下估算的建设投资，包括静态投资和固定资产投资动态部分的价差预备费和建设期贷款利息。动态投资适应了市场价格运行机制的要求，使投资的计划、估算、控制更加符合实际情况。

（二）建设项目总投资的构成

建设项目总投资由建设投资、建设期贷款利息、固定资产投资方向调节税（暂停征收）和流动资金构成，具体内容如表2-1所示。

二、固定资产投资及其构成

固定资产投资是投资主体为达到预期收益的资金垫付行为。我国固定资产投资包括基本建设投资、更新改造投资、房地产开发投资和其他固定资产投资四类。其中，基本建设投资是以扩大生产能力、新增生产能力为目的，用于新建、改建、扩建和重建项目的资金投入行为，是形成固定资产的主要手段，约占全社会固定资产投资总额的50%～60%。更新改造投资是通过以先进科学技术改造原有技术，以实现内涵扩大再生产为主的资金投入行为，约占全社会固定资产投资总额的20%～30%。房地产开发投资是房地产企业为实现某种预定的开发，经营目标在开发厂房、宾馆、写字楼、仓库和住宅等房屋设施和土地等活动中的资金投入行为，目前在全社会固定资产投资总额中已占20%左右。其他固定资产投资是指按规定不纳入投资计划和用专项资金进行基本建设和更新改造的资金投入行为，它在固定资产投资中占的比重较小。

表 2-1　　建设项目总投资构成表

费用项目名称				资产类别归并（限项目经济评价用）
建设项目总投资	建设投资	第一部分：工程费用	建筑工程费	固定资产费用
			设备购置费	
			安装工程费	
		第二部分：工程建设其他费用	建设管理费	
			建设用地费	
			可行性研究费	
			研究试验费	
			勘察设计费	
			环境影响评价费	
			劳动安全卫生评价费	
			场地准备及临时设施费	
			引进技术和引进设备其他费	
			工程保险费	
			联合试运转费	
			特殊设备安全监督检验费	
			市政公用设施费	
			……	
			专利及专有技术使用费	无形资产费用
			……	
			生产准备及开办费	其他资产费用（递延资产）
			……	
		第三部分：预备费用	基本预备费	固定资产费用
			价差预备费	
	建设期贷款利息			固定资产费用
	固定资产投资方向调节税（暂停征收）			
	流动资金			流动资产

固定资产投资由建设投资、建设期贷款利息和固定资产投资方向调节税（暂停征收）构成。在固定资产投资构成中，非生产性建设项目的建筑工程费与安装工程费（以下简称为“建筑安装工程费”之和）约占 50%～60%；但在生产性建设项目中，设备费则占较大的比例。在非生产性基本建设投资中，由于经济发展、科技进步和消费水平的提高，设备费也有增大的趋势。

建设项目的固定资产投资也就是建设项目的工程造价，二者在量上是等同的。其中建筑安装工程投资也就是建筑安装工程造价，二者在量上也是等同的。从这里也可以看出，工程造价两种含义的同一性。

三、建设工程造价及其构成

建设工程造价是工程项目按照确定的建设内容、建设规模、建设标准、功能要求和使用要求等全部建成并验收合格交付使用所需的全部费用。工程造价的构成按工程项目建设过程中各类费用支出或花费的性质、途径等来确定，是通过费用划分和汇集所形成的工程造价的费用分解结构。工程造价基本构成中，包括用于购买工程项目所含各种设备所需的费用，用于建筑施工和安装施工所需支出的费用，用于委托工程勘察设计所应支付的费用，用于购置土地所需的费用；也包括用于建设单位自身进行项目筹建和项目管理所花费用等。

我国现行工程造价的构成主要划分为设备及工器具购置费用、建筑安装工程费用、工程建设其他费用、预备费用、建设期贷款利息以及固定资产投资方向调节税（暂停征收）等几项。其具体构成内容如图 2-1 所示。

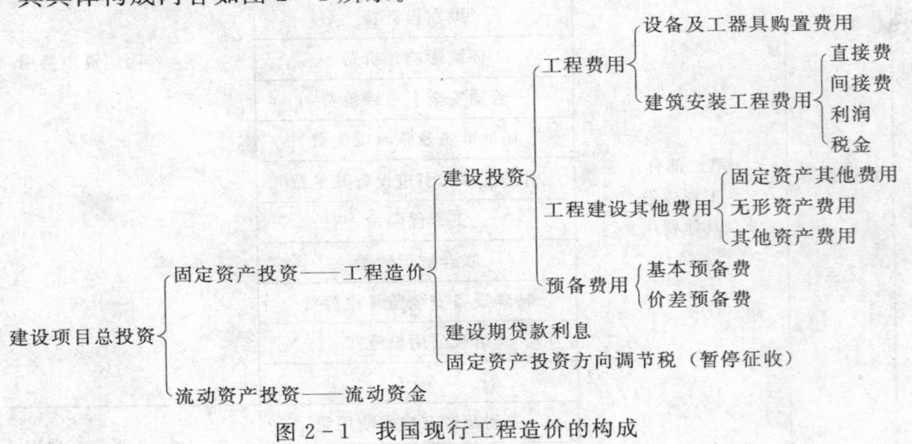

图 2-1　我国现行工程造价的构成

第二节　设备及工器具购置费用的构成

设备及工器具购置费用由设备购置费和工器具及生产家具购置费组成。设备购置费是指为建设项目购置或自制的达到固定资产标准的各种国产或进口设备、工器具的购置费用；工器具及生产家具购置费是指新建或扩建项目初步设计规定的，保证初期正常生产必须购置的未达到固定资产标准的设备、仪器、工卡模具、器具、生产家具和备品备件等的购置费用。

一、设备购置费

(一) 国产设备购置费

国产设备购置费由国产设备原价及国产设备运杂费两部分构成。

1. 国产设备原价

国产设备原价包括国产标准设备原价和国产非标准设备原价。

国产标准设备原价一般是指设备制造厂的交货价，即出厂价。设备的出厂价分两种情况：一种是带有备件的出厂价，另一种是不带备件的出厂价。在计算设备原价时，应按带备件的出厂价计算。如果设备由设备成套公司供应，则应以订货合同价为设备原价。

国产非标准设备原价有多种计价方法，如成本计算法、系列设备插入估价法、分部组合估价法和定额估价法等。无论采用哪种方法，都应该使国产非标准设备原价接近实际出厂价，并且计算方法应简便。如果按成本计算法估价，国产非标准设备原价由以下各项组成：

(1) 材料费，其计算公式为

材料费 = 材料净重×(1＋加工损耗系数)×每吨材料综合价

(2) 加工费，包括生产工人工资和工资附加费、燃料动力费、设备折旧费和车间经费等，其计算公式为

加工费 = 设备总重量(t)×设备每吨加工费

(3) 辅助材料费（简称为辅材费），包括焊条、焊丝、氧气、氩气、氮气、油漆和电石等费用，其计算公式为

辅助材料费 = 设备总重量(t)×辅助材料费指标

(4) 专用工具费，按照上述（1）～（3）项之和乘以一定百分比计算得出。

(5) 废品损失费，按照上述（1）～（4）项之和乘以一定百分比计算得出。

(6) 外购配套件费，按设备设计图纸所列的外购配套件的名称、型号、规格、数量和重量，根据相应的价格加运杂费计算。

(7) 包装费，按照上述（1）～（6）项之和乘以一定百分比计算得出。

(8) 利润，按照上述（1）～（5）项加（7）项之和乘以一定利润率计算得出。

(9) 税金，主要指增值税，其计算公式为

增值税＝当期销项税额－当期进项税额

其中　　当期销项税额＝销售额×适用增值税税率

式中，销售额为上述（1）～（8）项之和。

(10) 非标准设备设计费，按照国家规定的设计费标准计算得出。

综上所述，单台国产非标准设备原价可用以下公式表达：

单台国产非标准设备原价 ={[(材料费＋加工费＋辅助材料费)×(1＋专用工具费率)
×(1＋废品损失费率)＋外购配套件费]×(1＋包装费率)
－外购配套件费}×(1＋利润率)＋销项税金
＋非标准设备设计费＋外购配套件费

2. 国产设备运杂费

国产设备运杂费一般是指由设备制造厂交货地点起至工地仓库（或施工组织设计指定

的需要安装设备的堆放地点）止所发生的运输费、装卸费、供销手续费（发生时计算）和建设单位（或工程承包公司）的采购与仓库保管费等。设备运杂费一般按设备原价乘以设备运杂费率计算，其中设备运杂费率视具体交通运输情况或按各部门及省、市规定情况确定。

（二）进口设备购置费

进口设备购置费由进口设备抵岸价和进口设备国内运杂费两部分构成。

1. 进口设备抵岸价

进口设备抵岸价是指抵达买方边境港口或车站，且交完关税以后的价格。进口设备抵岸价的构成与进口设备的交货方式有关。

(1) 进口设备交货方式：进口设备交货方式可分为内陆交货类、目的地交货类和装运港交货类三种。

1）内陆交货类，即卖方在出口国内陆的某个地点交货。在交货地点，卖方及时提交合同规定的货物和有关凭证，并负担交货前的一切费用和风险；买方按时接收货物，交付货款，负担交货后的一切费用和风险，并自行办理出口手续和装运出口。货物的所有权也在交货后由卖方转移给买方。

2）目的地交货类，即卖方在进口国的港口或内地交货，有目的港船上交货价、目的港船边交货价（FOS）和目的港码头交货价（关税已付）及完税后交货价（进口国的指定地点）等几种交货价。目的地交货类的特点是：买卖双方承担的责任、费用和风险是以目的地约定交货点为界线，只有当卖方在交货点将货物置于买方控制下才视为交货，才能向买方收取货款。这种交货类别对卖方来说需承担的风险较大，在国际贸易中卖方一般不愿采用。

3）装运港交货类，即卖方在出口国装运港交货，主要有装运港船上交货价（FOB价，习惯称为离岸价格），运费在内价（C&F价）以及运费和保险费在内价（CIF价，习惯称为到岸价格）。装运港交货类的特点是：卖方按照约定的时间在装运港交货，只要卖方把合同规定的货物装船并提供货运单据便完成交货任务，可凭单据收回货款。

装运港船上交货价（FOB价）是我国进口设备采用最多的一种货价。采用这种货价时，卖方的责任是：在规定的期限内，负责在合同规定的装运港口将货物装上买方指定的船只，并及时通知买方；负担货物装船前的一切费用和风险，负责办理出口手续；提供出口国政府或有关方面签发的证件；负责提供有关装运单据。买方的责任是：负责租船或订舱，支付运费，并将船期和船名通知卖方；负担货物装船后的一切费用和风险；负责办理保险及支付保险费用，办理在目的港的进口和收货手续；接受卖方提供的有关装运单据，并按合同规定支付货款。

(2) 进口设备抵岸价的构成：进口设备如采用装运港船上交货价（FOB价）方式，其抵岸价主要包括货价、国际运费、国际运输保险费、银行财务费、外贸手续费、进口关税、增值税、消费税和海关监管手续费等，其计算公式为

进口设备抵岸价 = 货价 + 国际运费 + 国际运输保险费 + 银行财务费 + 外贸手续费 + 进口关税 + 增值税 + 消费税 + 海关监管手续费

1）货价，一般指装运港船上交货价（FOB价）。设备货价分为原币货价和人民币货

价两种，原币货价一律折算为美元表示，人民币货价按照原币货价乘以外汇市场美元兑换人民币中间价确定。进口设备货价按有关生产厂商询价、报价和订货合同价计算。

2）国际运费，指从出口国装运港（站）到进口国抵达港（站）的运费。我国进口设备大部分采用海洋运输，小部分采用铁路运输，个别采用航空运输。进口设备国际运费的计算公式为

$$国际运费(海、陆、空)=装运港船上交货价(FOB价)\times运费率$$

$$国际运费(海、陆、空)=运量\times单位运价$$

式中，运费率或单位运价参照有关部门或进出口公司的规定执行。

3）国际运输保险费，是指对外贸易货物运输保险是由保险人（保险公司）与被保险人（出口人或进口人）订立保险契约，在被保险人交付议定的保险费后，保险人根据保险契约的规定对货物在运输过程中发生的承保责任范围内的损失给予经济上的补偿，这是一种财产保险。国际运输保险费即为对外贸易货物运输保险交付的费用，其计算公式为

$$国际运输保险费=\frac{装运港船上交货价(FOB价)+国外运费}{1-保险费率}\times保险费率$$

式中，保险费率按保险公司规定的进口货物保险费率计算。

4）银行财务费，一般指中国银行手续费。该项费用可按下式简化计算：

$$银行财务费=装运港船上交货价(FOB价)\times银行财务费率$$

式中，银行财务费率按银行相关规定计算。

5）外贸手续费，指按对外经济贸易部规定的外贸手续费率计取费用，外贸手续费率一般取1.5%，其计算公式为

$$外贸手续费=[装运港船上交货价(FOB价)+国际运费+国际运输保险费]\times外贸手续费率$$

6）进口关税，该税是由海关对进出国境或关境的货物和物品征收的税种，其计算公式为

$$进口关税=到岸价格(CIF价)\times进口关税税率$$

式中，到岸价格（CIF价）包括离岸价格（FOB价）、国际运费和国际运输保险费等费用，它是关税完税价格。进口关税税率分为优惠和普通两种：优惠税率是用于与我国签订有关税互惠条款的贸易条约或协定的国家的进口设备；普通税率是用于未与我国签订有关税互惠条款的贸易条约或协定的国家的进口设备。进口关税税率按我国海关总署发布的进口关税税率计算。

7）增值税，该税是对从事进口贸易的单位和个人，在进口商品报关进口后征收的税种。《中华人民共和国增值税条例》规定，进口应税产品均按组成计税价格和增值税税率直接计算应纳税额，其计算公式为

$$增值税=组成计税价格\times增值税税率$$

其中

$$组成计税价格=关税完税价格+进口关税+消费税$$

式中，增值税税率根据规定的税率计算。

8）消费税，该税是对部分进口设备（如轿车和摩托车等）征收的税种，一般其计算公式为

$$消费税=\frac{到岸价格(CIF价)+进口关税}{1-消费税税率}\times 消费税税率$$

式中，消费税税率根据规定的税率计算。

9）海关监管手续费，是指海关对进口减税、免税和保税货物实施监督、管理和提供服务的手续费（对于全额征收进口关税的货物不计本项费用），其计算公式为

海关监管手续费 = 到岸价格 × 海关监管手续费率(一般为0.3%)

注意：

（1）进口设备抵岸价公式是以买卖双方按离岸价格（FOB价）结算为前提的，如果采用到岸价格（CIF价），则公式中的国际运输保险费和国际运费应去掉。

（2）由于进口关税是针对进口设备征收的，所以其计税基础中只包括与“外”有关的费用而不包括银行财务费和外贸手续费，其计算公式为

进口关税 = 到岸价格(CIF价) × 进口关税税率

（3）消费税是对部分进口货物征收的，其计算公式说明消费税本身进入计税基础，即

消费税 =［到岸价格(CIF价) + 进口关税］/(1 − 消费税税率) × 消费税税率

（4）进口设备增值税以其组成计税价格为计税基础，其计算公式为

组成计税价格 = 关税完税价格 + 进口关税 + 消费税

（5）所有的手续费（银行财务、外贸手续费和海关监管手续费）都不进入各种税（进口关税、消费税、增值税）的计税基础。

2. 进口设备国内运杂费

进口设备国内运杂费是指进口设备由进口国到岸港口、边境车站起至工地仓库（或施工组织设计指定的需要安装设备的堆放地点）止所发生的运输费、装卸费、采购与仓库保管费等。进口设备国内运杂费一般按进口设备抵岸价乘以设备运杂费率计算，其中设备运杂费率视具体交通运输情况或按各部门及省、市规定情况确定。

二、工器具及生产家具购置费

工器具及生产家具购置费是指新建或扩建项目初步设计规定的，保证初期正常生产必须购置的没有达到固定资产标准的设备、仪器、工卡模具、器具、生产家具和备品备件等的购置费用，其计算公式为

工器具及生产家具购置费 = 设备购置费 × 定额费率

第三节　建筑安装工程费用的构成

根据住房和城乡建设部、财政部（建标［2013］44号）颁布的《关于印发〈建筑安装工程费用项目组成〉的通知》，建筑安装工程费用项目的组成有两种划分形式，即按费用构成要素划分和按造价形成划分，两种划分形式相辅相成，紧密联系。

一、按费用构成要素划分

按照费用构成要素，建筑安装工程费用由人工费、材料费、施工机具使用费、企业管理费、利润、规费和税金组成，具体费用项目如下。

（一）人工费

人工费是指按工资总额构成规定，支付给从事建筑安装工程施工的生产工人和附属生

产单位工人的各项费用。

1. 人工费的组成

(1) 计时工资或计件工资：指按计时工资标准和工作时间或对已做工作按计件单价支付给个人的劳动报酬。

(2) 奖金：指对超额劳动和增收节支支付给个人的劳动报酬。例如，节约奖、劳动竞赛奖等。

(3) 津贴补贴：指为了补偿职工特殊或额外的劳动消耗和因其他特殊原因支付给个人的津贴，以及为了保证职工工资水平不受物价影响支付给个人的物价补贴。例如，流动施工津贴、特殊地区施工津贴、高温（寒）作业临时津贴、高空津贴等。

(4) 加班加点工资：指按规定支付的在法定节假日工作的加班工资和在法定日工作时间外延时工作的加点工资。

(5) 特殊情况下支付的工资：指根据国家法律、法规和政策规定，因病、工伤、产假、计划生育假、婚丧假、事假、探亲假、定期休假、停工学习、执行国家或社会义务等原因按计时工资标准或计时工资标准的一定比例支付的工资。

2. 人工费的计算

$$人工费=\sum（工日消耗量\times 日工资单价）$$

其中日工资单价是指施工企业平均技术熟练程度的生产工人在每工作日（国家法定工作时间内）按规定从事施工作业应得的日工资总额，计算公式如下：

$$日工资单价=\frac{生产工人平均月工资（计时/计件）+平均月（奖金+津贴补贴+特殊情况下支付的工资）}{年平均每月法定工作日}$$

（二）材料费

材料费是指施工过程中耗费的原材料、辅助材料、构配件、零件、半成品或成品、工程设备的费用。工程设备是指构成或计划构成永久工程一部分的机电设备、金属结构设备、仪器装置及其他类似的设备和装置。

1. 材料费的组成

(1) 材料原价：指材料、工程设备的出厂价格或商家供应价格。

(2) 运杂费：指材料、工程设备自来源地运至工地仓库或指定堆放地点所发生的全部费用。

(3) 运输损耗费：指材料在运输装卸过程中不可避免的损耗。

(4) 采购及保管费：指为组织采购、供应和保管材料、工程设备的过程中所需要的各项费用，包括采购费、仓储费、工地保管费、仓储损耗。

2. 材料费的计算

$$材料费=\sum(材料消耗量\times 材料单价)$$

$$材料单价=\{(材料原价+运杂费)\times[1+运输损耗率(\%)]\}\times[1+采购保管费率(\%)]$$

$$工程设备费=\sum(工程设备量\times 工程设备单价)$$

$$工程设备单价=(设备原价+运杂费)\times[1+采购保管费率(\%)]$$

（三）施工机具使用费

施工机具使用费是指施工作业所发生的施工机械、仪器仪表使用费或其租赁费。它由施工机械使用费及仪器仪表使用费组成。

1. 施工机具使用费的组成

首先，施工机械台班单价应由下列七项费用组成。

（1）折旧费：指施工机械在规定的使用年限内，陆续收回其原值的费用。

（2）大修理费：指施工机械按规定的大修理间隔台班进行必要的大修理，以恢复其正常功能所需的费用。

（3）经常修理费：指施工机械除大修理以外的各级保养和临时故障排除所需的费用，包括为保障机械正常运转所需替换设备与随机配备工具附具的摊销和维护费用，机械运转中日常保养所需润滑与擦拭的材料费用及机械停滞期间的维护和保养费用等。

（4）安拆费及场外运费：安拆费指施工机械（大型机械除外）在现场进行安装与拆卸所需的人工、材料、机械和试运转费用以及机械辅助设施的折旧、搭设、拆除等费用；场外运费指施工机械整体或分体自停放地点运至施工现场或由一施工地点运至另一施工地点的运输、装卸、辅助材料及架线等费用。

（5）人工费：指机上司机（司炉）和其他操作人员的人工费。

（6）燃料动力费：指施工机械在运转作业中所消耗的各种燃料及水、电等。

（7）税费：指施工机械按照国家规定应缴纳的车船使用税、保险费及年检费等。

其次，仪器仪表使用费是指工程施工所需使用的仪器仪表的摊销及维修费用。

2. 施工机具使用费的计算

（1）施工机械使用费：

施工机械使用费＝∑(施工机械台班消耗量×机械台班单价)

机械台班单价＝台班折旧费＋台班大修费＋台班经常修理费＋台班安拆费及场外运费
＋台班人工费＋台班燃料动力费＋台班车船税费

若租赁施工机械，则

施工机械使用费＝∑(施工机械台班消耗量×机械台班租赁单价)

（2）仪器仪表使用费：

仪器仪表使用费＝工程使用的仪器仪表摊销费＋维修费

（四）企业管理费

企业管理费是指建筑安装企业组织施工生产和经营管理所需的费用。

1. 企业管理费的组成

（1）管理人员工资：指按规定支付给管理人员的计时工资、奖金、津贴补贴、加班加点工资及特殊情况下支付的工资等。

（2）办公费：指企业管理办公用的文具、纸张、账表、印刷、邮电、书报、办公软件、现场监控、会议、水电、烧水和集体取暖降温（包括现场临时宿舍取暖降温）等费用。

（3）差旅交通费：指职工因公出差、调动工作的差旅费、住勤补助费，市内交通费和误餐补助费，职工探亲路费，劳动力招募费，职工退休、退职一次性路费，工伤人员就医路费，工地转移费以及管理部门使用的交通工具的油料、燃料等费用。

（4）固定资产使用费：指管理和试验部门及附属生产单位使用的属于固定资产的房

屋、设备、仪器等的折旧、大修、维修或租赁费。

(5) 工具用具使用费：指企业施工生产和管理使用的不属于固定资产的工具、器具、家具、交通工具和检验、试验、测绘、消防用具等的购置、维修和摊销费。

(6) 劳动保险和职工福利费：指由企业支付的职工退职金、按规定支付给离休干部的经费，集体福利费、夏季防暑降温、冬季取暖补贴、上下班交通补贴等。

(7) 劳动保护费：企业按规定发放的劳动保护用品的支出，例如，工作服、手套、防暑降温饮料以及在有碍身体健康的环境中施工的保健费用等。

(8) 检验试验费：指施工企业按照有关标准规定，对建筑以及材料、构件和建筑安装物进行一般鉴定、检查所发生的费用，包括自设试验室进行试验所耗用的材料等费用。不包括新结构、新材料的试验费，对构件做破坏性试验及其他特殊要求检验试验的费用和建设单位委托检测机构进行检测的费用，对此类检测发生的费用，由建设单位在工程建设其他费用中列支。但对施工企业提供的具有合格证明的材料进行检测不合格的，该检测费用由施工企业支付。

(9) 工会经费：指企业按《中华人民共和国工会法》规定的全部职工工资总额比例计提的工会经费。

(10) 职工教育经费：指按职工工资总额的规定比例计提，企业为职工进行专业技术和职业技能培训，专业技术人员继续教育、职工职业技能鉴定、职业资格认定以及根据需要对职工进行各类文化教育所发生的费用。

(11) 财产保险费：指施工管理用财产、车辆等的保险费用。

(12) 财务费：指企业为施工生产筹集资金或提供预付款担保、履约担保、职工工资支付担保等所发生的各种费用。

(13) 税金：指企业按规定缴纳的房产税、车船使用税、土地使用税、印花税等。

(14) 其他：包括技术转让费、技术开发费、投标费、业务招待费、绿化费、广告费、公证费、法律顾问费、审计费、咨询费、保险费等。

2. 企业管理费的计算

(1) 以分部分项工程费为计算基础：

$$企业管理费费率(\%)=\frac{生产工人年平均管理费}{年有效施工天数\times人工单价}\times人工费占分部分项工程费比例(\%)$$

(2) 以人工费和机械费合计为计算基础：

$$企业管理费费率(\%)=\frac{生产工人年平均管理费}{年有效施工天数\times(人工单价+每一工日机械使用费)}\times100\%$$

(3) 以人工费为计算基础：

$$企业管理费费率(\%)=\frac{生产工人年平均管理费}{年有效施工天数\times人工单价}\times100\%$$

(五) 利润

利润是指施工企业完成所承包工程获得的盈利。

(六) 规费

规费是指按国家法律、法规规定，由省级政府和省级有关权力部门规定必须缴纳或计取的费用。

1. 规费的组成

（1）社会保险费。

1）养老保险费：指企业按照规定标准为职工缴纳的基本养老保险费。

2）失业保险费：指企业按照规定标准为职工缴纳的失业保险费。

3）医疗保险费：指企业按照规定标准为职工缴纳的基本医疗保险费。

4）生育保险费：指企业按照规定标准为职工缴纳的生育保险费。

5）工伤保险费：指企业按照规定标准为职工缴纳的工伤保险费。

（2）住房公积金：指企业按规定标准为职工缴纳的住房公积金。

（3）工程排污费：指按规定缴纳的施工现场工程排污费。

其他应列而未列入的规费，按实际发生计取。

2. 规费的计算

（1）社会保险费和住房公积金。社会保险费和住房公积金应以定额人工费为计算基础，根据工程所在地省、自治区、直辖市或行业建设主管部门规定费率计算。

社会保险费和住房公积金＝∑(工程定额人工费×社会保险费和住房公积金费率)

（2）工程排污费。工程排污费等其他应列而未列入的规费应按工程所在地环境保护等部门规定的标准缴纳，按实计取列入。

（七）税金

税金是指国家税法规定的应计入建筑安装工程造价内的营业税、城市维护建设税、教育费附加以及地方教育附加。

1. 税金的组成

（1）营业税。营业税是按营业额乘以营业税税率确定，其中建筑安装企业营业税税率为3%。营业税计算公式为

应纳营业税＝营业额×3%

营业额是指从事建筑、安装、修缮、装饰及其他工程作业收取的全部收入，还包括建筑、修缮、装饰工程所用原材料及其他物资和动力的价款。当安装的设备的价值作为安装工程产值时，亦包括所安装设备的价款。但建筑安装工程总承包方将工程分包或转包给他人的，其营业额中不包括付给分包或转包方的价款。

（2）城乡维护建设税。城乡维护建设税原称为城市维护建设税，它是国家为了加强城乡的维护建设，稳定和扩大城市、乡镇维护建设的资金来源，而对有经营收入的单位和个人征收的一种税。

城乡维护建设税是按应纳营业税额乘以适用税率确定，计算公式为

应纳税额＝应纳营业税额×适用税率

城乡维护建设税的纳税人所在地为市区的，其适用税率为营业税的7%；所在地为县镇的，其适用税率为营业税的5%；所在地为农村的，其适用税率为营业税的1%。

（3）教育费附加。教育费附加是按应纳营业税额乘以3%确定，计算公式为

应纳税额＝应纳营业税额×3%

建筑安装企业的教育费附加要与其营业税同时缴纳。即使办有职工子弟学校的建筑安装企业，也应当先缴纳教育费附加，教育部门可根据企业的办学情况，酌情返还给办学单

位，作为对办学经费的补助。

2. 税金的计算

$$税金=税前造价\times综合税率（\%）$$

综合税率：

（1）纳税地点在市区的企业：

$$综合税率(\%)=\left[\frac{1}{1-3\%-(3\%\times7\%)-(3\%\times3\%)-(3\%\times2\%)}-1\right]\times100\%$$

（2）纳税地点在县城、镇的企业：

$$综合税率(\%)=\left[\frac{1}{1-3\%-(3\%\times5\%)-(3\%\times3\%)-(3\%\times2\%)}-1\right]\times100\%$$

（3）纳税地点不在市区、县城、镇的企业：

$$综合税率(\%)=\left[\frac{1}{1-3\%-(3\%\times1\%)-(3\%\times3\%)-(3\%\times2\%)}-1\right]\times100\%$$

二、按造价形成划分

建筑安装工程费按照工程造价形成由分部分项工程费、措施项目费、其他项目费、规费、税金组成。

（一）分部分项工程费

分部分项工程费是指各专业工程的分部分项工程应予列支的各项费用。

（1）专业工程：指按现行国家计量规范划分的房屋建筑与装饰工程、仿古建筑工程、通用安装工程、市政工程、园林绿化工程、矿山工程、构筑物工程、城市轨道交通工程、爆破工程等各类工程。

（2）分部分项工程：指按现行国家计量规范对各专业工程划分的项目。如房屋建筑与装饰工程划分的土石方工程、地基处理与桩基工程、砌筑工程、钢筋及钢筋混凝土工程等。

（3）分部分项工程费的计算：

$$分部分项工程费=\sum(分部分项工程量\times综合单价)$$

式中，综合单价包括人工费、材料费、施工机具使用费、企业管理费和利润以及一定范围的风险费用。

（二）措施项目费

措施项目费是指为完成建设工程施工，发生于该工程施工前和施工过程中的技术、生活、安全、环境保护等方面的费用。措施项目费主要包括以下几方面。

1. 安全文明施工费

（1）环境保护费：指施工现场为达到环保部门要求所需要的各项费用。

（2）文明施工费：指施工现场文明施工所需要的各项费用。

（3）安全施工费：指施工现场安全施工所需要的各项费用。

（4）临时设施费：指施工企业为进行建设工程施工所必须搭设的生活和生产用的临时建筑物、构筑物和其他临时设施费用，包括临时设施的搭设、维修、拆除、清理费或摊销费等。

$$安全文明施工费=计算基数\times安全文明施工费费率(\%)$$

计算基数应为定额基价（定额分部分项工程费＋定额中可以计量的措施项目费）、定额人工费或（定额人工费＋定额机械费），其费率由工程造价管理机构根据各专业工程的特点综合确定。

$$安全施工费费率(\%)=\frac{本项费用年度平均支出}{全年建安产值\times 直接工程费占总造价比例(\%)}$$

2. 夜间施工增加费

夜间施工增加费是指因夜间施工所发生的夜班补助费、夜间施工降效、夜间施工照明设备摊销及照明用电等费用。

夜间施工增加费＝计算基数×夜间施工增加费费率（%）

计费基数应为定额人工费或（定额人工费＋定额机械费）：

$$夜间施工增加费=\left(1-\frac{合同工期}{定额工期}\right)\times\frac{直接工程费中的人工费合计}{平均日工资单价}\times 每工日夜间施工费开支$$

3. 二次搬运费

二次搬运费指因施工场地条件限制而发生的材料、构配件、半成品等一次运输不能到达堆放地点，必须进行二次或多次搬运所发生的费用。

二次搬运费＝计算基数×二次搬运费费率(%)

计费基数应为定额人工费或（定额人工费＋定额机械费），二次搬运费费率按下式计算

$$二次搬运费费率(\%)=\frac{年平均二次搬运费开支额}{全年建安产值\times 直接工程费占总造价的比例(\%)}$$

4. 冬雨季施工增加费

冬雨季施工增加费指在冬季或雨季施工需增加的临时设施、防滑、排除雨雪，人工及施工机械效率降低等费用。

冬雨季施工增加费＝计算基数×冬雨季施工增加费费率(%)

计费基数应为定额人工费或（定额人工费＋定额机械费），冬雨季施工增加费费率按下式计算：

$$冬雨季施工增加费费率(\%)=\frac{年平均冬雨季施工增加费开支额}{全年建安产值\times 直接工程费占总造价的比例(\%)}$$

5. 已完工程及设备保护费

已完工程及设备保护费指竣工验收前，对已完工程及设备采取的必要保护措施所发生的费用。

已完工程及设备保护费＝计算基数×已完工程及设备保护费费率（%）

计费基数应为定额人工费或（定额人工费＋定额机械费）

6. 工程定位复测费

工程定位复测费指工程施工过程中进行全部施工测量放线和复测工作的费用。

7. 特殊地区施工增加费

特殊地区施工增加费指工程在沙漠或其边缘地区、高海拔、高寒、原始森林等特殊地区施工增加的费用。

8. 大型机械设备进出场及安拆费

大型机械设备进出场及安拆费指机械整体或分体自停放场地运至施工现场或由一个施工地点运至另一个施工地点，所发生的机械进出场运输及转移费用及机械在施工现场进行安装、拆卸所需的人工费、材料费、机械费、试运转费和安装所需的辅助设施的费用。

9. 脚手架工程费

脚手架工程费指施工需要的各种脚手架搭、拆、运输费用以及脚手架购置费的摊销（或租赁）费用。

措施项目及其包含的内容详见各类专业工程的现行国家或行业计量规范。

（三）其他项目费

1. 暂列金额

暂列金额指建设单位在工程量清单中暂定并包括在工程合同价款中的一笔款项，即用于施工合同签订时尚未确定或者不可预见的所需材料、工程设备、服务的采购，施工中可能发生的工程变更、合同约定调整因素出现时的工程价款调整以及发生的索赔、现场签证确认等的费用。

2. 计日工

计日工指在施工过程中，施工企业完成建设单位提出的工程合同范围以外的零星项目或工作所需的费用。

3. 总承包服务费

总承包服务费指总承包人为配合、协调建设单位进行的专业工程发包，对建设单位自行采购的材料、工程设备等进行保管以及施工现场管理、竣工资料汇总整理等服务所需的费用。

（四）规费

规费指按国家法律、法规规定，由省级政府和省级有关权力部门规定必须缴纳或计取的费用。其计算同按费用组成划分中所述。

（五）税金

税金指国家税法规定的应计入建筑安装工程造价内的营业税、城市维护建设税、教育费附加以及地方教育附加。其计算同按费用组成划分中所述。

第四节　工程建设其他费用的构成

工程建设其他费用是指从工程筹建起到工程竣工验收交付生产或使用止的整个建设期间，除建筑安装工程费用和设备及工器具购置费用以外的，为保证工程建设顺利完成和交付使用后能够正常发挥效益或效能而发生的各项费用。工程建设其他费用一般包括以下几项。

一、建设管理费

建设管理费是指建设单位从项目筹建开始直至办理竣工决算为止发生的项目建设管理费用，包括以下几方面内容。

（一）建设单位管理费

建设单位管理费是指建设单位发生的管理性质的开支，包括：工作人员工资、工资性补贴、施工现场津贴、职工福利费、住房基金、基本养老保险费、基本医疗保险费、失业保险费、工伤保险费、办公费、差旅交通费、劳动保护费、工具用具使用费、固定资产使用费、必要的办公及生活用品购置费、必要的通信设备及交通工具购置费、零星固定资产购置费、招募生产工人费、技术图书资料费、业务招待费、设计审查费、工程招标费、合同契约公证费、法律顾问费、咨询费、工程质量监督检测费、审计费、完工清理费、竣工验收费、印花税和其他管理性质开支。

（二）工程监理费

工程监理费是指建设单位委托工程监理单位实施工程监理的费用。

二、建设用地费

建设用地费指按照《中华人民共和国土地管理法》（以下简称为《土地管理法》）等的规定，建设项目使用土地应支付的费用。这类费用包括以下两项。

（一）土地征用及迁移补偿费

土地征用及迁移补偿费指建设项目通过划拨方式取得无限期的土地使用权，依照《土地管理法》等的规定所支付的费用，包括：土地补偿费，青苗补偿费和被征用土地上的房屋、水井、树木等附着物补偿费，安置补助费，耕地占用税或城镇土地使用税、土地登记费及征地管理费，以及征地动迁费和水利水电工程水库淹没处理补偿费等。其总和一般不得超过被征土地年产值的30倍。

（二）土地使用权出让金

土地使用权出让金指建设项目通过土地使用权出让方式，取得有限期的土地使用权，依照《中华人民共和国城镇国有土地使用权出让和转让暂行条例》的规定支付的土地使用权出让金。

三、可行性研究费

可行性研究费是指在建设项目前期工作中，编制和评估项目建议书（或预可行性研究报告）以及可行性研究报告所需的费用。

四、研究试验费

研究试验费是指为建设项目提供或验证设计数据和资料等进行必要的研究试验及按照设计规定在建设过程中必须进行试验和验证所需的费用，但不包括以下费用：

(1) 应由科技三项费用（即新产品试制费、中间试验费和重要科学研究补助费）开支的项目的费用。

(2) 应在建筑安装费用中列支的施工企业对建筑材料、构件和建筑物进行一般鉴定和检查所发生的费用及技术革新的研究试验费。

(3) 应由勘察设计费或工程费用开支的项目的费用。

五、勘察设计费

勘察设计费是指委托勘察设计单位进行工程水文地质勘察和工程设计所发生的各项费用，包括以下内容：

(1) 工程勘察费、初步设计费（基础设计费）和施工图设计费（详细设计费）。

(2) 设计模型制作费。

六、环境影响评价费

环境影响评价费是指按照《中华人民共和国环境保护法》和《中华人民共和国环境影响评价法》等规定，为全面、详细评价建设项目对环境可能产生的污染或造成的重大影响所需的费用，包括编制环境影响报告书（含大纲）、环境影响报告表和评估环境影响报告书（含大纲）、评估环境影响报告表等所需的费用。

七、劳动安全卫生评价费

劳动安全卫生评价费是指按照劳动部《建设项目（工程）劳动安全卫生监察规定》和《建设项目（工程）劳动安全卫生预评价管理办法》的规定，为预测和分析建设项目存在的职业危险、危害因素的种类和危险危害程度，并提出先进、科学、合理可行的劳动安全卫生技术和管理对策所需的费用，包括编制建设项目劳动安全卫生预评价大纲和劳动安全卫生预评价报告书以及为编制上述文件所进行的工程分析和环境现状调查等所需费用。

八、场地准备及临时设施费

场地准备及临时设施费包括场地准备费和临时设施费。场地准备费是指建设项目为达到工程开工条件所发生的场地平整及对建设场地余留的有碍于施工建设的设施进行拆除清理的费用。临时设施费是指为满足施工建设需要而供到场地界区的临时水、电、路、信、气等工程费用和建设单位的现场临时建（构）筑物的搭设、维修、拆除、摊销或建设期间租赁费用，以及施工期间专用公路养护费和维修费。此费用不包括已列入建筑安装工程费用中的施工单位临时设施费用。

场地准备及临时设施应尽量与永久性工程统一考虑。建设场地的大型土石方工程应进入工程费用的总图运输费用中。

九、引进技术和引进设备其他费

引进技术和引进设备其他费包括以下内容：

（1）引进项目图纸资料翻译复制费和备品备件测绘费。

（2）出国人员费用：包括买方人员出国设计联络、出国考察、联合设计、监造和培训等所发生的旅费、生活费以及制装费等。

（3）来华人员费用：包括卖方来华工程技术人员的现场办公费用、往返现场交通费用、工资、食宿费用和接待费用等。

（4）银行担保及承诺费：指引进项目由国内外金融机构出面承担风险和责任担保所发生的费用，以及支付贷款机构的承诺费用。

十、工程保险费

工程保险费是指建设项目在建设期间根据需要对建筑工程、安装工程及机器设备进行投保而发生的保险费用，包括建筑工程一切险和人身意外伤害险、引进设备国内安装保险等。

十一、特殊设备安全监督检验费

特殊设备安全监督检验费是指在施工现场组装的锅炉及压力容器、消防设备、燃气设备、电梯等特殊设备和设施，由安全监察部门按照有关安全监察条例和实施细则以及设计技术要求进行安全检验，应由建设项目支付的、向安全监察部门缴纳的费用。

十二、生产准备及开办费

生产准备及开办费是指建设项目为保证正常生产（或营业、使用）而发生的人员培训费、提前进厂费以及投产使用初期必备的生产生活用具和工器具等的购置费用，具体包括以下内容：

（1）人员培训费及提前进厂费：自行组织培训或委托其他单位培训的人员工资、工资性补贴、职工福利费、差旅交通费、劳动保护费和学习资料费等。

（2）为保证初期正常生产、生活（或营业、使用）所必需的生产办公和生活家具用具的购置费。

（3）为保证初期正常生产（或营业、使用）必需的第一套没有达到固定资产标准的生产工具、器具和用具的购置费（不包括备品备件费）。

十三、联合试运转费

联合试运转费是指新建项目或新增加生产能力的工程，在交付生产前按照批准的设计文件所规定的工程质量标准和技术要求，进行整个生产线或装置的负荷联合试运转或局部联动试车所发生的费用净支出（试运转支出大于收入的差额部分费用，以及必要的工业炉烘炉费）。试运转支出包括试运转所需原材料、燃料及动力消耗、低值易耗品、其他物料消耗、工具用具使用费、机械使用费、保险金、施工单位参加试运转人员工资以及专家指导费等；试运转收入包括试运转期间的产品销售收入和其他收入。

联合试运转费不包括应由设备安装工程费用开支的调试及试车费用，以及在试运转中暴露出来的因施工原因或设备缺陷等发生的处理费用。

十四、专利及专有技术使用费

专利及专有技术使用费包括以下内容：

（1）国外设计及技术资料费、引进有效专利及专有技术使用费和技术保密费。

（2）国内有效专利及专有技术使用费用。

（3）商标使用费和特许经营权费等。

十五、市政公用设施建设及绿化费

市政公用设施建设及绿化费是指项目建设单位按照项目所在地人民政府有关规定缴纳的市政公用设施建设费以及绿化补偿费等。

由于历史的原因，我国不同行业和地区在工程建设其他费用的构成及计算上有一定差异，在实际工作中，其他费用应计列的项目及计算方法应结合工程项目所在行业及地区当时的具体规定予以确定。

第五节 预备费用和建设期贷款利息

一、预备费用

预备费用包括基本预备费和价差预备费两部分。

（一）基本预备费

基本预备费是指在初步设计和概算中难以预料的费用。基本预备费的具体内容包括：进行技术设计、施工图设计和施工过程中，在批准的初步设计范围内所增加的工程费用；

由于一般自然灾害所造成的损失和预防自然灾害所采取的措施费用；工程竣工验收时，为鉴定工程质量，必须开挖和修复的隐蔽工程的费用。基本预备费一般以工程费用和其他费用之和为计算基数，乘以基本预备费费率进行计算。

（二）价差预备费

价差预备费是指对建设工期较长的项目，在建设期内价格上涨可能引起投资增加而预留的费用，亦称为价格变动不可预见费。价差预备费以建筑工程费、设备及工器具购置费和安装工程费之和为计算基数，根据国家规定的投资综合价格指数，按估算年份价格水平的投资额为基数，采用复利方法计算。

二、建设期贷款利息

建设期贷款利息，是指建设项目建设投资中有偿使用部分在建设期间内应偿还的借款利息及承诺费。除自有资金、国家财政拨款和发行股票外，凡属有偿使用性质的资金，包括国内银行和其他非银行金融机构贷款、出口信贷、外国政府贷款、国际商业贷款和在境内外发行的债券等，均应计算建设期贷款利息。

项目建设期贷款利息，按照项目可行性研究报告中的项目建设资金筹措方案确定的初步贷款意向规定的利率、偿还方式和偿还期限计算。对于没有明确意向的贷款，按项目适用的现行一般（非优惠）贷款利率、期限和偿还方式计算。国外借款利息的计算中，还应包括国外贷款银行根据贷款协议向借款方以年利率的方式收取的手续费、管理费和承诺费，以及国内代理机构经国家主管部门批准的以年利率的方式向贷款单位收取的转贷费、担保费和管理费等资金成本费用。

第三章　建筑安装工程造价计价方式和计价依据

第一节　概　　述

一、建筑安装工程造价计价的基本原理

工程项目是单件性与多样性组成的集合体。每一个工程项目的建设都需要按业主的特定需要单独设计、单独施工，不能批量生产和按整个工程项目确定价格，只能以特殊的计价程序和计价方法，即需要将整个项目进行分解，划分为可以按定额等技术经济参数测算价格的基本子项或称为分部分项工程（又可称为假定的建筑安装产品）进行计价，即

$$建筑安装工程造价 = \sum_{i=1}^{n} 基本子项(分部分项工程)实物工程量 \times 单位价格$$

式中　i——第 i 个基本子项；

n——工程结构分解得到的基本子项数目。

在进行工程计价时，实物工程量的计量单位由单位价格的计量单位决定：如果单位价格的计量单位对象取得较大，得到的工程估算就较粗；反之，则较细较准确。实物工程量的大小主要取决于设计图纸的规定，此外，也受到分部分项工程项目划分的粗细程度和工程量计算规则合理性的影响。因此，科学合理的设计方案是合理计价的基础，设计阶段是控制工程造价最重要的阶段。一般来说，分部分项工程项目的划分及工程量计算规则主要由工程本身的结构、施工特点及管理策略决定，分部分项的划分越细，计价相对越准确，但计算及管理工作量越大。因此，根据工程特点及地区、行业历史习惯，同时兼顾管理工作的方便确定合理的项目划分及工程量计算规则是合理计价应考虑的重要前提。

实物工程量单位价格组成一般可以有两类表现形式，即直接费单价和综合单价。如果实物工程量单位价格组成仅由人材机资源要素的消耗量和价格形成，即

$$单位价格 = \sum(分部分项工程的资源要素消耗量 \times 资源要素价格)$$

该单位价格是直接费单价，如果在单位价格中还部分或全部纳入直接费以外的其他构成建筑安装工程造价的费用，则该单位价格是综合单价。

实物工程量单位价格的形成与工程造价管理体制密切相关。在计划经济体制下，资源要素消耗量和要素价格一般由工程造价管理部门根据当时、当地的社会平均生产力水平统一测算、制定，以全国或行业、地区的概、预算定额（或单位估价表）形式颁布，强制性要求工程建设有关各方执行；在市场经济体制下，承包商应依据反映本企业技术与管理水平的企业定额确定资源要素消耗量，依据工程建设当时、当地的资源要素市场价格自主确定相应价格。

二、建筑安装工程造价计价依据的含义及分类

建筑安装工程造价计价依据是指据以计算建筑安装工程造价的各类基础资料的总称。

建筑安装工程造价计价依据种类有很多划分方式，但从本质上说，主要包括计算工程量的依据和确定单位工程量价格的依据两大类。

（一）工程量计算的依据

工程量计算的主要依据是设计图纸、基本子项的划分规定和工程量计算规则。在计划经济体制下，基本子项的划分规定和工程量计算规则与全国或地区、行业统一颁布的工程建设定额编制时考虑的施工组织设计（或施工方案）有关。因此，计划经济体制下的基本子项划分一般较细，计算规则中含有施工需增加的工作量计算等规定，通常与地区或行业颁布工程建设定额配套使用。在市场经济体制下，为增强竞争机制，充分调动承包人的积极性，促进施工企业不断提高技术和管理水平，基本子项划分相对较粗，工程量计算仅考虑实体净尺寸，不同施工方案需增加的工作量由承包人报价时根据其自己拟定的施工方案考虑。由此，为统一全国基本子项划分和工程量计算规则，规范工程量清单编制，原建设部和国家质量监督检验检疫总局于2003年2月17日首次联合发布了《建设工程工程量清单计价规范》（GB 50500—2003）[以下简称为《计价规范》（GB 50500—2003）]，并于2008年7月9日又联合发布了《建设工程工程量清单计价规范》（GB 50500—2008）[以下简称为《计价规范》（GB 50500—2008）]，2013年再次发布新版《建设工程工程量清单计价规范》（GB 50500—2013）以及《房屋建筑与装饰工程工程量计算规范》（GB 50854—2013）等九册工程量计算规范作为全部范围内工程量清单编制及计价的国家标准。

（二）单位工程量价格确定的依据

单位工程量价格确定的主要依据是在传统计划经济体制下由政府部门统一颁布的，反映一定范围内社会平均生产力水平的工程建设定额和指令性价格。在市场经济体制下，单位价格计算的主要依据从理论上说应是企业制定的，反映参与竞争的投标企业自身管理和技术水平的企业定额和市场价格信息。但是，在现阶段我国市场化计价的实务操作中，由于各种主、客观原因，我国大部分施工企业尚未建立完整系统的企业定额，目前还是主要以地区、行业统一颁布的工程建设定额为竞价时的指导和参考。

除工程建设定额及工程量计算规则外，建筑安装工程造价计价的依据还有工程造价指数、工程造价积累资料等。

第二节　建筑安装工程造价计价方式

建筑安装工程造价计价方式的产生和发展与国家社会经济管理体制密切相关，按照我国经济管理体制建立和改革的历史进程，可将我国工程造价的计价方式划分为三大阶段：

（1）第一阶段：新中国成立初期至推行建设工程招投标制度前——“量、价、费集中控制”的传统概、预算定额计价方式。

（2）第二阶段：建设工程招投标制度推行后至《计价规范》（GB 50500—2003）颁布前——“控制量、指导价、竞争费”的改革发展过渡时期概、预算定额计价方式。

（3）第三阶段：《计价规范》（GB 50500—2003）颁布后至今——“消耗量自定，价

格、费用自选，全面竞争，自主报价”的工程量清单计价方式。

一、传统的概、预算定额计价方式

传统的概、预算定额计价方式是指工程造价计价人员根据设计施工图纸和国家或地区、行业行政管理部门统一规定的分部分项工程项目划分及工程量计算规则，自行计算工程量，套用相应行政管理部门颁发的、在一定范围内强制性执行的工程建设概、预算定额和费用定额确定工程造价的方式。

在该计价方式下，单位实物工程量价格一般表现为人材机单价（定额中称为“基价”），决定人材机单价的人材机消耗量及单位人材机预算单价均由工程造价管理部门集中统一编制管理，以地区或行业建筑安装工程概、预算定额（或单位估价表）体现；除人材机以外的其他建筑安装工程费用，如间接费和利润等，也由工程造价管理部门集中统一编制，以地区或行业统一费用定额表现。由于该模式中的工程发承包计价和定价都是以国家和地区权力部门公布的工程建设定额为依据的，统一定额中规定的人材机消耗量和预算单价及各项费用的费率是按社会平均水平编制的，以此为依据形成的工程造价在本质上也就属于社会平均价格。显然，传统的定额计价模式是一种政府集中管理量、价、费的高度集中的计划经济计价模式。传统的概、预算定额计价方式下工程造价计价程序如图 3－1 所示。

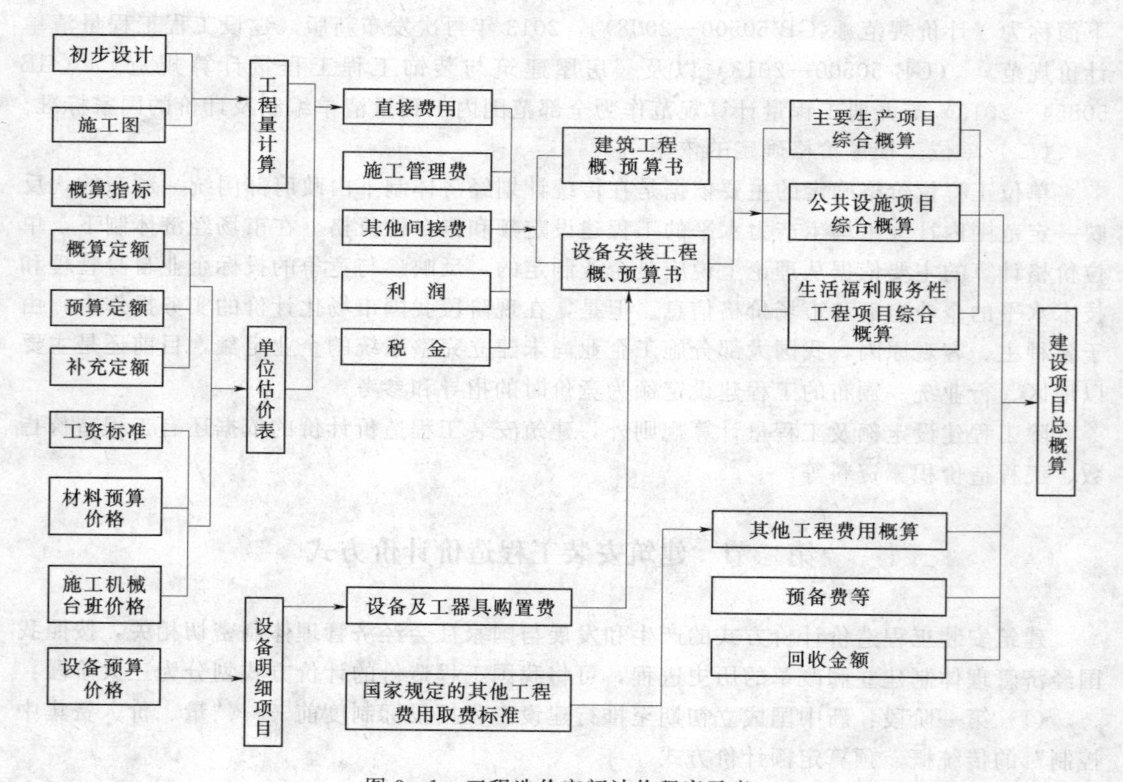

图 3－1 工程造价定额计价程序示意

二、改革发展过渡时期的概、预算定额计价方式

1984 年，原国家计划委员会、城乡建设环境保护部联合下发了《建设工程招标投标

暂行规定》，倡导实行建设工程招标，我国由此开始推行招投标制度。招投标制度将竞争机制和市场机制引入建筑行业，促进了建筑市场的建立和发展，改革传统的计划经济计价模式，并建立适应市场经济要求的计价模式也就成为历史的必然。但是根据我国当时的国情，要建立一步到位的市场经济计价模式并不是最合适的选择，因此，我国采用了逐步改革、循序渐进的工程造价计价改革思路。

自 1992 年开始，我国的改革开放力度不断增大，经济加速向有中国特色的社会主义市场经济转变，工程造价管理的模式、理论和方法等方面同样也开始了全面的变革。我国传统的工程造价概、预算定额管理模式中由于有许多计划经济下行政命令与行政干预的影响，已经越来越无法适应社会主义市场经济的需要，与改革开放的现实出现了很大的不相容性。因此，自 1992 年全国工程建设标准定额工作会议以后，我国的工程造价管理体制从原来引进苏联的“量、价统一”的工程造价定额管理模式，开始向“量、价分离”、逐步实现以市场机制为主导、由政府职能部门实行协调监督、与国际惯例全面接轨的工程项目造价管理新模式的转变。随后的一段时间里，从深圳到上海，从北京到广州，全国各地的工程造价管理机构开始了我国工程造价管理模式、工程造价管理理论和工程造价管理方法的探索与改革，并且不断有许多好的工程造价管理经验和方法在全国获得推广。

“控制量、指导价、竞争费”（即人材机消耗量仍然由国家、地区或行业行政管理部门统一颁发工程建设定额确定，人材机价格实行地区指导价，管理费及利润等完全由企业根据自身管理水平及市场竞争情况确定）这一改革发展中的定额计价模式，在工程发承包中发挥了很大作用，取得了明显成效，但因工程概、预算定额反映的是社会平均消耗量水平，不能准确反映各个企业的实际消耗量，也不能全面地体现企业的技术装备水平、管理水平和劳动生产率，不能充分体现市场公平竞争，所以仍然难以改变工程概、预算定额中国家指令性的状况，不能满足建设市场化进程的需要。统一定额约束了企业自主报价，达不到合理低价中标，无法实现投标人与招标人的双赢，也与国际通用做法也相距很远。

随着建设市场化进程的发展，我国陆续颁发了《中华人民共和国建筑法》、《中华人民共和国价格法》（以下简称为《价格法》）、《中华人民共和国招标投标法》（以下简称为《招标投标法》）、《中华人民共和国合同法》（以下简称为《合同法》），这些法律都明确表明工程造价不属于国家定价范畴，工程造价是放开的，是由市场竞争形成并在合同中约定的。随着市场经济体制的建立，特别是我国加入 WTO 以后，工程造价通过市场竞争形成并通过合同约定的形式，将成为工程定价的最基本特征，因此，有必要对过渡时期的计价模式进一步深化改革。从 2000 年开始，我国便按照“统一计价规则，有效控制消耗量，彻底放开价格，正确引导企业自主报价，市场有序竞争形成价格”的原则，在企业改制比较好并且改革的环境也较好的广东省顺德市，进行了工程造价改革的试点工作，随后在吉林和天津等地也进行工程量清单计价的试点改革。有了这些试点的经验及国际和国内的需求，专家组很快按照国际通行的做法并结合国内的具体情况提出了编制工程量清单计价规范的初步方案。之后，经过紧张的编制工作，于 2003 年出台了《计价规范》（GB 50500—2003），确立了我国招标投标实行工程量清单计价的基本规则和思路，即我国工程造价计价方式进入“消耗量自定，价格、费用自选，全面竞争，自主报价”的完全市场化模式阶段。

三、工程量清单计价方式

我国自20世纪80年代改革开放以来，经历了一系列的改革，至今已经在工程建设领域形成了四项基本法律制度——项目法人责任制（业主制）、招标投标制、建设监理制和合同管理制，它们从不同角度起到了构筑有形建筑市场硬件的作用。但由于各种主观、客观原因，我国工程造价管理体制的改革一直处于滞后状态，而经济学研究表明，市场机制是人类迄今为止解决自己经济问题最成功的手段，价格则是市场机制中组织经济活动的灵魂，由此，缺少工程造价管理改革的任何建设体制改革都是不成熟的改革，都没有触及建筑市场的灵魂，只有与市场经济体制相适应的工程量清单计价才从本质上改变了工程造价的计价方式，真正把竞争机制和市场机制引入到工程建设领域。

（一）工程量清单计价的基本原理

工程量清单计价的基本原理就是以招标人提供的工程量清单为平台，投标人根据自身的技术、财务和管理能力，充分考虑市场和风险因素，确定投标竞争策略进行自主报价，招标人根据事先制定的具体的评标细则进行优选，最终签订工程合同确定工程造价。工程量清单计价相对于传统的定额计价是一种新的计价模式，是市场定价体系的具体表现形式。

工程量清单计价的基本过程可以描述为：在统一的工程量清单项目设置规则、工程量计算规则及工程量清单标准格式基础上，根据具体工程的施工图纸计算出各个清单项目的工程量，再根据各种渠道所获得的工程造价信息和经验数据计算得出工程造价。这一基本的计算过程如图3-2所示。

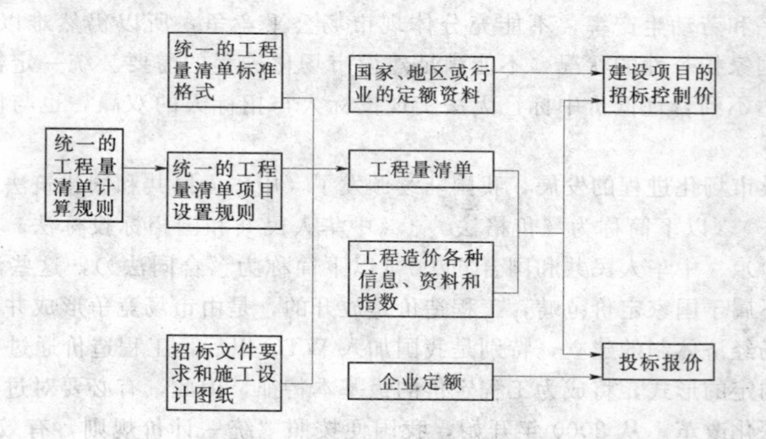

图3-2 工程造价工程量清单计价过程示意

从工程量清单计价过程示意图可以看出，在招投标阶段，工程量清单计价过程可以分为两个阶段，即工程量清单的编制和利用工程量清单来编制招标控制价及投标报价。

在工程量清单计价模式下，单位工程量价格一般表现为综合单价，根据各地或各行业的特点及具体情况，综合单价又表现为不完全费用单价和完全费用单价，例如，《计价规范》（GB 50500—2008）中定义的综合单价即为不完全费用单价（包括人工费、材料费、机械费、管理费、利润及风险费用）；建标［2003］26号文中定义的综合单价即为完全费用单价（包括人工费、材料费、机械费、间接费、利润、税金及风险费用）。决定综合单价的人材机消耗量及预算单价、管理费率和利润率等应以企业定额体现，反映企业的技术经济管理水平和市场竞争能力，综合单价应是一个因时间、地点和项目不同而变化的动态价格。因此，投标单位在报价过程中必须通过对单位工程成本和利润的分析，统筹考虑并精心选择施工方案，根据企业定额合理确定人工、材料和机械等要素在项目上的投入与配置，合理控制现场的施工技术措施费用，科学确定投标价。

（二）工程量清单计价的特点

工程量清单计价是一种与市场经济相适应的、允许承包企业自主报价、通过市场竞争确定价格并与国际惯例接轨的计价模式。与传统的定额计价法相比，工程量清单计价法具有以下特点。

1. 满足建筑市场竞争的需要

工程建设招投标过程本身就是一个竞争的过程，招标人给出工程量清单，投标人依据自己的企业定额和市场价格信息，或参照建设行政部门发布的社会平均消耗量定额进行报价，并对自己的报价承担相应的风险和责任，从而建立起真正的风险制约和竞争机制，促使企业提高技术、管理水平和企业整体竞争实力。

2. 提供了一个平等的竞争条件

采用传统定额计价法的施工图预算投标报价时，由于设计图纸可能存在缺陷等原因，不同投标企业的人员理解不一，计算出的工程量也不相同，报价可能产生较大差异，容易产生纠纷。而工程量清单计价要求招标人提供统一的工程量清单，这就为投标者提供一个平等竞争的基础。在工程量相同的条件下，由施工企业根据自身的实力来填写不同的单价，符合商品交换的一般性原则。

3. 有利于工程款的拨付和工程造价的最终确定

我国相关法律、法规规定：招标人和中标人应当自中标通知书发出之日起30日内，按照招标文件和中标人的投标文件订立书面合同；招标人和中标人不得再行订立背离合同实质性内容的其他协议。由此，中标人投标文件中所填的工程量清单综合单价也就成了拨付工程款的依据。业主根据施工企业完成的、经监理工程师计量的实际工程量乘以报价书中相应的综合单价，可以很容易地确定进度款的拨付额。工程竣工后，再根据设计变更和工程量的增减乘以相应的综合单价，业主也可以很容易确定工程的最终造价。

4. 有利于实现风险的合理分担

为合理减少施工企业风险，并遵照谁引起风险、谁承担责任的原则，《计价规范》（GB 50500—2008）规定：分部分项工程量清单漏项或数量有误，或设计变更引起清单项目变化或数量增减，均应按实调整；投标单位只对自己所报的成本和单价等负责。这种规定符合风险合理分担和责权利关系对等的一般原则。

5. 有利于业主对投资的控制

传统定额计价法一般采用工料单价计价程序，单位工程量价格表现为定额中的人材机单价（定额基价），价差、费率调整及费用计算一般在竣工结算时处理，业主对因设计变更或工程量的增减所引起的工程造价变化不敏感，往往要等竣工结算时才知道工程变更对项目投资的具体影响数额，不利于投资的主动控制；采用工程量清单计价一般采用综合单价计价程序，单位工程量价格表现为相对固定的综合单价，综合单价调整条件和方式在合同中也有明确规定，在要进行设计变更时，能马上知道它对工程造价的影响，这样业主就能根据投资情况来决定是否变更或进行方案比较，以决定最恰当的处理方法。

注意：尽管工程量清单计价有上述优点，但由于定额计价在我国实行了几十年，虽然有与市场经济不相适应的一面，但其计价体系系统完整，数据测算方法科学合理，计价基本符合建筑安装工程的特点，也有较高的准确性；而且我国地域辽阔，各地区技术和经济条件有较大差异，市场经济发达情况不一致，也不宜强求采用一种计价模式；此外，工程量清单计价要求业主在招标文件中提供工程量清单并承担清单错误风险，承包人承担价格风险，因此主要适用于设计深度达到一定程度、变更不太大的招投标项目计价，对设计深度不够、无法提供详细工程量清单的项目则不适宜。由此，在国家大力推行采用国际通用的工程量清单计价的同时，也不应全盘否定定额计价。在实务操作中，我国大部分省市仍然采用了过渡时期的概、预算定额计价与工程量清单计价两种方式并存的计价模式，从我国现状看，这两种计价方式在一定时期内还将长期并存。

第三节　建筑安装工程造价计价依据的种类

一、工程建设定额

（一）工程建设定额的含义

在工程建设中，为了生产某一合格产品，都要消耗一定数量的人工、材料、机械和资金，这种消耗数量，受各种生产条件的影响。在生产一个产品的过程中，这种消耗越大，则产品的成本越高，在产品价格一定的条件下，企业的盈利就会降低，对社会的贡献也就越低，因此降低产品生产过程中的消耗，对降低企业成本有着十分重要的意义。但是这种消耗又是不可能无限制地降低的，它在一定的生产条件下，必须有一个合理的数额。因此，根据一定时期内的生产水平和产品的质量要求，规定出一个在一定范围内使用的完成单位合格产品所需的人工、材料、机械和资金消耗额度，就是工程建设定额。

定额是企业管理科学化的产物，也是科学管理企业的基础和必备条件。在计划经济体制下，定额往往凭借着政府的权力，以集中的、稳定的形式表现出来，成为政治、经济和技术的统一体。在市场经济体制下，定额可以以多种形态并存的形式表现，既可以有反映地区行业社会平均水平的概、预算定额，也可以有反映企业技术及管理水平的企业定额，各自从不同角度发挥作用，共同为规范建筑市场行为、提高生产效率和促进建筑企业管理科学化服务。

（二）工程建设定额的分类

工程建设定额是工程建设中各类定额的总称，它包括许多种类的定额。为了对工程建设定额有一个全面的了解，可以按照不同的原则和方法对它进行科学的分类。

1．按定额反映的生产要素消耗内容分类

按定额反映的生产要素消耗内容分类，可以把工程建设定额分为劳动消耗定额、材料消耗定额和机械消耗定额三种。

(1) 劳动消耗定额，简称为劳动定额（又称为人工定额），是指在正常施工技术条件和合理劳动组织条件下完成单位合格产品（工程实体或劳务）所需消耗的工作时间，或在一定工作时间中应该生产的产品数量。劳动定额以时间定额或产量定额表示，时间定额与产量定额互为倒数。

(2) 材料消耗定额，是指在合理使用材料的条件下，完成单位合格产品所需消耗材料的数量。

材料是工程建设中使用的原材料、成品、半成品、构配件、燃料以及水、电等动力来源的统称。材料作为劳动对象构成工程的实体，需用数量很大，种类很多，所以材料消耗量多少以及消耗是否合理，不仅关系到资源的有效利用、影响市场供求状况，而且对建设工程的项目投资和建筑产品的成本控制都起着决定性的影响。

材料消耗定额，在很大程度上可以影响材料的合理调配和使用。在产品生产数量和材料质量一定的情况下，材料的供应计划和需求都会受到材料消耗定额的影响。重视和加强材料消耗定额管理，制定合理的材料消耗定额，是组织材料的正常供应和保证生产顺利进行，以及合理利用资源、减少积压和浪费的必要前提。

(3) 机械消耗定额，是指在正常施工条件下，为完成单位合格产品（工程实体或劳务）所需消耗的机械工作时间，或在单位时间内该机械应该完成的产品数量。机械消耗定额有时间定额和产量定额两种表现形式。

2. 按定额的编制程序和用途分类

按定额的编制程序和用途分类，可以把工程建设定额分为施工定额、预算定额、概算定额、概算指标和投资估算指标五种。

(1) 施工定额，是以同一性质的施工过程——工序作为研究对象，表示生产产品数量与时间消耗综合关系编制的定额；是施工企业（建筑安装企业）组织生产和加强管理在企业内部使用的一种定额，属于企业定额的性质。为了适应组织生产和管理的需要，施工定额的项目划分很细，是工程建设定额中分项最细、定额子目最多的一种定额，也是工程建设定额中的基础性定额。在计划经济及改革发展过渡时期，我国施工企业所采用的施工定额是以全国统一定额形式颁布的，如 1988 年《全国统一建筑安装工程劳动定额》和 1994 年《建筑安装工程劳动定额》[LD/T72—94 (DE)] 等。

(2) 预算定额，是以建筑物或构筑物各个分部分项工程为对象编制的定额。它是规定在正常的施工技术和组织条件下，消耗在合格质量的工程基本子项上的人工、材料和机械的数量标准。预算定额的各项指标，反映了在其编制及使用范围内社会或行业平均劳动生产率水平条件下，完成规定计量单位符合设计标准和施工及验收规范要求的分项工程消耗的活劳动和物化劳动的数量限度，属于计价性定额。从编制程序上看，预算定额是以施工定额为基础综合扩大编制的，同时也是编制概算定额的基础。

(3) 概算定额，是以扩大的分部分项工程为对象编制的，计算和确定该工程项目的人工、材料、机械消耗量所使用的定额，也是一种计价性定额；是编制扩大初步设计概算、确定建设项目投资额的依据。概算定额的项目划分粗细，与扩大初步设计的深度相适应，一般是在预算定额的基础上综合扩大而成的，每一综合分项概算定额都包含了数项预算定额。

(4) 概算指标，是概算定额的扩大与合并，它是以整个建筑物和构筑物为对象，以更为扩大的计量单位来编制的。概算指标的内容包括人工、材料、机械定额三个基本部分，同时还列出了各结构分部的工程量及单位建筑工程（以体积计或面积计）的造价，是一种计价定额。

由于各种性质建设定额所需要的人工、材料和机械数量不一样，概算指标通常按工业建筑和民用建筑分别编制。工业建筑中又按各工业部门类别、企业大小和车间结构编制，民用建筑按照用途性质、建筑层高和结构类别编制。概算指标的设定和初步设计的深度相适应，一般是在概算定额和预算定额的基础上编制的，比概算定额更加综合扩大。它是设计单位编制工程概算或建设单位编制年度任务计划以及施工准备期间编制材料和机械设备供应计划的依据，也可供国家编制年度建设计划参考。

(5) 投资估算指标，是在项目建议书和可行性研究阶段编制投资估算和计算投资需要量时使用的一种定额。它非常概略，往往以独立的单项工程或完整的工程项目为计算对象，编制内容是所有项目费用之和，它的概略程度与可行性研究阶段相适应。投资估算指标往往根据历史的预、决算资料和价格变动等资料编制，但其编制基础仍然离不开预算定额和概算定额。

3. 按投资的费用性质分类

按投资的费用性质分类，可以把工程建设定额分为建筑工程定额、设备安装工程定额、工器具定额以及工程建设其他费用定额等。

4. 按主编单位和管理权限分类

按主编单位和管理权限分类，可以把工程建设定额分为全国统一定额、行业统一定额、地区统一定额和企业定额等。

5. 按专业性质分类

按专业性质分类，可以把工程建设定额分为全国通用定额、行业通用定额和专业专用定额三种。

二、《建设工程工程量清单计价规范》

《建设工程工程量清单计价规范》（GB 50500—2013）［以下简称《计价规范》（GB 50500—2013）］是根据《建筑法》、《合同法》、《招标投标法》等法律以及最高人民法院《关于审理建设工程施工合同纠纷案件适用法律问题的解释》，按照我国工程造价管理改革的总体目标，本着国家宏观调控、市场竞争形成价格的原则制定的。它是统一工程量清单编制，规范工程量清单计价的国家标准，是调整建设工程工程量清单计价活动中，发包人与承包人各种关系的规范文件。

《计价规范》（GB 50500—2013）共包括正文十六章、附录一个。正文十六章分别为：第一章，总则；第二章，术语；第三章，一般规定；第四章，工程量清单编制；第五章，招标控制价；第六章，投标报价；第七章，合同价款约定；第八章，工程计量；第九章，合同价款调整；第十章，合同价款期中支付；第十一章，竣工决算与支付；第十二章，合同解除的价款结算与支付；第十三章，合同价款争议的解决；第十四章，工程造价鉴定；第十五章，工程计价资料与档案；第十六章，工程计价表格。附录A，物价变化合同价款调整方法。

（一）总则

总则共计7条，规定了本规范制定的目的、依据、适用范围、工程量清单计价活动应遵循的基本原则及附录的作用等。

（1）为规范工程造价计价行为，统一建设工程计价文件的编制原则和计价方法，根据《中华人民共和国建筑法》《中华人民共和国合同法》《中华人民共和国招标投标法》，制定本规范。

（2）本规范适用于建设工程发承包及其实施阶段的计价活动。

（3）建设工程发承包及其实施阶段的工程造价由分部分项工程费、措施项目费、其他项目费、规费和税金组成。

（4）招标工程量清单、招标控制价、投标报价、工程计量、合同价款调整、合同价款结算与支付以及工程造价鉴定等工程造价文件的编制与核对应由具有专业资格的工程造价人员承担。

（5）承担工程造价文件的编制与核对的工程造价人员及其所在单位，应对工程造价文件的质量负责。

（6）建设工程发承包及其实施阶段的计价活动应遵循客观、公正、公平的原则。

（7）建设工程发承包及其实施阶段的计价活动，除应遵守本规范外，尚应符合国家现行有关标准的规定。

（二）术语

《计价规范》（GB 50500—2013）术语共计52条，与《计价规范》（GB 50500—2008）相比增加了29条，对《计价规范》（GB 50500—2013）中特有的术语给予定义或含义。

（三）一般规定

本章共3节，规定了计价方式、发包人提供材料和工程设备、承包人提供材料和工程设备及计价风险四方面内容。

（四）工程量清单编制

本章共6节，包含工程量清单编制的一般规定、工程量清单各组成部分（分部分项工程项目、措施项目、其他项目、规费及税金）的编制方法和要求。

（五）招标控制价

本章共3节，包含招标控制价的一般规定、招标控制价的编制依据及编制方法以及投标人的投诉方式及处理程序。

（六）投标报价

本章共2节，包含投标报价的一般规定、投标报价的编制依据及编制方法。

（七）合同价款约定

本章共2节，包含关于合同价款约定的一般规定、发承包双方应在合同条款中对合同价款约定的内容。

（八）工程计量

本章共3节，包含关于工程计量的一般规定、单价合同的计量规定及总价合同的计量规定等内容。

（九）合同价款调整

本章共15节，包含关于合同价款调整的一般规定、法律法规变化、工程变更、项目特征描述不符、工程量清单缺项、工程量偏差、计日工、现场签证、物价变化、暂估价、不可抗力、提前竣工（赶工补偿）、误期赔偿、索赔、暂列金额等因素发生时合同价款的调整方法。

（十）合同价款期中支付

本章共3节，包含关于预付款、安全文明施工费、进度款的支付规定。

（十一）竣工结算与支付

本章共6节，包含关于竣工结算与支付一般规定、竣工结算的编制、办理及支付方法、质量保证金、最终结清的办理方法。

（十二）合同解除的价款结算与支付

本章规定了由于不同原因解除合同（发承包双方协商、不可抗力、承包人违约、发包人违约）的情况下，工程价款结算与支付的方法及争议解决的方法。

（十三）合同价款争议的解决

本章共5节，规定了合同价款争议的解决的方法，如监理或造价工程师作暂定裁决、管理机构的解释或认定、协商和解、调解、仲裁、诉讼，并规定了采用各方法应注意的问题。

（十四）工程造价鉴定

本章共3节，包含关于工程造价鉴定的一般规定、取证相关规定及鉴定书应包含的内容。

（十五）工程计价资料与档案

本章共2节，包含工程造价资料的管理及归档相关规定。

（十六）工程计价表格

规定了工程量清单计价表格的统一格式和填写方法［见《计价规范》（GB 50500—2013）附录A］。

三、工程造价指数

（一）工程造价指数的内容及其特性

根据工程造价的构成，工程造价指数的内容应该包括以下几方面。

1. 单项价格指数

单项价格指数是反映各类工程的人工费、材料费、施工机械使用费报告期价格对基期价格变化程度的指标。利用它可研究主要单项价格变化的情况及其发展变化的趋势，其计算过程可以简单表示为报告期价格与基期价格之比。以此类推，可以把各种费率指数也归于其中，如间接费指数，甚至工程建设其他费用指数等。这些费率指数的编制可以直接用报告期费率与基期费率之比求得。很明显，单项价格指数都属于个体指数，其编制过程相对比较简单。

2. 设备及工器具价格指数

设备及工器具的种类、品种和规格很多。设备及工器具费用的变动通常是由两个因素引起的，即设备及工器具单件采购价格的变化和采购数量的变化，并且工程所采用的设备及工器具具有不同规格，属于不同种类，因此，设备及工器具价格指数属于总指数。由于无论是基期还是报告期单件采购价格与采购数量的数据都比较容易获得，因此，设备及工器具价格指数可以用综合指数的形式来表示。

3. 建筑安装工程造价指数

建筑安装工程造价指数是一种综合指数，其中包括了人工费指数、材料费指数、施工机械使用费指数以及间接费等各项个体指数的综合影响。由于建筑安装工程造价指数相对比较复杂，涉及的方面较广，利用综合指数来进行计算分析难度较大。因此，可以通过对各项个体指数的加权平均，用平均数指数的形式来表示。

4. 建设项目或单项工程造价指数

建设项目或单项工程造价指数是由设备及工器具价格指数和建筑安装工程造价指数及工程建设其他费用指数综合得出的。它也属于总指数，并且与建筑安装工程造价指数类似，一般也用平均数指数的形式来表示。

根据造价资料的期限长短来分类，还可以把工程造价指数分为时点造价指数、月指数、季指数和年指数等。

（二）工程造价指数的编制

1. 人工费、材料费和施工机械使用费等价格指数的编制

人工费、材料费和施工机械使用费等价格指数可以直接用报告期价格与基期价格相比后得出，其计算公式为

$$人工费(材料费、施工机械使用费)价格指数 = P_n/P_0$$

式中　P_0——基期人工日工资单价（或材料预算价格、机械台班价格）；

　　　P_n——报告期人工日工资单价（或材料预算价格、机械台班价格）。

2. 间接费及工程建设其他费费率指数的编制

间接费及工程建设其他费费率指数的计算公式为

$$间接费及工程建设其他费费率指数 = P_n/P_0$$

式中　P_0——基期间接费及工程建设其他费费率；

　　　P_n——报告期间接费及工程建设其他费费率。

3. 设备及工器具价格指数的编制

设备及工器具价格指数是用综合指数形式表示的总指数。考虑到设备及工器具的种类很多，为简化起见，计算价格指数时可选择其中用量大、价格和变动多的主要设备及工器具的购置数量和单价进行计算，购置数量应以报告期数量指标为同度量因素，使价格变动与现实的采购数量相联系，而不与物价变动前的采购数量相关，因为根据过去的采购量计算设备及工器具购置费没有现实意义，其计算公式为

$$设备及工器具价格指数 = \frac{\sum(报告期设备及工器具单价 \times 报告期购置数量)}{\sum(基期设备及工器具单价 \times 报告期购置数量)}$$

4. 建筑安装工程造价指数的编制

建筑安装工程价格造价指数与设备及工器具价格指数类似。根据加权调和平均指数推

导公式，可得出以下公式：

$$\text{建筑安装工程造价指数}=\frac{\text{报告期建筑安装工程费}}{\left(\frac{\text{报告期人工费}}{\text{人工费指数}}+\frac{\text{报告期材料费}}{\text{材料费指数}}+\frac{\text{报告期机械使用费}}{\text{机械使用费指数}}+\frac{\text{报告期建筑安装工程其他费}}{\text{建筑安装工程其他费综合指数}}\right)}$$

5. 建设项目或单项工程造价指数的编制

建设项目或单项工程造价指数是建筑安装工程造价指数和设备及工器具价格指数以及工程建设其他费用指数综合而成的，其具体的计算公式为

$$\text{建设项目或单项工程造价指数}=\frac{\text{报告期建设项目或单项工程造价}}{\left(\frac{\text{报告期建安工程费}}{\text{建筑安装工程造价指数}}+\frac{\text{报告期设备及工器具费}}{\text{设备及工器具价格指数}}+\frac{\text{报告期工程建设其他费}}{\text{工程建设其他费指数}}\right)}$$

四、工程造价资料积累分析和运用

（一）工程造价资料及其分类

工程造价资料是指已建成竣工和在建的工程有使用价值和代表性的工程设计概算、施工预算、工程竣工结算、竣工决算、单位工程施工成本以及新材料、新结构、新设备和新施工工艺等建筑安装工程分部分项的单价分析等资料。

工程造价资料可以分为以下几类：

（1）工程造价资料按照其不同工程类型进行划分，一般可分为工业项目造价资料、住宅项目造价资料和市政工程造价资料等，并分别列出其包含的单项工程和单位工程。

（2）工程造价资料按其不同阶段，一般分为项目可行性研究、投资估算、设计概算、施工图预算、竣工结算和竣工决算等造价资料。

（3）工程造价资料按其组成特点，一般分为建设项目造价资料、单项工程造价资料和单位工程造价资料，同时也包括有关新材料、新工艺、新设备和新技术的分部分项工程造价资料。

（二）工程造价资料积累的内容

工程造价资料积累的内容应包括“量”（如主要工程量、材料量和设备量等）和“价”，还应包括对造价确定有重要影响的技术经济条件，如工程的概况和建设条件等。

1. 建设项目和单项工程造价资料

建设项目和单项工程造价资料主要包括以下内容：

（1）对造价有主要影响的技术经济条件，如项目建设标准、建设工期和建设地点等。

（2）主要的工程量、主要的材料量和主要设备的名称、型号、规格和数量等。

（3）投资估算、概算、预算、竣工决算及造价指数等。

2. 单位工程造价资料

单位工程造价资料包括工程的内容、建筑结构特征、主要工程量、主要材料的用量和单价、人工工日和人工费以及相应的造价。

3. 其他

其他主要包括有关新材料、新工艺、新设备和新技术分部分项工程的人工工日、主要

材料用量及机械台班用量。

某市公布的2009年多层框架结构住宅工程造价资料如表3-1～表3-4所示。

表3-1　　工程概况

名称		内容
总建筑面积（其中地上面积）		$3621m^2$（其中地上面积$3621m^2$）
计价方式，合同类型		清单计价，固定单价合同
地上层数，地下层数		地上6层，地下无
标准层高，檐高		2.9m，18.85m
结构类型		框架结构
抗震设防烈度，有无人防		7度，无人防
建筑工程	地基处理	无
	基础类型	独立柱基、条形基础
	基础底标高	－1.7m
	外墙类型	轻集料混凝土砌块
	隔墙类型	加气混凝土砌块
	是否使用预拌混凝土	是
	主要混凝土强度等级	C30
	屋面防水	水泥彩瓦屋面，SBS防水卷材
	地下室防水	无
	厨房防水	1.8厚聚合物防水涂料层
	卫生间防水	1.8厚聚合物防水涂料层
	屋面保温	聚苯板35厚
装饰工程	楼地面	细石混凝土30厚
	内墙面	混合砂浆，批白水泥二度
	天棚	批白水泥3厚，青水泥3厚
	门窗	塑钢门窗
	外立面	外墙面砖，局部花岗岩、外墙涂料
	墙面保温隔热	聚苯板保温
安装工程	给水	PPR、钢塑管
	排水	空壁螺旋UPVC管、UPVC管
	采暖、空调	
	燃气	
	强电	镀锌钢管、紧定管、刚性阻燃管、配电箱、电线
	弱电	镀锌钢管、紧定管、电线、桥架
	楼宇智能	
	电梯工程	
	消防	镀锌钢管
	变配电	

表 3-2　　工程项目造价分析　　单位：元/m^2

项目 \ 费用		平方米造价	人工费	材料费	机械费	措施费	规费	企业管理费	利润	税金
建筑工程		718.16	51.23	441.1	6.21	162.46	11.99	14.36	6.89	23.92
装饰工程		378.24	69.9	246.52	1.66	14.75	6.32	17.89	8.6	12.6
安装工程	给水	7.67	1.44	4.73	0.03	0.24	0.09	0.68	0.2	0.26
	排水	14.18	2.77	8.58	0.02	0.45	0.18	1.31	0.39	0.48
	强电	74.51	9.63	52.59	0.98	1.99	0.97	4.52	1.35	2.48
	弱电	14.52	2.41	9.51	0.04	0.42	0.19	1.13	0.34	0.48
	空调									
	采暖									
	燃气									
	电梯									
	楼宇智能									
	消防	32.68	2.96	24.92	0.51	0.85	0.42	1.52	0.41	1.09

表 3-3　　工程项目主要工程量

项　目	项目名称	单　位	工程量	每百平方米工程量
建筑	土石方	m^3	865.7	23.91
	混凝土	m^3	1211.7	33.46
	钢材	t	157.22	4.34
	模板	m^2	10968.74	302.92
	砌体	m^3	873.09	24.11
装饰	门窗	m^2	1061.38	29.31
	屋面	m^2	778.71	21.51
	楼地面	m^2	2953.16	81.56
	内墙面	m^2	9848.33	271.98
	外墙面	m^2	2437.29	67.31
安装	电线	m	18884.7	521.53
	电缆	m		
	电气管	m	7785.5	215.01
	给水管	m	1179.27	32.57
	排水管	m	815	22.51
	暖气管	m		
	燃气管	m		

表 3-4 工程项目人工及主要材料（半成品）消耗量

序号	名 称	单 位	总消耗量	每百平方米消耗量	单 价
1	人工	工日	13665.64	377.4	44 元/工日
2	水泥	t	153.07	4.23	306 元/t
3	砂子	t	679.32	18.76	86.7 元/t
4	石子	t	122.35	3.38	62.99 元/t
5	钢材	t	157.22	4.34	4442.38 元/t
6	预拌混凝土	m^3	1408.56	38.9	257 元/m^3
7	模板	m^2	2426.83	67.02	34.16 元/m^2

注 水泥、砂子、石子不含预拌混凝土中水泥、砂子和石子用量。

（三）工程造价资料的管理

1. 建立工程造价资料积累制度

1991 年 11 月，原建设部印发了关于《建立工程造价资料积累制度的几点意见》的文件，标志着我国的工程造价资料积累制度正式建立起来，工程造价资料积累工作正式开展。建立工程造价资料积累制度是工程造价计价依据极其重要的基础性工作。据了解，国外不同阶段的投资估算、编制标底和投标报价的主要依据是单位和个人所经常积累的工程造价资料。全面、系统地积累和利用工程造价资料，建立稳定的造价资料积累制度，对于我国加强工程造价管理，合理确定和有效控制工程造价具有十分重要的意义。

工程造价资料积累的工作量非常大，牵涉面也非常广，主要依靠国务院各有关部门和各省、自治区和直辖市建委（建设厅、计委）组织。

2. 工程造价资料数据库的建立和网络化的管理

积极推广使用计算机建立工程造价资料数据库，开发通用的工程造价资料管理程序，可以提高工程造价资料的适用性和可靠性。要建立工程造价资料数据库，首要的问题是工程分类和编码。由于不同的工程在技术参数和工程造价组成方面有较大的差异，所以必须把同类型工程合并在一个数据库文件中。为了便于进行数据的统一管理和信息交流，必须设计出一套科学、系统的编码体系。《计价规范》（GB 50500—2008）的颁布为工程分类和编码提供了平台。

有了统一的工程分类与相应的编码之后，就可进行数据的收集、整理和输入工作，从而得到不同层次的工程造价资料数据库。数据库必须严格遵守统一的标准和规范，按规定格式积累工程造价资料。建立工程造价资料数据库，其主要作用如下：

(1) 编制概算指标和投资估算指标的重要基础资料。

(2) 编制投资估算和设计概算的类似工程设计资料。

(3) 审查施工图预算的基础资料。

(4) 研究分析工程造价变化规律的基础。

(5) 编制固定资产投资计划的参考。

(6) 编制招标控制价和投标报价的参考。

(7) 编制预算定额和概算定额的基础资料。

对工程造价资料数据库的网络化管理具有以下明显的优越性：

(1) 便于对价格进行宏观上的科学管理，减少各地重复收集同样的造价资料的工作。

(2) 便于对不同地区的造价水平进行比较，从而为投资决策提供必要的信息。

(3) 便于各地定额站的相互协作和信息资料的相互交流。

(4) 便于原始价格数据的收集。这项工作涉及许多部门和单位，建立一个可行的工程造价资料信息网，则可以大大减少工作量。

(5) 便于对价格的变化进行预测，使建设、设计和施工单位都可以通过网络尽早了解工程造价的变化趋势。

(四) 工程造价资料的运用

1. 作为编制固定资产投资计划的参考，用以分析建设成本

由于基建支出不是一次性投入，而是分年逐次投入，可以采用以下公式把各年发生的建设成本折合为现值：

$$Z = \sum T_k (1+i)^{-k}$$

式中 Z——建设成本现值；

T_k——建设期间第 k 年投入的建设成本；

k——实际建设工期年限；

i——社会折现率。

在这个基础上，还可以用以下公式计算出建设成本节约额和建设成本降低率（当两者为负数时，表明成本超支）：

$$\text{建设成本节约额} = \text{批准概算现值} - \text{建设成本现值}$$

$$\text{建设成本降低率} = \frac{\text{建设成本节约额}}{\text{批准概算现值}} \times 100\%$$

此外，还可以按建设成本构成把实际数与概算数加以对比。对建筑安装工程投资，要分别从实物工程量和价格两方面对实际数与概算数进行对比。对设备及工器具投资，则要从设备及工器具规格数量和设备及工器具实际价格等方面与概算进行对比。各种比较的结果综合在一起，则可以比较全面地描述项目投入实施的情况。

2. 用以分析单位生产能力投资

单位生产能力投资的计算公式为

$$\text{单位生产能力投资} = \frac{\text{全部投资完成额(现值)}}{\text{全部新增生产能力(使用能力)}}$$

在其他条件相同的情况下，单位生产能力投资越小则投资效益越好。计算的结果可与类似的工程进行比较，从而评价该建设工程的效益。

3. 用以编制投资估算

设计单位的设计人员在编制估算时一般采用类比的方法，因此，需要选择若干个类似的典型工程加以分解、换算和合并，并考虑到当前的设备与材料价格情况，最后得出工程的投资估算额。有了工程造价资料数据库，设计人员就可以从中挑选出所需要的典型工程，运用计算机进行适当的分解与换算，再结合设计人员的判断经验，最后得出较为可靠的工程投资估算额。

4. 用以编制初步设计概算和审查施工图预算

在编制初步设计概算时，尤其要采用类比的方式。类比法比估算要细致深入，可以具体到单位工程甚至分部工程。在限额设计和优化设计方案的过程中，设计人员可能要反复修改设计方案，需要较多的典型工程资料作基础，从而得到相应修整后的概算。各种工程组合的比较不仅有助于设计人员探索造价分配的合理方式，还为设计人员指出修改设计方案的可行途径。

施工图预算编制完成之后，需要有经验的造价管理人员来审查，以确定其正确性。可以通过工程造价资料的运用来得到帮助，可从工程造价资料中选取类似资料，将其造价与施工图预算进行比较，从中发现施工图预算是否有偏差和遗漏。由于涉及工程变更和材料调价等因素带来的造价变化，在施工图预算阶段往往无法事先估计到，所以参考以往类似工程的数据，有助于预见这些因素发生的可能性。

5. 作为确定招标控制价和投标报价的参考资料

在建设单位制定招标控制价或施工单位投标报价的工作中，无论是用工程量清单计价还是用定额计价，尤其是采用工程量清单计价时，工程造价资料都可以发挥重要作用。它可以向甲、乙双方指明类似工程的实际造价及其变化规律，使得甲、乙双方都可以对未来将发生的造价进行预测和准备，从而避免招标控制价和报价的盲目性。

6. 作为技术经济分析的基础资料

由于不断地收集和积累工程在建期间的造价资料，所以到结算和决算时能简单容易地得出结果。造价信息的及时反馈，使得建设单位和施工单位都可以尽早地发现问题，并及时予以解决，这也正是使对造价的控制由静态转入动态的关键所在。

7. 作为编制各类定额的基础资料

通过分析不同种类分部分项工程造价，了解各分部分项工程中各类实物量消耗，掌握各分部分项工程预算与结算的对比结果，定额管理部门就可以发现原有定额是否符合实际情况，从而提出修改的方案。对于新工艺和新材料，也可以从积累的资料中获得编制新增定额的有关信息。概算定额和估算指标的编制与修订，也可以从工程造价资料中得到参考依据。

8. 用以测定调价系数，编制造价指数

为了计算各种工程造价指数（如材料费价格指数、人工费价格指数、直接费价格指数、建筑安装工程价格指数、工程造价指数、投资总量指数以及设备及工器具价格指数等），必须选取若干个典型工程的数据进行分析和综合，在此过程中，已经积累起来的工程造价资料可以充分发挥作用。

9. 用以研究同类工程造价的变化规律

定额管理部门可以在拥有较多的同类工程造价资料的基础上，研究出各类工程造价的变化规律。

第四节　建筑安装工程人工、材料和机械定额消耗量确定方法

建筑安装工程人工、材料和机械定额消耗量是在一定时期、一定范围和一定生产条件

下，运用工作研究的方法，通过对施工生产过程的观测和分析研究综合测定的。测定并编制定额的根本目的，是为了在建筑安装工程生产过程中，能以最少的人工、材料和机械消耗，生产出符合社会需要的建筑安装产品，取得最佳的经济效益。

一、工作研究的基本原理和工作时间的分类

（一）工作研究的基本原理

工作研究包括动作研究和时间研究。动作研究又称为工作方法研究，包括对多种过程的描写、系统的分析和对工作方法的改进，目的在于制定出一种最可取的工作方法，通常判断可取性的根据是货币节约额，以及工作效率、人力的舒适程度、人力的节约、时间的节约和材料的节约等；时间研究，又称为时间衡量，是在一定的标准测定的条件下，确定人们作业活动所需时间总量的一套程序。时间研究的直接结果是制定时间定额。

工作研究要解决的基本问题是：在完成一项工作时，总存在如何确定一种更好且更可行的方法问题，以及如何确定人们所需花费的工作时间问题。工作研究所提供的动作研究和时间研究技术恰恰能够解决这些问题，能够有助于提高工作效率和劳动生产率。

动作研究和时间研究可以为管理提供一种工具，用以确定工作目标，制定达到目标的计划方案和工作负荷，确定所需资源以及控制工作的完成时间，并将实际完成的情况与原计划比较，作出必要的评价。所以，动作研究和时间研究作为一系列技术，可以用以帮助有效地进行管理，执行某些管理任务。

工作研究的基本原理包括以下三个设想：

（1）进行任何工作通常都有许多方法，但在一定条件下总有一种方法是较优的。

（2）与一般方法相比，解决问题的科学方法是较优的、更有成果的方法。

（3）完成工作所需的时间可以用固定的单位测定。

工时定额和机械台班定额的制定和贯彻就是工作研究的内容，是工作研究在建筑生产和管理中的具体应用。

（二）工作时间的分类

所谓工作时间，即工作班的延续时间。工作时间的分类，是将劳动者在整个生产过程中所消耗的工作时间，根据性质、范围和具体情况加以科学地划分和归纳；明确哪些属于定额时间，哪些属于非定额时间，找出造成非定额时间的原因，以便采取技术和组织措施，消除产生非定额时间的因素，从而充分利用工作时间并提高劳动效率。研究工作时间消耗量及其性质，是技术测定的基本步骤和内容之一，也是编制劳动定额的基础工作。

1. 工人工作时间的分类

工人在工作班内消耗的工作时间按其消耗的性质分为两大类：必须消耗的时间和损失时间。工人工作时间更进一步的分类如图 3-3 所示。

（1）必须消耗的时间，是指工人在正常施工条件下，为完成一定数量合格产品所必须消耗的时间，它是制定定额的主要根据。必须消耗的工作时间包括有效工作时间、不可避免的中断时间和休息时间。

1）有效工作时间是从生产效果来看与产品生产直接有关的时间消耗，其中包括基本工作时间、辅助工作时间和准备与结束工作时间的消耗。

• 基本工作时间是工人完成基本工作所消耗的时间，是完成一定产品的施工工艺过程

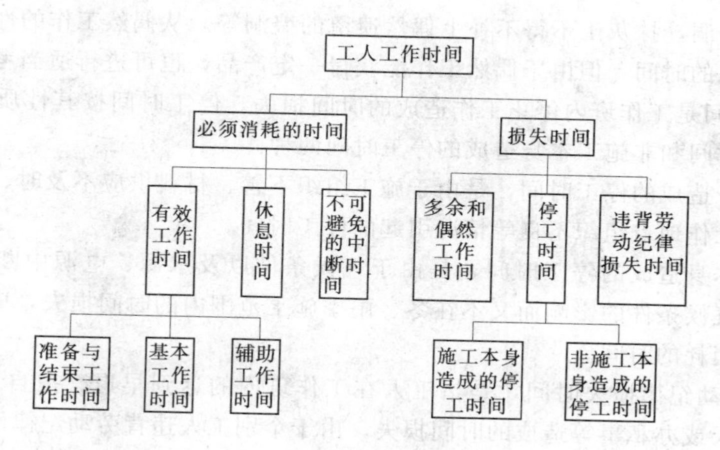

图 3-3　工人工作时间分类

所消耗的时间。基本工作时间所包括的内容依工作性质各不相同。基本工作时间的长短和工作量大小成正比例。

•辅助工作时间是为保证基本工作能顺利完成消耗的时间。在辅助工作时间里，不能使产品的形状大小、性质或位置发生变化。辅助工作时间的结束，往往就是基本工作时间的开始。辅助工作一般是手工操作，但在机手并动的情况下，辅助工作是在机械运转过程中进行的，为避免重复则不应再计辅助工作时间的消耗。辅助工作时间长短与工作量大小有关。

•准备与结束工作时间是批量任务完成前或完成后所消耗的工作时间，如工作地点、劳动工具和劳动对象的准备工作时间；工作结束后的整理工作时间等。准备与结束工作时间的长短与所担负的工作量大小无关，往往和工作内容有关，所以，又可以把这项时间消耗分为班内的准备与结束工作时间和任务的准备与结束工作时间。

2）不可避免的中断时间是由于施工工艺特点引起的工作中断所消耗的时间，例如，汽车司机在等待汽车装、卸货时消耗的时间；安装工等待起重机吊预制构件的时间；电气安装工由一根电杆转移到另一根电杆的时间等。与施工过程工艺特点有关的工作中断时间应视为必须消耗的时间，但应尽量缩短该项时间消耗；与工艺特点无关的工作中断时间是由于劳动组织不合理引起的，属于损失时间，不能视为必须消耗的时间。

3）休息时间是工人在施工过程中为恢复体力所必需的短暂休息和生理需要的时间消耗，是为了保证工人精力充沛地进行工作，应视为必须消耗的时间。休息时间的长短和劳动条件有关：劳动繁重紧张，劳动条件差（如高温），则休息时间需要长一些。

（2）损失时间，是指与产品生产无关，但与施工组织和技术上的不足有关，与工人在施工过程的个人过失或某些偶然因素有关的时间消耗。损失时间包括多余和偶然工作时间、停工时间和违背劳动纪律损失时间。

1）多余和偶然工作时间，包括多余工作时间和偶然工作时间两种情况。

•多余工作是工人进行了任务以外的而又不能增加产品数量的工作，如对质量不合格的墙体返工重砌，对已磨光的水磨石进行多余的磨光等。多余工作时间，一般都是由于工程技术人员和工人的差错而引起的修补废品和多余加工造成的，不是必须消耗的时间。

•偶然工作是工人在任务外进行的但能够获得一定产品的工作，如电工铺设电缆时需要临时在墙上开洞，抹灰工不得不补上偶然遗留的墙洞等。从偶然工作的性质看，不应考虑它是必须消耗的时间，但由于偶然工作能获得一定产品，也可进行适当考虑。

2）停工时间是工作班内停止工作造成的时间损失。停工时间按其性质可分为施工本身造成的停工时间和非施工本身造成的停工时间两种。

• 施工本身造成的停工时间，是由于施工组织不善、材料供应不及时、工作面准备工作做得不好和工作地点组织不良等情况引起的停工时间。

• 非施工本身造成的停工时间，是由于气候条件以及水源、电源中断引起的停工时间。由于自然气候条件的影响而又不在冬、雨季施工范围内的时间损失，应给予合理的考虑，视为必须消耗的时间。

3）违背劳动纪律损失时间，是指工人在工作班内的迟到早退、擅自离开工作岗位、工作时间内聊天或办私事等造成的时间损失。由于个别工人违背劳动纪律而影响其他工人无法工作的时间损失，也包括在内。该项时间损失不应允许存在。

2. 机械工作时间的分类

机械工作时间的消耗与工人工作时间的消耗虽然有许多共同点，但也有其自身特点。机械工作时间的消耗，按其性质可作如图 3－4 所示的分类。

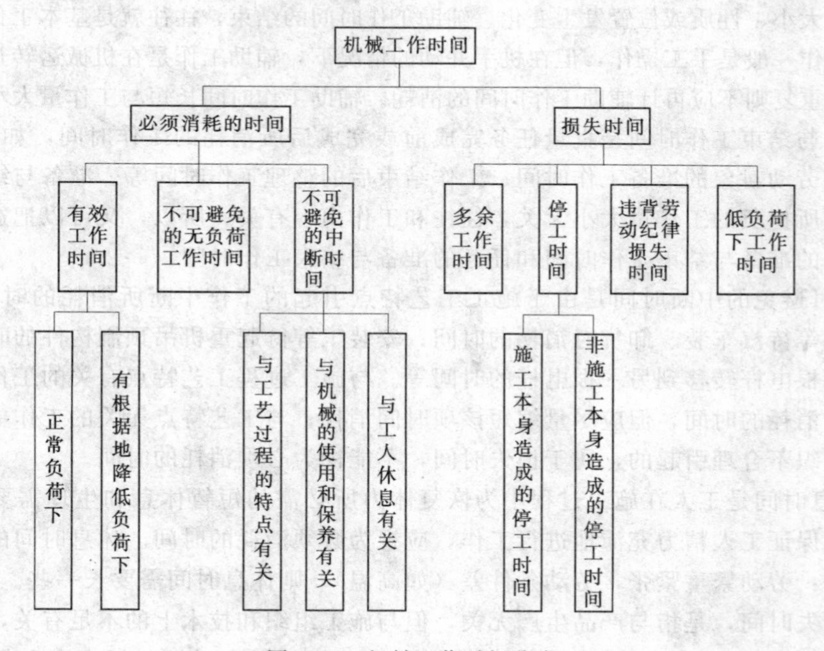

图 3－4 机械工作时间分类

（1）必须消耗的时间，包括有效工作时间、不可避免的无负荷工作时间和不可避免的中断时间三项。

1）有效工作时间包括正常负荷下、有根据地降低负荷下和低负荷下工作的工时消耗。

• 正常负荷下的工作时间，是机械在与机械说明书规定的计算负荷相符的情况下进行工作的时间。

• 有根据地降低负荷下的工作时间，是在个别情况下机械由于技术上的原因，在低于其计算负荷下工作的时间。例如，汽车运输重量轻而体积大的货物时，不能充分利用汽车的载重吨位；起重机吊装轻型结构时，不能充分利用其起重能力，因而低于其计算负荷。低负荷下的工作时间，是由于工人或技术人员的过错所造成的施工机械在降低负荷的情况下工作的时间，例如，工人装车的砂石数量不足、工人装入碎石机轧料口中的石块数量不够引起的汽车和碎石机在降低负荷的情况下工作所延续的时间。该项工作时间不能完全视为必须消耗的时间。

2）不可避免的无负荷工作时间，是由施工过程的特点和机械结构的特点造成的机械无负荷工作时间，例如，载重汽车在工作班时间的单程“放空车”，筑路机在工作区末端调头等。

3）不可避免的中断时间，是与工艺过程的特点、机械的使用和保养以及工人休息有关的不可避免的中断时间。与工艺过程的特点有关的不可避免的中断时间，有循环的和定期的两种：循环的不可避免中断，是在机械工作的每一个循环中重复一次，如汽车装货和卸货时的停车；定期的不可避免中断，是经过一定时期重复一次，如把灰浆泵由一个工作地点转移到另一工作地点时的工作中断。与机械的使用和保养有关的不可避免的中断时间，是由于工人进行准备与结束工作或辅助工作时，机械停止工作而引起的中断工作时间。与工人休息有关的不可避免的中断时间，应尽量利用与工艺过程的特点有关的以及与机械的使用和保养有关的不可避免中断时间进行休息，以充分利用工作时间。

（2）损失时间，包括多余工作时间、停工时间和违背劳动纪律损失时间。

1）多余工作时间，是机械进行任务内和工艺过程内未包括的工作而延续的时间，如搅拌机搅拌灰浆超过规定而多延续的时间，工人没有及时供料而使机械空运转的时间。

2）停工时间，按其性质也可分为施工本身造成的停工时间和非施工本身造成的停工时间：前者是由于施工组织不好而引起的停工现象，如由于未及时供给水、电和燃料而引起的停工；后者是由于气候条件所引起的停工现象，如暴雨时压路机的停工。

3）违背劳动纪律损失时间，是指由于工人迟到早退或擅离岗位等原因引起的机械停工时间。

4）低负荷下工作时间，是指由于施工组织管理不当导致机械低负荷工作引起的损失时间。

二、工作时间消耗测定的基本方法——计时观察法

（一）计时观察法的概念和作用

计时观察法是以观察测时为手段，通过密集抽样和粗放抽样等技术研究工作时间消耗的一种技术测定方法，它主要适用于研究人工手动过程和机手并动过程的工时消耗。计时观察法运用于建筑安装工程施工生产过程中，是以对研究对象进行现场观察为特征的，所以又称为现场观察法。

在施工中运用计时观察法的主要目的包括：查明工作时间消耗的性质和数量；查明和确定各种因素对工作时间消耗数量的影响；找出工时损失的原因，研究缩短工时和减少损失的可能性。计时观察法的具体作用如下：

（1）取得编制施工的劳动定额和机械定额所需要的基础资料和技术根据。

（2）研究先进工作法和先进技术操作对提高劳动生产率的具体影响，并应用和推广先进工作法和先进技术操作。

（3）研究减少工时消耗的潜力。

（4）研究定额执行情况，包括研究大面积、大幅度超额和达不到定额的原因，积累资料和反馈信息。

（二）计时观察法的特点

计时观察法的特点，是能够把现场工时消耗情况和施工组织技术条件联系起来加以考察。它在施工过程分类和工作时间分类的基础上，利用一整套方法对选定的施工过程进行全面观察、测时、计量、记录、整理和分析研究，以求获得该施工过程的技术组织条件和工时消耗的可靠的、有技术根据的基础资料，分析出工时消耗的合理性和影响工时消耗的具体因素，以及各个因素对工时消耗影响的程度。所以，它不仅能为制定定额提供基础数据，而且也能为改善施工组织管理、改善工艺过程和操作方法、消除不合理的工时损失和进一步挖掘生产潜力提供技术根据。

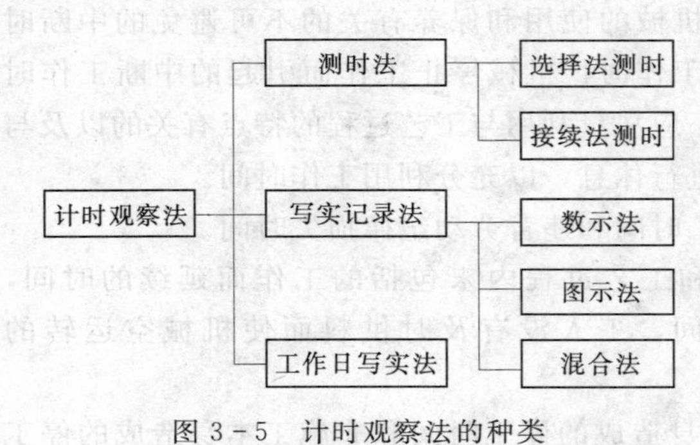

图 3-5 计时观察法的种类

（三）计时观察法的基本方法

计时观察法观察测时的方法很多，其中基本的方法有三种（见图 3-5）。

1. 测时法

测时法主要适用于测定那些定时重复的循环工作的工时消耗，是精确度比较高的一种计时观察法。测时法记录时间的精确度较高，一般可达到 0.2～15s。测时法又可细分为选择法测时和接续法测时。

（1）选择法测时。采用选择法测时，当被观察的某一循环工作的组成部分开始，观察者立即开动秒表，当该组成部分终止，则立即停止秒表，然后把秒表上指示的延续时间记录到选择法测时记录（循环整理）表上，并把秒针拨回到零点。下一组成部分开始，再开动秒表，如此依次观察下去，并依次记录延续时间。

采用选择法测时，应特别注意掌握定时点，以避免影响测时资料的精确性。在记录时间时仍在进行的工作组成部分，应不予观察。

选择法测时记录（循环整理）表，既可记录观察资料，又可进行观察资料的整理。测时之前，应先把表头部分和各组成部分的名称填好，观察时再依次填入各组成部分的延续时间，观察结束后再行整理，求出平均修正值。

（2）接续法测时。接续法测时又称为连续法测时。它比选择法测时准确、完善，但观察技术也更复杂。它的特点是，在工作进行中和非循环组成部分出现之前一直不停止秒表，秒针走动过程中，观察者根据各组成部分之间的定时点，记录它的终止时间。因此，采用接续法测时观察时，要使用双针秒表，以便使其辅助针停止在某一组成部分的结束时间上。

同一组成部分进行多次测时记录所得的延续时间常因施工过程中各种变化因素的影响而有程度不同的差别。为保证测时结果的科学合理性，需对每一组成部分进行多次测时，并对测时数据进行修正，在剔除不正常数值的基础上求出算术平均值。

2. 写实记录法

写实记录法是一种研究各种性质的工作时间消耗的方法。采用这种方法，可以获得分析工作时间消耗的全部资料，并且精确程度能达到 0.5～1s，所以在实际工作中值得提倡。

写实记录法的观察对象，可以是 1 个工人，也可以是 1 个工人小组。测时用普通表进行。写实记录法按记录时间的方法不同，分为数示法、图示法和混合法三种。

（1）数示法写实记录，是三种写实记录法中精确度较高的一种，技术上比较复杂，使用也较少。数示法写实记录可以同时对 2 个工人进行观察，但不能超过 2 人。数示法写实记录观察的工时消耗时间，记录在专门的数示法写实记录表中。这种表格在接续法测时中也可使用，填写方法也完全一样，其区别仅在于：接续法测时只对循环过程进行观察，用的时间很短，精确度更高；数示法则用来对整个工作班或半个工作班进行长时间观察，因此能反映工人或机器工作日全部情况。

（2）图示法写实记录，可同时对 3 个以内的工人进行观察，观察资料记入图示法写实记录表中。一张图示法写实记录表，一般可观察 1h，在组成部分不多时，也可观察 2h。图示法较之数示法的优点，主要是时间记录清晰易懂，记录技术简便，整理图表简易，所以应用也比数示法广泛。

（3）混合法写实记录，可以同时对 3 个以上工人进行观察，记录观察资料的表格仍采用图示法写实记录表。填写表格时，各组成部分的延续时间用图示法填写，完成每一组成部分的工人人数则用数字填写在该组成部分时间线段的上面。

3. 工作日写实法

工作日写实法，是一种研究整个工作班内的各种损失时间、休息时间和不可避免中断时间的方法，也是研究有效工作的工时消耗的一种方法。

运用工作日写实法主要有两个目的：一是取得编制定额的基础资料；二是检查定额的执行情况，找出缺点，改进工作。当它被用来实现第一个目的时，完成工作日写实法表格必须先要获得观察对象在工作班内工时消耗的全部情况，以及产品数量和影响工时消耗的影响因素，其中工时消耗应该按工时消耗的性质分类记录。当它被用来实现第二个目的时，通过工作日写实法应该做到：①查明工时损失量和引起工时损失的原因，制定消除工时损失、改善劳动组织和工作地点组织的措施；②查明熟练工人是否能发挥自己的专长，确定合理的小组编制和合理的小组分工；③确定机器在时间利用和生产率方面的情况，找出使用不当的原因，制定改善机器使用情况的技术组织措施；④计算工人或机器完成定额的实际百分比和可能百分比。

工作日写实法与测时法和写实记录法比较，具有技术简便、费力不多、应用面广和资料全面的优点，在我国是一种采用较广的编制定额的方法。

（四）计时观察法的工作程序

利用计时观察法编制工作时间消耗定额的一般工作程序为：确定计时观察的施工过程→选择正常施工条件→选择观察对象→观察测时→整理和分析观察资料。

1. 确定计时观察的施工过程

施工过程就是在建筑工地上进行的生产过程，其最终目的是要建造、改建、扩建和修复工业及民用建筑物和构筑物的全部或其一部分，如砌筑基础、墙体和安装门窗等都是施工过程。施工过程是由不同工种（如砖工、抹灰工、电焊工、油漆工和管道工等）、不同技术等级的建筑工人以一定的劳动工具（手动工具、机具和机械等）完成的，每个施工过程的结果都获得一定的产品，该产品可能是改变了劳动对象（指施工过程中所使用的建筑材料、半成品、构件和配件）的外表形态、内部结构或性质，也可能是改变了劳动对象的位置等。

施工过程可分解为一道或多道工序，每道工序又可分解为若干操作，而操作又由若干动作所组成。

工序，是一个工人（或一个小组）在一个工地上，对同一个（或几个）劳动对象所完成的一切连续活动的综合。工序的主要特征是劳动者、劳动对象和使用的劳动工具都不发生变化。如果其中一个发生变化，就意味着从一个工序转入了另一个工序。产品生产一般要经过若干道工序，如钢筋工程可分为调直、切断、弯曲和绑扎等几道主要工序。

操作，是一个个动作的综合。它是工序按劳动过程所划分的组成部分，若干个操作构成一道工序。例如，“弯曲钢筋”工序，是由“把钢筋放在工作台上”、“对准位置”、“弯曲钢筋”和“把弯好的钢筋放置在该放的位置”等操作组成。

工序可以由一个人来完成，也可以由工人班组或施工队几名工人协同完成；可以由手动完成，也可以由机械操作完成。在机械化的施工工序中，又可以包括由工人自己完成的各项操作和由机器完成的工作两部分。在用计时观察法来制定劳动定额时，工序是主要的研究对象。

将一个施工过程分解成工序、操作和动作的目的，是为了分析和研究这些组成部分的必要性和合理性，测定每个组成部分的工时消耗，分析它们之间的关系及其衔接时间，最后测定施工过程或工序的定额。测定定额只是分解和标定到工序为止。如果进行某项先进技术或新技术的工时研究，就要分解到操作甚至动作为止，从中研究可加以改进操作或节约工时。

划分组成部分要特别注意确定定时点和各组成部分以及整个施工过程的产品的计量单位。所谓定时点，即上下两个相衔接的组成部分之间的分界点。确定定时点，对于保证计时观察的精确性是不容忽略的因素，例如，砌砖过程中，取砖和将砖放在墙上这个组成部分，它的开始是工人手接触砖的那一瞬间，结束是将砖放在墙上手离开砖的那一瞬间。确定产品计算单位，要能具体地反映产品的数量，并具有最大限度的稳定性。

确定了需要进行计时观察的施工过程以后，要编出详细的目录，拟定工作进度计划，制定组织技术措施，并组织编制定额的专业技术队伍，按计划认真开展工作。

2. 选择正常施工条件

在施工现场，影响工时消耗的因素可以按性质分为技术因素和施工因素两大类。

(1) 技术因素，包括完成产品（实物产品和劳务）的类别；材料、制品和预制构、配件的种类和型号等级；机器和机械化工具的种类、型号和尺寸；产品质量。上述各种技术因素的可能结合方式，决定了施工过程的类型。

(2) 施工因素，包括操作方法和施工的管理与组织；工作地点的组织；人员组成和分工；工资和奖励制度；原材料和构配件的质量和供应的组织；气候条件等。

分析影响工时消耗的因素，选择施工的正常条件是技术测定中的一项重要内容，也是确定定额的依据。

施工条件一般包括工人的技术等级是否与工作等级相符、工具与设备的种类和质量、工程机械化程度、材料实际需要量、劳动的组织形式、工资报酬形式、工作地点的组织及其准备工作是否及时、安全技术措施的执行情况、气候条件和劳动竞赛开展情况等。所有这些条件，都有可能影响产品生产中的工时消耗。工时消耗的长短是随着施工条件的变化而发生变化的。因此，正确选择施工的正常条件具有十分重要的意义。

正常施工条件应该符合有关的技术规范；符合正确的施工组织和劳动组织条件；符合已经推广的先进施工方法、先进技术和操作。所以，正常施工条件是企业和施工队（组）应该具备并且也能够具备的施工条件。

选择正常施工条件，应该具体考虑下列问题：

（1）所完成的工作和产品的种类，以及对其质量的技术要求。

（2）所采用的建筑材料、制品和装配式结构配件的类别。

（3）采用的劳动工具和机械的类型。

（4）工作的组成，包括施工过程的各个组成部分。

（5）工人的组成，包括小组成员的专业、技术等级和人数。

（6）施工方法和劳动组织，包括工作地点的组织、工人配备和劳动分工、技术操作过程和完成主要工序的方法等。

选择正常施工条件必须从实际出发，实事求是，通过认真的调查研究，确定出合理的方案。只有如此，才能使计时观察得到的数据具有客观性和可靠性。

3. 选择观察对象

所谓观察对象，就是对其进行计时观察的施工过程和完成该施工过程的工人。在实际工作中，每一施工过程都受着不同施工条件的影响。因此，并不是现实中任何一个施工过程都可以作为计时观察的对象，而要进行选择。

选择计时观察对象，必须注意：所选择的施工过程要完全符合正常施工条件；所选择的建筑安装工人，应具有与技术等级相符的工作技能和熟练程度，所承担的工作与其技术等级相符，同时应该能够完成或超额完成现行的施工劳动定额。不具备正常施工条件，技术上尚未熟练掌握本专业技能的工人不能作为计时观察对象。专门为试验性施工所创造的具备优越的人工实验条件的施工过程、尚未推广的先进施工组织和技术方法不应作为计时观察的对象，除非是作为对照组研究。

此外，还必须准备好必要的用具和表格，如测时用的秒表或电子计时器、测量产品数量的工器具以及记录和整理测时资料用的各种表格等。如果有条件并且也有必要，还可配备电影摄像和电子记录设备。

4. 观察测时

对施工过程进行观察、测时，计算实物和劳务产量，记录施工过程所处的施工条件和确定影响工时消耗的因素，是计时观察法的三项主要内容和要求，在实际工作中具体应选用哪种方法，需考虑施工过程的特点和测时精确性的要求。此外，为了减少测时工作量，往往采取某些简化的方法，这在制定一些次要的、补充性的和一次性定额时，是非常可取的。在查明大幅度超额和未完成定额的原因时，采用简化方法也比较经济。简化的最主要途径是合并组成部分的项目，例如，把施工过程的组成部分简化为有效工作时间、休息时间、不可避免中断时间和损失时间四项。

5. 整理和分析观察资料

无论是采用测时法、写实记录法，还是采用工作日写实法，在测时的同时，还要观察影响工时消耗的各种因素，测时完毕立即在专用表格上或测时记录表格上记录下来，并作出必要的、详尽的说明，这样才可能对测到的时间消耗资料进行全面的分析研究。由于在施工过程中各个因素总是不断地发生变化，在不同范围和不同程度上对工时消耗发生影响，因此，要找出工时消耗的规律，必须对施工过程及其组成部分进行多次的观察研究。显然，观察的次数越多，获得的施工过程及其组成部分的延续时间数据就越充足。但是观察的次数越多，也就会为此投入更多的人力和耗费更多的时间，因此，通过某种方法确定出适当的观察次数是十分必要的。观察次数越多，取得的时间数据就越充足，算术平均值的误差就越小，所以，观察次数和观察延续时间极大地影响着平均值计算的准确性和可靠性。但是，不同的施工过程对精确程度的要求是不同的，因而对观察次数和延续时间的要求也是不同的。

在对每次计时观察的资料进行整理之后，还要对整个施工过程的观察资料进行系统的分析研究和整理。整理观察资料的方法基本上是两种，一种是平均修正法，另一种是图示整理法。

(1) 平均修正法是一种在对测时数列进行修正的基础上，求出平均值的方法。所谓修正，就是剔除或修正那些偏高或偏低的可疑数值，保证不受那些偶然性因素的影响。计算测时数列的平均修正值，可以采用算术平均值，也可以采用加权平均值：当测时数列不受或很少受产品数量影响时，采用算术平均值可以保证获得可靠的值；当测时数列受到产品数量的影响时，采用加权平均值则是比较适当的，因为采用加权平均值可以在计算单位产品工时消耗时考虑到每次观察中产品数量变化的影响，从而获得可靠的数值。

(2) 图示整理法一般用于同一工作过程或其组成部分的产品具有数种规格时对观察资料的整理。例如，挖不同深度的地槽和锯不同长度的木板时，随着地槽深度和截锯长度的变化，工时消耗也在发生变化。图示整理法的任务，就是在剔除不正常因素影响的前提下确定工时消耗量的变化与因素数值（长度、深度和直径等）的关系。这一关系在图表上以一根或数根曲线表示，图上的点如果代表多次观察的平均修正值，应在点上端注明观察次数，描绘曲线时应尽量接近观察次数多的点。图示整理法可以显示出观察的结果，确定所求的定额工时消耗，并可避免发生较大的错误。此外，这种方法还可以确定某些未进行观察的同一施工过程的其他类型的延续时间。

整理后的计时观察资料可以作为评价工作的根据，也可以作为制定定额的根据。

三、人工、材料和机械消耗量定额的确定

（一）人工消耗量定额的确定

1. 人工消耗量定额的表示方法

人工消耗量定额可用时间定额和产量定额来表示。

(1) 时间定额是指在一定的生产技术和生产组织条件下，某工种和某种技术等级的工人小组或个人，完成单位合格产品所必须消耗的工作时间。

时间定额中的时间是在拟定基本工作时间、辅助工作时间、必要的休息时间、生理需要时间、不可避免的工作中断时间和工作的准备与结束时间的基础上制定的。

时间定额的计量单位，通常以生产每个单位产品（如 $1m^2$、$10m^2$、$100m^2$、$1m^3$、$10m^3$、$100m^3$、1t、10t）所消耗的工日来表示。工日是指人工与天数的乘积。每个工日的工作时间，按现行制度，规定为 8h。

时间定额的计算公式规定如下：

单位产品的时间定额(工日) = 1/ 每工日产量

或 单位产品的时间定额(工日) = 小组成员工日数的总和 / 小组的工作班产量

（2）产量定额，是指在一定的生产技术和生产组织条件下，某工种和某种技术等级的工人小组或个人，在单位时间（工日）内完成合格产品的数量。

产量定额的计算方法规定如下：

每工日产量 = 1/ 单位产品的时间定额(工日)

或 小组的工作班产量 = 小组成员工日数的总和 / 单位产品的时间定额(工日)

从以上定额计算公式中可以看出，时间定额与产量定额是互为倒数关系，即

时间定额 = 1/ 产量定额

2. 人工消耗量定额的确定方法

人工消耗量定额的确定方法主要有技术测定法、经验估工法、统计分析法和比较类推法等几种。

（1）技术测定法，是指应用计时观察法所得的工时消耗量数据确定人工消耗量定额的方法。这种方法具有较高的准确性和科学性，是制定新定额和典型定额的主要方法。

（2）经验估工法，是指由定额人员、工序技术人员和工人三方相结合，根据个人或集体的实践经验，经过图纸分析和现场观察，了解施工工艺，分析施工（生产）的生产技术组织条件和操作方法的繁简难易情况，进行座谈讨论，从而制定定额的方法。

运用经验估工法制定定额，应以工序（或单项产品）为对象，将工序分为操作（或动作），分别计算出操作（或动作）的基本工作时间，然后考虑辅助工作时间、准备时间、结束时间和休息时间，经过综合整理，并对整理结果予以优化处理，即得出该项工序（或产品）的时间定额或产品定额。

经验估工法的优点是方法简单，速度快；其缺点是容易受到参加制定人员的主观因素和局限性的影响，使制定的定额出现偏高或偏低的现象。因此，经验估工法只适用于企业内部，作为某些局部项目的补充定额。

为了提高经验估工法的精确度，使取定的定额水平适当，可用概率论的方法来估算定额，即请有经验的人员，分别对某一单位产品和施工过程进行估算，从而得出三个工时消耗值：先进的（乐观估计）为 a、一般的（最大可能）为 m、保守的（悲观估计）为 b，从而求出它们的平均值 t 和均方差 σ：

$$t = \frac{a + 4m + b}{6}$$

$$\sigma = \left| \frac{a - b}{6} \right|$$

根据正态分布的公式，调整后的工时定额为

$$t' = t + \lambda\sigma$$

式中　λ——σ 的系数，从正态分布表中可以查到对应于零的概率 $P(\lambda)$。

（3）统计分析法，是指把过去施工中同类工程和同类产品的工时消耗的统计资料，与当前生产技术组织条件的变化因素结合起来进行分析研究以制定定额的方法。由于统计分析资料反映的是工人过去已经达到的水平，在统计时没有也不可能剔除施工（生产）中不合理的因素，因而这个水平一般偏于保守。为了克服统计分析资料的这个缺陷，使取定出来的定额水平保持平均先进水平的性质，可采用“二次平均法”计算平均先进值作为确定定额水平的依据。

统计分析法的步骤如下：

1）剔除不合理的数据，即剔除统计资料中特别偏高或特别偏低的明显不合理的数据。

2）计算平均数。

3）计算平均先进值。平均值与数列中小于平均值的各数值的平均值相加（对于时间定额）或大于平均值的各数值的平均值相加（对于产量定额），再求其平均数，亦即第二次平均，此即确定定额水平的依据。用统计分析法得出的结果，一般偏向于先进，可能大多数工人达不到，不能较好地体现平均先进的原则。近年来推行一种概率测算法，是以有多少百分比的工人可达到或超过定额作为确定定额水平的依据。

（4）比较类推法，又称为典型定额法，它是指以同类型或相似类型的产品（或工序）的典型定额项目的定额水平为标准，经过分析比较，类推出同一组定额各相邻项目的定额水平的方法。

比较类推法的特点是计算简便，工作量小，只要典型定额选择恰当，切合实际，又具有代表性，则类推出的定额一般都比较合理。这种方法适用于同类型规格多、批量小的施工（生产）过程，但随着施工机械化、标准化和装配化程度的不断提高，这种方法的适用范围还会逐步扩大。为了提高定额水平的精确度，通常采用主要项目作为典型定额来类推。采用这种方法时，要特别注意掌握工序、产品的施工（生产）工艺和劳动组织类似或近似的特征，细致地分析施工（生产）过程的各种影响因素，防止将因素变化很大的项目作为典型定额比较类推。

比较类推法在实际应用中通常采用比例数示法和坐标图示法两种。

1）比例数示法。比例数示法又称为比例推算法，它是以某些劳动定额项目为基础（一般是执行时间长、资料较多、定额水平比较稳定的项目），通过技术测定或根据数据资料求得相邻项目或类似项目的比例关系或差数来制定劳动定额。

2）坐标图示法。坐标图示法又称为图表法，它是用坐标图和表格制定劳动定额。其具体做法是：选择一组同类型典型定额项目，以影响因素为横坐标，与之相对应的工时（或产量）为纵坐标；将这些典型定额项目的定额水平用点标在坐标纸上，依次连接各点成一线，在这个定额线上即可找出所需项目的定额水平。由于在实际中应用较少，所以在这里不过多地介绍这种方法。

（二）材料消耗量定额的确定

1. 材料消耗量定额的组成

材料消耗量定额由以下两部分组成：

(1) 合格产品上的净用量，即用于合格产品上的实际数量。

(2) 生产合格产品的过程中合理的损耗量，即材料从现场仓库领出到完成合格产品过程中的合理的损耗数量。它包括场内搬运的合理损耗、加工制作的合理损耗和施工操作的合理损耗等内容。

因此，单位合格产品中某种材料的消耗数量等于该材料的净用量和损耗量之和，其计算公式为

$$材料消耗量 = 材料净用量 + 材料损耗量$$

材料净用量指在不计废料和损耗的前提下，直接构成工程实体的用量；材料损耗量指不可避免的施工废料和施工操作损耗。

计入材料消耗量定额内的损耗量，应是在采用规定材料规格、采用先进操作方法和正确选用材料品种的情况下的不可避免的损耗量。

某种产品使用某种材料的损耗量的多少，常以损耗率表示：

$$损耗率 = \frac{损耗量}{净用量} \times 100\%$$

产品中的材料净用数量可以根据产品的设计图纸计算求得，只要知道了生产某种产品的某种材料的损耗率，就可以计算出该产品的材料消耗量。

2. 材料消耗量定额的确定方法

制定材料消耗量定额最基本的方法有：观察法、试验法、统计法和计算法。这些方法主要用于构成产品实体的材料直接消耗量的确定。

(1) 观察法又称为施工实验法，就是在施工现场对生产某一产品的材料消耗量进行时间测算，通过产品数量、材料损耗量和材料的净用量的计算，确定该单位产品的材料消耗量。

采用这种方法，首先要选择观察对象。观察对象应符合下列要求：建筑工程具有代表性；施工符合有关的施工及验收规范；材料规格和质量符合设计要求；处于正常的生产状态。

观察法主要用于制定材料消耗定额。因为，只有通过现场观察，才有可能测定出材料损耗量，同时，也只有通过现场观察，才能区分出哪些是可以避免的损耗（这部分损耗不应列入定额），哪些属于难以避免的损耗。

(2) 试验法又称为实验室试验法，是通过专门的设备和仪器，确定材料消耗量定额的一种方法，如混凝土、沥青、砂浆和油漆等，适于实验室条件下进行试验。当然也有一些材料，是不适合在实验室里进行试验的，就不能应用这种方法。试验法的优点是能更深入、更详细地研究各种因素对材料消耗的影响，其缺陷是没有估计或无法估计到现场施工中的某些因素对材料消耗的影响。

(3) 统计法又称为统计分析法，是根据作业开始时拨给分部分项工程的材料数量和完工后退回的数量进行材料损耗计算的一种方法。统计法简单易行，不需要组织专门的人员去测定或试验，但是统计法得出的数字，准确程度差，应该结合施工过程的记录，经过分析研究后，确定材料消耗指标。

(4) 计算法又称为理论计算法，是根据施工图纸和建筑构造的要求，用理论公式算出

产品的净消耗材料数量，从而确定材料的消耗数量。如红砖（或青砖）、型钢、玻璃和钢筋混凝土预制构件等，都可以通过计算，求出消耗量。

3. 周转性材料消耗量的确定

周转性材料是指在施工过程中多次使用、周转的工具性材料，在施工中不是一次消耗量，而是多次使用，逐渐消耗，并在使用中不断补充，如钢、木脚手架和模板等。计算其消耗量时应按多次使用和分次摊销的办法确定。为了使周转性材料的周转次数的确定接近合理，应根据工程类别和适用条件进行实地调查，结合有关的原始记录和经验数据加以综合取定。影响周转次数的主要因素一般有：材质及功能、使用条件的好坏、施工速度、使用后的保管、保养和维修等。

（1）周转性材料消耗量计算中涉及的几个基本概念。

1）一次使用量：指为完成定额单位合格产品，周转材料在不重复使用条件下的一次性用量。

2）周转次数：指周转性材料从第一次使用起，可以重复使用的次数。

3）补损量：指周转性材料周转使用一次后，由于损坏而需补充的数量。

4）周转使用量：指周转性材料在周转使用和补损条件下，每周转使用一次平均所需材料数量。

5）回收量：指在一定周转次数下，每周转使用一次平均可以回收材料的数量。

6）摊销量：指周转性材料在重复使用条件下，应分摊到每一计量单位结构构件的材料消耗量。

（2）周转性材料消耗量的计算方法。以下以现浇混凝土和钢筋混凝土结构的模板为例按步骤介绍摊销量的计算方法。

1）一次实际使用量：

一次实际使用量＝一次使用量×（1＋施工损耗）

2）周转使用量：

周转使用量＝投入使用总量/周转次数

其中　投入使用总量＝一次实际使用量＋一次实际使用量×（周转次数－1）×补损率
＝一次实际使用量×[1＋（周转次数－1）×补损率]

3）周转回收量：

周转回收量＝一次实际使用量×（1－补损率）/周转次数

4）摊销量：

摊销量＝周转使用量－周转回收量×回收折价率（取50%）

摊销量公式推导如下：

摊销量＝一次实际使用量×[1＋（周转次数－1）×补损率]/周转次数
－[一次实际使用量×（1－补损率）/周转次数]×50%
＝一次实际使用量×{[1＋（周转次数－1）×补损率]/周转次数
－[（1－补损率）/周转次数]×50%}
＝一次使用量×（1＋施工损耗）×{[1＋（周转次数－1）×补损率]
/周转次数－[（1－补损率）/周转次数]×50%}

$$=\text{一次使用量}\times(1+\text{施工损耗})\times\{[1+(\text{周转次数}-1)\times\text{补损率}]/\text{周转次数}-(1-\text{补损率})\times 50\%/\text{周转次数}\}$$

周转次数和平均损耗率，应根据数理统计确定，如表3-5所示。

表3-5　　模板周转次数和每次平均损耗率的参考值

模板类型	柱	梁	板	墙	楼梯	壳体
周转次数（次）	5	6	6	10	5	3
损耗率（%）	15	15	15	10	10	5

预制构件模板摊销量与现浇构件模板摊销量的计算方法不同。在预制构件中，不计算每次周转的损耗率，只要确定了模板的周转次数，知道了一次使用量，就可以计算其摊销量。

$$\text{摊销量}=\frac{\text{一次使用量}}{\text{周转次数}}$$

(三) 机械消耗量定额的确定

1. 机械消耗量定额的表示方法

机械消耗量定额有两种表示方法：一种方法是用时间定额表示，此时的计量单位为台班；另一种方法是用产量定额表示，此时的计量单位为产品物理量。

（1）机械台班产量定额，是指在合理的劳动组织和合理使用机械条件下，台班时间内所应完成的合格产品的数量标准，其计算公式为

$$\text{机械台班产量定额}=\frac{1}{\text{机械时间定额}}$$

（2）机械时间定额，是指在合理的劳动组织和合理使用机械条件下，生产单位合格产品所必须消耗的机械台班数量。其完成单位合格产品所必需的工作时间，包括有效工作时间、不可避免的中断时间和不可避免的无负荷工作时间。

机械时间定额以“台班”表示。所谓“台班”，是指工人使用一台机械，工作8h。一个台班的工作，既包括机械的运行，又包括工人的劳动。如果两台机械共同工作一个工作班，或者一台施工机械工作两个工作班，则称为两个台班。

与人工时间定额相类似，机械时间定额与机械台班产量定额两者之间，也是互为倒数的关系。

2. 机械消耗量定额的确定方法

编制施工机械消耗量定额，主要包括以下内容：

（1）拟定机械工作的正常施工条件，包括工作地点的合理组织，施工机械作业方法的拟定，确定配合机械作业的施工小组的组织以及机械工作班制度等。

（2）确定机械净工作率，即确定机械纯工作1h的正常劳动生产率。

（3）确定机械的正常利用系数。机械的正常利用系数是指机械在施工作业班内对作业时间的利用率。

（4）计算施工机械定额：

施工机械定额 = 机械生产率 × 工作班延续时间 × 机械正常利用系数

（5）拟定工人小组的定额时间。工人小组的定额时间是指配合施工机械作业的工人小组的工作时间总和：

工人小组的定额时间 = 施工机械时间定额 × 工人小组的人数

【例 3-1】 已知 400L 混凝土搅拌机每一次搅拌循环：装料 50s，运行 180s，卸料 40s，中断 20s，机械利用系数为 0.9，混凝土损耗率为 1.5%。求混凝土搅拌机台班产量定额。

解：

一次循环持续时间：　　$50+180+40+20=290(s)$

每小时循环次数：　　$60\times60/290=12$(次)

每台班产量：　　$12\times0.4\times8\times0.9=34.56(m^3)$

第五节　预算定额及单位估价表

一、预算定额及单位估价表的含义

（一）预算定额的含义

预算定额是指在正常的施工技术和组织条件下，消耗在合格质量的工程基本子项上的人工、材料和机械台班的数量标准。预算定额的各项指标，反映了在其编制及使用范围内社会或行业平均劳动生产率水平条件下，完成规定计量单位符合设计标准和施工及验收规范要求的分项工程消耗的活劳动和物化劳动的数量限度，属于计价性定额。

（二）单位估价表的含义

单位估价表又称为工程预算单价表，是以货币形式确定预算定额计量单位某分部分项工程或结构构件费用的文件，是预算定额在各地区的具体价格表现，是计算建筑安装产品价格的直接依据。它是根据预算定额确定的人工、材料和机械台班消耗数量乘以编制期当地人工工资单价、材料预算价格和机械台班预算价格汇总而成的，因而具有地区性和时间性，是地区编制施工图预算确定工程费用的基础资料。

从理论上讲，预算定额只规定单位分项工程或结构构件的人工、材料和机械台班消耗的数量标准，不用货币表示。地区单位估价表是将单位分项工程或结构构件的人工、材料和机械台班消耗量在本地区用货币形式表示，一般不列人工、材料和机械消耗的数量标准。但在实务操作中，有的地区和行业为使用和管理方便，为能统一施工图预算编制时费用的计算基础，保持一致的取费水平，在预算定额中不仅列出“三量”指标，同时也列出“三费”指标甚至管理费和利润数额，使预算定额与单位估价表（计价表）融为一体，称预算定额、单位估价表或计价表。

二、预算定额及单位估价表的作用

（一）定额计价模式下预算定额及单位估价表的作用

预算定额及单位估价表规定了其使用范围内平均的必要劳动量，确定了假定建筑安装产品（分项工程）的人材机计划消耗量水平及单位价格，其功能主要是为了计算与确定建筑安装工程预算直接工程费，作为施工企业和建设单位确定合同价款和结算工程价款的依据。这种将定额的数量标准功能转化为价格标准功能，并冠以“预算”二字的计价体系，便是新中国成立以来长期实行的预算成本与预算价格制度的基础——预算定额管理制度，该制度作为计划经济体制的产物，其传统的作用主要体现在以下几方面。

1. 确定建筑安装工程施工图预算造价的主要依据

施工图设计一经确定，工程预算造价就取决于预算定额水平和人工、材料及机械台班的价格。预算定额及单位估价表起着控制劳动消耗、材料消耗和机械台班使用的作用，进而起着控制建筑产品价格水平的作用。

2. 编制施工组织设计的依据

施工企业在缺乏本企业的施工定额的情况下，根据预算定额，也能够比较精确地计算出施工中各项资源的需要量，为有计划地组织材料采购和预制构件加工、劳动力和施工机械的调配，提供了可靠的计算依据。

3. 甲、乙双方办理工程价款结算的主要依据

工程结算是建设单位和施工单位按照工程进度对已完成的分部分项工程实现货币支付的行为。按进度支付工程款，需要根据预算定额及单位估价表将已完成分项工程的造价算出。单位工程竣工验收后，再按竣工工程量、预算定额及单位估价表和施工合同规定进行结算，以保证建设单位建设资金的合理使用和施工单位的经济收入。

4. 施工企业实行经济核算和考核工程成本的依据

在定额计价模式下，预算定额规定的物化劳动和活劳动消耗指标，是施工企业在生产经营中允许消耗的最高标准。因此，预算定额及单位估价表决定着施工单位的收入，施工单位就必须以预算定额及单位估价表作为评价企业工作的重要标准，作为努力实现的具体目标。施工单位可根据预算定额对施工中的劳动、材料和机械的消耗情况进行具体的分析，以便找出并克服低工效和高消耗的薄弱环节，提高竞争能力。只有在施工中尽量降低劳动消耗，采用新技术，提高劳动者素质，提高劳动生产率，才能控制成本，取得较好的经济效果。

5. 编制概算定额的基础

概算定额是在预算定额基础上经综合扩大编制的。利用预算定额作为编制依据，不但可以节省编制工作大量的人力、物力和时间，收到事半功倍的效果，还可以使概算定额在水平上与预算定额一致，以避免造成执行中的不一致。

6. 招投标制度下编制招标工程招标控制价和投标报价的主要依据

招投标制度将市场机制和竞争机制引入到建筑业，要求施工企业按照工程个别成本自主报价，但由于我国地域辽阔，各地区和各行业经济发展水平与市场化程度等有较大差异，在工程造价管理体制改革初期和过渡时期，预算定额的指令和指导作用同时存在，特别是对政府投资项目，在相当长一段时间内，预算定额还是编制招标工程招标控制价和投

标报价的主要依据。

（二）工程量清单计价模式下预算定额及单位估价表的作用

工程量清单计价实施的关键在于企业的自主报价，即施工企业以企业内部定额为依据去报价，去表现自己在施工和管理上的个性特点，以增强投标报价的竞争力。但在我国工程量清单计价的实务操作中，由于各种主客观原因，企业要建立系统、完整的企业定额还需要相当长的一段时间去做相关的基础工作。因此，在现阶段，在企业尚未建立系统、完整企业定额条件下，建设行政主管部门仍有必要颁发统一的、在一定地区范围内使用的社会平均消耗量定额，作为招投标工程施工企业投标报价及工程结算审核的指导或参考；此外，企业定额的建立也并不排斥社会平均消耗量定额的存在，在市场经济体制下，社会平均消耗量定额可以作为市场供给主体加强竞争能力的手段，可以作为体现市场公平竞争和加强国家宏观调控与管理的手段；它们的存在也有利于节约社会劳动和提高劳动生产率，有利于建筑市场公平竞争和规范市场行为并完善市场信息系统。它们还可以是建设行政主管部门调解工程造价纠纷与合理确定工程造价的依据；可以作为施工企业制定企业定额的参考；对依法不招标的工程，它们也可作为编制与审核工程预、结算的依据。

三、预算定额的编制

（一）预算定额的编制原则

为保证预算定额的质量，编制时应遵循以下原则。

1. 技术先进、经济合理

技术先进，是指预算定额项目的确定、施工方法和材料的选择既要结合历年定额水平，也要考虑发展趋势，采用已经成熟并推广的新结构、新材料、新技术和较先进的管理经验；经济合理，是指预算定额项目中的材料规格、质量要求、施工方法、劳动效率和施工机械台班等，既要遵循国家的统一规定，又应考虑定额编制区域现阶段现有的社会正常的生产条件下，大多数企业能够达到和超过的社会平均水平，以更好地调动企业和职工的积极性，提高劳动生产率，最大限度地降低工、料消耗。

2. 简明适用、项目齐全

简明适用、项目齐全，是指在编制预算定额时，定额项目的划分、计量单位的选择和工程量计算规则的确定等，应在保证定额项目齐全和消耗指标相对准确的前提下，综合扩大，使定额粗细恰当、简单明了。对主要的、常用的、价值量大的项目，分项工程划分宜细；次要的、不常用的、价值量相对较小的项目划分宜粗，使定额在内容和形式上具有多方面的适应性。

定额项目的多少，与定额的步距有关：步距大，定额的子目就会减少，精确度就会降低：步距小，定额子目则会增加，精确度也会提高。所以，确定步距时，对主要工种、主要项目和常用项目，定额步距要小一些；对于次要工种、次要项目和不常用项目，定额步距可以适当大一些。

3. 统一性和差别性相结合

所谓统一性，就是从培育全国统一市场，规范计价行为出发，计价定额的制定规划和组织实施由国务院建设行政主管部门归口，并负责全国统一定额制定或修订，颁发有关工程造价管理的规章制度办法等。统一性原则有利于通过定额和工程造价的管理实现建筑安装工程价格的宏观调控。此外，通过编制全国统一定额，可使建筑安装工程具有一个统一的计价依据，也使考核设计和施工的经济效果具有一个统一尺度。

所谓差别性，就是在统一性的基础上，各部门和省、自治区、直辖市主管部门可以在自己的管辖范围内，根据本部门和地区的具体情况，制定部门和地区性定额、补充性制度和管理办法，以适应我国幅员辽阔，地区间、部门间发展不平衡和差异大的实际情况。

（二）预算定额的编制依据

预算定额的编制依据主要包括以下方面：

（1）国家或地区现行的预算定额及编制过程中的基础资料。

（2）现行设计规范、施工及验收规范、质量评定标准和安全操作规程。

（3）现行全国统一劳动定额和机械台班消耗量定额。

（4）具有代表性的典型工程施工图及有关标准图。

（5）有关科学实验和技术测定的统计与经验资料。

（6）新技术、新结构、新材料和先进的施工方法等。

（7）现行的人工工资标准、材料预算价格、机械台班预算价格及有关文件规定等。

（三）预算定额的编制步骤

预算定额的编制，大致可以分为准备工作、收集资料、定额编制、定额报批、修改定稿及整理资料五个阶段。各阶段工作相互有交叉，有些工作还多次反复。

1. 准备工作阶段

准备工作阶段主要包括拟定编制方案和根据专业需要抽调人员划分编制小组两项工作。

2. 收集资料阶段

收集资料阶段工作相对较多，主要包括以下方面：

（1）普遍收集资料。在已确定的范围内，采用表格化法收集定额编制基础资料，以统计资料为主，注明所需要的资料内容、填表要求和时间范围，便于资料整理，并具有广泛性。

（2）专题座谈会。邀请建设单位、设计单位、施工单位及其他有关单位的有经验的专业人士开座谈会，就以往定额存在的问题提出意见和建议，以便在编制新定额时改进。

（3）收集现行规定、规范和政策法规资料。

（4）收集定额管理部门积累的资料，主要包括：日常定额解释资料；补充定额资料；新结构、新工艺、新材料、新机械和新技术用于工程实践的资料。

（5）专项查定及试验，主要指混凝土配合比和砌筑砂浆试验资料。除收集试验试配资料外，还应收集一定数量的现场实际配合比资料。

3. 定额编制阶段

定额编制阶段的主要工作包括确定编制细则、确定定额项目划分及工程量计算规则以及计算定额人工、材料和机械台班耗用量等。

（1）确定编制细则，主要包括：确定表格格式及编制方法；确定计算口径、计量单位和小数点位数要求；确定名称、专业用语和符号代码表达要求等。

(2) 确定定额项目划分及工程量计算规则。定额项目划分及工程量计算规则的合理性直接关系到计价的准确性和方便性，在确定定额项目划分及工程量计算规则时，应考虑与工程项目内容相适应，能准确地反映分项工程最终产品形态和实物量，便于计算工程所需的工料及费用，此外还简化预算编制程序，有利于进行技术经济分析和企业经济核算工作的开展。

(3) 计算定额人工、材料和机械台班耗用量。分项工程人、材、机耗用量的计算，是预算定额编制的核心工作。预算定额人工、材料和机械消耗量指标，应根据定额编制原则和要求，采用理论与实际相结合、图纸计算与施工现场测算相结合、编制人员与现场工作人员相结合等方法进行计算和确定，使定额既符合政策要求，又与客观情况一致，便于使用。

4. 定额报批阶段

(1) 审核定稿。

(2) 预算定额水平测算。新定额编制成稿，必须与原定额进行对比测算，分析水平升降原因。一般新编定额的水平应该不低于历史上已经达到过的水平，并略有提高。在定额水平测算前，必须编出同一人工工资、材料价格和机械台班费的新旧两套定额的工程单价。定额水平的测算方法一般有以下两种：

1) 按工程类别比重测算。在定额执行范围内，选择有代表性的各类工程，分别以新旧定额对比测算并按测算的年限，以工程所占比例加权以考查宏观影响。

2) 单项工程比较测算法。以典型工程分别用新旧定额对比测算，以考查定额水平升降及其原因。

5. 修改定稿及整理资料阶段

(1) 印发征求意见。定额编制初稿完成后，需要征求各有关方面意见和组织讨论，反馈意见。在统一意见的基础上整理分类，制定修改方案。

(2) 修改整理报批。按修改方案的决定，将初稿按照定额的顺序进行修改，并经审核无误后形成报批稿，经批准后交付印刷。

(3) 撰写编制说明。为顺利地贯彻执行定额，需要撰写新定额编制说明。其内容包括：项目、子目数量；人工、材料和机械的内容范围；资料的依据和综合取定情况；定额中允许换算和不允许换算规定的计算资料；工人、材料和机械单价的计算和资料；施工方法、工艺的选择及材料运距的考虑；各种材料损耗率的取定资料；调整系数的使用；其他应该说明的事项与计算数据和资料。

(4) 立档、成卷。定额编制资料是贯彻执行定额中需查对资料的唯一依据，也为修编定额提供历史资料数据，应作为技术档案永久保存。

(四) 预算定额人工、材料和机械消耗量的计算

1. 人工工日消耗量的计算

预算定额中人工工日消耗量是指在正常施工条件下，生产单位合格产品所必须消耗的人工工日数量，是由分项工程所综合的各个工序劳动定额包括的基本用工和其他用工两部分组成的。

人工的工日数可以有两种确定方法：一种是以已有的劳动定额为基础确定；另一种是以现场观察测定资料为基础计算。遇到已有的劳动定额缺项时，可采用现场工作日写实等测时方法确定和计算定额的人工耗用量。

（1）基本用工，是指完成单位合格产品所必须消耗的技术工种用工。按技术工种相应劳动定额的工时定额计算，以不同工种列出定额工日。基本用工包括以下方面内容：

1）完成定额计量单位的主要用工，按综合取定的工程量和相应劳动定额进行计算，即

$$基本用工 = \sum(综合取定的工程量 \times 劳动定额)$$

例如，工程实际中的砖基础，有1砖厚、1砖半厚和2砖厚等之分，用工各不相同。在预算定额中由于不区分厚度，需要按照统计的比例加权平均，即公式中的综合取定得出用工。

2）按劳动定额规定应增加计算的用工量。例如，砖基础埋深超过1.5m，超过部分要增加用工。预算定额中应按一定比例给予增加。

3）由于预算定额是以施工定额子目综合扩大的，包括的工作内容较多，施工的效果视具体部位而不一样，需要另外增加用工，列入基本用工内。

（2）其他用工，通常包括超运距用工、辅助用工和人工幅度差三方面内容。

1）超运距用工。超运距是指劳动定额中已包括的材料和半成品场内水平搬运距离与预算定额所考虑的现场材料和半成品堆放地点到操作地点的水平运输距离之差。超运距用工即为完成增加运输距离所发生的用工，其计算公式为

$$超运距 = 预算定额取定运距 - 劳动定额已包括的运距$$

需要指出，实际工程现场运距超过预算定额取定运距时，可另行计算现场二次搬运费。

2）辅助用工，是指技术工种劳动定额内不包括而在预算定额内又必须考虑的用工。例如，机械土方工程配合用工、材料加工用工（筛砂、洗石和淋化石膏）以及电焊点火用工等，其计算公式为

$$辅助用工 = \sum(材料加工数量 \times 相应的加工劳动定额)$$

3）人工幅度差，即预算定额与劳动定额的差额，主要是指在劳动定额中未包括而在正常施工情况下不可避免但又很难准确计量的用工和各种工时损失。其内容包括：各工种间的工序搭接及交叉作业相互配合或影响所发生的停歇用工，施工机械在单位工程之间转移及临时水电线路移动所造成的停工，质量检查和隐蔽工程验收工作的影响，班组操作地点转移用工，工序交接时对前一工序不可避免的修整用工，施工中不可避免的其他零星用工等，其计算公式为

$$人工幅度差 = (基本用工 + 辅助用工 + 超运距用工) \times 人工幅度差系数$$

人工幅度差系数一般为10%～15%。在预算定额中，人工幅度差的用工量列入其他用工量中。

2. 材料消耗量的计算

材料消耗量是指完成单位合格产品所必须消耗的材料数量，由材料净用量加损耗量组成。其中，材料损耗量是指在正常条件下不可避免的材料损耗，如现场内材料运输及施工

操作过程中的损耗等，其计算公式为

$$材料消耗量 = 材料净用量 + 损耗量$$

$$材料损耗率 = \frac{损耗量}{净用量} \times 100\%$$

$$材料损耗量 = 材料净用量 \times 损耗率$$

或

$$材料消耗量 = 材料净用量 \times (1 + 损耗率)$$

材料消耗量的计算方法主要有以下几种：

（1）凡有标准规格的材料，按规范要求计算定额计量单位的耗用量，如砖、防水卷材和块料面层等。

（2）凡设计图纸标注尺寸及下料要求的按设计图纸尺寸计算材料净用量，如门窗制作用材料和方、板料等。

（3）换算法，是指各种胶结和涂料等材料的配合比用料，可以根据要求条件换算，得出材料用量。

（4）测定法，包括实验室试验法和现场观察法，是指各种强度等级的混凝土及砌筑砂浆配合比的耗用原材料数量的计算，需按照规范要求试配，经过试压合格以后并经过必要的调整后得出的水泥、砂子、石子和水的用量。对新材料和新结构又不能用其他方法计算定额消耗用量时，需用现场测定方法来确定，根据不同条件可以采用写实记录法和观察法，得出定额的消耗量。

编制预算定额时可将材料按用途划分为四类：第一类为主要材料，指直接构成工程实体的材料，其中也包括成品和半成品的材料；第二类为辅助材料，指构成工程实体除主要材料以外的其他材料，如垫木、钉子和铅丝等；第三类为周转性材料，指脚手架和模板等多次周转使用的不构成工程实体的摊销性材料；第四类为其他材料，指用量较少、难以计量的零星用料，如棉纱和编号用的油漆等。

其他材料的确定一般按工艺测算并在定额项目材料计算表内列出名称和数量，并依编制期价格以其他材料占主要材料的比率计算，列在定额材料栏之下，定额内可不列材料名称及消耗量。

3. 机械消耗量的计算

预算定额中的机械消耗量是指在正常施工条件下，生产单位合格产品（分部分项工程或结构构件）必须消耗的某种型号施工机械的台班数量。确定预算定额机械消耗量应考虑以下因素：

（1）工程质量检查影响机械工作损失的时间。

（2）在工作班内，机械变换位置所引起的难以避免的停歇时间和配套机械互相影响损耗的时间。

（3）机械临时维修和小修引起的停歇时间。

（4）机械偶然性停歇，如临时停电和停水所引起的工作停歇时间。

计算机械消耗量的方法有以下两类。

第一类为根据施工定额确定机械消耗量，这种方法是指以现行全国统一施工定额或劳动定额中机械台班产量加机械幅度差计算预算定额的机械消耗量。

机械台班幅度差一般包括：正常施工组织条件下不可避免的机械空转时间，施工技术原因的中断及合理停滞时间，因供电供水故障及水电线路移动检修而发生的运转中断时间，因气候变化或机械本身故障影响工时利用的时间，施工机械转移及配套机械相互影响损失的时间，配合机械施工的工人与其他工种交叉造成的间歇时间，因检查工程质量造成的机械停歇的时间，工程收尾和工作量不饱满造成的机械停歇时间等。

大型机械幅度差系数一般为：土方机械 25%，打桩机械 33%，吊装机械 30%。砂浆、混凝土搅拌机由于按小组配用，以小组产量计算机械台班产量，不另增加机械幅度差。其他分部工程中如钢筋加工、木材和水磨石等各项专用机械的幅度差为 10%。

综上所述，预算定额机械消耗量按下式计算：

预算定额机械消耗量 = 施工定额机械消耗量 ×（1 + 机械幅度差系数）

占比重不大的零星小型机械按劳动定额小组成员计算出机械台班使用量，以“机械费”或“其他机械费”表示，不再列台班数量。

第二类为以现场测定资料为基础确定机械消耗量。编制预算定额时，如遇到施工定额（劳动定额）缺项者，则需要依据单位时间完成的产量测定。

四、预算定额的组成及定额项目排列

（一）预算定额的组成

预算定额由文字说明、定额项目表及附录等组成。文字说明包括定额总说明、分部工程说明及各分项工程说明。涉及各分部需说明的共性问题列入总说明，属某一分部需说明的事项列章节说明。

1. 总说明

总说明列在预算定额的最前面，一般包括以下基本内容：

（1）定额的适用范围。

（2）定额的编制依据。

（3）定额的编制原则和作用。

（4）使用定额必须遵循的规则。

（5）编制定额时已经考虑和没有考虑的因素，有关规定和使用方法。

（6）其他应说明的问题等。

2. 分部、分项工程（或章、节）说明

分部工程说明附在各分部定额项目表前面，是定额的重要组成部分，主要介绍该分部工程中包括的主要项目，以及使用定额的一些规定。

分项工程说明一般列在定额项目表的表头左上方，说明该分项工程的主要工序内容。例如，《全国统一建筑工程基础定额》砖石结构工程分部关于砖墙的说明如下：

（1）定额中砖的规格，是按照标准砖编制的。规格不同时，可以换算。

（2）砖墙定额中已包括先立门窗框的调直用工及腰线、窗台线和挑檐等一般出线用工。

（3）砌砖体均包括了原浆勾缝用工，加浆勾缝时，另按相应定额计算。

（4）墙体内必须放置的拉接钢筋，应按钢筋混凝土章节另行计算。

（5）项目中砂浆系按常用规格和强度等级列出，如与设计不同时，可以换算。

3. 定额项目表

定额项目表是预算定额的核心内容。定额项目表的一般格式是：横向排列为各分项工程的项目名称，竖向排列为分项工程的人工、材料和施工机械消耗量指标。有的项目表下部还有附注以说明设计有特殊要求时，如何进行调整和换算。表 3-6 为 1995 年《全国统一建筑工程基础定额》中砖石结构工程分部部分砖墙项目的示例。

表 3-6　《全国统一建筑工程基础定额》砖墙项目

工作内容：调、运、铺砂浆，运砖；砌砖包括窗台虎头砖、腰线、门窗套；安装木砖、铁件等

计量单位：$10m^3$

定额编号			4—2	4—3	4—5	4—8	4—10	4—11
项目		单位	单面清水砖墙			混水砖墙		
			1/2 砖	1 砖	1 砖半	1/2 砖	1 砖	1 砖半
人工	综合工日	工日	21.79	18.87	17.83	20.14	16.08	15.63
材料	水泥砂浆 M5	m^3		—	—	1.95	—	—
	水泥砂浆 M10	m^3	1.95	—	—	—	—	—
	水泥混合砂浆 M2.5	m^3	—	2.25	2.40	2.25		2.04
	普通黏土砖	千块	5.641	5.314	5.350	5.641	5.341	5.350
	水	m^3	1.13	1.06	1.07	1.33	1.06	1.07
机械	灰浆搅拌机 200L	台班	0.33	0.38	0.40	0.33	0.38	0.40

4. 附录

附录编在预算定额的最后，作为编制预算时参考。建筑工程预算定额附录一般包括以下内容：

(1) 混凝土配合比表。

(2) 抹灰砂浆配合比表。

(3) 砌筑砂浆配合比表。

(4) 耐酸、防腐及特种砂浆、混凝土配合比表。

(5) 其他。

(二) 预算定额项目排列及编号

预算定额项目按分部分项顺序排列。分部工程是将单位工程中某些性质相近和材料大致相同的施工对象归在一起；分部工程以下，又按工程结构、工程内容、施工方法和材料类别等，分成若干分项工程；分项工程以下，再按构造、规格和不同材料等分为若干子目。

在编制施工图预算时，为检查定额项目套用是否正确，对所列工程项目必须填写定额编号。通常预算定额采用两个号码的方法编制。第一个号码表示分部工程编号，第二个号码是指具体工程项目即子目的顺序号。例如，1995 年《全国统一建筑工程基础定额》中的“4-3”，“4”表示第 4 分部工程，即砌筑工程分部；“3”表示第 3 子目，即子目为单面清水一砖墙。有些地区还按三个号码编号法，第一个号码表示分部工程编号，第二个号码表示分项工程顺序号，第三个号码表示子目顺序号。

五、单位估价表的编制

（一）单位估价表的编制意义

由于建筑安装工程采用分解结构组合计价法，即使是一个中小型工程所包括的分部分项工程项目也很多，如只编制预算定额人工、材料和机械消耗量，每个工程单独计算工程预算单价，则需要大量的人力和物力，在时间较紧的情况下还不能保证预算编制的及时性和准确性，因此，在价格比较稳定或价格指数比较完整、准确的情况下，编制地区单位估价表可以简化工程造价的计算，也有利于工程造价的正确计算和控制；此外，地区单位估价表的编制、管理和使用在我国已有几十年历史，已积累了大量值得保留和学习的经验，地区单位估价表对定额计价模式下概、预算造价的确定和工程款的期中结算仍具有科学合理性，对清单计价模式下招标控制价和报价的确定也具有指导和参考性，因此，无论是实行计划价格还是市场价格，编制地区单位估价表对合理并高效地确定和控制工程造价都具有现实意义。

（二）单位估价表的编制方法

在传统预算定额计价模式下，工程预算单价一般表现为工料单价，即工程单价仅含有完成分部分项工程所需的人工、材料和机械台班三项直接工程费用（简称为“基价”）；在工程量清单计价模式下，工程预算单价一般表现为综合单价，即工程单价除含人工、材料和机械台班费用外，还包括管理费、利润和风险。在实务操作中，为与预算定额计价模式下的单位估价表相区别，有的地区把采用综合单价的工程预算单价表称为计价表。

1. 单位估价表（工料单价）

传统单位估价表（单价为工料单价）的内容由两部分组成：一是预算定额规定的人工、材料和机械数量；二是地区预算价格，即与上述三种“量”相适应的人工工资单价、材料预算价格和机械台班预算价格，编制地区单位估价表就是把三种“量”与“价”分别结合起来，得出分项工程的人工费、材料费和施工机械使用费，三者汇总即为工程预算单价，如图 3-6 所示。

$$分部分项工程基价 = 人工费 + 材料费 + 机械费$$

其中　人工费 ＝分项工程预算定额工日用量 × 地区日工资标准

材料费 ＝∑(分项工程预算定额材料用量 × 相应地区材料预算价格)

机械表 ＝∑(分项工程预算定额机械台班量 × 相应地区机械台班预算价格)

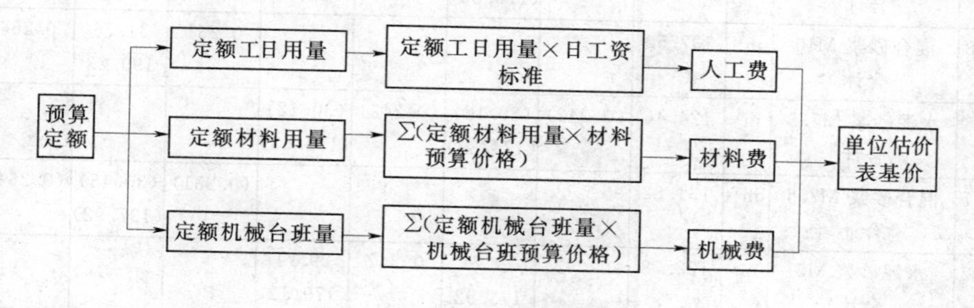

图 3-6　单位估价表编制过程

2. 单位估价表（综合单价）

采用综合单价编制工程预算单价表（单位估价表或计价表）时，在分部分项工程基价确定后，还需根据地区典型工程项目和典型施工企业资料规定管理费和利润计算基数，测算管理费率和利润率，计算单位分部分项工程应计的管理费和利润，组成分部分项工程综合单价，其计算公式为

分部分项工程综合单价 ＝ 人工费 ＋ 材料费 ＋ 机械费 ＋ 管理费 ＋ 利润

表 3－7 是某省采用综合单价编制的建筑工程计价表（单位估价表）示例。

表 3－7　　　　建筑工程计价表（综合单价）示例

一、砌砖

1. 砖基础、砖柱

工作内容：1. 砖基础：运料、调铺砂浆、清理基槽坑、砌砖等

2. 砖柱：清理地槽、运料、调铺砂浆、砌砖　　　　计量单位：m^3

定额编号					3—1		3—2		3—3		3—4	
项目			单位	单价	砖基础				砖柱			
					直形		圆形、弧形		方形		圆形	
					数量	合价	数量	合价	数量	合价	数量	合价
综合单价			元		185.80		192.93		217.81		266.99	
其中		人工费	元		29.64		34.84		47.84		50.44	
		材料费	元		141.81		141.81		149.02		194.15	
		机械费	元		2.47		2.47		2.37		2.73	
		管理费	元		8.03		9.33		12.55		13.29	
		利润	元		3.85		4.48		6.03		6.38	
		二类工	工日	26.00	1.14	29.64	1.34	34.84	1.84	47.84	1.94	50.44
材料	201008	标准砖 240mm×115mm×53mm	百块	21.42	5.22	111.81	5.22	111.81	5.46	116.95	7.35	157.44
	613206	水	m^3	2.80	0.104	0.29	0.104	0.29	0.109	0.31	0.147	0.41
机械	06016	灰浆拌和机 200L	台班	51.43	0.048	2.47	0.048	2.47	0.046	2.37	0.053	2.73
		小计				144.21		149.41		167.47		211.02
(1)	012004	水泥砂浆 M10	m^3	132.86	(0.242)	(32.15)	(0.242)	(32.15)				
		合计				(176.36)		(181.56)				
(2)	012008	混合砂浆 M10	m^3	137.50					0.231	31.76	0.264	36.30
		合计								199.23		247.32
(3)	012003	水泥砂浆 M7.5	m^3	124.46	(0.242)	(30.12)	(0.242)	(30.12)				
		合计				(174.33)		(179.53)				
(4)	012007	混合砂浆 M7.5	m^3	131.82					(0.231)	(30.45)	(0.264)	(34.80)
		合计								(197.92)		(245.82)
(5)	012002	水泥砂浆 M5	m^3	122.78	0.242	29.71	0.242	29.71				
		合计				173.92		179.12				
(6)	012006	混合砂浆 M5	m^3	127.22					(0.231)	(29.39)	(0.264)	(33.59)
		合计								(196.86)		(244.61)

注　基础深度自设计室外地面至砖基础底表面超过 1.5m，其超过部分每立方米砌体增加人工 0.041 工日。

表中直形砖基础综合单价确定过程如下：

人工费＝1.14×26＝29.64(元/m³)

机械费＝0.048×51.43＝2.47(元/m³)

材料费＝5.22×21.42＋0.104×2.8＋0.242×122.78＝141.81(元/m³)

管理费＝(29.64＋2.47)×25％＝8.03(元/m³)

利润＝(29.64＋2.47)×12％＝3.85(元/m³)

砖基础（直形）综合单价＝29.64＋141.81＋2.47＋8.03＋3.85＝185.80(元/m³)

地区人工、材料和机械预算价格的确定主要采用加权平均法。要使编制出的工程单价能适应该地区的所有工程，就必须全面考虑各个影响工程单价的因素对所有工程的影响。一般来说，在一个地区范围内影响工程单价的因素有些是统一的，也比较稳定，如人工工资预算单价和机械台班预算单价；不统一、不稳定的因素主要是材料预算价格。因为同一种材料由于原价不同，交货地点不同，运输方式和运输地点不同，以及工程所在的地点和区域不同，所形成的材料预算价格也不同，所以要编制地区材料预算单价，就要综合考虑上述因素，采用加权平均法计算出地区统一材料预算价格。

就一个地区来看，每种材料运输费都可以分为两部分：一部分是自发货地点至当地一个中心点的运输费；另一部分是自这一中心点至各用料地点的运输费。与此相适应，材料运输费也可以分为长途（外地）运输费和短途（当地）运输费。对于这两部分运输费，要分别采用加权平均法计算出平均运输费。

计算长途运输的平均运输费，主要应考虑：由于供应者不同而引起的同一材料的运距和运输方式不同；每个供应者供应的材料数量不同。采用加权平均法计算平均运输费的公式如下：

$$T_A = (Q_1T_1 + Q_2T_2 + \cdots + Q_nT_n)/(Q_1 + Q_2 + \cdots + Q_n)$$
$$= R_1T_1 + R_2T_2 + \cdots + R_nT_n$$

式中　T_A——平均长途运输费；

Q_1，Q_2，…，Q_n——自各不同交货地点起运的同一材料数量；

T_1，T_2，…，T_n——自各交货地点至当地中心点的同一材料运输费；

R_1，R_2，…，R_n——自各交货地点起运的材料占该种材料总量的比重。

计算当地运输的平均运输费，主要应考虑从中心仓库到各用料地点的运距不同对运输费的影响和用料数量。计算方法和长途运输基本相同，公式如下：

$$T_B = M_1T_1 + M_2T_2 + \cdots + M_nT_n$$

式中　T_B——平均当地运输费；

M_1、M_2、…、M_n——各用料地点对某种材料需要量占该种材料总量比重；

T_1、T_2、…、T_n——自当地中心仓库至各用料地点的运输费。

$$材料平均运输费 = T_A + T_B$$

如果原价不同，也可以采用加权平均法计算把经过计算的各项因素相加，即得出地区材料预算价格。地区单价是建立在定额和统一地区材料预算价格的基础上的，当这个基础发生变化，地区单价也就相应地变化。在一定时期内地区单价应具有相对稳定性，不断研究和改善地区单价和地区材料预算价格的编制和管理工作，并使之具有相对稳定的基础，是加强概、预算管理，提高基本建设管理水平和投资效果的客观要求。

（三）单位估价表示例

现以江苏省现行的《江苏省建筑与装饰工程计价表》（2004年）（以下简称为江苏省计价表）为例介绍单位估价表。

1. 江苏省计价表概况

江苏省计价表共设置了23章、9个附录，3792个子目。其中，第一章至第十八章为分部分项项目，第十九章至第二十三章为措施项目。另有部分难以列出定额项目的措施费用，则按照《江苏省建筑与装饰工程费用计算规则》中的规定进行计算。

这23章内容分别为：土、石方工程，打桩及基础垫层，砌筑工程，钢筋工程，混凝土工程，金属结构工程，构件运输及安装工程，木结构工程，屋、平、立面防水及保温隔热工程，防腐耐酸工程，厂区道路及排水工程，楼地面工程，墙柱面工程，天棚工程，门窗工程，油漆、涂料、裱糊工程，其他零星工程，建筑物超高增加费用，脚手架，模板工程，施工排水、降水、深基坑支护，建筑工程垂直运输，场内二次搬运。

9个附录分别为：混凝土及钢筋混凝土构件模板、钢筋含量表，机械台班预算单价取定表，混凝土、特种混凝土配合比表，砌筑砂浆、抹灰砂浆、其他砂浆配合比表，防腐耐酸砂浆配合比表，主要建筑材料预算价格取定表，抹灰分层厚度及砂浆种类表，主要材料、半成品损耗率取定表，常用钢材理论重量及形体公式计算表。

江苏省计价表适用于江苏省行政区域范围内一般工业与民用建筑的新建、扩建、改建工程及其单独装饰工程，不适用于修缮工程。全部使用国有资金投资或国有资金投资为主的建筑与装饰工程应执行该计价表；其他形式投资的建筑与装饰工程可参照使用该计价表；当工程施工合同约定按该计价表规定计价时，应遵守该计价表的相关规定。

2. 江苏省计价表的编制依据

(1)《江苏省建筑工程单位估价表》(2001年)。

(2)《江苏省建筑装饰工程预算定额》(1998年)。

(3)《全国统一建筑工程基础定额》(GJD—101—95)。

(4)《全国统一建筑装饰装修工程消耗量定额》(GYD—901—2002)。

(5)《建筑安装工程劳动定额》[LD/T72—94 (DE)]。

(6)《建筑装饰工程劳动定额》[LD/T73—94 (DE)]。

(7)《全国统一建筑安装工程工期定额》(2000年)。

(8)《全国统一施工机械台班费用编制规则》(2004年江苏地区预算价格)。

(9) 南京市2003年下半年建筑工程材料指导价格。

3. 江苏省计价表的作用

(1) 编制工程招标控制价和招标工程结算审核的指导。

(2) 工程投标报价、企业内部核算和制定企业定额的参考。

(3) 一般工程（依法不招标工程）编制与审核工程预结算的依据。

(4) 编制建筑工程概算定额的依据。

(5) 建设行政主管部门调解工程造价纠纷和合理确定工程造价的依据。

4. 江苏省计价表人工、材料和机械价格的确定

江苏省计价表人工工资分别按一类工 28.00 元/工日、二类工 26.00 元/工日和三类工 24.00 元/工日计算；单独装饰工程按 30.00～45.00 元/工日进行调整后执行。每工日按 8h 工作制计算。工日中包括基本用工、材料场内运输用工、部分项目材料加工及人工幅度差。

材料预算价格以南京市 2003 年下半年建筑工程材料指导价格为准取定，适当考虑了当时的市场材料价格行情。

机械台班单价和大型机械进退场费以《全国统一施工机械台班费用编制规则》(2004 年江苏地区预算价格）为准确定。

5. 江苏省计价表项目表

计价表项目表是计价表的核心内容。一般格式是：横向排列为各分项工程的项目名称，竖向排列为分项工程的人工、材料和施工机械消耗量及价格。有的项目表下部还有附注以说明设计有特殊要求时如何进行调整和换算。表 3－8 为江苏省计价表中混凝土工程分部部分项目的示例。

表 3－8　　江苏省计价表中混凝土工程分部部分项目的示例

(2) 柱

工作内容：混凝土搅拌、水平运输、浇捣、养护　　　　计量单位：m^3

定额编号					5—13		5—14		5—15		5—16	
项目			单位	单价	矩形		圆形、多边形		L、T、十字形柱		构造柱	
					数量	合价	数量	合价	数量	合价	数量	合价
综合单价			元		277.28		282.12		295.48		309.33	
其中		人工费	元		49.92		53.56		58.50		84.50	
		材料费	元		200.23		200.08		206.67		184.90	
		机械费	元		6.32		6.32		6.32		6.32	
		管理费	元		14.06		14.97		16.21		22.71	
		利润	元		6.75		7.19		7.78		10.90	
二类工			工日	26.00	1.92	49.92	2.06	53.56	2.25	58.50	3.25	84.50
材料	013003	水泥砂浆 1∶2	m^3	212.43	0.031	6.59	0.031	6.59	0.031	6.59	0.031	6.59
	605155	塑料薄膜	m^2	0.86	0.28	0.24	0.14	0.12	0.51	0.44	0.23	0.20
	613206	水	m^3	2.80	1.22	3.42	1.21	3.39	1.26	3.53	1.20	3.36
机械	13072	混凝土搅拌机 400L	台班	83.39	0.056	4.67	0.056	4.67	0.056	4.67	0.056	4.67
	15004	混凝土震动器（插入式）	台班	12.00	0.112	1.34	0.112	1.34	0.112	1.34	0.112	1.34
	06016	灰浆拌和机 200L	台班	51.43	0.006	0.31	0.006	0.31	0.006	0.31	0.006	0.31
小计						66.49		69.98		75.38		100.97
(1)	001026	现浇 C20 混凝土	m^3	172.42	(0.985)	(169.83)	(0.985)	(169.83)				
		合计				(236.32)		(239.81)				
(2)	001027	现浇 C25 混凝土	m^3	186.50	(0.985)	(183.70)	(0.985)	(183.70)				
		合计				(250.19)		(253.68)				

续表

定 额 编 号					5—13		5—14		5—15		5—16	
项 目			单位	单价	矩形		圆形、多边形		L、T、十字形柱		构造柱	
					数量	合价	数量	合价	数量	合价	数量	合价
(3)	001030	现浇 C30 混凝土 合计	m^3	192.87	0.985	189.98 256.47	0.985	189.98 259.96				
(4)	001031	现浇 C35 混凝土 合计	m^3	206.31	(0.985)	(203.22) (269.71)	(0.985)	(203.22) (273.20)				
(5)	001014	现浇 C20 混凝土 合计	m^3	177.41					(0.985)	(174.75) (250.13)	0.985	174.75 275.72
(6)	001018	现浇 C30 混凝土 合计	m^3	199.10					0.985	196.11 271.49	(0.985)	(196.11) (297.08)

注　劲性混凝土柱按矩形柱子目执行。

六、预算定额及单位估价表（计价表）的应用

在使用预算定额及单位估价表（计价表）前，首先应认真学习总说明、章说明，熟悉项目内容和工程量计算规则，特别要注意预算定额及单位估价表（计价表）与《计价规范》（GB 50500—2013）在项目划分和工程量计算规则上的差异。只有熟悉了预算定额及单位估价表（计价表）的内容、形式和使用方法，才能迅速而准确地列项计算工程量，合理套用预算定额及单位估价表（计价表）。

（一）定额计价模式下预算定额及单位估价表（计价表）的使用

定额计价模式下列项选用预算定额及单位估价表（计价表）项目名称、编号，确定项目单价时，常有以下三种情况。

1. 直接套用预算单价

如果某分项工程的名称、材料品种、规格、配合比及做法等与预算定额及单位估价表（计价表）取定内容完全相符（或虽有某些不符，但规定不换算），就可将查得的分项工程单价及编号，直接抄写入工程量计算表及预算表中。

2. 换算预算单价

预算定额及单位估价表（计价表）是根据地区或行业典型工程和典型设计资料编制的，而某具体工程的设计有可能与编制定额时选定的条件不尽一致，为了尽可能准确地反映出实际设计的各分项工程的实物消耗量及预算单价，定额规定在特定的条件下可以进行定额的换算。此外，为使用方便，适当减少定额子目，预算定额及单位估价表（计价表）对一些人工、材料和机械消耗基本相同，只在某一方面有所差别的项目，在定额中只列常用做法项目，另外规定换算和调整方法。例如，江苏省计价表第十五章门窗工程说明规定："本章中门、窗框扇断面除注明者外均是按苏 J73—2 常用项目的Ⅲ级断面编制的，设计框、扇断面与定额不同时，应按比例换算。框料以边立框断面为准（框裁口处如为钉条者，应加贴条断面）；扇料以立梃断面为准。"这项规定明确了计价表中的木门窗的木料断面是按常用规格计算的，并规定了非常用规格门窗木料的换算方法。这样既减少了不必要的子目罗列，又解决了不同木料断面的门窗预算价值不同的问题。

因此，如果某分项工程的名称、材料品种、规格、配合比及做法等与计价表取定不完全相符（部分不相符内容，计价表规定又允许换算），则可将要换算的内容写入备注中，待上机时换算，并在其计价表编号后加添“换”字，以示区别。

在定额计价模式下进行工程预算单价换算时，必须按定额的有关规定办理。定额规定不允许换算的项目，在编制预算时不能强调本工程的特点而随意进行换算。定额规定允许换算的项目，首先应将施工图纸中该项目的设计要求与相应定额项目的条件进行比较，以确定是否需要换算。如需要换算，则应根据预算定额中规定的换算方法进行换算。

常见的换算包括砂浆标号及混凝土等级换算、木材材积换算、系数换算和其他换算。

（1）砂浆标号及混凝土等级换算。此类换算的基本特点是定额耗用量不变，只换算因砂浆标号及混凝土等级不同引起的材料和半成品预算价格的变化，其换算公式为

换算后的直接工程费预算单价 = 换算前的直接工程费预算单价 − 定额消耗量
× 应换出的材料和半成品预算价格
＋定额消耗量 × 应换入的材料和半成品预算价格

【例 3-2】 某工程一砖厚内墙，设计要求用 M7.5 混合砂浆砌筑。而《江苏省建筑与装饰工程计价表》（2004 年）该子目规定的砌筑砂浆为 M5 混合砂浆，消耗量为 $0.235m^3/m^3$，综合单价为 192.69 元/m^3，其中人工费 32.76 元、机械费 2.42 元、材料费 144.49 元、管理费 8.80 元、利润 4.22 元（管理费和利润均以人工加机械费为取费基数，管理费率为 11%、利润率为 6%）；另知 M5 混合砂浆单价为 127.22 元/m^3，M7.5 混合砂浆单价为 131.82 元/m^3，求适用的换算综合单价。

解：换算后的直接工程费预算单价为

$$179.67 - 0.235 \times 127.22 + 0.235 \times 131.82 = 180.75(\text{元}/m^3)$$

换算后综合单价为

$$180.75 + 8.80 + 4.22 = 193.77(\text{元}/m^3)$$

或

$$192.69 - 0.235 \times 127.22 + 0.235 \times 131.82 = 193.77(\text{元}/m^3)$$

（2）木材材积换算。木材材积的换算公式为

设计断面积(净料加刨光损耗)/定额断面积 × 相应项目定额材积

或　（设计断面积 − 定额断面积）× 相应项目框、扇每增减 $10cm^2$ 的材积

调整材积($m^3/100m^2$) = 设计(断面)材积 − 计价表取定材积

【例 3-3】 某工程五冒头有腰单扇镶板门，规格为 900mm×2700mm，框设计断面 60mm×120mm。《江苏省建筑与装饰工程计价表》（2004 年）门框制作子目规定，框断面 $55cm^2$，门框料 $0.817m^3/10m^2$，木材预算价格为 1599.00 元/m^3，综合单价为 412.38 元/$10m^2$，其中人工费 29.96 元、机械费 6.36 元、材料费 362.62 元、管理费 9.08 元、利润 4.36 元（管理费和利润均以人工加机械费为取费基数，管理费率为 11%，利润率为 6%）。求该门适用的换算综合单价。

解：设计净框断面加刨光损耗后的断面积为

$$(6 + 0.3) \times (12 + 0.5) = 78.75(cm^2)$$

设计材积为

$$78.75/55 \times 0.817 = 1.170(\text{m}^3)$$

换算后综合单价为

$$412.38 + (1.170 - 0.817) \times 1599.00 = 976.83(\text{元}/10\text{m}^2)$$

（3）系数换算。系数换算是指利用定额规定的系数来调整定额人工、材料和机械的消耗量，此类换算一般需要换算的人工、材料和机械的预算单价不变，其换算公式为

换算后的直接工程费预算单价＝换算前的直接工程费预算单价＋需调整的工料机械价值×（系数－1）

【例3-4】 某工程轨道式柴油打桩机（锤重2.5t）打预制钢筋混凝土方桩，桩长8m以内，工程量为140m³。《江苏省建筑与装饰工程计价表》（2004年）打桩及基础垫层分部工程说明规定：每个单位工程的打预制钢筋混凝土方桩工程量小于150m³时，其人工和机械（包括送桩）按相应定额项目乘以系数1.25计算。计价表中该子目的综合单价为166.58元，其中人工费21.41元、机械费101.95元、材料费22.25元、管理费13.57元、利润为7.4元（管理费和利润均以人工加机械费为取费基数，管理费率为11%，利润率为6%）。求适用的换算综合单价。

解：换算后的直接工程费预算单价为

$$\begin{aligned}&(21.41 + 22.25 + 101.95) + (21.41 + 101.95) \times (1.25 - 1)\\&= 145.61 + 123.36 \times 0.25\\&= 176.45(\text{元}/\text{m}^3)\end{aligned}$$

换算后的人工加机械费为

$$(21.41 + 101.95) \times 1.25 = 154.20(\text{元}/\text{m}^3)$$

换算后综合单价为

$$176.45 + 154.20 \times 11\% + 154.20 \times 6\% = 202.66(\text{元}/\text{m}^3)$$

（4）其他换算。例如同时选套两个及以上定额的换算、直接增减人材机的换算等。

常见的同时选套两个及以上定额的换算有分项工程的厚度、层数、遍数、层高和运距等换算，其换算公式为

换算后的单价＝基本定额单价±调整定额单价×调整次数

【例3-5】 某工程人工挑抬运土方，运距60m。《江苏省建筑与装饰工程计价表》（2004年）该子目中规定，基本定额运距为20m以内，综合单价为7.23元/m³；调整定额为运距在200m以内每增加20m另增加综合单价1.79元/m³。

解：换算后综合单价为

$$7.23 + 1.79 \times (60 - 20)/20 = 10.81(\text{元}/\text{m}^3)$$

必须说明，各地区的预算定额及单位估价表并不相同，以上举例是以江苏省计价表为

依据进行的，仅供学习时参考。

3. 补充预算单价

当无法直接套用和换算套用工程预算单价时，可根据定额规定另编补充预算单价，即按照前述预算定额及单位估价表的编制程序和方法编制补充预算定额和补充单位估价表。

（二）工程量清单计价模式下预算定额及单位估价表（计价表）的使用

在定额计价模式下，为了强调定额的权威性，在总说明和各章（分部）说明中均提出若干条不准调整的规定。例如，江苏省计价表规定："本计价表是根据现行质量评定标准及安全操作规程并参照建筑安装工程施工及验收规范编制的，不得因具体工程做法与计价表不同另外计算费用。""本估价表中规定的工作内容，均包括完成该项目过程的全部工序，以及施工过程中所需的人工、材料、半成品和机械台班数量。除计价表中有规定允许调整的，其余不得因具体工程的施工组织设计、施工方法和人材机等耗用与计价表有出入而改变计价表用量。"而在工程量清单计价模式下，预算定额及单位估价表（计价表）只是编制工程招标控制价和招标工程结算审核的指导以及工程投标报价、企业内部核算和制定企业定额的参考，因此，使用预算定额及单位估价表（计价表）时，只要设计要求及施工组织设计、施工方法规定与定额不同，均可根据实际情况调整换算。此外，即使是设计要求与定额规定相同，施工企业在投标报价时，也可根据企业技术及管理水平、市场竞争情况等调整定额人材机消耗量及单价、管理费率及利润率，使其报价能反映其自身的水平及竞争实力。

由于《房屋建筑与装饰工程工程量计算规范》（GB 50854—2013）在项目划分、工程内容和工程量计算规则等方面与预算定额及单位估价表（计价表）有一定差异，在工程量清单计价模式下使用预算定额及单位估价表（计价表）时，还应注意其差别，正确确定对应关系。有的地区和行业为了帮助使用者正确选用定额，还编制了计价规范与定额项目对应关系表，如江苏省编制的"工程量清单计价项目指引"等。江苏省计价表与《房屋建筑与装饰工程工程量计算规范》（GB 50854—2013）对应关系如表 3-9 所示。

表 3-9　江苏省计价表与《房屋建筑与装饰工程工程量计算规范》（GB 50854—2013）对应关系表

江苏省计价表	《房屋建筑与装饰工程工程量计算规范》（GB 50854—2013）
附录 A　土石方工程	第一章 土、石方工程
附录 B　地基处理与边坡支护工程	第二十一章　其中的边坡支护
附录 C　桩基工程	第二章　其中的打桩
附录 D　砌筑工程	第三章　砌筑工程 第十一章　其中的检查井、化粪池
附录 E　混凝土及钢筋混凝土工程	第四章　钢筋工程 第五章　混凝土工程 第七章　其中的钢筋混凝土构件运输、安装工程 第二章　其中的基础垫层工程
附录 F　金属结构工程	第六章　金属结构制作工程 第七章　其中的金属结构构件运输、安装工程
附录 G　木结构工程	第八章　木结构工程
附录 H　门窗工程	第十五章　门窗工程

续表

江苏省计价表	《房屋建筑与装饰工程工程量计算规范》(GB 50854—2013)
附录J 屋面及防水工程	第九章 其中的屋面及防水工程
附录K 保温、隔热、防腐工程	第九章 其中的保温隔热工程 第十章 防腐耐酸工程
附录L 楼地面装饰工程	第十二章 楼地面工程
附录M 墙、柱面装饰与隔断、幕墙工程	第十三章 墙柱面工程
附录N 天棚工程	第十四章 天棚工程
附录P 油漆、涂料、裱糊工程	第十六章 油漆、涂料、裱糊工程
附录Q 其他装饰工程	第十七章 其他零星工程
附录R 拆除工程	
附录S 措施项目	第十九章 脚手架工程 第二十章 模板工程 第二十一章 施工排水、降水 第二十二章 垂直运输机械费 第二十三章 场内二次搬运费

第六节 企业定额和成本管理信息系统

实行工程量清单计价的核心是“生成、制定、应用与发展企业定额”。建立功能针对性强，充分体现企业生产、经营、管理水平个性化的企业定额和成本管理信息系统是施工企业加强项目管理，自觉地运用价值规律和价格杠杆，把握市场脉搏，科学合理报价，提高中标率和企业综合生产能力的关键。

一、企业定额的概念和作用

（一）企业定额的概念

建筑安装企业定额是建筑安装施工企业根据本企业的技术水平和管理水平，编制的完成单位合格产品所必需的人工、材料和施工机械台班消耗量，以及其他生产经营要素消耗的数量标准。企业定额不仅能反映企业的劳动生产率和技术装备水平，同时也是衡量企业管理水平的标尺，是企业加强集约经营、精细管理的前提和主要手段，是企业参与市场竞争的核心竞争能力的具体表现。

企业定额属于企业生产性定额，是建筑安装企业内部管理的定额。企业定额影响范围涉及企业内部管理的方方面面，包括企业生产经营活动的计划、组织、协调、控制和指挥等各个环节。企业应根据本企业的具体条件和可能挖掘的潜力、市场的需求和竞争环境，根据国家有关政策、法律和规范、制度，自己编制定额，自行决定定额的水平。为了适应生产组织和施工管理，它应具有项目划分细和功能针对性强的特点。它包括劳动消耗定额、材料消耗定额和机械台班使用定额。

（二）企业定额的作用

企业定额是施工企业编制施工组织设计、施工作业计划和人工、材料、机械台班使用计划的基本依据；是签发施工任务书和限额领料单的计算依据；是进行工料分析、实行经济责任制和加强企业成本管理的基础；是考核施工班组、贯彻经济责任制和搞好企业内部分配的衡量标准；是提高劳动生产率、加强经济核算和增强经济效益的重要基础；是企业走向市场参与竞争、加强工程成本管理和进行投标报价的主要依据。

二、企业定额的编制原则和要求

（一）企业定额的编制原则

1. 平均先进性原则

平均先进，是就定额的水平而言。定额水平，是指规定消耗在单位产品上的人工、材料和机械数量的多少。也可以说，它是按照一定施工程序和工艺条件规定的施工生产中活劳动和物化劳动的消耗水平。

企业定额的水平应直接反映劳动生产率水平，也反映劳动和物质消耗水平。企业定额水平和劳动生产率水平变动的方向是一致的，和劳动与物质消耗水平的变动则呈反方向。企业定额水平反映的劳动生产率水平和物质消耗水平，不是简单地取一个平均值。在确定定额水平时必须考虑满足以下约束条件：

（1）有利于降低人工、材料和机械的消耗。

（2）有利于正确考核和评价工人的劳动成果。

（3）有利于正确处理企业和个人之间的经济关系。

（4）有利于提高企业管理水平。

所谓平均先进水平，就是在正常的施工条件下，大多数施工队组和大多数生产者经过努力能够达到和超过的水平。这种水平使先进者感到一定压力，使处于中间水平的工人定额水平可望可及，珍惜劳动时间，节约材料消耗，尽快达到定额的水平。所以，平均先进水平是一种可以鼓励先进、勉励中间并鞭策落后的定额水平。

贯彻平均先进性原则，要考虑以下问题：

（1）要考虑那些已经成熟并得到推广的先进技术和先进经验，但对于那些尚不成熟，或已经成熟但尚未普遍推广的先进技术，暂时还不能作为确定定额水平的依据。

（2）对于原始资料和数据要加以整理，剔除个别的、偶然的和不合理的数据，尽可能使计算数据具有实践性和可靠性。

（3）要选择正常的施工条件、行之有效的技术方案和劳动组织以及组织合理的操作方法，作为确定定额水平的依据。

（4）从实际出发，综合考虑影响定额水平的有利和不利因素（包括社会因素），这样才不致使定额水平脱离现实。

2. 稳定性和时效性原则

企业定额是企业一定时期技术发展和管理水平的反映，因而在一段时期内都表现出稳定的状态。人材机定额消耗量相对稳定在5年左右；基础单价和各项费用取费率等相对稳定的时间更短一些。保持稳定性是维护权威性所必需的，也是有效地贯彻定额所必需的。

当然稳定性是相对的，技术进步与技术创新是企业生存的法宝，特别是在当前建筑市场队伍众多、竞争激烈的条件下，施工企业只有善于应用新的技术和工艺，采用新的生产经营方式和经营模式，提高企业的机械化施工水平和技术含量，提高劳动生产率，才能在激烈的市场竞争中站稳脚跟。因此，在定额执行期内，随着技术发展对社会劳动生产率的不断促进，定额消耗量水平不再能促进施工生产和企业管理时，就应修订，以使两者达到新的平衡。

3. 简明适用性原则

简明适用，是指定额的内容和形式要方便于定额的贯彻和执行。简明适用性原则，要求企业定额内容应能满足组织施工生产和计算工人劳动报酬等多种需要，同时，还应简单明了、容易掌握、便于查阅、便于计算和便于携带。

定额的简明性和适用性，是既有联系又有区别的两个方面，编制企业定额时应全面加以贯彻。当两者发生矛盾时，定额的简明性应服从适用性的要求。

贯彻定额的简明适用性原则，关键是做到定额项目设置安全，项目划分粗细适当。定额项目的设置是否齐全完备，对定额的适用性影响很大。划分施工定额项目的基础，是工作过程或施工工序。不同性质、不同类型的工作过程或工序，都应分别反映在各个企业定额的项目中。即使是次要的，也应在说明、备注和系数中反映出来。

为了保证定额项目齐全，首先，要加强基础资料的日常积累，尤其应注意收集和分析各项补充定额资料；其次，注意补充反映新结构、新材料和新技术的定额项目；最后，处理淘汰定额项目，要持慎重态度。

贯彻简明适用性原则，要努力使企业定额达到项目齐全、粗细恰当和布置合理的效果。

4. 以专家为主编制定额原则

编制企业定额，要以专家为主，这是实践经验的总结。企业定额的编制要求有一支经验丰富、技术与管理知识全面、有一定政策水平的稳定的专家队伍。

5. 独立自主原则

施工企业作为具有独立法人地位的经济实体，应根据企业的具体情况和要求，结合政府的技术政策和产业导向，以企业盈利为目标，自主地制定企业定额。贯彻这一原则有利于企业自主经营；有利于执行现代企业制度；有利于施工企业摆脱过多的行政干预，更好地面对建筑市场竞争的环境；也有利于促进新的施工技术和施工方法的采用。

此外，企业定额的编制还应考虑与成本管理系统和项目管理系统的相互衔接，以利于数据资料的收集和应用。

（二）企业定额的编制要求

（1）企业定额各单项的平均造价要比社会平均价低，体现企业定额的先进合理性，至少要基本持平，否则，就失去企业定额的实际意义。

（2）企业定额要体现本企业在某方面的技术优势，以及本企业的局部管理或全面管理方面的优势。

（3）企业定额的所有单价都实行动态管理；定期调查市场，定期总结本企业各方面业绩与资料，不断完善，及时调整，与建设市场紧密联系，不断提高竞争力。

（4）企业定额要紧密联系施工方案、施工工艺并与其全面接轨。

企业定额不是简单地把传统定额或行业定额的编制手段用于编制施工企业的内部定额，它的形成和发展同样要经历从实践到理论、由不成熟到成熟的多次反复检验、滚动和积累，在这个过程中，企业的技术水平在不断发展，管理水平和管理手段、管理体制也在不断更新提高。可以这样说，企业定额产生的过程，就是一个快速互动的内部自我完善的进程。

三、企业定额的编制步骤

(一) 准备工作阶段

准备工作阶段的主要工作内容为拟定编制方案、根据专业需要划分编制小组和明确任务分工等。

(二) 收集资料阶段

收集资料阶段的主要工作内容为设计收集资料的标准化表格和收集各类基础资料。

编制企业定额的关键是要从采集的资料中整理出最能反映企业现状特点的数据库，建立可靠的材料、设备价格询价和比价渠道。这项工作比较繁琐，难度也比较大，但如果企业建立了长期的数据积累模式，再结合一个好的计算机软件平台，企业定额的资料收集整理工作完全可以由计算机自动完成。

(三) 定额编制阶段

定额编制阶段的主要工作内容包括以下两方面：

(1) 确定编制细则，包括确定编制表格和方法、计算口径、计量单位和小数点要求等。

(2) 编制定额表和拟定有关说明。

企业定额人工消耗量应首先根据企业环境，拟定正常的施工作业条件，分别计算测定基本用工和其他用工的工日数，进而拟定施工作业的定额时间；材料消耗量包括净用量和损耗量，应通过企业历史数据的统计分析、理论计算、实验室试验和实地考查等方法计算确定；机械台班消耗量同样需要按照企业的环境，拟定机械工作的正常施工条件、机械净工作效率和利用系数，据此拟定施工机械作业的定额台班和与机械作业相关的定额时间。企业定额的平均先进水平，展现企业在某方面的技术优势和管理优势。企业定额只有达到和超过社会平均水平，才能在工程量清单报价中做到心中有数，稳操胜券。此外，企业定额的编制应能反映施工方案的影响，采用不同的施工方法，使用不同的机械，制定的定额标准也应该不同。

(四) 审核、修改、定稿阶段

定额初稿编制完成后，需要征求企业有关各方面的意见和组织讨论，反馈意见，在统一意见的基础上整理分类，制定修改方案，如有必要，还可进行多次修改，直至初始企业定额建立。

(五) 动态管理阶段

在竞争激烈的建筑市场上，施工企业只有不断地应用新技术和新工艺，采用新的生产经营方式和经营模式，提高企业的机械化施工水平和技术含量，提高劳动生产率，才能在竞争中站稳脚跟。作为促进和反映企业技术与管理水平的企业定额，当然也就需要动态管理和调整，以适应技术进步与技术创新、企业劳动资源和人才技术力量的变化的需要。

四、企业定额与施工项目成本管理信息系统

制定一套完善的企业定额，要充分利用计算机技术，去完成原始数据资料的收集、整理和分析等任务。地方定额或行业定额的采样范围较一个企业要广泛得多，企业定额的数据采集，主要是自己的资料；企业定额要充分体现企业的个性，但同时又要反映本企业不同时期、不同地点和不同特点的各个工程项目的共性；随着计算机软件业的飞速发展，计算机完全可以帮助企业为制定自己的企业定额创造一个良好的技术支持环境，使企业能随时准确地记录好相关资料。

企业定额是本企业已完工程数据的积累和提炼，并与施工方案实现双向反馈，是衡量施工过程中人工、材料和机械消耗量是否合理的标准，是分析成本节约和超支的重要依据，对目标成本的合理确定和有效控制以及对成本分析和考核都有着重要的作用，是加强施工项目成本管理必须做好的基础工作。

企业定额是实现项目成本管理信息化的基础，项目成本管理信息化又会对企业定额的不断完善提供条件。项目成本管理信息系统包括投标报价子系统、目标成本确定子系统、成本控制子系统和成本核算、分析子系统及考核子系统。

（一）企业定额与投标报价决策系统

目前的报价系统均以预算定额为基础编制，而预算定额是从地区典型施工企业的典型施工案例统计中综合取定的，无法反映不同施工企业不同具体项目的个别成本。因此，建立以企业定额为依据，并能结合工期和不同施工措施做工料分析，适应企业由于施工条件不同而工程成本不同的调整要求的报价系统就十分必要。

（二）企业定额与目标成本的确定和成本控制系统

目标成本是项目经理部对项目施工成本进行计划管理的依据，是建立施工项目成本管理责任制和开展成本控制和核算的基础。企业定额是根据本企业的人员技能、施工机械装备程度、现场管理和企业管理水平制定的，按企业定额计算得到的工程费用是企业进行施工生产所需的成本。因此，项目经理部只有在企业定额的基础上，针对工程的具体特点，制定切实可行的技术组织措施，才能制定出科学合理的目标成本，对施工项目成本管理起到真正地促进和激励作用。

所谓成本控制就是指在项目成本的形成过程中，对生产经营所消耗的人力资源、物质资源和费用开支，进行指导、监督、调节和限制，及时纠正将要发生和已经发生的偏差，把各项生产费用控制在计划成本的范围内，以保证成本目标的实现。成本控制的途径应该是既增收又节支，但无论采用哪一种途径，都离不开企业定额。从节支角度看，企业定额可以应用于工程的施工管理，用于签发施工任务单、签发限额领料单以及结算计件工资或计量奖励工资等。由于企业定额直接反映了本企业的施工生产力水平，运用企业定额，就可以更合理地组织施工生产，有效确定和控制施工中的人力和物力消耗，节约成本开支。从增收角度看，企业定额是合理确定工程变更价款和工程索赔价款的重要依据。

（三）企业定额与成本核算、分析与考核系统

成本核算是项目管理最根本的标志和主要内容，它既是预测施工项目成本、制定成本计划和实施成本控制所需信息的重要来源，也是成本分析和考核的重要依据。成本核算必须有账有据，成本核算为企业定额的建立和动态管理提供了基础，企业定额也会促进项目成本核算工作的进一步完善。

企业定额对外可作为投标报价的依据，对内可作为编制施工组织设计和内部核算的依据；是本企业已完工程数据的积累和提炼，并与施工方案实现双向反馈；是衡量人工、材料和机械消耗的标准；是分析成本节约和超支的重要依据。根据企业定额和统计核算、业

务核算、会计核算提供的资料，分析成本形成过程和影响成本升降的因素，寻找降低成本的途径，从账簿和报表反映成本现象看清成本实质，重点分析影响成本的内部因素——人工消耗量、材料和机械利用效果，是贯彻落实责权利相结合的原则，正确进行成本考核，促进成本管理工作健康发展，更好地完成施工项目成本目标的重要工作。

企业定额是施工企业参加投标竞争，以“能够满足招标文件的实质要求，并且经评审的投标价格最低；但是投标价格低于成本的除外”中标的基本保障，也是企业文化的重要组成部分。能否建立起完善、科学、合理、可持续发展的企业定额，取决于企业的综合管理水平。在建立企业定额的过程中，企业应以当期全国或地区统一的预算定额为参照，比较企业定额的水平。在竞争中，企业还应以先进的技术力量为榜样，找出自己的差距。如此多次反复、不断改进，最终达到企业综合生产能力与企业定额水平共同提高的目的。

第四章 建设项目投资估算

第一节 概 述

一、基本概念

（一）建设投资

习惯应用的建设投资是指为形成建设项目实体，在建设期间所需要花费的全部费用，包括设备及工器具购置费用、建筑安装工程费用、工程建设其他费用和预备费（基本预备费与价差预备费），不包括建设期贷款利息。《投资项目可行性研究指南》（2002 年版）中的建设投资含义较广，包括上述的建设投资内容及建设期贷款利息，而将上述建设投资称为不含建设期贷款利息的建设投资。但无论名称如何，实际工作中投资估算的第一步必须是先估算不含建设期贷款利息的建设投资，然后才能根据资金筹措方案估算建设期贷款利息，再得到《投资项目可行性研究指南》（2002 年版）所称的建设投资。随着资金筹措方案的不同，《投资项目可行性研究指南》（2002 年版）所称的建设投资也发生变化，但不含建设期贷款利息的建设投资只与项目方案设计有关，与资金筹措方案的变化无关。

（二）建设项目总投资与项目投入总资金

建设项目总投资又称为规模用总投资，由建设投资、建设期贷款利息和铺底流动资金（流动资金的 30%）组成；项目投入总资金又称为评价用总投资，是《投资项目可行性研究指南》（2002 年版）中提出的一个概念，它由建设投资、建设期贷款利息和全部流动资金组成。

（三）静态投资与动态投资

投资按是否考虑资金的时间价值又可分为静态投资与动态投资。

静态投资是以某一基准年、月的建设要素的价格为依据所计算出的建设项目投资的瞬时值，它包含因工程量误差而引起工程造价的增减。静态投资包括建筑安装工程费、设备和工器具购置费、工程建设其他费用和基本预备费等。静态投资是具有一定时间性的，应统一按某一确定的时间来计算，特别是遇到估算时间距开工时间较远的项目，一定要以开工前一年为基准年，按照近年的价格指数将编制的静态投资进行适当调整，否则就会失去基准作用，影响投资估算的准确性。

动态投资是指建设项目从估算编制期到工程竣工期间由于物价、汇率、税费率、劳动工资和贷款利率等发生变化所需增加的投资额，主要包括建设期贷款利息、汇率变动及建设期价差预备费等。动态投资适应了市场价格运行机制的要求，使投资的计划、估算和控制更加符合实际。

（四）投资估算

投资估算是指在对项目的建设规模、建设标准水平、建设地区地点、工程技术方案、设备方案及项目实施进度等进行研究并基本确定的基础上，估算项目的总投资或投入总资金。

二、建设项目决策与投资估算的关系

(1) 项目决策的内容是决定投资估算的基础，决策的正确性是投资估算合理性的前提。工程造价的计价与控制贯穿于项目建设全过程，但决策阶段各项技术经济决策，对该项目的工程造价有重大影响，特别是建设标准水平的确定、建设地点的选择、工艺的评选和设备选用等，直接关系到投资估算的高低。据有关资料统计，在项目建设各大阶段中，投资决策阶段影响工程造价的程度最高，即达到80%～90%。因此，投资决策阶段项目决策的内容是决定投资估算的基础，直接影响着决策阶段之后的各个建设阶段工程造价的计价与控制是否科学、合理。

项目决策正确，意味着对项目建设作出了科学的决断，评选出了最佳的投资行动方案，达到了资源的合理配置；项目决策失误，主要体现在对不该建设的项目进行投资建设，或者项目建设地点的选择错误，或者投资方案的确定不合理等。决策失误，会直接带来不必要的资金投入和人力、物力及财力的浪费，甚至造成不可弥补的损失。在这种情况下，强调工程造价的计价与控制已经没有太大意义。因此，要保证工程造价的合理性，首先要保证项目决策的正确性，避免决策失误。

(2) 投资估算的高低也影响项目决策。经济是基础，投资者的财力决定了工程建设的规模和标准。决策阶段的投资估算是进行投资方案选择的重要依据，对需审批或核准、备案的项目，投资估算也是管理部门决定是否对其审批立项的重要依据。

三、投资估算的内容与阶段划分

(一) 投资估算的内容

建设项目总投资估算的内容包括建设投资、建设期贷款利息、固定资产投资方向调节税（暂停征收）和流动资金的估算。

建设投资估算的内容按照费用的性质划分，包括工程费用、工程建设其他费用和预备费用三部分。其中，工程费用包括建筑工程费、设备及工器具购置费、安装工程费；预备费用包括基本预备费和价差预备费。在按形成资产法估算建设投资时，工程费用形成固定资产；工程建设其他费用可分别形成固定资产、无形资产及其他资产；预备费用为简化计算，一并计入固定资产。

建设期贷款利息是债务资金在建设期内发生并应计入固定资产原值的利息，包括支付金融机构的贷款利息和为筹集资金而发生的融资费用。建设期贷款利息单独估算以便对建设项目进行融资前和融资后财务分析。

流动资金是指生产经营性项目投产后，用于购买原材料、燃料、支付工资及其他经营费用等所需的周转资金。它是伴随着建设投资而发生的长期占用的流动资产投资，流动资金＝流动资产－流动负债。其中，流动资产主要考虑现金、应收账款、预付账款和存货；流动负债主要考虑应付账款和预收账款。因此，流动资金的概念实际上就是财务中的营运资金。

注意：在具体估算某项目投资时，其估算内容与范围应与项目建设方案设计所确定的研究范围和各单项工程内容相一致。

(二) 投资估算的阶段划分及深度要求

投资决策过程，是一个由浅入深、不断深化的过程，依次分为若干工作阶段，不同阶段决策的深度不同。投资估算是依据现有的资料和一定的估算方法对建设项目的投资数额进行的估计，由于在投资决策过程中的各个工作阶段所具备的条件、掌握的资料和工程技术文件不同，因而投资估算的准确程度也不相同，随着阶段的不断发展、调查研究的不断深入，掌握的资料越来越丰富，工程技术文件越来越完善，投资估算也逐步准确，其所起的作用也越来越重要。《估算编审规程》（CECA/GC 1—2007）规定：建设项目在项目建议书、预可行性研究、可行性研究和方案设计（包括概念方案设计和报批方案设计）阶段均应编制投资估算。

1. 项目建议书阶段的投资估算

项目建议书阶段的投资估算是指按照项目建议书中确定的产品方案、项目建设规模、产品主要生产工艺、企业车间组成、初选建厂地点等估算建设项目所需要的投资额。其主要目的是判断一个建设项目是否初步可行，对项目决策只是概念性的参考。《估算编审规程》（CECA/GC 1—2007）要求此阶段应编制总投资估算，总投资估算表中工程费用应分解到主要单项工程，工程建设其他费用可在总投资估算表中分项计算。

2. 可行性研究阶段的投资估算

可行性研究阶段的投资估算是指按照可行性研究报告中确定的比项目建议书更为具体、详尽、全面的建设内容、建设方案及标准等估算的建设项目所需要的投资额。项目可行性研究阶段的投资估算是项目投资决策的重要依据，也是研究、分析、计算项目投资经济效果的重要条件，其深度及精度应满足国家和地方相关部门审批或核准（备案）的要求。

预可行性研究阶段、方案设计阶段项目投资估算视设计深度，宜参照可行性研究阶段的编制办法进行。

四、投资估算的方法及依据

（一）投资估算的方法

投资估算的方法主要有生产能力指数法、系数估算法、比例估算法、混合法、指标估算法等。项目建议书阶段的投资估算主要采用前四类方法，可行性研究阶段的投资估算原则上应采用指标估算法。在实际工作中，应在遵循《估算编审规程》（CECA/GC 1—2007）要求的基础上，结合编制者所掌握的国家及地区、行业或部门相关投资估算基础资料和拟建项目已有数据的合理、可靠、完整程度选用合适的方法。

（二）投资估算的依据

投资估算的依据主要有以下几项：

（1）国家、行业和地方政府的有关规定。

（2）工程勘察与设计文件，图示计量或有关专业提供的主要工程量和主要设备清单。

（3）行业部门、项目所在地工程造价管理机构或行业协会等编制的投资估算指标、概算指标（定额）、工程建设其他费用定额（规定）、综合单价、价格指数和有关造价文件等。

（4）类似工程的各种技术经济指标和参数。

（5）工程所在地的同期的工、料、机市场价格，建筑、工艺及附属设备的市场价格和有关费用。

(6) 政府有关部门、金融机构等部门发布的价格指数、利率、汇率、税率等有关参数。

(7) 与项目建设相关的工程地质资料、设计文件、图纸等。

(8) 委托人提供的其他技术经济资料。

第二节　项目建议书阶段的投资估算

一、生产能力指数法

生产能力指数法是根据已建成的、性质类似的建设项目的投资额和生产能力与拟建项目的生产能力估算拟建项目投资额的简单匡算法，其计算公式为

$$C = C_1\left(\frac{Q}{Q_1}\right)^x f$$

式中　C_1——已建类似建设项目的投资额；

C——拟建建设项目投资额；

Q_1——已建类似建设项目的生产能力；

Q——拟建建设项目的生产能力；

f——不同建设时期、不同的建设地点而产生的定额水平、设备购置和建筑安装材料价格、费用变更和调整等的综合调整系数；

x——生产能力指数，$0 \leqslant x \leqslant 1$。

运用这种方法估算项目投资的重要条件是要有合理的生产能力指数。采用生产能力指数法计算简单、速度快，但要求类似工程的资料可靠、条件基本相同，否则误差就会增大。

【例 4-1】　已知某建成于2006年的年产30万t乙烯装置的建设项目投资额为66000万元，如果2010年拟在该地新建一年产70万t乙烯装置，工程条件与上述装置类似。试估算该装置的静态投资（假定生产能力指数 $x=0.6$，$f=1.1$）。

解：根据上述公式，则有

$$C = C_1\left(\frac{Q}{Q_1}\right)^x f = 66000 \times (70/30)^{0.6} \times 1.1 = 120704.29(\text{万元})$$

二、系数估算法

系数估算法是以已知的拟建项目的主体工程费或主要生产工艺设备费为基数，以其他辅助或配套工程费占主体工程费或主要生产工艺设备费的百分比为系数，估算拟建项目投资额的简单匡算法。其计算公式为

$$C = E(1 + f_1P_1 + f_2P_2 + f_3P_3 + \cdots) + I$$

式中　C——拟建建设项目的投资额；

E——拟建建设项目的主体工程费或主要生产工艺设备费；

P_1，P_2，P_3，…——已建类似建设项目的辅助或配套工程费占主体工程费或主要生产工艺设备费的比重；

f_1，f_2，f_3，…——由于建设时间、地点而产生的定额水平、建筑安装材料价格、费用变更和调整等综合调整系数；

I——根据具体情况计算的拟建建设项目各项其他基本建设费用。

该方法的特点是简单易行，但精度较低，因此，一般适用于设计深度不足、拟建建设项目与类似项目的主体工程费或主要生产工艺设备投资比重较大、行业内相关系数等基础资料完备情况下的投资估算。

三、比例估算法

比例估算法是根据已知的同类建设项目主要生产工艺设备投资占整个建设项目的投资比例，先逐项估算出拟建建设项目主要生产工艺设备投资，再按比例进行估算拟建建设项目相关投资额的简单匡算法。其计算公式为

$$C = \frac{1}{K}\sum_{i=1}^{n} Q_i P_i$$

式中 C——拟建建设项目的投资额；

K——主要生产工艺设备费占拟建建设项目投资的比例；

n——主要生产工艺设备种类数；

Q_i——第 i 种主要生产工艺设备的数量；

P_i——第 i 种主要生产工艺设备的购置费（到厂价格）。

该方法主要应用于设计深度不足，拟建建设项目与类似建设项目的主要生产工艺设备投资比重较大及行业内相关系数等基础资料完备情况下的投资估算。

四、混合法

混合法是根据主体专业设计的阶段和深度，以及投资估算编制者所掌握的国家及地区、行业或部门相关投资估算基础资料和数据，对一个拟建建设项目采用生产能力指数法与比例估算法或系数估算法与比例估算法混合进行估算其相关投资额的方法。

【例 4-2】 某石化项目，设计生产能力 45 万 t，已知生产能力为 30 万 t 的同类项目投入设备费用为 30000 万元，设备综合调整系数为 1.1，该项目生产能力指数估计为 0.80。该类项目的建筑工程费用是设备费的 10%，安装工程费用是设备费的 20%，其他工程费用是设备费的 10%，这三项的综合调整系数定为 1.0，其他投资费用估算为 1000 万元。试估算该项目静态投资。

解：

(1) 用生产能力指数法估算设备费，得

$$C = 30000 \times (45/30)^{0.8} \times 1.1 = 45644.3(\text{万元})$$

(2) 用系数估算法估算投资，得

$$45644.3 \times (1 + 10\% + 20\% + 10\%) \times 1.0 + 1000 = 64002(\text{万元})$$

五、指标估算法

指标估算法是把拟建建设项目以单项工程或单位工程，按建设内容纵向划分为各个主要生产设施、辅助及公用设施、行政及福利设施以及各项其他基本建设费用，按费用性质横向划分为建筑工程、设备购置、安装工程等，根据各种具体的投资估算指标，进行各单位工程或单项工程投资的估算，在此基础上汇集编制成拟建建设项目的各个单项工程费用和拟建建设项目的工程费用投资估算。再按相关规定估算工程建设其他费用、预备费用、建设期贷款利息等，形成拟建项目总投资的相对精度较高的方法。其基本步骤如下：

(1) 分别估算各单项工程所需的建筑工程费、设备及工器具购置费和安装工程费。

(2) 在汇总各单项工程费用的基础上，估算工程建设其他费用和基本预备费。

(3) 估算价差预备费。

(4) 估算建设期贷款利息。

(5) 估算流动资金。

以上各阶段具体工作内容及方法将在本章第三节中详细介绍。

第三节　可行性研究阶段的投资估算

一、估算各单项工程所需的建筑工程费、设备及工器具购置费和安装工程费

(一) 估算建筑工程费

建筑工程费是指为建造永久性建筑物和构筑物所需要的费用，一般采用单位建筑工程投资估算法、单位实物工程量投资估算法、概算指标投资估算法等进行估算。

1. 单位建筑工程投资估算法

采用单位建筑工程投资估算法的建筑工程费计算式为

$$建筑工程费 = 单位建筑工程量投资 \times 建筑工程总量$$

不同类型的建筑工程其单位建筑工程量投资表现形式各不相同，一般工业与民用建筑应采用单位建筑面积（m^2）的投资，工业窑炉砌筑应采用单位容积（m^3）的投资，水库应采用水坝单位长度（m）的投资，铁路路基应采用单位长度（km）的投资，矿山掘进应采用单位长度（m）的投资，建筑工程总量的单位也应与其匹配。

单位建筑工程投资估算法在实务操作中还可进一步分为单位功能价格法、单位面积价格法和单位容积价格法。

2. 单位实物工程量投资估算法

采用单位实物工程量投资估算法的建筑工程费计算式为

$$建筑工程费 = 单位实物工程量的投资 \times 实物工程总量$$

例如，土石方工程按每立方米投资，矿井巷道衬砌工程按每延米投资，路面铺设工程按每平方米投资，乘以相应的实物工程总量计算建筑工程费。

3. 概算指标投资估算法

对于没有上述估算指标且建筑工程费占总投资比例较大的项目，可采用概算指标投资估算法。采用这种方法，应占有较为详细的工程资料、建筑材料价格和工程费用指标，投

入的时间和工作量大。

（二）估算设备及工器具购置费

1. 设备及工器具购置费的内容

设备及工器具购置费是由设备购置费和工器具、生产家具购置费组成的，它是固定资产投资中的重要组成部分。设备购置费是指各种生产设备、传导设备、动力设备和运输设备等设备原价及运杂费用，可分为需要安装和不需要安装的设备购置费两种。

(1) 需要安装的设备是指必须将其整体或几个装配起来，安装在基础上或建筑物支架上才能使用的设备，如轧钢机、发电机、蒸汽锅炉、变压器和塔、换热器、各种泵和机床等。有的设备虽不需要基础，但必须进行组装工作，并在一定范围内使用，如生产用电铲、塔吊、门吊和皮带运输机等也作为需要安装的设备计算。

(2) 不需要安装的设备是指不必固定在一定位置或支架上就可以使用的各种设备，如电焊机、叉车、汽车、机车、飞机、船舶以及生产上流动使用的空压机和泵等。

(3) 工器具、生产家具购置费是指为保证初期正常生产必须购置的不构成固定资产标准的设备、仪器、工模具、器具及生产用家具的购置费。

2. 设备及工器具购置费的估算方法

设备及工器具购置费的估算可分为国内设备购置费、进口设备购置费、融资租赁设备费及工器具购置费估算。设备购置费估算的基本公式为

设备购置费 = 国产设备原价或进口设备抵岸价 + 设备运杂费

该式中，国产设备原价是指国产标准设备和非标准设备的原价；进口设备抵岸价是指抵达买方边境港口或边境车站，且交完关税以后的价格；设备运杂费是指设备原价中未包括的包装和包装材料费、运输费、装卸费、采购费及仓库保管费和供销部门手续费等。如果设备是由设备成套公司供应的，成套公司的服务费也应计入设备运杂费之中。

(1) 国内设备购置费的估算。国内设备又可分为国产标准设备和非标准设备。国产标准设备原价一般指的是设备制造厂的交货价，即出厂价，在计算设备原价时，一般应按带备件的出厂价计算，如设备由设备成套公司供应，则应以订货合同价为设备原价；国产非标准设备原价有多种计价方法，如成本计算法、系列设备插入估价法、分部组合估价法和定额估价法等。无论采用哪种方法都应该使非标准设备计价接近实际出厂价，并且计算方法要简便。设备运杂费（运输费、装卸费、供销手续费和仓库保管费等）一般按运杂费费率和设备出厂价的百分比计算。

(2) 进口设备购置费的估算。进口设备购置费由进口设备抵岸价（设备货价加进口从属费用）及国内段运杂费组成。

设备货价分为原币货价和人民币货价，原币货价一般按离岸价计算，币种一律折算为美元表示；人民币货价为原币货价乘以外汇市场美元兑换人民币中间价。进口设备货价按有关生产厂商询价、报价和订货合同价计算。

进口从属费用包括国外运费、国外运输保险费、关税、消费税、增值税和银行财务费、外贸手续费、海关监管手续费等。进口从属费用计算规定如表 4-1 所示。

表 4－1　　　　　　　　　　　　　　**进口设备从属费用计算**

费用名称	计 算 公 式	备　注
国外运费	国外运费＝合同中硬件货价×国外运输费费率	海运费费率通常取 6％
国外运输保险费	国外运输保险费＝（合同中硬件货价＋海运费）×运输保险费费率	海运保险费费率常取 3.5％
关税	硬件关税＝（合同中硬件货价＋运费＋运输保险费）×关税税率 软件关税＝合同中应计关税软件的货价×关税税率	
消费税		
增值税	增值税＝（硬件到岸价＋完关税软件货价＋关税）×增值税税率	增值税税率取 17％
银行财务费	银行财务费＝合同中硬件、软件的货价×银行财务费税率	银行财务费税率取 5‰
外贸手续费	外贸手续费＝（合同中硬件到岸价＋完关税软件货价）×外贸手续费税率	外贸手续费税率取 1.5％
海关监管手续费	海关监管手续费＝减免关税部分的到岸价×海关监管手续费税率	海关监管手续费税率取 3‰

【例 4－3】　某公司拟从国外进口一套机电设备，重量 1500t，装运港船上交货价，即离岸价为 400 万美元。其他有关费用参数为：国际运费标准 360 美元/t；海上运输保险费税率 0.266％；中国银行费税率 0.5％；外贸手续费税率 1.5％；关税税率 22％；增值税的税率 17％；美元的银行牌价为 8.27 元人民币，设备的国内运杂费税率 2.5％。试对该套设备进行估价。

解：根据上述各项费用的计算公式，则

进口设备货价＝400×8.27＝3308(万元)

国际运费＝360×1500×8.27＝446.6(万元)

国外运输保险费＝(3308＋446.6)×0.266％＝10(万元)

关税＝(3308＋446.6＋10)×22％＝828.2(万元)

增值税＝(3308＋446.6＋10＋828.2)×17％＝780.8(万元)

银行财务费＝3308×0.5％＝16.5(万元)

外贸手续费＝(3308＋446.6＋10)×1.5％＝56.5(万元)

进口设备原价＝3308＋446.6＋10＋828.2＋780.8＋16.5＋56.5＝5446.6(万元)

设备估价＝5177.78×(1＋2.5％)＝5582.8(万元)

(3) 融资租赁设备费的估算方法。融资租赁设备费用应作为建设项目固定资产投资的组成部分。融资租赁的固定资产按租赁协议确定的设备价款，并考虑运输费、途中保险费和安装调试费等因素估算。

(4) 工器具购置费的估算。工器具及生产家具购置费是指新建或扩建项目初步设计规定的和保证初期正常生产必须购置的没有达到固定资产标准的设备、仪器、工卡模具、器具、生产家具和备品备件等的购置费用，其计算公式为

$$工器具及生产家具购置费 = 设备购置费 \times 定额费率$$

(三) 估算安装工程费

1. 安装工程费内容

安装工程费一般包括以下三部分：

(1) 生产、动力、起重、运输、传动和医疗、试验等各种需要安装设备的装配和安装，与设备相连的工作台、梯子和栏杆等装设工程以及附属于被安装设备的管线敷设工程，被安装设备的绝缘、防腐、保温和油漆等工程费用。

(2) 为测定安装工程质量，对单个设备和系统设备进行单机试运转、系统联动无负荷试运转工作（投料试运工作不包括在内）等的运转、调试费用。

(3) 在安装工程中，不包括被安装设备本身价值和投料试运转的费用。

2. 安装工程费估算方法

安装工程费，一般采用占需安装设备价值的百分比指标（安装费率）或概算指标进行估算；管线安装工程费可按工程量和概算指标进行估算，或按单位造价指标估算。

二、估算工程建设其他费用和基本预备费

(一) 估算工程建设其他费用

工程建设其他费用的计算应结合拟建项目的具体情况，有合同或协议明确的费用按合同或协议列入；无合同或协议明确的费用，应根据国家和各行业部门、工程所在地地方政府现行的有关工程建设其他费用定额和计算办法估算。

1. 建设用地费

建设用地费是指按照《土地管理法》等规定，建设项目征用土地或租用土地应支付的费用。其总和一般不得超过被征土地年产值的 20 倍，土地年产值则按该地被征日前 3 年的平均产量和国家规定的价格计算。

土地使用权出让金依照《中华人民共和国城镇国有土地使用权出让和转让暂行条例》的规定，计算土地使用权出让金。城市土地的出让和转让可采用协议、招标和公开拍卖等方式。协议方式是由用地单位申请，经市政府批准双方洽谈具体地块及地价，适用于市政工程、公益事业用地及机关、部队和需要重点扶持、优先发展的产业用地；招标方式是用地单位在规定期限内投标，市政府根据投标报价、规划方案以及企业信誉综合考虑、择优而取，适用于一般工程建设用地；公开拍卖是在指定的地点和时间，由申请用地者叫价应价，价高者得，适用于盈利高的行业用地。

建设用地费计算具体要求如下：

(1) 根据应征建设用地面积、临时用地面积，按建设项目所在省、市、自治区人民政府制定颁发的土地征用补偿费、安置补助费标准和耕地占用税、城镇土地使用税标准计算。

(2) 建设用地上的建（构）筑物如需迁建，其迁建补偿费应按迁建补偿协议计列或按新建同类工程造价计算。建设场地平整中的余物拆除清理费在“场地准备及临时设施费”中计算。

(3) 建设项目采用“长租短付”方式租用土地使用权，在建设期间支付的租地费用计入建设用地费；在生产经营期间支付的土地使用费应进入营运成本中核算。

【例 4－4】 某企业为了某一工程建设项目，需要征用耕地 100 亩，被征用前第一年平均每亩产值 1200 元，征用前第二年平均每亩产值 1100 元，征用前第三年平均每亩产值

1000 元，该单位人均耕地 2.5 亩，地上附着物共有树木 3000 棵，按照 20 元/棵补偿，青苗补偿按照 100 元/亩计取，试对该土地费用进行估价。

解：根据国家有关规定，取被征用前三年平均产值的 8 倍计算土地补偿费，则

土地补偿费 ＝(1200 ＋ 1100 ＋ 1000) × 100 × 8/3 ＝ 88(万元)

取该耕地被征用前三年平均产值的 5 倍计算安置补助费，则

需要安置的农业人口数＝100/2.5＝40（人）

人均安置补助费＝(1200＋1100＋1000)×2.5×5＝1.38（万元）

安置补助费＝1.38 万元×40 人＝55.2（万元）

地上附着物补偿费＝3000×20＝6（万元）

青苗补偿费＝100×100＝1（万元）

该土地费用估价＝88＋55.2＋6＋1＝150.2（万元）

【例 4－5】　某建设单位准备以有偿的方式取得某城区一宗土地的使用权，该宗土地占地面积 15000m²，土地使用权出让金标准为 4000 元/m²。根据调查，目前该区域尚有平房住户 60 户，建筑面积总计 3500m²，试对该土地费用进行估价。

解：　　土地使用权出让金＝4000×15000＝6000（万元）

以同类地区征地拆迁补偿费作为参照，估计单价为 1200 元/m²，则该土地拆迁补偿费用为

1200×3500＝420（万元）

该土地费用＝6000＋420＝6420（万元）

2. 建设管理费

建设管理费一般应以建设投资中的工程费用为基数乘以建设管理费率计算，改扩建项目的建设管理费率应比新建项目适当降低。如建设管理采用监理，建设单位管理工作量转移至监理单位，监理费应根据委托的监理工作范围和监理深度在监理合同中商定；如建设管理采用工程总承包方式，其总包管理费由建设单位与总包单位根据总包工作范围在合同中商定、从建设管理费中支出。建设管理费率如表 4－2 所示。

表 4－2　　**建设管理费费率**

序号	第一部分工程费用总值（万元）	计算基础	费率（%）
1	100～300	第一部分工程费用总值	2.0～2.4
2	301～500	第一部分工程费用总值	1.7～2.0
3	501～1000	第一部分工程费用总值	1.5～1.7
4	1001～5000	第一部分工程费用总值	1.2～1.5
5	5001～10000	第一部分工程费用总值	1.0～1.2
6	10001～20000	第一部分工程费用总值	0.9～1.1
7	20001～50000	第一部分工程费用总值	0.8～0.9
8	50001 以上	第一部分工程费用总值	0.6～0.8

3. 可行性研究费

可行性研究费应依据前期研究委托合同计算，或参照《国家计委关于印发〈建设项目前期工作咨询收费暂行规定〉的通知》(计投资［1999］1283号)的规定计算。

4. 研究试验费

研究试验费一般按照研究试验内容和要求进行编制。

5. 勘察设计费

勘察设计费应依据勘察设计委托合同计列，或参照原国家计委、原建设部《关于发布〈工程勘察设计收费管理规定〉的通知》(计价格［2002］10号)的规定计算。

6. 环境影响评价费

环境影响评价费应依据环境影响评价委托合同计列，或按照原国家计委、国家环境保护总局《关于规范环境影响咨询收费有关问题的通知》(计价格［2002］125号)的规定计算。

7. 劳动安全卫生评价费

劳动安全卫生评价费应依据劳动安全卫生预评价委托合同计列，或按照建设项目所在省(市、自治区)劳动行政部门规定的标准计算。

8. 场地准备及临时设施费

新建项目的场地准备及临时设施费应根据实际工程量估算，或按工程费用的比例计算。改扩建项目一般只计拆除清理费。发生拆除清理费时可按新建同类工程造价或主材费和设备费的比例计算。凡可回收材料的拆除采用以料抵工方式，不再计算拆除清理费。

9. 引进技术和引进设备其他费

引进设备材料的国外运输费、国外运输保险费、关税、增值税、外贸手续费、银行财务费、国内运杂费、引进设备材料国内检验费和海关监管手续费等按引进货价(FOB价或CIF价)计算后进入相应的设备材料费中。单独引进软件不计关税，只计增值税。引进技术和引进设备其他费具体包括以下内容：

(1) 引进项目图纸资料翻译复制费：根据引进项目的具体情况计列或按引进货价(FOB价或CIF价)的比例估列；引进项目发生备品备件测绘费时按具体情况估列。

(2) 出国人员费用：依据合同规定的出国人次、期限和费用标准计算。生活费及制装费按照财政部、外交部规定的现行标准计算，旅费按中国民航公布的国际航线票价计算。

(3) 来华人员费用：应依据引进合同有关条款规定计算。引进合同价款中已包括的费用内容不得重复计算。来华人员接待费用可按每人次费用指标计算。

(4) 银行担保及承诺费：应按担保或承诺协议计取。投资估算和概算编制时可以担保金额或承诺金额为基数乘以费率计算。

10. 工程保险费

不同的建设项目可根据工程特点选择投保险种，根据投保合同计列保险费用。编制投资估算和概算时可按工程费用的比例估算。

11. 特殊设备安全监督检验费

特殊设备安全监督检验费按照建设项目所在省(市、自治区)安全监察部门的规定标准计算。无具体规定的，在编制投资估算和概算时可按受检设备现场安装费的比例估算。

12. 生产准备及开办费

新建项目的生产准备及开办费按设计定员为基数计算，改扩建项目按新增设计定员为基数计算：

$$生产准备费 = 设计定员 \times 生产准备费指标(元/人)$$

13. 联合试运转费

当联合试运转收入小于试运转支出时，联合试运转费计算如下：

$$联合试运转费 = 联合试运转费用支出 - 联合试运转收入$$

不发生试运转或试运转收入大于（或等于）费用支出的工程，不列此项费用。

14. 专利及专有技术使用费

专利及专有技术使用费按专利使用许可协议和专有技术使用合同的规定计列，专有技术的界定应以省、部级鉴定批准为依据；项目投资中只计需在建设期支付的专利及专有技术使用费。协议或合同规定在生产期支付的使用费应在成本中核算。

15. 市政公用设施建设及绿化费

市政公用设施建设及绿化费是按工程所在地人民政府规定标准计列；不发生或按规定免征项目不计取。

（二）估算基本预备费

基本预备费的计算公式为

基本预备费 =（建筑工程费 + 设备及工器具购置费 + 工程建设其他费用）× 基本预备费费率

三、确定分年度投资比例，估算价差预备费

价差预备费的计算公式为

$$P = \sum_{t=1}^{n} I_t[(1+f)^m(1+f)^{0.5}(1+f)^{t-1}-1]$$

式中 P——价差预备费，元；

n——建设期，年；

I_t——估算静态投资额中第 t 年投入的工程费用，元；

f——年涨价率，%；

m——建设前期年限（从编制估算到开工建设），年；

t——年度数。

【例 4-6】 某建设项目建筑安装工程费、设备及工器具购置费与工程建设其他费用之和为 25 亿元，按该项目进度计划，项目建设前期年限为 1 年，项目建设期为 5 年，5 年的投资分年度使用比例为第一年 10%、第二年 20%、第三年 30%、第四年 30%、第五年 10%，建设期内年平均价格变动率为 6%。试估计该项目建设期的价差预备费。

解： 各年的投资计划用款额和价差预备费如下。

第一年投资计划用款额：$I_1 = 250000 \times 10\% = 2.5$(亿元)

第一年价差预备费：$P_1 = 25000 \times [(1+6\%) \times (1+6\%)^{0.5} - 1] = 2283$(万元)

第二年投资计划用款额：$I_2 = 250000 \times 20\% = 5$(亿元)

第二年价差预备费：$P_2 = 50000 \times [(1+6\%) \times (1+6\%)^{0.5} \times (1+6\%) - 1] = 7841$(万元)

第三年投资计划用款额：$I_3=250000\times30\%=7.5$(亿元)

第三年价差预备费：$P_3=75000\times[(1+6\%)\times(1+6\%)^{0.5}\times(1+6\%)^2-1]=16967$(万元)

第四年投资计划用款额：$I_4=250000\times30\%=7.5$(亿元)

第四年价差预备费：$P_4=75000\times[(1+6\%)\times(1+6\%)^{0.5}\times(1+6\%)^3-1]=22485$(万元)

第五年投资计划用款额：$I_5=250000\times10\%=2.5$(亿元)

第五年价差预备费：$P_5=25000\times[(1+6\%)\times(1+6\%)^{0.5}\times(1+6\%)^4-1]=9445$(万元)

因此，项目建设期的价差预备费为

$$P=P_1+P_2+P_3+P_4+P_5=59021(\text{万元})$$

四、估算建设期贷款利息

建设期贷款利息的计算可按当年借款在年中支用考虑，即当年借款按半年计息，上年贷款按全年计息，其计算公式为

$$\text{本年应计利息}=(\text{年初借款累计金额}+\text{当年借款额}/2)\times\text{年利率}$$

借款利息计算中采用的利率，应为实际利率。实际利率与名义利率的换算公式为

$$\text{实际年利率}=(1+r/m)^m-1$$

式中 r——名义年利率；

m——每年计息次数。

【例 4-7】 某建设项目建设期为 3 年，在建设期第一年贷款 300 万元，第二年贷款 600 万元，第三年贷款 400 万元，贷款利率为 12%，试用复利法计算建设期的贷款利息。

解：各年建设期贷款利息为

第一年建设期贷款利息：$300\times1/2\times12\%=18$（万元）

第二年建设期贷款利息：$(318+1/2\times600)\times12\%=74.16$（万元）

第三年建设期贷款利息：$(318+600+74.16+1/2\times400)\times12\%=143.06$（万元）

建设期三年的贷款利息共计：$18+74.16+143.06=235.22$（万元）

五、估算流动资金

(一) 扩大指标估算法

扩大指标估算法是一种简化的流动资金估算方法，一般可参照同类企业流动资金占销售收入和经营成本的比例，或者单位产量占用流动资金的数额估算。虽然扩大指标估算法简便易行，但准确度不高，一般适用于项目建议书阶段的流动资金估算。

(二) 分项详细估算法

分项详细估算法是指对流动资金构成的各项流动资产和流动负债分别进行估算。在可行性研究中，为简化起见，仅对存货、现金、应收账款和应付账款四项内容进行估算，其计算公式为

$$\text{流动资金}=\text{流动资产}-\text{流动负债}$$

其中

$$\text{流动资产}=\text{应收账款}+\text{存货}+\text{现金}$$

$$\text{流动负债}=\text{应付账款}$$

$$\text{流动资金本年增加额}=\text{本年流动资金}-\text{上年流动资金}$$

流动资金估算的具体步骤是，首先计算存货、现金、应收账款和应付账款的年周转次数，然后再分项估算占用资金额。

1. 周转次数计算

周转次数的计算公式为

$$周转次数 = 360/最低周转天数$$

2. 存货估算

存货的计算公式为

$$存货 = 外购原材料 + 外购燃料 + 在产品 + 产成品$$

3. 应收账款估算

应收账款的计算公式为

$$应收账款 = 年销售收入/应收账款周转次数$$

或

$$应收账款 = 年经营成本/周转次数$$

4. 现金需要量估算

现金需要量的计算公式为

$$现金需要量 = (年工资及福利费 + 年其他费用)/现金周转次数$$

5. 流动负债估算

流动负债是指在一年或超过一年的一个营业周期内，需要偿还的各种债务。一般流动负债的估算只考虑应付账款一项。其计算公式为

$$应付账款 = (年外购原材料 + 年外购燃料)/应付账款周转次数$$

【例4-8】　建设项目达到设计生产能力后，全厂定员为1100人，工资和福利费按照每人每年7200元估算。每年其他费用为860万元（其中其他制造费用为660万元）。年外购原材料、燃料和动力费估算为19200万元。年经营成本为21000万元，年修理费占年经营成本10%。各项流动资金最低周转天数分别为：应收账款30天，现金40天，应付账款为30天，存货为40天。试用分项详细估算法估算拟建项目的流动资金。

解：

1. 应收账款

$$应收账款 = 年经营成本/周转次数 = 21000/(360/30) = 1750(万元)$$

2. 现金

$$\begin{aligned}现金 &= (年工资及福利费 + 年其他费用)/现金周转次数\\ &= (1100 \times 0.72 + 860)/(360/40)\\ &= 183.56(万元)\end{aligned}$$

3. 存货

(1) 外购原材料、燃料：

$$\begin{aligned}外购原材料、燃料 &= 年外购原材料、燃料动力费/年周转次数\\ &= 19200/(360/40)\\ &= 2133.33(万元)\end{aligned}$$

(2) 在产品：

在产品＝(年工资及福利费＋年其他制造费＋年外购原料燃料费＋年修理费)/年周转次数

＝(1100×0.72＋660＋19200＋21000×10%)/(360/40)

＝2528.00(万元)

(3) 产成品：

产成品＝年经营成本/年周转次数＝21000/(360/40)＝2333.33(万元)

则　　存货＝2133.33＋2528.00＋2333.33＝6994.66(万元)

由此求得

流动资产＝应收账款＋现金＋存货

＝1750＋183.56＋6994.66

＝8928.22(万元)

流动负债＝应付账款

＝年外购原材料、燃料和动力费/年周转次数

＝19200/(360/30)

＝1600(万元)

则　　流动资金＝流动资产－流动负债＝8928.22－1600＝7328.22(万元)

第四节　投资估算文件编制

投资估算文件一般由封面、签署页、编制说明、投资估算分析、总投资估算表、单项工程投资估算表、主要技术经济指标等内容组成。

一、编制说明

投资估算的编制说明一般应阐述以下内容：

(1) 工程概况。

(2) 编制范围。

(3) 编制方法。

(4) 编制依据。

(5) 主要技术经济指标。

(6) 有关参数、率值选定的说明。

(7) 特殊问题的说明[包括采用新技术、新材料、新设备、新工艺时，必须说明的价格的确定；进口材料、设备、技术费用的构成与计算参数；采用巨型结构、异形结构的费用估算方法；环保(不限于)投资占总投资的比重；未包括项目或费用的必要说明等]。

(8) 采用限额设计的工程还应对投资限额和投资分解做进一步说明。

(9) 采用方案比选的工程还应对方案比选的估算和经济指标做进一步说明。

二、投资估算分析

投资估算分析应包括以下内容：

(1) 工程投资比例分析。一般建筑工程要分析土建、装饰、给排水、电气、暖通、空

调和动力等主体工程以及道路、广场、围墙、大门、室外管线和绿化等室外附属工程总投资的比例；一般工业项目要分析主要生产项目（列出各生产装置）、辅助生产项目、公用工程项目（给排水、供电和电信、供气、总图运输及外管）、服务性工程、生活福利设施、厂外工程占建设总投资的比例。

（2）分析设备购置费、建筑工程费、安装工程费、工程建设其他费用、预备费用占建设总投资的比例；分析引进设备费用占全部设备费用的比例等。

（3）分析影响投资的主要因素。

（4）与国内类似工程项目的比较，分析说明投资高低的原因。

三、总投资估算表

总投资估算表的编制包括汇总单项工程估算、工程建设其他费用，估算基本预备费、价差预备费，以及计算建设期贷款利息等（见表 4－3）。

表 4－3　　投资估算汇总表

工程名称：

序号	工程和费用名称	估算价值（万元）					技术经济指标			
		建筑工程费	设备及工器具购置费	安装工程费	其他费用	合计	单位	数量	单位价值	百分比（%）
一	工程费用									
（一）	主要生产系统									
1										
2										
3										
⋮										
（二）	辅助生产系统									
1										
2										
3										
⋮										
（三）	公用及福利设施									
1										
2										
3										
⋮										
（四）	外部工程									
1										
2										
3										
⋮										
	小　计									

续表

工程名称：

序号	工程和费用名称	估算价值（万元）					技术经济指标			
		建筑工程费	设备及工器具购置费	安装工程费	其他费用	合计	单位	数量	单位价值	百分比（%）
二	工程建设其他费用									
1										
2										
3										
⋮										
	小计									
三	预备费用									
1	基本预备费									
2	价差预备费									
	小计									
四	建设期贷款利息									
五	流动资金									
投资估算合计（万元）										
百分比（%）										

编制人： 审核人： 审定人：

四、单项工程估算表

单项工程投资估算应按建设项目划分的各个单项工程分别计算组成工程费用的建筑工程费、设备购置费、安装工程费（见表4-4）。

表4-4 单项工程投资估算汇总表

工程名称：

序号	工程和费用名称	估算价值（万元）					技术经济指标			
		建筑工程费	设备及工器具购置费	安装工程费	其他费用	合计	单位	数量	单位价值	百分比（%）
一	工程费用									
（一）	主要生产系统									
1	××车间									
	一般土建									
	给排水									
	采暖									
	通风空调									
	照明									

续表

工程名称：

序号	工程和费用名称	估算价值（万元）					技术经济指标			
		建筑工程费	设备及工器具购置费	安装工程费	其他费用	合计	单位	数量	单位价值	百分比（%）
1	工艺设备及安装									
	工艺金属结构									
	工艺管道									
	工业筑炉及保温									
	变配电设备及安装									
	仪表设备及安装									
	……									
	小计									
2										
3										

编制人：　　　　　　审核人：　　　　　　审定人：

五、主要技术经济指标

估算人员应根据项目特点，计算并分析整个建设项目、各单项工程和主要单位工程的主要技术经济指标。

六、投资估算实例

【例 4-9】　拟建某工业建设项目，各项数据如下：主要生产项目 7400 万元（其中建筑工程费 2800 万元，设备购置费 3900 万元，安装工程费 700 万元）；辅助生产项目 4900 万元（其中建筑工程费 1900 万元，设备购置费 2600 万元，安装工程费 400 万元）；公用工程 2200 万元（其中建筑工程费 1320 万元，设备购置费 660 万元，安装工程费 220 万元）；环境保护工程 660 万元（其中建筑工程费 330 万元，设备购置费 220 万元，安装工程费 110 万元）；总图运输工程 330 万元（其中建筑工程费 220 万元，设备购置费 110 万元）；服务性工程建筑工程费 160 万元；生活福利工程建筑工程费 220 万元；厂外工程建筑工程费 110 万元；工程建设其他费用 400 万元；基本预备费费率为 10%；建设期各年价差预备费费率为 6%；项目建设前期年限为 1 年，建设期为 2 年，每年建设投资相等。建设资金来源：第 1 年贷款 5000 万元，第 2 年贷款 4800 万元，其余为自有资金，贷款年利率为 6%（每半年计息一次）。试编制该项目总投资估算表（计算结果为百分数的，取两位小数，其余均取整数）。

解：

(1) 基本预备费＝16380×10%＝1638（万元）

(2) 价差预备费＝16380/2×［(1＋6%)×$(1+6\%)^{0.5}$－1］＋16380/2×［(1＋6%)×$(1+6\%)^{0.5}$×(1＋6%)－1］＝748＋1284＝2032（万元）

(3) 建设期贷款利息：

年实际贷款利率＝$(1+6\%/2)^2-1$＝6.09%

第一年贷款利息＝1/2×5000×6.09%＝152（万元）

第二年贷款利息＝(5000＋152＋1/2×4800)×6.09%＝460（万元）

建设期贷款利息＝152＋460＝612（万元）

该项目建设投资估算汇总表如表4-5所示。

表4-5　　投资估算汇总表

工程名称：×××

序号	工程和费用名称	估算价值（万元）					技术经济指标			
		建筑工程费	设备及工器具购置费	安装工程费	其他费用	合计	单位	数量	单位价值	百分比（%）
一	工程费用	7060	7490	1430		15980				
1	主要生产项目	2800	3900	700		7400				
2	辅助生产项目	1900	2600	400		4900				
3	公用工程	1320	660	220		2200				
4	环境保护工程	330	220	110		660				
5	总图运输工程	220	110			330				
6	服务性工程	160				160				
7	生活福利工程	220				220				
8	厂外工程	110				110				
二	工程建设其他费用				400	400				
	一、二小计	7060	7490	1430	400	16380				
三	预备费用									
1	基本预备费				1638	1638				
2	价差预备费				2032	2032				
	小计				3670	3670				
四	建设期贷款利息				612	612				
五	流动资金									
投资估算合计（万元）		7060	7490	1430	4682	20662				
百分比（%）		34.17	36.25	6.92	22.66					

编制人：×××　　审核人：×××　　审定人：×××

第五章 建设项目设计概算

第一节 概 述

一、工程设计与设计概算的关系

(1) 工程设计的内容是决定概算大小的基础，设计的先进合理性是概算合理性的前提。

工程建设从投资决策到初步设计，又从初步设计到施工图设计确定以后，大到工程规模、建设布局、结构形式和建筑标准，小到建筑用料、构件配件和设备的种类、型号及数量就基本上确定了，设计概算及施工图预算只是根据设计图纸计量并确定工程造价，也就是说，设计决定了建设投资的大小，一项建筑产品是否经济合理，在设计阶段就已基本定型，从这个意义上讲，工程造价是设计出来的而不是计算出来的。

工程设计是具体实现技术与经济对立统一的过程，是项目建设过程中最具创造性和思想最活跃的阶段，是人类聪明才智与物质技术手段完美结合的阶段，也是人们充分发挥主观能动性，在技术和经济上对拟建项目的实施进行全面安排的阶段，对于拟建项目的工程质量、建设周期、工程造价以及在建成后能否获得较好的经济效果起着决定性的作用，因而也是能动地控制建设工程造价的最佳切入点。不同的设计质量和设计方案对建设项目的一次性投资和项目建成交付使用后的经常开支费用（含经营费用、日常维护修理费用、使用期内大修理和局部更新费用）以及项目使用期满后的报废拆除费用等的高低有不同的影响，直接关系到国家有限资源的合理利用和国家财产以及人民群众生命财产安全等重大问题。国外一些专家研究指出：设计费虽然只占工程全寿命费用不到1%，但在决策正确的条件下，它对工程造价的影响程度达75%以上，因此，设计的先进合理性不仅关系到建设项目一次性投资的多少，而且影响到建成交付使用后经济效益的良好发挥，是保证工程造价合理性的前提。

(2) 概算造价的高低也制约着设计的内容、标准及方案。

在市场经济条件下，归根结底应该说还是经济决定技术，还是财力决定工程规模和建设标准、技术水平。因此，在一定经济约束条件下，就一个建设项目而言，应尽可能减少次要辅助项目的投资，以保证和提高主要项目设计标准或适用程度。

总之，要加强工程设计与工程造价关系的认真研究，做好初步设计和施工图设计方案的分析、比选工作，正确处理好两者的相互制约关系，使设计产品技术先进、稳妥可靠、经济合理，工程造价能得到合理确定和有效控制。

二、设计概算内容、组成及编制依据

(一) 设计概算内容及组成

设计概算是设计文件的重要组成部分，既是确定和控制建设项目全部投资的文件，也是编制固定资产投资计划、实行建设项目投资包干、签订发承包合同的依据，还是签订贷款合同、项目实施全过程造价控制管理以及考核项目经济合理性的依据。由此，设计概算

的费用组成应包括建设项目从立项、可行性研究、设计、施工、试运行到竣工验收等的全部建设资金。《建设项目设计概算编审规程》（CECA/GC 2—2007）规定：设计概算由单位工程概算、单项工程综合概算和建设项目总概算三级组成。在实际工作中，应视项目的功能、规模、独立性程度等因素来决定是采用三级编制（总概算、综合概算、单位工程概算）形式还是采用二级编制（总概算、单位工程概算）形式。

设计概算的编制，是从单位工程概算这一级编制开始经过逐级汇总而成的。其编制内容及相互关系如图 5-1 所示。

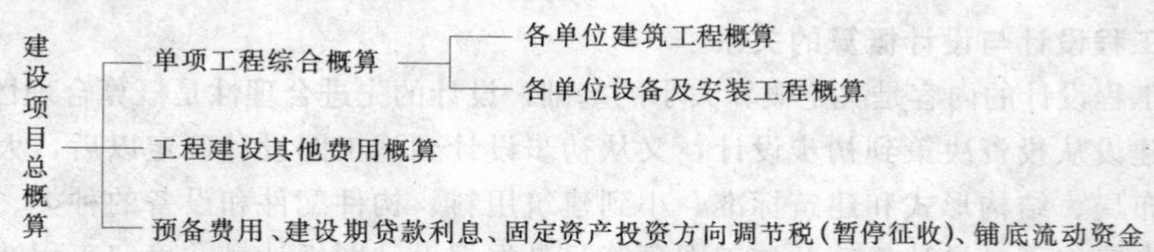

图 5-1 设计概算的编制内容及相互关系

1. 单位工程概算

单位工程概算是确定一个单位工程费用的文件，是单项工程综合概算的组成部分，只包括单位工程的工程费用。单位工程概算按其工程性质分为建筑工程概算和设备及安装工程概算两大类。建筑工程概算包括土建工程概算，给排水、采暖工程概算，通风、空调工程概算，电气照明工程概算，弱电工程概算，以及特殊构筑物工程概算等；设备及安装工程概算包括机械设备及安装工程概算，电气设备及安装工程概算，热力设备及安装工程概算，以及工器具及生产家具购置费概算等。

2. 单项工程综合概算

单项工程综合概算是确定一个单项工程所需建设费用（一般只包括工程费用）的文件，它是由单项工程中的各单位工程概算汇总编制而成的，是建设项目总概算的组成部分。

3. 建设项目总概算

建设项目总概算是确定一个项目建设总费用的文件，是设计阶段对建设项目投资总额度的计算，是概算的主要组成部分。它是由各单项工程综合概算、工程建设其他费用概算、预备费用、建设期贷款利息和投资方向调节税概算汇总编制而成的。

上述三级中最基本的计算文件是单位工程概算书。建设项目若为一个独立单项工程，则建设项目总概算书与单项工程综合概算书可合并编制。

(二) 设计概算编制依据

设计概算编制依据主要有以下几方面：

(1) 经批准的可行性研究报告或核准、备案的企业投资项目申请报告。

(2) 设计工程量。

(3) 项目涉及的概算指标或定额。

(4) 国家、行业和地方政府的有关法律、法规或规定。

(5) 资金筹措方式。

(6) 正常的施工组织设计。

(7) 项目涉及的设备材料供应及价格。

(8) 项目的管理（含监理）、施工条件。

(9) 项目所在地区有关的气候、水文、地质地貌等自然条件。

(10) 项目所在地区有关的经济、人文等社会条件。

(11) 项目的技术复杂程度，以及新技术、专利使用情况等。

(12) 有关文件、合同、协议等。

三、设计概算文件组成

设计概算文件是设计文件的组成部分，概算文件编制成册应与其他设计技术文件统一。目录、表格的填写要求概算文件的编号层次分明、方便查找（总页数应编流水号），由分到合、一目了然。对于采用三级编制形式的设计概算文件，一般由封面、签署页及目录、编制说明、总概算表、其他费用计算表、单项工程综合概算表组成总概算册，视情况由封面、单项工程综合概算表、单位工程概算表、附件组成各概算分册；对于采用二级编制形式的设计概算文件，一般由封面、签署页及目录、编制说明、总概算表、其他费用计算表、单位工程概算表组成，可将所有概算文件组成一册。概算文件及各种表格格式详见《建设项目设计概算编审规程》。

第二节　单位工程概算的编制

一、单位建筑工程概算编制方法

《建设项目设计概算编审规程》（CECA/GC 2—2007）规定：建筑工程概算应按构成单位工程的主要分部分项工程编制，根据初步设计工程量按工程所在省、市、自治区颁发的概算定额（指标）或行业概算定额（指标）以及工程费用定额计算。对于通用结构建筑，可采用“造价指标”编制概算；对于特殊或重要的建构筑物，必须按构成单位工程的主要分部分项工程编制，必要时结合施工组织设计进行详细计算。在实务操作中，可视概算编制时具备的条件选用以下方法。

（一）概算定额法

概算定额法又称为扩大单价法，它是利用概算定额编制单位建筑工程设计概算的方法，该方法要求初步设计达到一定深度，建筑结构比较明确时，方可采用。利用概算定额法编制设计概算的具体程序如下：

(1) 根据初步设计图纸资料和概算定额项目划分列项计算工程量。工程量计算应按概算定额中规定的工程量计算规则进行，并将计算所得各分项工程量按概算定额编号顺序填入工程概算表内。

(2) 确定各分部分项工程项目的概算定额单价，即

$$
\begin{aligned}
\text{概算定额基价} = &\sum(\text{概算定额中材料消耗量} \times \text{材料预算价格}) \\
&+\sum(\text{概算定额中人工工日消耗量} \times \text{人工工资单价}) \\
&+\sum(\text{概算定额中施工机械台班消耗量} \times \text{机械台班费用单价})
\end{aligned}
$$

工程量计算完毕后，逐项套用相应概算定额单价以及人工、材料和机械消耗量指标，然后分别将其填入工程概算表和工料分析表中。如遇设计图中的分项工程项目名称、内容

与采用的概算定额中相应的项目有某些不相符，则按规定对定额进行换算后方可套用。

(3) 计算单位工程直接工程费和直接费。将已算出的各分部分项工程项目的工程量及在概算定额中已查出的相应定额单价以及单位人工、材料和机械消耗指标分别相乘，即可得出各分项工程的直接工程费以及人工、材料和机械消耗量，再汇总各分项工程的直接工程费及人工、材料和机械消耗量，即可得到该单位工程的直接工程费和人材机总消耗量。最后，再汇总措施费即可得到该单位工程的直接费。

(4) 根据直接费，结合其他各项取费标准，分别计算间接费、利润和税金。

(5) 计算单位工程概算造价，即

$$单位工程概算造价 = 直接费 + 间接费 + 利润 + 税金$$

利用概算定额编制单位建筑工程概算的方法与利用预算定额编制单位建筑工程施工图预算的方法基本相同。其不同之处在于编制概算所采用的依据是概算定额，所采用的工程量计算规则是概算工程量计算规则。

(二) 概算指标法

概算指标法是将拟建单位工程的建筑面积或体积乘以技术条件相同或基本相同的概算指标编制单位工程概算的方法。该方法适用于初步设计深度不够，不能准确地计算工程量，但工程设计采用技术比较成熟而又有类似工程概算指标可以利用的情况，因其计算精度较低，是一种对工程造价估算的方法。利用概算指标法编制单位工程概算又可分为以下两种具体情况。

1. 拟建工程建筑、结构特征与概算指标相同

在使用概算指标法时，如果拟建工程在建设地点、结构特征、地质及自然条件和建筑面积等上与概算指标相同或相近，就可直接套用概算指标编制概算。在直接套用概算指标时，拟建工程应符合以下条件：

(1) 拟建工程的建设地点与概算指标中的工程建设地点相同。

(2) 拟建工程的工程特征和结构特征与概算指标中的工程特征和结构特征基本相同。

(3) 拟建工程的建筑面积与概算指标中工程的建筑面积相差不大。

根据选用的概算指标的内容，可选用以下两种套算方法：

(1) 以指标中所规定的工程每平方米、每立方米的造价，乘以拟建单位工程建筑面积或体积，得出单位工程的直接工程费，再行计算其他费用，即可求出单位工程的概算造价。直接工程费计算公式如下：

$$直接工程费 = 概算指标每平方米(每立方米)工程造价 \times 拟建工程建筑面积(体积)$$

这种简化方法的计算结果参照的是概算指标编制时期的价值标准，未考虑拟建工程建设时期与概算指标编制时期的价差，所以在计算直接工程费后还应用物价指数另行调整。

(2) 以概算指标中规定的每 $100m^2$ (或 $1000m^3$) 建筑物面积所耗人工工日数和主要材料数量为依据，首先计算拟建工程人工和主要材料消耗量，再计算直接工程费，并取费。在概算指标中，一般规定了 $100m^2$ (或 $1000m^3$) 建筑物面积所耗人工工日数和主要材料数量，通过套用拟建地区当时的人工费单价和主要材料预算单价，便可得到每 $100m^2$ (或 $1000m^3$) 建筑物的人工费和主要材料费而无须再作价差调整计算。

根据直接工程费，结合其他各项取费方法，分别计算措施费、间接费、利润和税金。

得到每平方米建筑面积的概算单价，乘以拟建单位工程的建筑面积，即可得到单位工程概算造价。

【例 5－1】 某砖混结构住宅建筑面积为 4000m^2，其工程特征与在同一地区的概算指标中表 5－1 和表 5－2 的内容基本相同。试根据概算指标编制工程概算。

表 5－1　　某地区砖混结构住宅概算指标

工程用途	建筑面积	结构类型	层高/檐高	建筑层数	竣工日期
住宅	3800m^2	砖混结构	2.8m/17.2m	6层	2003 年 6 月

工程特征	基础	墙体	楼面	地面	
	混凝土条形基础	KP1 型多孔砖墙	现浇板上水泥楼面	混凝土地面，水泥砂浆面层	
	屋面	门窗	装饰	电照	给排水
	陶土波形瓦，防水砂浆底混合砂浆坐垫	钢防盗门、胶合板门、塑钢窗	混合砂浆抹内墙面、外墙彩色涂料面	敷设线管、穿线；安装开关插座、预留灯头；弱电分为电话、电视系统	给水管采用 PP—R 管、排水管采用 UPVC 管；卫生洁具预留

表 5－2　　工程造价及费用构成

项　目		平方米指标（元/m^2）	其中各项费用占总造价百分比（%）							
			直　接　费					间接费	利润	税金
			人工费	材料费	机械费	措施费	合计			
工程总造价		676.60	9.26	60.15	2.30	5.28	76.99	13.65	6.28	3.08
其中	土建工程	594.26	9.49	59.68	2.44	5.31	76.92	13.66	6.34	3.08
	给排水工程	34.14	5.85	68.52	0.65	4.55	79.57	12.35	5.00	3.07
	电照工程	48.20	7.03	63.17	0.48	5.48	76.16	14.78	6.00	3.06

解：计算步骤及结果如表 5－3 所示。

表 5－3　　某住宅土建工程概算造价计算表

序　号	项目内容	计　算　式	金额（元）
1	土建：工程造价	4000×594.26＝2377040	2377040
2	直接费	2377040×76.92％＝1828419.17	1828419.17
	其中：人工费	2377040×9.49％＝225581.09	225581.09
	材料费	2377040× 59.68％＝1418617.47	1418617.47
	机械费	2377040×2.44％＝57999.78	57999.78
	措施费	2377040×5.31％＝126220.82	126220.82
3	间接费	2377040× 13.66％＝324703.66	324703.66
4	利润	2377040×6.34％＝150704.34	150704.34
5	税金	2377040×3.08％＝73212.83	73212.83

2. 拟建工程建筑结构特征与概算指标有局部差异

当拟建工程建筑结构特征与概算指标有局部差异时，必须对概算指标进行调整后方可套用。具体调整方法有如下两种：

（1）调整概算指标中的每平方米（每立方米）造价。这种调整方法是将原概算指标中的单位造价进行调整（仍使用直接工程费指标），扣除每平方米（每立方米）原概算指标中与拟建工程建筑、结构不同部分的造价，增加每平方米（每立方米）拟建工程与概算指标结构不同部分的造价，使其成为与拟建工程建筑、结构相同的工程单位直接工程费造价。其计算公式为

$$建筑、结构变化修正概算指标(元/m^2) = J + Q_1P_1 - Q_2P_2$$

式中 J——原概算指标；

Q_1——概算指标中换入建筑、结构的工程量；

Q_2——概算指标中换出建筑、结构的工程量；

P_1——换入建筑、结构的直接工程费单价；

P_2——换出建筑、结构的直接工程费单价。

则拟建工程造价为

$$直接工程费 = 修正后的概算指标 \times 拟建工程建筑面积(体积)$$

求出直接工程费后，再按照规定的取费方法计算其他费用，最终得到单位工程概算价值。

（2）调整概算指标中的人工、材料和机械数量。这种方法是将原概算指标中每 $100m^2$（$1000m^3$）建筑面积（体积）中的人工、材料和机械数量进行调整，扣除原概算指标中与拟建工程建筑、结构不同部分的人工、材料和机械消耗量，增加拟建工程与概算指标建筑、结构不同部分的人工、材料和机械消耗量，使其成为与拟建工程结构相同的每 $100m^2$（$1000m^3$）建筑面积（体积）人工、材料和机械数量。计算公式如下：

建筑、结构变化修正概算指标的人工、材料和机械数量
=原概算指标的人工、材料和机械数量+换入建筑、结构件工程量
×相应定额人工、材料和机械消耗量－换出建筑、结构件工程量
×相应定额人工、材料和机械消耗量

以上两种方法，前者是直接修正概算指标单价，后者是修正概算指标人工、材料和机械数量。修正之后，方可按上述方法分别套用。

【例 5-2】 某新建办公楼建筑面积为 $3500m^2$，按概算指标和地区现行人工、材料和机械预算价格等算出单位造价一般土建工程为 640.00 元/m^2（其中直接工程费 468.00 元/m^2），采暖工程 32.00 元/m^2，给排水工程 36.00 元/m^2，照明工程 30.00 元/m^2。按照当地造价管理部门规定，土建工程措施费费率为 8%，间接费费率为 15%，利率为 7%，税率为 3.4%。

新建办公楼设计资料与概算指标相比较，其结构构件有部分变更，设计资料表明外墙为一砖半外墙，而概算指标中外墙为一砖外墙；根据当地土建工程预算定额，外墙带型毛石基础的预算单价为 147.87 元/m^3，一砖外墙的预算单价为 177.10 元/m^3，一砖半外墙的预算单价为 178.08 元/m^3；概算指标中每 $100m^2$ 建筑面积中含外墙带型毛石基础为 $18m^3$，一砖外墙为 $46.5m^3$；新建工程设计资料表明，每 $100m^2$ 中含外墙带型毛石基础为 $19.6m^3$，一砖半外墙为 $61.2m^3$。试计算调整后的概算单价和新建办公楼的概算造价。

解：对土建工程中结构构件的变更和单价调整过程如表 5-4 所示。

表 5-4　　土建工程概算指标调整表

序号	结构名称	单位	数量（每 $100m^2$ 含量）	单价（元）	合价（元）
	土建工程单位直接工程费造价				468.00
1	换出部分：				
(1)	外墙带型毛石基础	m^3	18	147.87	2661.66
(2)	一砖外墙	m^3	46.5	177.10	8235.15
(3)	合计				10896.81
2	换入部分：				
(1)	外墙带型毛石基础	m^3	19.6	147.87	2898.25
(2)	一砖半外墙	m^3	61.2	178.08	10898.50
(3)	合计				13796.75
3	结构变化修正指标	468.00－10896.81/100＋13796.75/100＝497.00（元/m^2）			

以上计算结果为直接工程费单价，需取费得到修正后的土建单位工程造价为

$$497 \times (1+8\%) \times (1+15\%) \times (1+7\%) \times (1+3.4\%) = 682.94(\text{元}/m^2)$$

其余工程单位造价不变，因此，经过调整后的概算单价为

$$682.94 + 32.00 + 36.00 + 30.00 = 780.94(\text{元}/m^2)$$

新建办公楼概算造价为

$$780.94 \times 3500 = 2733290(\text{元})$$

（三）类似工程预算法

类似工程预算法是利用技术条件与设计对象相类似的已完工程或在建工程的工程造价资料来编制拟建工程设计概算的方法。该方法适用于拟建工程初步设计与已完工程或在建工程的设计相类似又没有可用的概算指标的情况，但因拟建工程往往与类似工程的技术经济条件不尽相同，必须对建筑、结构差异和价差进行调整。

1. 建筑、结构差异的调整

调整方法与概算指标法的调整方法相同，即先确定有差别的项目，然后分别按每一项目算出结构构件的工程量和单位价格，按编制概算工程所在地区的单价计算，然后以类似预算中相应（有差别）的结构构件的工程数量和单价为基础，算出总差异：将类似预算的直接工程费总额减去（或加上）这部分差价，就得到结构差异换算后的直接工程费，再行取费得到结构差异换算后的造价。

2. 价差调整

类似工程造价的价差调整方法通常有两种：

(1) 类似工程造价资料有具体的人工、材料和机械台班的用量时，可按类似工程造价资料中的主要材料用量、工日数量和机械台班用量乘以拟建工程所在地的主要材料预算价格、人工单价和机械台班单价，计算出直接工程费，再行取费，即可得出所需的造价指标。

(2) 类似工程造价资料只有人工、材料和机械台班费用以及其他费用时，可按下面公式调整：

$$D = AK$$

其中

$$K = a\%K_1 + b\%K_2 + c\%K_3 + d\%K_4 + e\%K_5$$

式中 D——拟建工程单方概算造价；

A——类似工程单方预算造价；

K——综合调整系数；

$a\%$、$b\%$、$c\%$、$d\%$、$e\%$——类似工程预算的人工费、材料费、机械台班费、措施费、间接费占预算造价的比重；

K_1、K_2、K_3、K_4、K_5——拟建工程地区与类似工程地区人工费、材料费、机械台班费、措施费、间接费价差系数。

【例 5-3】 拟建办公楼建筑面积为 $3000m^2$，类似工程的建筑面积为 $2800m^2$，预算造价 320 万元。各种费用占预算造价的比重为：人工费 6%；材料费 55%；机械费 6%；措施费 3%；间接费 30%。试用类似工程预算法编制概算。

解：根据 $D=AK$，$K=a\%K_1+b\%K_2+c\%K_3+d\%K_4+e\%K_5$ 计算出各种价格差异系数：人工费 $K_1=1.02$；材料费 $K_2=1.05$；机械使用费 $K_3=0.99$；措施费 $K_4=1.04$；间接费 $K_5=0.95$。

综合调整系数 $K=6\%\times1.02+55\%\times1.05+6\%\times0.99+3\%\times1.04+30\%\times0.95$

$=1.014$

价差修正后的类似工程预算造价＝3200000×1.014＝3244800（元）

价差修正后的类似工程预算单方造价＝3244800/2800＝1158.86（元）

拟建办公楼概算造价＝1158.86×3000＝3476580（元）

【例 5-4】 拟建砖混结构住宅工程 $3420m^2$，结构形式与已建成的某工程相同，只有外墙保温贴面不同，其他部分均较为接近。类似工程外墙面为珍珠岩板保温、水泥砂浆抹面，每平方米建筑面积消耗量分别为 $0.044m^3$、$0.842m^2$，珍珠岩板单价为 153.1 元/m^3，水泥砂浆单价为 8.95 元/m^2；拟建工程外墙为加气混凝土保温、外贴釉面砖，每平方米建筑面积消耗量分别为 $0.08m^3$、$0.82m^2$，加气混凝土单价为 185.48 元/m^3，贴釉面砖单价为 49.75 元/m^2。类似工程单方直接工程费为 465 元/m^2，其中，人工费、材料费和机械费占单方直接工程费比例分别为 14%、78%和 8%，综合费率为 20%。拟建工程与类似工程预算造价在这几方面的差异系数分别为 2.01、1.06 和 1.92。试用类似工程预算法确定拟建工程的单位工程概算造价。

解：首先，计算直接工程费差异系数，通过直接工程费部分的价差调整进而得到直接工程费单价；然后，作结构差异调整；最后，取费得到单位造价。

拟建工程直接工程费差异系数＝14%×2.01＋78%×1.06＋8%×1.92＝1.2618

拟建工程概算指标（直接工程费）＝465×1.2618＝586.74（元/m^2）

建筑修正概算指标（直接工程费）＝586.74＋（0.08×185.48＋0.82×49.75）

－（0.044×153.1＋0.842×8.95）

＝628.10（元/m^2）

拟建工程单位造价＝628.10×（1＋20%）＝753.72（元/m^2）

拟建工程概算造价＝753.72×3420＝2577722（元）

【例 5-5】　［例 5-4］中若类似工程预算中的每平方米建筑面积主要资源消耗为：人工消耗 5.08 工日，钢材 23.8kg，水泥 205kg，原木 0.05m^3，铝合金门窗 0.24m^2，其他材料费为主材费的 45%，机械费占直接工程费比例为 8%。拟建工程主要资源的现行预算价格分别为：人工 20.31 元/工日，钢材 3.1 元/kg，水泥 0.35 元/kg，原木 1400 元/m^3，铝合金门窗平均 350 元/m^2，拟建工程综合费率为 20%。试用概算指标法确定拟建工程的单位工程概算造价。

解：首先，根据类似工程预算中每平方米建筑面积的主要资源消耗和现行预算计算价格，计算拟建工程单位建筑面积的人工费、材料费和机械费。其次，进行结构差异调整，按照所给综合费率计算拟建单位工程概算指标、修正概算指标和概算造价。

人工费＝每平方米建筑面积人工消耗指标×现行人工工日单价
＝5.08×20.31
＝103.17(元)

材料费＝∑(每平方米建筑面积材料消耗指标×相应材料预算价格)
＝(23.8×3.1＋205×0.35＋0.05×1400＋0.24×350)(1＋45%)
＝434.32(元)

机械费＝直接工程费×机械费占直接工程费的比率＝直接工程费×8%

则　　直接工程费＝103.17＋434.32＋直接工程费×8%

所以　直接工程费＝(103.17＋434.32)/(1－8%)＝584.23(元/m^2)

结构修正概算指标(直接工程费)＝拟建工程概算指标＋换入结构指标－换出结构指标
＝584.23＋0.08×185.48＋0.82×49.75
－(0.044×153.1＋0.842×8.95)
＝625.59(元/m^2)

拟建工程单位造价＝结构修正概算指标×(1＋综合费率)
＝625.59×(1＋20%)
＝750.71(元/m^2)

拟建工程概算造价＝拟建工程单位造价×建筑面积
＝750.71×3420
＝2567428(元)

二、单位设备及安装工程概算编制方法

(一) 设备购置费概算

设备购置费由设备原价和运杂费两项组成。

1. 标准设备

标准设备原价可根据设备型号、规格、性能、材质、数量及附带的配件，向制造厂家询价或向设备和材料信息部门查询或按主管部门规定的现行价格逐项计算。

2. 非标准设备

非标准设备原价有以下两种计算方法：

（1）根据非标准设备的类别、性质、质量和材质等，按设备单位重量（t）规定的估价指标计算。估价时将设备重量乘以相适应的每吨设备的估价指标。

（2）根据非标准设备的类别、重量、材质、精密程度和制造厂家，按每台设备规定的估价指标计算。估价时将设备台数乘以相应的每台设备的估价指标。

设备运杂费按有关部门规定的运杂费率计算，即

$$设备运杂费 = 设备原价 \times 运杂费率$$

（二）设备安装工程概算的编制方法

《建设项目设计概算编审规程》（CECA/GC 2—2007）规定：设备及安装工程概算按构成单位工程的主要分部分项工程编制，根据初步设计工程量按工程所在省、市、自治区颁发的概算定额（指标）或行业概算定额（指标）以及工程费用定额计算。当概算定额或指标不能满足概算编制要求时，应编制“补充单位估价表”（详见该规程的附表 B.0.8）。在实务操作中，设备安装工程费概算的编制方法应根据初步设计深度和要求所明确的程度而采用，主要编制方法有以下几种。

1. 预算单价法

当初步设计有详细设备清单时，可直接按预算单价编制设备安装工程概算。根据计算的设备安装工程量，乘以安装工程预算综合单价，经汇总求得。用预算单价法编制概算，计算比较具体，精确性较高。

2. 扩大单价法

当初步设计深度不够，设备清单不完备，只有主体设备或仅有成套设备重量时，可采用主体设备和成套设备的综合扩大安装单价来编制概算。

3. 设备价值百分比法

设备价值百分比法又称为安装设备百分比法。当初步设计深度不够，只有设备出厂价而无详细规格和重量时，安装费可按其占设备费的百分比计算，其百分比值（即安装费率）由主管部门制定或由设计单位根据已完类似工程确定。该法常用于价格波动不大的定型产品和通用设备产品。计算公式为

$$设备安装费 = 设备原价 \times 安装费率$$

4. 综合吨位指标法

当初步设计提供的设备清单有规格和设备重量时，可采用综合吨位指标编制概算，其综合吨位指标由主管部门或由设计单位根据已完类似工程资料确定。该法常用于设备价格波动较大的非标准设备和引进设备的安装工程概算。计算公式为

$$设备安装费 = 设备吨重 \times 每吨设备安装费指标$$

5. 其他方法

（1）按座、台、套、组、根或功率等为计量单位的概算指标计算。例如，工业炉按每台安装费指标计算；冷水箱按每组安装费指标计算安装费等。

（2）按设备安装工程每平方米建筑面积的概算指标计算。设备安装工程有时可按不同的专业内容（如通风、动力和管道等）采用每平方米建筑面积的安装费用概算指标计算安装费。

第三节　单项工程综合概算与总概算的编制

一、单项工程综合概算

单项工程综合概算是以单项工程所属的单位工程概算为基础，采用“综合概算表”（见表5-5）进行汇总编制而成。对单一的具有独立生产能力的单项工程建设项目不需要编制综合概算，可直接编制独立的总概算，按二级编制形式编制。工业建设项目综合概算表由建筑工程和设备及安装工程两大部分组成，民用工程项目综合概算表仅有建筑工程一项。

表5-5　　**综合概算表**

综合概算编号：　　工程名称（单项工程）：　　单位：万元（元）　共　页　第　页

序号	概算编号	工程项目或费用名称	设计规模或主要工程量	建筑工程费	设备购置费	安装工程费	合计	其中：引进部分	
								美元	折合人民币
一		主要工程							
1		×××							
2		×××							
二		辅助工程							
1		×××							
2		×××							
三		配套工程							
1		×××							
2		×××							
		单项工程概算费用合计							

编制人：　　审核人：　　审定人：

二、建设项目总概算编制

建设项目总概算文件一般由封面、签署页及目录、编制说明、总概算表、其他费用表、综合概算表、单位工程概算表及附件（补充单位估价表）组成。

（一）编制说明

建设项目总概算编制说明应针对具体项目的独有特征进行阐述，一般包括以下主要内容：

(1) 项目概况：简述建设项目的建设地点、设计规模、建设性质（新建、扩建或改建）、工程类别、建设期（年限）、主要工程内容、主要工程量、主要工艺设备及数量等。

(2) 主要技术经济指标：简述项目概算总投资（有引进的给出所需外汇额度）及主要

分项投资、主要技术经济指标（主要单位投资指标）等。

(3) 资金来源：简述建设项目资金来源渠道及筹措方式。

(4) 编制依据：简述总概算主要编制依据。

注意： 编制依据应不与国家法律法规和各级政府部门、行业颁发的规定制度矛盾，应符合现行的金融、财务、税收制度及国家或项目建设所在地政府经济发展政策和规划的规定。

(5) 其他需要说明的问题：可对总概算中存在的问题和一些其他相关的问题进行说明。

(6) 总说明附表：包括建筑、安装工程工程费用计算程序表、引进设备材料清单及从属费用计算表、具体建设项目概算要求的其他附表及附件等。

(二) 总概算表

采用三级编制形式的总概算如表 5－6 所示，采用二级编制形式的总概算如表 5－7 所示。

表 5－6　　**总概算表（三级编制形式）**

总概算编号：　　工程名称：　　单位：万元　共　页　第　页

序号	概算编号	工程项目或费用名称	建筑工程费	设备购置费	安装工程费	其他费用	合计	其中：引进部分		占总投资比例（%）
								美元	折合人民币	
一		工程费用								
1		主要工程								
		×××								
		×××								
2		辅助工程								
		×××								
3		配套工程								
		×××								
二		其他费用								
1		×××								
2		×××								
三		预备费用								
四		专项费用								
1		×××								
2		×××								
		建设工程概算总投资								

编制人：　　审核人：　　审定人：

表 5-7　　总概算表（二级编制形式）

总概算编号：　　工程名称：　　单位：万元　共　页　第　页

序号	概算编号	工程项目或费用名称	设计规模或主要工程量	建筑工程费	设备购置费	安装工程费	其他费用	合计	其中：引进部分		占总投资比例（%）
									美元	折合人民币	
一		工程费用									
1		主要工程									
		×××									
		×××									
2		辅助工程									
		×××									
3		配套工程									
		×××									
二		其他费用									
1		×××									
2		×××									
三		预备费用									
四		专项费用									
1		×××									
2		×××									
		建设工程概算总投资									

编制人：　　审核人：　　审定人：

编制总概算表时各类费用内容及排序如下。

1. 工程费用

（1）市政民用建设项目工程费用内容及排列顺序一般为主体建（构）筑物、辅助建（构）筑物、配套系统。

（2）工业建设项目工程费用内容及排列顺序一般为主要工艺生产装置、辅助工艺生产装置、公用工程、总图运输、生产管理服务性工程、生活福利工程、厂外工程。

2. 其他费用

一般建设项目其他费用包括建设用地费、建设管理费、勘察设计费、可行性研究费、环境影响评价费、劳动安全卫生评价费、场地准备及临时设施费、工程保险费、联合试运转费、生产准备及开办费、特殊设备安全监督检验费、市政公用设施建设及绿化补偿费、引进技术和引进设备材料其他费、专利及专有技术使用费、研究试验费等。计算方法同本书第四章投资估算。

3. 预备费用

预备费用包括基本预备费和价差预备费。其计算方法同本书第四章投资估算。

4. 专项费用

应列入项目概算总投资中的专项费用包括以下几项：

(1) 建设期贷款利息：根据不同资金来源及利率分别计算。

(2) 铺底流动资金：按国家或行业有关规定计算。

(3) 固定资产投资方向调节税：暂停征收。

第六章　建筑与装饰工程施工图预算

第一节　概　　述

一、施工图预算的概念和作用

（一）施工图预算的概念

施工图预算是在施工图设计阶段，在设计概算的控制下，根据设计施工图纸，按照国家、地区或行业统一规定的各专业工程工程量计算规则计算和统计工程量，并考虑实施施工图的施工组织设计确定的施工方案或方法对工程造价的影响，依据现行预算定额、单位估价表或计价表、市场人材机价格及各种费用定额等有关资料确定的单位工程、单项工程及建设项目工程造价的经济文件。

（二）施工图预算的作用

施工图预算是继初步设计概算后投资控制的更进一步延伸和细化，是设计阶段对施工图设计进行技术经济分析对比、优化设计和控制工程造价的重要环节，是控制施工图设计不突破设计概算的重要措施，也是编制或调整固定资产投资计划的依据。对于实行施工招标并采用招标控制价的工程，施工图预算是编制招标控制价的依据，也是承包企业投标报价的基础；对于不宜实行招标而采用施工图预算加调整价结算的工程，施工图预算可作为确定合同价款的基础或作为审查施工企业报价的依据。

二、施工图预算的内容和编制依据

（一）施工图预算的内容

施工图预算也包括单位工程预算、单项工程综合预算和建设项目总预算三个层次。其基本编制程序是：首先编制单位工程的施工图预算；然后汇总所有各单位工程施工图预算，成为单项工程施工图预算；最后汇总所有各单项工程施工图预算，便是一个建设项目的总预算。

单位工程预算包括建筑工程预算和设备安装工程预算。建筑工程预算按其工程性质分为一般土建工程预算、给排水工程预算、采暖通风工程预算、煤气工程预算、电气照明工程预算、弱电工程预算、特殊构筑物（如炉窑等）工程预算和工业管道工程预算等。设备安装工程预算可分为机械设备安装工程预算、电气设备安装工程预算和热力设备安装工程预算等。

《建筑安装工程费用项目组成》（建标［2013］44 号）中规定，按照费用构成要素，建筑安装工程费由人工费、材料费、施工机具使用费、企业管理费、利润、规费和税金组成，具体费用项目详见本书第二章。

（二）施工图预算的编制依据

施工图预算主要有以下编制依据：

（1）经批准和会审的施工图设计文件及有关标准图集。

（2）拟订的施工组织设计或施工方案。

（3）建筑安装工程预算定额及单位估价表（或计价表）。

（4）地区现行人工、材料和机械台班预算价格。

（5）建筑安装工程费用定额。

（6）经审批、核准或备案的设计概算文件。

（7）工程承包合同或协议书。

（8）预算工作手册。

三、施工图预算的编制方法

施工图预算的编制通常有单价法和实物法两种方法。

（一）单价法

单价法就是用地区或行业统一预算定额（或单位估价表、计价表）中的分项工程单价乘以相应的工程量，再根据配套的费用定额计算并汇总单位建筑安装工程造价的方法。在现阶段，单价法又可分为工料单价法和综合单价法两类。

1. 工料单价法

工料单价法是我国传统的施工图预算编制方法。它的基本操作程序是：首先用各分部分项工程量乘以相应定额工料单价（基价）汇总确定单位工程直接工程费；其次根据地区、行业统一费用定额计算单位工程间接费、利润和税金等；最后汇总确定单位工程施工图预算造价。根据间接费和利润计算基础的不同，工料单价法计价程序又可分为三种：

（1）以直接费为计算基础计算间接费，以直接费加间接费为计算基础计算利润。

（2）以直接费中人工费与机械费之和为计算基础计算间接费和利润。

（3）以直接费中人工费为计算基础计算间接费和利润。

工料单价法单位工程造价计价程序如表 6－1 所示。

表 6－1　　工料单价法单位工程造价计价程序

序号	费用项目	计算方法	备注
1	直接工程费	按预算表	
1.1	直接工程费中人工费		
1.2	直接工程费中机械费		
2	措施费	按预算表或地区规定	
2.1	措施费中人工费		
2.2	措施费中机械费		
3	间接费	按地区规定选择其中之一	
其中	以直接费为计算基础	[(1) ＋ (2)] ×相应费率	
	以直接费中人工费与机械费之和为计算基础	[(1.1) ＋ (1.2) ＋ (2.1) ＋ (2.2)] ×相应费率	
	以直接费中人工费为计算基础	[(1.1) ＋ (2.1)] ×相应费率	
4	利润	按地区规定选择其中之一	
其中	以直接费加间接费为计算基础	[(1) ＋ (2) ＋ (3)] ×相应利润率	
	以直接费中人工费与机械费之和为计算基础	[(1.1) ＋ (1.2) ＋ (2.1) ＋ (2.2)] ×相应利润率	
	以直接费中人工费为计算基础	[(1.1) ＋ (2.1)] ×相应利润率	
5	合计	[(1) ＋ (2) ＋ (3) ＋ (4)]	
6	含税造价	(5) ×[(1) ＋相应税率]	

2. 综合单价法

当综合单价采用《计价规范》（GB50500—2013）中定义的综合单价时，单位工程施工图预算的计价程序如表 6-2 所示。

表 6-2　综合单价法单位工程造价计价程序

序号	费用项目	计算方法	备注
1	分部分项工程费合计	Σ分项工程量×相应综合单价	
2	措施项目费合计	Σ各措施项目费	
3	规费	按有关规定计算	
4	税金	（1+2+3+4）×相应税率	
5	含税造价	1+2+3+4+5	

利用单价法编制施工图预算的基本步骤如图 6-1 所示。

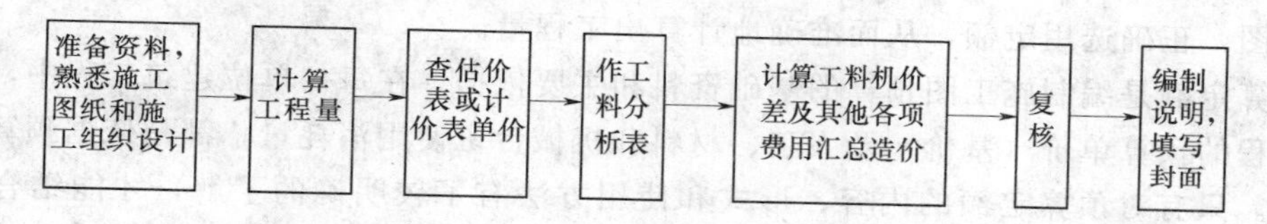

图 6-1　单价法编制施工图预算基本步骤

（二）实物法

实物法就是用地区或行业统一预算定额中的分项工程人工、材料和机械台班的消耗量乘以相应的各分项工程工程量，再分别乘以当时当地各种人工、材料和机械台班的实际单价，并根据配套的费用定额规定计算并汇总确定单位建筑安装工程造价的施工图预算编制方法。

实物法中单位工程预算直接工程费的计算公式如下（措施费也可同理计算）：

单位工程预算直接工程费＝Σ（工程量×预算定额人工用量×当时当地人工工资单价）
＋Σ（工程量×预算定额材料用量×当时当地材料预算价格）
＋Σ（工程量×预算定额施工机械台班用量
×当时当地机械台班单价）

对于间接费、利润和税金等费用的计算，则根据当时当地配套的费用定额规定确定。

实物法编制施工图预算的基本步骤如图 6-2 所示。

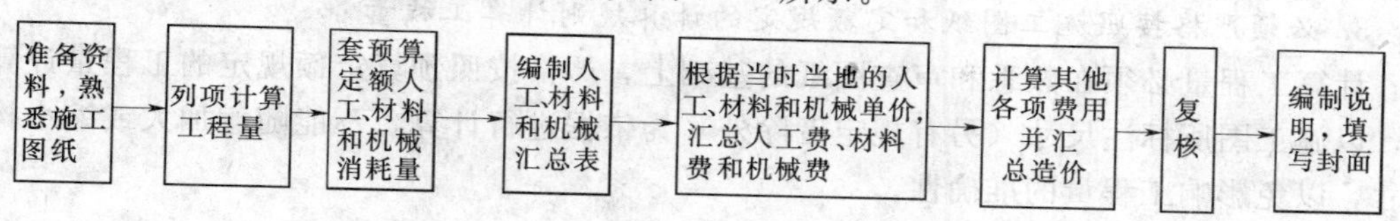

图 6-2　实物法编制施工图预算的基本步骤

实物法编制施工图预算的步骤与单价法基本相似，但在具体计算人工费、材料费和机械使用费及汇总三种费用之和方面有一定区别。用单价法编制施工图预算可简化编制工作，便于进行技术经济分析，但在市场价格波动较大的情况下，需对价差进行调整。

四、工程量计算的基本要求和一般方法

（一）工程量计算的基本要求

工程量计算是编制施工图预算的基础工作，也是施工图预算编制中最烦琐、最细致的工作。工程量计算项目列项是否齐全，计算结果是否准确，直接影响着预算编制的质量和进度。工程量计算的基本要求如下。

1. 认真熟悉基础资料

在工程量计算前，应首先熟悉设计施工图纸、现行预算定额和施工组织设计等工程量计算的基础资料。

预算编制人员在收到设计施工图纸之后，应对图纸进行清点、整理和核对，经审核无短缺即装订成册，在阅读过程中如遇有文字说明不清、构造做法不详、尺寸或标高不一致以及用料和标号有差错等情况，应做好记录，并在图纸会审及技术交底时提出，在编制预算之前予以解决。设计施工图纸是编制施工图预算的基本依据，只有熟悉图纸，才能了解设计意图，正确选用定额，从而准确地计算出工程量。

预算定额是编制施工图预算的基础资料和主要依据。在每一单位建筑工程中，其分部分项工程的预算单价（基价）及人工、材料和机械台班使用消耗量，都是依据预算定额来确定的。只有对预算定额的内容、形式和使用方法有了较明确的了解，才能结合施工图纸，迅速而准确地确定其相应一致的工程项目和计算工程量。

单位工程施工组织设计也对施工图预算的编制有重要影响，因此，预算编制人员还应全面了解现场施工条件、施工方法、技术组织措施、施工设备和器材供应情况，并通过踏勘施工现场收集了解有关资料，以真实、客观地确定其相应一致的工程项目和计算工程量。

2. 计算工程量的项目及计量单位应与现行定额的一致

工程量计算时，只有当所列的分项工程项目及计量单位与现行定额中分项工程的项目及计量单位完全一致时，才能正确使用定额的各项指标。尤其当定额子目中综合了其他分项工程时，更要特别注意所列分项工程的内容是否与选用定额分项工程所综合的内容一致，不可重复计算或漏算。例如，某省现行定额楼地面工程找平层子目中，均包括刷素水泥浆一道，在计算工程量时，就不可再列刷素水泥浆子目。此外，工程量列项时一般应首先按照预算定额分部工程项目的顺序进行排列，初学者更应这样，否则容易出现漏项或重项。如果定额上没有列出图纸上表示的项目，则需补充该项目。

3. 必须严格按照施工图纸和定额规定的计算规则计算工程量

计算工程量必须在熟悉和审查图纸的基础上，严格按照预算定额规定的工程量计算规则，以施工图所标注尺寸（另有规定者除外）为依据进行计算，不能随意加大或缩小构件尺寸，以免影响工程量的准确性。

4. 工程量的计算应采用表格形式

为计算清晰和便于审核，在计算工程量时常采用表格形式，表格具体形式可参见本章第四节工程量计算实例中的表格。

（二）工程量计算的一般方法

为防止漏算或重算，工程量计算应按照一定的顺序有条不紊地进行。建筑工程工程量

计算通常有以下几种计算顺序。

1. 按施工顺序计算

按施工先后顺序依次计算工程量，即按平整场地、挖地槽、基础垫层、砖石基础、回填土、砌墙、门窗、钢筋混凝土楼板安装、屋面防水、外墙抹灰、楼地面、内墙抹灰、粉刷和油漆等分项工程进行计算。

2. 按预算定额顺序计算

按当地预算定额中的分部分项编排顺序计算工程量，即从定额的第一分部第一项开始，对照施工图纸，凡遇定额所列项目，在施工图中有的，就按该分部工程量计算规则算出工程量。凡遇定额所列项目，在施工图中没有，就忽略，继续看下一个项目，若遇到有的项目，其计算数据与其他分部的项目数据有关，则先将项目列出，其工程量待有关项目工程量计算完成后，再进行计算。例如，计算墙体砌筑，该项目在江苏省计价表的第三分部，而墙体砌筑工程量为（墙身长度×高度 －门窗洞口面积）×墙厚－嵌入墙内混凝土及钢筋混凝土构件所占体积＋垛等体积。

这时，可先将墙体砌筑项目列出，工程量计算可暂放缓一步，待第五分部混凝土工程及第十五分部门窗工程等工程量计算完毕后，再利用该计算数据补算出墙体砌筑工程量。

按预算定额编排计算工程量顺序的方法，是初学者宜首选的方法。

3. 按图纸拟定一个有规律的顺序依次计算

（1）按顺时针方向计算。从平面图左上角开始，按顺时针方向依次计算。如图 6－3 所示，外墙从左上角开始，依箭头所指示的次序计算，绕一周后又回到左上角。此方法适用于外墙、外墙基础、外墙挖地槽、楼地面、天棚和室内装饰等工程量的计算。

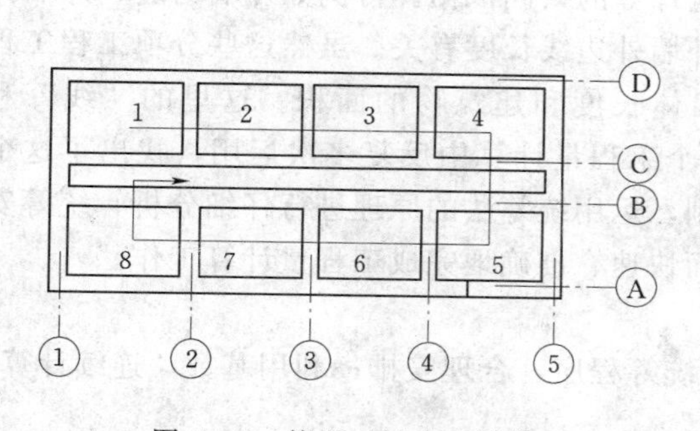

图 6－3　按顺时针方向计算

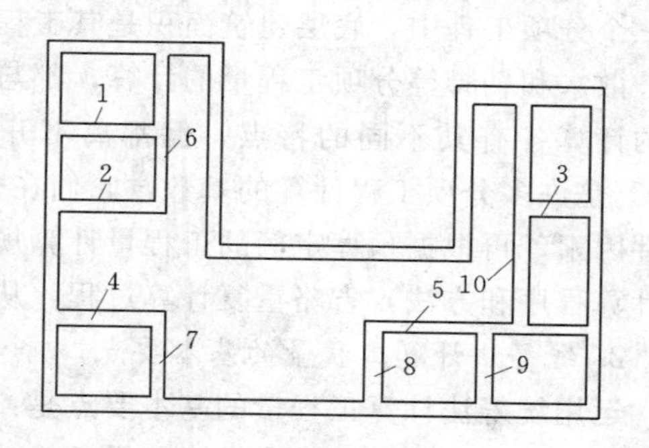

图 6－4　按先横后竖、先上后下、先左后右的顺序计算

（2）按先横后竖、先上后下、先左后右的顺序计算。以平面图上的横竖方向分别从左到右或从上到下依次计算，如图 6－4 所示。此方法适用于内墙、内墙挖地槽、内墙基础和内墙装饰等工程量的计算。

（3）按照图纸上的构、配件编号顺序计算。在图纸上注明记号，按照各类不同的构、配件，如柱、梁、板等编号，顺序地按柱 Z_1、Z_2、Z_3、…、Z_n，梁 L_1、L_2、L_3、…、L_n 和板 B_1、B_2、B_3、…、B_n 等构件编号依次计算，如图 6－5 所示。

（4）根据平面图上的定位轴线编号顺序计算。对于复杂工程，计算墙体、柱子和内外粉刷时，仅按上述顺序计算还可能发生重复或遗漏，这时，可按图纸上的轴线顺序进行计算，并将其部位以轴线号表示出来。如位于 A 轴线上的外墙，轴线长为①～②，可标记为 A：①～②。此方法适用于内外墙挖地槽、内外墙基础、内外墙砌体和内外墙装饰等工程量的计算。

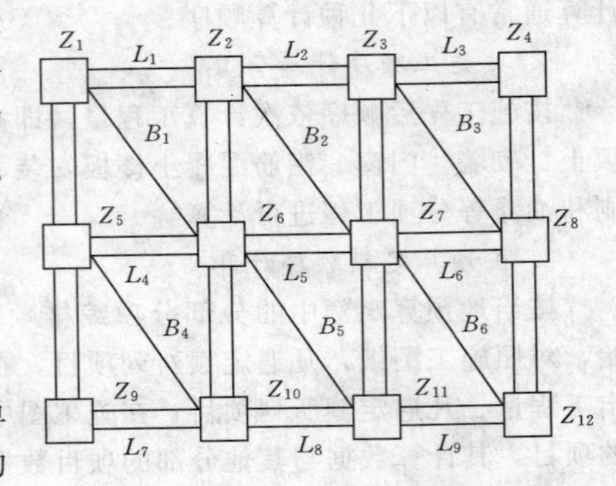

图 6－5　按构、配件编号顺序计算

(三) 统筹法计算工程量

1. 统筹法计算工程量的基本原理

统筹法计算工程量的基本原理是：分析单位工程工程量计算中各分项工程量计算之间的固有规律和相互之间的依赖关系，运用统筹法原理和统筹图图解来合理安排工程量的计算程序，以达到节约时间、简化计算、提高工效和为及时准确地编制施工图预算提供科学数据的目的。

根据统筹法原理，对工程量计算过程进行分析，可以看出各分项工程量之间既有各自的特点，也存在着内在联系。例如在计算工程量时，挖地槽体积为墙长乘以地槽横断面面积，基础垫层为墙长乘以垫层断面面积，基础砌筑为墙长乘以基础断面面积，墙基防潮层为墙长乘以基础宽度，混凝土地圈梁为墙长乘以圈梁断面积。在这六个分项工程中，都要用到墙体长度，外墙计算外墙中心线，内墙计算净长线。又例如平整场地为建筑物底层建筑面积每边各加 2m；地面面层和找平层为建筑物底层建筑面积减去墙基防潮层面积。在这三个分项工程中，底层建筑面积是其工程量计算的共同依据。再例如外墙勾缝、外墙抹灰、散水和勒脚等分项工程量的计算，都与外墙外边线长度有关。虽然这些分项工程工程量的计算各有其不同的特点，但都离不开墙体长度和建筑物的面积。这里的“线”和“面”是许多分项工程计算的基数，它们在整个工程量计算中反复多次运用，找出了这个共性因素，再根据预算定额的工程量计算规则，运用统筹法的原理进行仔细分析，统筹安排计算程序和方法，省略重复计算过程，从而快速、准确地完成工程量计算工作。

2. 统筹法计算工程量的基本要点

运用统筹法计算工程量的基本要点是：“统筹程序，合理安排；利用基数，连续计算；一次算出，多次使用；结合实际，灵活机动。”

(1) 统筹程序，合理安排。工程量计算程序的安排是否合理，关系着预算工作的效率高低和进度快慢。按施工顺序或定额顺序计算工程量，往往不能充分利用数据间的内在联系而形成重复计算，浪费时间和精力，有时还易出现计算差错。

例如，某室内地面有地面垫层、找平层及地面面层三道工序，如按施工顺序或定额顺序计算则如下：

1) 地面垫层体积＝长×宽×垫层厚（m^3）。

2) 找平层面积＝长×宽（m^2）。

3) 地面面层面积＝长×宽（m^2）。

如上所示，长×宽要进行三次重复计算，没有抓住各分项工程量计算中的共性因素。

按照统筹法原理，根据工程量自身计算规律，按先主后次统筹安排，把地面面层放在其他两项的前面，利用它得出的数据供其他工程项目使用，计算顺序如下：

1）地面面层面积＝长×宽（m^2）。

2）找平层面积＝地面面层面积（m^2）。

3）地面垫层体积＝地面面层面积×垫层厚（m^3）。

按以上程序计算，抓住地面面层这道工序，长×宽只计算一次，还把后两道工序的工程量带算出来，且计算的数字结果相同，减少了重复计算。这个简单的实例说明了统筹程序的意义。

（2）利用基数，连续计算。就是以“线”或“面”为基数，利用连乘或加减，算出有关的分项工程量。基数就是“线”和“面”的长度和面积。

“线”是某一建筑物平面图中所示的外墙中心线、外墙外边线和内墙净长线。根据分项工程量的不同需要，分别以这三条线为基数进行计算。

1）外墙外边线：用 $L_{外}$ 表示，$L_{外}$＝建筑物平面图的外围周长之和。

2）外墙中心线：用 $L_{中}$ 表示，$L_{中}=L_{外}-$外墙厚×4。

3）内墙净长线：用 $L_{内}$ 表示，$L_{内}$＝建筑平面图中所有的内墙长度之和。

与“线”有关的项目分别如下：

1）$L_{中}$：外墙基挖地槽、外墙基础垫层、外墙基础砌筑、外墙墙基防潮层、外墙圈梁和外墙墙身砌筑等分项工程。

2）$L_{外}$：平整场地、勒脚、腰线、外墙勾缝、外墙抹灰和散水等分项工程。

3）$L_{内}$：内墙基挖地槽、内墙基础垫层、内墙基础砌筑、内墙基础防潮层、内墙圈梁、内墙墙身砌筑和内墙抹灰等分项工程。

“面”是指某一建筑物的底层建筑面积，用 $S_{底}$ 表示：$S_{底}$＝建筑物底层平面图勒脚以上外围水平投影面积。

与“面”有关的计算项目有平整场地、天棚抹灰、楼地面及屋面等分项工程。

一般工业与民用建筑工程，都可在这三条“线”和一个“面”的基础上，连续计算出它的工程量。换言之，把这三条“线”和一个“面”先计算好，作为基数，然后利用这些基数再计算与它们有关的分项工程量。

（3）一次算出，多次使用。在工程量计算过程中，往往有一些不能用“线”和“面”基数进行连续计算的项目，如木门窗、屋架和钢筋混凝土预制标准构件等，首先，将常用数据一次算出，汇编成土建工程量计算手册（即“册”）；其次，也要把那些规律较明显的，如槽、沟断面、砖基础大放脚断面等，都预先一次算出，也编入册。当需计算有关的工程量时，只要查手册就可很快算出所需要的工程量，这样可以减少那种按图逐项地进行烦琐而重复的计算，亦能保证计算的及时性与准确性。

（4）结合实际，灵活机动。用“线”、“面”和“册”计算工程量，是一般常用的工程量基本计算方法，实践证明，在一般工程上完全可以利用。但在特殊工程上，由于基础断面、墙厚、砂浆标号和各楼层的面积不同，就不能完全用“线”或“面”的一个数作为基数，而必须结合实际灵活地计算。

一般常遇到的几种情况及采用的方法如下：

1）分段计算法。当基础断面不同，在计算基础工程量时，就应分段计算。

2）分层计算法。如遇多层建筑物，各楼层的建筑面积或砌体砂浆标号不同时，均可分层计算。

3）补加计算法。即在同一分项工程中，遇到局部外形尺寸或结构不同时，为便于利用基数进行计算，可先将其看作相同条件计算，然后再加上多出部分的工程量，如基础深度不同的内外墙基础和宽度不同的散水等工程。

假设前后墙散水宽度 1.20m，两山墙散水宽 0.80m，那么应先按 0.80m 计算，再将前后墙 0.40m 散水宽度进行补加。

4）补减计算法。与补加计算法相似，只是在原计算结果上减去局部不同部分工程量。例如，在楼地面工程中，各层楼面除每层盥厕间为水磨石面层外，其余均为水泥砂浆面层，则可先按各楼层均为水泥砂浆面层计算，然后补减盥厕间的水磨石地面工程量。

3. 统筹图的编制

运用统筹法计算工程量，首先要根据统筹法原理，预算定额和工程量计算规则，设计出“计算工程量程序统筹图”（以下简称为统筹图）。统筹图以“三线一面”作为基数，连续计算与之有共性关系的分项工程量，而与基数无共性关系的分项工程量则用“册”或图示尺寸进行计算。利用统筹图可全面了解工程量的计算及各项目间相互依赖的关系，有利于合理安排计算工作。

统筹图一般应由各地区主管部门，根据本地区现行预算定额工程量计算规则统一设计，统一编制，明文下达，以便于施工、设计和建设单位以及咨询单位共同使用。

(1) 统筹图的主要内容。统筹图主要由计算工程量的主次程序线、基数、分项工程量计算式及计算单位组成。主要程序线是指在“线”和“面”基数上连续计算项目的线，次要程序线是指在分项项目上连续计算的线。

(2) 计算程序的统筹安排。统筹图的计算程序安排是根据下述原则考虑的：

1）共性合在一起，个性分别处理。分项工程量计算程序的安排，是根据分项工程之间共性与个性的关系，采取共性合在一起、个性分别处理的办法。共性合在一起，就是把与墙的长度（包括外墙外边线、外墙中心线和内墙净长线）有关的计算项目，分别纳入各自系统中，把与建筑面积有关的计算项目，分别归于建筑物底层面积和分层面积系统中，把与墙长或建筑面积这些基数串不起来的计算项目，如楼梯、阳台、门窗和台阶等，则按其个性分别处理，或利用《工程量计算手册》，或另行单独计算。

2）先主后次，统筹安排。用统筹法计算各分项工程量是从“线”和“面”基数的计算开始的。计算顺序必须本着先主后次原则统筹安排，才能达到连续计算的目的。先算的项目要为后算的项目创造条件，后算的项目就能在先算的基础上简化计算。有些项目只和基数有关系，与其他项目之间没有关系，先算后算均可，前后之间要参照定额程序安排，以方便计算。

3）独立项目单独处理。预制混凝土构件、钢窗或木门窗、金属或木构件、钢筋用量、台阶、楼梯和地沟等独立项目的工程量计算，与墙的长度和建筑面积没有关系，不能合在一起，也不能用“线”和“面”基数计算时，需要单独处理，可采用预先编制“手册”的方法解决，只要查阅“册”即可得出所需要的各项工程量；或者利用前面所说的按表格形式填写计算的方法，与“线”、“面”基数没有关系又不能预先编入“册”的项目，按图示尺寸分别计算。

4. 统筹法计算工程量的步骤

用统筹法计算工程量大体上可分为五个步骤，如图 6-6 所示。

图 6-6　利用统筹法计算工程量步骤

第二节　建筑面积计算

一、建筑面积的含义和作用

（一）建筑面积的含义

建筑面积是指建筑物各层面积的总和，它是表示建筑技术经济效果的重要数据，同时也是计算某些分项工程量的基本依据。建筑面积等于使用面积加辅助面积及结构面积。使用面积一般是指建筑物各层平面中直接为生产生活使用的净面积之和；辅助面积是指建筑物各层平面布置中为辅助生产或生活所占净面积之和；结构面积是指建筑物各层平面中墙和柱等结构所占净面积之和。

（二）建筑面积的作用

一直以来，建筑面积计算规则在建筑工程造价管理方面起着非常重要的作用，是建筑房屋计算工程量的主要指标，是计算单位工程每平方米预算造价的主要依据，是统计部门汇总发布房屋建筑面积完成情况的基础。我国的建筑面积计算规则是在 20 世纪 70 年代依据苏联的做法结合我国的情况制定的，1982 年国家经委基本建设办公室印发了《建筑面积计算规则》（［1982］经基设字 58 号），是对 20 世纪 70 年代制定的建筑面积计算规则的修订；1995 年建设部发布《全国统一建筑工程预算工程量计算规则》（土建工程 GJDCZ—101—95），其中含“建筑面积计算规则”（以下简称为原建筑面积计算规则），是对 1982 年的《建筑面积计算规则》的修订。目前，建设部和国家质量技术监督局颁发的房产测量规范的房产面积计算，以及住宅设计规范中有关面积的计算，均依据的是原建筑面积计算规则。随着我国建筑市场发展，建筑的新结构、新材料、新技术和新的施工方法层出不穷，为了解决建筑技术的发展产生的面积计算问题，使建筑面积的计算更加科学合理，完善和统一建筑面积的计算范围和计算方法，对建筑市场发挥更大的作用，因此，对原建筑面积计算规则予以修订。考虑到《建筑面积计算规则》的重要作用，此次将修订的《建筑面积计算规则》改为《建筑工程建筑面积计算规范》。

二、《建筑工程建筑面积计算规范》的组成、使用范围及用词说明

《建筑工程建筑面积计算规范》由总则、术语、计算建筑面积的规定及计算规范条文说明四部分组成，适用于新建、扩建和改建的工业与民用建筑工程的建筑面积的计算，包括工业厂房、仓库、公共建筑、居民建筑、农业生产使用的房屋、粮种仓库和地铁车站等的建筑面积的计算。规范中表示很严格、非这样做不可的正面词是“必须”，反面词是“严禁”；表示严格、在正常情况下均应这样做的正面词是“应”，反面词是“不应”或“不得”；表示允许稍有选择、在条件许可时首先应这样做的正面词是“宜”，反面词是“不宜”；表示有选择、在一定的条件下可以这样做的用词是“可”。建筑面积计算除应遵循该规范，还应符合国家现行的有关标准规范的规定。

三、建筑面积计算相关术语定义

(1) 层高（story height）：上下两层楼面或楼面与地面的垂直距离。

(2) 自然层（floor）：按楼板和地板结构分层的楼层。

(3) 架空层（empty space）：建筑物深基础或坡地建筑吊脚架空部位不回填石方形成的建筑空间。

(4) 走廊（corridor gallery）：建筑物的水平交通空间。

(5) 挑廊（overhanging corridor）：挑出建筑物的外墙的水平交通空间。

(6) 檐廊（eaves gallery）：设置在建筑物底层出檐下的水平交通空间。

(7) 回廊（cloister）：在建筑物门厅、大厅内设置在二层或二层以上的回形走廊。

(8) 门斗（foyer）：在建筑物出入口设置的起分隔、挡风和御寒等作用的建筑过渡空间。

(9) 建筑物通道（passage）：为道路穿过建筑物而设计的建筑空间。

(10) 架空走廊（bridge way）：建筑物与建筑物之间，在二层或二层以上专门为交通设置的走廊。

(11) 勒脚（plinth）：建筑物的外墙与室外地面或散水接触部位墙体的加厚部位。《建筑工程建筑面积计算规范》规定建筑面积的计算是勒脚以上外墙结构外边线计算，勒脚是墙根部很矮的一部分墙体加厚，不能代表整个外墙结构，因此要扣除勒脚墙体加厚的部分。

(12) 围护结构（envelop enclosure）：围合建筑空间四周的墙体、门和窗等。

(13) 围护性幕墙（enclosing curtain wall）：直接作为外墙起围护作用的幕墙。

(14) 装饰性幕墙（decorative faced curtain wall）：设置在建筑物墙体外起装饰作用的幕墙。

(15) 落地橱窗（french window）：突出外墙面根基落地的橱窗。

(16) 阳台（balcony）：供使用者活动或晾晒衣物的建筑空间。

(17) 眺望间（view room）：设置在建筑物顶层或挑出房间的供人们远眺或观察周围情况的建筑空间。

(18) 雨篷（canopy）：设置在建筑物进出口上部的遮雨、遮阳篷。

(19) 地下室（basement）：房间地平面低于室外地平面的高度超过该房间净高度的1/2者为地下室。

(20) 半地下室（semi basement）：房间地平面低于室外地平面的高度超过该房间净高的1/3，且不超过1/2者为半地下室。

(21) 变形缝（deformation joint）：伸缩缝（温度缝）、沉降缝和抗震缝的总称。

(22) 永久性顶盖（permanent cap）：经规划批准设计的永久使用的顶盖。

(23) 飘窗（bay window）：为房间采光和美化造型而设置的突出外墙的窗。

(24) 骑楼（overhang）：楼层部分跨在人行道的临街楼房。

(25) 过街楼（arcade）：有道路穿过建筑空间的楼房。

四、建筑面积计算的规定

(一) 单层建筑物的建筑面积计算

单层建筑物的建筑面积（见图6-7和图6-8），应按其外墙勒脚以上结构外围水平面积计算，并应符合下列规定：

(1) 单层建筑高度在2.20m及以上者应计算全面积；高度不足2.20m者应计算1/2面积。

$$S = LB$$

式中　S——单层建筑物建筑面积；

L——两端山墙勒脚以上结构外表面间水平距离；

B——两纵墙勒脚以上结构外表面间水平距离。

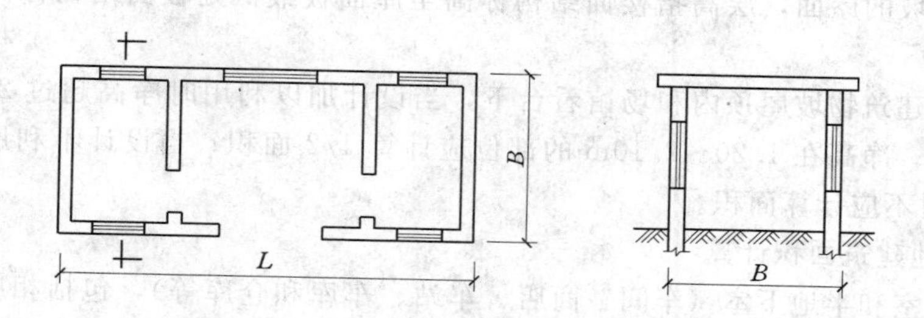

图6-7　单层建筑物建筑面积示意

(2) 利用坡屋顶内空间时，顶板下表面至楼面的净高超过2.10m的部位应计算全面积；净高在1.20～2.10m的部位应计算1/2面积；净高不足1.20m的部位不计算面积。净高指楼面或地面至上部楼板底或吊顶底面之间垂直距离。

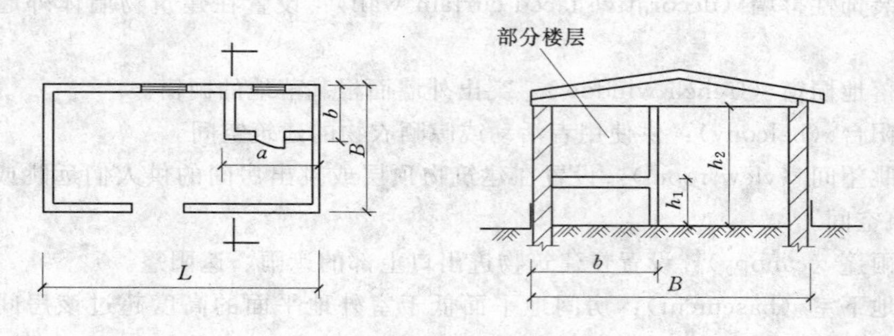

图 6-8　部分楼层建筑面积示意

(3) 单层建筑物内设有局部楼层者，局部楼层二层及以上楼层，有围护结构的应按其围护结构外围水平面积计算，无围护结构的应按其结构底板水平面积计算。层高在 2.20m 及以上者应计算全面积；层高不足 2.20m 者应计算 1/2 面积。

$$S = LB + ab$$

单层建筑物应按不同的高度确认其面积的计算，其高度指室内地面标高至屋面板板面结构标高之间的垂直距离。遇有以屋面板找坡的平屋顶单层建筑物，其高度指室内地面标高至屋面板最低处板面结构标高之间的垂直距离。

(二) 多层建筑物的建筑面积计算

(1) 多层建筑物首层应按其外墙勒脚以上结构外围水平面积计算；二层及以上楼层应按其外墙结构外围水平面积计算。层高在 2.20m 及以上者应计算全面积；层高不足 2.20m 者应计算 1/2 面积。

多层建筑物的建筑面积计算应按不同的层高分别计算，层高是指上下两层楼面结构标高之间的垂直距离。建筑物最底层的层高，有基础底板的指基础底板上表面结构至上层楼面的结构标高之间的垂直距离；没有基础底板的指地面标高至上层楼面的结构标高之间的垂直距离。最后一层的层高是其楼面结构标高至屋面板板面结构标高之间的垂直距离，遇有以屋面板找坡的屋面，层高指楼面结构标高至屋面板最低处板面结构标高之间的垂直距离。

(2) 多层建筑物坡屋顶内和场馆看台下，当设计加以利用时净高超过 2.10m 的部位应计算全面积；净高在 1.20～2.10m 的部位应计算 1/2 面积；当设计不利用或室内净高不足 1.20m 时不应计算面积。

(三) 其他建筑面积计算

(1) 地下室和半地下室（车间、商店、车站、车库和仓库等），包括相应的有永久性顶盖的出入口，应按其外墙上口（不包括采光井、外墙防潮层及其保护墙）外边线所围水平面积计算。层高在 2.20m 及以上者应计算全面积；层高不足 2.20m 者计算1/2面积。地下室建筑面积计算示意如图 6-9 所示。

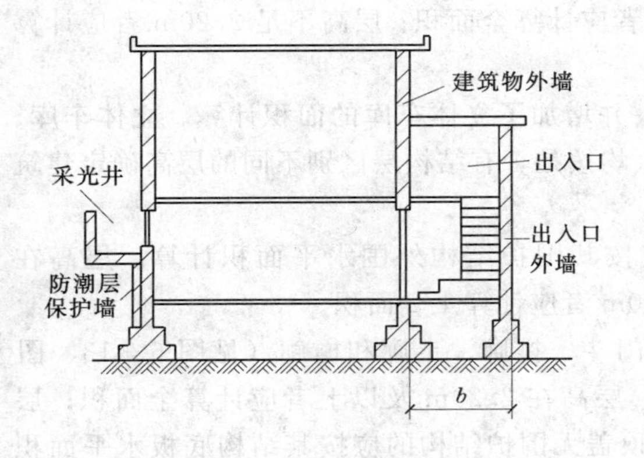

图 6-9　地下室建筑面积计算示意

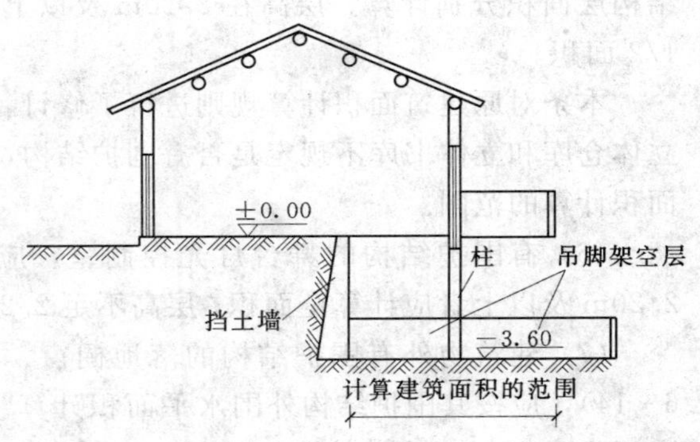

图 6-10　坡地的建筑物吊脚架空层建筑面积计算示意

地下室和半地下室应以其外墙上口外边线所围水平面积计算。原建筑面积计算规则规定按地下室和半地下室上口外墙外围水平面积计算，文字上不甚严密，上口外墙容易理解为地下室和半地下室的上一层建筑的外墙。由于上一层建筑外墙与地下室墙的中心线不一定完全重叠，多数情况是凸出或凹进地下室外墙中心线。

(2) 坡地的建筑物吊脚架空层（见图 6-10）和深基础架空层，设计加以利用并有围护结构的，层高在 2.20m 及以上者计算全面积；层高不足 2.20m 者应计算 1/2 面积。设计加以利用并无围护结构的建筑吊脚架空层，应按其利用部位水平面积的 1/2 计算；设计不利用的深基础架空层和坡地吊脚架空层以及多层建筑坡屋顶内和场馆看台下的空间不应计算面积。

(3) 建筑物的门厅和大厅按一层计算建筑面积。门厅和大厅内设有回廊（见图 6-11）时应按其结构底板水平面积计算。回廊层高在 2.20m 及以上者应计算全面积；层高不足 2.20m 者计算 1/2 面积。

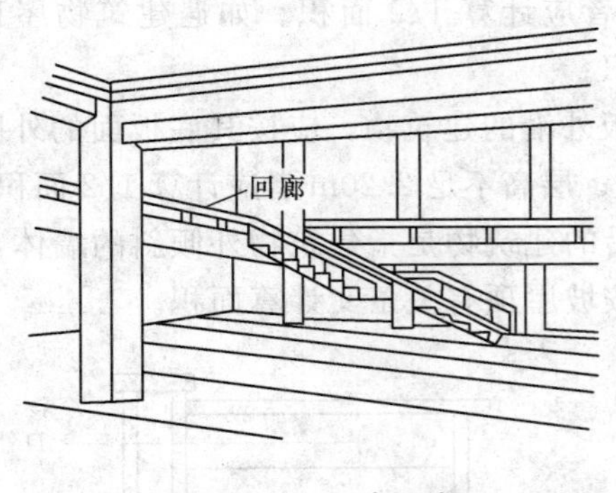

图 6-11　回廊示意

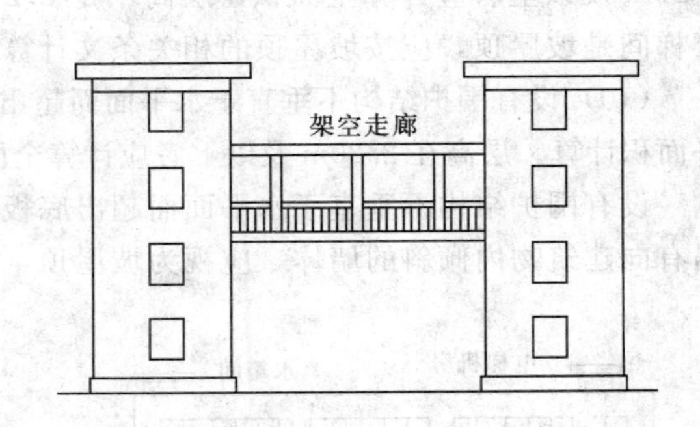

图 6-12　架空走廊示意

(4) 建筑物间有围护结构的架空走廊（见图 6-12），应按其围护结构外围水平面积计算，层高在 2.2m 及以上者应计算全面积；层高不足 2.20m 者应计算 1/2 面积。有永久性顶盖无围护结构的应按其结构底板水平面积的 1/2 计算。

(5) 立体书库、立体仓库和立体车库，无结构层的应按一层计算，有结构层的应按其结构层面积分别计算。层高在 2.20m 及以上者应计算全面积；层高不足 2.20m 者应计算 1/2 面积。

本条对原建筑面积计算规则进行了修订，并增加了立体车库的面积计算。立体车库、立体仓库和立体书库不规定是否有围护结构，均按是否有结构层区别不同的层高确定建筑面积计算的范围。

(6) 有围护结构的舞台灯光控制室，应按其围护结构外围水平面积计算。层高在 2.20m 及以上者应计算全面积；层高不足 2.20m 者应计算 1/2 面积。

(7) 建筑物外有围护结构的落地橱窗、门斗、挑廊、走廊和檐廊（见图 6-13、图 6-14)，应按其围护结构外围水平面积计算。层高在 2.20m 及以上者应计算全面积；层高不足 2.20m 者应计算 1/2 面积。有永久性顶盖无围护结构的应按其结构底板水平面积的 1/2 计算。

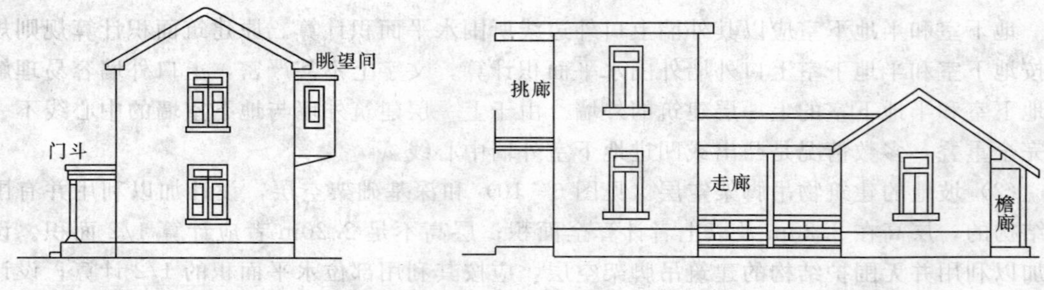

图 6-13　门斗、眺望间示意　　图 6-14　走廊、檐廊示意

(8) 有永久性顶盖无围护结构的场馆看台应按其顶盖投影面积的 1/2 计算。

本条所称“场馆”实质上是指“场”（如足球场、网球场等）看台上有永久性顶盖部分。“馆”应是有永久性顶盖和围护结构的，应按单层或多层建筑相关规定计算。

(9) 建筑物顶部有围护结构的楼梯间、水箱间和电梯机房（见图 6-15）等，层高在 2.20m 及以上者应计算全面积；层高不足 2.20m 者应计算 1/2 面积。如遇建筑物屋顶的楼梯间是坡屋顶，应按坡屋顶的相关条文计算面积。

(10) 设有围护结构不垂直于水平面而超出底板外沿的建筑物，应按其底板面的外围水平面积计算。层高在 2.20m 及以上者应计算全面积；层高不足 2.20m 者应计算 1/2 面积。

设有围护结构不垂直于水平面而超出底板外沿的建筑物是指建筑物外倾斜的墙体，若遇有向建筑物内倾斜的墙体，应视为坡屋顶，应按坡屋顶有关条文计算面积。

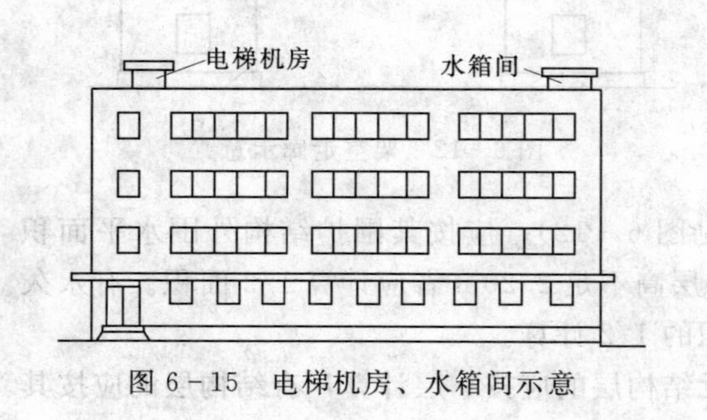

图 6-15　电梯机房、水箱间示意

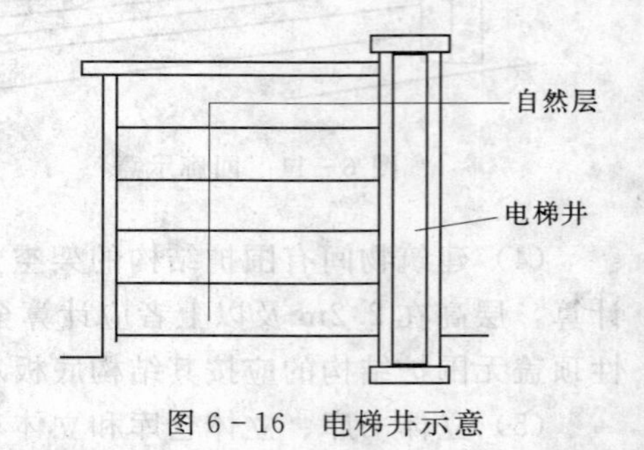

图 6-16　电梯井示意

(11) 建筑物内的室内楼梯间、电梯井（见图6－16和图6－17）、观光电梯井、提物井、管道井、通风排气竖井、垃圾道和附墙烟囱应按建筑物的自然层计算。

室内楼梯间的面积计算，应按楼梯依附的建筑物的自然层数计算并在建筑物面积内。遇跃层建筑，其共用的室内楼梯应按自然层计算面积；上下两错层户室共用的室内楼梯（见图6－18），应按上一层的自然层计算面积。

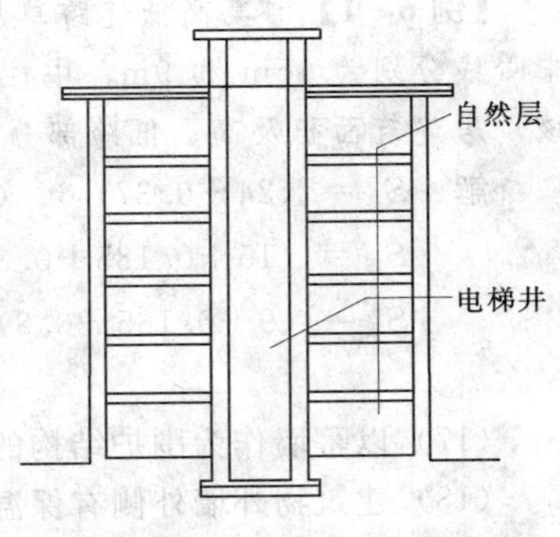

图6－17　电梯井示意

(12) 雨篷结构的外边线至外墙结构外边线的宽度超过2.10m者，应按雨篷结构板的水平投影面积的1/2计算。

雨篷均以其宽度超过2.10m或不超过2.10m衡量，超过2.10m者应按雨篷的结构水平投影面积的1/2计算。有柱雨篷和无柱雨篷计算应一致。

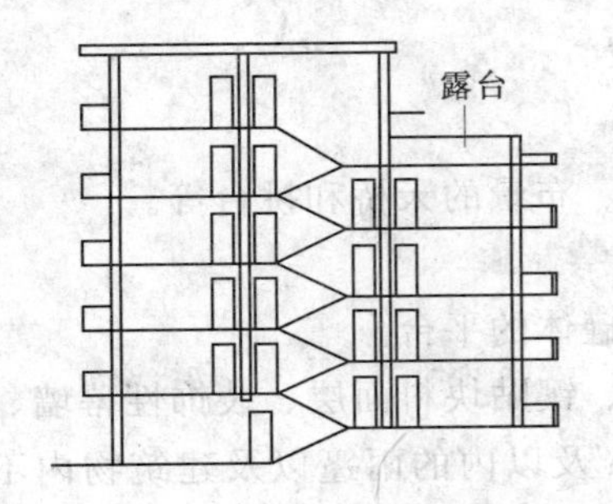

图6－18　上下两错层户室共用的室内楼梯示意

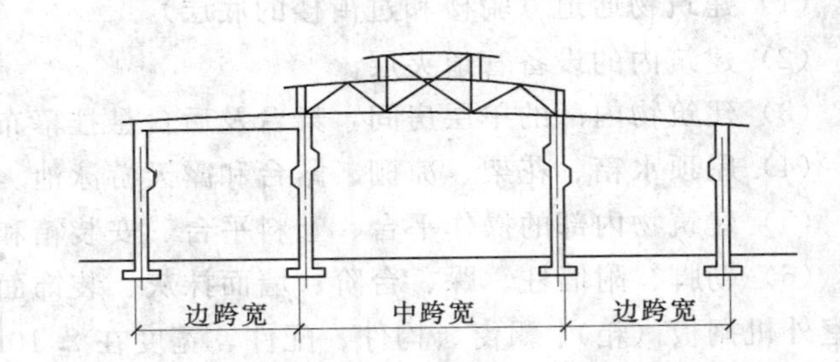

图6－19　高低联跨单层建筑物建筑面积示意

(13) 有永久性顶盖的室外楼梯，应按建筑自然层的水平投影的1/2计算。

室外楼梯，最上层楼梯无永久性顶盖，或不能完全遮盖楼梯的雨篷，上层楼梯不计算面积，上层楼梯可视为下层楼梯的永久性顶盖，下层楼梯应计算面积。

(14) 建筑物的阳台均应按其水平投影面积的1/2计算。

建筑物阳台，无论是凹阳台、挑阳台、封闭阳台还是不封闭阳台，均按其水平投影面积的1/2计算。

(15) 有永久性顶盖无围护结构的车棚、货棚、站台、加油站和收费站等，应按其水平投影面积的1/2计算。

车棚、货棚、站台、加油站和收费站等的面积计算，由于建筑技术的发展，出现许多新型结构，如柱不再是单纯的直立的柱，而出现正V形柱和倒V形柱等不同类型的柱，给面积计算带来许多争议。为此，不以柱来确定面积的计算，而依据顶盖的水平投影面积计算。在车棚、货棚、站台、加油站和收费站内设有有围护结构的管理室和休息室等，另按相关条款计算面积。

(16) 高低联跨的建筑物（见图6－19），应以高跨结构外边线为界分别计算建筑面积；其高低跨内部连通时，其变形缝应计算在低跨面积内。

【例 6－1】 某高低连跨单层厂房高低跨为边跨，该厂房中心线长 24m，高低跨宽度中心线分别为 15m 和 9m，中柱及边柱断面尺寸为 400×600，墙厚均为 370mm，试计算该厂房建筑面积及高、低跨部分的建筑面积。

解： $S_{总}=(24+0.37)\times(24+0.37)=593.9\ (m^2)$

$S_{高}=(15+0.185+0.3)\times 24.37=377.39\ (m^2)$

$S_{低}=(9+0.185-0.3)\times 24.37=216.52\ (m^2)$

（17）以幕墙作为围护结构的建筑物，应按幕墙外边线计算建筑面积。

（18）建筑物外墙外侧有保温隔热层的，应按保温隔热层外边线计算建筑面积。

（19）建筑物内的变形缝，应按其自然层合并在建筑物面积内计算。

规范所指建筑物内的变形缝是与建筑物连通的变形缝，即暴露在建筑物内、在建筑物内可以看得见的变形缝。

（四）不应计算面积的项目

（1）建筑物通道（骑楼和过街楼的底层）。

（2）建筑内的设备管道夹层。

（3）建筑物内部的单层房间，舞台及后台悬挂幕布、布景的天桥和挑台等。

（4）屋顶水箱、花架、凉棚、露台和露天游泳池。

（5）建筑物内部的操作平台、上料平台、安装箱和罐体的平台。

（6）勒脚、附墙柱、跺、台阶、墙面抹灰、装饰面、镶贴块料面层、装饰性幕墙、空调室外机搁板（箱）、飘窗、构件、配件、宽度在 2.10m 及以内的雨篷以及建筑物内不相连通的装饰性阳台和挑廊。

（7）无永久性顶盖的架空走廊、室外楼梯和用于检修、消防等的室外钢楼梯和爬梯。

（8）自动扶梯和自动人行道。

自动扶梯（斜步道滚梯），除两端固定在楼板或梁之外，扶梯本身属于设备，为此扶梯不宜计算建筑面积；水平步道（滚梯）属于安装在楼板上的设备，不应单独计算建筑面积。

（9）独立烟囱、烟道、地沟、油（水）罐、气柜、水塔、贮油（水）池、贮仓、栈桥、地下人防通道和地铁隧道。

第三节 建筑与装饰工程工程量计算规则要点

各地区预算定额中规定的建筑与装饰工程工程量计算项目与计算规则有一定差异，但基本原理大致相同，现以《江苏省建筑与装饰工程计价表》（2004 年）规定为例介绍建筑与装饰工程工程量计算规则。

一、土、石方工程

（一）人工土、石方

1. 一般规则

（1）土方体积以挖掘前的天然密实体积（m^3）为准，若虚方计算，按表 6－3 折算。

表6-3　　土方体积折算表　　单位：m^3

虚方体积	天然密实度体积	夯实后体积	松填体积
1.00	0.77	0.67	0.83
1.30	1.00	0.87	1.08
1.50	1.15	1.00	1.25
1.20	0.92	0.80	1.00

(2) 挖土一律以设计室外地坪标高为起点，深度按图示尺寸计算。

(3) 挖不同的土壤类别、挖土深度以及是否为干湿土分别计算工程量。干湿土的划分，应按地质资料提供的地下常水位为界，地下常水位以下为湿土，以上为干土。

(4) 在同一槽、坑内或沟内有干、湿土应分别计算，但使用定额时，按槽、坑或沟的全深计算。

2. 平整场地

平整场地是指建筑物场地±30cm以内的挖、填、运和找平工作。平整场地工程量按建筑物外墙外边线每边各加2m，以m^2计算，其计算公式为

$$平整场地 = S_{底} + 2 \times L_{外} + 16$$

式中　$S_{底}$——底层建筑面积；

$L_{外}$——外墙外边线长。

3. 沟槽、基坑土方

(1) 沟槽、基坑的划分：凡槽底宽在3m以内，且槽底长大于槽底宽3倍的为挖沟槽；凡图示地坑底面积在$20m^2$以内的为挖基坑，如地下室、独立柱基础及设备基础的挖土工程。

(2) 沟槽工程量按沟槽长度乘以沟槽截面积（m^2）计算。沟槽长度外墙按图示中心线长度，内墙按图示基础底宽加工作宽度之间净长度计算。内外突出部分（垛和附墙烟囱等）并入沟槽工程量内计算。

(3) 计算挖地槽、地坑和土方工程量需放坡时，以施工组织设计规定计算，施工组织设计无明确规定时，放坡系数按表6-4确定。

表6-4　　放坡系数表

土壤类别	放坡起点（m）	人工挖土	机械挖土	
			在坑内作业	在坑上作业
一、二类土	1.20	1∶0.50	1∶0.33	1∶0.75
三类土	1.50	1∶0.33	1∶0.25	1∶0.67
四类土	2.00	1∶0.25	1∶0.10	1∶0.33

注　当地槽、地坑中土壤类别不同时，分别按其放坡起点和放坡系数，依不同土壤厚度加权平均计算，且由于放坡在交接处所产生的重复工程量不予扣除。放坡高度应自垫层下表面至设计室外地坪标高计算。

(4) 基础施工所需工作面宽度按表6-5规定计算。

表 6-5　　基础施工所需工作面宽度计算表

基础材料	每边各增加工作面宽度（mm）	基础材料	每边各增加工作面宽度（mm）
砖基础	200	混凝土基础支模板	300
浆砌毛石、条石基础	150	基础垂直面做防水层	800（防水层面）

（5）沟槽、基坑需支挡土板时，挡土板面积按槽（或坑）边实际支挡板面积（即每块挡板的最长边与挡板的最宽边之积）计算。

（6）管道沟槽按图示中心线长度计算，沟底宽度，设计有规定的，按设计规定尺寸计算；设计无规定的，可按表 6-6 规定宽度计算。

表 6-6　　管道沟底宽度计算表

管径（mm）	铸铁管、钢管、石棉水泥管（m）	混凝土管、钢筋混凝土管、预应力混凝土管（m）
50～70	0.60	0.80
100～200	0.70	0.90
250～350	0.80	1.00
400～450	1.00	1.30
500～600	1.30	1.50
700～800	1.60	1.80
900～1000	1.80	2.00
1100～1200	2.00	2.30
1300～1400	2.20	2.60

注　在计算管沟土方工程量时，各类井及管道接口等处需加宽增加的土方量，不另行计算，底面积大于 $20m^2$ 的井类，其增加工程量并入管沟土方工程量内计算。

（7）管道地沟、地槽、基坑深度，按图示槽、坑、垫层底面至室外地坪深度计算。

1）挖地槽计算公式。

• 不放坡和不支挡土板（见图 6-20）：

$$V=(B+2C)HL$$

• 由垫层下表面放坡（见图 6-21）：

$$V=(B+2C+KH)HL$$

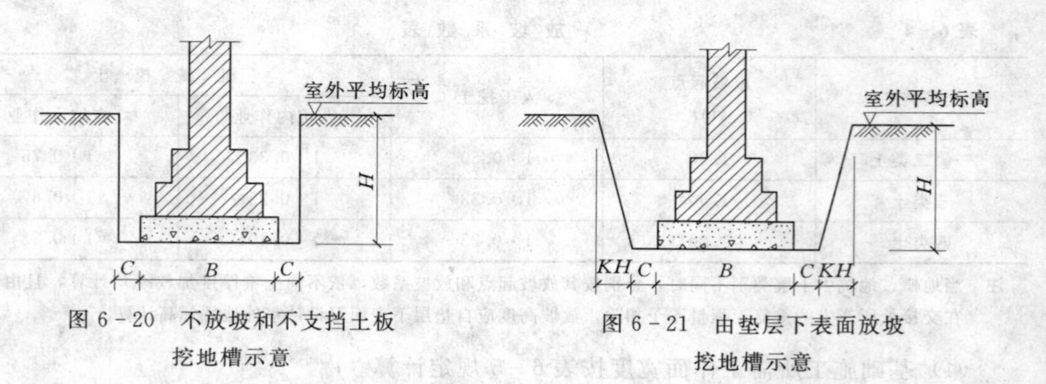

图 6-20　不放坡和不支挡土板挖地槽示意　　图 6-21　由垫层下表面放坡挖地槽示意

• 由垫层上表面放坡（见图 6－22）：

$$V = BH_1L + (B + KH_2)H_2L$$

• 支双面挡土板（见图 6－23）：

$$V = (B + 2C + 0.2)HL$$

式中　V——地槽挖土体积；

B——垫层底面宽度；

H——挖土深度，以室外设计地坪为计算起点；

L——地槽长度，外墙地槽长度按图示尺寸的中心线长，内墙地槽长度按图示基础底面之间净长线长度计算；

C——工作面宽度，按施工组织设计规定计算，如无规定，可按表 6－7 中规定计算；

K——放坡系数；

0.2——两侧挡土板的厚度。

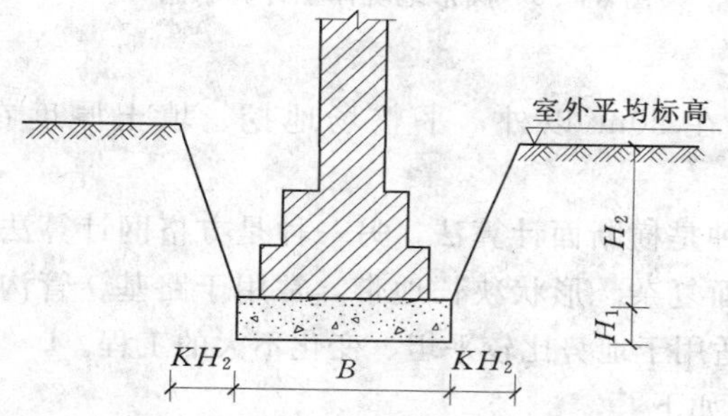

图 6－22　由垫层上表面放坡挖地槽示意

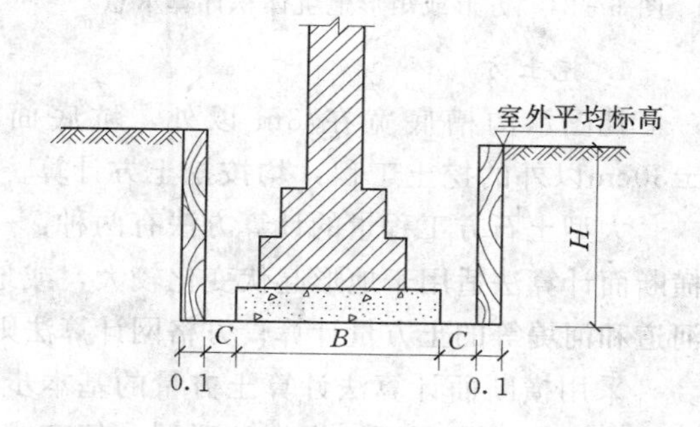

图 6－23　支挡土板挖地槽示意

2）挖地坑计算公式。

• 方形或矩形不放坡和不支挡土板：

$$V = (a + 2C)(b + 2C)H$$

• 圆形不放坡和不支挡土板：

$$V = \pi R^2 H$$

• 方形或矩形放坡（见图 6－24）：

$$V = (a + 2C)(b + 2C)H + 2 \times 1/2 \times KH \times H(b + 2C) + 2 \times 1/2 \times KH \times H(a + 2C) + 4 \times 1/3 \times KH \times KH \times H$$

简化公式为

$$V = (a + 2C + KH)(b + 2C + KH)H + 1/3 \times K^2H^3$$

• 圆形放坡（见图 6－25）：

$$V = 1/3 \times \pi(R_1^2 + R_2^2 + R_1R_2)$$

式中　H——地坑深度，按垫层底算至室外设计地坪；

a——地坑设计垫层外皮长度；

b——地坑设计垫层外皮宽度；

R_1、R_2——圆形地坑下口及上口半径；

$1/3\times K^2H^3$——地坑四角的角锥体积；

其他符号意义与前面所列公式相同。

如带挡土板，按图示尺寸两边各加 10cm 计算。

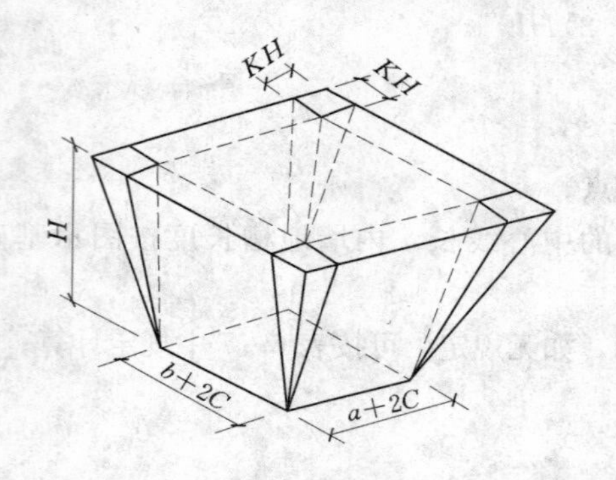

图 6-24　方形或矩形地坑体积计算示意

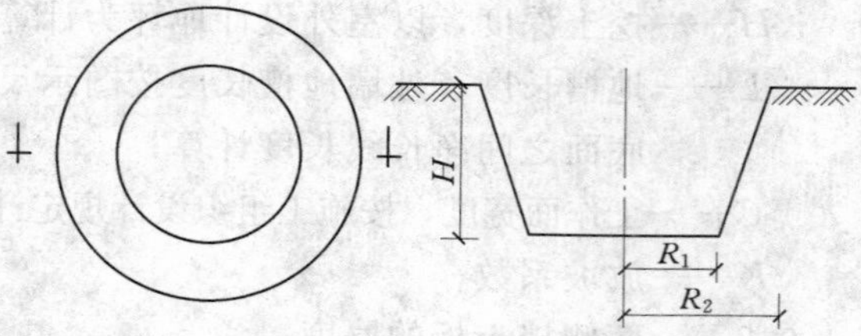

图 6-25　圆形地坑体积计算示意

4. 挖土方

凡图示沟槽底宽在 3m 以外，坑底面积在 $20m^2$ 以外，平整场地挖、填土厚度在 ±30cm以外的挖土工程，均按挖土方计算。

大型土石方工程量的计算方法有两种：一种是横断面计算法，另一种是方格网计算法。横断面计算法适用于地形起伏变化较大，或地面复杂、形状狭长地带，常用于路基、管沟、河道和河堤等的土方量计算；方格网计算法则适用于地势比较平坦、变化不大的工程。

采用横断面计算法计算土方量的基本步骤如下：

(1) 划分横断面。根据地形图、等高线及竖向设计图，把施工场地划分为若干个相互平行的横断面。各横断面之间的距离依地形复杂程度而定，地形变化复杂的间距要小，反之，间距可适当增大。一般情况下，间距为 20～50m，但最大不超过 100m。

(2) 绘制横断面图。按一定比例绘制出各横断面设计地坪面与自然地坪面之间的轮廓线，轮廓线所包围的面积即为需要挖方或填方的断面积。

(3) 计算横断面积。依据各断面图，分别将其划分为若干个三角形或梯形，计算出各断面的挖方或填方面积。

(4) 计算土方量。根据已计算的断面积，用下列公式计算土方工程量：

$$V=\frac{1}{2}(F_1+F_2)L$$

式中　V——相邻两断面间的土方量，m^3；

F_1、F_2——相邻两断面的挖、填方断面积，m^2；

L——相邻两断面间距离，m。

(5) 汇总工程量。计算完各断面间工程量后，汇总全部土方量。

采用方格网计算法计算土方量的基本步骤详见建筑施工教材或预算手册相关内容。

5. 回填土

回填土区分夯填和松填按图示回填体积计算。

(1) 地槽、地坑回填土。按槽（坑）挖土量减设计室外地坪以下埋设在槽内的基础垫层及基础等体积。

(2) 管沟回填土。按挖土体积减去直径大于 500mm（包括 500mm）的管道体积（见表 6－7）。直径小于 500mm 的管道体积不予扣除。

表 6－7　　**每米管道应减土方量**　　单位：m^3

管道名称	管道直径（mm）					
	501～066	601～800	801～1000	1001～1200	1201～1400	1401～1600
钢管	0.21	0.44	0.71			
铸铁管	0.24	0.49	0.77	1.15	1.35	1.55
混凝土管	0.33	0.60	0.92			

(3) 室内（房心）回填土。按主墙间净面积乘以回填厚度计算，公式如下：

$$室内回填土 = (S_{底} - L_{中} \times 墙厚 - L_{内} \times 墙厚)h$$

式中 $S_{底}$——底层建筑面积；

$L_{中}$——外墙中心线长；

$L_{内}$——内墙净长线长；

h——回填土厚度，是室内外高差与地面垫层、面层之差，如图 6－26 所示。

6. 运土

运土工程量指回填土（包括沟槽、地坑回填土及室内回填土）后剩余或亏损土量，可按下式计算：

运土工程量 ＝ 挖土工程量 － 回填土工程量

若式中计算结果为正值，则为余土外运工程量；若为负值，则为取土回填工程量。土方的运输应按施工组织设计规定的运输距离及运输方式计算。在计算运土工程量时，若取已松动的土壤，则只计算取土的运输工程量；取未松动的土壤时，除计算运输工程量外，还需计算挖土工程量。

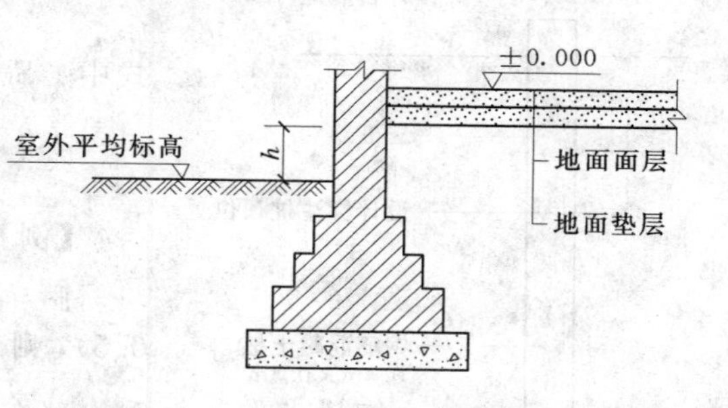

图 6－26　室内回填土计算高度示意

(二) 机械土、石方

(1) 机械土、石方运距按下列规定计算：

1) 推土机运距：按挖方区重心至回填区重心之间的直线距离计算。

2) 铲运机运距：按挖方区重心至卸土区重心加转向距离 45m 计算。

3) 自卸汽车运距：按挖方区重心至填土区（或堆放地点）重心的最短距离计算。

(2) 强夯加固地基，以夯锤底面积计算，并根据设计要求的夯击能量和每点夯击数，执行相应定额。

(3) 建筑场地原土碾压以 m^2 计算，填土碾压按图示填土厚度以 m^3 计算。

二、桩与基础垫层

(一) 打桩

1. 预制钢筋混凝土桩

打预制钢筋混凝土桩的体积，按设计桩长（包括桩尖，不扣除桩尖虚体积）乘以桩截面面积以 m³ 计算。管桩的空心体积应扣除，如管桩的空心部分按设计要求灌注混凝土或其他填充材料时，应另行计算。

2. 接桩

受打桩机桩架高度的限制，当桩长超过一定长度（如设计要打 30m 以上的桩）时，就要分节（段）预制，打桩时先把第一节桩打到地面附近，然后把第二节与第一节连接起来，再继续向下打，这种连接过程称为接桩。接桩方法一般有两种：电焊接桩和硫黄胶泥接桩，前者适用于各类土层，后者适用于软土层。电焊接桩按设计接头，以个计算；硫黄胶泥接桩按桩断面以 m² 计算。

3. 送桩

以送桩长度（自桩顶面至自然地坪另加 500mm）乘以桩截面面积以 m³ 计算。

在打桩工程中，有时要求将桩顶面打到低于桩架操作平台以下，或打入自然地坪以下，由于打桩机的安装和操作的要求，桩锤不能直接锤击到桩头，而必须另加一根送桩（又称为送桩器、冲桩）接到桩的上端，以便把桩送至设计标高，此过程即为送桩，如图 6－27所示。

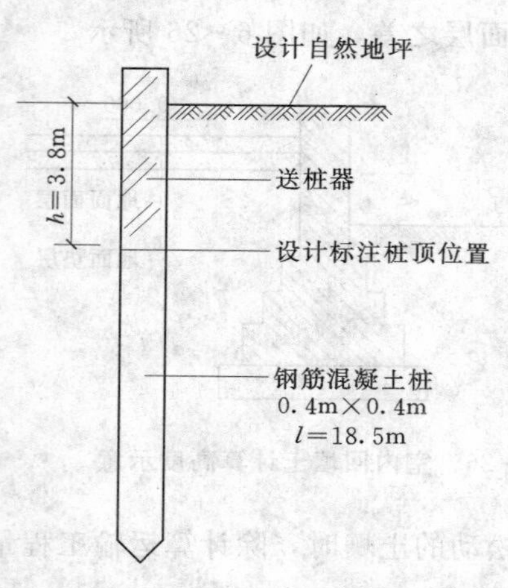

图 6－27 送桩示意

单根送桩工程量计算公式为

$$V = S(h + 0.5)$$

式中 S——桩截面面积；

h——桩顶面至自然地坪高度。

【例 6－2】 计算图 6－27 中的送桩工程量。

解：利用单根送桩工程量计算公式 $V = S(h + 0.5)$，则送桩体积为

$$V = 0.4 \times 0.4 \times (3.8 + 0.5) = 0.688(\text{m}^3)$$

4. 打孔沉管、夯扩灌注桩

(1) 灌注混凝土、砂、碎石桩使用活瓣桩尖时，单打、复打桩体积均按设计桩长（包括桩尖）另加 250mm（设计有规定，按设计要求）乘以标准管外径以 m³ 计算。使用预制钢筋混凝土桩尖时，单打、复打桩体积均按设计桩长（不包括预制桩尖）另加 250mm 乘以标准管外径以 m³ 计算。

复打桩，又称为扩大灌注桩，是在原来已经打完的桩位（同一桩孔内）继续打桩，即在第一次将混凝土灌注到设计标高，拔出钢管后，在原桩位再合好活瓣桩尖或埋设预制桩尖，作第二次沉管，使未凝固的混凝土向四周挤压扩大桩径，然后再第二次灌注混凝土。

(2) 打孔、沉管灌注桩空沉管部分，按空沉管的实体积计算。

(3) 夯扩桩体积分别按每次设计夯扩前投料长度（不包括预制桩尖）乘以标准管内径体积计算，最后管内灌注混凝土按设计桩长另加 250mm 乘以标准管外径体积计算。

(4) 打孔灌注桩、夯扩桩使用预制钢筋混凝土桩尖的，桩尖个数另列项目计算，单打、复打的桩尖按单打、复打次数之和计算。

5. 泥浆护壁钻孔灌注桩

（1）钻土孔与钻岩石孔工程量应分别计算。钻土孔自自然地面至岩石表面之深度乘以设计桩截面积以 m^3 计算；钻岩石孔以入岩深度乘以桩截面面积以 m^3 计算。

（2）混凝土灌入量以设计桩长（含桩尖长）另加一个直径（设计有规定的，按设计要求）乘以桩截面积以 m^3 计算；地下室基础超灌高度按现场具体情况另行计算。

（3）泥浆外运的体积等于钻孔的体积以 m^3 计算。

6. 凿灌注混凝土桩头

凿灌注混凝土桩头按 m^3 计算，凿、截断预制方（管）桩均以根计算。

7. 深层搅拌桩、粉喷桩加固地基

深层搅拌桩、粉喷桩加固地基按设计长度另加 500mm（设计有规定的，按设计要求）乘以设计截面积以 m^3 计算（双轴的工程量不得重复计算），群桩间的搭接不扣除。

8. 人工挖孔灌注桩

人工挖孔灌注桩中挖井坑土、挖井坑岩石、砖砌井壁、混凝土井壁和井壁内灌注混凝土均按图示尺寸以 m^3 计算。

人工挖孔灌注桩是指在桩位采用人工挖掘方法成孔，然后安放钢筋笼，灌注混凝土而成桩的方法。桩的直径一般不小于 0.8m，且桩底部一般都扩大，故又称为大直径扩底墩。为确保施工安全，应采取支护措施，常称为护壁（或护圈），可采用混凝土护壁、砖砌护壁和沉井壁等。挖孔桩常用于高层建筑的基础。

9. 长螺旋或旋挖法钻孔灌注桩

长螺旋或旋挖法钻孔灌注桩的单桩体积，按设计桩长（含桩尖）另加 500mm（设计有规定的，按设计要求）再乘以螺旋外径或设计截面积以 m^3 计算。

10. 基坑锚喷护壁成孔及孔内注浆

基坑锚喷护壁成孔及孔内注浆按设计图纸以延长米计算，两者工程量应相等。护壁喷射混凝土按设计图纸以 m^2 计算。

11. 土钉支护钉土锚杆

土钉支护钉土锚杆按设计图纸以延长米计算，挂钢筋网按设计图纸以 m^2 计算。

（二）基础垫层

（1）基础垫层是指砖、石、混凝土和钢筋混凝土等基础下的垫层，按图示尺寸以 m^3 计算。混凝土垫层厚度以 15cm 内为准，厚度在 15cm 以上的应按混凝土基础相应项目执行。

（2）外墙基础垫层长度按外墙中心线长度计算，内墙基础垫层长度按内墙基础垫层净长计算。

三、砌筑工程

（一）一般计算规则

（1）计算墙体工程量时，应扣除门窗洞口、过人洞、空圈、嵌入墙身的钢筋混凝土柱、梁、过梁、圈梁、挑梁、混凝土墙基防潮层和暖气包、壁龛的体积；不扣除梁头、梁垫、外墙预制板头、檩条头、垫木、木楞头、沿椽木、木砖、门窗走头、砖砌体内的加固钢筋、木筋、铁件、钢管及每个面积 0.3m^2 以内的孔洞等所占体积。凸出墙面的窗台虎头砖、压顶线、山墙泛水、烟囱根、门窗套及三皮砖以内的腰线和挑檐等体积也不增加。

(2) 附墙砖垛、三皮砖以上的腰线和挑檐等体积，并入墙身体积计算。

(3) 附墙烟囱、通风道和垃圾道按其外形体积并入所依附的墙体体积内合并计算，不扣除每个横截面积在 $0.1m^2$ 以内的孔洞等体积。

(4) 弧形墙按弧形墙中心线部分体积计算。

(二) 墙体厚度计算

标准砖尺寸全国统一规定为240mm×115mm×53mm，墙厚度应按表6-8计算。

表6-8 标准墙计算厚度表

砖数（厚度）	1/4	1/2	3/4	1	1½	2
计算厚度（mm）	53	115	178	240	365	490

(三) 基础与墙体划分

1. *砖墙*

(1) 基础与墙身材料相同时，以设计室内地坪为界（有地下室的按地下室室内设计地坪为界)，以下为基础，以上为墙（柱）身。

(2) 基础与墙（身）材料不同时：①位于设计室内地坪±300mm以内时，以不同材料为界；②超过±300mm时，应以设计室内地坪为界。

2. *石墙*

外墙以设计室外地坪，内墙以设计室内地坪为界，以下为基础，以上为墙身。

3. *砖石围墙*

砖石围墙以设计室外地坪为界，以下为基础，以上为墙身。

(四) 砖石基础长度的确定

(1) 外墙基按外墙中心线计算。

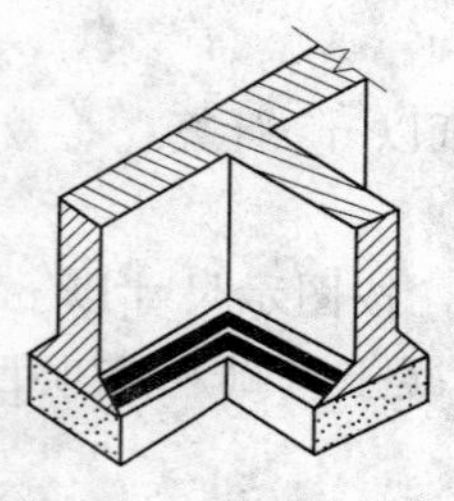

图6-28 基础大放脚T形接头

(2) 内墙基按内墙基最上一步净长度计算。基础大放脚T形接头处的重叠部分（见图6-28）以及嵌入基础的钢筋、铁件、管道、基础防水砂浆防潮层及单个面积在 $0.3m^2$ 以内孔洞所占体积不予扣除，但靠墙暖气沟的挑檐亦不增加；附墙垛基础宽出部分体积应并入基础工程量内。

$$基础断面面积 = 基础墙厚度 \times (基础高度 + 大放脚折加高度)$$
$$= 基础墙厚度 \times 基础高度 + 大放脚增加断面积$$

其中
$$大放脚折加高度 = \frac{大放脚双面断面面积之和}{基础墙厚度}$$

式中 基础墙厚度——基础主墙身的厚度；

基础高度——室内地坪至基础底面间的距离，m；

大放脚折加高度——将大放脚增加的断面面积按其相应的墙厚折合成的高度；

大放脚增加断面积——按等高和不等高及放脚层数计算的增加断面面积。

等高式和不等高式砖墙基础大放脚的折加高度和增加断面面积如表6-9所示，供计算基础体积时查用（见图6-29)。

表 6-9　砖墙基础大放脚折加高度和增加断面面积计算表

放脚层数	折加高度、基础墙厚和砖数（m）												增加断面面积（m^2）	
	1/2（0.115）		1（0.24）		1½（0.365）		2（0.49）		2½（0.615）		3（0.74）			
	等高	不等高	等高	不等高	等高	不等高	等高	不等高	等高	不等高	等高	不等高	等高	不等高
1	0.137	0.137	0.066	0.066	0.043	0.043	0.032	0.032	0.026	0.026	0.021	0.021	0.01575	0.01575
2	0.411	0.342	0.197	0.164	0.129	0.108	0.096	0.080	0.077	0.064	0.064	0.053	0.04725	0.03938
3			0.394	0.328	0.259	0.216	0.193	0.161	0.154	0.128	0.128	0.106	0.0945	0.07875
4			0.656	0.525	0.432	0.345	0.321	0.257	0.256	0.205	0.213	0.170	0.1575	0.1260
5			0.984	0.788	0.647	0.518	0.482	0.380	0.384	0.307	0.319	0.255	0.2363	0.189
6			1.378	1.083	0.906	0.712	0.672	0.530	0.538	0.419	0.447	0.351	0.3308	0.2599
7			1.838	1.444	1.208	0.949	0.900	0.707	0.717	0.563	0.596	0.468	0.4410	0.3465
8			2.363	1.838	1.553	1.208	1.157	0.900	0.922	0.717	0.766	0.596	0.5670	0.4411
9			2.953	2.297	1.942	1.510	1.447	1.125	1.153	0.896	0.958	0.745	0.7088	0.5513
10			3.610	2.789	2.372	1.834	1.768	1.366	1.409	1.088	1.171	0.905	0.8663	0.6694

注　1. 本表按标准砖双面放脚每层高 126mm（等高式），以及双面放脚层高分别为 126mm、63mm（间隔式），砌出 62.5mm 计算。

2. 本表增加断面面积是按双面且完全对称计算的，当放脚为单面时，表中面积应乘以系数 0.5；当两面不对称时，应分别按单面计算。

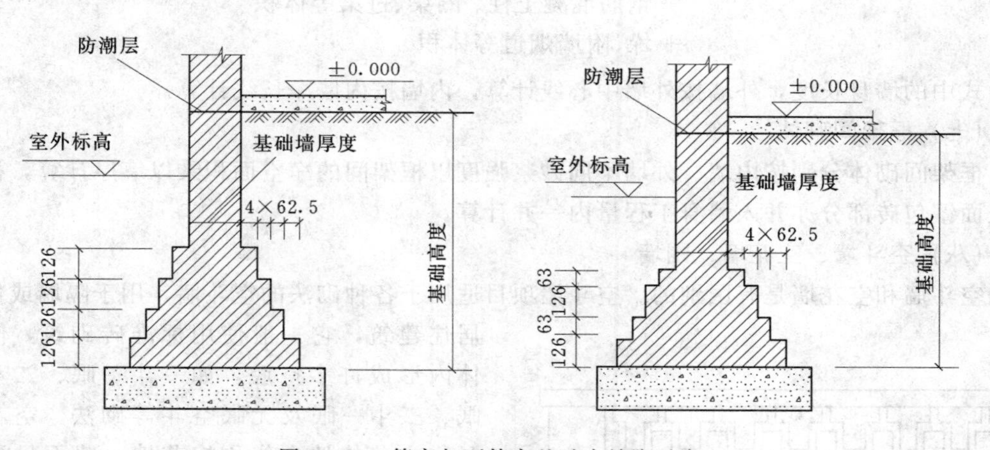

图 6-29　等高与不等高基础大放脚示意

（五）墙身长度的确定

外墙按中心线长度计算，内墙按净长线计算。

内墙净长线 = 轴线间内墙中心线长度 − 外墙厚度

（六）墙身高度的确定

设计有明确高度时按设计高度计算，未明确时按下列规定计算。

1. 外墙

斜（坡）屋面无檐口天棚者，算至墙中心线屋面板底；无屋面板，算至椽子顶面；有屋架且室内外均有天棚者，算至屋架下弦底另加 200mm；无天棚者算至屋架下弦底另加 300mm；有现浇钢筋混凝土平板楼层者，应算至平板底面；有女儿墙应自外墙梁（板）顶面至图示女儿墙顶面（见图 6－30、图 6－31），有混凝土压顶者，算至压顶下表面，分别以不同厚度按外墙定额执行。

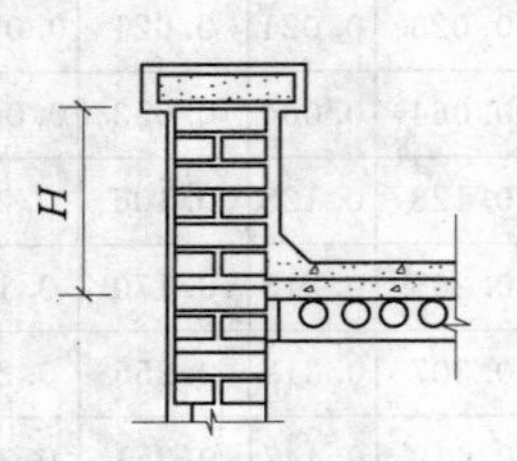

图 6－30　带混凝土压顶女儿墙高度示意

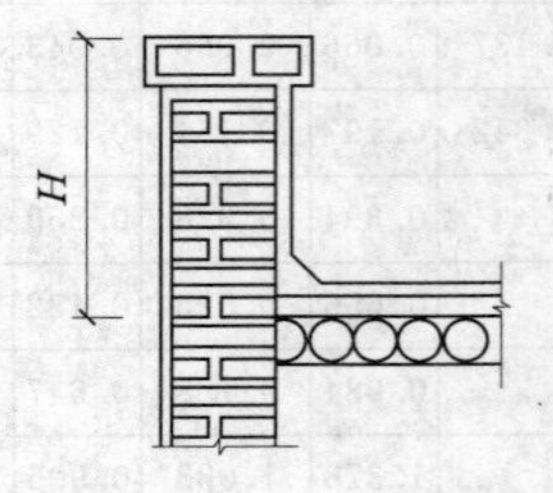

图 6－31　不带混凝土压顶女儿墙高度示意

2. 内墙

内墙位于屋架下，高度算至屋架底；无屋架者算至天棚底另加 120mm；有钢筋混凝土楼板隔层者算至楼板底；有框架梁时算至梁底。同一墙上板厚不同时，按平均高度计算。

实砌墙身的工程量可根据以下公式计算：

墙身体积＝（墙身长度×高度－门窗洞口面积）×墙厚
－钢筋混凝土柱、圈梁、过梁等体积
＋垛、附墙烟道等体积

式中的墙身长度，外墙按外墙中心线计算，内墙按内墙净长线计算。

（七）框架间砌体

框架间砌体分别按内墙、外墙不同砂浆强度以框架间的净空面积乘以墙厚计算，框架外表面镶包砖部分亦并入墙身工程量内一并计算。

（八）空斗墙、空花墙、围墙

空斗墙和空花墙是有区别的。空斗墙项目适用于各种砌法的空斗墙，用于隔墙或低层居住建筑，它一般使用标准砖砌筑，使墙体内形成许多空腔，如一斗一眠、二斗一眠、三斗一眠及无眠空斗等砌法。空花墙又称为花格墙，俗称梅花墙，墙面呈各种花格形状，有砖砌花格和混凝土花格砌筑的空花墙之分。

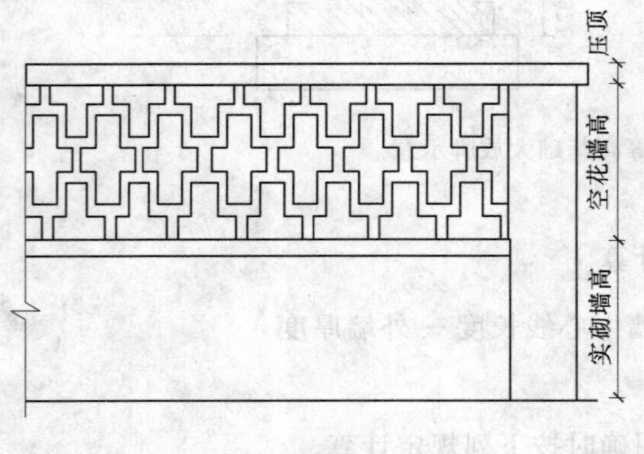

图 6－32　空花墙示意

（1）空花墙按空花部分的外形体积以 m^3 计算（见图 6－32），空花墙外有实砌墙，其实砌部分应以 m^3 另列项目计算。

（2）空斗墙按外形体积以 m^3 计算（计算规则同实心墙，见图 6－33）。

（3）砖砌围墙按设计图示尺寸以 m^3 计算，其围墙附垛及砖压顶应并入墙身工程量内；砖围墙上有混凝土花格、混凝土压顶时，混凝土花格及压顶应按有关规定另行计算，其围墙高度算至混凝土压顶下表面。

（九）多孔砖、空心砖墙

多孔砖和空心砖墙按图示墙厚以 m^3 计算，不扣除砖孔空心部分体积。

（十）填充墙

填充墙按外形体积以 m^3 计算，其实砌部分及填充料已包括在定额内，不另行计算。

砖柱基、柱身不分断面均以设计体积计算，柱身、柱基工程量合并套“砖柱”定额。柱基与柱身砌体品种不同时，应分开计算并分别套用相应定额。

（十一）砖砌地下室墙身及基础

砖砌地下室墙身及基础按设计图示以 m^3 计算，内、外墙身工程量合并计算按相应内墙定额执行。墙身外侧面砌贴砖按设计厚度以 m^3 计算。

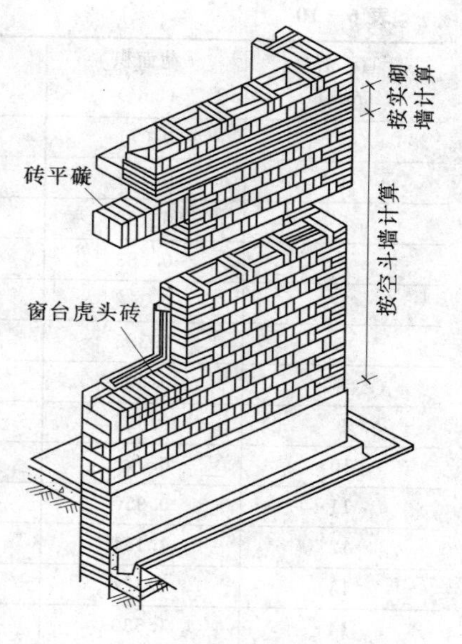

图 6－33　空斗墙示意

（十二）墙基防潮层

墙基防潮层按墙基顶面水平宽度乘以长度以 m^2 计算，有附垛时将附垛面积并入墙基内。

（十三）其他

（1）砖砌台阶按水平投影面积以 m^2 计算。

（2）毛石、方整石台阶均以图示尺寸按 m^3 计算，毛石台阶按毛石基础定额执行。

（3）墙面、柱、底座和台阶的剁斧以设计展开面积计算；窗台和腰线以 10 延长米计算。

（4）砖砌地沟沟底与沟壁工程量合并以 m^3 计算。

（5）毛石砌体打荒、錾凿和剁斧按砌体裸露外表面积计算（錾凿包括打荒，剁斧包括打荒、錾凿，打荒、錾凿和剁斧不能同时列入）。

四、钢筋工程

编制预算时，钢筋工程量可暂按构件体积（或水平投影面积、外围面积、延长米）乘以钢筋含量计算。结算时按设计要求，无设计按下列规则计算。

（一）一般规则

（1）钢筋工程应区别现浇构件、预制构件、加工厂预制构件、预应力构件和点焊网片等以及不同规格分别按设计展开长度（展开长度、保护层和搭接长度应符合规范规定）乘以理论重量以 t 计算。钢筋理论重量表如表 6－10 所示。

为防止钢筋锈蚀，在钢筋周围应留有混凝土保护层。保护层是指钢筋外表面至混凝土外表面的距离。在计算钢筋长度时，应按构件长度减去钢筋保护层厚度。保护层厚度依构件形式而不同，如表 6－11 所示。

表 6-10 钢筋理论重量表

直径 (mm)	截面积 (cm²)	理论重量 (kg/m)	直径 (mm)	截面积 (cm²)	理论重量 (kg/m)
3	0.071	0.055	21	3.464	2.720
4	0.126	0.099	22	3.801	2.984
5	0.196	0.154	23	4.155	3.260
6	0.283	0.222	24	4.524	3.551
6.5	0.332	0.261	25	4.909	3.850
7	0.385	0.302	26	5.390	4.170
8	0.503	0.395	27	5.726	4.495
9	0.635	0.499	28	6.153	4.830
10	0.785	0.617	30	7.069	5.550
11	0.950	0.750	32	8.043	6.310
12	1.131	0.888	34	9.079	7.130
13	1.327	1.040	35	9.620	7.500
14	1.539	1.208	36	10.179	7.990
15	1.767	1.390	38	11.340	8.902
16	2.011	1.578	40	12.561	9.865
17	2.270	1.780	42	13.850	10.879
18	2.545	1.998	45	15.940	12.490
19	2.835	2.230	48	18.100	14.210
20	3.142	2.466	50	19.635	15.410

表 6-11 受力钢筋的混凝土保护层最小厚度

环境类别		板、墙、壳			梁			柱		
		≤C20	C25～C45	≥C50	≤C20	C25～C45	≥C50	C20	C25～C45	≥C50
一		20	15	15	30	25	25	30	30	30
二	a		20	20		30	30		30	30
	b		25	20		35	30		35	30
三			30	25		40	35		40	35

注 1. 基础中纵向受力钢筋的混凝土保护层厚度不应小于 40mm；当无垫层时不应小于 70mm。
2. 箍筋的混凝土保护层厚度不应小于 15mm。

(2) 计算钢筋工程量时，搭接长度按规范规定计算。当梁、板（包括整板基础）ϕ8 以上的通筋未设计搭接位置时，预算书暂按 8m 一个双面电焊接头考虑，结算时应按钢筋实际定尺长度调整搭接个数，搭接方式按已审定的施工组织设计确定。

(3) 先张法预应力构件中的预应力和非预应力钢筋工程量应合并按设计长度计算，按预应力钢筋定额（梁、大型屋面板、F 板执行 ϕ5 外的定额，其余均执行 ϕ5 内定额）执行。后张法预应力钢筋与非预应力钢筋分别计算，预应力钢筋按设计图规定的预应力钢筋预留孔道长度，区别不同锚具类型分别按下列规定计算：

1) 当低合金钢筋两端采用螺杆锚具时，预应力钢筋按预留孔道长度减 350mm，螺杆另行计算。

2）当低合金钢筋一端采用墩头插片、另一端采用螺杆锚具时，预应力钢筋长度按预留孔道长度计算。

3）当低合金钢筋一端采用墩头插片、另一端采用帮条锚具时，预应力钢筋增加150mm，两端均用帮条锚具时，预应力钢筋共增加300mm计算。

4）低合金钢筋采用后张混凝土自锚时，预应力钢筋长度增加350mm计算。

（4）电渣压力焊、锥螺纹和套管挤压等接头以"个"计算。预算书中，底板和梁暂按8m长一个接头的50%计算；柱按自然层每根钢筋1个接头计算。结算时应按钢筋实际接头个数计算。

（5）桩顶部破碎混凝土后主筋与底板钢筋焊接分别分为灌注桩、方桩（离心管桩按方桩）以桩的根数计算。每根桩端焊接钢筋根数不调整。

（6）在加工厂制作的铁件（包括半成品铁件）和已弯曲成型钢筋的场外运输按t计算。各种砌体内的钢筋加固分绑扎和不绑扎按t计算。

（7）混凝土柱中埋设的钢柱，其制作和安装应按相应的钢结构制作和安装定额执行。

（8）基础中钢支架和预埋铁件的计算规定如下：

1）基础中，多层钢筋的型钢支架、垫铁、撑筋和马凳等按已审定的施工组织设计合并用量计算，执行金属结构的钢托架制、安定额执行（并扣除定额中的油漆材料费51.49元）。现浇楼板中设置的撑筋按已审定的施工组织设计用量与现浇构件钢筋用量合并计算。

2）预埋铁件和螺栓按设计图纸以t计算，执行铁件制安定额。

3）预制柱上钢牛腿按铁件以t计算。

（9）后张法预应力钢丝束、钢绞线束按设计图纸预应力筋的结构长度（即孔道长度）加操作长度之和乘以钢材理论重量计算（无黏结钢绞线封油包塑的重量不计算），其操作长度按下列规定计算：

1）钢丝束采用镦头锚具时，无论一端张拉或两端张拉均不增加操作长度（即结构长度等于计算长度）。

2）钢丝束采用锥形锚具时，一端张拉为1.0m，两端张拉为1.6m。

3）有黏结钢绞线采用多根夹片锚具时，一端张拉为0．9m，两端张拉为1.5m。

4）无黏结预应力钢绞线采用单根夹片锚具时，一端张拉为0.6m，两端张拉为0.8m。

5）用转角器张拉及特殊张拉的预应力筋时，其操作长度应按实计算。

（10）后张法预应力钢丝束、钢绞线锚具，按设计规定所穿钢丝或钢绞线的孔数计算（每孔均包括了张拉端和固定端的锚具），波纹管按设计图示以延长米计算。

（二）钢筋长度的计算

1. 通长钢筋长度计算

通长钢筋长度计算公式为

$$L_1 = l - 2c$$

式中　l——构件的结构长度；

c——钢筋保护层厚度。

2. 带弯钩钢筋长度计算

带弯钩钢筋长度计算公式为

$$L_2 = l - 2c + 2\Delta l$$

式中 Δl——钢筋一端的弯钩增加长度。

根据钢筋混凝土工程施工及验收规范要求，三种形式弯钩的增加长度分别如下：

(1) 半圆形弯钩的增加长度为 $6.25d$。

(2) $90°$弯钩的增加长度为 $3.5d$。

(3) $135°$弯钩的增加长度为 $4.9d$。

通常，当采用Ⅰ级钢筋时，在钢筋末端应设弯钩；Ⅱ级、Ⅲ级螺纹钢筋不设弯钩。

3. 弯起钢筋长度计算

弯起钢筋的长度计算公式可表示为

$$L_3 = l - 2c + 2(S - L) + 2\Delta l$$

式中 S、L——斜长比底长增加或弯起部分增加长度，记为 $(S-L)$。

4. 箍筋长度计算

箍筋长度计算的一般公式为

$$L_4 = 2(b + h) - 8c + 4d + 2\Delta l_g$$

式中 $2(b+h)$——构件截面周长；

Δl_g——箍筋末端每个弯钩增加长度，同样可用计算的方法求得，例如，对于一般结构，当 $180°$弯钩时，弯钩增加长度 $8.25d$，当 $135°$弯钩时，弯钩增加长度 $6.87d$。

在实际工作中，常用简化方法计算箍筋长度：

(1) 当箍筋直径在 10mm 以下时，可按构件断面周长计算，即

$$L_4 = 2(b + h)$$

(2) 当箍筋末端作 $135°$弯钩时，弯钩平直部分的长度，一般的结构不应小于箍筋直径的 5 倍；有抗震要求的结构不应小于箍筋直径的 10 倍，则箍筋长度可表示如下：

1) 平直部分为 $5d$ 时，$L_4 = (b-2c+2d) \times 2 + (h-2c+2d) \times 2 + 2 \times 14d$。

2) 平直部分为 $10d$ 时，$L_4 = (b-2c+2d) \times 2 + (h-2c+2d) \times 2 + 2 \times 24d$。

5. 箍筋、板筋排列根数

箍筋、板筋排列根数的计算公式为

$$N = (L - 100) / \text{设计间距} + 1$$

式中 L——柱、梁、板净长。

柱梁净长计算方法同混凝土，其中柱不扣板厚。板净长指主（次）梁与主（次）梁之间的净长。计算中有小数时，向上舍入。

计算箍筋、板筋排列根数时，在加密区的根数应按设计或标准构造详图另增。

五、混凝土工程

（一）现浇混凝土工程量

1. 一般规定

现浇混凝土工程量除另有规定者外，均按图示尺寸以体积 m^3 计算，不扣除构件内钢筋、支架、螺栓孔、螺栓、预埋铁件及墙、板中 $0.3m^2$ 以内的孔洞所占体积。留洞所增加工、料不另增加费用。

2. 基础

（1）有梁条形混凝土基础，其梁高与梁宽之比在4∶1以内的，按有梁式条形基础计算（条形基础梁高是指梁底部到上部的高度）。超过4∶1时，其基础底按无梁式条形基础计算，以上部分按钢筋混凝土墙计算。其工程量可用下式计算：

条形基础体积 = 基础长度 × 基础断面积

式中的基础长度，外墙按外墙中心线计算，内墙按内墙净长线计算，基础断面积按图6－34所示尺寸计算。

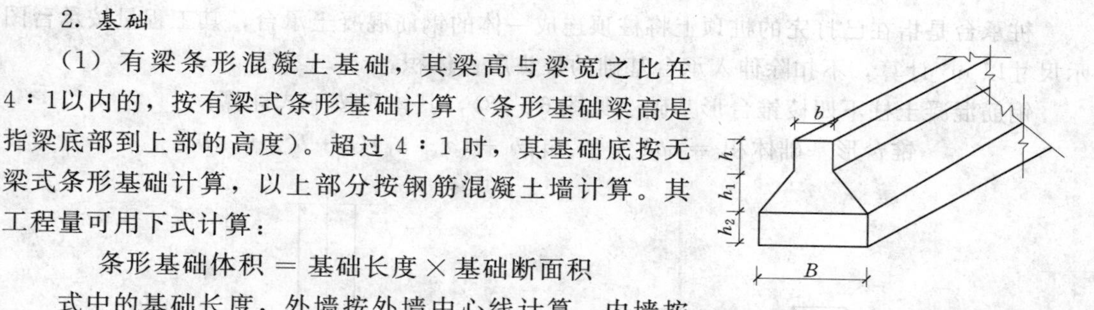

图6－34　混凝土条形基础示意

（2）满堂（板式）基础有梁式（包括反梁）、无梁式应分别计算，仅带有边肋者，按无梁式满堂基础套用子目。

满堂基础是指由成片的钢筋混凝土板支承着整个建筑，一般分为无梁式满堂基础、梁式满堂基础和箱式满堂基础三种形式。

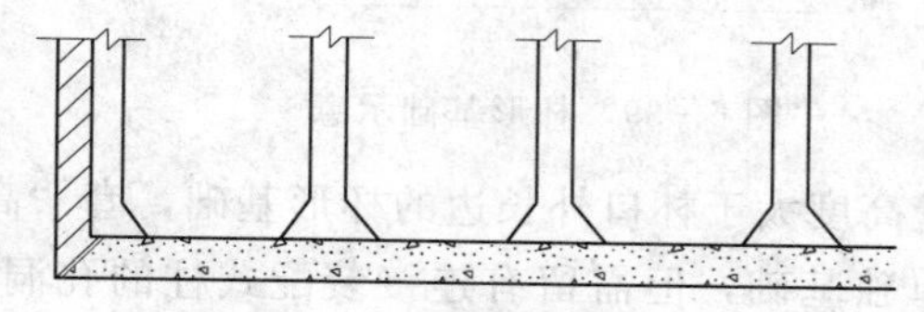
图6－35　无梁式满堂基础示意图

1）无梁式满堂基础又称为板式基础，有扩大或角锥形柱墩时，应并入无梁式满堂基础内计算，如图6－35所示。其工程量可用下式计算：

$$V = 底板长 \times 宽 \times 板厚 + \sum 柱墩体积$$

2）有梁式满堂基础又称为梁板式基础，相当于倒置的有梁板或井格形板，如图6－36所示。其工程量按板和梁体积之和计算，即

$$V = 底板长 \times 宽 \times 板厚 + \sum(梁断面积 \times 梁长)$$

3）箱式满堂基础是指由顶板、底板及纵横墙板连成整体的基础。通常定额未直接编列项目，工程量按图示几何形状，应分别按无梁式满堂基础、柱、墙、梁、板有关规定以m^3计算，套相应定额项目，如图6－37所示。

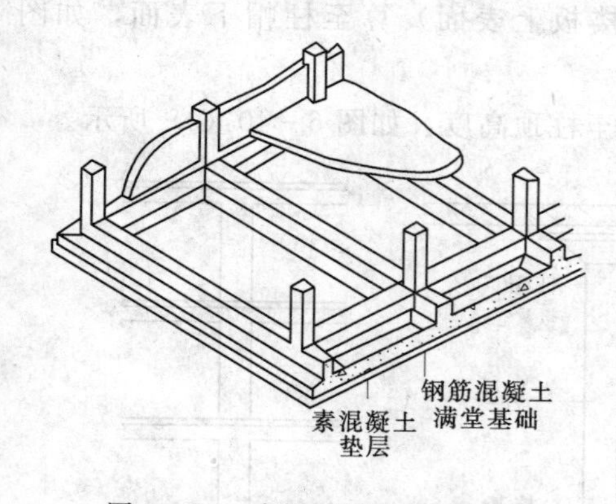

图6－36　有梁式满堂基础示意

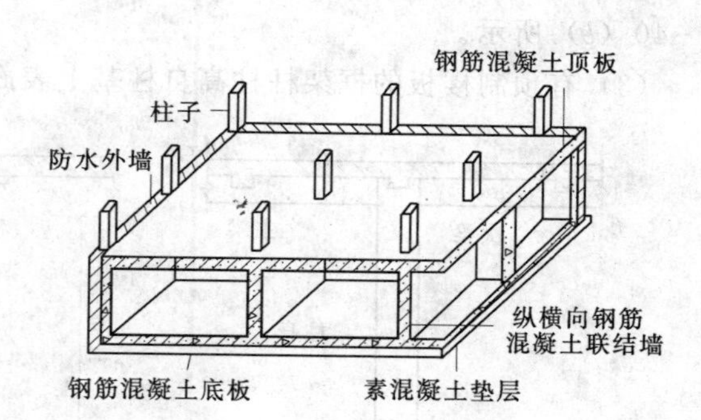

图6－37　箱式满堂基础示意

（3）设备基础除块体以外，其他类型设备基础分别按基础、梁、柱、板和墙等有关规定计算，套相应的项目。

（4）独立柱基、桩承台按图示尺寸实体体积以m^3算至基础扩大顶面。

桩承台是指在已打完的桩顶上将桩顶连成一体的钢筋混凝土承台，其工程量按承台图示尺寸以 m^3 计算，不扣除伸入承台基础的桩头所占体积。

钢筋混凝土柱下四棱锥台形基础（见图 6－38），其体积按下式计算：

$$锥台形基础体积 = abh + h_1/6[ab + (a + a_1)(b + b_1) + a_1 b_1]$$

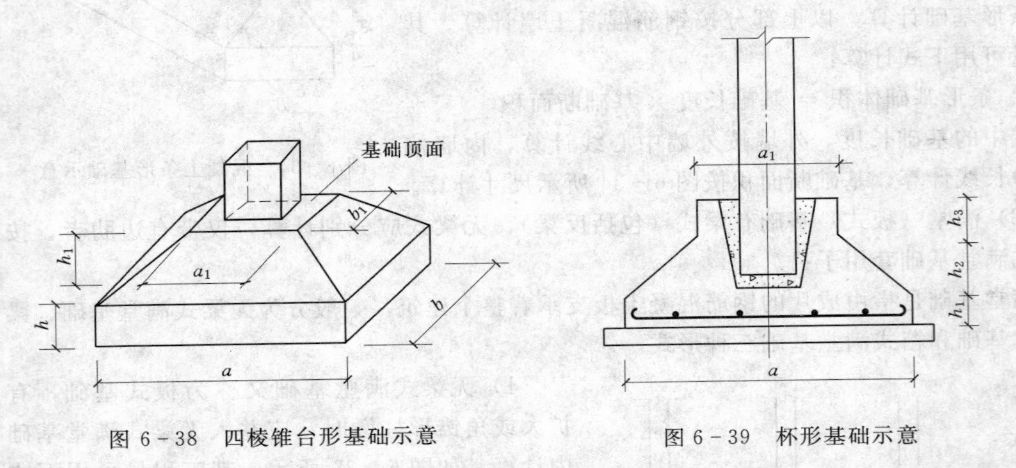

图 6－38 四棱锥台形基础示意　　图 6－39 杯形基础示意

（5）杯形基础套用独立柱基项目。杯口外壁高度大于杯口外长边的杯形基础，套“高颈杯形基础”项目。杯形基础的形式属于柱下单独基础，但需留有连接装配式柱的孔洞，计算工程量时应扣除孔洞体积，如图 6－39 所示。

3．柱

柱的工程量按图示断面尺寸乘以柱高以 m^3 计算，柱高按下列规定确定：

（1）有梁板的柱高，应自柱基上表面（或楼板上表面）算至上一层楼板下表面处，如图 6－40（a）所示。一根柱的部分断面与板相交，柱高应算至板顶面，但与板重叠部分应扣除。

（2）无梁楼板的柱高，应自柱基上表面（或楼板上表面）算至柱帽下表面，如图 6－40（b）所示。

（3）有预制楼板的框架柱柱高自柱基上表面算至柱顶高度，如图 6－40（c）所示。

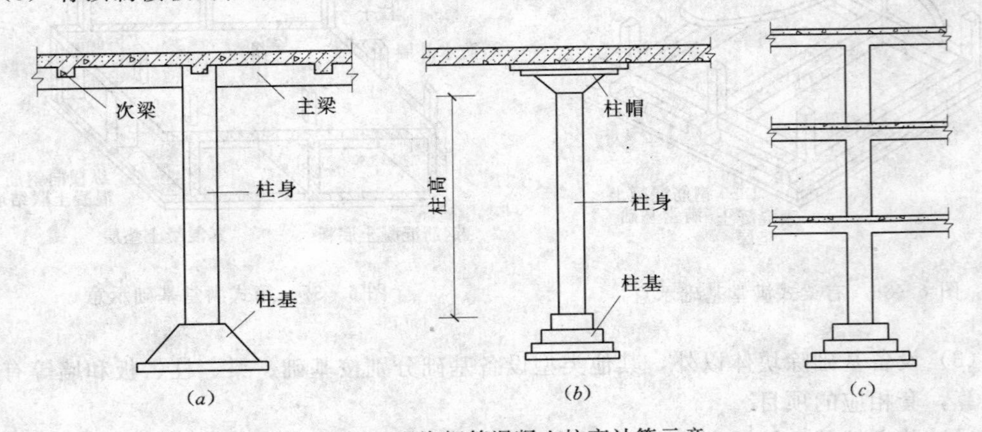

图 6－40 现浇钢筋混凝土柱高计算示意

(4) 构造柱按图示全高计算，应扣除与现浇板和梁相交部分的体积，与砖墙咬接部分（马牙槎）应合并在构造柱体积内。

构造柱与砖墙咬接部分（马牙槎）应合并在构造柱体积内。在砌墙时，一般每隔五皮砖（约 300mm）留一马牙槎缺口以便咬接，每缺口按 60mm 留槎，如图 6－41 所示。计算柱断面积时，槎口平均每边按 30mm 计算，如图中柱断面积为（0.24＋0.03×2）×0.24＝0.072（m^2）。现浇女儿墙柱，按构造柱定额计算。

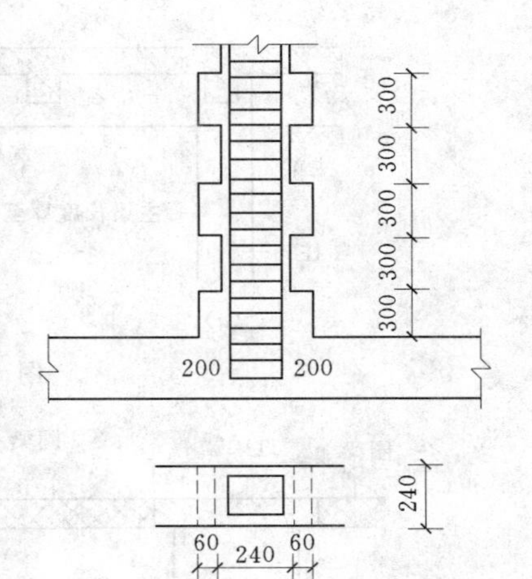

图 6－41　构造柱工程量计算示意

墙体内构造柱的构造形式一般有四种，即 L 形拐角、T 字形接头、十字形交叉及长墙中间“一字形”。

构造柱的马牙槎咬接的纵间距一般为 300mm，咬接高度 300mm，马牙宽 60mm。为便于工程量计算，马牙槎咬接宽度按全高的平均宽度 30mm（1/2×60mm）计算。

若构造柱断面两个方向的尺寸记为 a 及 b，则

$$F_g = ab + 0.03n_1a + 0.03n_2b = ab + 0.03 \times (n_1a + n_2b)$$

式中　F_g——构造柱计算断面积，m^2；

n_1、n_2——相应于 a、b 方向的咬接边数，其数值为 0、1、2。

四种形式构造柱的计算断面及体积如表 6－12 所示。

表 6－12　　构造柱工程量计算表

柱构造形式	咬接边数		柱断面（m^2）	计算断面积（m^2）	工程量（m^3）
	n_1	n_2			
一字形	0	2	0.24×0.24	0.072	0.072h
T 字形	1	2		0.0792	0.0792h
L 形	1	1		0.072	0.072h
十字形	2	2		0.0864	0.0864h

注　h 为柱高。

(5) 依附柱上的牛腿，并入相应柱身体积内计算。

4. 梁

梁工程量按图示断面尺寸乘以梁长以 m^3 计算，梁长按下列规定确定：

(1) 梁与柱连接时，梁长算至柱侧面，如图 6－42（a）所示。

(2) 主梁与次梁连接时，次梁长算至主梁侧面，伸入砖墙内的梁头和梁垫体积，并入梁体积内计算，如图 6－42（b）所示。

(3) 圈梁、过梁应分别计算，过梁长度按图示尺寸，图纸无明确表示时，按门窗洞口外围宽另加 500mm 计算。平板与砖墙上混凝土圈梁相交时，圈梁高应算至板底面，如图 6－43 所示。

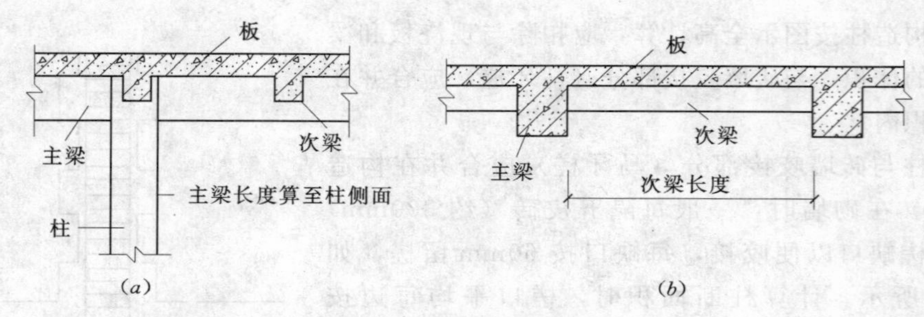

图 6-42　现浇梁长度计算示意

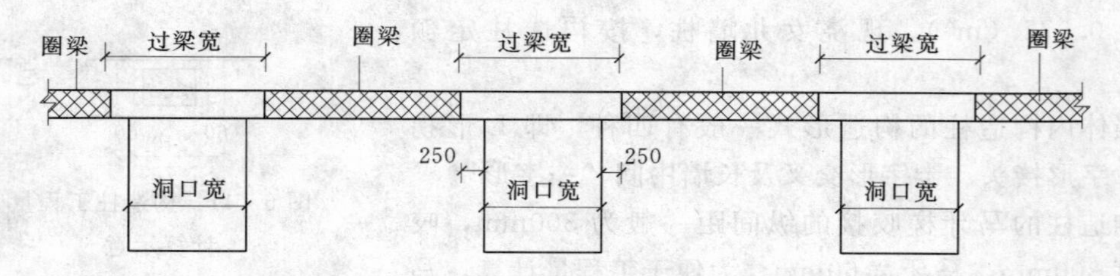

图 6-43　圈梁与过梁浇在一起时各自长度计算示意

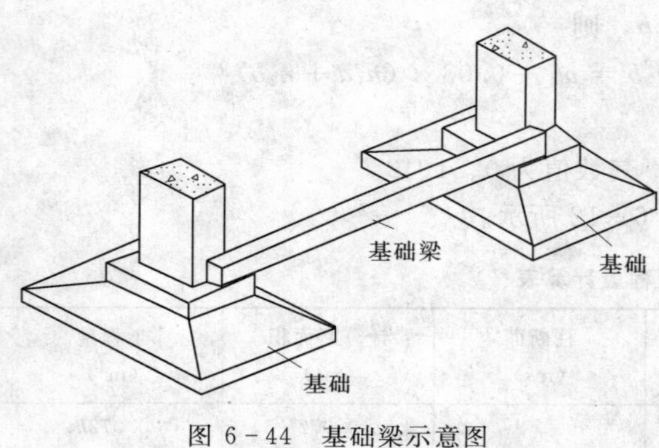

图 6-44　基础梁示意图

(4) 依附于梁（包括阳台梁和圈过梁）上的混凝土线条（包括弧形线条）按延长米另行计算（梁宽算至线条内侧）。

(5) 现浇挑梁按挑梁计算，其压入墙身部分按圈梁计算；挑梁与单梁、框架梁连接时，其挑梁应并入相应梁内计算。

(6) 花篮梁二次浇捣部分执行圈梁子目。

(7) 基础梁按图示长度计算，如图 6-44 所示。

5. 板

板工程量按图示面积乘以板厚以 m^3 计算（梁板交接处不得重复计算）。

(1) 有梁板按梁（包括主梁和次梁）与板体积之和计算，有后浇板带时，后浇板带（包括主梁和次梁）应扣除。

(2) 无梁板按板与柱帽之和计算。

(3) 平板按实体积计算。

(4) 现浇挑檐、天沟与板（包括屋面板和楼板）连接时，以外墙面为分界线，与圈梁（包括其他梁）连接时，以梁外边线为分界线。外墙边线以外或梁外边线以外为挑檐、天沟。

现浇天沟和挑檐板，按设计图示实体积计算，其计算式可表达为

$$V=(L_{外}+4w)w\delta$$

式中　$L_{外}$——外墙外边线周长；

w——挑檐板宽；

δ——挑檐板厚。

(5) 各类板伸入墙内的板头并入板体积内计算。

(6) 预制板缝宽度在 100mm 以上的现浇板缝按平板计算。

(7) 后浇墙、板带（包括主梁和次梁）按设计图纸以 m^3 计算。

6. 墙

外墙按图示中心线，内墙按净长乘以墙高、墙厚以 m^3 计算，应扣除门、窗洞口及 0.3m^2 外的孔洞体积。单面墙垛的突出部分并入墙体体积内计算，双面墙垛（包括墙）按柱计算。弧形墙按弧线长度乘以墙高、墙厚计算，地下室墙有后浇墙带时，后浇墙带应扣除。梯形断面墙按上口与下口的平均宽度计算。墙高按下列规定确定：

(1) 墙与梁平行重叠，墙高算至梁顶面；当设计梁宽超过墙宽时，梁、墙分别按相应项目计算。

(2) 墙与板相交，墙高算至板底面。

7. 整体楼梯

现浇整体楼梯按水平投影面积计算，定额中包括休息平台、平台梁、斜梁及楼梯梁，不扣除宽度小于 200mm 的楼梯井，伸入墙内部分不另增加，楼梯与楼板连接时，楼梯算至楼梯梁外侧面。圆弧形楼梯包括圆弧形梯段、圆弧形边梁及与楼板连接的平台，按楼梯的水平投影面积计算。

楼梯混凝土工程量可用下式表示：

$$S=(S_t-S_k)(n-1)$$

式中　S_t——水平投影面积；

S_k——宽度大于 200mm 的楼梯井面积；

n——建筑物层数。

注意：若楼梯上屋面，式中无“－1”。

8. 阳台、雨篷

阳台、雨篷工程量按伸出墙外的板底水平投影面积计算，伸出墙外的牛腿不另计算。水平、竖向悬挑板按 m^3 计算。阳台、沿廊栏杆的轴线柱、下嵌、扶手以扶手的长度按延长米计算。混凝土栏板、竖向挑板以 m^3 计算。

9. 预制钢筋混凝土框架的梁、柱现浇接头

预制钢筋混凝土框架的梁、柱现浇接头按设计断面以 m^3 计算，套用“柱接柱接头”子目。

10. 台阶

台阶按水平投影面积以 m^2 计算，平台与台阶的分界线以最上层台阶的外口减 300mm 宽度为准，台阶宽以外部分并入地面工程量计算。

(二) 现场、加工厂预制混凝土工程量

(1) 混凝土工程量均按图示尺寸实体积以 m^3 计算，扣除圆孔板内圆孔体积，不扣除构件内钢筋、铁件、后张法预应力钢筋灌浆孔及板内小于 0.3m^2 孔洞面积所占的体积。

(2) 预制桩按桩全长（包括桩尖）乘以设计桩断面积（不扣除桩尖虚体积）计算。

(3) 混凝土与钢杆件组合的构件，混凝土按构件实体积以 m^3 计算，钢拉杆另行计算。

(4) 漏空混凝土花格窗和花格芯按外围面积以 m^2 计算。

(5) 天窗架、端壁、桁条、支撑、楼梯、板类及厚度在 50mm 以内的薄型构件按设计图纸加定额规定的场外运输、安装损耗以 m^3 计算。

(三) 构筑物工程量

该部分主要介绍地沟及支架计算规则：

(1) 适用于室外的方形（封闭式）、槽形（开口式）和阶梯形（变截面式）的地沟。底、壁、顶应分别按 m^3 计算。

(2) 沟壁与底的分界，以底板上表面为界。沟壁与顶的分界以顶板下表面为界。上薄下厚的壁按平均厚度计算；阶梯形的壁按加权平均厚度计算；八字角部分的数量并入沟壁工程量内。

(3) 地沟预制顶板，按预制结构分部相应子目计算。

(4) 支架均以实体积计算（包括支架各组成部分），框架型或 A 字形支架应将柱、梁的体积合并计算；支架带操作平台者，其支架与操作台的体积亦合并计算。

(5) 支架基础应按现浇构件结构分部的相应子目计算。

六、金属结构工程

(1) 金属结构制作按图示钢材尺寸以 t 计算，不扣除孔眼、切肢、切角和切边的重量，电焊条重量已包括在定额内，不另计算。在计算不规则或多边形钢板重量时均以矩形面积计算。

(2) 实腹柱、钢梁、吊车梁、H 型钢、T 型钢构件按图示尺寸计算，其中钢梁、吊车梁腹板及翼板宽度按图示尺寸每边增加 8mm 计算。

(3) 钢柱制作工程量包括依附于柱上的牛腿及悬臂梁重量；制动梁的制作工程量包括制动梁、制动桁架和制动板重量；墙架的制作工程量包括墙架柱、墙架梁及连接柱杆重量。

(4) 天窗挡风架、柱侧挡风板和挡雨板支架制作工程量均按挡风架定额执行。

(5) 栏杆是指平台、阳台、走廊和楼梯的单独栏杆。

(6) 钢平台、走道应包括楼梯、平台和栏杆合并计算，钢梯子应包括踏步和栏杆合并计算。

(7) 钢漏斗制作工程量，矩形按图示分片，圆形按图示展开尺寸，并依钢板宽度分段计算，每段均以其上口长度（圆形以分段展开上口长度）与钢板宽度，按矩形计算，依附漏斗的型钢并入漏斗重量内计算。

(8) 晒衣架和钢盖板项目中已包括安装费在内，但未包括场外运输。

(9) 钢屋架单榀重量在 0.5t 以下者，按轻型屋架定额计算。

(10) 轻钢檩条、拉杆以设计型号和规格按 t 计算（重量＝设计长度×理论重量）。

(11) 预埋铁件按设计的形体面积和长度乘以理论重量计算。

七、构件运输及安装工程

(1) 构件运输及安装工程量计算方法与构件制作工程量计算方法相同（即运输及安装工程量＝制作工程量）。但表 6－15 内构件由于在运输、安装过程中易发生损耗（损耗率见表 6－13），工程量按下列公式计算：

制作、场外运输工程量＝设计工程量×1.018

安装工程量＝设计工程量×1.01

表 6-13　　预制钢筋混凝土构件场内外运输及安装损耗率

名　　称	场外运输	场内运输	安　装
天窗架、端壁、桁条、支撑、踏步板、板类及厚度在 50mm 内的薄型构件	0.8%	0.5%	0.5%

(2) 加气混凝土板（块）、硅酸盐块运输每立方米折合钢筋混凝土构件体积 0.4m^3 按Ⅱ类构件运输计算。

(3) 木门窗运输按门窗洞口的面积（包括框和扇在内）以 100m^2 计算，带纱扇另增洞口面积的 40%计算。

(4) 预制构件安装后接头灌缝工程量均按预制钢筋混凝土构件实体积计算，柱与柱基的接头灌缝按单根柱的体积计算。

(5) 组合屋架安装，以混凝土实际体积计算，钢拉杆部分不另计算。

八、木结构工程

(一) 门制作及安装工程量

门制作及安装工程量按门洞口面积计算。无框厂库房大门和特种门按设计门扇外围面积计算。

(二) 木屋架的制作及安装工程量

木屋架的制作及安装工程量按以下规定计算：

(1) 木屋架无论采用圆木还是方木，其制作安装均按设计断面以 m^3 计算，分别套相应子目，其后配长度及配制损耗已包括在子目内，不另外计算（游沿木、风撑、剪刀撑、水平撑、夹板和垫木等木料并入相应屋架体积内）。

(2) 圆木屋架刨光时，圆木按直径增加 5mm 计算，附属于屋架的夹板和垫木等已并入相应的屋架制作项目中，不另计算；与屋架连接的挑檐木和支撑等工程量并入屋架体积内计算。

(3) 圆木屋架连接的挑檐木和支撑等为方木时，方木部分按矩形檩木计算。

(4) 气楼屋架、马尾、折角和正交部分的半屋架应并入相连接的正榀屋架体积内计算（见图 6-45）。马尾是指四坡水屋顶建筑物的两端屋面的端头坡面部位；折角是指构成 L 形的坡屋顶建筑横向和竖向相交的部位；正交部分是指构成丁字形的坡屋顶建筑横向和竖向相交的部位。

(三) 檩木工程量

檩木工程量按 m^3 计算，简支檩木长度按设计图示的中距增加 200mm 计算，如两端出山，檩条长度算至搏风板。连续檩条的长度按设计长度计算，接头长度按全部连续檩木的总体积的 5%计算。檩条托木已包括在子目内，不另计算。

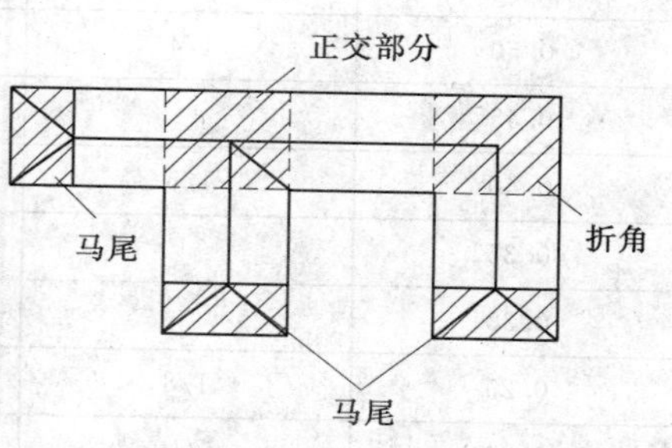

图 6-45　马尾、折角和正交部分屋面示意

搏风板又称为拨风板、顺风板，是山墙的封檐板，它是悬山或歇山屋顶两山沿屋顶斜坡钉在挑出山墙的檩（桁）条端部的板。搏风板两端的刀形头

称为大刀头或勾头板。封檐板是坡屋顶侧墙檐口排水部位的一种构造做法，它是在椽子顶头装钉断面约为 20mm×200mm 的木板。

（四）屋面木基层工程量

屋面木基层工程量按屋面斜面积计算，不扣除附墙烟囱、风道、风帽底座和屋顶小气窗所占面积，小气窗出檐与木基层重叠部分亦不增加，气楼屋面的屋檐突出部分的面积并入计算。

（五）木楼梯工程量

木楼梯（包括休息平台和靠墙踢脚板）工程量按水平投影面积计算，不扣除宽度小于 200mm 的楼梯井，伸入墙内部分的面积亦不另计算。

（六）木柱、木梁工程量

木柱、木梁制作安装均按设计断面竣工木料以 m^3 计算，其后备长度及配置损耗已包括在子目内。

九、屋、平、立面防水及保温隔热工程

（一）瓦屋面工程量

瓦屋面工程量按图示尺寸的水平投影面积乘以屋面坡度系数以 m^2 计算（瓦出线已包括在内），屋面坡度系数计算表如表 6-14 所示。不扣除房上烟囱、风帽底座、风道、屋面小气窗和斜沟等所占面积，屋面小气窗的出檐部分也不增加。

表 6-14 屋面坡度系数

坡度 B ($A=1$)	坡度 $B/2A$	坡度角度 α	延尺系数 C ($A=1$)	隅延尺系数 D ($A=1$)
1	1/2	45°	1.4142	1.7321
0.75		36°52′	1.2500	1.6008
0.70		35°	1.2207	1.5779
0.666	1/3	35°40′	1.2015	1.5620
0.65		33°01′	1.1926	1.5564
0.60		30°58′	1.1662	1.5362
0.577	$1/\sqrt{3}$	30°	1.1547	1.5270
0.55		28°49′	1.1413	1.5170
0.50	1/4	26°34′	1.1180	1.5000
0.45		24°14′	1.0966	1.4839
0.40	1/5	21°48′	1.0770	1.4697
0.35		19°17′	1.0594	1.4569
0.30		16°42′	1.0440	1.4457
0.25	1/8	14°02′	1.0308	1.4362
0.20	1/10	11°19′	1.0198	1.4283
0.15		8°32′	1.0112	1.4221

续表

坡　度 B (A＝1)	坡　度 B/2A	坡度角度 α	延尺系数 C (A＝1)	隅延尺系数 D (A＝1)
0.125	1/16	7°8′	1.0078	1.4191
0.100	1/20	5°42′	1.0050	1.4177
0.083	1/24	4°45′	1.0035	1.4166
0.066	1/30	3°49′	1.0022	1.4157

注　1. 两坡排水屋面面积为屋面水平投影面积乘以延尺系数 C。
2. 四坡排水屋面斜脊长度＝AD（当 $S = A$ 时）。
3. 沿山墙泛水长度＝AC。
4. 延尺系数 C 是指屋面斜长度（或斜面积）与水平宽度（或水平面积）的比。隅延尺系数又称为屋脊系数，用 D 表示，是指斜脊长度与水平宽度的比例系数。

（二）瓦屋面的屋脊、蝴蝶瓦的檐口花边、滴水工程量

瓦屋面的屋脊、蝴蝶瓦的檐口花边、滴水工程量应另列项目按延长米计算，瓦穿铁丝、钉铁钉和水泥砂浆粉挂瓦条按每 $10m^2$ 斜面积计算。

（三）彩钢夹芯板和彩钢复合板屋面工程量

彩钢夹芯板和彩钢复合板屋面工程量按实铺面积以 m^2 计算，支架、槽铝和角铝等均包含在定额内。

（四）彩板屋脊、天沟、泛水、包角和山头工程量

彩板屋脊、天沟、泛水、包角和山头工程量按设计长度以延长米计算，堵头已包含在定额内。

（五）卷材屋面工程量

(1) 卷材屋面按图示尺寸的水平投影面积乘以规定的坡度系数以 m^2 计算，但不扣除房上烟囱、风帽底座和风道所占面积。女儿墙、伸缩缝和天窗等处的弯起高度按图示尺寸计算并入屋面工程量内；图纸无规定时，伸缩缝和女儿墙的弯起高度按 250mm 计算，天窗弯起高度按 500mm 计算并入屋面工程量内；檐沟和天沟按展开面积并入屋面工程量内。

(2) 油毡屋面均不包括附加层在内，附加层按设计尺寸和层数另行计算；其他卷材屋面已包括附加层在内，不另行计算；收头和接缝材料已列入定额内。

屋面卷材防水项目适用于利用胶结材料粘贴卷材进行防水的屋面。屋面防水卷材常分为三大类：

1）沥青基卷材防水屋面，主要品种有纸胎石油沥青油毡和玻璃布胎油毡等。

2）高聚物改性沥青防水卷材屋面，其品种有 SBS 改性沥青防水卷材、塑性体改性防水卷材（简称为 APP）和改性沥青聚乙烯胎防水卷材（简称为 PEE）等。

3）合成高分子防水卷材屋面，目前使用的主要品种有：三元乙丙防水卷材、纤维增强氯化聚乙烯防水卷材、聚氯乙烯防水卷材、氯化聚乙烯防水卷材、氯化聚乙烯-橡胶共混防水卷材和聚乙烯丙纶复合防水卷材等。

（六）刚性屋面、涂膜屋面工程量

刚性屋面、涂膜屋面工程量计算同卷材屋面。

屋面刚性防水有三种情况：一是使用细石混凝土防水，是用细石混凝土作为防水材料，在屋面形成一个密闭的壳体，达到防水的目的；二是使用块体材料防水，通过底层防水砂浆、块体和面层砂浆共同工作发挥作用从而达到防水的目的；三是使用补偿收缩防水混凝土防水，补偿收缩防水混凝土是在细石混凝土中加入外加剂使之产生微膨胀，在使用配筋的情况下，能够补偿混凝土的收缩，并使混凝土密实，而达到防水的目的。

屋面刚性防水项目适用于细石混凝土、补偿收缩混凝土、块体混凝土、预应力混凝土和钢纤维混凝土刚性防水屋面。

屋面涂膜防水项目适用于厚质涂料、薄质涂料和有加增强材料或无加增强材料的涂膜防水屋面。

(1) 厚质涂料，又称为沥青基防水涂料，常用涂料品种有沥青涂料、石灰乳化沥青和水性石棉沥青等。

(2) 薄质涂料或高聚物改性沥青防水涂料，主要涂料品种有溶剂型氯丁胶乳改性沥青防水涂料、SBS（APP）改性沥青防水涂料（如高强 APP—841 冷胶涂料、塑料油膏等）。

(3) 合成高分子涂膜屋面，主要涂料品种有聚氨酯防水涂料、氯丁胶乳防水涂料和丙烯酸酯类防水涂料等。

(4) 屋面防水使用的胎体增强材料有聚酯无纺布、化纤无纺布和玻璃纤维网布（玻纤网布）等。

(七) 平、立面防水工程量

平、立面防水工程量按以下规定计算：

(1) 涂刷油类防水按设计涂刷面积计算。

(2) 防水砂浆防水按设计抹灰面积计算，扣除凸出地面的构筑物、设备基础及室内铁道所占的面积。不扣除附墙垛、柱、间壁墙、附墙烟囱及 0.3m^2 以内孔洞所占面积。

(3) 粘贴卷材、布类：

1) 平面：建筑物地面、地下室防水层按主墙（承重墙）间净面积以 m^2 计算，扣除凸出地面的构筑物、柱和设备基础等所占面积，不扣除附墙垛、间壁墙、附墙烟囱及 0.3m^2 以内孔洞所占面积。与墙间连接处高度在 500mm 以内者，按展开面积计算并入平面工程量内，超过 500mm 时，按立面防水层计算。

2) 立面：墙身防水层按图示尺寸扣除立面孔洞所占面积（0.3m^2 以内孔洞不扣）以 m^2 计算；构筑物防水层按实铺面积计算，不扣除 0.3m^2 以内孔洞面积。

(八) 伸缩缝、盖缝、止水带工程量

伸缩缝、盖缝、止水带工程量按延长米计算，外墙伸缩缝在墙内外双面填缝者，工程量应按双面计算。

(九) 屋面排水工程量

(1) 铁皮排水项目：落水管按檐口滴水处算至设计室外地坪的高度以延长米计算，檐口处伸长部分（即马腿弯伸长）、勒脚和泄水口的弯起均不增加，但水落管遇到外墙腰线（需弯起的）按每条腰线增加长度 25cm 计算。檐沟和天沟均以图示延长米计算。白铁斜沟和泛水长度可按水平长度乘以延长系数或隅延长系数计算。水斗以个计算。

(2) 玻璃钢、PVC、铸铁水落管和檐沟均按图示尺寸以延长米计算。水斗、女儿墙弯头和铸铁落水口（带罩）均按只计算。

（3）阳台 PVC 管通水落管按只计算。每只阳台出水口至水落管中心线斜长按 1m 计（内含两只 135°弯头和 1 只异径三通）。

（十）保温隔热工程量

（1）保温隔热层按隔热材料净厚度（不包括胶结材料厚度）乘以实铺面积按 m^3 计算。

（2）地墙隔热层，按围护结构墙体内净面积计算，不扣除 0.3m^2 以内孔洞所占的面积。

（3）软木、聚苯乙烯泡沫板铺贴平顶以图示体积（长×宽×厚）以 m^3 计算。

（4）屋面架空隔热板和天棚保温层（沥青贴软木除外），按图示尺寸实铺面积计算。

（5）墙体隔热：外墙按隔热层中心线，内墙按隔热层净长乘以图示尺寸的高度（图纸无注明高度时，则下部由地坪隔热层起算，带阁楼时算至阁楼板顶面止；无阁楼时则算至檐口）及厚度以 m^3 计算，应扣除冷藏门洞口和管道穿墙洞口所占的体积。

（十一）防腐耐酸工程量

（1）防腐工程项目应区分不同防腐材料种类及厚度，按设计实铺面积以 m^2 计算，应扣除凸出地面的构筑物和设备基础所占的面积。砖垛等突出墙面部分，按展开面积计算并入墙面防腐工程量内。

（2）踢脚板按实铺长度乘高度以 m^2 计算，应扣除门洞所占面积并相应增加侧壁展开面积。

（3）平面砌筑双层耐酸块料时，按单层面积乘以系数 2.0 计算。

（4）防腐卷材接缝附加层收头等工料，已计入定额中，不另行计算。

（5）烟囱内表面涂抹隔绝层，按筒身内壁的面积计算，并扣除孔洞面积。

（十二）厂区道路及排水工程量

（1）整理路床、路肩和道路垫层、面层均按设计规定以 m^2 计算。路牙（沿）以延长米计算。

（2）钢筋混凝土井（池）底、壁、顶和砖砌井（池）壁不分厚度以实体积计算，池壁与排水管连接的壁上孔洞其排水管径在 300mm 以内时，所占的壁体积不予扣除；超过 300mm 时，应予扣除。所有井（池）壁孔洞上部砖已包括在定额内，不另行计算。井（池）底和壁抹灰合并计算。

（3）路面伸缩缝锯缝和嵌缝均按延长米计算。

（4）混凝土、PVC 排水管按不同管径分别按延长米计算，长度按两井间净长度计算。

（十三）楼地面工程量

楼地面是指构成的基层（楼板、夯实土基）、垫层（承受地面荷载并均匀传递给基层的构造层）、填充层（在建筑楼地面上起隔声、保温、找坡或敷设暗管和暗线等作用的构造层）、隔离层（起防水和防潮作用的构造层）、找平层（在垫层、楼板上或填充层上起找平、找坡或加强作用的构造层）、结合层（面层与下层结合的中间层）、面层（直接承受各种荷载作用的表面层）等。

1. 地面垫层

地面垫层按室内主墙间净面积乘以设计厚度以 m^3 计算，应扣除凸出地面的构筑物、设备基础、室内铁道和地沟等所占体积，不扣除柱、垛、间壁墙、附墙烟囱及面积在

0.3m² 以内孔洞所占体积，但门洞、空圈、暖气包槽和壁龛的开口部分亦不增加。

2. 整体面层、找平层

整体面层、找平层均按主墙间净空面积以 m² 计算，应扣除凸出地面建筑物、设备基础和地沟等所占面积，不扣除柱、垛、间壁墙、附墙烟囱及面积在 0.3m² 以内的孔洞所占面积，但门洞、空圈、暖气包槽和壁龛的开口部分亦不增加。看台台阶和阶梯教室地面整体面层按展开后的净面积计算。

3. 地板及块料面层

地板及块料面层按图示尺寸实铺面积以 m² 计算，应扣除凸出地面的构筑物、设备基础、柱和间壁墙等不做面层的部分，0.3m² 以内的孔洞面积不扣除。门洞、空圈、暖气包槽和壁龛的开口部分的工程量另增并入相应的面层内计算。

4. 楼梯整体面层

楼梯整体面层按楼梯的水平投影面积以 m² 计算，包括踏步、踢脚板、中间休息平台、踢脚线、梯板侧面及堵头。楼梯井宽在 200mm 以内者不扣除，超过 200mm 者，应扣除其面积，楼梯间与走廊连接的，应算至楼梯梁的外侧。

5. 楼梯块料面层

楼梯块料面层按展开实铺面积以 m² 计算，踏步板、踢脚板、休息平台、踢脚线和堵头的工程量应合并计算。

6. 台阶整体面层和块料面层

台阶（包括踏步及最上一步踏步口外延 300mm）整体面层按水平投影面积以 m² 计算；块料面层按展开（包括两侧）实铺面积以 m² 计算。

7. 水泥砂浆、水磨石踢脚线

水泥砂浆、水磨石踢脚线按延长米计算。其洞口和门口长度不予扣除，但洞口、门口、垛和附墙烟囱等侧壁也不增加；块料面层踢脚线，按图示尺寸以实贴延长米计算，门洞扣除，侧壁另加。

8. 多色简单、复杂图案镶贴花岗岩和大理石

多色简单、复杂图案镶贴花岗岩和大理石按镶贴图案的矩形面积计算。成品拼花石材铺贴按设计图案的面积计算。计算简单、复杂图案之外的面积，扣除简单、复杂图案面积时，也按矩形面积扣除。

9. 楼地面铺设木地板、地毯

楼地面铺设木地板、地毯以实铺面积计算。楼梯地毯压棍安装以套计算。

10. 地面、石材面嵌金属和楼梯防滑条

地面、石材面嵌金属和楼梯防滑条均按延长米计算。

(十四) 墙柱面工程量

墙柱面一般抹灰包括：石灰砂浆、水泥混合砂浆、水泥砂浆、聚合物水泥砂浆、膨胀珍珠岩水泥砂浆和麻刀灰、纸筋石灰、石膏灰等；装饰抹灰包括：水刷石、水磨石、斩假石（剁斧石）、干粘石、假面砖、拉条灰、拉毛灰、甩毛灰、扒拉石、喷毛灰、喷涂、喷砂、滚涂和弹涂等。

1. 内墙面抹灰

(1) 内墙面抹灰面积应扣除门窗洞口和空圈所占的面积，不扣除踢脚线、挂镜线、0.3m^2 以内的孔洞和墙与构件交接处的面积（指墙与梁的交接处所占面积，不包括墙与楼板的交接）；但其洞口侧壁和顶面抹灰亦不增加。垛的侧面抹灰面积应并入内墙面工程量内计算。

内墙面抹灰长度，以主墙间的图示净长计算，不扣除间壁所占的面积。无论有无踢脚线，其高度均自室内地坪面或楼面至天棚底面。

(2) 石灰砂浆和混合砂浆粉刷中已包括水泥护角线，不另行计算。

(3) 柱和单梁的抹灰按结构展开面积计算，柱与梁或梁与梁接头的面积不予扣除。砖墙中平墙面的混凝土柱和梁等的抹灰（包括侧壁）应并入墙面抹灰工程量内计算。凸出墙面的混凝土柱和梁面（包括侧壁）抹灰工程量应单独计算，按相应子目执行。

(4) 厕所和浴室隔断抹灰工程量，按单面垂直投影面积乘以系数 2.3 计算。

2. 外墙抹灰

(1) 外墙面抹灰面积按外墙面的垂直投影面积计算，应扣除门窗洞口和空圈所占的面积，不扣除 0.3m^2 以内的孔洞面积；但门窗洞口、空圈的侧壁、顶面及垛等抹灰，应按结构展开面积并入墙面抹灰中计算。外墙面不同品种砂浆抹灰，应分别计算按相应子目执行。

(2) 外墙窗间墙与窗下墙均抹灰，以展开面积计算。

(3) 挑檐、天沟、腰线、扶手、单独门窗套、窗台线和压顶等，均以结构尺寸展开面积计算。窗台线与腰线连接时，并入腰线内计算。

(4) 单独圈梁抹灰（包括门和窗洞口顶部）、附着在混凝土梁上的混凝土装饰线条抹灰均以展开面积以 m^2 计算。

(5) 阳台、雨篷抹灰按水平投影面积计算。定额中已包括顶面、底面、侧面及牛腿的全部抹灰面积。阳台栏杆、栏板和垂直遮阳板抹灰另列项目计算。栏板以单面垂直投影面积乘以系数 2.1 计算。

(6) 水平遮阳板顶面、侧面抹灰按其水平投影面积乘以系数 1.5，板底面积并入天棚抹灰内计算。

(7) 勾缝按墙面垂直投影面积计算，应扣除墙裙、腰线和挑檐的抹灰面积，不扣除门、窗套、零星抹灰和门、窗洞口等面积，但垛的侧面、门窗洞侧壁和顶面的面积亦不增加。

3. 镶贴块料面层及花岗岩（大理石）板挂贴

挂贴方式是对大规格的石材（大理石、花岗岩和青石等）使用先挂后灌浆的方式固定于墙、柱面。干挂方式是指直接干挂法，是通过不锈钢膨胀螺栓、不锈钢挂件、不锈钢连接件和不锈钢钢针等，将外墙饰面板连接在外墙墙面；间接干挂法，是通过固定在墙、柱和梁上的龙骨，再通过各种挂件固定外墙饰面板。

(1) 内外墙面、柱梁面、零星项目镶贴块料面层均按块料面层的建筑尺寸（各块料面层＋粘贴砂浆厚度＝25mm）面积计算。门窗洞口面积扣除，侧壁、附垛贴面应并入墙面工程量中。内墙面腰线花砖按延长米计算。

(2) 窗台、腰线、门窗套、天沟、挑檐、盥洗槽和池脚等块料面层镶贴，均以建筑尺寸的展开面积（包括砂浆及块料面层厚度）按零星项目计算。

(3) 花岗岩、大理石板砂浆粘贴、挂贴均按面层的建筑尺寸（包括干挂空间、砂浆和板厚度）展开面积计算。

4. 内墙、柱木装饰及柱包不锈钢镜面

(1) 内墙、内墙裙、柱（梁）面木装饰龙骨、衬板、面层及粘贴切片板按净面积计算，并扣除门、窗洞口及 0.3m² 以上的孔洞所占的面积，附墙垛及门、窗侧壁并入墙面工程量内计算。单独门、窗套按相应章节的相应子目计算。柱、梁按展开宽度乘以净长计算。

(2) 不锈钢镜面、各种装饰板面的计算：方柱、圆柱和方柱包圆柱的面层，按周长乘以地面（楼面）至天棚底面的图示高度计算，若地面天棚面有柱帽、底脚，则高度应从柱脚上表面至柱帽下表面计算。柱帽和柱脚按面层的展开面积以 m² 计算，套柱帽、柱脚子目。

(3) 玻璃幕墙以框外围面积计算。幕墙与建筑顶端、两端的封边按图示尺寸以 m² 计算，自然层的水平隔离与建筑物的连接按延长米计算（连接层包括上、下镀锌钢板在内）。幕墙上下设计有窗者，计算幕墙面积时，窗面积不扣除，但每 10m² 窗面积另增加幕墙框料 25kg、人工 5 工日（幕墙上铝合金窗不再另外计算）。石材圆柱面按石材面外围周长乘以柱高（应扣除柱墩、帽高度）以 m² 计算。石材柱墩、柱帽按结构柱直径加 100mm 后的周长乘以其高度以 m² 计算。圆柱腰线按石材面周长计算。

（十五）天棚工程量

(1) 本定额天棚饰面的面积按净面积计算，不扣除间壁墙、检修孔、附墙烟囱、柱垛和管道所占面积，但应扣除独立柱、0.3m² 以上的灯饰面积（石膏板、夹板天棚面层的灯饰面积不扣除）与天棚相连接的窗帘盒面积。

(2) 天棚中假梁、折线和叠线等圆弧形、拱形和特殊艺术形式的天棚饰面，均按展开面积计算。

(3) 天棚龙骨的面积按主墙间的水平投影面积计算。天棚龙骨的吊筋按每 10m² 龙骨面积套相应子目计算。

(4) 圆弧形、拱形的天棚龙骨应按其弧形或拱形部分的水平投影面积计算套用复杂型子目。

(5) 铝合金扣板雨篷均按水平投影面积计算。

(6) 天棚面抹灰：

1) 天棚面抹灰按主墙间天棚水平面积计算，不扣除间壁墙、垛、柱、附墙烟囱、检查洞、通风洞和管道等所占的面积。

2) 密肋梁、井字梁和带梁天棚抹灰面积，按展开面积计算，并入天棚抹灰工程量内。斜天棚抹灰按斜面积计算。

3) 天棚抹面如抹小圆角者，人工已包括在定额中，材料、机械按附注增加。如带装饰线者，其线分别按三道线以内或五道线以内以延长米计算（线角的道数以突出的阳角的数量确定，每一个突出的阳角为一道线）。

4) 楼梯底面、水平遮阳板底面和沿口天棚，并入相应的天棚抹灰工程量内计算。混凝土楼梯、螺旋楼梯的底板为斜板时，按其水平投影面积（包括休息平台）乘以系数 1.18 计算；底板为锯齿形时（包括预制踏步板），按其水平投影面积乘以系数 1.5 计算。

（十六）门窗工程量

（1）购入成品的各种铝合金门窗安装，按门窗洞口面积以 m^2 计算，购入成品的木门扇安装，按购入门扇的净面积计算。

（2）现场铝合金门窗扇制作、安装按门窗洞口面积以 m^2 计算。

（3）各种卷帘门按洞口高度加 600mm 乘以卷帘门实际宽度的面积计算，卷帘门上有小门时，其卷帘门工程量应扣除小门面积。卷帘门上的小门按扇计算，卷帘门上电动提升装置以套计算，手动装置的材料、安装人工已包括在定额内，不另增加。

（4）无框玻璃门按其洞口面积计算。无框玻璃门中，部分为固定门扇、部分为开启门扇时，工程量应分开计算。无框门上带亮子时，其亮子与固定门扇合并计算。

（5）门窗框上包不锈钢板均按不锈钢板的展开面积以 m^2 计算，木门扇上包金属面或软包面均以门扇净面积计算。无框玻璃门上亮子与门扇之间的钢骨架横撑（外包不锈钢板），按横撑包不锈钢板的展开面积计算。

（6）门窗扇包镀锌铁皮，按门窗洞口面积以 m^2 计算；门窗框包镀锌铁皮、钉橡皮条和钉毛毡，按图示门窗洞口尺寸以延长米计算。

（7）木门窗框、扇制作及安装工程量按以下规定计算：

1）各类木门窗（包括纱门和纱窗）制作及安装工程量均按门窗洞口面积以 m^2 计算。

2）连门窗的工程量应分别计算，套用相应门、窗定额，窗的宽度算至门框外侧。

3）普通窗上部带有半圆窗的工程量应按普通窗和半圆窗分别计算，其分界线以普通窗和半圆窗之间的横框上边线为分界线。

4）无框窗扇按扇的外围面积计算。

（十七）油漆、涂料、裱糊工程量

（1）天棚、墙、柱、梁面的喷（刷）涂料和抹灰面乳胶漆，工程量按实喷（刷）面积计算，但不扣除 0.3m^2 以内的孔洞面积。

（2）木材面油漆：各种木材面的油漆工程量按构件的工程量乘以相应系数计算。

（3）抹灰面、构件面油漆、涂料、刷浆：抹灰面的油漆、涂料、刷浆工程量＝抹灰的工程量。

（4）刷防火漆计算规则如下：

1）隔壁、护壁木龙骨按其面层正立面投影面积计算。

2）柱木龙骨按其面层外围面积计算。

3）天棚龙骨按其水平投影面积计算。

4）木地板中木龙骨及木龙骨带毛地板按地板面积计算。

5）隔壁、护壁、柱、天棚面层及木地板刷防火漆，执行其他木材面刷防火漆相应子目。

（十八）其他零星工程量

（1）平面型招牌基层按正立面投影面积计算，箱体式钢结构招牌基层按外围体积计算。灯箱的面层按展开面积以 m^2 计算。

（2）沿雨篷、檐口或阳台走向的立式招牌基层，按平面招牌复杂型执行时，应按展开面积计算。

（3）招牌字按每个字面积在 0.2m^2 内、0.5m^2 内和 0.5m^2 外三个子目划分，招牌字安装无论安装在何种墙面或其他部位均按字的个数计算。

(4) 单线木压条、木花式线条、木曲线条、金属装饰条及多线木装饰条和石材线等安装均按延长米计算。

(5) 石材线磨边加工及石材板缝嵌云石胶按延长米计算。

(6) 门窗套、筒子板按面层展开面积计算。窗台板以 m^2 计算。如图纸未注明窗台板长度，可按窗框外围两边共加 100mm 计算；窗口凸出墙面的宽度，按抹灰面另加 30mm 计算。

(7) 门窗贴脸按门窗洞口尺寸外围长度以延长米计算，双面钉贴脸者工程量乘以 2；挂镜线按设计长度以延长米计，暖气罩、玻璃黑板按外框投影面积计算。

(8) 窗帘盒及窗帘轨按延长米计算，如设计图纸未注明尺寸可按洞口尺寸加 30cm 计算。

(9) 窗帘装饰布：

1) 窗帘布、窗纱布和垂直窗帘的工程量按展开面积计算。

2) 窗水波幔帘按延长米计算。

(10) 石膏浮雕灯盘、角花按个数计算，检修孔、灯孔和开洞按个数计算，灯带按延长米计算，灯槽按中心线延长米计算。

(11) 防潮层按实铺面积计算。成品保护层按相应子目工程量计算，台阶、楼梯按水平投影面积计算。

(12) 卫生间配件：

1) 大理石洗漱台板工程量以 m^2 计算。

2) 浴帘杆、浴缸拉手及毛巾架以每副计算。

3) 镜面玻璃带框，按框的外围面积计算，不带框的镜面玻璃按玻璃面积计算。

(13) 隔断的计算：

1) 半玻璃隔断是指上部为玻璃隔断，下部为其他墙体，其工程量按半玻璃设计边框外边线以 m^2 计算。

2) 全玻璃隔断是指其高度自下横档底算至上横档顶面，宽度按两边立框外边以 m^2 计算。

3) 玻璃砖隔断：按玻璃砖格式框外围面积计算。

4) 花式隔断和网眼木格隔断（木葡萄架）均以框外围面积计算。

5) 浴厕木隔断，其高度自下横档底算至上横档顶面以 m^2 计算。门扇面积并入隔断面积内计算。

6) 塑钢隔断按框外围面积计算。

(14) 货架、柜橱类均以正立面的高（包括脚的高度在内）乘宽以 m^2 计算。收银台以个计算，其他以延长米计算。

(十九) 建筑物超高增加费用

(1) 建筑物超高费以超过 20m 部分的建筑面积（m^2）计算。

(2) 单独装饰工程超高部分人工降效以超过 20m 部分的人工费分段计算。

(二十) 脚手架工程量

1. 脚手架工程量计算一般规则

(1) 凡砌筑高度超过 1.5m 的砌体均需计算脚手架。

(2) 砌墙脚手架均按墙面（单面）垂直投影面积以 m^2 计算。

（3）计算脚手架时，不扣除门、窗洞口、空圈、车辆通道和变形缝等所占面积。

（4）同一建筑物高度不同时，按建筑物的竖向不同高度分别计算。

2. 砌筑脚手架工程量计算规则

（1）外墙脚手架面积以外墙外边线长度乘以外墙高度计算。

平屋面的外墙高度指室外设计地坪至檐口（或女儿墙上表面）高度；坡屋面的外墙高度指至屋面板下（或椽子顶面）墙中心高度。

如外墙有挑阳台，则每只阳台计算一个侧面宽度，计入外墙面长度内，两户阳台连在一起的也只算一个侧面，以 m^2 计算。

（2）内墙脚手架面积以内墙净长乘以内墙净高计算。

内墙净高，有山尖者算至山尖 1/2 处的高度；有地下室时，自地下室室内地坪至墙顶面高度。

（3）砌体高度在 3.60m 以内者，套用里脚手架；高度超过 3.60m 者，套用外脚手架。山墙自设计室外地坪至山尖 1/2 处高度超过 3.60m 时，该整个外山墙按相应外脚手架计算，内山墙按单排外架子计算。

（4）独立砖（石）柱脚手架柱高在 3.60m 以内者，面积以柱的结构外围周长乘以柱高计算，执行砌墙脚手架里架子；柱高超过 3.60m 者，面积以柱的结构外围周长加上 3.60m 后乘以柱高，执行砌墙脚手架外架子（单排）。

（5）砌石墙到顶的脚手架工程量按砌墙相应脚手架乘以系数 1.50 计算。

（6）外墙脚手架包括一面抹灰脚手架在内，另一面墙可计算抹灰脚手架。

（7）砖基础自设计室外地坪至垫层（或混凝土基础）上表面的深度超过 1.50m 时，按相应砌墙脚手架执行。

3. 现浇钢筋混凝土脚手架工程量计算规则

（1）钢筋混凝土基础自设计室外地坪至垫层上表面的深度超过 1.50m，同时条形基础底宽超过 3.0m，独立基础或满堂基础及大型设备基础的底面积超过 $16m^2$ 的混凝土浇捣脚手架应按槽、坑土方规定放工作面后的底面积计算，按满堂脚手架相应定额乘以系数 0.3 计算脚手架费用。

（2）现浇钢筋混凝土独立柱、单梁和墙高度超过 3.60m 应计算浇捣脚手架。

柱脚手架面积＝（柱的结构外围周长＋3.60m）× 柱高

梁脚手架面积＝梁的净长×地面（或楼面）至梁顶面的高度

墙脚手架面积＝墙的净长×墙高

（3）层高超过 3.60m 的钢筋混凝土框架柱、墙（楼板、屋面板为现浇板）所增加的混凝土浇捣脚手架费用，以每 $10m^2$ 框架轴线水平投影面积，按满堂脚手架相应子目乘以系数 0.3 执行；层高超过 3.60m 的钢筋混凝土框架柱、梁、墙（楼板和屋面板为预制空心板）所增加的混凝土浇捣脚手架费用，以每 $10m^2$ 框架轴线水平投影面积，按满堂脚手架相应子目乘以系数 0.4 执行。

4. 抹灰脚手架工程量计算规则

（1）钢筋混凝土单梁、柱、墙，按以下规定计算脚手架：

1）单梁：梁净长×地坪（或楼面）至梁顶面高度。

2）柱：（柱的结构外围周长＋3.60m）×柱高。

3）墙：面积＝墙净长×地坪（或楼面）至板底高度。

（2）墙面抹灰以墙净长乘以净高计算。

（3）如有满堂脚手架可以利用，不再计算墙、柱、梁面抹灰脚手架。

（4）天棚抹灰高度在3.60m以内，按天棚抹灰面（不扣除柱、梁所占的面积）以m^2计算。

5. 满堂脚手架工程量计算规则

天棚抹灰高度超过3.60m，按室内净面积计算满堂脚手架，不扣除柱、垛、附墙烟囱所占面积。

（1）基本层：高度在8m以内计算基本层。

（2）增加层：高度超过8m，每增加2m，计算一层增加层，其计算公式为

$$增加层数=\frac{室内净高(m)-8m}{2m}$$

余数在0.6m以内，不计算增加层；余数超过0.6m，按增加一层计算。

（3）满堂脚手架高度以室内地坪面（或楼面）至天棚面或屋面板的底面为准（斜的天棚或屋面板按平均高度计算）。室内挑台栏板外侧共享空间的装饰如无满堂脚手架利用，按地面（或楼面）至顶层栏板顶面高度乘栏板长度以m^2计算，套相应抹灰脚手架定额。

6. 其他脚手架工程量计算规则

（1）高压线防护架按搭设长度以延长米计算。

（2）金属过道防护棚按搭设水平投影面积以m^2计算。

（3）斜道、烟囱、水塔和电梯井脚手架区别不同高度以座计算。滑升模板施工的烟囱、水塔，其脚手架费用已包括在滑模计价表内，不另计算脚手架。烟囱内壁抹灰是否搭设脚手架，按施工组织设计规定办理，其费用按相应满堂脚手架执行，人工增加20%，其余不变。

（4）高度超过3.60m的贮水（油）池，其混凝土浇捣脚手架按外壁周长乘池的壁高以m^2计算，按池壁混凝土浇捣脚手架项目执行，抹灰者按抹灰脚手架另计。

7. 建筑物檐高超过20m脚手架材料增加费

建筑物檐高超过20m，即可计算脚手架材料增加费，建筑物檐高超过20m，脚手架材料增加费以建筑物超过20m部分建筑面积计算。

（二十一）模板工程量

1. 现浇混凝土及钢筋混凝土模板工程量计算规则

（1）现浇混凝土及钢筋混凝土模板工程量除另有规定者外，均按混凝土与模板的接触面积以m^2计算。若使用含模量计算模板接触面积者，其工程量按构件体积乘以相应项目含模量计算。

（2）钢筋混凝土墙、板上单孔面积在$0.3m^2$以内的孔洞，不予扣除，洞侧壁模板不另增加，但突出墙面的侧壁模板应相应增加。单孔面积在$0.3m^2$以外的孔洞，应予扣除，洞侧壁模板面积并入墙、板模板工程量之内计算。

（3）现浇钢筋混凝土框架分别按柱、梁、墙、板有关规定计算，墙上单面附墙柱并入墙内工程量计算，双面附墙柱按柱计算，但后浇墙、板带的工程量不扣除。

(4) 设备螺栓套孔或设备螺栓分别按不同深度以“个”计算；二次灌浆，按实灌体积以 m^3 计算。

(5) 预制混凝土板间或边补现浇板缝，缝宽在 100mm 以上者，模板按平板定额计算。

(6) 构造柱外露均应按图示外露部分计算面积（锯齿形，则按锯齿形最宽面计算模板宽度）；构造柱与墙接触面不计算模板面积。

(7) 现浇混凝土雨篷、阳台和水平挑板，按图示挑出墙面以外板底尺寸的水平投影面积计算（附在阳台梁上的混凝土线条不计算水平投影面积）。挑出墙外的牛腿及板边模板已包括在内。复式雨篷挑口内侧净高超过 250mm 时，其超过部分按挑檐定额计算（超过部分的含模量按天沟含模量计算）。竖向挑板按 100mm 内墙定额执行。

(8) 整体直形楼梯包括楼梯段、中间休息平台、平台梁、斜梁及楼梯与楼板连接的梁，按水平投影面积计算，不扣除小于 200mm 的梯井，伸入墙内部分不另增加。

(9) 圆弧形楼梯按楼梯的水平投影面积以 m^2 计算（包括圆弧形梯段、休息平台、平台梁、斜梁及楼梯与楼板连接的梁）。

(10) 楼板后浇带以延长米计算（整板基础的后浇带不包括在内）。

(11) 劲性混凝土柱模板，按现浇柱定额执行。

(12) 砖侧模分别不同厚度，按实砌面积以 m^2 计算。

2. 现场预制钢筋混凝土构件模板工程量计算规则

(1) 现场预制构件模板工程量，除另有规定者外，均按模板接触面积以 m^2 计算。使用含模量计算模板面积者，其工程量按构件体积乘以相应项目的含模量计算。砖地模费用已包括在定额含量中，不再另行计算。

(2) 漏空花格窗、花格芯按外围面积计算。

(3) 预制桩不扣除桩尖虚体积。

(二十二) 施工排水、降水、深基坑支护

(1) 人工土方施工排水不分土壤类别、挖土深度，按挖湿土工程量以 m^3 计算。

(2) 人工挖淤泥和流砂施工排水按挖淤泥、流砂工程量以 m^3 计算。

(3) 基坑、地下室排水按土方基坑的底面积以 m^2 计算。

(4) 强夯法加固地基坑内排水，按强夯法加固地基工程量以 m^2 计算。

(5) 井点降水 50 根为一套，累计根数不足一套者按一套计算，井点使用定额单位为套天，一天按 24h 计算。井管的安装、拆除以“根”计算。

(6) 基坑钢管支撑以坑内的钢立柱、支撑、围檩、活络接头、法兰盘和预埋铁件的合并重量按 t 计算。

(7) 打、拔钢板桩按设计钢板桩重量以 t 计算。

(二十三) 建筑工程垂直运输

(1) 建筑物垂直运输机械台班用量，区分不同结构类型和檐口高度（层数）按国家工期定额以日历天计算。

(2) 单独装饰工程垂直运输机械台班，区分不同施工机械和垂直运输高度、层数按定额工日分别计算。

(3) 烟囱、水塔和筒仓垂直运输机械台班，以“座”计算。超过定额规定高度时，按每增高1m定额项目计算。高度不足1m，按1m计算。

（4）施工塔吊、电梯基础、塔吊及电梯与建筑物连接件，按施工塔吊及电梯的不同型号以“台”计算。

第四节　建筑与装饰工程施工图预算编制实例

一、工程概况与设计说明

（一）工程名称

工程名称为“××小学办公楼”。

（二）建设地点与现场施工条件

（1）建设地点：××市××路××号。

（2）现场施工条件：“三通一平”已完成，建设场地交通运输较为方便，施工中建筑材料与构配件均可经城市道路直接运进工地。

（三）设计单位

设计单位为××市建筑设计院。

（四）建筑面积与檐高、层数

建筑面积为300.00m²，檐口高度为7.20m，共二层。

（五）工程结构设计说明

（1）结构形式：框架＋砖混结构。

（2）基础类别：钢筋混凝土独立基础＋钢筋混凝土条形基础。

（3）墙体类别：标准砖内、外墙。

（4）楼、屋盖类别：现浇钢筋混凝土楼板及屋面板。

本工程各部分钢筋混凝土强度等级及用料如表6-15所示。

表6-15　钢筋混凝土强度等级及用料表

结构部位	混凝土强度等级	钢筋	碎石粒径(mm)	结构部位	混凝土强度等级	钢筋	碎石粒径(mm)
垫层	C10		5～40	楼面	C20	Ⅰ	5～20
基础	C20	Ⅰ	5～40	屋面	C20	Ⅰ	5～20
柱	C25	Ⅰ、Ⅱ	5～31.5	构造柱	C20	Ⅰ	5～20
楼梯	C20	Ⅰ	5～20	圈梁、过梁	C20	Ⅰ	5～20
单梁	C20	Ⅰ、Ⅱ	5～31.5	雨篷等	C20	Ⅰ	5～20

（六）工程建筑设计说明

本工程室内外高差0.45m，墙体厚度除注明外，均为240厚。

（1）墙基防潮：20厚1∶2水泥砂浆掺5%避水浆。做法详见J 01—2005（1/1）。

（2）地面做法：花岗岩石材地面——门厅及接待室，做法为素土夯实，80厚C10混凝土垫层，刷素水泥浆一道，30厚干硬性水泥砂浆结合层，20厚800×800花岗岩面层；地砖地面——卫生间，做法为素土夯实，80厚C10混凝土垫层，C20细石混凝土找0.5%坡（最薄处20mm厚），15厚1∶2水泥砂浆找平，1.5厚聚氨酯防水涂料，25厚1∶3水泥砂浆结合层，300×300×10 地砖面层；地砖地面——其他，做法为素土夯实，100 厚 C10 混凝土垫层，刷素水泥浆一道，20 厚 1∶3 水泥砂浆、5 厚 1∶2 水泥砂浆结合层，10 厚 400×400 地砖面层。

（3）台阶做法：素土夯实，80 厚 1∶1 砂石垫层，100 厚 C15 混凝土垫层，素水泥浆一道，30 厚 1∶3 水泥砂浆结合层，20 厚花岗岩面层，梯侧抹 1∶2 水泥砂浆。

（4）散水做法：素土夯实，道渣垫层厚 40～80，C15 现浇混凝土，1∶2 水泥砂浆面层厚 20。

（5）楼面做法：地砖楼面——办公室、走道及楼梯，做法为刷素水泥浆一道，20 厚 1∶3水泥砂浆、5 厚 1∶2 水泥砂浆结合层，10 厚 400×400 地砖面层；地砖楼面（1.5 厚聚氨酯防水涂料二涂）——卫生间，做法为 C20 细石混凝土找 0.5%坡（最薄处 20mm 厚），15 厚 1∶2 水泥砂浆找平，25 厚 1∶3 水泥砂浆结合层，300×300×10 地砖面层。

（6）踢脚、台度做法：花岗岩石材踢脚——门厅及接待室，做法详见 J 01—2005（5/4）；地砖踢脚、台度——卫生间，做法详见 J 01—2005（7/4），台度高 1500mm；地砖踢脚——其他，做法详见 J 01—2005（7/4）。踢脚高度均为 150mm。

（7）楼梯、栏杆及扶手做法：楼梯——钢筋混凝土基层刷素水泥浆一道，20 厚 1∶3 水泥砂浆、5 厚 1∶2 水泥砂浆结合层，300×300 同质砖面层；栏杆及扶手——金属扶手带栏杆，ϕ25 不锈钢扶手、ϕ70 不锈钢栏杆，楼梯间横向安全栏杆高 1.05m。

（8）内墙面做法：详见 J 01—2005（9/5），白色乳胶漆。

（9）外墙面做法：详见 J 01—2005（4/6），刷苯丙乳胶漆，颜色见立面图标注；女儿墙内侧面做法详见 J 01—2005（5/6）；女儿墙压顶做法为 12 厚 1∶3 水泥砂浆打底，8 厚 1∶2.5 水泥砂浆粉面。

（10）雨篷做法：12 厚 1∶3 水泥砂浆打底，6 厚 1∶2.5 水泥砂浆粉面，上部、四周刷苯丙乳胶漆；底部乳胶漆两遍。

（11）屋面做法：刚性防水屋面（有保温层），做法详见 J 01—2005（12/7）。保温材料为 25 厚聚苯乙烯泡沫板。

（12）平顶做法：纸面石膏板吊顶——门厅及接待室，做法为装配式 U 型（不上人型）轻钢龙骨，石膏板面层规格 600×600；白色乳胶漆顶棚——其他，做法详见 J 01—2005（6/8）。

（13）油漆做法：胶合板门，榉木板面层刷聚氨酯三遍。

（14）门窗明细表如表 6-16 所示。

表 6-16　门窗明细表

门窗名称	洞口尺寸宽×高（mm×mm）	门窗名称	洞口尺寸宽×高（mm×mm）
C1 固定玻璃窗	3520×2300	C6 六扇推拉铝合金窗	3520×1500
C2 双扇推拉铝合金窗	1800×1500	M1 铝合金地弹门，有上亮四扇	3000×2700
C3 单扇平开铝合金窗	600×1500	M2 胶合板门，无腰单扇平开	1000×2100
C4 六扇推拉铝合金窗	3360×1500	M3 平开无亮塑钢门	800×2100
C5 双扇推拉铝合金窗	1500×1500	M4 平开钢防盗门	1000×2100

工程施工图纸详见图 6-46～图 6-54。

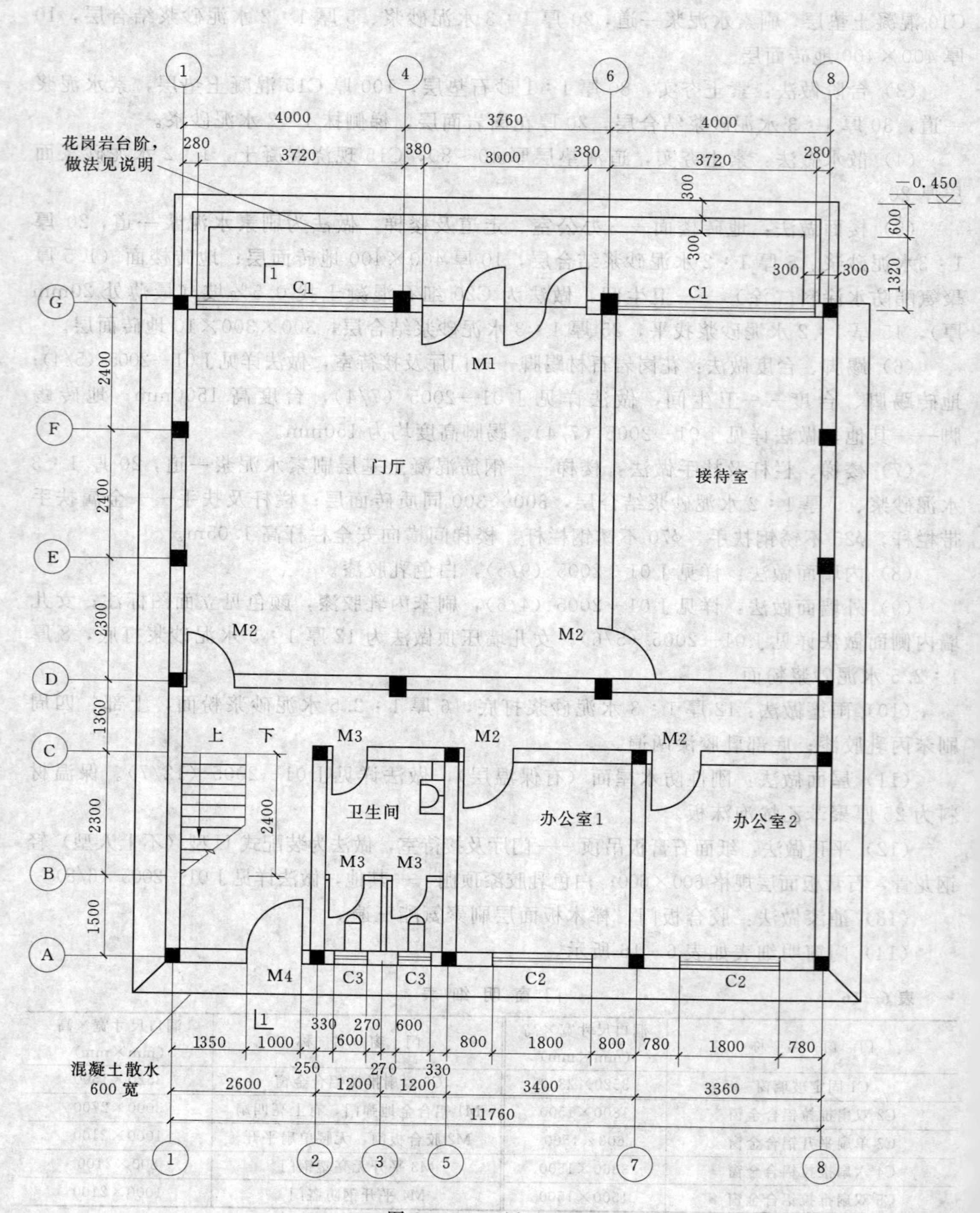
花岗岩台阶，
做法见说明
混凝土散水
600宽
门厅
接待室
卫生间
办公室1
办公室2
上
下
C1
C2
C3
M1
M2
M3
M4
−0.450
4000
3760
4000
280
3720
380
3000
380
3720
280
300
600
1320
2400
2400
2300
1360
2300
1500
1350
1000
330
270
600
600
250
270
330
800
1800
800
780
1800
780
2600
1200
1200
3400
3360
11760
1
2
3
4
5
6
7
8
A
B
C
D
E
F
G

图 6-46　一层平面图

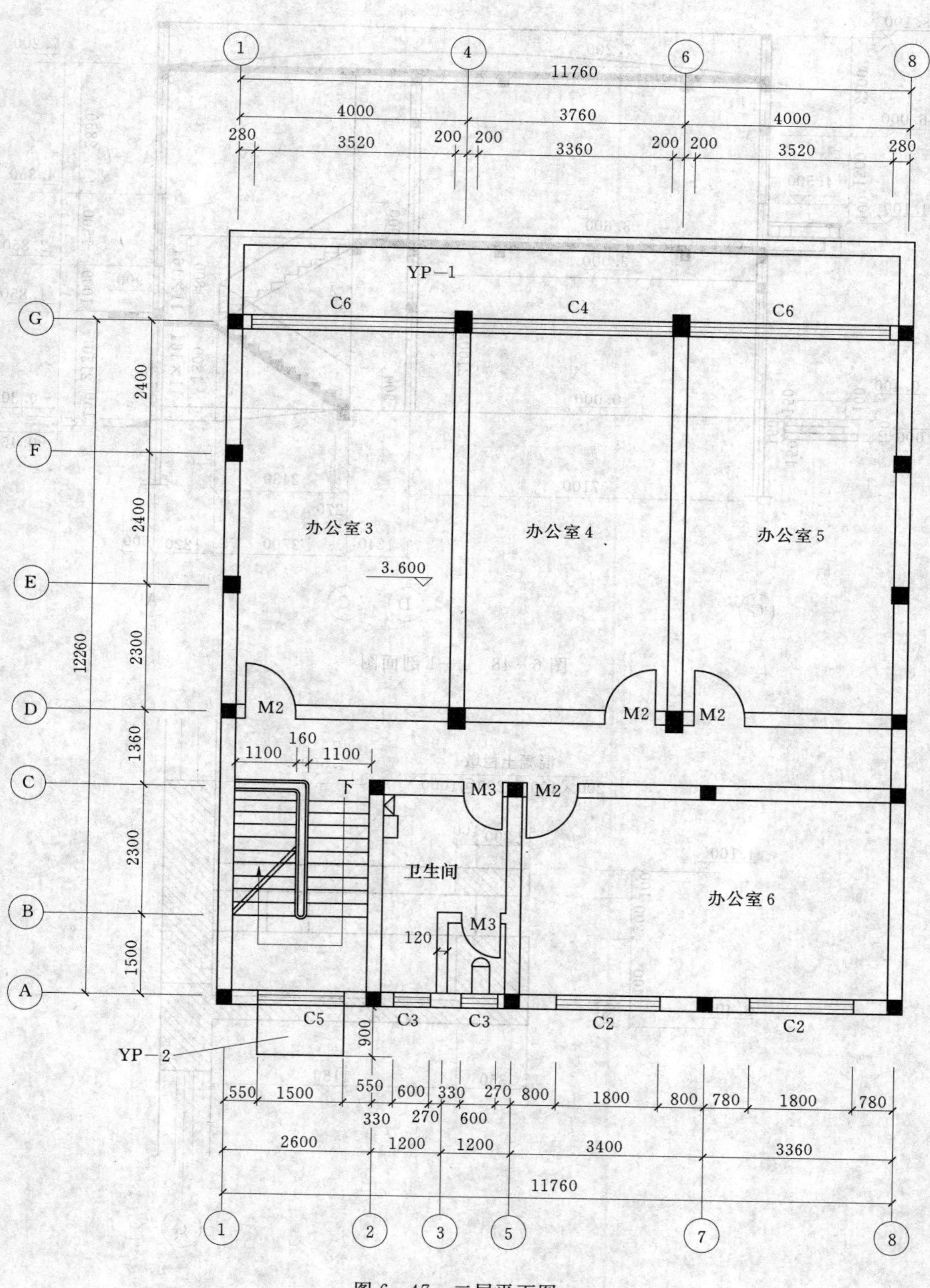
YP—1
C6
C4
C6
办公室 3
办公室 4
办公室 5
3.600
M2
M2
M2
M3
M2
下
卫生间
办公室 6
M3
C5
C3
C3
C2
C2
YP—2
11760
4000
3760
4000
280
3520
200
200
3360
200
200
3520
280
2400
2400
2300
1360
2300
1500
12260
1100
160
1100
120
900
550
1500
550
600
330
270
800
1800
800
780
1800
780
330
270
600
2600
1200
1200
3400
3360
11760

图 6-47　二层平面图

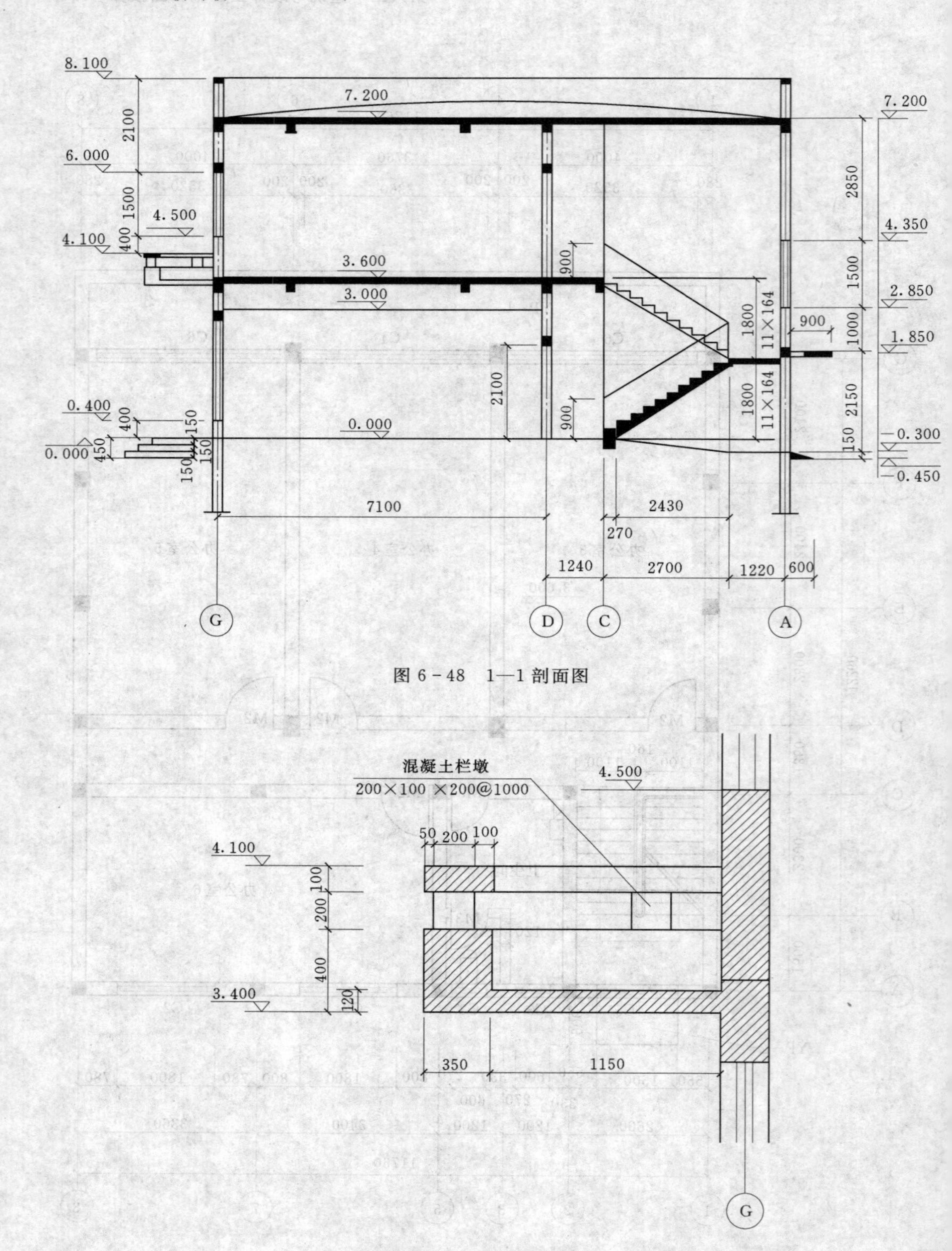

图 6-48 1—1 剖面图

图 6-49 雨篷大样图

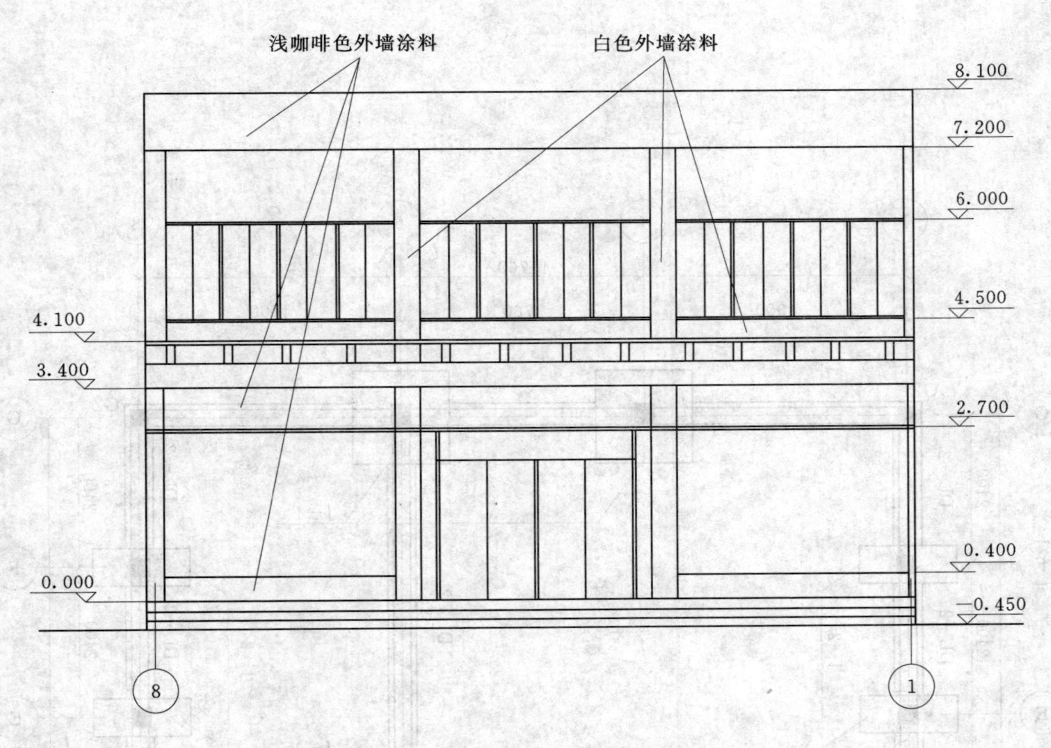

图 6-50 ⑧～①轴立面图

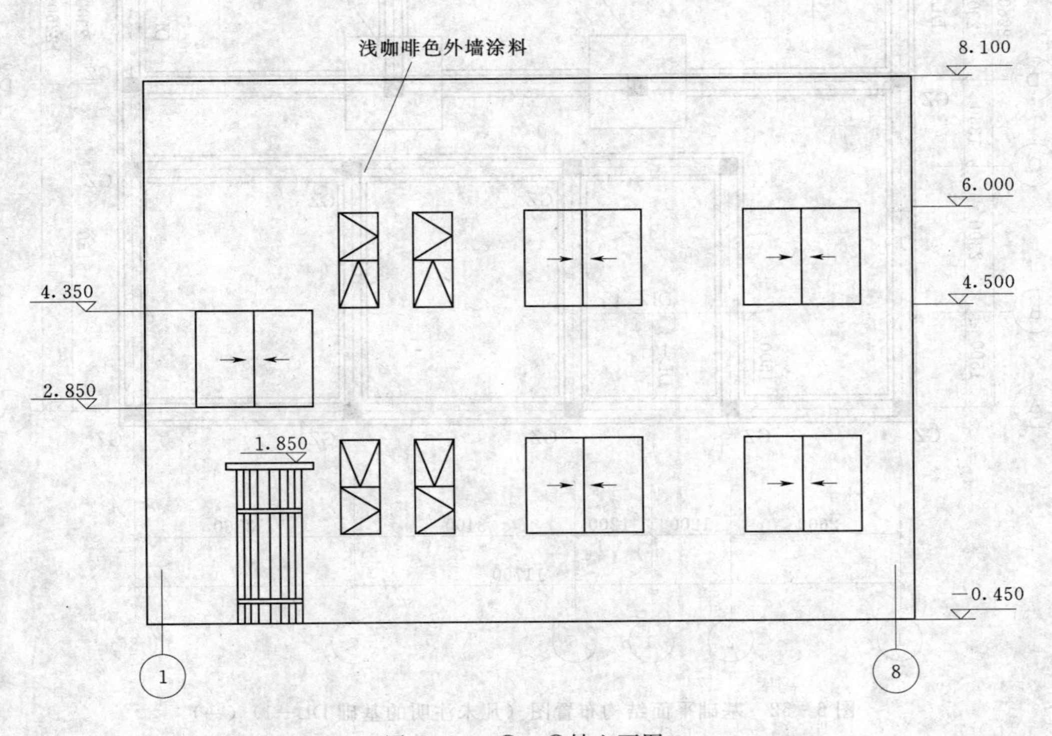

图 6-51 ①～⑧轴立面图

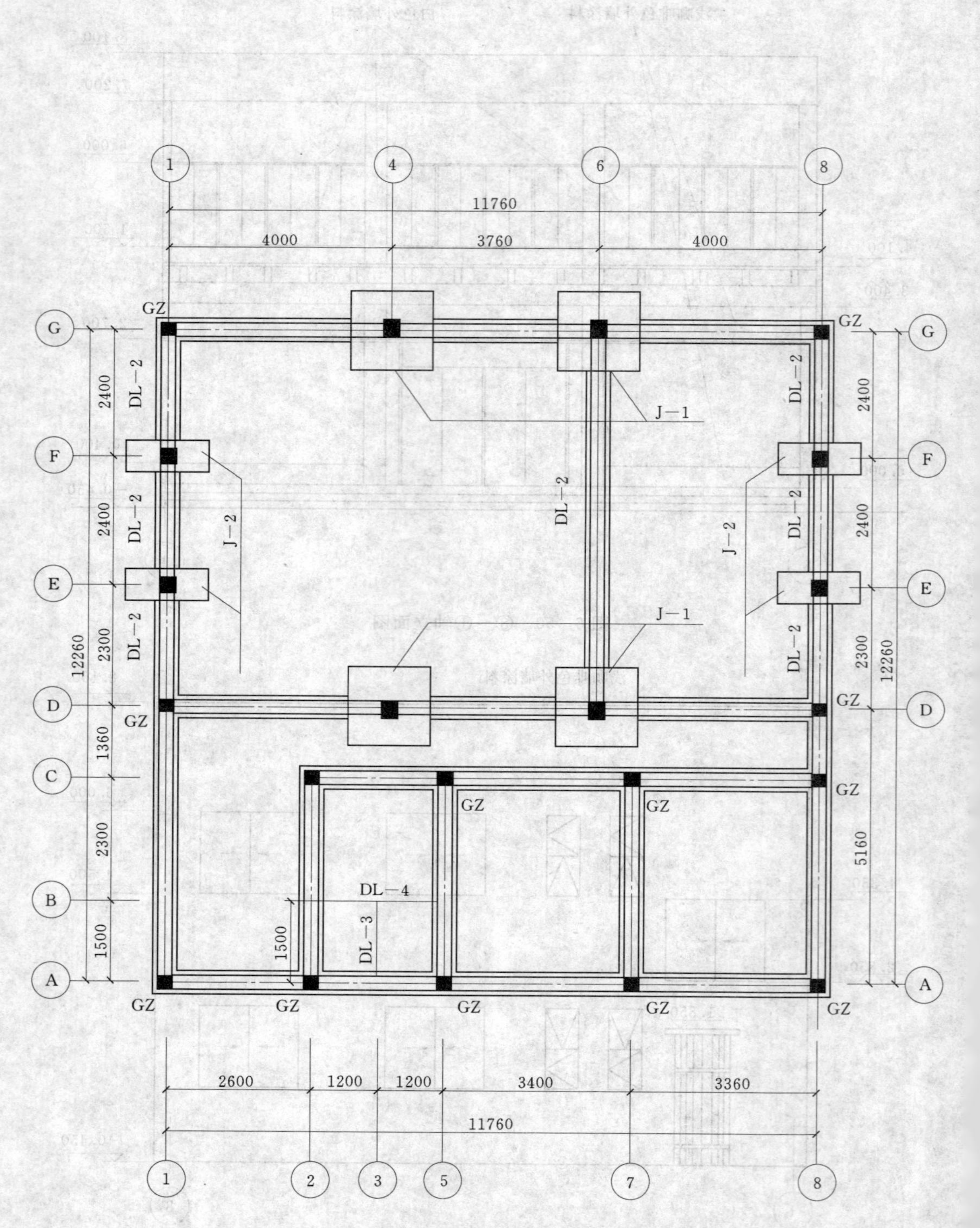

图 6－52　基础平面结构布置图（凡未注明的基础 DL—1）（一）

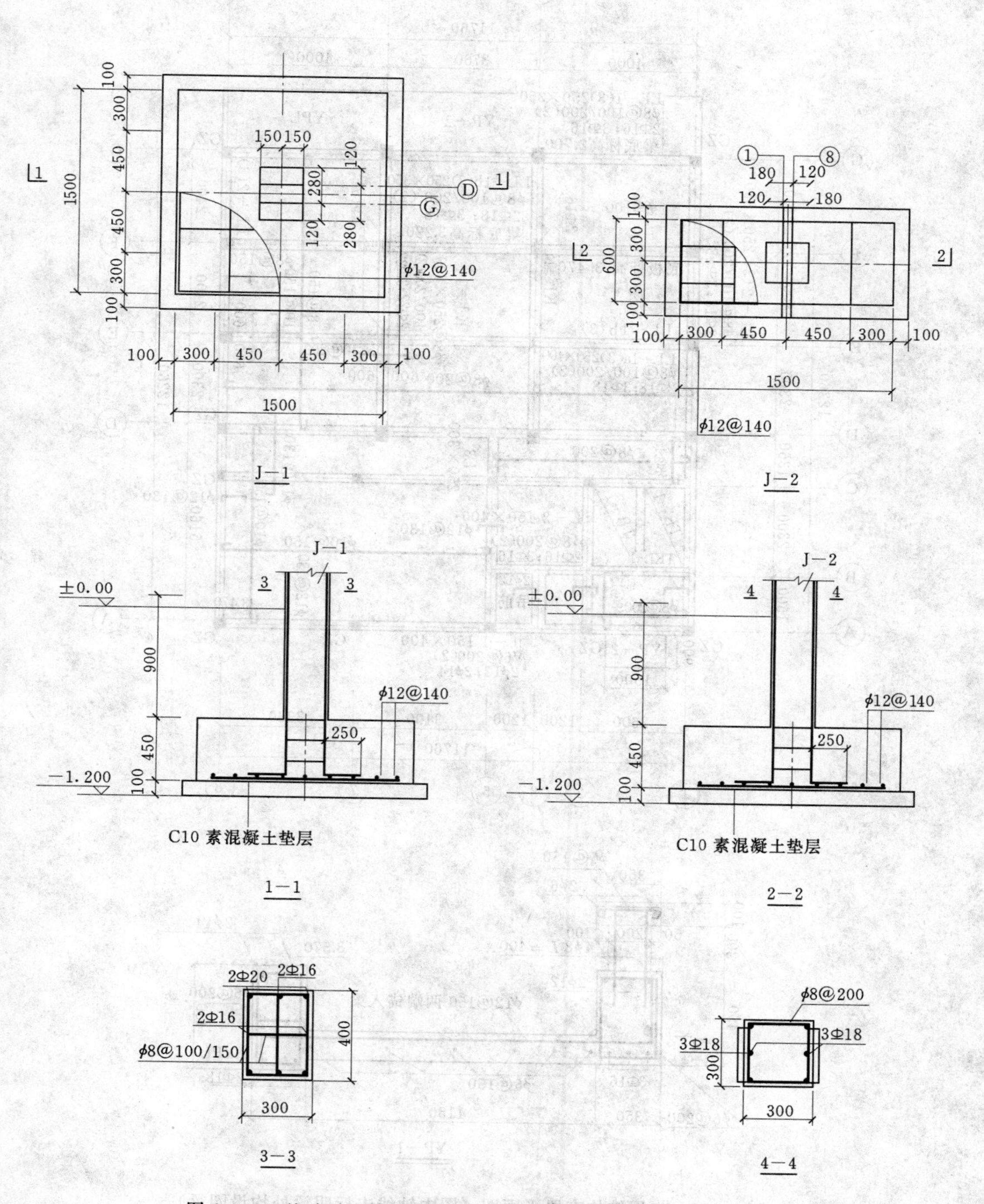

图 6－52　基础平面结构布置图（凡未注明的基础 DL－1）（二）

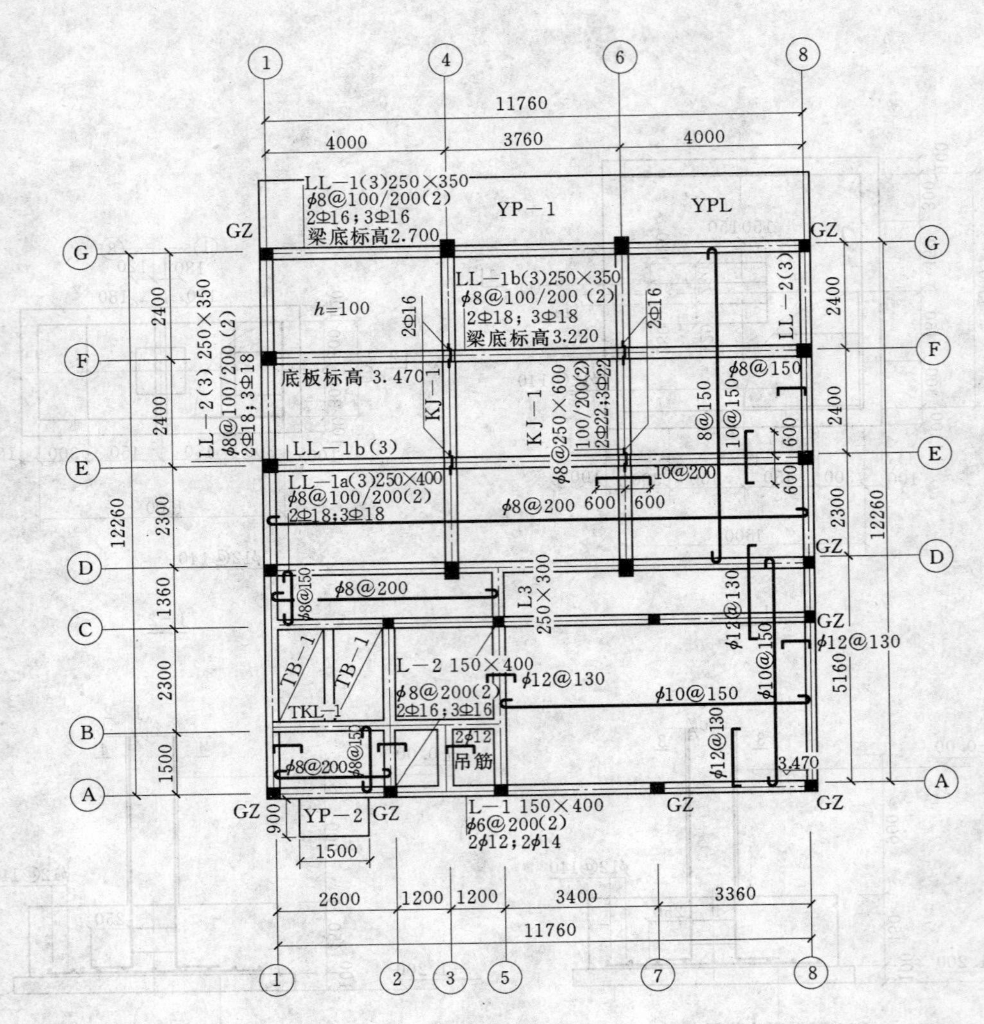

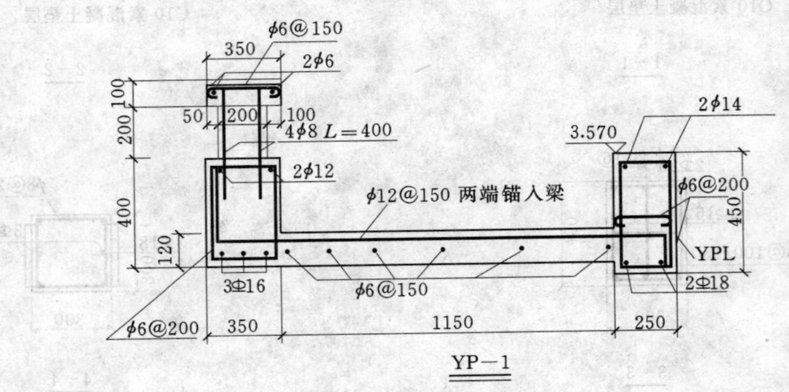

图 6-53 二层结构布置平面图（图中轴线未标明梁处均设圈梁）

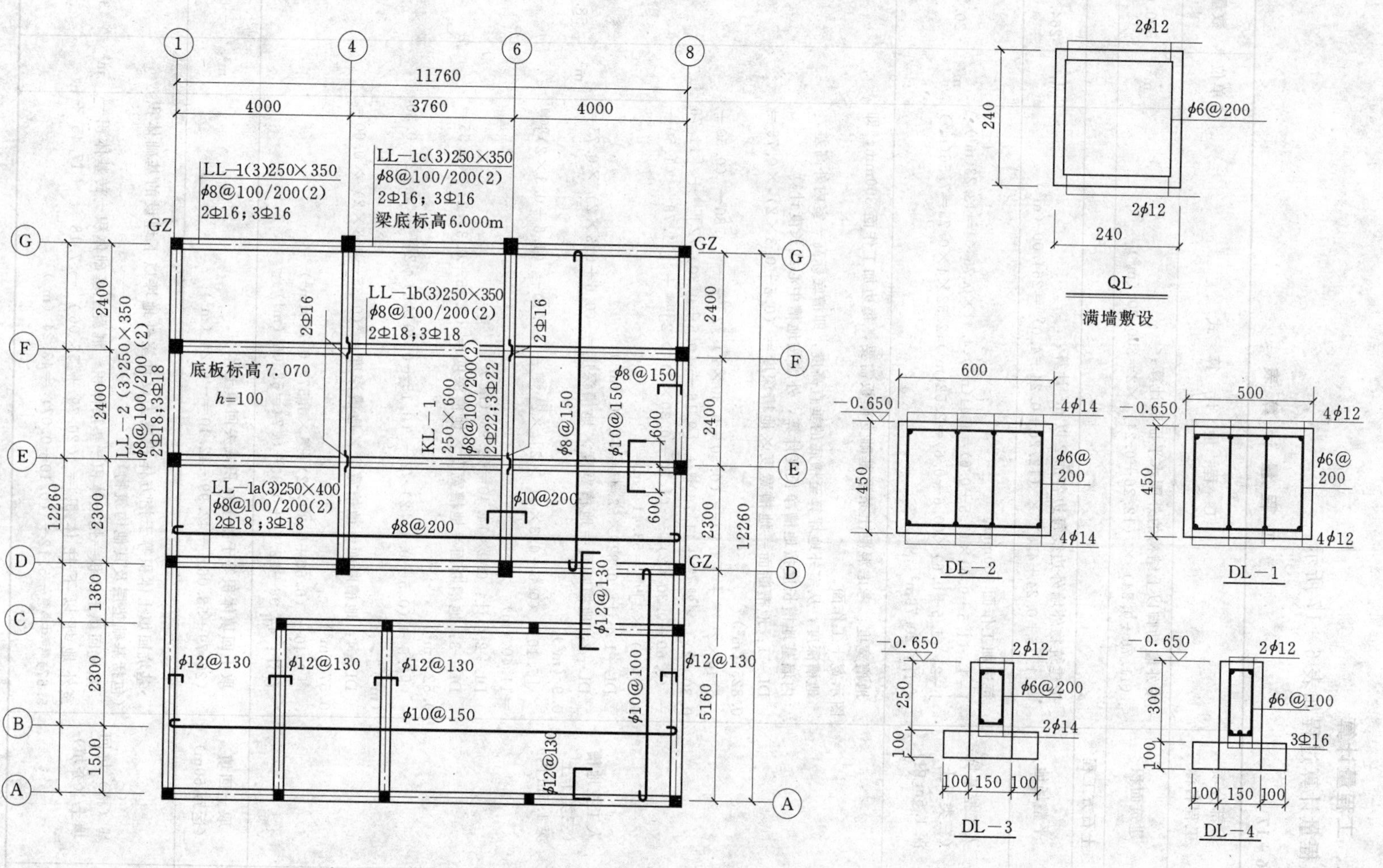

图 6－54 屋面布置平面图（图中轴线未标明梁处均设圈梁）

二、工程量计算

工程量计算过程如表 6-17 所示。

表 6-17　　工程量计算表

序号	分部分项工程名称	工程量计算式	单位	数量
	建筑面积	按外墙勒脚以上结构的外围水平面积计算： (11.76+0.24)×(12.26+0.24)×2=300.00 (m^2)	m^2	300.00
	土石方工程			
1	平整场地	按建筑物外墙外边线每边各加2以m^2计算： (11.76+0.24+4.0)×(12.26+0.24+4.0)=264.00 (m^2)	m^2	264.00
2	人工挖基坑（三类干土，深1.5m内）	每边加工作面300mm。 J-1：(1.5+0.6)×(1.5+0.6)=4.41(m^2)，4.41×0.75×4=13.23(m^3) J-2：(1.5+0.6)×(0.6+0.6)=2.52(m^2)，2.52×4×0.75=7.56(m^3) 合计：20.79m^3	m^3	20.79
3	人工挖地槽（三类干土，深1.5m内）	地槽宽度：考虑混凝土条形基础支模板需要，每边加工作面300mm，即图示宽+工作面。 地槽深度：从室外地坪算至槽底的垂直高度，即槽底标高－室内外高差。 内墙基地槽长度按地槽净长度计算，外墙按地槽中心线长度计算。 DL—1：地槽断面＝地槽宽度×地槽深度＝(0.5+0.3×2)×0.75＝0.825 (m^2) 5.16×2$^{1、8轴}$＋[3.80－(0.50+0.30×2)/2]^{2轴}＋[3.80－(0.50+0.30×2)]×2$^{5、7轴}$＋11.76^{A轴}＋[9.16－(0.5+0.30)/2]^{C轴}＋[11.76－(0.60+0.30×2)－(1.50+0.30×2)×2]^{D轴}＋[11.76－(1.50+0.30×2)×2]^{G轴}＝53.41 (m) DL—1小计：0.825×53.41=44.06 (m^3) DL—2：地槽断面＝地槽宽度×地槽深度＝(0.6+0.3×2)×0.75＝0.9 (m^2) [7.10－(0.6+0.3×2)×2]×2$^{1、8轴}$＋[7.10－(1.5+0.3×2)]^{6轴}＝14.40 (m) DL—2小计：0.9×14.40=12.96 (m^3) DL—3：地槽断面＝地槽宽度×地槽深度＝(0.35+0.3×2)×0.55＝0.52 (m^2) [1.5－(0.5+0.3×2)/2－(0.15+0.30×2)/2]^{3轴}×0.52＝0.30 (m^3) DL—4：地槽断面＝地槽宽度×地槽深度＝(0.35+0.3×2)×0.60＝0.57 (m^2) [2.40－(0.50+0.30×2)]^{B轴}×0.57＝0.74 (m^3) 合计：44.06+12.96+0.30+0.74=58.06 (m^3)	m^3	58.06
4	取土回填（运距50m）	取土回填体积等于挖土体积减去回填土体积。 (20.79+58.06)－42.99－42.10=－6.24 (m^3)	m^3	－6.24
5	基（槽）坑回填土（夯填）	基坑回填土体积等于挖方体积减去设计室外地坪以下埋设的基础体积（包括基础垫层及其他构筑物）。 基坑回填土体积＝挖土体积－垫层体积－混凝土基础体积－砖基体积－室外地坪以下柱体积＝(20.79+58.06)－7.18－(17.45+5.67)^{混凝土基础}－5.12－(0.10+0.07)＝43.24 (m^3)	m^3	43.24

续表

序号	分部分项工程名称	工程量计算式	单位	数量
6	室内回填（夯填）	室内回填体积等于主墙间净面积乘以回填厚度。 门厅：（7.76－0.24）×（7.1－0.24）×（0.45－0.08－0.03－0.02）＝16.51（m^3） 接待室：（4.0－0.24）×（7.1－0.24）×（0.45－0.08－0.03－0.02）＝8.25（m^3） 办公室1、2：［（3.4－0.24）×（3.8－0.24）＋（3.36－0.24）×（3.8－0.24）］×（0.45－0.1－0.025－0.01）＝7.15（m^3） 过道：［（11.76－0.24）×（1.36－0.24）－（0.40－0.24）×0.30×2］×（0.45－0.1－0.025－0.01）＝4.03（m^3） 卫生间：回填与高差抵消不算 楼梯间： 1～2轴：（3.80－0.24－2.40）×（2.60－0.24）×（0.45－0.1－0.025－0.01）＝0.86（m^3） 坡道：$[2.40^2+(2.40/8)^2]^{1/2}$×（2.60－0.24）×（0.45－0.1－0.025－0.01）＝1.80（m^3） 台阶平面梯级填素土：（1.32－0.12）×（12.00－0.30×2×2）×（0.45－0.08－0.1）＝3.50（m^3） 合计：42.10m^3	m^3	42.10
7	基（槽）坑原土打底夯	按基（槽）坑挖土底面积以m^2计算（数据来源于序号2、3）。 20.79/0.75＋（44.06＋12.96）/0.75＋0.30/0.55＋0.74/0.60＝105.53（m^2）	m^2	105.53
8	地面原土打底夯	门厅及接待室：（7.10－0.24）×（11.76－0.24）－6.86×0.24＝77.38（m^2） 办公室1、2：（3.40－0.24）×（3.80－0.24）＋（3.36－0.24）×（3.80－0.24）＝22.36（m^2） 楼梯间：3.80×（2.60－0.24）＝8.97（m^2） 过道：（11.76－0.24）×（1.36－0.24）－（0.40－0.24）×0.30×2＝12.8（m^2） 卫生间：（3.80－0.24）×（2.40－0.24）＝7.69（m^2） 合计：129.20m^2	m^2	129.20
	打桩及基础垫层			
9	C10混凝土基础垫层	按图示尺寸以m^3计算。 外墙基础垫层长度按外墙中心线长度计算，内墙基础垫层长度按内墙基础垫层净长度计算。 DL—1： 1、8轴：5.16×（0.50＋0.20）×0.10×2＝0.72（m^3） 2轴：［3.80－（0.50＋0.10×2）/2］×（0.50＋0.20）×0.10＝0.24（m^3） 5、7轴：［3.80－（0.50＋0.10×2）］×（0.50＋0.20）×0.10×2＝0.43（m^3） A轴：11.76×（0.50＋0.20）×0.10＝0.82（m^3） C轴：［9.16－（0.50＋0.10×2）/2］×（0.50＋0.20）×0.10＝0.46（m^3）	m^3	7.18

续表

序号	分部分项工程名称	工程量计算式	单位	数量
9	C10 混凝土基础垫层	D 轴：[11.76－（1.50＋0.20）×2－（0.60＋0.20）]×（0.50＋0.20）×0.10＝0.53（m^3） G 轴：[11.76－（1.50＋0.20）×2]×（0.50＋0.20）×0.10＝0.76（m^3） 小计：3.96m^3 DL—2： 1、8 轴：[7.10－（0.60＋0.20）×2]×（0.60＋0.20）×0.10×2＝0.88（m^3） 6 轴：[7.10－（1.50＋0.20）]×（0.60＋0.20）×0.10＝0.43（m^3） 小计：1.31m^3 DL—3： 3 轴：[1.50－（0.50＋0.10×2）/2－（0.15＋0.10×2）/2]×（0.15＋0.20）×0.10＝0.03（m^3） DL—4： B 轴：[2.40－（0.50＋0.10×2）]×（0.15＋0.10×2）×0.10＝0.06（m^3） 现浇基层梯口梁垫层：2.60×0.47×0.10＝0.12（m^3） J—1：（1.50＋0.20）×（1.50＋0.20）×0.10×4＝1.16（m^3） J—2：（1.50＋0.20）×（0.60＋0.20）×0.10×4＝0.54（m^3） 合计：7.18m^3	m^3	7.18
	砌筑工程			
10	砖基础（直形），M5 水泥砂浆砌筑	按砖基图示尺寸以体积计算。包括附墙垛基础宽出部分体积，扣除地梁（圈梁）和构造柱所占体积，不扣除基础大放脚 T 形接头处的重叠部分，即基础内的钢筋、铁件、管道、基础砂浆防潮层和单个面积在 0.3m^2 以内的孔洞所占体积，暖气沟的挑檐不增加。 一砖墙基础： A 轴：11.76m C 轴：11.76－2.6－0.12＝9.04（m） D 轴：11.76－0.24－0.3×2＝10.92（m） G 轴：11.76－0.3×2＝11.16（m） 1、8 轴：（12.26－0.3×2）×2＝23.32（m） 2 轴：3.80－0.12＝3.68（m） 5、7 轴：（3.8－0.24）×2＝7.12（m） 6 轴：7.1－0.40＝6.70（m） 小计：（11.76＋9.04＋10.92＋11.16＋23.32＋3.68＋7.12＋6.70）×0.24×0.65＝83.72×0.24×0.65＝13.06（m^3） 1/2 砖墙基础： B 轴：2.4－0.24＝2.16（m） 3 轴：1.50－0.12－0.06＝1.32（m） 小计：（2.16＋1.32）×0.115×0.65＝0.26（m^3） 室外地坪以下：（3.48×0.115＋83.72×0.24）×0.20＝4.10（m^3） ±0.00 以下构造柱体积：（$0.072^{L形}$×$5^{根}$＋$0.0792^{T形}$×$8^{根}$）×0.65＝0.65（m^3） 墙基合计：13.06＋0.26－0.65＝12.67（m^3）	m^3	12.67

续表

序号	分部分项工程名称	工程量计算式	单位	数量
11	防水砂浆墙基防潮层	按墙基顶面水平宽度乘以长度以 m^2 计算： 83.72×0.24＋（2.16＋1.32）×0.115＝20.49（m^2）	m^2	20.49
12	一砖外墙（标准砖），M5 混合砂浆砌筑	计算墙体工程量时，应扣除门窗洞口、过人洞、空圈、嵌入墙身的钢筋混凝土柱、梁、过梁、圈梁、挑梁、混凝土墙基防潮层和暖气包、壁龛的体积；不扣除梁头、梁垫、外墙预制板头、檩条头、垫木、木楞头、沿椽木、木砖、门窗走头、砖砌体内的加固钢筋、木筋、铁件、钢管及每个面积 0.3m^2 以内的孔洞等所占体积。凸出墙面的窗台虎头砖、压顶线、山墙泛水、烟囱根、门窗套及三皮砖以内的腰线、挑檐等体积也不增加。 一层（层高 3.6m）： 1、8 轴上 A～D 轴：[5.16－（0.24＋0.03×2）^{构造柱}]×（3.60－0.24^{QL}）×0.24×2－（0.24＋0.03×2）^{构造柱}×（3.60－0.24^{QL}）×0.24＝7.60（m^3） 1、8 轴上 D～G 轴：[7.10－0.30×2^{Z-1}－（0.24＋0.03×2^{构造柱}）]×（3.60－0.35^{LL-2}）×0.24×2＝9.68（m^3） A 轴：[11.76－（0.24×4＋0.03×8）^{构造柱}]×（3.6－0.24）×0.24－[1.00×2.10^{M4}＋0.60×1.50×2^{C3}＋1.8×1.5×2^{C2}＋2.00×0.24^{YP-2}]×0.24＝6.17（m^3） G 轴：[11.76－（0.24＋0.03×2）－0.30×2]×（3.6－0.45^{YPL}－0.35^{LL-1}）×0.24－（3.00×2.70^{M1}＋3.52×2.30×2^{C1}）×0.24＝1.47（m^3） 小计：7.60＋9.68＋6.17＋1.47＝24.92（m^3） 二层（层高 3.6m）： 1、8 轴上 A～D 轴同一层：7.60m^3 1、8 轴上 D～G 轴同一层：9.68m^3 A 轴：[11.76－（0.24×4＋0.03×8）^{构造柱}]×（3.6－0.24）×0.24－（0.60×1.50×2^{C3}＋1.8×1.5×2^{C2}＋1.50×1.50^{C5}）×0.24＝6.25（m^3） G 轴：[11.76－（0.24＋0.03×2）－0.30×2]×（3.6－0.35^{LL-1}）×0.24－（3.36×1.5^{C4}＋3.52×1.50×2^{C6}）×0.24＝7.12（m^3） 小计：7.60＋9.68＋6.25＋7.12＝30.65（m^3） 扣过梁： C2：（1.80＋0.25×2）×（2＋2）＝9.2（m） C3：（0.60＋0.25×2）×（2＋2）＝4.4（m） C5：（1.50＋0.25×2）×1＝2.0（m） 过梁体积：0.24×0.24×（9.2＋4.4＋2.0）＝0.90（m^3） 女儿墙：[（11.76＋12.26）×2－（0.24×12＋0.03×24）^{构造柱}]×（8.10－7.20－0.12）×0.24＝8.32（m^3） 合计：24.92＋30.65－0.90＋8.32＝62.99（m^3）	m^3	62.99
13	一砖内墙（标准砖），M5 混合砂浆砌筑	一层（层高 3.6m）： 2、5、7 轴：[1.50＋2.30－（0.24＋0.03×2）^{构造柱}]×（3.60－0.24^{QL}）×0.24×3＝8.47（m^3） 6 轴：[（7.10－0.24）×（3.60－0.60^{KJ-1}）－1.00×2.10^{M2}]×0.24＝4.44（m^3） C 轴：{[2.40＋3.40＋3.36－（0.24×3＋0.03×6）^{构造柱}]×（3.60－0.24）－1.00×2.10^{M2}×2－0.80×2.10^{M3}}×0.24＝5.25（m^3） D 轴上 1～8 轴：[11.76－（0.24＋0.03×2）－0.30×2]$^{KJ-1}$×（3.60－0.40^{LL-1a}）×0.24－1.00×2.10×0.24^{M2}＝7.84（m^3） 小计：8.47＋4.44＋5.25＋7.84＝26.00（m^3）	m^3	53.26

续表

序号	分部分项工程名称	工程量计算式	单位	数量
13	一砖内墙（标准砖），M5 混合砂浆砌筑	二层（层高 3.6m）： 2、5 轴：［1.50＋2.30－（0.24＋0.03×2）^{构造柱}］×（3.60－0.24^{QL}）×0.24×2＝5.64（m³） 4、6 轴：(7.10－0.24)×(3.60－0.60^{KJ-1})×0.24×2＝9.88(m³) C 轴：{［11.76－2.60－（0.24×3＋0.03×6）^{构造柱}］×（3.60－0.24）－1.00×2.10^{M2}－0.80×2.10^{M3}}×0.24＝5.75（m³） D 轴：{［11.76－（0.24＋0.03×2）－0.30×2^{KJ-1}］×（3.60－0.40^{LL-1a}）－1.00×2.10×3}×0.24＝6.83（m³） 小计：5.64＋9.88＋5.75＋6.83＝28.10（m³） 扣过梁： M2：(1.00＋0.25×2）×（4＋4）＝12（m） M3：(0.80＋0.25×2）×2＝2.60（m） 过梁体积：0.24×0.24×14.60＝0.84（m³） 合计：26.00＋28.10－0.84＝53.26（m³）	m³	53.26
14	1/2 砖内墙（标准砖），M5 混合砂浆砌筑	一层（层高 3.6m）： 3 轴：(1.50－0.12－0.07）×（3.60－0.40）×0.115＝0.48（m³） B 轴：［（2.40－0.24）×（3.60－0.40）－0.80×2.10×2］×0.115＝0.41（m³） 二层（层高 3.6m）： 3 轴：(1.50－0.12）×（3.60－0.10）×0.115＝0.56（m³） B 轴：［（1.20－0.12）×（3.60－0.10）－0.80×2.10］×0.115＝0.24（m³） 合计：1.69m³	m³	1.69
	钢筋工程			
15	现浇混凝土构件钢筋，ϕ12 以内	暂按《江苏省建筑与装饰工程计价表》含钢量计算（数据来源于混凝土工程）。 条形基础：ϕ12 以内 17.45×0.021＝0.366（t） 独立基础：ϕ12 以内 5.67×0.012＝0.068（t） 矩形柱、构造柱：ϕ12 以内（6.49＋8.38）×0.038＝0.565（t） 单梁：ϕ12 以内 2.03×0.043＝0.087（t） 圈梁、过梁：ϕ12 以内 2.54×0.017＋1.96×0.032＝0.106（t） 有梁板：ϕ12 以内 31.92×0.030＝0.958（t） 平板：ϕ12 以内 9.74×0.076＝0.740（t） 刚性屋面：ϕ12 以内（11.76－0.24）×（12.26－0.24）×0.011/10＝0.152（t） 板式雨篷：ϕ12 以内 1.35×0.020/10＝0.003（t） 复式雨篷：ϕ12 以内 18×0.034/10＝0.061（t） 直形楼梯：ϕ12 以内 8.68×0.036/10＝0.031（t） 雨篷小柱：ϕ12 以内 0.056×0.024＝0.001（t） 压顶：ϕ12 以内 1.88×0.017＝0.032（t） 合计：3.286t	t	3.286
16	现浇混凝土构件钢筋，ϕ25 以内	暂按《江苏省建筑与装饰工程计价表》含钢量计算。 条形基础：ϕ12 以外 17.45×0.049＝0.855（t） 独立基础：ϕ12 以外 5.67×0.028＝0.159（t） 矩形柱、构造柱：ϕ12 以外（6.49＋8.38）×0.088＝1.309（t） 单梁：ϕ12 以外 2.03×0.100＝0.203（t） 圈梁、过梁：ϕ12 以外 2.54×0.040＋1.96×0.074＝0.247（t） 有梁板：ϕ12 以外 31.92×0.070＝2.234（t） 板式雨篷：ϕ12 以外 1.35×0.046/10＝0.006（t） 复式雨篷：ϕ12 以外 18×0.078/10＝0.140（t） 直形楼梯：ϕ12 以外 8.68×0.084/10＝0.073（t） 雨篷小柱：ϕ12 以外 0.056×0.056＝0.003（t） 压顶：ϕ12 以外 1.88×0.040＝0.075（t） 合计：5.397t	t	5.397

续表

序号	分部分项工程名称	工程量计算式	单位	数量
17	预埋铁件制作安装	按设计图示尺寸以质量计算： 预埋铁件（楼梯踏步）100×100×8：18.72kg 钢筋：3.675kg	t	0.0224
	混凝土工程			
18	C20 现浇钢筋混凝土条形基础（无梁式）	按设计图示尺寸以体积计算。不扣除构件内钢筋、预埋铁件和伸入承台基础的桩头所占体积。 DL—1： 1、8 轴：（5.16－0.25）×0.50×0.45×2＝2.21（m^3） 2 轴：（3.80－0.25）×0.50×0.45＝0.80（m^3） 5、7 轴：（3.80－0.50）×0.50×0.45×2＝1.49（m^3） A 轴：11.76×0.50×0.45＝2.65（m^3） C 轴：（9.16－0.25）×0.50×0.45＝2.00（m^3） D 轴：（11.76－0.60－1.50×2）×0.50×0.45＝1.84（m^3） G 轴：（11.76－1.50×2）×0.50×0.45＝1.97（m^3） DL—2： 1、8 轴：（7.10－0.60×2－0.25）×0.60×0.45×2＝3.05（m^3） 6 轴：（7.10－1.50×2）×0.60×0.45＝1.11（m^3） DL—1、DL—2 条形基础小计：17.02（m^3） DL—3： 3 轴：（1.50－0.50/2－0.15/2）×0.15×0.25＝0.04（m^3） DL—4： B 轴：（2.40－0.50）×0.15×0.3＝0.09（m^3） 现浇底层梯口梁： TKL—1：2.60×0.27×0.30＝0.21（m^3） 合计：17.02＋0.04＋0.09＋0.21＝17.45（m^3）	m^3	17.45
19	C20 现浇钢筋混凝土独立基础	J—1：1.50×1.50×0.45×4＝4.05（m^3） J—2：1.50×0.60×0.45×4＝1.60（m^3） 合计：5.67m^3	m^3	5.67
20	C25 现浇钢筋混凝土矩形柱	有梁板的柱高，应自柱基上表面（或楼板上表面）算至上一层楼板下表面处（如一根柱的部分断面与板相交，柱高应算至板顶面，但与板重叠部分应扣除）。 KJ—1：0.40×0.30×（7.17＋1.2－0.10－0.45）×4＝3.75（m^3） 扣除与板重叠部分：（0.25×0.30×2＋0.30×0.40×2）×0.10＝0.039（m^3） 小计：3.71m^3 ±0.00 以下：0.40×0.30×（1.2－0.10－0.45）×4＝0.31（m^3） 室外地坪以下：0.40×0.30×0.20×4＝0.10（m^3） Z—1：0.30×0.30×（7.17＋1.2－0.10－0.45）×4＝2.82（m^3） 扣除与板重叠部分：0.30×0.30×0.10×4＝0.036（m^3） 小计：2.78m^3 合计：3.71＋2.78＝6.49（m^3） ±0.00 以下：0.30×0.30×（1.2－0.10－0.45）×4＝0.23（m^3） 室外地坪以下：0.30×0.30×0.20×4＝0.07（m^3）	m^3	6.49

续表

序号	分部分项 工程名称	工程量计算式	单位	数量
21	C20现浇钢筋 混凝土构造柱	构造柱按图示全高计算，应扣除与现浇板、梁相交部分的体积，与砖墙咬接部分（马牙槎）应合并在构造柱体积内。 标高：－0.65～7.17m 两边有墙L形（5根）、三边有墙T形（8根）：$(0.072^{L形}\times5^{根}+0.0792^{T形}\times8^{根})\times(0.65+7.17)=7.77$（$m^3$） 标高：7.17～7.98m 女儿墙上（13根）：$0.072^{L形}\times13^{个}\times(7.98-7.17)=0.76$（$m^3$） 扣除与现浇板相交部分的体积：$0.24\times0.24\times0.10\times13^{根}\times2=0.15$（$m^3$） 合计：8.38$m^3$	m^3	8.38
22	C20现浇钢筋 混凝土单梁	按设计图示尺寸以体积计算，不扣除构件内钢筋、预埋铁件所占体积，伸入墙内的梁头、梁垫并入梁体积内。 LL—1，LL—1（C）：$(11.76-0.24-0.30\times2)\times0.25\times0.35\times2=1.91$（$m^3$） YPL—2：$(1.50+0.25\times2)\times0.24\times0.24=0.12$（$m^3$） 合计：2.03$m^3$	m^3	2.03
23	C20现浇钢筋 混凝土圈梁	平板与砖墙上混凝土圈梁相交时，圈梁高应算至板底面。 二层： 1轴交A～D轴：$(5.16-0.24)\times0.24\times(0.24-0.10)=0.17$（$m^3$） 2轴交A～C轴：$(3.80-0.24)\times0.24\times(0.24-0.10)=0.12$（$m^3$） 5轴交A～C轴：$(3.80-0.24)\times0.24\times(0.24-0.10)=0.12$（$m^3$） 8轴交A～D轴：$(5.16-0.24\times2)\times0.24\times(0.24-0.10)=0.16$（$m^3$） 7轴交A～C轴：$(3.80-0.24)\times0.24\times(0.24-0.10)=0.12$（$m^3$） A轴交1～8轴：$(11.76-0.24\times4)\times0.24\times(0.24-0.10)=0.36$（$m^3$） C轴交2～8轴：$(11.76-2.6-0.24\times3)\times0.24\times(0.24-0.10)=0.28$（$m^3$） 小计：1.33$m^3$ 屋面： 1轴交A～D轴：$(5.16-0.24)\times0.24\times(0.24-0.10)=0.17$（$m^3$） 2、5轴交A～C轴：$(3.80-0.24)\times0.24\times(0.24-0.10)\times2=0.24$（$m^3$） 8轴交A～D轴：$(5.16-0.24\times2)\times0.24\times(0.24-0.10)=0.16$（$m^3$） A轴交1～8轴：$(11.76-0.24\times4)\times0.24\times(0.24-0.10)=0.36$（$m^3$） C轴交2～8轴：$(11.76-2.6-0.24\times3)\times0.24\times(0.24-0.10)=0.28$（$m^3$） 小计：1.21$m^3$ 合计：2.54m^3	m^3	2.54
24	C20现浇钢筋 混凝土过梁	按设计图示尺寸以体积计算。不扣除构件内钢筋、预埋铁件所占体积。 M2：$(1.00+0.25\times2)\times(4+4)=12$（m） M3：$(0.80+0.25\times2)\times(3+2)=6.5$（m） C2：$(1.80+0.25\times2)\times(2+2)=9.2$（m） C3：$(0.60+0.25\times2)\times(2+2)=4.4$（m） C5：$(1.50+0.25\times2)\times1=2.0$（m） 过梁体积：$0.24\times0.24\times34.10=1.96$（$m^3$）	m^3	1.96

续表

序号	分部分项 工程名称	工　程　量　计　算　式	单位	数量
25	C20 现浇钢筋 混凝土有梁板	按设计图示尺寸以体积计算。有梁板（包口主次梁与板）按梁、板体积之和计算。 二层（板厚 100）： 1～8 轴交 D～G 轴板：（11.76＋0.24）×（7.10＋0.24）×0.10＝8.81（m^3） 1～5 轴交 C～D 轴板：（2.60＋2.40＋0.12）×（1.36－0.24）×0.10＝0.57（m^3） LL—1a：（11.76－0.25－0.3×2）×0.25×（0.40－0.10）＝0.80（m^3） LL—1b：(11.76－0.18×2－0.25×2）×0.25×（0.35－0.10）×2＝1.36（m^3） LL—2：(7.10－0.25－0.30×2）×0.25×（0.35－0.10）×2＝0.78（m^3） KJ—1：(7.10－0.125×2）×0.25×（0.60－0.10）×2＝1.71（m^3） YPL：(11.76－0.25－0.30×2）×0.25×（0.45－0.10）＝0.95（m^3） L—3：(1.36－0.24）×0.25×（0.30－0.10）＝0.06（m^3） 小计：15.04m^3 二层（板厚 80）： 2～5 轴交 A～C 轴板：2.40×(1.50＋2.30＋0.24)×0.08＝0.78(m^3) L—1：(1.50－0.15/2－0.24/2)×0.15×(0.40－0.08)＝0.06(m^3) L—2：(2.40－0.24)×0.15×(0.40－0.08)＝0.10(m^3) 小计：0.94m^3 屋面： 1～8 轴交 D～G 轴板：(11.76＋0.24)×(7.10＋0.24)×0.10＝8.81（m^3） LL—1a：(11.76－0.25－0.3×2)×0.25×(0.40－0.10)＝0.80(m^3) LL—1b：(11.76－0.18×2－0.25×2)×0.25×(0.35－0.10)×2＝1.36（m^3） LL—1：(11.76－0.24－0.30×2)×0.25×(0.35－0.10)＝2.48(m^3) LL—2：(7.10－0.25－0.30×2)×0.25×(0.35－0.10)×2＝0.78(m^3) KJ—1：(7.10－0.125×2)×0.25×(0.60－0.10)×2＝1.71(m^3) 小计：15.94m^3 合计：31.92m^3	m^3	31.92
26	C20 现浇钢筋 混凝土平板	二层板： 5～8 轴交 A～D 轴：（3.40＋3.36＋0.12）×5.16×0.10＝3.55（m^3） 屋面板： 1～8 轴交 A～D 轴（11.76＋0.24）×5.16×0.10＝6.19（m^3）	m^3	9.74
27	C20 现浇钢筋 混凝土板式 雨篷	阳台、雨篷，按伸出墙外的板底水平投影面积计算，伸出墙外的牛腿不另计算。 YP—2：1.50×0.90＝1.35（m^2）	m^2	1.35
28	C20 现浇钢筋 混凝土复式 雨篷	阳台、雨篷，按伸出墙外的板底水平投影面积计算，伸出墙外的牛腿不另计算。 YP—1：（1.15＋0.35）×（11.76＋0.24）＝18.00（m^2）	m^2	18.00
29	直形楼梯，C25 现 浇钢筋混凝土， 碎石粒径 5～20mm	现浇整体楼梯按水平投影面积计算，定额中包括休息平台、平台梁、斜梁及楼梯梁，不扣除宽度小于 200mm 的楼梯井，伸入墙内部分不另增加，楼梯与楼板连接时，楼梯算至楼梯梁外侧面。 （3.8－0.12）×（2.60－0.24）＝8.68（m^2）	m^2	8.68

续表

序号	分部分项工程名称	工程量计算式	单位	数量
30	C20 现浇钢筋混凝土小型构件	按设计图示尺寸以体积计算。不扣除构件内钢筋、预埋铁件所占体积。 YP—1 上小方柱 200×100×200：11.76÷1＋2＝14（个） 0.20×0.10×0.20×14＝0.056（m^3）	m^3	0.056
31	C20 现浇钢筋混凝土压顶	现浇混凝土压顶按实体体积以 m^3 计算。 YP—1 压顶 350×100：11.76＋0.24＋1.15×2＝14.30（m） 屋面压顶 240×120：（11.76＋12.26）×2＝48.04（m） 14.30×0.35×0.10＋48.04×0.24×0.12＝1.88（m^3）	m^3	1.88
	屋面及防水及保温、隔热工程			
32	屋面刚性防水，做法详见 J 01—2005 (12/7)	按图示尺寸的水平投影面积乘以规定的坡度系数以 m^2 计算，但不扣除房上烟囱、风帽底座和风道所占面积。女儿墙、伸缩缝和天窗等处的弯起高度按图示尺寸计算并入屋面工程量内；图纸无规定时，伸缩缝和女儿墙的弯起高度按 250mm 计算。 （11.76－0.24）×（12.26－0.24）＝138.47（m^2） （11.76－0.24）＋（12.26－0.24）×2×0.25＝11.77（m^2） 合计：150.24m^2	m^2	150.24
33	25 厚聚苯乙烯泡沫板保温隔热屋面	按隔热材料净厚度（不包括胶结材料厚度）乘以实铺面积按 m^3 计算。 （11.76－0.24）×（12.26－0.24）×0.025＝3.46（m^3）	m^3	3.46
34	PVC 落水管 D100	按图示尺寸以延长米计算。 屋面：（0.45＋7.20）×4 根＝30.6（m） 雨篷：（3.40＋0.12）×2 根＝7.04（m） 合计：37.64m	m	37.64
35	PVC 雨水斗	雨水斗：6 个	个	6
36	铸铁落水口	铸铁落水口：6 个	个	6
	楼地面工程			
37	C10 素混凝土垫层	地面垫层按室内主墙间净面积乘以设计厚度以 m^3 计算。应扣除突出地面的构筑物、设备基础、室内铁道和地沟等所占体积，不扣除柱、垛、间壁墙、附墙烟囱及在 0.3m^2 以内孔洞所占体积，但门洞、空圈、暖气包槽和壁龛的开口部分亦不增加。 一层门厅及接待室：（2.30＋2.40＋2.40－0.24）×（11.76－0.24）－6.86×0.24＝77.38（m^2） 门洞：3.00×0.24＋1.00×0.24×2＝1.2（m^2） 小计：（77.38＋1.2）×0.08＝6.29（m^3） 办公室 1、2：（3.40－0.24）×（3.80－0.24）＋（3.36－0.24）×（3.80－0.24）＝22.36（m^2） 楼梯间：（3.80－0.24－2.40）×（2.60－0.24）＝2.74（m^2） 坡道：[2.40^2＋（2.40/8）^{2}]$^{1/2}$×（2.60－0.24）＝5.71（m^2） 过道：（11.76－0.24）×（1.36－0.24）－（0.40－0.24）×0.30×2＝12.8（m^2） 门洞：0.24×1.00×2＋0.24×0.80＝0.67（m^2） 小计：（22.36＋2.74＋5.71＋12.8＋0.67）×0.10＝4.43（m^3） 卫生间：（2.30－0.12－0.07）×（2.40－0.24）＝4.56（m^2） 蹲位：（1.20－0.12－0.07）×（1.50－0.12－0.07）×2＝2.65（m^2） 门洞空圈：0.12×0.80×2＝0.19（m^2） 小计：（4.56＋2.65＋0.19）×0.08＝0.59（m^3） 合计：6.29＋4.43＋0.59＝11.31（m^3）	m^3	11.31

续表

序号	分部分项工程名称	工程量计算式	单位	数量
38	C20 细石混凝土找坡	卫生间 C20 细石混凝土找 0.5%坡（最薄处 20mm 厚）。 找坡平均厚度：[20＋（20＋3560×0.5%）]/2＝29（mm） 一层：7.21×（1＋0.5%）＝7.25（m^2） 二层：（2.30－0.12－0.07）×（2.40－0.24）＋（1.20－0.12－0.07）×（1.50－0.12＋0.07）＝5.88（m^2） 蹲位：（1.20－0.12－0.07）×（1.50－0.12－0.07）＝1.32（m^2） （5.88＋1.32）×（1＋0.5%）＝7.20×1.005＝7.24（m^2） 合计：14.49m^2	m^2	14.49
39	1：2 水泥砂浆找平层（15 厚）	卫生间 1：2 水泥砂浆找平层（15 厚）： 一层：7.21×（1＋0.5%）＝7.25（m^2） 二层：7.20×1.005＝7.24（m^2） 合计：14.49m^2	m^2	14.49
40	花岗岩地面，30 厚干硬性水泥砂浆结合层	按图示尺寸实铺面积以 m^2 计算，应扣除突出地面构筑物、设备基础、柱和间壁墙等不做面层的部分，0.3m^2 以内的孔洞面积不扣除。门洞、空圈、暖气包槽、壁龛的开口部分的工程量另增并入相应的面层内计算。 一层门厅及接待室：（2.30＋2.40＋2.40－0.24）×（11.76－0.24）－6.86×0.24＝77.38（m^2） 门洞：3.00×0.24＋1.00×0.24×2＝1.2（m^2） 合计：78.58m^2	m^2	78.58
41	400mm×400mm 地砖楼地面，1：3、1：2 水泥砂浆结合层	计算规则同序号 40。 一层： 办公室 1、2：（3.40－0.24）×（3.80－0.24）＋（3.36－0.24）×（3.80－0.24）＝22.36（m^2） 楼梯间 1～2 轴：（3.80－0.24－2.40）×（2.60－0.24）＝2.74（m^2） 坡道：$[2.40^2+(2.40/8)^2]^{1/2}$×（2.60－0.24）＝5.71（$m^2$） 过道：（11.76－0.24）×（1.36－0.24）－（0.40－0.24）×0.30×2＝12.8（m^2） 门洞：0.24×1.00×2＋0.24×0.80＝0.67（m^2） 小计：44.28m^2 二层： 北边办公室：（7.10－0.24）×（11.76－0.24）－（7.10－0.24）×0.24×2＝75.73（m^2） 南边办公室：（3.8－0.24）×（6.76－0.24）＝23.21（m^2） 走廊：（11.76－0.24）×（1.36－0.24）－（0.40－0.24）×0.30×2＝12.81（m^2） 门洞：0.24×1.00×4＋0.24×0.80×2＝1.34（m^2） 小计：113.09m^2 合计：157.37m^2	m^2	157.37

续表

序号	分部分项工程名称	工程量计算式	单位	数量
42	300mm×300mm陶瓷防滑地砖楼地面（1.5厚聚氨酯防水涂料），25厚1∶3水泥砂浆结合层	300×300陶瓷防滑地砖地面，1.5厚聚氨酯防水涂料，25厚1∶3水泥砂浆结合层。 一层： 卫生间：（2.30－0.12－0.07）×（2.40－0.24）＝4.56（m^2） 蹲位：（1.20－0.12－0.07）×（1.50－0.12－0.07）×2＝2.65（m^2） 门洞空圈：0.12×0.80×2＝0.19（m^2） 小计：（4.56＋2.65＋0.19）×（1＋0.5%）＝7.40×1.005＝7.44（m^2） 1.5厚聚氨酯防水涂料： 地面：7.44m^2 四周上翻150mm卫生间：［（2.11＋2.16）×2－0.8×3］×0.15＝0.92（m^2） 蹲位：［（1.01＋1.31）×2－0.80］×2×0.15＝1.15（m^2） 小计：9.51m^2 二层： 卫生间：（2.30－0.12－0.07）×（2.40－0.24）＋（1.20－0.12－0.07）×（1.50－0.12＋0.07）＝5.88（m^2） 蹲位：（1.20－0.12－0.07）×（1.50－0.12－0.07）＝1.32（m^2） 门洞：0.12×0.80＝0.10（m^2） 小计：（5.88＋1.32＋0.10）×（1＋0.5%）＝7.30×1.005＝7.34（m^2） 1.5厚聚氨酯防水涂料： 地面：7.34m^2 四周上翻150mm卫生间：［（3.80－0.24＋2.40－0.24）×2－0.8×2］×0.15＝1.48（m^2） 蹲位：［（1.01＋1.31）×2－0.80］×0.15＝0.58（m^2） 小计：9.36m^2 合计： 陶瓷防滑地砖地面：7.44＋7.34＝14.78（m^2） 1.5厚聚氨酯防水涂料：9.51＋9.36＝18.87（m^2）	m^2	14.78
43	1.5厚聚氨酯涂膜防水涂料	1.5厚聚氨酯防水涂料：9.51＋9.36＝18.87（m^2）	m^2	18.87
44	1∶1砂石垫层	台阶1∶1砂石垫层80厚： 平面：（1.32－0.12）×（12.00－0.30×2×2）＝12.96（m^2） 梯级：0.30×［12.00＋（1.32－0.12＋0.30）×2］＋0.30×［（12.00－0.60）＋（1.32－0.12）×2］＝8.46（m^2） 合计：（12.96＋8.46）×0.08＝1.71（m^3）	m^3	1.71
45	C15混凝土垫层	台阶C15混凝土垫层，100mm厚：（12.96＋8.46）×0.10＝2.14（m^3） 梯级：1/2×0.30×0.15×（15.00＋13.80）＝0.65（m^3） 小计：2.14＋0.65＝2.79（m^3）	m^3	2.79
46	花岗岩踢脚，高150mm，做法详见J 01—2005（5/4）	块料面层踢脚线，按图示尺寸以实贴延长米计算，门洞扣除，侧壁另加。 一层门厅及接待室：（7.10－0.24＋11.76－0.24）×2＋（0.30－0.24）×8＋（7.10－0.24）×2－0.24×2－3.00－1.00×3＋（0.24－0.10）×2＝44.74（m）	m	44.74

续表

序号	分部分项工程名称	工程量计算式	单位	数量
47	地砖踢脚，高150mm，做法详见J 01—2005 (7/4)	按设计图示长度乘以高度以面积计算。 一层： 办公室1：(3.40－0.24＋3.80－0.24）×2－1.00＝12.44（m） 办公室2：(3.36－0.24＋3.80－0.24）×2－1.00＝12.36（m） 走廊1～8：（11.76－0.24）×2＋（1.36－0.24）×2＋（0.40－0.24）×4－（2.6－0.24）－1.00×3－0.80＝19.76（m） 一层小计：44.56（m） 二层： 北边办公室：(11.76－0.24＋7.10－0.24）×2＋（7.10－0.24）×4＋（0.30－0.24）×8－0.24×4－1.00×3＝60.72（m） 南边办公室：［（3.8－0.24）＋（6.76－0.24）］×2－1＝19.16（m） 走廊1～8：（11.76－0.24）×2＋（1.36－0.24）×2＋（0.40－0.24）×4－（2.6－0.24）－1.00×4－0.80＝18.76（m） 门侧壁：(0.24－0.10）×8＝1.12（m） 踢脚线长度合计：44.56＋98.64＋1.12＝144.32（m）	m	144.32
48	楼梯300×300同质地砖面层，刷素水泥浆一道，20厚1∶3水泥砂浆、5厚1∶2水泥砂浆结合层	按展开实铺面积以 m^2 计算，踏步板、踢脚板、休息平台、踢脚线和堵头工程量应合并计算。 踏步板、休息平台：（2.70＋1.22－0.12）×（2.60－0.24）＝8.97（m^2） 踢脚板：1.10×0.164×11×2＝3.97（m^2） 踢脚线：$(2.70^2+1.80^2)^{1/2}$＝3.24m，2.60－0.24＋1.10×2＋3.24×2＝11.04m，11.04×0.15＝1.66（m^2） 合计：8.97＋3.97＋1.66＝14.60（m^2）	m^2	14.60
49	梯侧抹1∶2水泥砂浆	0.27×0.164×0.50×20＝0.44（m^2）	m^2	0.44
50	不锈钢栏杆 $\phi70$，不锈钢扶手 $\phi25$	按设计图示尺寸以扶手中心线长度（包括弯头长度）计算： $(2.70^2+1.80^2)^{1/2}$＝3.24（m） (3.24×2＋0.25×2）＋（1.30－0.12）＝8.16（m）	m	8.16
51	台阶花岗岩地面面层，素水泥浆一道，30厚1∶3水泥砂浆结合层	花岗岩地面面层：(12.00－0.30×2×3）×（1.32－0.12－0.30）＝9.18（m^2）	m^2	9.18
52	花岗岩台阶，素水泥浆一道，30厚1∶3水泥砂浆结合层	台阶块料面层（包括踏步及最上一步踏步口外延300mm)，按展开（包括两侧）实铺面积以 m^2 计算。 花岗岩台阶踏面：12.00×（1.32＋0.30×2）－9.18＝13.68（m^2） 花岗岩台阶踢面：{［12.00＋（1.32＋0.30×2）×2］＋［（12.00－0.30×2）＋（1.32＋0.30）×2］＋［（12.00－0.30×4）＋1.32×2］}×0.15＝6.59（m^2） 小计：20.45m^2	m^2	20.45
53	C15现浇混凝土散水	按水平投影面积以 m^2 计算，应扣除踏步和花台等的长度。 0.6×［（12.26＋0.24）×2＋（11.76＋0.24）＋0.60×2］＝22.92（m^2）	m^2	22.92

续表

序号	分部分项工程名称	工程量计算式	单位	数量
	墙柱面工程			
54	内墙面抹混合砂浆	内墙面抹灰面积应扣除门窗洞口和空圈所占的面积，不扣除踢脚线、挂镜线、0.3m² 以内的孔洞和墙与构件交接处的面积；但其洞口侧壁和顶面抹灰亦不增加。垛的侧面抹灰面积应并入内墙面工程量内计算。 一层： 门厅及接待室：[(7.10－0.24＋11.76－0.24)×2＋(0.30－0.24)×8＋(7.10－0.24)×2]×(2.90吊顶高度＋0.10－0.15踢脚)－3.00×2.70－1.00×2.10×3－3.52×2.30×2＝114.64(m²) 办公室 1：(3.40－0.24＋3.80－0.24)×2×(3.60－0.10－0.15踢脚)－1.00×2.10－1.80×1.50＝40.22(m²) 办公室 2：(3.36－0.24＋3.80－0.24)×2×(3.60－0.10－0.15)－1.00×2.10－1.80×1.50＝39.96(m²) 走廊：[(1.36－0.24)×2＋(11.76－2.60)＋11.76＋(0.40－0.24)×4]×(3.60－0.10－0.15)－1.00×2.10×3－0.80×2.10＝71.75(m²) 楼梯间：斜道长＝[2.40²＋(2.40÷8)²]$^{1/2}$＝2.42(m) [(3.80－0.24－2.40＋2.42)＋(2.60－0.24)＋(3.80－0.12－2.40＋2.42)]×(3.60－0.10－0.15)－1.00×2.10＝16.24(m²) 卫生间：(2.40－0.24＋2.30－0.24)×2×(3.60－1.50－0.08)－0.80×(2.10－1.50)＝16.57(m²) [(1.20－0.12－0.07＋1.50－0.12－0.07)×2×(3.60－1.50－0.08)－0.80×(2.10－1.50)－0.60×(0.90＋1.50－1.50)]×2＝16.71(m²) 一层小计：316.09m² 二层： 北边办公室：[(11.76－0.24＋7.10－0.24)×2＋(7.10－0.24)×4＋(0.30－0.24)×8－0.24×4]×(3.60－0.10－0.15)－1.00×2.10×3－3.52×1.50×2－3.36×1.50＝191.56(m²) 南边办公室：[(3.8－0.24)＋(6.76－0.24)]×2×(3.60－0.10－0.15)－1.00×2.10－1.80×1.50×2＝60.04(m²) 走廊 1-8：[(11.76－0.24)×2＋(1.36－0.24)×2＋(0.40－0.24)×4－(2.6－0.24)]×(3.60－0.10－0.15)－1.00×2.10×4－0.80×2.10＝68.85(m²) 楼梯间：[(2.70＋1.22－0.12)×2＋(2.60－0.24)]×(3.60－0.10)－1.50×1.50＝32.61(m²) 卫生间：(3.80－0.24＋2.40－0.24)×2×(3.60－1.50－0.10)－0.80×(2.10－1.50)×2－0.60×(0.90＋1.50－1.50)＝17.72(m²) (1.20－0.12－0.07＋1.50－0.12－0.07)×2×(3.60－1.50－0.10)－0.80×(2.10－1.50)－0.60×(0.90＋1.50－1.50)＝8.26(m²) 二层小计：379.04m²(已扣踢脚线) 踢脚线面积：[44.74＋(144.32－1.12)]×0.15＝28.19(m²) 扣内墙面上混凝土柱、梁面积：84.80m²(见序号 58) 一层、二层合计：316.09＋379.04＋28.19－84.80＝638.52(m²)	m²	638.52
55	内墙面白色乳胶漆2遍 J 01—2005(9/5)	内墙面：316.09＋379.04＝695.13(m²) 洞口侧壁和顶面：[(0.24－0.10)×2.10×2＋(0.24－0.10)×1.00]M2×8＋[(0.24－0.10)×2.10×2＋(0.24－0.10)×0.80]M3×2＝5.82＋1.40＝7.22(m²) 合计：702.35m²	m²	702.35

续表

序号	分部分项工程名称	工程量计算式	单位	数量
56	外墙面抹混合砂浆	外墙面抹灰面积按外墙面的垂直投影面积计算，应扣除门窗洞口和空圈所占的面积，不扣除0.3m^{2}以内的孔洞面积。但门窗洞口、空圈的侧壁、顶面及垛等抹灰，应按结构展开面积并入墙面抹灰中计算。外墙窗间墙与窗下墙均抹灰，以展开面积计算。 A轴：(11.76＋0.24)×(8.10＋0.45－0.12)－[2.10^{M4}＋0.90×4^{C3}＋2.70×4^{C2}＋2.25^{C5}]＝82.41(m^2) G轴：(11.76＋0.24)×(8.10－0.12)－(2×8.10^{C1}＋8.10^{M1}＋5.04^{C4}＋5.28×2^{C6})＝55.86(m^2) 1、8轴：(12.26＋0.24)×(8.10＋0.45－0.12)×2＝210.75(m^2) 小计：349.02m^2 加门窗洞口侧壁、顶面：(0.14×2.10×2＋1.00×0.14)^{M4}＋(0.14×1.50×2＋0.60×0.14)^{C3}×4＋(0.14×1.50×2＋1.80×0.14)^{C2}×4＋(0.14×1.50×2＋1.50×0.14)^{C5}＋(0.14×2.30×2)^{C1}＋(0.14×1.50×2)^{C6}＋(0.14×2.70×2)^{M1}＝7.89(m^2) 扣混凝土柱、梁正面面积：71.40m^2(见序号58) 合计：285.51m^2	m^2	285.51
57	外墙苯丙乳胶漆	按设计图示尺寸以面积计算。 外墙面：349.02m^2 加门窗洞口侧壁、顶面：7.89m^2 合计：356.91m^2	m^2	356.91
58	混凝土柱、梁面抹混合砂浆	内墙面上混凝土柱、梁面抹混合砂浆： 1、8轴内侧：[0.30＋(0.30－0.24)]×[(2.90＋0.10)＋(3.60－0.10)]$^{Z-1}$×4＋[(5.16－0.24＋5.16－0.48)×(0.24－0.10)×2^{圈梁}＋(7.10－0.24－0.30×2)×(0.35－0.10)×2^{屋面}]＝15.18(m^2) 2、5、7轴：0.24×(7.07－0.10)^{构造柱}＋(3.80－0.24)×(0.24－0.10)×(6^{二层}＋4^{顶层})^{圈梁}＝6.66(m^2) 4、6轴：(7.10－0.25)×(0.60－0.10)×4^{KJ-1}＝13.70(m^2) A轴内侧：(12.00－0.24×5)×(0.24－0.10)×2^{圈梁}＝3.02(m^2) G轴内侧：0.30×[(2.90＋0.10)＋(3.60－0.10)]$^{KJ-1\text{柱}}$×2＋(12.00－0.30×2－0.24×2)×0.35×2^{LL-1}＋(12.00－0.30×2－0.24×2)×(0.35－0.10)$^{LL-1}$＝14.27(m^2) C轴：0.24×(7.07－0.10)×3^{构造柱}＋(9.16－0.24×3)×(0.24－0.10)×2$^{\text{二层、顶层圈梁}}$＝7.38(m^2) D轴：[0.30＋(0.40－0.24)×2]×(7.07－0.10)×2$^{KJ-1\text{柱南立面}}$＋0.30×[(2.90＋0.10)＋(3.60－0.10)]$^{KJ-1\text{柱北立面}}$×2＋(11.76－0.24－0.30×2)×(0.40－0.10)$^{LL-1}$×3＝22.37(m^2) 3轴：(1.50－0.15/2－0.24/2)×(0.40－0.08)×2＝0.84(m^2) B轴：(2.40－0.24)×(0.40－0.08)×2＝1.38(m^2) 小计：84.80m^2 外墙面上混凝土柱、梁正面面积： A轴外侧：0.24×(8.10＋0.45－0.12)×5^{构造柱}＋(12.00－0.24×5)×0.24×2^{圈梁}＝15.30(m^2) G轴外侧：(0.30×7.20$^{KJ-1\text{柱}}$×2)＋(12.00－0.30×2－0.24×2)×0.35×3^{LL-1}＋(12.00－0.30×2－0.24×2)×(0.45－0.12)^{雨篷梁}＝19.39(m^2) 1、8轴外侧：[0.30×(7.20＋0.45)$^{Z-1}$×4＋0.24×(8.10＋0.45－0.12)^{构造柱}×7]＋[0.24×(5.16－0.24＋5.16－0.48)×2^{圈梁}＋(7.10－0.24－0.30×2)×0.35×4]＝36.71(m^2) 小计：71.40m^2 外墙面上柱侧面展开及梁底：(0.40－0.24)×7.20×4$^{KJ-1\text{柱}}$＋(0.14×2.30＋3.52×0.14)×2^{C1}＋3.00×0.14^{M1}＋(0.14×1.50×2＋0.14×3.36)^{C4}＋(0.14×1.50＋0.14×3.52)×2^{C6}＝8.95(m^2) 合计：84.80＋71.40＋8.95＝165.16(m^2)	m^2	165.16

续表

序号	分部分项工程名称	工程量计算式	单位	数量
59	女儿墙内侧面水泥砂浆抹灰，J 01—2005（5/6）	（11.52＋12.02）×2×（8.1－7.2－0.12）＝36.72（m^2）	m^2	36.72
60	女儿墙压顶水泥砂浆抹灰	按图示尺寸以面积计算。 （11.76＋12.26）×2×（0.24＋0.12×2）＝23.06（m^2）	m^2	23.06
61	雨篷水泥砂浆抹灰	按水平投影面积计算。 YP—1：（1.15＋0.35）×（11.76＋0.24）＝18.00（m^2） YP—2：1.50×0.90＝1.35（m^2） 合计：19.35m^2	m^2	19.35
62	雨篷立面苯丙乳胶漆	YP—1： 外面：（12.00＋1.50×2）×（0.40＋0.35^梁顶^）－0.20×0.10×14＝10.97（m^2） 小立柱：（0.20×0.10×2＋0.20×0.20×2）×14＝1.68（m^2） 压顶上下面：0.35×［12.00＋（1.50－0.35）×2］×2－0.20×0.10×14＝9.73（m^2） 侧面：0.10×（12.00＋1.50×2）×2＝3.00（m^2） YP—2： 0.90×1.50＋（1.50＋0.90×2）×0.08＝1.61（m^2） 雨篷苯丙乳胶漆：（10.97＋1.68＋9.73＋3.00）＋（1.50＋0.90×2）×0.08＝25.64（m^2）	m^2	25.64
63	雨篷底乳胶漆 2 遍	雨篷底涂乳胶漆 2 遍： （0.35＋1.15）×（11.76＋0.24）＋0.90×1.50＝19.35（m^2）	m^2	19.35
64	块料墙面，卫生间内墙，12 厚 1∶3 水泥砂浆打底，5 厚 1∶1 水泥细砂结合层，8 厚地砖素水泥擦缝，J 01—2005（7/4）	按设计图示尺寸以面积计算。 一层卫生间： （2.40－0.24＋2.30－0.12－0.07）×2×1.50－0.80×1.50×3＝9.21（m^2） 二层卫生间： （2.40－0.24＋3.8－0.24）×2×1.50－0.80×1.50×2－0.60×（1.50－0.90）＝14.4（m^2） 厕所（3 间）： ［（1.20－0.12－0.07＋1.50－0.12－0.07）×2×1.50－0.80×1.50－0.60×（1.50－0.90）］×3＝16.20（m^2） 合计：39.81m^2	m^2	39.81
	天棚工程			
65	天棚吊顶，装配式 U 型（不上人型）轻钢龙骨，纸面石膏板面层，规格 600mm×600mm	天棚龙骨的面积按主墙间的水平投影面积计算。 一层门厅及接待室：（11.76－0.24）×（7.10－0.24）－（7.10－0.24）×0.24＝77.38（m^2）	m^2	77.38
66	天棚吊筋 $\phi 8$（天棚面层至楼板底 0.60m 高）	天棚龙骨的吊筋按每 10m^2 龙骨面积套相应子目计算。 同轻钢龙骨：77.38m^2	m^2	77.38

续表

序号	分部分项工程名称	工程量计算式	单位	数量
67	纸面石膏板面层	天棚饰面的面积按净面积计算，不扣除间壁墙、检修孔、附墙烟囱、柱垛和管道所占面积，但应扣除独立柱、0.3m^2 以上的灯饰面积（石膏板、夹板天棚面层的灯饰面积不扣除）、与天棚相连接的窗帘盒面积。 同轻钢龙骨：77.38m^2	m^2	77.38
68	夹板面满批腻子 2 遍	同轻钢龙骨：77.38m^2	m^2	77.38
69	清油封底	同轻钢龙骨：77.38m^2	m^2	77.38
70	天棚板缝贴自黏胶带	同轻钢龙骨：77.38m^2	m^2	77.38
71	夹板面乳胶漆 2 遍	同轻钢龙骨：77.38m^2	m^2	77.38
72	现浇混凝土基层，刷素水泥浆一道，6 厚 1∶0.3∶3 水泥石灰膏砂浆打底，6 厚 1∶0.3∶3 水泥石灰膏砂浆粉面	天棚面抹灰按主墙间天棚水平面积计算，不扣除间壁墙、垛、柱、附墙烟囱、检查洞、通风洞和管道等所占的面积。密肋梁、井字梁和带梁天棚抹灰面积，按展开面积计算，并入天棚抹灰工程量内。 一层： 办公室 1、2：（3.40－0.24）×（3.80－0.24）＋（3.36－0.24）×（3.80－0.24）＝22.36（m^2） 过道 1～8 轴：（11.76－0.24）×（1.36－0.24）＝12.90（m^2） 卫生间：（2.40－0.24）×（3.80－0.24）＝7.69（m^2） 梁展开：［（1.36－0.24）×0.20×2＋（1.36－0.24）×0.25］$^{L-3}$＝0.73（m^2） 一层小计：43.68m^2 二层： 北边办公室：（7.10－0.24）×（11.76－0.24）－（7.10－0.24）×0.24×2＝75.73（m^2） 南边办公室：（3.8－0.24）×（6.76－0.24）＝23.21（m^2） 走廊：（11.76－0.24）×（1.36－0.24）＝12.90（m^2） 卫生间：（2.40－0.24）×（3.80－0.24）＝7.69（m^2） 楼梯间：3.80×（2.60－0.24）＝8.97（m^2） 梁展开：（12.00－0.25×4）×（0.35－0.10）×4$^{顶层LL-1b梁}$＝11.00（m^2） 二层小计：139.50m^2 合计：183.18m^2	m^2	183.18
73	楼梯底面，现浇混凝土基层，刷素水泥浆一道，6 厚 1∶0.3∶3 水泥石灰膏砂浆打底，6 厚 1∶0.3∶3 水泥石灰膏砂浆粉面	楼梯底面并入相应的天棚抹灰工程量内计算。混凝土楼梯、螺旋楼梯的底板为斜板时，按其水平投影面积（包括休息平台）乘以系数 1.18 计算；底板为锯齿形时（包括预制踏步板），按其水平投影面积乘以系数 1.5 计算。 （3.8－0.12）×（2.60－0.24）×1.18＝10.25（m^2）	m^2	10.25
74	白色乳胶漆顶棚 J 01—2005 (6/8)	顶棚：183.18m^2 楼梯底面白色乳胶漆 J 01—2005（6/8）：10.25（m^2）	m^2	183.18＋10.25

续表

序号	分部分项工程名称	工程量计算式	单位	数量
	门窗工程			
75	胶合板门，无腰单扇平开门，框截面为55mm×100mm	各类木门窗（包括纱门、纱窗）制作及安装工程量均按门窗洞口面积以 m^2 计算。 胶合板门（榉木板面层），M2 共 8 樘：1.00×2.10×8＝16.80（m^2）	m^2	16.80
76	执手锁安装	8 把	把	8
77	铰链	24 个	个	24
78	门吸门阻	8 个	个	8
79	单层木门聚氨酯漆 3 遍	16.80m^2	m^2	16.80
80	铝合金地弹门，购入成品安装	铝合金地弹门，四扇四开，M1，1 樘：3.00×2.70＝8.10（m^2）	m^2	8.10
81	门锁安装	门锁 3 把	把	3
82	轻型地弹簧安装	地弹簧 4 只	只	4
83	铝合金拉手	4 对	对	4
84	塑钢门，平开无亮，洞口尺寸800mm×2100mm，购入成品安装	塑钢门 M3，5 樘：0.80×2.10×5＝8.4（m^2）	m^2	8.4
85	执手锁安装	2 把	把	2
86	门吸门阻	门吸门阻：2 个＋1 个（钢防盗门）	个	3
87	插销	插销：3 副	副	3
88	钢防盗门，平开无亮，洞口尺寸1000mm×2100mm，购入成品安装	钢防盗门，M4，1 樘：1.00×2.10＝2.10（m^2）	m^2	2.10
89	铝合金推拉窗双扇，洞口尺寸1800mm×1500mm，购入成品安装	购入成品的各种铝合金门窗安装，按门窗洞口面积以 m^2 计算，购入成品的木门扇安装，按购入门扇的净面积计算。 铝合金双扇推拉窗，C2，4 樘：1.80×1.50×4＝10.80（m^2）	m^2	10.80
90	铝合金推拉窗双扇，洞口尺寸1500mm×1500mm，购入成品安装	铝合金双扇推拉窗，C5，1 樘：1.50×1.50＝2.25（m^2）	m^2	2.25
91	铝合金推拉窗，洞口尺寸3360mm×1500mm，购入成品安装	铝合金六扇推拉窗，C4，1 樘：3.36×1.50＝5.04（m^2）	m^2	5.04

续表

序号	分部分项工程名称	工程量计算式	单位	数量
92	铝合金推拉窗，洞口尺寸3520mm×1500mm，购入成品安装	铝合金6扇推拉窗，C6，2樘：3.52×1.50×2=10.56（m^2）	m^2	10.56
93	铝合金平开窗单扇，洞口尺寸600mm×1500mm，购入成品安装	铝合金单扇平开窗，C3，4樘：0.60×1.50×4=3.6（m^2）	m^2	3.6
94	铝合金固定窗，洞口尺寸3520mm×2300mm，购入成品安装	全玻固定窗，C1，2樘：3.52×2.30×2=16.20（m^2）	m^2	16.20
	脚手架			
95	内墙脚手架	内墙脚手架面积=内墙净长×内墙净高 底层： C轴：11.76−2.60=9.16（m） D轴：11.76−0.24=11.52（m） 2轴：3.80m 5、7轴：（3.8−0.24）×2=7.12（m） 6轴：7.10−0.24=6.86（m） B轴：2.4−0.24=2.16（m） 3轴：1.50−0.12−0.06=1.32（m） 小计：（9.16+3.80+7.12）×（3.60−0.24）+11.52×（3.60−0.40）+6.86×（3.60−0.60）+（2.16+1.32）×（3.60−0.10）=137.09（m^2） 二层： C轴：11.76−2.60=9.16（m） D轴：11.76−0.24=11.52（m） 2轴：3.80m 5轴：3.8−0.24=3.56（m） 4、6轴：（7.10−0.24）×2=13.72（m） B轴：1.20m 3轴：1.50−0.12−0.06=1.32（m） 小计：（9.16+3.80+3.56）×（3.60−0.24）+11.52×（3.60−0.40）+13.72×（3.60−0.60）+（1.20+1.32）×（3.60−0.10）=142.35（m^2） 合计：137.09+142.35=279.44（m^2）	m^2	279.44
96	外墙脚手架	外墙脚手架面积=外墙外边线长度×外墙高度 外墙高度：平屋面指室外设计地坪至檐口（或女儿墙上表面）高度 A、G轴：（11.76+0.24）×（8.10+0.45−0.12）×2=202.32（m^2） 1、8轴：（12.26+0.24）×（8.10+0.45−0.12）×2=210.75（m^2） 合计：413.07m^2	m^2	413.07
97	现浇钢筋混凝土独立柱浇捣脚手架	Z—1：（0.30×4+3.60）×[3.60+（3.60+0.45−0.10）]×4=144.96（m^2）	m^2	144.96

续表

序号	分部分项工程名称	工程量计算式	单位	数量
98	抹灰脚手架	墙面抹灰以墙净长乘以净高计算。 内墙：279.44×2＝558.88（m^2） 外墙内侧： A、G轴：（11.76－0.24×3）×（3.60－0.10）×2＝77.28（m^2） 1、8轴：（12.26－0.24×2.5）×（3.60－0.10）×2＝81.62（m^2） 小计：717.78m^2 天棚抹灰：高度在3.60m以内，按天棚抹灰面（不扣除柱、梁所占的面积）以m^2计算（数据见序号72～74）。 77.38＋183.18－（0.73＋11）^{梁展开}＋10.25＝259.08（m^2） 小计：259.08m^2 合计：976.86m^2	m^2	976.86
	模板工程			
99	条形基础组合钢模板	按《江苏省建筑与装饰工程计价表》含模量计算（数据来源于混凝土工程）。 条形基础：17.45×0.74＝12.91（m^2）	m^2	12.91
100	独立基础组合钢模板	独立基础：5.67×1.76＝9.98（m^2）	m^2	9.98
101	底层框架柱组合钢模板	底层矩形柱支模净高：（3.60＋0.45－0.10）＝3.95＞3.60m，钢支撑、零星卡具独立柱、梁、板乘以1.10（5m以内），框架柱、梁、板乘以1.07（5m以内）；模板人工乘以1.05。 框架柱：（0.40×0.30×3.95）×4×13.33＝1.896×13.33＝25.27(m^2)	m^2	25.27
102	底层独立柱组合钢模板	独立柱：（0.30×0.30×3.95）×4×13.33＝1.422×13.33＝18.96（m^2）	m^2	18.96
103	二层矩形柱组合钢模板	（6.49－1.896－1.422）×13.33＝42.28（m^2）	m^2	42.28
104	构造柱组合钢模板	构造柱：8.38×11.10＝93.02（m^2）	m^2	93.02
105	单梁组合钢模板	单梁：2.03×8.68＝17.62（m^2）	m^2	17.62
106	圈梁组合钢模板	圈梁：2.54×8.33＝21.16（m^2）	m^2	21.16
107	过梁组合钢模板	过梁：1.96×12.00＝23.52（m^2）	m^2	23.52
108	二层梁板组合钢模板	二层梁板支模净高：（3.60＋0.45－0.10）＝3.95＞3.60m，钢支撑、零星卡具框架柱、梁、板乘以1.07（5m以内）；模板人工乘以1.05。 二层梁板：（15.04＋0.94）×10.70＝15.98×10.70＝170.99（m^2）	m^2	170.99
109	有梁板组合钢模板	屋面有梁板：15.94×10.70＝170.56（m^2）	m^2	170.56
110	平板组合钢模板	屋面平板：6.19×12.06＝74.65（m^2）	m^2	74.65
111	二层平板组合钢模板	二层平板：3.55×12.06＝42.81（m^2）	m^2	42.81
112	刚性屋面组合钢模板	刚性屋面：（11.76－0.24）×（12.26－0.24）×0.10/10＝1.38（m^2）	m^2	1.38
113	板式雨篷组合钢模板	板式雨篷：1.35/10＝0.14（m^2）	m^2	0.14
114	复式雨篷组合钢模板	复式雨篷：18/10＝1.8（m^2）	m^2	1.8
115	直形楼梯组合钢模板	直形楼梯：8.68/10＝0.868（m^2）	m^2	0.868

续表

序号	分部分项工程名称	工程量计算式	单位	数量
116	小型构件组合钢模板	雨篷小柱：0.056×18.00＝1.01（m^2）	m^2	1.01
117	压顶组合钢模板	压顶：1.88×11.10＝20.87（m^2）	m^2	20.87
	建筑工程垂直运输			
118	卷扬机施工	40天（查2000年工期定额）	天	40

三、施工图预算文件

施工图预算文件一般应由封面、编制说明、工程取费表、施工图预算表、工料分析表、材料价差表和工程量计算书等组成。

（一）封面

封面格式见以下式样。

（二）编制说明

编制说明见以下式样。

青蓝小学办公楼建筑与装饰工程

施工图预算

建设单位：××小学

设计单位：××市设计院

编制单位：×××

施工图预算造价：叁拾贰万柒仟贰佰元玖角捌分

造价工程师及注册证号：王××
（签字盖执业专用章）

编制时间：　2009－8－19

编　制　说　明

1. 工程概况

本工程建筑面积300.00m^2，建筑层数二层，檐口高度7.20m；结构类别为框架＋砖混结构，基础为钢筋混凝土独立基础＋钢筋混凝土条形基础，墙体为标准砖内、外墙，楼、屋盖为现浇钢筋混凝土楼板及屋面板；块料面层楼地面，乳胶漆墙面，刚性防水（有保温层）屋面，铝合金窗、榉木切片板门。

2. 编制依据

（1）××小学办公楼建筑与装饰工程施工图及设计说明。

（2）《江苏省建筑与装饰工程计价表》（2004年）。

（3）《江苏价格信息》（2009下半年）。

（4）苏建价（2006）276号文（人工费调整文件）。

（5）其他有关资料。

3. 编制范围

编制范围是××小学办公楼建筑与装饰工程。

4. 其他说明

（1）工期：执行国家定额工期。

（2）质量：执行国家施工验收规范标准。

（3）工资单价：一类工32元/工日；二类工30元/工日；三类工27元/工日。

（三）工程取费表

单位工程工程取费表如表 6－18 所示。

表 6－18　　建筑与装饰工程取费表

工程名称：××小学办公楼建筑与装饰工程　　第　页　共　页

序号	名　称	计 算 公 式	金额（元）
一	分部分项工程费用	《江苏省建筑与装饰工程计价表》（2004 年）预算价＋价差	253760.96
二	措施项目费用		51301.81
1	措施项目费用（二）	《江苏省建筑与装饰工程计价表》（2004 年）预算价＋价差	38157.00
2	措施项目费用（一）	一×费率	13144.81
（1）	现场安全文明施工措施费	一×4.0％	10150.44
其中	基本费	一×2.2％	5582.74
	考评费	一×1.1％	2791.37
	奖励费	一×0.7％	1776.33
（2）	临时设施费	一×1.0％	2537.61
（3）	企业检验试验费	一×0.18％	456.77
三	规 费	（一＋二）×3.69％	11256.82
1	工程排污费	本工程不计	0.00
2	建筑安全监督管理费	（一＋二）×0.19％	579.62
3	社会保障费	（一＋二）×3％	9151.88
4	住房公积金	（一＋二）×0.5％	1525.31
四	税 金	（一＋二＋三）×3.44％	10881.39
五	总造价（大写）	叁拾贰万柒仟贰佰元玖角捌分	327200.98

（四）施工图预算表

1. 综合单价法

按综合单价法编制的施工图预算表如表 6－19 所示，该表中综合单价由人工费、材料费、机械费、管理费和利润组成，价格已调至编制期水平。

表 6－19　　施工图预算表（综合单价法）

工程名称：××小学办公楼建筑与装饰工程　　第　页　共　页

序号	定额编号	项 目 名 称	计量单位	工程数量	综合单价	合价
		土（石）方工程				4429.48
1	1—98	平整场地	$10m^2$	26.40	32.01	845.06
2	1—2	人工挖二类干土深小于 1.5m	m^3	6.24	10.12	63.15
3	1—92＋1—95＊－0.4	单（双）轮车运土运距小于 30m	m^3	6.24	9.86	61.53
4	1—55	人工挖地坑三类干土深小于 1.5m	m^3	20.79	28.65	595.63
5	1—23	人工挖地槽，地沟三类干土深小于 1.5m	m^3	58.06	25.27	1467.18

续表

序号	定额编号	项　目　名　称	计量单位	工程数量	综合单价	合价
6	1—104	基（槽）坑夯填回填土	m^3	43.24	17.22	744.59
7	1—102	地面夯填回填土	m^3	42.10	15.50	652.55
		砌筑工程				**37268.37**
8	3—1	直形砖基础（M5 水泥砂浆）	m^3	12.67	269.09	3409.37
9	3—42	防水砂浆墙基防潮层	$10m^2$	2.05	108.28	221.97
10	3—29	标准 1 砖外墙（M5 混合砂浆）	m^3	54.67	288.81	15789.24
11	3—29	标准 1 砖外墙（M5 混合砂浆）	m^3	8.32	288.81	2402.90
12	3—33 换	标准 1 砖内墙（M5 混合砂浆）	m^3	53.26	280.59	14944.22
13	3—31	1/2 标准砖内墙（M5 混合砂浆）	m^3	1.69	296.25	500.66
		混凝土及钢筋混凝土工程				**63448.19**
14	2—120	基础垫层现浇无筋（C10 混凝土 40mm32.5）	m^3	7.18	280.05	2010.76
15	5—2	（C20 混凝土 40mm32.5）无梁式条形基础	m^3	17.45	282.49	4929.45
16	5—7	（C20 混凝土 40mm32.5）桩承台，独立柱基基础	m^3	5.67	281.05	1593.55
17	5—13.2	（C25 混凝土 31.5mm32.5）矩形柱	m^3	3.75	351.41	1317.79
18	5—13.2	（C25 混凝土 31.5mm32.5）矩形柱	m^3	2.82	351.41	990.98
19	5—16 换	（C25 混凝土 20mm32.5）构造柱	m^3	8.53	438.50	3740.41
20	5—18.1	（C20 混凝土 31.5mm32.5）单梁，框架梁，连续梁	m^3	2.03	306.53	622.26
21	5—20	（C20 混凝土 20mm32.5）圈梁	m^3	2.54	345.65	877.95
22	5—21	（C20 混凝土 20mm32.5）过梁	m^3	1.96	383.07	750.82
23	5—32.1	（C20 混凝土 20mm32.5）有梁板	m^3	15.04	300.91	4525.69
24	5—32.1	（C20 混凝土 20mm32.5）有梁板	m^3	0.94	300.91	282.86
25	5—32.1	（C20 混凝土 20mm32.5）有梁板	m^3	15.94	300.91	4796.51
26	5—34.1	（C20 混凝土 20mm32.5）平板	m^3	3.55	310.20	1101.21
27	5—34.1	（C20 混凝土 20mm32.5）平板	m^3	6.19	310.20	1920.14
28	5—39	（C20 混凝土 20mm32.5）板式雨篷	$10m^2$	0.14	328.46	45.98
29	5—40	（C20 混凝土 20mm32.5）复式雨篷	$10m^2$	1.80	397.33	715.19
30	5—37.2	（C25 混凝土 20mm32.5）直形楼梯	$10m^2$	0.868	741.77	643.86
31	5—50	（C20 混凝土 20mm32.5）小型构件	m^3	0.056	384.66	21.54
32	5—49	（C20 混凝土 20mm32.5）压顶	m^3	0.50	371.77	185.89
33	5—49	（C20 混凝土 20mm32.5）压顶	m^3	1.38	371.77	513.04
34	12—172	（C15 混凝土 20mm32.5）散水	$10m^2$	2.292	377.04	864.18

续表

序号	定额编号	项 目 名 称	计量单位	工程数量	综合单价	合价
35	4—1	现浇混凝土构件钢筋 $\phi<12$	t	3.286	3749.29	12320.17
36	4—2	现浇混凝土构件钢筋 $\phi<25$	t	5.397	3420.73	18461.69
37	4—27	铁件制作安装	t	0.022	9836.08	216.39
		屋面及防水工程				6394.60
38	12—15	水泥砂浆找平层（厚 20mm）混凝土或硬基层上	$10m^2$	15.024	92.12	1384.01
39	12—15	水泥砂浆找平层（厚 20mm）混凝土或硬基层上	$10m^2$	15.024	92.12	1384.01
40	12—18	现浇（C20 混凝土 16mm32.5）找平层厚 40mm	$10m^2$	15.024	143.88	2161.65
41	9—188	PVC 水落管屋面排水 $\phi100$	10m	3.764	301.28	1134.02
42	9—190	PVC 水斗屋面排水 $\phi100$	10 只	0.60	266.39	159.83
43	9—196	屋面铸铁落水口（带罩）排水 $\phi100$	10 只	0.60	285.14	171.08
		防腐、隔热、保温工程				4987.97
44	SB9—5	聚苯乙烯挤塑板厚度在 25mm	$10m^2$	13.847	360.22	4987.97
		楼地面工程				52753.03
45	12—11	（C10 混凝土 20mm32.5）垫层不分格	m^3	7.02	285.26	2002.53
46	12—54	花岗岩楼地面干硬性水泥砂浆粘贴	$10m^2$	8.778	2922.67	25655.20
47	12—11	（C10 混凝土 20mm32.5）垫层不分格	m^3	4.43	285.26	1263.70
48	12—92	400×400 地砖楼地面水泥砂浆粘贴	$10m^2$	4.428	592.22	2622.35
49	12—11	（C10 混凝土 20mm32.5）垫层不分格	m^3	0.60	285.26	171.16
50	12—18	现浇（C20 混凝土 16mm32.5）找平层厚 40mm	$10m^2$	0.744	143.88	107.05
51	12—15	水泥砂浆找平层（厚 20mm）混凝土或硬基层上	$10m^2$	0.744	92.12	68.54
52	9—108	刷聚氨酯防水涂料 2 涂 1.5mm	$10m^2$	0.744	210.14	156.34
53	12—90 换	300×300 地砖楼地面水泥砂浆粘贴	$10m^2$	0.744	715.70	532.48
54	12—92	400×400 地砖楼地面水泥砂浆粘贴	$10m^2$	11.309	592.22	6697.42
55	12—18	现浇（C20 混凝土 16mm32.5）找平层厚 40mm	$10m^2$	0.734	143.88	105.61
56	12—15	水泥砂浆找平层（厚 20mm）混凝土或硬基层上	$10m^2$	0.734	92.12	67.62
57	12—90 换	300×300 地砖楼地面水泥砂浆粘贴	$10m^2$	0.734	715.70	525.32
58	12—60	花岗岩踢脚线水泥砂浆粘贴	10m	4.47	445.31	1990.54

续表

序号	定额编号	项目名称	计量单位	工程数量	综合单价	合价
59	12—102	300×300地砖踢脚线水泥砂浆粘贴	10m	15.33	138.69	2126.12
60	12—100	300×300地砖楼梯水泥砂浆粘贴	$10m^2$	0.897	1185.81	1063.67
61	12—158	不锈钢管扶手不锈钢管栏杆	10m	0.816	3654.64	2982.19
62	1—99	地面原土打底夯	$10m^2$	1.368	6.97	9.53
63	12—4	1:1砂石垫层	m^3	1.09	109.01	118.82
64	12—11.1	(C15 混凝土 20mm32.5) 垫层不分格	m^3	1.37	287.77	394.24
65	12—59	花岗岩台阶水泥砂浆粘贴	$10m^2$	1.368	2992.00	4093.06
		墙、柱面工程				20798.31
66	13—31	内砖墙面抹混合砂浆	$10m^2$	63.852	136.86	8378.78
67	13—40	矩形混凝土柱，梁面抹混合砂浆	$10m^2$	16.516	188.59	3114.75
68	13—11	砖外墙面，墙裙抹水泥砂浆	$10m^2$	28.551	167.15	4772.30
69	13—11	砖外墙面，墙裙抹水泥砂浆	$10m^2$	3.672	167.15	613.77
70	13—24	零星项目抹水泥砂浆	$10m^2$	2.306	253.61	584.82
71	13—117	内墙面，墙裙贴瓷砖＞152×152砂浆粘贴	$10m^2$	4.389	758.68	3329.85
		天棚工程				12800.20
72	14—115	现浇混凝土天棚混合砂浆面	$10m^2$	18.318	124.99	2289.57
73	14—115	现浇混凝土天棚混合砂浆面	$10m^2$	1.12	124.99	139.99
74	13—20	阳台、雨篷抹水泥砂浆	$10m^2$	6.30	629.56	3966.23
75	14—5	装配式U型（不上人型）轻钢龙骨简单面层规格300×300	$10m^2$	7.738	537.97	4162.81
76	14—42＋14—42注＊−1.5	$\phi 8$，H=吊筋600＋螺杆250mm	$10m^2$	7.738	50.89	393.79
77	14—54	纸面石膏板天棚面层安装在U型轻钢龙骨上平面	$10m^2$	7.738	238.70	1847.06
		门窗工程				37136.00
78	独立费	独立费	m^2	16.80	300.00	5040.00
79	独立费	独立费	m^2	8.10	1000.00	8100.00
80	独立费	独立费	m^2	8.40	400.00	3360.00
81	独立费	独立费	m^2	2.10	600.00	1260.00
82	独立费	独立费	m^2	10.80	400.00	4320.00
83	独立费	独立费	m^2	2.25	400.00	900.00
84	独立费	独立费	m^2	5.04	400.00	2016.00
85	独立费	独立费	m^2	10.56	400.00	4224.00
86	独立费	独立费	m^2	3.60	400.00	1440.00

续表

序号	定额编号	项 目 名 称	计量单位	工程数量	综合单价	合价
87	独立费	独立费	m²	16.19	400.00	6476.00
		油漆、涂料、裱糊工程				13745.08
88	16—307	内墙面乳胶漆在抹灰面上批，刷2遍混合腻子	10m²	70.235	102.04	7166.78
89	16—307 注1	内墙面乳胶漆在抹灰面上批，刷2遍混合腻子（柱、梁、天棚面上批腻子、刷乳胶漆各2遍）	10m²	18.318	108.34	1984.57
90	16—307 注1	内墙面乳胶漆在抹灰面上批，刷2遍混合腻子（柱、梁、天棚面上批腻子、刷乳胶漆各2遍）	10m²	1.935	108.34	209.64
91	16—307 注1	内墙面乳胶漆在抹灰面上批，刷2遍混合腻子（柱、梁、天棚面上批腻子、刷乳胶漆各2遍）	10m²	1.12	108.34	121.34
92	16—311	夹板面刷乳胶漆2遍	10m²	7.738	46.03	356.18
93	16—303	夹板面满批腻子2遍	10m²	7.738	53.88	416.92
94	16—305	清油封底	10m²	7.738	25.87	200.18
95	16—306	天棚墙面板缝贴自粘胶带	10m	7.738	23.16	179.21
96	16—319	苯丙薄型外墙涂料	10m²	35.691	81.45	2907.03
97	16—319	苯丙薄型外墙涂料	10m²	2.564	81.45	208.84
		混凝土、钢筋混凝土模板及支架				22623.65
98	20—1	现浇混凝土垫层基础组合钢模板	10m²	0.718	356.39	255.89
99	20—3	现浇无梁式带形基础复合木模板	10m²	1.291	221.95	286.54
100	20—11	现浇各种柱基、桩承台复合木模板	10m²	0.9979	247.22	246.70
101	20—26	现浇矩形柱复合木模板	10m²	4.9988	302.42	1511.74
102	20—26	现浇矩形柱复合木模板	10m²	3.7591	302.42	1136.83
103	20—31	现浇构造柱复合木模板	10m²	9.4683	327.61	3101.91
104	20—35	现浇挑梁，单梁，连续梁，框架梁复合木模板	10m²	1.7621	336.41	592.79
105	20—41	现浇圈梁，地坑支撑梁复合木模板	10m²	2.1158	245.88	520.23
106	20—43	现浇过梁复合木模板	10m²	2.352	316.61	744.67
107	20—57	现浇板厚度小于10cm复合木模板	10m²	16.0928	255.56	4112.68
108	20—57	现浇板厚度小于10cm复合木模板	10m²	1.0058	255.56	257.04
109	20—57	现浇板厚度小于10cm复合木模板	10m²	17.0558	255.56	4358.78
110	20—57	现浇板厚度小于10cm复合木模板	10m²	4.2813	255.56	1094.13
111	20—57	现浇板厚度小于10cm复合木模板	10m²	7.4651	255.56	1907.78
112	20—72	现浇水平挑檐，板式雨篷复合木模板	10m²	0.14	457.79	64.09

续表

序号	定额编号	项　目　名　称	计量单位	工程数量	综合单价	合价
113	20—74	现浇复式雨篷复合木模板	10m²	1.80	542.41	976.34
114	20—70	现浇楼梯复合木模板	10m²	0.868	825.12	716.20
115	20—85	现浇檐沟，小型构件木模板	10m²	0.1008	446.32	44.99
116	20—90	现浇压顶复合木模板	10m²	0.555	282.30	156.68
117	20—90	现浇压顶复合木模板	10m²	1.5318	282.30	432.43
118	20—1	现浇混凝土垫层基础组合钢模板	10m²	0.1582	356.39	56.38
119	20—1	现浇混凝土垫层基础组合钢模板	10m²	0.137	356.39	48.83
		二次搬运费				
		大型机械设备进出场及安拆费				
		施工排水费				
		施工降水费				
		地上、地下设施，建筑物的临时保护设施费				
		特殊条件下施工增加费				
		脚手架				4402.55
120	19—1	砌墙脚手架里架子（3.6m 以内）	10m²	27.94	10.11	282.47
121	19—2	砌墙脚手架单排外架子（12m 以内）	10m²	41.31	89.26	3687.33
122	19—13	高大于 3.6m 单独柱、梁、墙、油（水）池壁混凝土浇捣脚手架	10m²	6.83	22.66	154.77
123	19—10	抹灰脚手架小于 3.6m	10m²	102.20	2.72	277.98
		垂直运输机械费				11130.80
124	22—1	建筑物垂直运输卷扬机施工砖混结构檐高小于 20m，小于 6 层	天	40.00	278.27	11130.80
		合计				291917.96

2. 工料单价法

按工料单价法编制的施工图预算表如表 6－20 所示，定额单价由人工费、材料费、机械费组成，价格水平同计价表（未调价差）。

表 6－20　　施工图预算表（工料单价法）

工程名称：××小学办公楼建筑与装饰工程　　　　第　页　　共　页

序号	定额编号	项目名称	计量单位	工程数量	定额（元）		人工费（元）		机械费（元）	
					单价	合价	单价	合价	单价	合价
一		分部分项工程费				196981.34		29753.16		2768.87
		土（石）方工程				1923.73		1849.23		74.50
1	1—98	平整场地	10m²	26.40	13.68	361.15	13.68	361.15	0.00	0.00

续表

序号	定额编号	项目名称	计量单位	工程数量	定额（元）		人工费（元）		机械费（元）	
					单价	合价	单价	合价	单价	合价
2	1—2	人工挖二类干土深小于1.5m	m^3	6.24	4.32	26.96	4.32	26.96	0.00	0.00
3	1—92+1—95*—0.4	单（双）轮车运土运距小于30m	m^3	6.24	4.22	26.33	4.22	26.33	0.00	0.00
4	1—55	人工挖地坑三类干土深小于1.5m	m^3	20.79	12.24	254.47	12.24	254.47	0.00	0.00
5	1—23	人工挖地槽，地沟三类干土深小于1.5m	m^3	58.06	10.80	627.05	10.80	627.05	0.00	0.00
6	1—104	基（槽）坑夯填回填土	m^3	43.24	7.81	337.70	6.72	290.57	1.09	47.13
7	1—102	地面夯填回填土	m^3	42.10	6.89	290.07	6.24	262.70	0.65	27.36
		砌筑工程				**23798.36**		**4483.89**		**320.44**
8	3—1	直形砖基础（M5水泥砂浆）	m^3	12.67	173.92	2203.57	29.64	375.54	2.47	31.29
9	3—42	防水砂浆墙基防潮层	$10m^2$	2.05	73.34	150.35	17.68	36.24	2.16	4.43
10	3—29	标准1砖外墙（M5混合砂浆）	m^3	54.67	183.52	10033.04	35.88	1961.56	2.42	132.30
11	3—29	标准1砖外墙（M5混合砂浆）	m^3	8.32	183.52	1526.89	35.88	298.52	2.42	20.13
12	3—33换	标准1砖内墙（M5混合砂浆）	m^3	53.26	179.67	9569.22	32.76	1744.80	2.42	128.89
13	3—31	1/2标准砖内墙（M5混合砂浆）	m^3	1.69	186.56	315.29	39.78	67.23	2.01	3.40
		混凝土及钢筋混凝土工程				**51367.81**		**5804.36**		**1521.81**
14	2—120	基础垫层现浇无筋（C10混凝土40mm32.5）	m^3	7.18	191.26	1373.25	35.62	255.75	4.23	30.37
15	5—2	（C20混凝土40mm32.5）无梁式条形基础	m^3	17.45	209.64	3658.22	19.50	340.28	14.93	260.53
16	5—7	（C20混凝土40mm32.5）桩承台，独立柱基基础	m^3	5.67	208.20	1180.49	19.50	110.56	14.93	84.65
17	5—13.2	（C25混凝土31.5mm32.5）矩形柱	m^3	3.75	250.18	938.18	49.92	187.20	6.32	23.70
18	5—13.2	（C25混凝土31.5mm32.5）矩形柱	m^3	2.82	250.18	705.51	49.92	140.77	6.32	17.82
19	5—16换	（C25混凝土20mm32.5）构造柱	m^3	8.53	290.52	2478.14	84.50	720.78	6.32	53.91
20	5—18.1	（C20混凝土31.5mm32.5）单梁，框架梁，连续梁	m^3	2.03	222.90	452.49	36.40	73.89	6.12	12.42
21	5—20	（C20混凝土20mm32.5）圈梁	m^3	2.54	242.87	616.89	49.92	126.80	6.12	15.54

续表

序号	定额编号	项目名称	计量单位	工程数量	定额（元）		人工费（元）		机械费（元）	
					单价	合价	单价	合价	单价	合价
22	5—21	（C20 混凝土 20mm32.5）过梁	m^3	1.96	259.38	508.38	65.78	128.93	6.12	12.00
23	5—32.1	（C20 混凝土 20mm32.5）有梁板	m^3	15.04	225.47	3391.07	29.12	437.96	6.35	95.50
24	5—32.1	（C20 混凝土 20mm32.5）有梁板	m^3	0.94	225.47	211.94	29.12	27.37	6.35	5.97
25	5—32.1	（C20 混凝土 20mm32.5）有梁板	m^3	15.94	225.47	3593.99	29.12	464.17	6.35	101.22
26	5—34.1	（C20 混凝土 20mm32.5）平板	m^3	3.55	230.30	817.56	32.50	115.38	6.35	22.54
27	5—34.1	（C20 混凝土 20mm32.5）平板	m^3	6.19	230.30	1425.56	32.50	201.18	6.35	39.31
28	5—39	（C20 混凝土 20mm32.5）板式雨篷	$10m^2$	0.14	229.60	32.14	48.07	6.73	8.79	1.23
29	5—40	（C20 混凝土 20mm32.5）复式雨篷	$10m^2$	1.80	277.14	498.85	58.50	105.30	10.74	19.33
30	5—37.2	（C25 混凝土 20mm32.5）直形楼梯	$10m^2$	0.87	530.36	460.35	101.41	88.02	19.88	17.26
31	5—50	（C20 混凝土 20mm32.5）小型构件	m^3	0.06	261.59	14.65	63.39	3.55	9.82	0.55
32	5—49	（C20 混凝土 20mm32.5）压顶	m^3	0.50	259.80	129.90	55.64	27.82	7.66	3.83
33	5—49	（C20 混凝土 20mm32.5）压顶	m^3	1.38	259.80	358.52	55.64	76.78	7.67	10.58
34	12—172	（C15 混凝土 20mm32.5）散水	$10m^2$	2.29	250.84	574.93	63.70	146.00	5.66	12.97
35	4—1	现浇混凝土构件钢筋 $\phi<12$	t	3.29	3277.82	10790.58	330.46	1087.87	57.83	190.38
36	4—2	现浇混凝土构件钢筋 $\phi<25$	t	5.40	3149.12	17005.25	166.14	897.16	84.40	455.76
37	4—27	铁件制作安装	t	0.022	6862.19	150.97	1550.45	34.11	1565.45	34.44
		屋面及防水工程				4464.29		969.88		103.64
38	12—15	水泥砂浆找平层（厚 20mm）混凝土或硬基层上	$10m^2$	15.02	56.04	841.72	18.20	273.36	2.06	30.94
39	12—15	水泥砂浆找平层（厚 20mm）混凝土或硬基层上	$10m^2$	15.02	56.04	841.72	18.20	273.36	2.06	30.94
40	12—18	现浇（C20 混凝土 16mm32.5）找平层厚 40mm	$10m^2$	15.02	97.28	1461.15	22.88	343.66	2.78	41.76
41	9—188	PVC 水落管屋面排水 $\phi100$	10m	3.76	285.51	1074.66	11.96	45.02	0.00	0.00
42	9—190	PVC 水斗屋面排水 $\phi100$	10只	0.60	253.36	152.02	9.88	5.93	0.00	0.00

续表

序号	定额编号	项目名称	计量单位	工程数量	定额（元）		人工费（元）		机械费（元）	
					单价	合价	单价	合价	单价	合价
43	9—196	屋面铸铁落水口（带罩）排水 ϕ100	10只	0.60	155.04	93.02	47.58	28.55	0.00	0.00
		防腐、隔热、保温工程				4608.28		288.02		0.00
44	SB9—5	聚苯乙烯挤塑板厚度在25mm	10m²	13.84	332.80	4608.28	20.80	288.02	0.00	0.00
		楼地面工程				43738.55		4444.36		301.01
45	12—11	（C10混凝土20mm32.5）垫层不分格	m³	7.02	198.39	1392.70	35.36	248.23	4.34	30.47
46	12—54	花岗岩楼地面干硬性水泥砂浆粘贴	10m²	8.78	2750.05	24139.94	118.16	1037.21	5.50	48.28
47	12—11	（C10混凝土20mm32.5）垫层不分格	m³	4.43	198.39	878.87	35.36	156.64	4.34	19.23
48	12—92	400×400地砖楼地面水泥砂浆粘贴	10m²	4.43	355.77	1575.35	93.52	414.11	2.27	10.05
49	12—11	（C10混凝土20mm32.5）垫层不分格	m³	0.60	198.39	119.03	35.37	21.22	4.33	2.60
50	12—18	现浇（C20混凝土16mm32.5）找平层厚40mm	10m²	0.74	97.28	72.38	22.88	17.02	2.78	2.07
51	12—15	水泥砂浆找平层（厚20mm）混凝土或硬基层上	10m²	0.74	56.04	41.69	18.20	13.54	2.06	1.53
52	9—108	刷聚氨酯防水涂料2涂1.5mm	10m²	0.74	193.00	143.59	13.00	9.67	0.00	0.00
53	12—90换	300×300地砖楼地面水泥砂浆粘贴	10m²	0.74	444.56	330.75	117.04	87.08	2.63	1.96
54	12—92	400×400地砖楼地面水泥砂浆粘贴	10m²	11.31	355.77	4023.40	93.52	1057.62	2.27	25.67
55	12—18	现浇（C20混凝土16mm32.5）找平层厚40mm	10m²	0.73	97.28	71.40	22.87	16.79	2.78	2.04
56	12—15	水泥砂浆找平层（厚20mm）混凝土或硬基层上	10m²	0.73	56.04	41.13	18.20	13.36	2.06	1.51
57	12—90换	300×300地砖楼地面水泥砂浆粘贴	10m²	0.73	444.56	326.31	117.04	85.91	2.64	1.94
58	12—60	花岗岩踢脚线水泥砂浆粘贴	10m	4.47	415.34	1856.57	21.28	95.12	0.65	2.91
59	12—102	300×300地砖踢脚线水泥砂浆粘贴	10m	15.33	81.08	1242.96	30.52	467.87	0.63	9.66
60	12—100	300×300地砖楼梯水泥砂浆粘贴	10m²	0.90	661.32	593.20	303.24	272.01	8.99	8.06
61	12—158	不锈钢管扶手不锈钢管栏杆	10m	0.82	3329.67	2717.01	194.33	158.57	137.41	112.13

续表

序号	定额编号	项目名称	计量单位	工程数量	定额（元）		人工费（元）		机械费（元）	
					单价	合价	单价	合价	单价	合价
62	1—99	地面原土打底夯	10m²	1.37	3.39	4.64	2.40	3.28	0.99	1.35
63	12—4	1∶1砂石垫层	m³	1.09	78.85	85.95	16.90	18.42	0.97	1.06
64	12—11.1	(C15混凝土20mm32.5)垫层不分格	m³	1.37	201.10	275.51	35.36	48.44	4.34	5.95
65	12—59	花岗岩台阶水泥砂浆粘贴	10m²	1.37	2782.29	3806.17	147.84	202.25	9.17	12.54
		墙、柱面工程				**12044.72**		**5586.07**		**280.00**
66	13—31	内砖墙面抹混合砂浆	10m²	63.85	72.47	4627.21	37.18	2373.94	2.26	144.30
67	13—40	矩形混凝土柱，梁面抹混合砂浆	10m²	16.52	97.64	1612.62	57.46	949.01	2.31	38.15
68	13—11	砖外墙面，墙裙抹水泥砂浆	10m²	28.55	93.48	2668.95	45.50	1299.07	2.37	67.67
69	13—11	砖外墙面，墙裙抹水泥砂浆	10m²	3.67	93.48	343.26	45.50	167.08	2.37	8.70
70	13—24	零星项目抹水泥砂浆	10m²	2.31	128.68	296.74	85.54	197.26	2.16	4.98
71	13—117	内墙面，墙裙贴瓷砖＞152×152砂浆粘贴	10m²	4.39	568.68	2495.94	136.64	599.71	3.69	16.20
		天棚工程				**8674.95**		**2836.97**		**167.47**
72	14—115	现浇混凝土天棚混合砂浆面	10m²	18.32	65.12	1192.87	39.26	719.16	1.34	24.55
73	14—115	现浇混凝土天棚混合砂浆面	10m²	1.12	65.12	72.93	39.26	43.97	1.34	1.50
74	13—20	阳台，雨篷抹水泥砂浆	10m²	6.30	316.99	1997.04	212.94	1341.52	5.40	34.02
75	14—5	装配式U型（不上人型）轻钢龙骨简单面层规格300×300	10m²	7.74	458.83	3550.43	59.92	463.66	3.40	26.31
76	14—42＋14—42注*—1.5	ϕ8，H＝吊筋600＋螺杆250mm	10m²	7.74	47.01	363.76	0.00	0.00	10.48	81.09
77	14—54	纸面石膏板天棚面层安装在U型轻钢龙骨上平面	10m²	7.74	193.58	1497.92	34.72	268.66	0.00	0.00
		门窗工程				**37136.00**		**0.00**		**0.00**
78	独立费	独立费	m²	16.80	300.00	5040.00				
79	独立费	独立费	m²	8.10	1000.00	8100.00				
80	独立费	独立费	m²	8.40	400.00	3360.00				
81	独立费	独立费	m²	2.10	600.00	1260.00				
82	独立费	独立费	m²	10.80	400.00	4320.00				
83	独立费	独立费	m²	2.25	400.00	900.00				
84	独立费	独立费	m²	5.04	400.00	2016.00				
85	独立费	独立费	m²	10.56	400.00	4224.00				
86	独立费	独立费	m²	3.60	400.00	1440.00				
87	独立费	独立费	m²	16.19	400.00	6476.00				

续表

序号	定额编号	项目名称	计量单位	工程数量	定额（元）		人工费（元）		机械费（元）	
					单价	合价	单价	合价	单价	合价
		油漆、涂料、裱糊工程				9224.65		3490.38		0.00
88	16—307	内墙面乳胶漆在抹灰面上批，刷2遍混合腻子	$10m^2$	70.24	66.49	4669.93	27.44	1927.25	0.00	0.00
89	16—307注1	内墙面乳胶漆在抹灰面上批，刷2遍混合腻子（柱、梁、天棚面上批腻子、刷乳胶漆各2遍）	$10m^2$	18.32	69.23	1268.16	30.18	552.84	0.00	0.00
90	16—307注1	内墙面乳胶漆在抹灰面上批，刷2遍混合腻子（柱、梁、天棚面上批腻子、刷乳胶漆各2遍）	$10m^2$	1.94	69.23	133.96	30.18	58.40	0.00	0.00
91	16—307注1	内墙面乳胶漆在抹灰面上批，刷2遍混合腻子（柱、梁、天棚面上批腻子、刷乳胶漆各2遍）	$10m^2$	1.12	69.23	77.54	30.18	33.80	0.00	0.00
92	16—311	夹板面乳胶漆2遍	$10m^2$	7.74	33.30	257.68	9.80	75.83	0.00	0.00
93	16—303	夹板面满批腻子2遍	$10m^2$	7.74	32.05	248.00	16.80	130.00	0.00	0.00
94	16—305	清油封底	$10m^2$	7.74	17.86	138.20	6.16	47.67	0.00	0.00
95	16—306	天棚墙面板缝贴自粘胶带	10m	7.74	15.88	122.88	5.60	43.33	0.00	0.00
96	16—319	苯丙薄型外墙涂料	$10m^2$	35.69	60.34	2153.59	16.24	579.62	0.00	0.00
97	16—319	苯丙薄型外墙涂料	$10m^2$	2.56	60.34	154.71	16.24	41.64	0.00	0.00
二		措施项目费用（二）			30545.26		11151.16		9432.93	
98	20—1	现浇混凝土垫层基础组合钢模板	$10m^2$	0.718	204.6	284.96	132.05	183.91	6.54	9.11
99	20—3	现浇无梁式带形基础复合木模板	$10m^2$	1.291	238.56	307.98	134.43	173.55	7.38	9.53
100	20—11	现浇各种柱基、桩承台复合木模板	$10m^2$	0.998	202.11	202.53	111.09	111.32	9.45	9.47
101	20—26	现浇矩形柱复合木模板	$10m^2$	4.998	1228.91	245.84	708.23	141.68	56.09	11.22
102	20—26	现浇矩形柱复合木模板	$10m^2$	3.759	924.14	245.84	532.59	141.68	42.18	11.22
103	20—31	现浇构造柱复合木模板	$10m^2$	9.468	2458.07	259.61	1674.75	176.88	65.43	6.91
104	20—35	现浇挑梁，单梁，连续梁，框架梁复合木模板	$10m^2$	1.762	491.65	279.02	246.55	139.92	26.78	15.2
105	20—41	现浇圈梁，地坑支撑梁复合木模板	$10m^2$	2.116	429.55	203.02	229.01	108.24	16.04	7.58
106	20—43	现浇过梁复合木模板	$10m^2$	2.352	602.84	256.31	361.17	153.56	22.11	9.4
107	20—57	现浇板厚度小于10cm复合木模板	$10m^2$	16.09	3452.7	214.55	1564.86	97.24	219.02	13.61

续表

序号	定额编号	项目名称	计量单位	工程数量	定额（元）		人工费（元）		机械费（元）	
					单价	合价	单价	合价	单价	合价
108	20—57	现浇板厚度小于 10cm 复合木模板	10m²	1.006	215.79	214.55	97.8	97.24	13.69	13.61
109	20—57	现浇板厚度小于 10cm 复合木模板	10m²	17.05	3659.33	214.55	1658.51	97.24	232.13	13.61
110	20—57	现浇板厚度小于 10cm 复合木模板	10m²	4.281	918.55	214.55	416.31	97.24	58.27	13.61
111	20—57	现浇板厚度小于 10cm 复合木模板	10m²	7.465	1601.64	214.55	725.91	97.24	101.6	13.61
112	20—72	现浇水平挑檐，板式雨篷复合木模板	10m²	0.14	51.25	366.07	31.72	226.57	2.96	21.14
113	20—74	现浇复式雨篷复合木模板	10m²	1.80	794.13	441.18	438.77	243.76	53.73	29.85
114	20—70	现浇楼梯复合木模板	10m²	0.868	578.06	665.97	324.63	374	48.72	56.13
115	20—85	现浇檐沟，小型构件木模板	10m²	0.101	38.52	382.14	16.32	161.9	1.14	11.31
116	20—90	现浇压顶复合木模板	10m²	0.555	128.08	230.78	70.57	127.15	6.73	12.13
117	20—90	现浇压顶复合木模板	10m²	1.532	353.49	230.77	194.78	127.16	18.57	12.12
118	20—1	现浇混凝土垫层基础组合钢模板	10m²	0.158	45.08	284.95	29.1	183.94	1.44	9.1
119	20—1	现浇混凝土垫层基础组合钢模板	10m²	0.137	39.05	285.03	25.2	183.94	1.25	9.12
120	19—1	砌墙脚手架里架子（3.6m 以内）	10m²	27.94	229.11	8.2	126.57	4.53	17.88	0.64
121	19—2	砌墙脚手架单排外架子(12m 以内)	10m²	41.31	3166	76.64	1210.38	29.3	198.29	4.8
122	19—13	高大于 3.6m 单独柱、梁、墙、油（水）池壁混凝土浇捣脚手架	10m²	6.83	129.08	18.9	54.09	7.92	15.3	2.24
123	19—10	抹灰脚手架小于 3.6m	10m²	102.2	240.17	2.35	35.77	0.35	65.41	0.64
124	22—1	建筑物垂直运输卷扬机施工砖混结构檐高小于 20m，少于 6 层	天	40	8124.8	203.12			8124.8	203.12

（五）人材机价差表

人材机价差表见表 6－21。

表 6－21　　**人 机 材 价 差 表**

工程名称：××小学办公楼建筑与装饰工程

序号	地方码	名　称	规　格	单位	数量	预算价（元）		市场价（元）		价差
						单价	合计	单价	合计	
		人工					36696.29		62011.55	25315.26
1	00101	一类工		工日	310.72	28.00	8700.22	47.00	14603.95	5903.73

续表

序号	地方码	名　称	规　格	单位	数量	预算价（元）		市场价（元）		价差
						单价	合计	单价	合计	
2	00102	二类工		工日	11.08	26.00	288.02	44.00	487.41	199.39
3	00103	三类工		工日	77.12	24.00	1850.80	41.00	3161.79	1310.99
4	00111	二类木工		工日	221.01	26.00	5746.23	44.00	9724.38	3978.15
5	00112	二类瓦工		工日	273.01	26.00	7098.34	44.00	12012.57	4914.23
6	00113	二类普工		工日	0.71	26.00	18.42	44.00	31.17	12.75
7	00114	二类混凝土工		工日	183.62	26.00	4774.09	44.00	8079.22	3305.13
8	00115	二类钢筋工		工日	76.92	26.00	2000.01	44.00	3384.63	1384.62
9	00116	二类电焊工		工日	0.80	26.00	20.78	44.00	35.16	14.38
10	00117	二类脚手工		工日	32.44	26.00	843.37	44.00	1427.24	583.87
11	00122	二类防水工		工日	3.43	26.00	89.16	44.00	150.89	61.73
12	00129	二类砌筑工		工日	172.46	26.00	4483.89	44.00	7588.12	3104.23
13	00130	二类粉刷工		工日	30.11	26.00	782.96	44.00	1325.02	542.06
		机械					10558.83		12986.82	2427.99
14	01068	夯实机(电动)	夯击能力 20～62kg·m	台班	3.24	24.16	78.22	24.16	78.22	0.00
15	03017	汽车式起重机	5t	台班	0.96	410.48	395.66	477.02	459.80	64.14
16	04004	载重汽车	4t	台班	2.32	249.46	579.10	320.12	743.13	164.03
17	04030	机动翻斗车	1t	台班	3.06	85.35	261.52	120.03	367.78	106.26
18	05010	电动卷扬机	单筒慢速 50kN	台班	1.66	79.94	132.52	102.44	169.81	37.29
19	06016	灰浆搅拌机	200L	台班	15.72	51.43	808.23	73.93	1161.82	353.59
20	07001	钢筋调直机	<φ14mm	台班	0.00	31.96	0.11	31.96	0.11	0.00
21	07002	钢筋切断机	<φ40mm	台班	0.89	39.44	35.29	39.44	35.29	0.00
22	07003	钢筋弯曲机	φ40mm	台班	2.57	22.13	56.83	22.13	56.83	0.00
23	07012	木工园锯机	φ500mm 以内	台班	4.35	24.28	105.55	24.28	105.55	0.00
24	07072	管子切断机	φ150mm	台班	0.78	38.19	29.60	38.19	29.60	0.00
25	09010	对焊机	75kV·A	台班	0.54	147.16	79.95	169.66	92.18	12.23
26	09013	氩弧焊机	500A	台班	0.57	132.47	75.67	154.97	88.52	12.85
27	13072	滚筒式混凝土搅拌机（电动）	400L	台班	6.35	83.39	529.83	105.89	672.78	142.95
28	13090	石料切割机		台班	5.09	14.04	71.46	14.04	71.46	0.00
29	13091	电锤	520W	台班	1.55	8.14	12.60	8.14	12.60	0.00
30	13096	交流电焊机	30kV·A	台班	3.17	111.25	353.04	133.75	424.44	71.40
31	13097	交流电焊机	40kV·A	台班	0.15	148.78	22.79	171.28	26.24	3.45
32	13131	卷扬机带塔	单 1t(H=40m)	台班	64.88	102.73	6665.12	125.23	8124.92	1459.80

续表

序号	地方码	名　称	规　格	单位	数量	预算价（元）		市场价（元）		价差
						单价	合计	单价	合计	
33	15003	混凝土震动器（平板式）		台班	7.57	14.00	106.03	14.00	106.03	0.00
34	15004	混凝土震动器（插入式）		台班	4.76	12.00	57.18	12.00	57.18	0.00
35	15008	抛光机（套手提砂轮机）		台班	0.57	12.00	6.85	12.00	6.85	0.00
36	30002	其他机械费		元	95.68	1.00	95.68	1.00	95.68	0.00
		材料					137231.62		191588.42	54356.80
37	101010	砂（黄砂）		t	1.07	33.00	35.25	33.00	35.25	0.00
38	101022	中砂		t	220.03	38.00	8361.32	69.00	15182.40	6821.08
39	102011	道砟	40～80mm	t	2.59	28.40	73.56	32.46	84.07	10.51
40	102039	碎石	5～31.5mm	t	10.90	35.10	382.55	42.50	463.20	80.65
41	102040	碎石	5～16mm	t	10.97	27.80	304.86	39.50	433.16	128.30
42	102041	碎石	5～20mm	t	95.30	35.60	3392.61	44.00	4193.11	800.50
43	102042	碎石	5～40mm	t	41.99	35.10	1473.79	44.50	1868.47	394.68
44	104017	花岗岩	综合	m^2	110.33	250.00	27582.08	250.00	27582.08	0.00
45	105002	滑石粉		kg	313.30	0.45	140.98	0.45	140.98	0.00
46	105012	石灰膏		m^3	5.35	108.00	578.06	175.00	936.67	358.61
47	201008	标准砖	240mm×115mm×53mm	百块	696.54	21.42	14919.83	29.39	20471.23	5551.40
48	204020	瓷砖	200mm×300mm	百块	7.51	228.00	1711.19	228.00	1711.19	0.00
49	204054	同质地砖	300mm×300mm	块	538.54	2.35	1265.56	3.27	1761.01	495.45
50	204055	同质地砖	400mm×400mm	块	1007.17	3.15	3172.58	4.73	4763.90	1591.32
51	207082	FWB 聚苯乙烯挤塑板		m^3	3.60	1200.00	4320.24	1200.00	4320.24	0.00
52	301002	白水泥		kg	198.18	0.58	114.94	0.58	114.94	0.00
53	301023	水泥	32.5 级	t	70.76	280.00	19811.65	280.00	19811.65	0.00
54	401029	普通成材		m^3	0.06	1599.00	102.98	1599.00	102.98	0.00
55	401035	周转木材		m^3	0.57	1249.00	715.93	1249.00	715.93	0.00
56	405015	复合木模板	18mm	m^2	176.24	24.00	4229.68	24.00	4229.68	0.00
57	406002	毛竹		根	4.96	9.50	47.09	10.90	54.03	6.94
58	407007	锯（木）屑		m^3	1.87	10.45	19.58	10.45	19.58	0.00
59	501081	角钢	L40×40×4	kg	12.38	3.00	37.14	3.00	37.14	0.00
60	501114	型钢		t	0.02	3000.00	69.90	3000.00	69.90	0.00
61	501121	中龙骨横撑		m	316.64	2.79	883.42	2.79	883.42	0.00

续表

序号	地方码	名称	规格	单位	数量	预算价（元）		市场价（元）		价差
						单价	合计	单价	合计	
62	502018	钢筋（综合）		t	8.88	2800.00	24852.80	2800.00	24852.80	0.00
63	502105	圆钢		kg	24.33	2.80	68.12	2.80	68.12	0.00
64	504098	钢支撑(钢管)		kg	359.96	3.10	1115.87	4.18	1504.62	388.75
65	504177	脚手钢管		kg	152.33	3.10	472.21	4.20	639.77	167.56
66	504199	镜面不锈钢管	ϕ31.8×1.2（6m定尺）	m	46.45	20.72	962.55	20.72	962.55	0.00
67	504206	镜面不锈钢管	ϕ63.5×1.5（6m定尺）	m	8.65	51.80	448.05	51.80	448.05	0.00
68	504209	镜面不锈钢管	ϕ76.2×1.5（6m定尺）	m	8.65	62.41	539.82	62.41	539.82	0.00
69	507015	大龙骨垂直吊件（轻钢）	45	只	116.07	0.40	46.43	0.40	46.43	0.00
70	507020	主接件		只	46.43	0.56	26.00	0.56	26.00	0.00
71	507021	次接件		只	69.64	0.69	48.05	0.69	48.05	0.00
72	507027	大龙骨	轻钢	m	105.86	4.00	423.42	4.00	423.42	0.00
73	507042	底座		个	0.41	6.00	2.48	6.20	2.56	0.08
74	507075	小龙骨	轻钢	m	157.08	1.90	298.45	1.90	298.45	0.00
75	507077	中龙骨	轻钢	m	145.01	2.20	319.02	2.20	319.02	0.00
76	507108	扣件		个	24.09	3.40	81.92	5.10	122.87	40.95
77	507151	小龙骨平面连接件		只	1021.42	0.40	408.57	0.40	408.57	0.00
78	507152	中龙骨平面连接件		只	936.30	0.45	421.33	0.45	421.33	0.00
79	508009	不锈钢盖	ϕ63	只	47.09	4.20	197.78	4.20	197.78	0.00
80	508143	螺杆	$L=250\phi8$	根	102.61	0.41	42.07	0.41	42.07	0.00
81	508264	铸铁雨水口（带罩）	ϕ100mm	套	6.06	10.64	64.48	17.31	104.90	40.42
82	509003	不锈钢焊丝	1Cr18Ni9Ti	kg	1.17	47.70	55.66	47.70	55.66	0.00
83	509006	电焊条	结422	kg	59.63	3.60	214.65	3.60	214.65	0.00
84	510122	镀锌铁丝	8号	kg	61.58	3.55	218.62	4.29	264.20	45.58
85	510127	镀锌铁丝	18～22号	kg	35.72	3.90	139.30	3.90	139.30	0.00
86	510151	小龙骨垂直吊件		只	193.45	0.32	61.90	0.32	61.90	0.00
87	510152	中龙骨垂直吊件		只	177.97	0.38	67.63	0.38	67.63	0.00
88	510165	合金钢切割锯片		片	1.14	61.75	70.46	61.75	70.46	0.00

续表

序号	地方码	名　称	规　格	单位	数量	预算价（元）		市场价（元）		价差
						单价	合计	单价	合计	
89	510249	小接件		只	69.64	0.28	19.50	0.28	19.50	0.00
90	511366	零星卡具		kg	117.77	3.80	447.54	5.40	635.98	188.44
91	511481	膨胀螺栓	M10×100	套	102.61	1.00	102.61	1.00	102.61	0.00
92	511533	铁钉		kg	78.66	3.60	283.18	4.56	358.69	75.51
93	511580	自攻螺丝(钉)		百只	26.70	3.80	101.45	3.80	101.45	0.00
94	511583	双螺母双垫片	$\phi 8$	副	102.61	0.26	26.68	0.26	26.68	0.00
95	513109	工具式金属脚手		kg	25.17	3.40	85.58	5.16	129.88	44.30
96	513252	钨棒		kg	0.47	380.00	179.85	380.00	179.85	0.00
97	513287	组合钢模板		kg	5.48	4.00	21.93	4.34	23.79	1.86
98	601036	防锈漆(铁红)		kg	0.07	6.00	0.40	6.00	0.40	0.00
99	601106	乳胶漆(内墙)		kg	335.88	7.85	2636.67	7.85	2636.67	0.00
100	601125	清油	C01—1	kg	43.28	10.64	460.53	10.64	460.53	0.00
101	602016	苯丙外墙涂料		kg	160.67	10.50	1687.05	10.50	1687.05	0.00
102	603045	油漆溶剂油		kg	0.01	3.33	0.03	3.33	0.03	0.00
103	605024	PVC束接	ϕ100mm	只	16.43	4.18	68.69	4.18	68.69	0.00
104	605154	塑料抱箍	PVCϕ100	副	46.02	3.52	161.98	3.52	161.98	0.00
105	605155	塑料薄膜		m^2	302.76	0.86	260.37	0.86	260.37	0.00
106	605280	塑料水斗(PVC水斗)	ϕ100	只	6.12	15.96	97.68	15.96	97.68	0.00
107	605291	塑料弯头(PVC)	ϕ100	只	2.15	8.17	17.53	8.17	17.53	0.00
108	605356	增强塑料水管(PVC水管)	ϕ100	m	38.39	21.44	823.14	21.44	823.14	0.00
109	607072	纸面石膏板(龙牌)	1200mm×3000mm×9.5mm	m^2	85.12	13.25	1127.81	13.25	1127.81	0.00
110	608110	棉纱头		kg	3.56	6.00	21.37	6.00	21.37	0.00
111	608191	纸筋		kg	12.25	0.50	6.12	0.50	6.12	0.00
112	609032	大白粉		kg	375.20	0.48	180.10	0.48	180.10	0.00
113	609041	防水剂		kg	11.99	1.52	18.22	1.52	18.22	0.00
114	610076	密封油膏		kg	0.54	1.43	0.77	1.43	0.77	0.00
115	610103	自粘胶带		m	78.93	0.88	69.46	0.88	69.46	0.00
116	610122	聚氨酯防水涂料		kg	13.39	10.00	133.92	10.00	133.92	0.00
117	612008	环氧树脂	618	kg	1.22	27.40	33.54	27.40	33.54	0.00
118	613003	801胶		kg	96.67	2.00	193.34	1.88	181.74	—11.60

续表

序号	地方码	名称	规格	单位	数量	预算价（元）		市场价（元）		价差
						单价	合计	单价	合计	
119	613098	胶水		kg	0.84	7.98	6.70	7.98	6.70	0.00
120	613106	聚醋酸乙烯乳液		kg	6.19	5.23	32.38	5.23	32.38	0.00
121	613206	水		m^3	269.30	2.80	754.04	2.80	754.04	0.00
122	613219	羧甲基纤维素		kg	22.85	4.56	104.19	4.56	104.19	0.00
123	613242	氩气		m^3	3.29	8.84	29.07	8.84	29.07	0.00
124	613249	氧气		m^3	0.97	2.47	2.39	2.47	2.39	0.00
125	613253	乙炔气		m^3	0.42	8.93	3.75	8.93	3.75	0.00
126	901114	回库修理、保养费		元	123.78	1.00	123.78	1.00	123.78	0.00
127	901167	其他材料费		元	1493.99	1.00	1493.99	1.00	1493.99	0.00
128	903202	其他材料费（调整）		元	(0.12)	1.00	−0.12	1.00	−0.12	0.00
129		独立费		m^2	16.80	0.00	0.00	300.00	5040.00	5040.00
130		独立费		m^2	8.10	0.00	0.00	1000.00	8100.00	8100.00
131		独立费		m^2	56.84	0.00	0.00	400.00	22736.00	22736.00
132		独立费		m^2	2.10	0.00	0.00	600.00	1260.00	1260.00
		合计					184486.74		266587.28	82100.54

第七章　安装工程施工图预算

第一节　概　　述

一、安装工程的分类

安装工程种类繁多，专业性较强，一般可分为通用安装工程、管道工程、工业管道与静置设备及工艺金属结构安装工程、电气与仪表设备安装工程四大类。

（一）通用安装工程

通用安装工程主要包括机械设备安装、电梯安装、热力设备安装、通风空调安装和电气照明及常用低压电气设备安装五类工程。

1. 机械设备安装工程

机械设备种类很多，分类方法也不尽相同，通常按其作用可分为输送设备、金属加工设备、铸造设备、动力设备、起重设备、冷冻设备和成型与包装设备。

机械设备从制造厂出厂进入安装现场，直至正式投产使用前的全部工作过程称为安装工程。这个过程是介于土建工程与生产之间的一项重要工程，它是土建工程收尾后与正式开始生产前的一个不可缺少的环节。因此，该工程既与土建工程关系密切，又必须严格遵循特定生产任务的约束。

2. 电梯安装工程

电梯的分类比较复杂，下面仅介绍按用途进行的分类。电梯按用途可分为以下几种：

（1）乘客电梯：为运送乘客而设计的电梯，主要用于宾馆、饭店、办公楼和大型商店等客流量大的场合。这类电梯为了提高运送效率，其运行速度比较快，自动化程度比较高，轿厢的尺寸和结构形式多为宽度大于深度，使乘客能畅通地进出，而且安全设施齐全，装潢美观。

（2）载货电梯：为运送货物而设计的并通常有人伴随的电梯，主要用于两层楼以上的车间和各类仓库等场合。这类电梯的装潢不太讲究，自动化程度和运行速度一般比较低，而载重量和轿厢尺寸的变化范围则比较大。

（3）病床电梯：为运送病床而设计的电梯。

（4）杂物电梯（服务电梯）：供图书馆、办公楼和饭店送图书、文件和食品等，并且不允许人员进入的电梯。这种电梯的安全设施不齐全，不允许运送乘客。为了不使人员进入轿厢，进入轿厢的门洞及轿厢的面积都设计得很小，而且轿厢的净高度一般不大于1.2m。

（5）住宅电梯：供住宅楼使用的电梯。

（6）客货电梯：主要用于运送乘客，但也可运送货物的电梯。它与乘客电梯的区别在于轿厢内部的装饰结构不同。

（7）特种电梯：除上述常用的几种电梯外，还有为特殊环境、特殊条件和特殊要求而设计的电梯，如船舶电梯、观光电梯、防爆电梯、防腐电梯和车辆电梯等。

3. 热力设备安装工程

常用的热力设备是锅炉。锅炉是利用燃料燃烧释放的热能或其他热能，将工质加热到一定参数（温度和压力）的设备。锅炉按其用途不同通常可以分为动力锅炉和工业锅炉两类。动力锅炉是用于发电和动力方面的锅炉，如电站锅炉。动力锅炉所产生的蒸汽用作将热能转变成机械能的工质以产生动力，其蒸汽压力和温度都比较高，如电站锅炉蒸汽压力大于等于 3.9MPa，过热蒸汽温度大于等于 450℃。用于为工农业生产和采暖及生活提供蒸汽或热水的锅炉称为工业锅炉，又称为供热锅炉，其工质出口压力一般不超过 2.5MPa。对于工业锅炉，按输出工质不同，可分为蒸汽锅炉、热水锅炉和导热油锅炉，按燃料和能源不同，可分为燃煤锅炉、燃气锅炉、燃油锅炉和余热锅炉，燃煤锅炉按燃烧方式不同，又可以分为层燃炉、悬燃炉、沸腾炉和流化床炉；按锅炉本体结构不同，可分为火管锅炉和水管锅炉；按锅筒放置方式不同，可分为立式锅炉和卧式锅炉；按其出厂形式不同，又可分为整装（快装）锅炉、组装锅炉和散装锅炉。

4. 通风空调安装工程

空调系统按其特点有很多分类方法。下面主要按照空气处理时的集中程度，介绍较典型的空调系统。

（1）按空气处理设备的设置情况分类：

1）集中式系统。空气处理设备（过滤器、加热器和冷却器）集中设置在空调机房内，空气经处理后，由风道送入各房间。

2）分散式系统。分散式系统又称为局部式系统，是将整体组装的空调器（热泵机组、带冷冻机的空调机组和不设集中新风系统的风机盘管机组等）直接放在空调房间内或放在空调房间附近，每台机组只供一个或几个小房间，或者一个房间内放几台机组。

3）半集中式系统。半集中式系统又称为混合式系统，是集中处理部分或全部风量，然后送各房间（或各区）再进行处理。半集中式系统包括集中处理新风，经诱导器（全空气或另加冷热盘管）送入室内或各室有风机盘管的系统（即风机盘管与下风道并用的系统），也包括分区机组系统等。

（2）按处理空调负荷的输送介质分类：

1）全空气系统。房间的全部冷热负荷均由集中处理后的空气负担，属于全空气系统的有定风量或变风量的单风道或双风道集中式系统、全空气诱导系统等。

2）空气-水系统。空调房间的负荷由集中处理的空气负担一部分，其他负荷由水作为介质在送入空调房间时，对空气进行再处理（加热或冷却等），属于空气-水系统的有再热系统（另设有室温调节加热器的系统）、带盘管的诱导系统、风机盘管机组和风道并用的系统等。

3）全水系统。房间负荷全部由集中供应的冷、热水负担，如风机盘管系统、辐射板系统等。

4）直接蒸发机组系统。室内冷、热负荷由制冷和空调机组组合在一起的小型设备负担。直接蒸发机组按冷凝器冷却方式不同可分为风冷式和水冷式等，按安装组合情况可分为窗式（安装在窗或墙洞内）、立柜式（制冷和空调设备组装在同一立柜式箱体内）和组合式（制冷和空调设备分别组装、联合使用）等。

（3）按送风管道风速分类：

1）低速系统。一般指主风道风速低于15m/s的系统。对民用和公共建筑，主风道风速不超过10m/s。

2）高速系统。一般指主风道风速高于15m/s的系统。对民用和公共建筑，主风道风速大于12m/s的也称为高速系统。

5. 电气照明及常用低压电气设备安装工程

（1）电气照明系统。按照照明在建筑中所起主要作用的不同，可将建筑照明分为视觉照明和装饰照明两大类。

1）视觉照明。满足人们的视觉要求（属生理要求），保证从事的生产和生活活动正常进行而采用的照明称为视觉照明。根据具体的工作条件，视觉照明又可分为五类：

• 正常照明。正常照明是在正常工作时使用的室内外照明，是保证人们工作和生活正常进行所采用的照明，它一般可单独使用，也可与应急照明和值班照明同时作用，但控制线路必须分开。

• 应急照明。应急照明是在正常照明系统失电、灯具熄灭的情况下供人员疏散保障安全或连续工作使用的照明。应急照明按功能又分为三类：①疏散照明，即发生灾害时，正常照明完全熄灭的情况下，为使人员能准确无误地沿最近的通道找到出口，从而安全快捷地疏散，撤离到安全地带而设置的必要照明；②安全照明，即正常照明熄灭时，为确保处于潜在危险中的人员的安全而设置的照明，应能使人员避免陷入危险或避免人们因恐慌而导致人身事故；③备用照明，即正常照明电源发生故障而使正常照明熄灭时，为保证工作继续进行或暂时继续进行而设置的必要的照明。

应急照明必须采用能瞬时点燃的可靠光源，一般采用白炽灯或卤钨灯。当应急照明作为正常照明的一部分经常点燃且发生故障不需要切换电源时，也可采用气体放电灯。备用照明的照度不低于正常照明的10%，安全照明的照度不低于正常照度的5%，疏散照明在主要通道上的照度不应低于0.5lx。

• 值班照明。值班照明是在非工作时间内供值班人员用的照明。在非三班制生产的重要仓库、大型商场和银行等处，通常宜设置值班照明，值班照明可利用正常照明中能单独控制的一部分或利用应急照明的一部分或全部。

• 警卫照明。警卫照明是按警戒任务的需要，在警卫范围内装设的照明。

• 障碍照明。障碍照明是为了防止飞行物与建筑物相撞的标志灯。一般建筑物高度在60m以上时应设置障碍照明。障碍灯一般装设于建筑物凸起的顶端（避雷针外），当制高点平面面积较大或有成组建筑群时，还应在外侧转角处的顶端分别装设，并应按民航和交通部门的有关规定实施。

2）装饰照明。装饰照明是创造和渲染某种气氛，为与人们所从事的活动相适应（即满足人们所从事的活动的心理要求）而设置的照明。装饰照明主要有建筑物泛光照明、节日彩灯、广告霓虹灯及喷泉照明和舞厅照明等。

（2）常用低压电气设备。建筑工程常用的低压电器设备及器材有动力设备、照明设备、低压电器和导线电缆等。常用低压动力设备是电动机，电动机可分为直流电动机与交流电动机，交流电动机又可分为同步机和异步机。低压电器指电压在500V以下的各种控制设备、继电器及保护设备等。常用的低压电器设备有刀开关、熔断器、低压断路器、接触器、磁力启动器及各种继电器等。

（二）管道工程

管道是由管道组成件和管道支承件所组成的管道系统。管道组成件是用于连接或装配管道的元件，包括管子、管件、法兰、垫片、紧固件、阀门及膨胀接头、挠性接头，耐压软管、疏水器、过滤器和分离器等；管道支承件主要包括吊杆、弹簧吊杆、斜拉杆、支撑杆、鞍座、垫板、托座和滑动支架等，同时还有管吊、吊（支）耳、吊夹、紧固夹板和裙式管座等附着件。

管道工程由若干管路系统所组成，按其服务目的不同可分为两大类，即建筑设备工程管道系统和工业管道系统，又可进一步划分为给水管道系统、排水管道系统、热水供应管道系统、消防管道系统、燃气管道系统及热力管道系统、压缩空气管道系统、洁净气体管道系统、长输管道系统和工艺管道系统等，而工艺管道系统是指按产品生产工艺流程要求，用管道把生产设备连接成完整的生产工艺系统，属工业管道范畴。

（三）工业管道与静置设备及工艺金属结构安装工程

1. 工业管道

工业管道是在工业生产过程中，按产品生产工艺流程的要求，用管道把生产设备连接成完整的生产工艺系统，这些管道是生产过程不可分割的组成部分，是设备之间连接的命脉，故称为工业管道。其作用是为生产过程输送介质和为生产服务。

2. 静置设备

安装后处于静止状态即在生产操作过程中无须动力传动的设备称为静置设备。这些设备大多数不能作为定型设备批量生产，而是按照设计图纸，由制造厂生产或由施工单位在现场制造，故又称为非标准设备或非定型设备。静置设备主要包括容器、塔油罐、球罐、气柜、火炬、排气筒等。

3. 工艺金属结构

在设备安装工程中，无论是传动机械设备或静置设备，除本体外，还有一部分与之相关联的金属结构件需要制作安装，例如，设备的维修、操作平台；有关的直梯、斜梯、盘梯；有的设备需要的漏斗、料仓；锅炉设置的烟囱；各种管路架空需要的管廊结构及柱子；设备需要的框架结构；还有火炬及排气筒均属于工艺金属结构安装的范围。

（四）电气与仪表设备安装工程

1. 电气设备及电气安装工程

工厂供电系统是电力系统的主要组成部分。在建设项目中，电力系统通常是指工厂变配电系统。企业供电网络系统是由外部送电线路、降压变电所、企业内部高低压网络及车间变电所等组成。目前我国常用的电压等级有：220V、380V、6kV、10kV、35kV、110kV、220kV、330kV、500kV。电力系统一般是由发电厂、输电线路、变电所、配电线路及用电设备构成。通常将35kV及其以上的电压线路称为送电线路，将10kV及其以下的电压线路称为配电线路；将额定1kV以上电压称为“高电压”，额定1kV以下电压称为“低电压”。我国规定安全电压为36V、24V和12V三种。

电气设备主要有低压电器设备、工程供电系统设备、变配电设备、蓄电池与直流系统、共用天线电视系统设备、火灾探测器和导线电缆等。

（1）低压电器设备。常用的低压电器设备及器材有动力设备、照明设备和低压电器等。

（2）工程供电系统设备。工程供电系统设备即高压开关设备，主要用于关合及开断3kV及以上正常电力线路，以输送及倒换电力负荷；从电力系统中退出故障设备及故障线段，以保证电力系统安全、正常运行；将两段电力线路至电力系统的两部分分隔开；将已退出运行的设备或线路进行可靠接地，以保证电力线路、设备和运行维修人员的安全。因此，高压开关设备是非常重要的输配电设备。高压开关（电器）设备的器件主要有断路器、重合器、分段器、负荷开关、接触器、熔断器、隔离开关和接地开关等，以及上述产品与其他电器产品的组合产品，它们在结构上相互依托，有机地构成一个整体，如隔离负荷开关、熔断器式开关和敞开式组合电器等。

（3）变配电设备。变压器是一种静止的电器设备，它的作用是变换交流电的电压。变压器当用于将电网送来的高压电经变压器降为适合需要的低电压以满足各用电设备的需要时，称为降压变压器；当用于将发电机发出的较低电压经变压器升压后送至电网以减少电能输送的损耗时，称为升压变压器。变压器应用范围广泛、类别繁多，应用最广泛的有电力变压器、自耦变压器、感应变压器、仪表用的可感器以及专用变压器（如电炉变压器、整流变压器和实验变压器）等。

（4）蓄电池与直流系统。变电所中的继电保护、信号装置和开关设备的操作除交流电源之外，还有直流电源。蓄电池是产生直流电的一种装置，是一种储存电能的设备。蓄电池按其结构可分为分口型和闭口型两种；按蓄电池的电解液可分为酸性和碱性两种；控用途可分为固定型蓄电池、启动用蓄电池和动力牵引用蓄电池。

整流装置是将交流电转换成直流电的一种装置。整流装置目前发展迅速，其品种和数量不断增多，质量和水平不断提高。原有较落后的氧化铜、硒整流设备直流发电机组已逐步被新型的硅整流装置和可控硅整流装置所取代。

（5）共用天线电视系统设备。共用天线电视系统设备包括系统的接收天线、前端设备和信号传输分配系统三大部分。

（6）火灾探测器。探测器俗称探头，有20多种，通常分为四类：感烟式火灾自动探测器、感温式火灾自动探测器、光电式火灾自动探测器和可燃气体式火灾自动探测器等。它们都是把烟雾浓度、温度和光亮度等物理量转变为电的信号，通过导线传到控制机构。

（7）导线电缆。电力电缆和架空线在电力系统中的作用相同，作为传送和分配电能的线路使用；一般埋设于土壤中或敷设于室内、沟道和隧道中，不用杆塔，占地少；受气候条件和周围环境影响小，传输性能稳定，中、低压线路可较少维护，安全性较高；具有向超高压、大容量发展的更为有利的条件，如低温、超导电力电缆等。电力电缆常用于城市的地下电网、发电站的引出线路和工矿企业内部的供电，以及过江、过海峡等的水下输电线路。电缆线路的基建费用一般高于架空线路；电线主要有裸电线和绝缘电线。

电气安装内容主要包括：配电设备及整流装置的安装；控制继电保护屏的安装；蓄电池的安装；传动电气设备、吊车电气设备、起重控制设备和电梯电气装置安装；各种金属支架和电缆桥架的安装；电缆敷设及配管配线的安装。

2. 自动化控制仪表安装工程

自动化控制仪表安装工程主要有温度检测表、压力检测仪表、流量检测仪表、物位测量仪表、过程分析仪表、数据显示表和自动调节及控制器等安装。

电气与仪表设备安装工程还包括建筑智能化系统设备安装工程等。

二、安装工程预算定额及单位估价表

(一) 安装工程预算定额的种类和主要内容

《全国统一安装工程预算定额》(2000 版)是根据我国大多数施工企业采用的施工方法、机械化程度和合理的劳动组织状况等条件编制的，共11册，具体如下。

1. 第一册“机械设备安装工程”

第一册内容主要包括：切削设备安装，锻压设备安装，铸造设备安装，起重设备安装，起重机轨道安装，输送设备安装，电梯安装，风机、泵安装，压缩机安装，工业炉设备安装，煤气发生设备安装，其他机械及附属设备安装。

2. 第二册“电气设备安装工程”

第二册内容主要包括：变压器，配电装置，母线及绝缘子，控制设备及低压电器，蓄电池，电机及滑触线安装，电缆，防雷及接地装置，10kV 以下架空配电线路，电气调整试验，配管配线，照明器具安装，电梯电气装置。

3. 第三册“热力设备安装工程”

第三册内容主要包括：中压锅炉设备安装，汽轮发电机设备安装，燃料供应设备安装，水处理专用设备安装，炉墙砌筑，工业与民用锅炉安装。

4. 第四册“炉窑砌筑工程”

第四册内容主要包括：专业炉，一般工业炉窑，不定形耐火材料，辅助工程。

5. 第五册“静置设备与工艺金属结构制作安装工程”

第五册内容主要包括：静置设备制作工程，静置设备安装工程，设备压力试验与设备清洗，钝化，脱脂，设备制作安装其他项目，金属油罐制作安装工程，球形罐组装工程，气柜制作安装工程，工艺金属结构制作安装工程，综合辅助项目。

6. 第六册“工业管道工程”

第六册内容主要包括：管道安装，管件连接，阀门安装，法兰安装，板卷管与管件制作，管道压力试验、吹扫与清洗，无损探伤与焊缝热处理，其他。

7. 第七册“消防及安全防范设备安装工程”

第七册内容主要包括：火灾自动报警系统，水灭火系统，气体灭火系统，泡沫灭火系统，消防系统调试，安全防范设备安装。

8. 第八册“给排水、采暖、燃气工程”

第八册内容主要包括：管道安装，阀门、水位标尺安装，低压器具、水表组成与安装，卫生器具制作安装，供暖器具安装，小型容器制作安装，燃气管道及附件、器具安装。

9. 第九册“通风空调工程”

第九册内容主要包括：管道制作安装，部件制作安装，通风空调设备安装。

10. 第十册“自动化控制仪表安装工程”

第十册内容主要包括：过程检测与控制装置及仪表安装，集中检测和集中监视及控制装置，工业电子计算机，工厂通讯与供电，仪表管、线、缆敷设及支架制作安装，仪表阀门、取源部件及其他附件，仪表盘、箱、柜安装及铰接线。

11. 第十一册“刷油、防腐蚀、绝热工程”

第十一册内容主要包括：除锈工程，刷油工程，防腐蚀涂料工程，手工糊衬玻璃钢工程，橡胶板及塑料板衬里工程，衬铅及搪铅工程，耐酸砖、板衬里工程，绝热工程。

（二）安装工程单位估价表

安装工程单位估价表是以货币形式表示预算定额中每一分项工程的单位预算价值的计算表。它由预算定额和地区人工工资、材料预算价格和机械台班预算价格所决定，是预算定额在该地区的具体表现形式，也是该地区编制施工图预算最直接的基础资料。

与工料单价法配套的单位估价表由两部分组成：一是预算定额规定的人工、材料和机械数量；二是地区预算价格，即与上述三种“量”相适应的人工工资单价、材料预算价格和机械台班预算价格。

$$基价 = 人工费 + 材料费 + 机械费$$

表 7-1 是某省工料单价法安装工程单位估价表的示例。

表 7-1　　工料单价法安装工程单位估价表的示例

二、室　内　管　道

1. 镀锌钢管（螺纹连接）

工作内容：打堵洞眼、切管、套丝、上零件、调直、栽钩卡及管件安装、水压试验　　计量单位：10m

定额编号				8—87	8—88	8—89	8—90	8—91	8—92
项目				公称直径（mm 以内）					
				15	20	25	32	40	50
基价（元）				71.47	73.53	90.63	95.52	103.23	121.23
其中	人工费（元）			47.58	47.58	57.20	57.20	68.12	69.68
	材料费（元）			23.89	25.95	32.02	36.91	33.70	47.53
	机械费（元）			—	—	1.41	1.41	1.41	4.02
名称		单位	单价(元)	数量					
人工	综合工日	工日	26.00	1.830	1.830	2.200	2.200	2.620	2.680
材料	镀锌钢管 DN15	m	—	(10.200)	—	—	—	—	—
	镀锌钢管 DN20	m	—	—	(10.200)	—	—	—	—
	镀锌钢管 DN25	m	—	—	—	(10.200)	—	—	—
	镀锌钢管 DN32	m	—	—	—	—	(10.200)	—	—
	镀锌钢管 DN40	m	—	—	—	—	—	(10.200)	—
	镀锌钢管 DN50	m	—	—	—	—	—	—	(10.200)
	室内镀锌钢管接头零件 DN15	个	0.86	16.370	—	—	—	—	—
	室内镀锌钢管接头零件 DN20	个	1.30	—	11.520	—	—	—	—
	室内镀锌钢管接头零件 DN25	个	1.98	—	—	9.780	—	—	—
	室内镀锌钢管接头零件 DN32	个	3.06	—	—	—	8.030	—	—

与综合单价法配套的单位估价表（又称为计价表）在分部分项工程基价确定后，还需根据地区典型工程项目和典型施工企业资料规定管理费和利润计算基数，测算管理费率和利润率，计算单位分部分项工程应计的管理费和利润，组成分部分项工程综合

单价，即

分部分项工程综合单价 = 人工费 + 材料费 + 机械费 + 管理费 + 利润

表 7－2 是某省综合单价法安装工程单位估价表（计价表）的示例。

表 7－2　　综合单价法安装工程单位估价表的示例

二、室　内　管　道

1. 镀锌钢管（螺纹连接）

工作内容：打堵洞眼、切管、套丝、上零件、调直、栽钩卡及管件安装、水压试验　　计量单位：10m

		定额编号			8—87		8—88		8—89		8—90	
					公称直径（mm 以内）							
		项目	单位	单价	15		20		25		32	
					数量	合价	数量	合价	数量	合价	数量	合价
		综合单价	元		97.39		97.92		118.71		121.35	
其中		人工费	元		47.58		47.58		57.20		57.20	
其中		材料费	元		20.79		21.2		25.75		28.39	
其中		机械费	元						0.87		0.87	
其中		管理费	元		22.36		22.36		26.88		26.88	
其中		利润	元		6.66		6.66		8.01		8.01	
		二类工	工日	26.00	1.830	47.58	1.830	47.58	2.200	57.20	2.200	57.20
材料	903052	镀锌钢管 DN15	m		(10.200)							
材料	903053	镀锌钢管 DN20	m				(10.200)					
材料	903054	镀锌钢管 DN25	m						(10.200)			
材料	903055	镀锌钢管 DN32	m								(10.200)	
材料	505490	室内镀锌钢管接头零件 DN15	个	0.71	16.370	11.62						
材料	505491	室内镀锌钢管接头零件 DN20	个	0.99			11.520	11.40				
材料	505492	室内镀锌钢管接头零件 DN25	个	1.52					9.780	14.87		
材料	505493	室内镀锌钢管接头零件 DN32	个	2.16							8.030	17.34
材料	510141	钢锯条	根	0.67	3.790	2.54	3.410	2.28	2.550	1.71	2.410	1.61
材料	208010	尼龙砂轮片 φ400	片	11.00					0.050	0.55	0.050	0.55
材料	603014	机油	kg	3.94	0.230	0.91	0.170	0.67	0.170	0.67	0.160	0.63
材料	601059	厚漆	kg	8.66	0.140	1.21	0.120	1.04	0.130	1.13	0.120	1.04
材料	608163	线麻	kg	7.91	0.014	0.11	0.012	0.09	0.013	0.10	0.012	0.09
材料	513121	管子托钩 DN15	个	0.68	1.460	0.99						
材料	513122	管子托钩 DN20	个	0.77			1.440	1.11				
材料	513123	管子托钩 DN25	个	0.86					1.160	1.00	1.160	1.00
材料	505276	管卡子（单立管）DN25	个	0.79	1.640	1.30	1.290	1.02	2.060	1.63		
材料	505277	管卡子（单立管）DN50	个	1.45							2.060	2.99
材料	301012	水泥 32.5 级	kg	0.28	1.340	0.38	3.710	1.04	4.200	1.18	4.500	1.26
材料	101011	砂子	m³	55.50	0.010	0.56	0.010	0.56	0.010	0.56	0.010	0.56
材料	510123	镀锌铁丝 13～17 号	kg	3.65	0.140	0.51	0.390	1.42	0.440	1.61	0.150	0.55
材料	608132	破布	kg	5.23	0.100	0.52	0.100	0.52	0.100	0.52	0.100	0.52
材料	613206	水	m³	2.80	0.050	0.14	0.060	0.17	0.080	0.22	0.090	0.25
机械	07071	管子切断机 φ60～150	台班	15.72					0.020	0.31	0.020	0.31
机械	07076	管子切断套丝机 φ159	台班	18.82					0.030	0.56	0.030	0.56

（三）安装工程预算定额及单位估价表的组成和应用

1. 安装工程预算定额及单位估价表的组成

安装工程预算定额及单位估价表的组成与建筑工程基本相同，也是由总说明、分章说明、分项工程定额表和附录等组成。

(1) 总说明。主要说明定额的内容、适用范围、编制依据和定额的作用，以及定额中人工、材料和机械台班消耗量的确定及其有关规定等。

(2) 分章说明。主要阐明各章定额包括的工作内容、适用范围及有关规定。

(3) 分项工程定额表。定额表是预算定额的主要组成部分。它包括分项工程的工作内容，定额计量单位子项目所需人工、材料和施工机械台班消耗量指标，定额基价或综合单价等。

与建筑工程预算定额（单位估价表）相比，安装工程预算定额（单位估价表）的显著特点是定额基价中不含设备及主要材料费用，设备及主要材料消耗量在定额中以带括号“(　)”的形式出现，设备及主要材料费用应根据当时、当地市场价格确定预算价格后乘以定额中带括号的消耗量确定。

(4) 附录。附录附于预算定额手册之后，内容一般有编制预算定额所采用的材料价格表、施工机械台班单价表和主要材料损耗率表等。

2. 安装工程预算定额及单位估价表的应用

安装工程预算定额及单位估价表应用的基本方法与建筑工程相同，也包括直接套用、换算套用和编制补充定额三类。

三、安装工程施工图识读和工程量确定

（一）安装工程施工图识读

安装工程施工图是建设工程施工图设计阶段的设备和管线安装工程设计图，它是编制施工图预算、组织施工以及审查验收等工作的重要依据和基础资料。安装工程施工图由基本图和详图两个部分组成。基本图包括设计（施工）说明、平（立）面图、系统图和原理（工艺流程）图等；详图包括局部详图、部件详图和材料表等。

1. 设计说明

设计说明用文字说明设计依据、安装要求、质量标准和施工做法等内容。

2. 平（立）面图

平（立）面图用以表示设备及管线的平面位置（各层）、立面标高、安装方式和材料做法等内容。

3. 系统图

系统图是表示管线的进出、连接、分支、分段及其与各种设备连接关系的系统网络图形。系统图中应标注管线规格、设备型号、标高及流向等内容。

4. 原理图（工艺流程图）

原理图是表示生产过程及生产条件的原理示意图，重点表示生产工艺流程。

5. 局部详图

局部详图是表示设备总装配台、位置尺寸及安装方式的标准图和非标准设计图，例如基础图、装配图和标准图（如国标、部标、省标等）等。

6. 部件详图

部件详图是表示安装工程中所需的非标准部件、零件和配件等内容的加工图。

7. 材料表或设备清单

材料表或设备清单是表示完成该项安装工程所需设备和主要材料的名称、规格（型号)、数量、安装图号、生产厂家和备注等项内容的表格。

由于安装工程内容和规模的不同，施工图的表现形式也不尽相同，往往省略部分内容。识读安装工程施工图应注意以下问题：

(1) 安装工程与土建工程的关系密切，施工中相互配合，相互依托，安装图中标明的设备及管线位置，总是以土建图尺寸为基准的。因此，识读安装工程施工图，必须同时对照土建施工图。

(2) 安装工程有专业差别，各专业施工图所用的代号、标准、图例和画法等各不相同，在识读安装图和编制安装工程预算时，应具备一定的专业知识。

(3) 系统图和原理图反映了设备之间的相互关系，是识读安装工程施工图的指南。识图要以系统图和原理图为指南，按流程方向逐项识读，以此建立系统概念，并注意系统图与平面图对照、总图与详图对照，建立整体概念。

(二) 安装工程工程量确定

安装工程工程量通常采用以下四种方法统计和计算。

1. 顺序法

顺序法即从管（线）路某一位置开始，沿介质（水、气流）流动方向到某设备（用器)，按顺序统计和计算管（线）及设备工程量。

2. 树干式统计、计算法

树干式统计、计算法即干支管（线）分别计算，先算总干管（线)，再算支管进户（室）管（线）及设备工程量。

3. 分部位统计、计算法

分部位统计、计算法即按平面图统计、计算各水平部分的管（线)、设备工程量，再按系统图计算垂直部分管（线）工程量。

4. 按编号统计、计算法

按编号统计、计算法即按图纸上的编号顺序分类统计、计算管（线）及设备工程量。

按上述四种方法统计的设备安装工程量需与设备清单对比分析，以避免图纸与设备清单不一致，确定准确的设备安装工程量；管线工程量计算时需特别注意支管工程量，有些图纸对支管标注不够细致、全面，编制施工图预算和结算时还需根据实际走向计算。此外，安装工程工程量项目列项及计算还与施工工艺和施工方法有密切的关系，计算时需灵活处理。

第二节　给排水、采暖工程施工图预算

一、给排水、采暖工程基本概念

(一) 给排水工程

给排水工程是为了满足建筑物内部各种用水设备的水量并将废水收集和排放出去的工

程，它可以分为室内外给水工程和室内外排水工程。

1. 室外给水工程

室外给水工程是指向民用和工业生产部门提供用水而建造的工程设施净水、泵站及输配水工程。

(1) 取水是指从水源处取水，以及从河渠、湖泊和江海等处吸水。

(2) 净水是指除去原水中的杂质及其他有害成分，使净化后的水能满足生活饮用或生产需要。

(3) 泵站分一级泵站和二级泵站：一级泵站是将水源水（原水）送到净水构筑物中；二级泵站则是将净化后的水经升压通过管网送到用户。

(4) 输配水是指把净化后的水，分配到用户的工程设施。室外给水管网的材料，当管径大于 70mm 时，采用给水承插铸铁管；石棉水泥接口或膨胀水泥接口，管径小于 70mm 时，采用镀锌钢管。

2. 室外排水工程

室外排水工程是指把室内排出的生活污水、生产废水及雨水按一定系统组织起来，经过污水处理，达到排放标准后，再排入天然水体。室外排水系统包括：窨井、排水管网、污水泵站及污水处理和污水排放口等。

室外排水系统通常分为合流制和分流制两种。合流制是各种污水汇流到一套管网中排放，其缺点是当雨季排水量大时，不可能全部处理；分流制是将各种污水分别排除，它的优点是有利于污水处理和利用，管道的水力条件较好，可分期修建。

3. 室内给水工程

室内给水系统的任务是将市政给水管网或自备水源的水，在满足用户对水质、水量和水压要求的前提下，输送到室内各用水点。给水系统按用途可分为生活给水系统、生产给水系统和消防给水系统。各种给水系统可单独设置，也可二合一或三合一设置。

室内给水系统一般由引入管、干管、立管、支管、阀门、水表、配水龙头或用水设备等组成，供日常生活饮用、盥洗和冲刷等用水。当室外管网水压不足时，尚需设水箱和水泵等加压设备，满足室内任何用水点的用水要求。各种给水系统可按照水平配水干管的敷设位置，布置成下行上给式、上行下给式和环状式三种管网形式。

下行上给式的水平配水干管敷设在底层或地下室顶棚下，多用于利用室外管网水压直接供水场合。上行下给式的水平配水干管敷设在顶层顶棚下或吊顶内，也可敷设在屋顶上(非冰冻地区)，对高层建筑也可敷设在技术夹层内，多用于设有高位水箱的建筑。环状式的水平配水干管或配水立管互相连成环状，在有两根引入管时，也可将两根引入管通过配水立管和水平配水干管连通，组成贯穿环状，多用于高层建筑和大型公共建筑的给水系统。

根据供水用途和对水量、水压的要求及建筑物的条件，室内给水系统有不同的给水方式。

(1) 直接给水方式。当市政给水管网的水质、水量和水压均能满足室内给水管网要求时，宜采用直接给水方式，即室内给水管网与室外给水管网直接相连，室内给水系统是在室外给水管网的压力下工作，如图 7－1 所示。

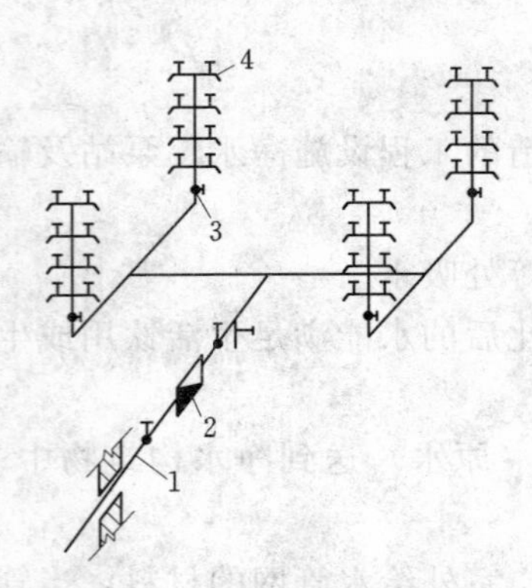

图 7-1 直接给水方式
1—进户管；2—水表；
3—阀门；4—配水龙头

这种给水方式的优点是可以充分利用室外管网水压，减少能源浪费，系统简单，安装维护方便，不设室内动力设备，节省了投资，当外网的水压和水量能够保证时，供水安全可靠。其缺点为水量和水压受室外给水管网的影响较大：当外管网的水压不能满足整个建筑物用水要求时，室内管网可采用分区供水方式，低区管网采用直接供水方式，高区管网采用其他供水方式。

(2) 贮水池、水泵给水方式。当室外给水管网的水量能满足室内要求，而水压大部分时间不足时，宜采用设贮水池、水泵的给水方式，即室外管网供水至贮水池，由水泵将贮水池中的水抽升至室内管网各用水点。水泵的选择取决于室内用水的均匀程度。当一天用水量大且均匀时，由于这种工况下用水与送水曲线相近，可选用恒速水泵；当用水量不均匀时，宜采用变频调速水泵，如图 7-2 所示，使水泵在高效工况下运行。

这种给水方式的优点是供水安全可靠、不设高位水箱、不增加建筑结构荷载；缺点是室外管网的供水水压未得到充分利用。

为了安全供水，我国当前许多城市的建筑小区设贮水池和集中泵房，定时或全日供水，亦采用这种小区给水方式。

(3) 仅设水箱的给水方式。当室外给水管网的水量能满足室内要求，但每天的水压周期性不足时，可仅设高位水箱使室外管道直接进入建筑物内部，水箱设在建筑物的顶层之上。这种给水系统可布置成两种方式：一种是室外给水管网供水到室内管网和水箱，如图 7-3 (*a*) 所示；另一种是室内所需水量全部经室外给水管网送至水箱，然后由水箱向系统供水，如图 7-3 (*b*) 所示。

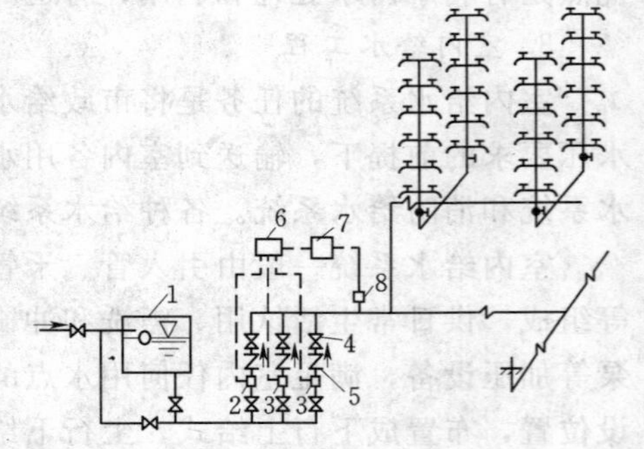

图 7-2 贮水池、水泵给水方式
1—贮水池；2—变速泵；3—恒速泵；
4—闸阀；5—止回阀；6—电控柜；
7—调节器；8—管道水压控制器

这种给水方式的优点是供水安全可靠，充分利用市政管网水压，节约能源，系统较简单，安装维护方便，后一种方式供水压力稳定，不受室外给水管网压力波动的影响，当外网压力过高时，还可起到减压作用；缺点是增加了建筑结构荷载。

(4) 水泵、水箱联合给水方式。当室外给水管网的水压经常性低于室内给水管网所需的水压，但供水量很充足，且室内用水量又很不均匀时，宜采用水泵、水箱联合给水方式，即水泵自室外管网直接抽水加压，利用高位水箱调节水量。如果室外管网不允许直接抽水，则加设贮水池，如图 7-4 所示。

这种给水方式的优点是供水安全可靠，水泵、水箱可互相配合运行，水泵向水箱充水，使水泵可在高效段内运行以及供水压力稳定等；缺点是一次性投资较大，运行费用较高，安装维护麻烦。

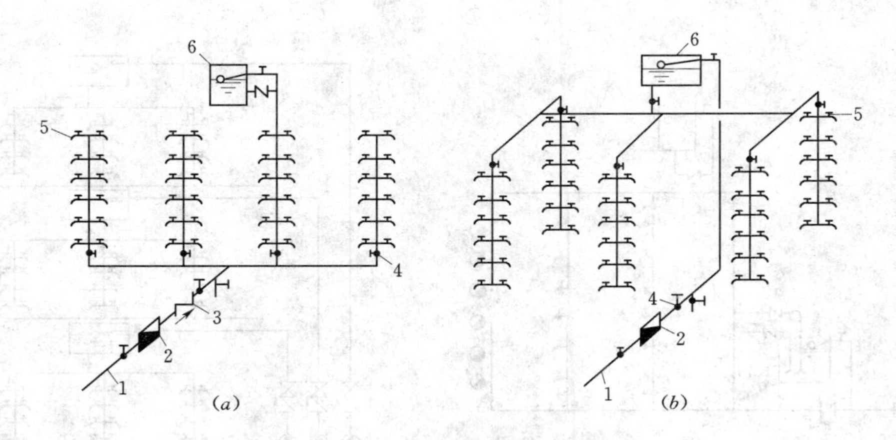

图 7-3　仅设水箱的给水方式

1—进户管；2—水表；3—止回阀；4—阀门；5—配水龙头；6—水箱

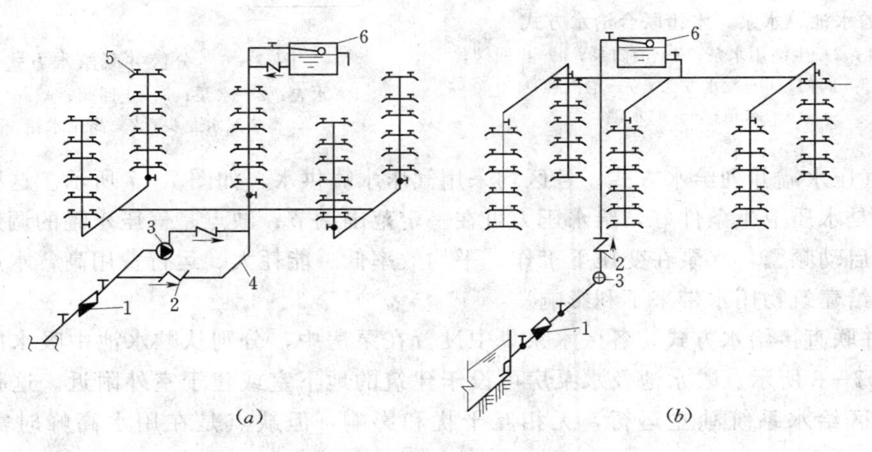

图 7-4　水泵、水箱联合给水方式

1—水表；2—止回阀；3—水泵；4—旁通管；5—配水龙头；6—水箱

(5) 竖向分区给水方式。对于层数较多的建筑物，当室外给水管网水压不能满足室内用水时，可将其竖向分区。各区采用不同的给水方式：

1) 低区直接给水，高区采用设贮水池、水泵、水箱联合给水方式，如图 7-5 所示。这种给水方式的优点是既可充分利用城市配水管网压力，又可减少贮水池和水箱的容量，供水安全且经济；缺点是高区设置贮水池、水泵和水箱一次性投资大，安装、维护较复杂。

2) 设贮水池和水泵、水箱分区并联给水方式。各区均采用水泵、水箱供水方式，各区水泵集中设置在地下室或建筑底层或室外水泵房内，分别向分区供水，如图 7-6 所示。这种给水方式的优点是各区给水系统独立运行，互不干扰，任一区发生故障，不会影响其他各区用水；水泵集中布置，维护管理方便；水泵出水量和水箱调节容量均较小，可节省运行费。缺点是高区供水需设置较长的耐高压管路，分区设置水箱，将多占房间面积，水泵型号多，投资较大等。

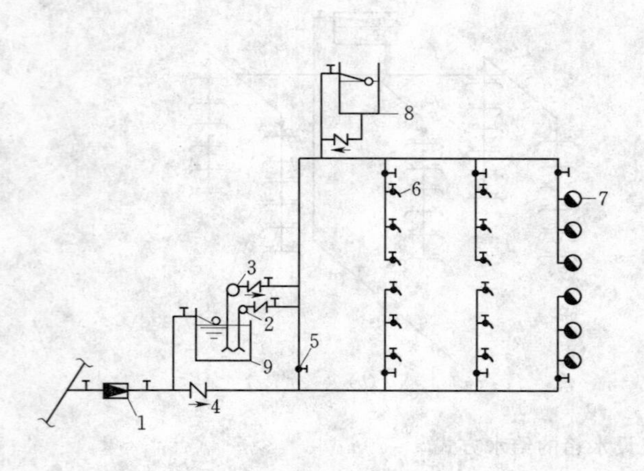

图 7-5 低区直接给水，高区采用设贮水池、水泵、水箱联合给水方式

1—水表；2—生活用水泵；3—消防泵；4—止回阀；5—阀门；6—配水龙头；7—消火栓；8—水箱；9—贮水池

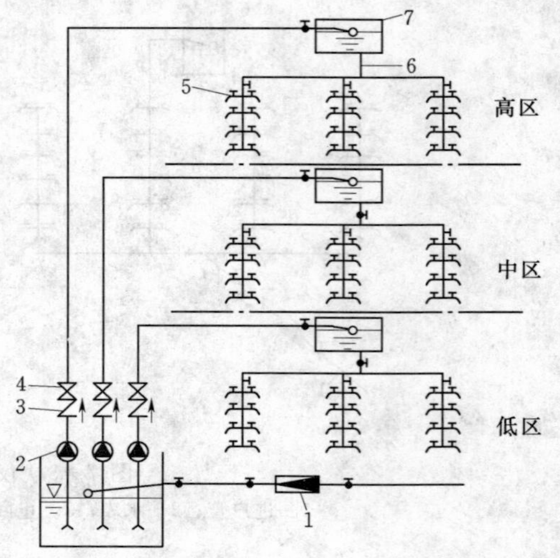

图 7-6 分区并联给水方式

1—水表；2—水泵；3—止回阀；4、6—阀门；5—配水龙头；7—高位水箱

3）气压水罐并列给水方式。各区均采用气压水罐供水，如图 7-7 所示。这种给水方式的优点是水质卫生条件好，给水压力可在一定范围调节；缺点是气压水罐的调节贮量较小，水泵启动频繁，水泵在变压下工作，平均效率低、能耗大、运行费用高，水压变化幅度较大，给建筑物用水带来不利影响。

4）并联直接给水方式。各区水泵集中设置在泵房中，分别从贮水池中吸水向各区供水，如图 7-8 所示。贮水池及水泵房可设于建筑的地下室或建于室外附近。这种方式的优点是各区给水系统独立运行，无相互干扰和影响，但缺点是在用水高峰时需较大供水量。

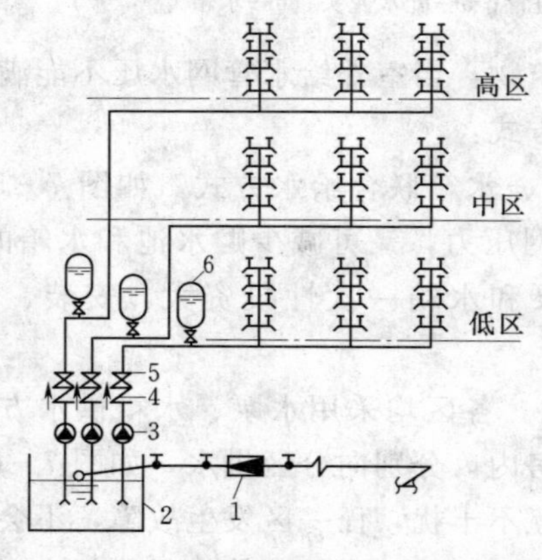

图 7-7 气压水罐并列给水方式

1—水表；2—水池；3—水泵；4—止回阀；5—闸阀；6—气压水罐

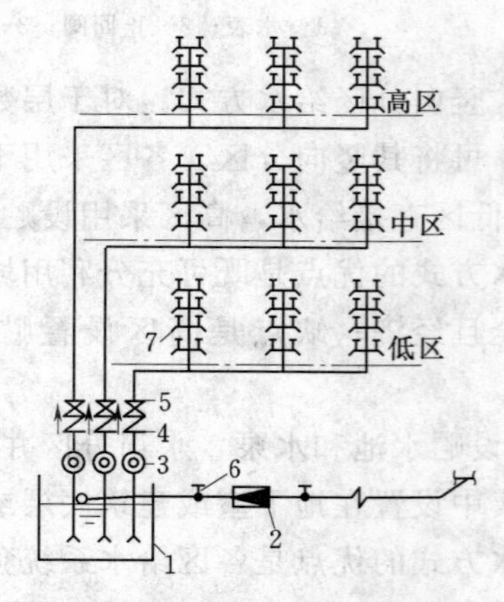

图 7-8 并联直接给水方式

1—水池；2—水表；3—变速水泵；4—止回阀；5、6—阀门；7—配水龙头

5）水泵、水箱分区串联给水方式。这种给水方式的水泵、水箱布置于各区，下一区的水箱兼作上一区的贮水器，如图 7－9 所示。采用这种给水方式的优点是总管线较短，可降低设备费和运行动力费。缺点是供水独立性差，上区受下区限制；水泵分散设置，管理维护不便；水泵设在建筑物楼层，由于振动产生噪声干扰大；水泵、水箱均设在楼层，占用建筑物使用面积。

6）水箱减压给水方式。用水泵将建筑物内用水量抽升至顶层的高位水箱，再由各分区采用小容量减压水箱供水，如图 7－10 所示。这种给水方式的优点是水泵数目少，维护管理方便；各分区减压水箱容积小，少占建筑面积。缺点是以最高区扬程提升全建筑最大用水量，运行功率较分区设置水箱大，此外屋顶水箱容积大，增加了建筑物的荷载；低区供水受高区影响，供水可靠性差。

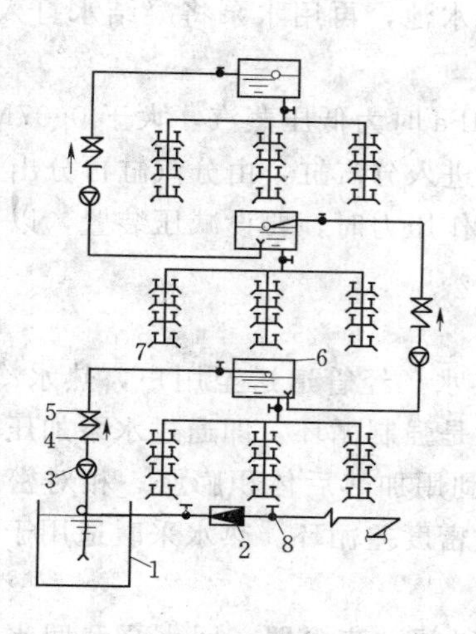

图 7－9　分区串联给水方式

1—贮水池；2—水表；3—水泵；4—止回阀；5、8—阀门；6—水箱；7—配水龙头

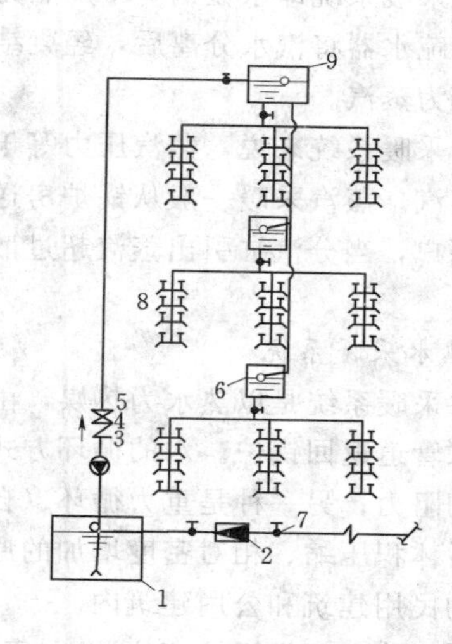

图 7－10　水箱减压给水方式

1—贮水池；2—水表；3—水泵；4—止回阀；5、7—阀门；6—减压水箱；8—配水龙头；9—高位水箱

7）减压阀给水方式。高层建筑供水管路，也可采用减压阀。这种给水方式包括高位水箱减压阀给水方式、气压水箱减压阀给水方式和无水箱减压阀给水方式。采用减压阀给水方式的最大优点是占用建筑面积少，缺点是水泵的运行动力费用高。

4. 室内排水工程

室内排水工程是将建筑物内部的污（废）水通畅地排入室外管网的工程，按所排水性质的不同可分为生活污水排水工程、工业废水排水工程和雨水排水工程。

生活污水不得与室内雨水合流，冷却系统排水可以排入室内雨水系统。在高层建筑中，生活废水常分为生活污水（排除粪便水）和生活废水（洗涤池、淋浴排水等）。

雨水管道是排除屋面水用的，在高层建筑和大面积工业厂房中，通常采用室内管道以汇集屋面雨和雪水，然后排至室外排水管网。

室内排水系统由卫生器具、存水弯、排水干管、横管、立管、通气管、检查口和清扫口等组成。

卫生器具是收集污水和废水的设备，是室内排水管网的起点，经过存水弯和排水短管流入横支管、干管，最后排入室外排水管网。

(二) 采暖工程

采暖工程是由热源产生的热媒，通过管道输送到采暖房间，再通过采暖器具，将热量散发到房间，起到采暖作用，冷却后的“热媒”又通过管道回到热源中去，进行再循环。

采暖热力系统按其输送的载热体可分为蒸汽采暖系统、热水采暖系统和热风采暖系统等。

1. 蒸汽采暖系统

蒸汽采暖系统即水在锅炉中加热为蒸汽，蒸汽经过管道送到供热用户，蒸汽冷却后的冷凝水经疏水器将汽水分离后，经凝结水管回到凝结水池，再用水泵将凝结水打入锅炉，重新加热为蒸汽。

对于采暖系统来说，蒸汽压力等于或小于 0.07MPa 时为低压蒸汽，大于 0.07MPa 时为高压蒸汽。蒸汽采暖一般从锅炉房送出蒸汽，首先进入分汽缸，由分汽缸再分出若干管线送给用户，当分汽缸引出蒸汽超过散热器允许的工作压力时，要设减压装置，以保证安全运行。

2. 热水采暖系统

热水采暖系统是以热水为热媒，由锅炉送出的热水，经管道送至用户，热水冷却后，经过回水管道返回锅炉。水的循环方式有两种：一种是强制循环，即通过水泵加压克服水流动中的阻力；另一种是重力循环（自然循环），即利用加热后体积膨胀、相对密度降低和冷却后体积压缩、相对密度增加的原理，依靠相对密度差循环。热水采暖适用于离锅炉房较近的民用建筑和公用建筑内。

采暖系统一般由锅炉（热源）、管网散热器、减压阀、疏水器、回水泵和回水管网等组成。

二、给排水、采暖工程常用材料及配件

(一) 管材

给排水、采暖工程常用管材的种类很多，按制造材质可分为铸铁管、碳素钢管、有色金属管和非金属管四种，按制造方法可分为无缝钢管和有缝管两种。

1. 无缝钢管

无缝钢管通常使用在需要承受较大压力的管道上，一般给排水管道很少使用。无缝钢管的规格以外径及壁厚表示。如无缝钢管 32×2.5、32×4.5，表示其外径都是 32mm，壁厚分别为 2.5 mm 和 4.5mm。无缝钢管一般采用焊接和法兰连接，它的弯头有煨制弯和压制弯两种，其作用相同。

2. 有缝管

有缝管又称为焊接钢管，有镀锌钢管（白铁管）和非镀锌管（黑铁管）两种。镀锌钢管是在钢管的内外表面均涂上一层锌，可以防止管道生锈腐蚀，并能延长其使用年限，常作室内给水管材，镀锌钢管比非镀锌钢管重 3%～6%。镀锌钢管和配件都是螺纹连接；黑铁管一般用螺纹连接，但也可以焊接。焊接钢管的连接配件有管箍、大小头、活接头、

补芯、外螺丝、弯头、异径三通四通和丝堵等。

3. 铸铁管

铸铁管是用灰口生铁浇铸而成，具有抗腐蚀性较好、使用耐久、价格较低等优点，常用作埋入地下的给排水管道。

铸铁管按其用途和压力可分为给水铸铁管和排水铸铁管两种，按其连接方式可分为承插式和法兰式两种。铸铁管承插接口填料有青铅、石棉水泥、膨胀水泥和水泥。

铸铁给水管的配件有异径管、三承三通、三承四通、双承二通、双盘三通、双承弯头、单承弯头、套筒和短管等。铸铁排水管的配件有三通、斜三通、异径三通、弯头、大小头、四通、P字弯、S弯和检查口等，附件有清扫口和地漏等。

4. 塑料管

塑料管有UPVC、PPC、PPR管等，大部分是硬聚氯乙烯管，具有光滑、体轻、加工方便等优点，但有噪声大、时间长易老化变质等缺点。塑料管的接口方式有焊接、承插连接和法兰连接等，它的零配件与铸铁下水管相同（但材质为塑料）。

5. 复合管

复合管包括塑料复合管和钢骨架塑料复合管等，另外还有混凝土管、陶土管、石棉水泥管、缸瓦管、不锈钢管和铜管等。

为了使管子与管路附件能够互相连接，其连接处的口径应保持一致，常用公称直径，也就是各种管子与管路附件的通用口径，用DN表示。管材的公称直径与管内径相接近，但它既不等于管道或配件的实际内径，也不等于管道或配件的外径，而只是一种公认的称呼直径，所以又称为名义直径。例如，管子的公称直径为15mm，表示方法则是DN15。

管道及管件的压力分为公称压力、试验压力和工作压力。

(1) 公称压力：用字母 P_g 表示并注明压力数值。如公称压力为1.6MPa的管道，应写作 $P_g1.6$，单位为兆帕（即MPa）。管道公称压力等级的划分是按《工业管道施工及验收规范》(GBJ 235—82) 确定的，即 $P_g1.6$MPa以内为低压管道；$P_g1.6$MPa～$P_g10.0$MPa为中压管道；$P_g10.0$MPa以上为高压管道。

(2) 试验压力：是对管道进行水压或严密性试验而规定的压力，用字母 P_s 表示，并注明压力的数值。如试验压力为2.0MPa，写作 $P_s2.0$。试验压力又分为水压试验压力和气压试验压力。

(3) 工作压力：是表明管材质量的一种参数。用字母 P 表示，并在 P 的右下方注明介质最高温度的数值，其数值是以介质最高温度除以10。如介质最高温度为250℃，则工作压力应写作 P_{25}。

（二）法兰

法兰的种类很多，按材质分有铸铁法兰、铸钢法兰、碳钢法兰和耐酸钢法兰等；按连接方式分有焊接法兰和螺纹连接法兰等；按压力分有低压法兰、中压法兰和高压法兰三种。其中，铸铁法兰一般采用螺纹连接；钢制法兰常用平焊连接。法兰在管道安装中使用较广，特别是管道与法兰阀门连接，管道与设备连接，都是采用法兰。选用法兰有三个因素：直径、压力和材质。平焊法兰多用HG和GB标准。

（三）阀门

阀门是用以控制调节各种管道及设备内气体和液体介质流动的一种机械产品，是一种能随时开启和关闭的活门。

1. 阀门的分类

阀门按工作压力分为低压、中压和高压三种；按输送介质可以分为水阀门、蒸汽阀门、空气阀门和耐酸阀门等；按材质分为铸铁阀门、铸钢阀门、锻钢阀门和不锈钢阀门等；按接口方式分为焊接阀门和螺纹阀门等；按驱动方式分为手动阀门和自控阀门等。

2. 阀门产品型号的组成

阀门产品型号一般由七个单元组成：

（1）第一单元：类型的代号，如 J11T—10 中，J 表示截止阀。

（2）第二单元：传动方式代号，对于驱动方式为手轮、手柄、扳手或自动的阀门可省略不写，如 J11T—10 中省略第二单元。

（3）第三单元：连接形式代号，如 J11T—10 中，J 后第一个 1 表示连接形式为内螺纹。

（4）第四单元：结构形式代号，如 J11T—10 中，J 后第二个 1 表示结构形式为直通式。

（5）第五单元：阀座密封面或衬里材料代号，如 J11T—10 中的 T 表示密封面或衬里材质是铜合金。

（6）第六单元：公称压力数值，如 J11T—10 中的 10 表示公称压力为 1.0MPa。

（7）第七单元：阀体材料代号，对于 $P_g \leqslant 1.6$MPa 灰铸铁阀体和 $P_g \geqslant 2.5$MPa 碳素钢阀体可省略，如 J11T—10 中省略。

3. 常用阀门用途及特点

常用的阀门有旋塞阀、截止阀、闸阀、止回阀、减压阀和浮球阀等，其作用与特点分别如下：

（1）截止阀：一般用于气、水管道上，其主要作用是关断管道某一个部分。

（2）闸阀：一般装于管路上作启闭管路及设备中的介质用，其特点是介质通过时阻力很小。

（3）止回阀：只允许水流朝一个方向流，当水流方向相反时，阀门自动关闭。

（4）排污阀：装于温度 $T \geqslant 300$℃，工作压力 $P \leqslant 1.3$MPa 的蒸汽锅炉上，其作用为排除锅炉内水的沉淀物和污垢。

（5）旋塞阀：装于管路中，用来控制管路启闭的一种开关设备。

（6）安全阀：当压力超过规定标准时，从安全门中自动排出多余的介质。

（7）减压阀：用于将蒸汽压力降低，并能将此压力保证在一定的范围内不变。

（8）疏水器：装于蒸汽管路和散热器等蒸汽设备上，以阻止蒸汽池漏水和自动排除冷凝水，是一种将蒸汽和冷却水自动分离的装置。

（9）浮球阀：是高位水箱、水池和水塔等贮水器中进水部分的自动开关设备。当水箱中的水位低于规定位置时，即自动打开，让水进入水箱；当水位达到规定位置时，即自动关闭，停止进水。

三、给排水、采暖工程工程量计算及定额套用

(一) 管道安装

(1) 各种管道，均以施工图所示中心长度，以“m”为计量单位，不扣除阀门、管件(包括减压器、疏水器、水表和伸缩器等组成安装) 所占的长度。

(2) 镀锌铁皮套管制作以“个”为计量单位，其安装已包括在管道安装定额内，不得另行计算。

(3) 管道支架制作安装，室内管道公称直径32mm以下的安装工程已包括在内，不得另行计算。公称直径32mm以上的，可另行计算。

(4) 各种伸缩器制作安装，均以“个”为计量单位。方形伸缩器的两臂，按臂长的2倍合并在管道长度内计算。

(5) 管道消毒、冲洗和压力试验，均按管道长度以“m”为计量单位，不扣除阀门和管件所占的长度。

(6) 室内外管道安装界限划分如下：

1) 给水管道室内外界限划分：以建筑物外墙皮1.5m为界，入口处设阀门者以阀门为界。与市政给水管道的界限应以水表井为界，无水表井的，以与市政给水管道碰头点为界。

2) 排水管道室内外界限划分：以出户第一个排水检查井为界。室外排水管道与市政排水界限应以与市政管道碰头井为界。

3) 采暖热源管道室内外界限划分：以建筑物外墙皮1.5m为界，入口处设阀门者以阀门为界。与工业管道界限以锅炉房或泵站外墙皮1.5m为界。

4) 燃气管道室内外界限划分：地下引入室内的管道以室内第一个阀门为界，地上引入室内的管道以墙外三通为界；室外燃气管道与市政燃气管道以两者的碰头点为界。

(二) 阀门、水位标尺安装

(1) 各种阀门安装均以“个”为计量单位。法兰阀门安装，仅为一侧法兰连接时，定额所列法兰、带帽螺栓及垫圈数量减半，其余不变。

(2) 各种法兰连接用垫片，均按石棉橡胶板计算，如用其他材料，不得调整。

(3) 法兰阀(带短管甲乙) 安装，均以“套”为计量单位，如接口材料不同时，可作调整。

(4) 自动排气阀安装以“个”为计量单位，已包括了支架制作安装，不得另行计算。

(5) 浮球阀安装均以“个”为计量单位，已包括了联杆及浮球的安装，不得另行计算。

(6) 浮标液面计、水位标尺是按国家标准编制的，如设计与国家标准不符时，可作调整。

(三) 低压器具、水表组成与安装

(1) 减压器、疏水器组成安装以“组”为计量单位，设计组成与定额不同时，阀门和压力表数量可按设计用量进行调整，其余不变。

(2) 减压器安装按高压侧的直径计算。

(3) 法兰水表安装以“组”为计量单位，定额中旁通管及止回阀与设计规定的安装形式不同时，阀门及止回阀可按设计规定进行调整，其余不变。

（四）卫生器具制作安装

（1）卫生器具组成安装以“组”为计量单位。已按标准图综合了卫生器具与给水管和排水管连接的人工与材料用量，不得另行计算。

（2）浴盆安装不包括支座和四周侧面的砌砖及瓷砖粘贴。

（3）蹲式大便器安装，已包括了固定大便器的垫砖，但不包括大便器蹲台砌筑。

（4）大便槽、小便槽自动冲洗水箱安装以“套”为计量单位，已包括了水箱托架的制作安装，不得另行计算。

（5）小便槽冲洗管制作与安装以“m”为计量单位，不包括阀门安装，其工程量可按相应定额另行计算。

（6）脚踏开关安装，已包括了弯管与喷头的安装，不得另行计算。

（7）冷热水混合器安装以“套”为计量单位，不包括支架制作安装及阀门安装，其工程量可按相应定额另行计算。

（8）蒸汽-水加热器安装以“台”为计量单位，包括莲蓬头安装，不包括支架制作安装及阀门、疏水器安装，其工程量可按相应定额另行计算。

（9）容积式水加热器安装以“台”为计量单位，不包括安全阀安装，保温与基础砌筑可按相应定额另行计算。

（10）电热水器和电开水炉安装以“台”为计量单位，只考虑本体安装，连接管和连接件等工程量可按相应定额另行计算。

（11）饮水器安装以“台”为计量单位，阀门和脚踏开关工程量可按相应定额另行计算。

（五）供暖器具安装

（1）热空气幕安装以“台”为计量单位，其支架制作安装可按相应定额另行计算。

（2）长翼、柱型铸铁散热器组成安装以“片”为计量单位，其汽包垫不得换算；圆翼型铸铁散热器组成安装以“节”为计量单位。

（3）光排管散热器制作安装以“m”为计量单位，已包括联管长度，不得另行计算。

（六）小型容器制作安装

（1）钢板水箱制作，按施工图所示尺寸，不扣除人孔、手孔重量，以“kg”为计量单位，法兰和短管水位计可按相应定额另行计算。

（2）钢板水箱安装，按国家标准图集水箱容量“m^3”执行相应定额。各种水箱安装，均以“个”为计量单位。

四、给排水工程施工图预算编制实例

以下实例工程为五层混合结构单身宿舍楼，给排水施工图如图 7-11～图 7-16 所示。

（一）施工说明

（1）冷、热水管采用镀锌管及其配件，丝扣接头。

（2）蒸汽管采用无缝钢管。

（3）各冷热水立管管径、标高相同，详见 LL—1；各支管标高详见卫生间大样图。

（4）室内排水管采用排水铸铁管及配件，膨胀水泥接口，室外排水管采用混凝土管，

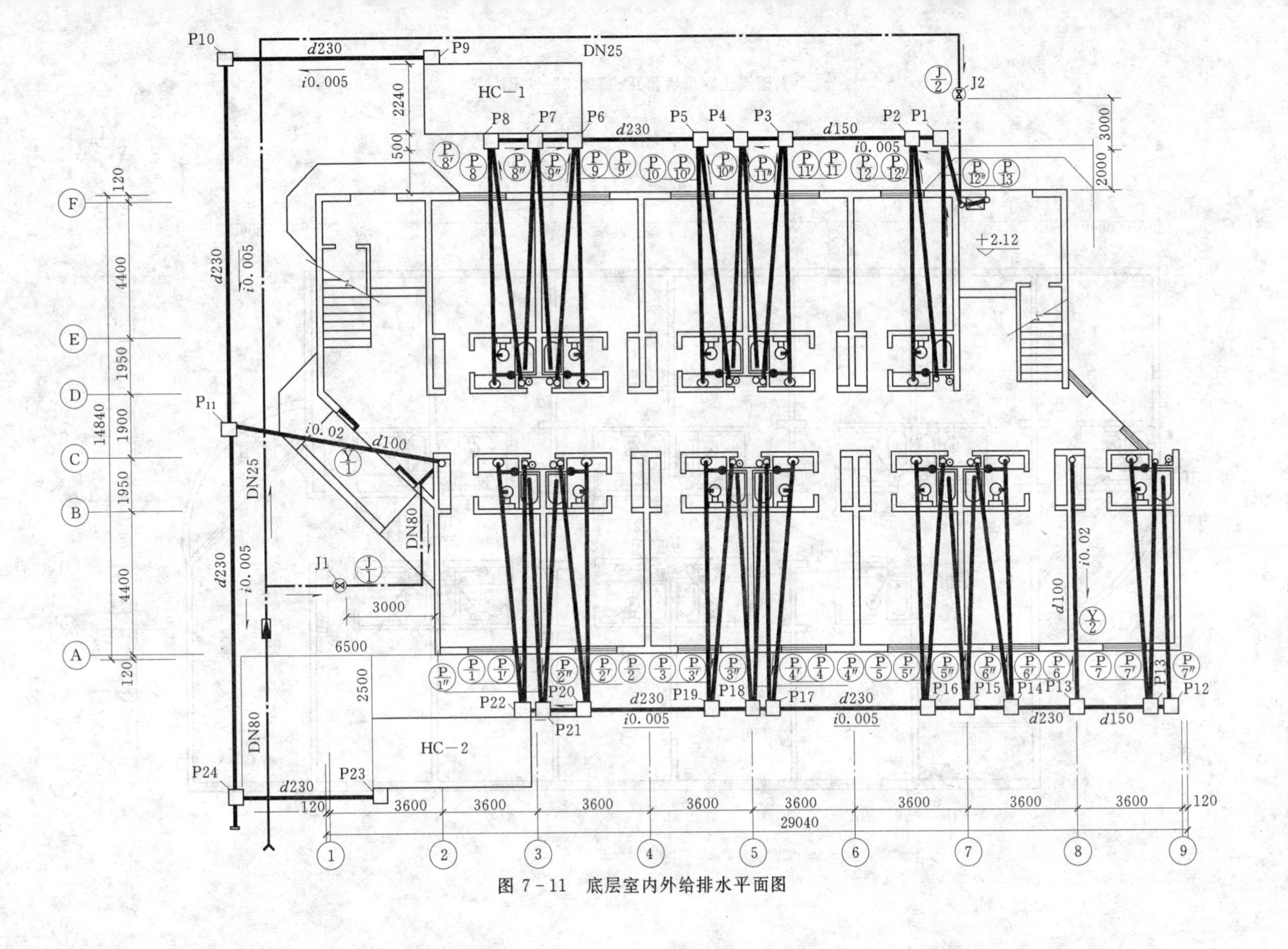

图 7－11　底层室内外给排水平面图

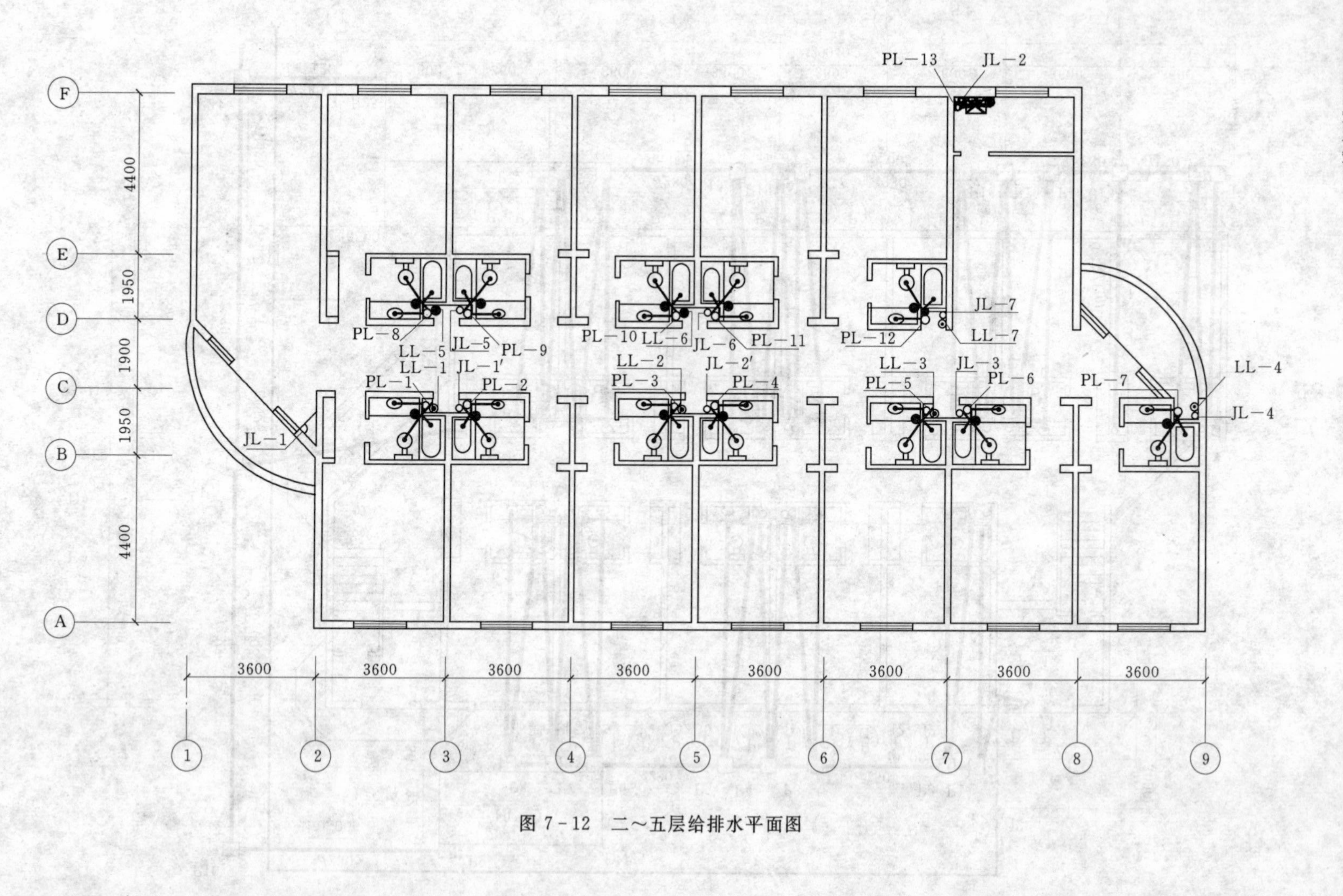

图 7－12 二～五层给排水平面图

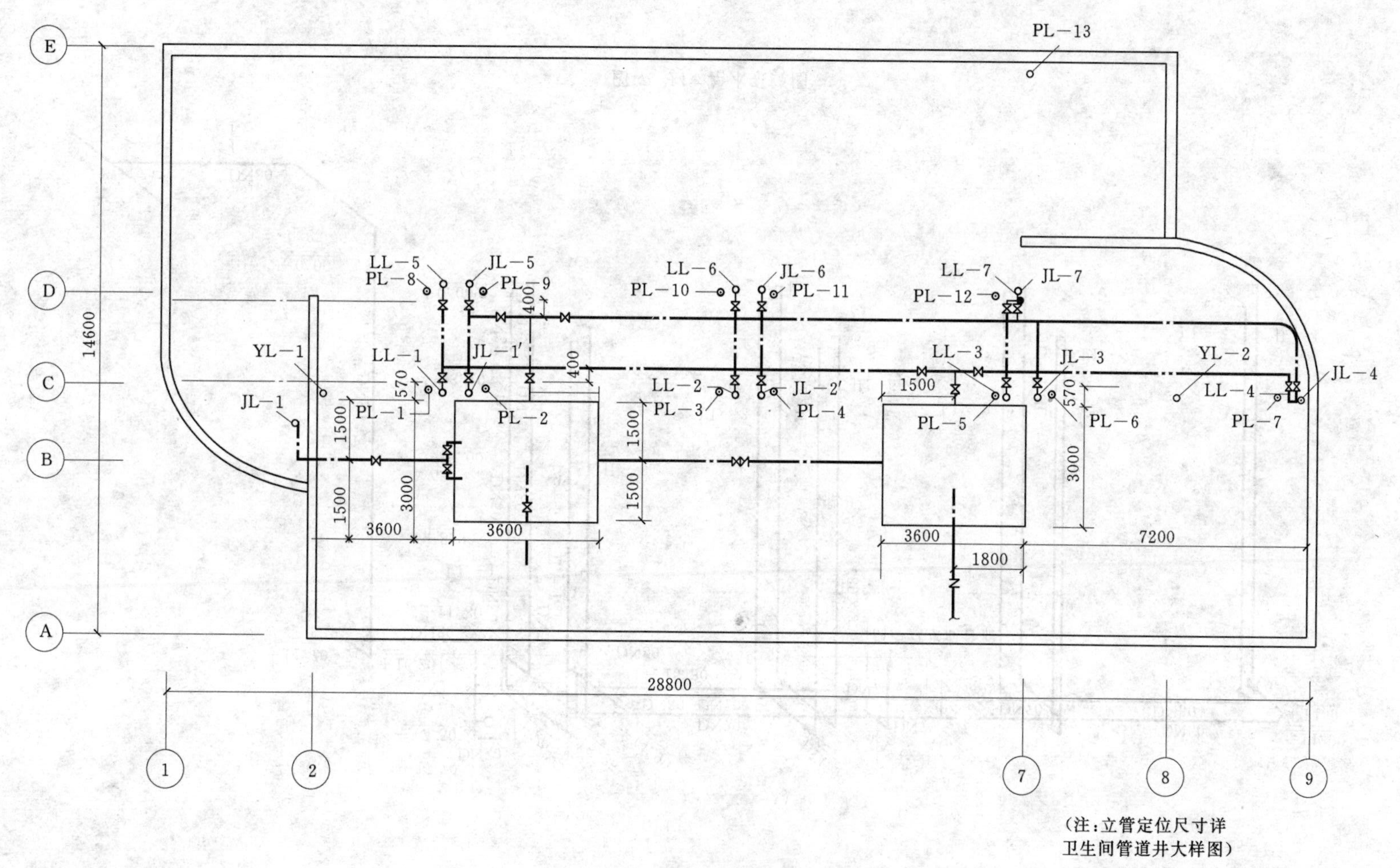

（注：立管定位尺寸详
卫生间管道井大样图）

图 7-13　屋顶管道水箱平面图

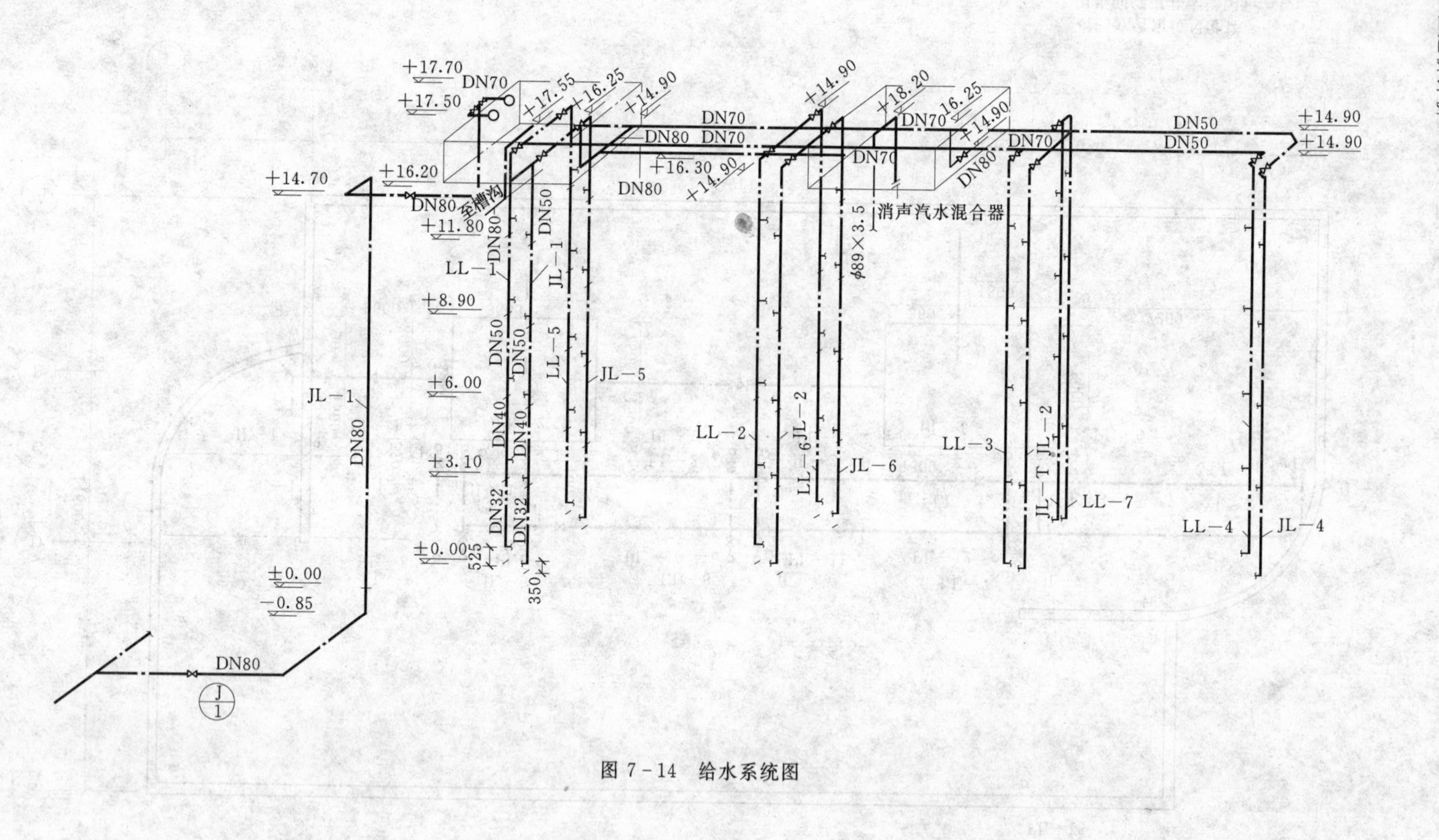
+17.70
DN70
+17.50
+17.55
+16.25
+14.90
+14.70
+16.20
DN80
至槽沟
+11.80
DN70
DN80
+16.30
DN50
+14.90
+18.20
16.25
DN70
DN80
消声汽水混合器
ϕ89×3.5
DN50
+14.90
+14.90
LL-1
JL-1
+8.90
DN50
LL-5
JL-5
+6.00
DN40
DN80
+3.10
DN32
±0.005
525
350
±0.00
-0.85
LL-2
JL-2
LL-6
JL-6
LL-3
JL-T
LL-7
LL-4
JL-4

图 7-14 给水系统图

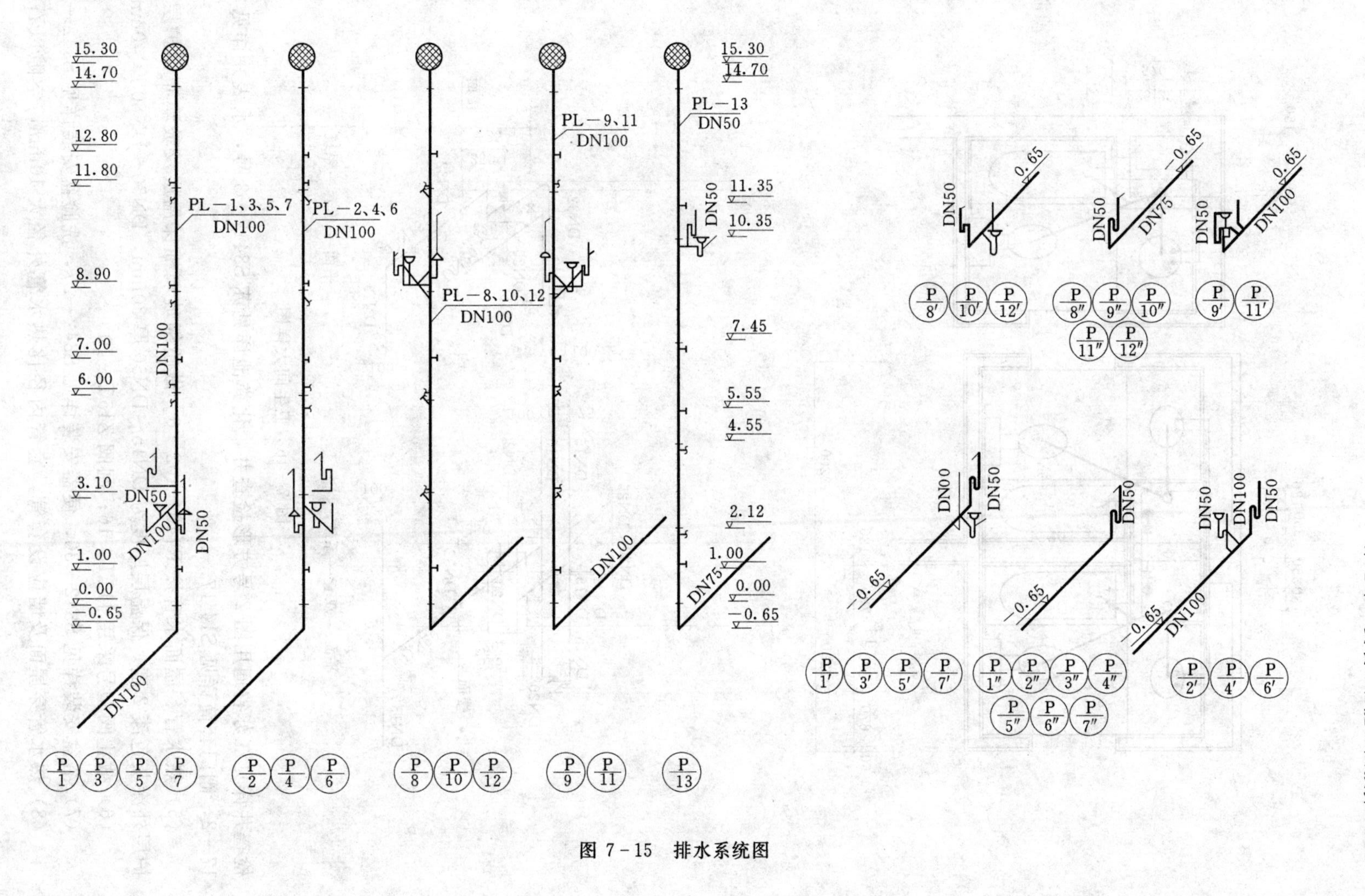
15.30
14.70
12.80
11.80
8.90
7.00
6.00
3.10
1.00
0.00
-0.65
PL-1、3、5、7
DN100
PL-2、4、6
DN100
PL-8、10、12
DN100
PL-9、11
DN100
PL-13
DN50
11.35
10.35
7.45
5.55
4.55
2.12
DN75
DN50
DN100

图 7-15　排水系统图

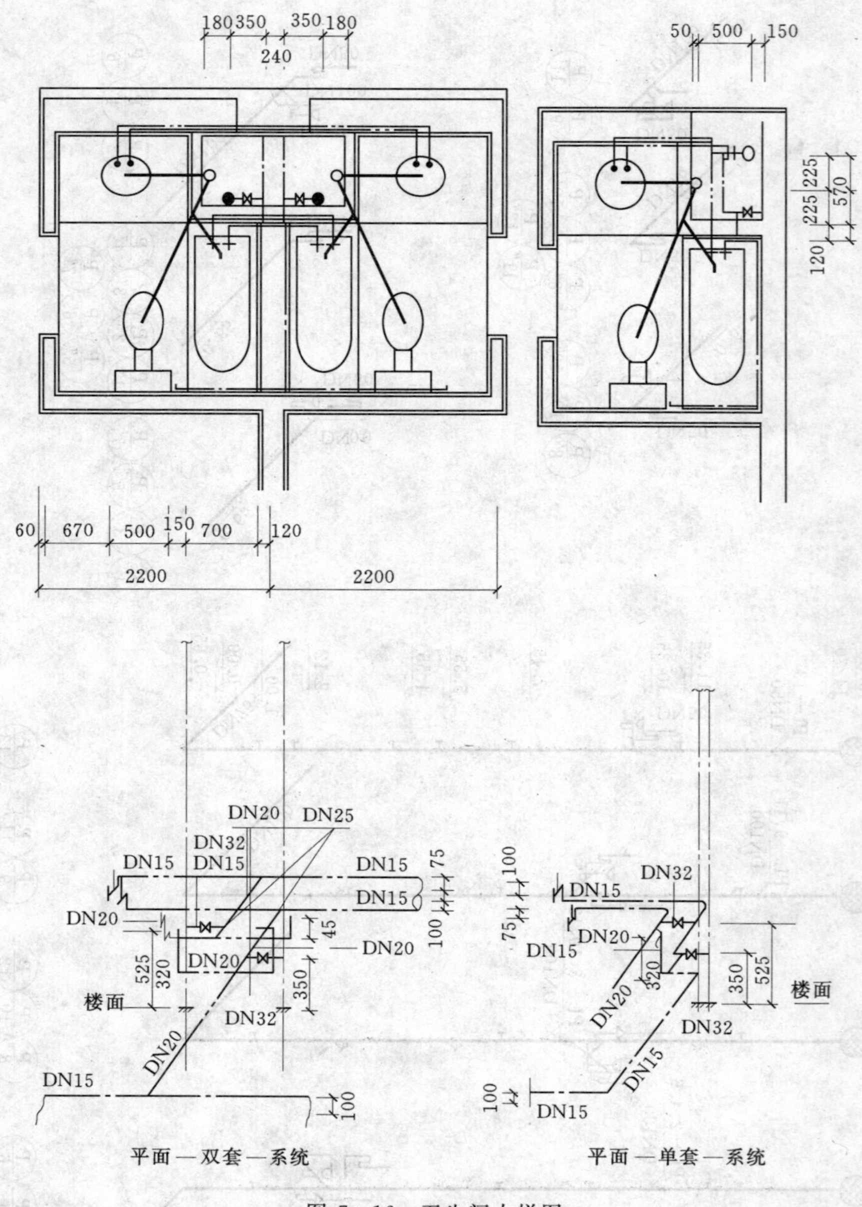

图 7-16 卫生间大样图

检查井详见江苏省通用图 2 号方形检查井，化粪池详见苏 S8417—3 号，水表井详见 S147 17—2，阀门套筒详见 S14 17—4。

(5) 热水管、屋面水管按 R140—102［6］做超细玻璃棉保温层及玻璃布保护层，保护层外涂灰色漆 2 度。保温层厚度为 DN15～DN50 厚 30mm，DN50～DN80 厚 40mm。

(6) 截止阀型号采用 J11T—16；闸阀 Z45T—10。

(7) 浴盆安装详见 S342—36，便器安装详见 S342—27，洗脸盆安装详见 S342—20。

(8) 热水管穿屋面及墙应设套管，套管内径比热水管外径大 10mm，空隙以石棉屑填实。

(9) 管道保温前必须进行水压试验，以 0.7MPa 水压 10min 内压力降不大于 0.5MPa 且无渗漏现象为合格。排水管安装后应进行灌水试验。

(二) 主要材料及设备用量（见表 7-3）

表 7-3　　**主要材料及设备用量**

序　号	名　称	型 号 或 规 格	数　量	单　位
1	洗脸盆	白瓷台式成套配件	60	套
2	浴盆	白色搪瓷	60	套
3	坐便器	白色配套水箱	60	套
4	洗涤池	白色成品 600×400	4	套
5	地漏	铸铁 DN50 盖铜质镀铬	64	套
6	阀门	Z45T—10 闸阀 DN80	5	只
		DN70	6	只
		J11T—16 截止阀 DN50	14	只
		DN32	70	只
		DN25	1	只
7	单向阀	H41T—16 法兰止回阀 DN80	1	只
8	汽水混合器	消声汽水混合器	1	只

(三) 工程量计算表（见表 7-4）

表 7-4　　**工 程 量 计 算 表**

单位工程：××单身宿舍楼　　　　第　页　共　页

序号	分部分项工程名称	计 算 式	计量单位	数量
1	室内镀锌管 DN80	水平管：2.8＋3.2＝6.0 立管：14.70＋0.85＝15.55 屋面： (1) 水箱进水管： 立管：17.50－14.70＝2.80 水平管按屋顶平面图量测：0.9＋3.70＝4.60 小计：7.40 (2) 冷热水箱间水平管 5.10 (3) 出水管：$2.1^{\text{水平管}}$＋$(16.25-14.9)^{\text{立管}}$＝3.45 (4) 溢水管、放空管：$(17.55-14.70)^{\text{立管}}$＋$4.20^{\text{水平管}}$＋$0.30^{\text{水平管}}$＋$(16.20-14.7)^{\text{立管}}$＝8.85 (5) 热水管（水箱出水管）：$(16.25-14.90)^{\text{立管}}$＋$0.9^{\text{出水管}}$＝2.25 合计：48.60	m	48.60

续表

序号	分部分项工程名称	计 算 式	计量单位	数量
2	室内镀锌管 DN70	屋面管道： (1) 水箱进水管：0.9+0.4×2=1.70 (2) 冷水管：14.40 (3) 热水管：14.30 合计：30.40	m	30.40
3	室内镀锌管 DN50	屋面管道： (1) 冷水管：6.3+0.4+1.8+0.2+2.8×2+2+（14.9－14.70）×7=16.3+14=17.70 (2) 热水管：7.20+0.7+0.3+2.8×6+（14.9－14.70）×7=18.0 小计：35.70 室内立管： (1) 冷水管：(14.70－6.0－0.35)×7=58.45 (2) 热水管：(14.70－6.0－0.525)×7=57.23 小计：115.68 合计：151.38	m	151.38
4	室内镀锌管 DN40	立管： (1) 冷水管：2.9×7=20.30 (2) 热水管：2.9×7=20.30 合计：40.60	m	40.60
5	镀锌管 DN25	埋地管：3.50 立管：5.55+0.85=6.40 合计：9.90	m	9.90
6	镀锌管 DN32 8-74	立管： (1) 冷水管：3.1×7=21.70 (2) 热水管：3.1×7=21.70 小计：43.40 卫生间支管： (1) 平面双套卫生间支管： 1) 冷水管：0.35×5（间）×5（层）=8.75 2) 热水管：0.35×5（间）×5（层）=8.75 (2) 平面单套卫生间支管： 1) 冷水管：(0.2+0.2)×2（间）×5（层）=4.0 2) 热水管：0.35×2（间）×5（层）=3.50 小计：25.00 合计：68.40	m	68.40
7	室内镀锌管 DN20 8-72	立管：11.35－5.55=5.80 卫生间支管： (1) 平面单套卫生间： 1) 热水管：(0.7+0.145)×2（套）×5（层）=8.45 2) 冷水管：(0.1+0.32)×2×5=4.20 小计：12.65 (2) 平面双套卫生间： 1) 热水管：(0.65+1.2+0.15×2+0.145×2)×5×5=61.0 2) 冷水管：1.80×5（套）×5（层）=45 3) 浴缸冷水管：(0.9+0.15×2+0.32×2)×5×5=46.0 小计：152.0 合计：170.45	m	170.45

续表

序号	分部分项工程名称	计　算　式	计量单位	数量
8	室内镀锌管 DN15 8－71	支管：0.5×5＝2.50 卫生间支管： (1) 平面单套卫生间： 1) 热水管：(0.1＋0.95＋0.15) ×2×5＝12.0 2) 冷水管：[(0.15＋0.45＋0.95＋0.15＋0.1)^{洗脸盆}＋(0.2＋1.15＋0.8＋0.1)^{低水箱}]×2×5＝40.50 小计：52.50 (2) 平面双套卫生间： 1) 热水管：(3.1＋0.15×3)×5×5＝88.75 2) 冷水管： 洗脸盆：(2.85＋0.15×2＋0.1×2)×5×5＝83.75 低水箱：(2.60＋0.1×2)×5×5＝70 小计：172.50 合计：227.50	m	227.50
9	热水管过墙过楼板钢套管	立管穿楼板： DN40 (DN32 管道)：0.15×7＝1.05 DN50 (DN40 管道)：0.15×7＝1.05 DN70 (DN50 管道)：0.15×3×7＝3.15 穿墙套管： (1) 平面单套卫生间： DN25 (DN15 管道)：0.14×1×2×5＝1.40 DN32 (DN20 管道)：0.14×1×2×5＝1.40 (2) 平面双套卫生间： DN25 (DN15 管道)：0.14×2×5×5＝7.0 DN32 (DN20 管道)：0.14×2×5×5＝7.0 合计：DN70 为 1.05 DN50 为 1.05 DN40 为 1.05 DN32 为 8.4 DN25 为 8.4	m	DN70、DN50 和 DN40 为 1.05；DN32 和 DN25 为 8.4
10	管道支架制作安装 8－152 155	DN80 (按每层 1 个支架计)：5×0.8＝4.0kg DN50：3×14×0.5＝21.0kg DN40：1×14×0.5＝7.0kg 合计：32kg	t	0.032
11	管道超细玻璃棉保温 (用于热水管及屋面管道) 13－387	保温厚度：DN15～DN50 时 $\delta=30$；DN50～DN80 时 $\delta=40$。 DN80：27.05÷100×1.62＝0.44 DN70：30.40÷100×1.45＝0.44 DN50：92.93÷100××1.26＝1.7 DN40：20.30÷100×0.74＝0.15 DN32：(21.70＋8.75＋3.50) ÷100×0.69＝0.23 DN20：69.45÷100×0.54＝0.38 DN15：100.75÷100×0.54＝0.05 合计：2.86	m^3	2.86

续表

序号	分部分项工程名称	计算式	计量单位	数量
12	玻璃布保护层 13-436	DN80：0.27×52.94=14.29 DN70：0.30×48.85=14.66 DN50：0.93×43.98=40.90 DN40：0.20×33.98=6.79 DN32：0.34×32.12=10.90 DN20：0.69×27.25=18.80 DN15：1.01×27.25=27.52 合计：133.86	m^2	133.86
13	保护层刷灰色漆2遍	同玻璃布保护层	m^2	133.86
14	排水铸铁管 （膨胀水泥接口）	$\frac{P}{1}$ $\frac{P}{3}$ $\frac{P}{5}$ $\frac{P}{7}$ DN100： 埋地管道：8×4=32 立管：（15.3+0.65）×4=63.80 支管：（$1.2^{水平管}$+$0.5^{连接大便器}$）×4=6.80 小计：102.60 DN50： （0.5+1.0+0.3×3）×4=6.0 $\frac{P}{2}$ $\frac{P}{4}$ $\frac{P}{6}$ DN100： 埋地管道：8×3=24 立管：（15.3+0.65）×3=47.85 支管：（1.2+0.5）×3=5.10 小计：76.95 DN50： （0.5+1.0+0.3×3）×3=4.50 $\frac{P}{8}$ $\frac{P}{10}$ $\frac{P}{12}$ $\frac{P}{9}$ $\frac{P}{11}$ DN100： 埋地管道：7.6×5=38.0 立管：（15.3+0.65）×5=79.75 支管：（1.2+0.5）×5=8.50 小计：126.25 DN50： （0.5+1.0+0.3×3）×5=7.50 DN75： 埋地管道：2.0 DN50： （15.30+0.65）+1.0×4+0.3×4=31.95 $\frac{P}{1'}$ $\frac{P}{3'}$ $\frac{P}{5'}$ $\frac{P}{7'}$ DN100： 埋地管道：6.8×4=27.20 支管：（0.65+0.3）×4=3.8 小计：31.0 DN50： 支管：[$(1.0+0.6)^{水平管}$+$0.65^{地漏}$+$0.65^{浴缸}$]×4=11.60		

续表

序号	分部分项工程名称	计　算　式	计量单位	数量
14	排水铸铁管 （膨胀水泥接口）	(P/1″) (P/2″) (P/3″) (P/4″)　(P/5″) (P/6″) (P/7″) DN75： 　埋地管道：7.2×7＝50.4 DN50： 　0.65×7＝4.55 (P/2′) (P/4′) (P/6′) DN100： 　埋地管道：6.8×3＝20.4 　支管：（0.65＋0.3）×3＝2.85 小计：23.25 DN50： 　支管：（1.0＋0.6＋0.65＋0.65）×3＝8.70 (P/8′) (P/10′) (P/12′)　(P/9′) (P/11′) DN100： 　埋地管道：6.60×5＝33.0 DN50： 　支管：（1＋0.6＋0.65＋0.65）×5＝14.50 (P/8″) (P/9″) (P/10″) (P/11″)，(P/12″) DN75： 　埋地管道：7.2×5＝36.0 DN50： 　0.65×5＝3.25 合计：DN100 为 393.05 　　　DN75 为 88.40 　　　DN50 为 92.56	m	
15	铸铁地漏 DN50P 型存水弯		只	64
16	白色台式洗脸盆		组	60
17	白色搪瓷浴缸		组	60
18	坐式大便器低水箱		组	60
19	白瓷成品洗涤池 600×460		组	4
20	闸阀 Z45T—10DN80		个	5
21	闸阀 Z45T—10DN70	屋顶	个	6
22	截止阀 J11T—16DN25		个	1
23	截止阀 J11T—16DN32	（5×2＋2×2）×5＝70	个	70
24	截止阀 J11T—16DN50	2×7＝14	个	14
25	法兰止回阀 H14T—16DN80		个	1
26	浮球阀 DN70		个	2
27	消声汽水混合器		个	1

续表

序号	分部分项工程名称	计算式	计量单位	数量
28	排水管刷热沥青2遍	DN50：0.93×18.85=17.53 DN75：0.88×27.80=24.46 DN100：3.93×35.81=140.73 合计：182.72	m^2	182.72
29	镀锌管刷银粉2遍	非保温管刷银粉： DN80：(0.511－0.271)×27.80＝6.67 DN50：(1.514－0.929)×18.85＝11.03 DN40：(0.406－0.203)×15.08＝3.06 DN32：(0.684－0.34)×13.27＝4.56 DN20：(1.705－0.695)×8.40＝8.48 DN15：(2.275－1.008)×8.40＝10.64 合计：44.44	m^2	44.44
30	支架刷银粉2遍		100kg	0.32

（四）施工图预算文件

安装工程施工图预算文件一般应由封面、编制说明、工程取费表、施工图预算表和主要材料、设备价格表及工程量计算书等组成。

1. 封面（略）

2. 编制说明

编制说明

1. 工程概况

本工程室内给水冷、热水管采用镀锌管及其配件，丝扣接头；蒸汽管采用无缝钢管；室内排水管采用排水铸铁管及配件，膨胀水泥接口；室外排水管采用混凝土管；卫生洁具购买成品安装，价格详见主要材料、设备价格表。

2. 主要编制依据

(1) ××单身宿舍楼给排水施工图。

(2)《江苏省安装工程计价表》(2004年)。

(3)《江苏价格信息》(2009年下半年)。

(4) 其他有关文件、资料。

3. 编制范围

编制范围是××单身宿舍楼室内给排水工程。

4. 其他说明

(1) 工期：执行国家定额工期。

(2) 质量：执行国家施工验收规范标准。

(3) 人工及机械台班单价：直接采用《江苏省安装工程计价表》(2004年) 价格，未作价差调整。

(4) 材料预算单价：辅材价格直接采用《江苏省安装工程计价表》(2004年) 价格，主材及设备价格采用《江苏价格信息》(2009年下半年) 价格。

3. 工程取费表

工程取费表如表 7－5 所示。

表 7－5　　安装工程取费表

工程名称：××单身宿舍楼安装工程

序号	名　称	计算公式	金　额
一	分部分项工程费用	《江苏省安装工程计价表》（2004 年）预算价＋价差	238934.71
二	措施项目费用		8470.47
1	措施项目费用（二）	《江苏省安装工程计价表》（2004 年）预算价＋价差	1899.76
2	措施项目费用（一）	一×费率	6570.71
(1)	现场安全文明施工措施费	一×1.6％	3822.96
	其中：基本费	一×0.8％	1911.48
	考评费	一×0.4％	955.74
	奖励费	一×0.4％	955.74
(2)	临时设施费	一×1.0％	2389.35
(3)	企业检验试验费	一×0.15％	358.40
三	规　费	（一＋二）×2.77％	6853.12
1	工程排污费	本工程不计	
2	建筑安全监督管理费	（一＋二）×0.19％	470.07
3	社会保障费	（一＋二）×2.2％	5442.91
4	住房公积金	（一＋二）×0.38％	940.14
四	税　金	（一＋二＋三）×3.44％	8746.49
五	总造价（大写）	贰拾陆万叁仟零伍元	263004.79

4. 工程预算表

工程预算表如表 7－6 所示，该表中综合单价由人工费、材料费、机械费、管理费和利润组成，价格已调至编制期水平。

表 7－6　　工程预算表

工程名称：××单身宿舍楼给排水工程

序号	项目编码	项目名称	计量单位	工程数量	单价	合价
1	8—94	室内镀锌钢管（螺纹连接）DN80	10m	4.86	729.20	3543.91
	〈主材〉	镀锌钢管 DN80	m	49.572	46.68	2314.021
2	11—56＋11—57＊1	管道刷油银粉漆 2 遍	$10m^2$	0.667	53.00	35.35
	〈主材〉	酚醛清漆各色	kg	0.24	15.00	3.600
3	8—231	管道消毒冲洗 DN100	100m	0.486	68.45	33.27
4	8—93	室内镀锌钢管（螺纹连接）DN65	10m	3.04	615.79	1872.00
	〈主材〉	镀锌钢管 DN65	m	31.008	37.34	1157.839
5	8—231	管道消毒冲洗 DN100	100m	0.304	68.45	20.81

续表

序号	项目编码	项目名称	计量单位	工程数量	单价	合价
6	8—92	室内镀锌钢管（螺纹连接）DN50	10m	15.14	505.62	7655.09
	〈主材〉	镀锌钢管 DN50	m	154.428	28.04	4330.161
7	8—26	室外钢管（焊接）DN65	10m	0.11	366.53	40.32
	〈主材〉	焊接钢管 DN65	m	1.117	26.06	29.109
8	11—56+11—57*1	管道刷油银粉漆 2 遍	$10m^2$	1.103	53.00	58.46
	〈主材〉	酚醛清漆各色	kg	0.397	15.00	5.955
9	8—230	管道消毒冲洗 DN50	100m	1.514	49.18	74.46
10	8—91	室内镀锌钢管（螺纹连接）DN40	10m	4.06	430.45	1747.63
	〈主材〉	镀锌钢管 DN40	m	41.412	22.28	922.659
11	8—25	室外钢管（焊接）DN50	10m	0.11	262.99	28.93
	〈主材〉	焊接钢管 DN50	m	1.117	19.28	21.536
12	11—1824	纤维类制品（管壳）安装管道 ϕ57mm 厚度 30mm	m^3	2.86	756.63	2163.96
	〈主材〉	纤维类制品（管壳）	m^3	2.946	350.00	1031.100
13	11—2153	防潮层保护层安装玻璃布管道	$10m^2$	13.39	56.62	758.14
	〈主材〉	玻璃丝布	m^2	187.46	2.00	374.920
14	11—72+11—73*1	管道刷油热沥青漆 2 遍	$10m^2$	13.39	232.30	3110.50
15	11—56+11—57*1	管道刷油银粉漆 2 遍	$10m^2$	0.306	53.00	16.22
	〈主材〉	酚醛清漆各色	kg	0.11	15.00	1.650
16	8—230	管道消毒冲洗 DN50	100m	0.406	49.18	19.97
17	8—90	室内镀锌钢管（螺纹连接）DN32	10m	6.86	361.37	2479.00
	〈主材〉	镀锌钢管 DN32	m	69.972	18.04	1262.295
18	8—24	室外钢管（焊接）DN40	10m	0.11	203.47	22.38
	〈主材〉	焊接钢管 DN40	m	1.117	14.58	16.286
19	11—56+11—57*1	管道刷油银粉漆 2 遍	$10m^2$	0.456	53.00	24.17
	〈主材〉	酚醛清漆各色	kg	0.164	15.00	2.460
20	8—230	管道消毒冲洗 DN50	100m	0.686	49.18	33.74
21	8—89	室内镀锌钢管（螺纹连接）DN25	10m	0.99	314.97	311.82
	〈主材〉	镀锌钢管 DN25	m	10.098	13.75	138.847
22	8—230	管道消毒冲洗 DN50	100m	0.099	49.18	4.87
23	8—88	室内镀锌钢管（螺纹连接）DN20	10m	17.05	240.70	4103.93
	〈主材〉	镀锌钢管 DN20	m	173.91	9.43	1639.971
24	8—23	室外钢管（焊接）DN32	10m	0.84	176.26	148.06
	〈主材〉	焊接钢管 DN32	m	8.526	12.13	103.420
25	11—56+11—57*1	管道刷油银粉漆 2 遍	$10m^2$	0.848	53.00	44.94
	〈主材〉	酚醛清漆各色	kg	0.305	15.00	4.575
26	8—230	管道消毒冲洗 DN50	100m	1.705	49.18	83.85
27	8—87	室内镀锌钢管（螺纹连接）DN15	10m	22.75	216.50	4925.38
	〈主材〉	镀锌钢管 DN15	m	232.05	7.11	1649.876

续表

序号	项目编码	项 目 名 称	计量单位	工程数量	单价	合价
28	8—23	室外钢管（焊接）DN32	10m	0.84	176.26	148.06
	〈主材〉	焊接钢管 DN32	m	8.526	12.13	103.420
29	11—56+11—57*1	管道刷油银粉漆 2 遍	10m²	1.064	53.00	56.39
	〈主材〉	酚醛清漆各色	kg	0.383	15.00	5.745
30	8—230	管道消毒冲洗 DN50	100m	2.275	49.18	111.88
31	11—72+11—73*1	管道刷油热沥青漆 2 遍	10m²	39.31	232.30	9131.71
32	8—146	室内承插铸铁排水管（水泥接口）DN100	10m	39.31	743.85	29240.74
	〈主材〉	承插铸铁排水管 DN100	m	349.859	28.50	9970.981
33	11—72+11—73*1	管道刷油热沥青漆 2 遍	10m²	8.84	232.30	2053.53
34	8—145	室内承插铸铁排水管（水泥接口）DN75	10m	8.84	542.87	4798.97
	〈主材〉	承插铸铁排水管 DN75	m	82.212	22.30	1833.328
35	11—72+11—73*1	管道刷油热沥青漆 2 遍	10m²	0.926	232.30	215.11
36	8—144	室内承插铸铁排水管（水泥接口）DN50	10m	0.926	377.69	349.74
	〈主材〉	承插铸铁排水管 DN50	m	8.149	18.00	146.682
37	8—447	地漏安装 DN50	10 个	6.40	258.25	1652.80
	〈主材〉	地漏 DN50	个	64.00	12.87	823.680
38	8—384	洗脸盆安装（钢管组成，冷热水）	10 组	6.00	3939.44	23636.64
	〈主材〉	洗脸盆	个	60.60	180.00	10908.000
	〈主材〉	立式水嘴 DN15	个	121.20	50.00	6060.000
39	8—376	搪瓷浴盆安装（冷热水带喷头）	10 组	6.00	11541.99	69251.94
	〈主材〉	搪瓷浴盆	个	60.00	890.00	53400.000
	〈主材〉	浴盆混合水嘴带喷头	个	60.60	120.00	7272.000
	〈主材〉	浴盆排水配件（铜）	套	60.60	50.00	3030.000
40	8—414	坐式大便器低水箱坐便	10 套	6.00	7189.36	43136.16
	〈主材〉	坐式带水箱	个	60.60	480.00	29088.000
	〈主材〉	低水箱配件	套	60.60	80.00	4848.000
	〈主材〉	坐便器桶盖	套	60.60	70.00	4242.000
41	8—391	洗涤盆安装（单嘴）	10 组	4.00	1936.63	7746.52
	〈主材〉	洗涤盆	个	40.40	78.00	3151.200
	〈主材〉	水嘴（全铜磨光）DN15	个	40.40	50.00	2020.000
42	8—260	Z45T—10DN80 阀门	个	5.00	549.53	2747.65
	〈主材〉	Z45T—10DN80 阀门 DN80	个	5.00	353.65	1768.250
43	8—259	Z45T—10DN70 阀门	个	6.00	444.64	2667.84
	〈主材〉	Z45T—10DN70 阀门 DN70	个	6.00	270.86	1625.160
44	8—243	螺纹阀门安装 DN25	个	1.00	45.67	45.67
	〈主材〉	螺纹阀门 DN25	个	1.01	32.94	33.269

续表

序号	项目编码	项 目 名 称	计量单位	工程数量	单价	合价
45	8—244	螺纹阀门安装 DN32	个	70.00	59.10	4137.00
	〈主材〉	螺纹阀门 DN32	个	70.70	42.69	3018.183
46	8—246	螺纹阀门安装 DN50	个	14.00	123.93	1735.02
	〈主材〉	螺纹阀门 DN50	个	14.14	94.98	1343.017
47	8—260	止回阀 H41T—16 DN80	个	1.00	884.16	884.16
	〈主材〉	止回阀 H41T—16 DN80DN80	个	1.00	688.28	688.280
48	8—309	螺纹浮球阀 DN65	个	2.00	302.89	605.78
	〈主材〉	螺纹浮球阀 DN65	个	2.00	270.86	541.720
49	8—477	蒸气—水加热器安装（小型单管式）	10 套	0.10	5125.44	512.54
	〈主材〉	蒸汽式水加热器	个	1.00	450.00	450.000
50	8—178	室内管道一般管架制作安装	100kg	0.32	1847.78	591.29
	〈主材〉	型钢综合	kg	33.92	4.50	152.640
51	11—1	手工除锈管道轻锈	10m²	3.20	23.98	76.74
52	11—119＋11—120＊1	金属结构一般钢结构刷油防锈漆 2 遍	100kg	0.32	71.16	22.77
	〈主材〉	酚醛防锈漆各种颜色	kg	0.294	15.00	4.410
53	11—122＋11—123＊1	金属结构一般钢结构刷油银粉漆 2 遍	100kg	0.32	57.33	18.35
	〈主材〉	酚醛清漆各色	kg	0.08	15.00	1.200
		脚手架				1899.76
	8—9300	第八册脚手架搭拆费按人工费的 5%，其中工资 25%，材料 75%	项	1.00	1369.05	1369.05
	11—9300	第十一册脚手架刷油工程按人工费的 8%，其中工资 25%，材料 75%	项	1.00	313.25	313.25
	11—9302	第十一册脚手架绝热按人工费的 20%，其中工资 25%，材料 75%	项	1.00	217.46	217.46
		二次搬运费				
		大型机械设备进出场及安拆费				
		施工排水费				
		施工降水费				
		地上、地下设施，建筑物的临时保护设施费				
		特殊条件下施工增加费				
		组装平台				
		格架式抱杆				
		合计				240834.47

5. 人材机差价表

人材机差价表如表 7－7 所示。

表 7－7

人材机差价表

工程名称：××单身宿舍楼给排水工程

序号	地方码	名称	规格	单位	数量	预算价		市场价		差价	
						单价	合计	单价	合计	单价	合计
		人工					**16629.68**		**28142.55**		**11512.85**
1	00308	二类工给排水采暖燃气安装工		工日	539.9536	26.00	14038.79	44.00	23757.96	18.00	9719.16
2	00311	二类工刷油防腐工		工日	99.6497	26.00	2590.89	44.00	4384.59	18.00	1793.69
		机械					**448.01**		**550.10**		**102.06**
3	03020	汽车式起重机	16t	台班	0.0116	792.23	9.19	909.65	10.55	117.42	1.36
4	05002	电动卷扬机	单筒慢速 10kN	台班	0.2917	67.82	19.78	90.32	26.35	22.50	6.56
5	07040	立式钻床钻孔	ϕ25mm	台班	0.1984	41.74	8.28	64.24	12.75	22.50	4.46
6	07042	立式钻床钻孔	ϕ50mm	台班	0.0064	67.43	0.43	89.93	0.58	22.50	0.14
7	07043	台式钻床	ϕ16	台班	0.1664	39.48	6.57	61.98	10.31	22.50	3.74
8	09007	直流弧焊机	20kW	台班	3.8134	105.88	403.76	128.38	489.56	22.50	85.80
		材料					**3932.51**		**8688.86**		**4756.36**
9	504142	焊接钢管	DN50	m	22.40	15.86	355.26	19.28	431.87	3.42	76.61
10	509007	电焊条	（结）422ϕ3.2	kg	7.2309	3.40	24.59	4.89	35.36	1.49	10.77
11	509042	碳钢气焊条	≤ϕ2	kg	0.0201	5.23	0.11	14.45	0.29	9.22	0.19
12	510126	镀锌铁丝	20＃	kg	0.4017	3.75	1.51	4.50	1.81	0.75	0.30
13	604031	石油沥青	10＃	t	2.3325	1500.00	3498.75	3500.00	8163.75	2000.00	4665.00
14	613258	油灰		kg	49.80	1.05	52.29	1.12	55.78	0.07	3.49
		主材					**46.00**		**161566.22**		**161520.22**
15	504026	承插铸铁排水管	DN75	m	82.212	0.00	0.00	22.30	1833.33	22.30	1833.33

续表

序号	地方码	名称	规格	单位	数量	预算价		市场价		差价	
						单价	合计	单价	合计	单价	合计
16	504027	承插铸铁排水管	DN100	m	349.859	0.00	0.00	28.50	9970.98	28.50	9970.98
17	504052	镀锌钢管	DN40	m	41.412	0.00	0.00	22.28	922.66	22.28	922.66
18	504054	镀锌钢管	DN50	m	154.428	0.00	0.00	28.04	4330.16	28.04	4330.16
19	504055	镀锌钢管	DN65	m	31.008	0.00	0.00	37.34	1157.84	37.34	1157.84
20	505037	地漏	DN50	个	64.00	0.00	0.00	12.87	823.68	12.87	823.68
21	506069	Z45T—10DN70 阀门	DN70	个	6.00	0.00	0.00	270.86	1625.16	270.86	1625.16
22	506206	螺纹阀门	DN32	个	70.70	0.00	0.00	42.69	3018.18	42.69	3018.18
23	506208	螺纹阀门	DN50	个	14.14	0.00	0.00	94.98	1343.02	94.98	1343.02
24	506232	螺纹浮球阀	DN65	个	2.00	0.00	0.00	270.86	541.72	270.86	541.72
25	512027	立式水嘴	DN15	个	121.20	0.00	0.00	50.00	6060.00	50.00	6060.00
26	512076	浴盘混合水嘴带喷头		个	60.60	0.00	0.00	120.00	7272.00	120.00	7272.00
27	608162	纤维类制品（管壳）		m^3	2.9458	0.00	0.00	350.00	1031.03	350.00	1031.03
28	901072	低水箱配件		套	60.60	0.00	0.00	80.00	4848.00	80.00	4848.00
29	901198	搪瓷浴盆		个	60.00	0.00	0.00	890.00	53400.00	890.00	53400.00
30	901210	洗涤盆		个	40.40	0.00	0.00	78.00	3151.20	78.00	3151.20
31	901211	洗脸盆		个	60.60	0.00	0.00	180.00	10908.00	180.00	10908.00
32	901260	坐式带水箱		个	60.60	0.00	0.00	480.00	29088.00	480.00	29088.00
33	901261	坐便器桶盖		套	60.60	0.00	0.00	70.00	4242.00	70.00	4242.00
34	902463	蒸汽式水加热器		个	1.00	0.00	0.00	450.00	450.00	450.00	450.00
35	903007	型钢	综合	kg	33.92	0.00	0.00	4.50	152.64	4.50	152.64

续表

序号	地方码	名称	规格	单位	数量	预算价		市场价		差价	
						单价	合计	单价	合计	单价	合计
36	903052	镀锌钢管	DN15	m	232.05	0.00	0.00	7.11	1649.88	7.11	1649.88
37	903053	镀锌钢管	DN20	m	173.91	0.00	0.00	9.43	1639.97	9.43	1639.97
38	903054	镀锌钢管	DN25	m	10.098	0.00	0.00	13.75	138.85	13.75	138.85
39	903055	镀锌钢管	DN32	m	69.972	0.00	0.00	18.04	1262.29	18.04	1262.29
40	903057	焊接钢管	DN32	m	17.052	0.00	0.00	12.13	206.84	12.13	206.84
41	903058	焊接钢管	DN40	m	1.1165	0.00	0.00	14.58	16.28	14.58	16.28
42	903059	焊接钢管	DN50	m	1.1165	0.00	0.00	19.28	21.53	19.28	21.53
43	903060	焊接钢管	DN65	m	1.1165	0.00	0.00	26.06	29.10	26.06	29.10
44	903069	承插铸铁排水管	DN50	m	8.1488	0.00	0.00	18.00	146.68	18.00	146.68
45	903072	螺纹阀门	DN25	个	1.01	0.00	0.00	32.94	33.27	32.94	33.27
46	903074	Z45T—10DN80 阀门	DN80	个	5.00	0.00	0.00	353.65	1768.25	353.65	1768.25
47	903074	止回阀 H41T—16 DN80	DN80	个	1.00	0.00	0.00	688.28	688.28	688.28	688.28
48	903078	浴盆排水配件（铜）		套	60.60	0.00	0.00	50.00	3030.00	50.00	3030.00
49	903079	水嘴（全铜磨光）	DN15	个	40.40	0.00	0.00	50.00	2020.00	50.00	2020.00
50	903081	镀锌钢管	DN80	m	49.572	0.00	0.00	46.68	2314.02	46.68	2314.02
51	903087	酚醛防锈漆	各种颜色	kg	0.544	0.00	0.00	15.00	8.16	15.00	8.16
52	903089	酚醛清漆	各色	kg	3.0664	15.00	46.00	15.00	46.00	0.00	0.00
53	903089	酚醛清漆	各色	kg	0.1536	0.00	0.00	15.00	2.30	15.00	2.30
54	903096	玻璃丝布		m^2	187.46	0.00	0.00	2.00	374.92	2.00	374.92
		合计					21056.20		198947.73		177891.49

第三节 电气安装工程施工图预算

一、电气照明系统的组成

电气照明系统一般由进户装置、配电箱、线路、插座、开关和灯具等组成。

(一) 进户装置

室内电源是从室外低压供电线路上接入户的，室外引入电源有单相二线制、三相三线制和三相四线制。为安全将室外电源引入室内，引入时一般都要设置进户装置。进户装置包括横担（钢制或木制）、瓷瓶、引下线和进户线（从室外电杆引下至横担的电线称为引下线，从横担通过进户管至配电箱的电线称为进户线）、进户管（保护过墙进户线的管子，多为瓷质）。横担需要安装在支架上时，还应设置支架。

低压引入线从支持绝缘子起至地面的距离不小于2.5m；对于建筑物本身低于2.5m的情况，应将引入线横担加高。引入线接头应采用“倒人字”做法。多股导线禁止采用吊挂式接头做法，在接保护中性线系统中，引入线的中性线在进户线处应做好重复接地，其接地电阻应不大于10Ω。

(二) 配电箱

进户线进户后，先经总刀开关，然后再分支供给分路负荷。将总刀开关、分支刀开关和熔断器等电器元件装在一起并用电线连接起来，用以控制和分配电源用的箱体称为配电箱。进户后设置的配电箱为总配电箱，控制分支电源的配电箱为分配电箱。

配电箱按用途可分为动力配电箱和照明配电箱；按制造方式可分为定型配电箱和非定型配电箱，定型配电箱由专业厂制造，非定型配电箱由施工企业现场组装，在编制预算时应计算其制作费。

动力、照明配电箱（盘）的规格型号很多，常见的动力、照明配电箱型号解释如图7-17所示。

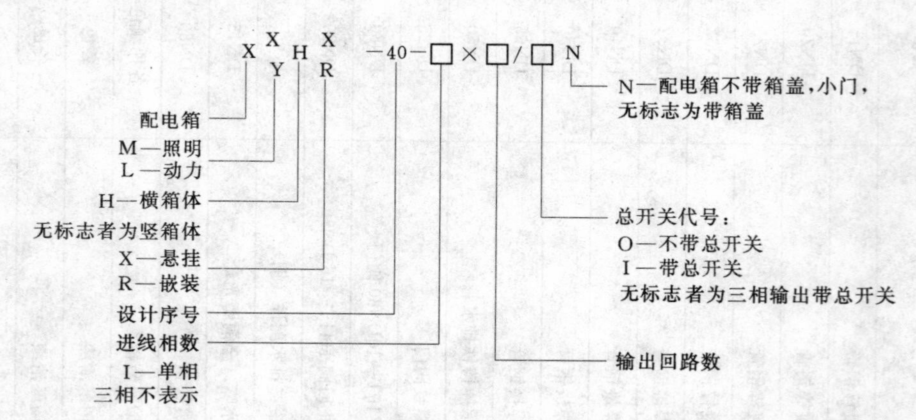

图7-17 常见的动力、照明配电箱型号

(三) 线路

电能是通过电线输送给用电器具的。电线有裸线和绝缘线两类，一般室内外配线有铜芯和铝芯两种。从配电箱通向各种用电器具的电线称为线路。电器线路安装需要构成回路，所以每个用电器具的线路都是由“相线”和“中性线”构成闭合回路。

线路根据配线用途和安全用电的要求，采用明敷设和暗敷设两种方式。线路敷设的方式及部位可用汉语拼音字母表示，按其字母所表示的内容如表7－8、表7－9所示。

表7－8　**线路敷设方式代号表**

代号	说明	代号	说明	代号	说明	代号	说明
M	明敷	G	穿焊接钢管敷设	XG	穿镀锌钢管敷设	CB	用槽板敷设
A	暗敷	DG	穿电线管敷设	CP	用瓷瓶或瓷珠敷设	LD	用铝皮卡粘幅敷设
S	用钢索敷设	SG	穿塑料管敷设	SD	用塑料卡黏结敷设	CJ	用瓷夹或瓷卡敷设

表7－9　**线路敷设部位代号**

代号	部　位	代号	部　位	代号	部　位
L	沿（跨）屋架（梁）下弦	Q	沿墙	D	沿地板
Z	沿柱	P	沿天棚	C	沿吊车梁

在施工图中配电线路的标注形式及意义如下：

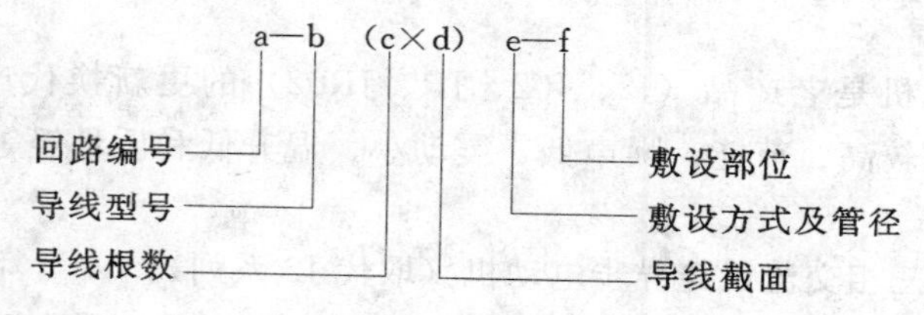

（四）插座、开关

插座是供随时接通用电器具的装置，有单相二极、单相三极和三相四极等，其安装方式有暗装和明装之分。为了控制电流的开闭，在线路上都要装有开关。开关有拉线开关、扳把开关和按钮开关等，其安装方式有明装和暗装两种，按开闭电器的控制要求有单控和双控等。

（五）灯具

灯具是照明工程中的用电装置，采用哪种样式的灯具直接关系到照明效果和室内的整洁美观。当前，常用灯具的光源有热辐射光源和气体放电光源两类，灯具的安装方式有吸顶式、嵌入式、吊线式、吊链式和吊管式等。表示灯具安装方式的代号如表7－10所示。

表7－10　**灯具安装方式代号**

代　号	说　明	代　号	说　明
X	自在线吊式	D	吸顶式或直附式
X_1	固定线吊式	R	嵌入式
X_2	防水线吊式	T	台上安装
X_3	吊线器式	DR	顶棚内安装
L	链吊式	BR	墙壁内安装
G	管吊式	J	支架上安装
B	壁装式	Z	柱上安装

照明灯具的表达如下式所示：

$$a-b\frac{c\times d}{e}f$$

式中 a——灯具数；

b——型号；

c——每盏灯的灯泡数或灯管数；

d——灯泡容量，W；

e——安装高度，m；

f——安装方式。

注意：

（1）安装壁灯时，高度为灯具中心与地距离。

（2）灯具型号内已标注编号者，不再标注型号。

二、常用低压电气设备

（一）电动机

1. 电动机的型号

目前常用的电动机是老产品（J2、J02、JR、JR02）的更新换代产品（Y系列），其特点是电动机效率比较高、节能、噪声低、震动小、温升低和质量轻等，Y系列产品代号有以下几种：

（1）Y——小型三相交流鼠笼异步电动机（取代J2系列）。

（2）YR——小型三相绕线转子异步电动机（取代JR、JR2、JR02系列）。

（3）YZ、YZR——冶金、起重用异步电动机（取代JZ2、JZR2）。

（4）YB——隔爆型电动机（取代BJ02）。

（5）Y—W——户外用、Y—F——防腐蚀型、Y—WF——户外防腐蚀型电动机。

（6）YD——变极多速三相异步电动机（取代JD02、JD03系列）。

（7）YLB——立式深井泵用异步电动机。

2. 电动机的选择

（1）电动机形式的选择。根据环境条件确定电动机形式是采用开启式、防护式、封闭式、密闭式还是防爆式。形式的选择关系着安全运行和设备成本。

（2）功率的选择。负载转矩的大小是选择电动机功率的主要依据，功率选得大固然安全，但功率因数低，会增加投资和运转费用。电动机铭牌标出的额定功率 P_N 是指电动机轴输出的机械功率。为了提高设备自然功率因数，应尽量使电动机满载运行，电动机的效率一般为0.8以上。

3. 电动机的启动方法

（1）直接启动。直接启动又称为全压启动，仅用一个控制设备即可。其特点是启动电流大，一般为额定电流的4～7倍；启动方法简单，但一般仅适用于小于10kW的电动机。具体接线方法有星形连接和三角形连接。

（2）减压启动。当电动机容量较大时，为了降低启动电流，常采用减压启动。

（二）常用低压控制和保护电器

1. 刀开关

刀开关是最简单的手动控制设备，其功能是不频繁地接通电路。根据闸刀的构造，可分为胶盖刀开关和铁壳刀开关两种。如果按极数分有单极、双极和三极等三种，每种又有单投和双投之分。

胶盖刀开关的主要特点是：容量小，常用的有15A和30A，最大为60A；没有灭弧能力，容易损伤刀片，只用于不频繁操作；构造简单，价格低廉。

铁壳刀开关的主要特点是：有灭弧能力；有铁壳保护和连锁装置（即带电时不能开门），所以操作安全；有短路保护能力；只用在不频繁操作的场合。铁壳刀开关常用的容量规格有10A、15A、20A、30A、60A、100A、200A、300A和400A等。铁壳刀开关容量选择一般为电动机额定电流的3倍。

2. 低压断路器

低压断路器是应用最广泛的一种控制设备，曾称为自动开关或空气开关。它除具有全负荷分断能力外，还具有短路保护、过载保护和失火电压保护等功能，并且具有很好的灭弧能力，常用作配电箱中的总开关或分路开关。

常用的低压断路器有DZ、DW系列等，新型号有C系列、S系列、K系列等。C系列小型低压断路器，其极数有单极、双极、三极和四极。

低压断路器的特点是体积小，保护功能多，有过载保护、短路保护及漏电保护。型号C45N2用于照明线路控制和保护，C45N4用于动力线路控制和保护。它的额定容量有5A、10A、15A、20A、30A、50A和60A。

S系列小型低压断路器，根据型号不同分别有1～4个保护极。

低压断路器具有多种保护功能（短路保护、过载保护、失电压或欠电压保护等），所以广泛用于建筑照明和动力配电线路中。因为是手动直接控制分断主电路，所以不宜频繁操作，适宜作照明配电箱内或其他各种不频繁操作的控制设备。低压断路具有灭弧能力，各相主触头上都扣有石棉灭弧罩，各相触头被割开，这样在断电时，电弧不致形成相间闪络。容量从几个安培到数百安培都有，而且结构紧凑，安装方便，合闸时主触头有弹簧压紧在固定触头上，在拉闸或跳闸时，动作迅速可靠，所有触头同时动作，避免了用熔断器作短路保护时因一相熔断而形成电机缺相运行。

3. 接触器

接触器又称为电磁开关，它是利用电磁铁的吸力来控制触头动作的。接触器按其电流可分为直流接触器和交流接触器两类，工程中常用交流接触器。

接触器主要技术数据有额定电压、额定电流（均指主触头）和电磁线圈额定电压等。应用中一般选其额定电流大于负载工作电流，通常负载额定电流为接触器额定电流的70%～80%。

交流接触器的主要特点如下：

(1) 用按钮控制电磁线圈，电流很小，控制安全可靠。当环境潮湿时，可选用电磁线圈电压为36V的安全电压进行控制。

(2) 电磁力动作迅速，可以频繁操作，常用接触器控制电动机负荷运行。

(3) 可以用附加按钮实现多处控制一台电动机或遥控功能。

(4) 具有失电压或欠电压保护作用，当电压过低时，接触器自动断电。

4. *磁力启动器*

磁力启动器由接触器、按钮和热继电器组成。它具有接触器的一切特点，且具有热继电器保护作用，有的还具有可逆运行功能。

当负载过大时，电流增大，热元件（电阻丝或电阻片）发热量升高、变形，从而控制电路断电停车，防止长时间过载而损坏电动机。同时，由于有温度补偿双金属片存在，可以抵消由于环境温度升高而引起的电器的误动作。

低压控制电器直接控制主电路，都有一定的灭弧能力，通常采用的灭弧方法有磁吹式灭弧和栅片灭弧，后者是工程中低压电器的常用灭弧方法。

（三）保护电器

1. *熔断器*

熔断器用来防止电路和设备长期通过过载电流和短路电流，具有断路功能的保护元件。它由金属熔件（熔体、熔丝）和支持熔件的接触结构组成。

(1) 瓷插式熔断器。其构造简单，国产熔体规格安培数有 0.5、1、1.5、2、3、5、7、10、15、20、25、30、35、40、45、50、60、65、70、75、80 和 100 等。

(2) 螺旋式熔断器。其构造简单，当熔丝熔断时，色片被弹落，需要更换熔丝管，常用于配电柜中。

(3) 封闭式熔断器。其构造简单，采用耐高温的密封保护管，内装熔丝或熔片。当熔丝熔化时，管内气压很高，能起到灭弧的作用，还能避免相间短路。这种熔断器常用在容量较大的负载上作短路保护，大容量的能达到 1kA。

(4) 填充料式熔断器。这种熔断器是我国自行设计的，它的主要特点是具有限流作用及较高的极限分断能力，所以这种熔断器用于具有较大短路电流的电力系统和成套配电装置中。

(5) 自复熔断器。近代低压电器容量逐渐增大，低压配电线路的短路电流也越来越大，要求用于系统保护的开关元件的分断能力也不断提高，为此出现了一些新型限流元件，如自复熔断器等。应用时和外电路的低压断路器配合工作，效果很好。

自复熔断器选择熔丝时，应区别负载情况分别考虑。对于照明等冲击电流很小的负载，熔体的额定电流应等于或稍大于电路的实际工作电流，一般熔体额定电流为电路实际工作电流的 1.1～1.5 倍。对于启动电流较大的负载，如电动机等，熔体额定电流为电路实际工作电流的 1.5～2.5 倍。

2. *漏电保护器*

(1) 漏电开关的种类：由名称上可有“触电保护器”、“漏电开关”和“漏电继电器”等之分。凡称“保护器”、“漏电器”、“开关”者均带有自动脱扣器；凡称“继电器”者，则需要与接触器或低压断路器配套使用，间接动作。

漏电保护器按工作类型划分有开关型、继电器型、单一型和组合型 4 种。组合型漏电保护器是由漏电开关与低压断路器组合而成的。

漏电保护器按相数或极数划分有单相一线、单相两线、三相三线（用于三相电动机）、三相四线（动力与照明混合用电的干线）。按结构原理划分有电压动作型、电流型、鉴相型、脉冲型。

（2）漏电保护器的特性。

1）电压动作型漏电保护器适用于电源中性点不接地的时候，而且只能作低压总保护，不能作分保护。

2）电流型漏电保护器分为电磁式和电子式两种。电磁式漏电保护器可靠性好，一般动作电流不小于30mA；电子式漏电保护器可以把检测到的漏电电流放大，指挥快速跳闸，灵敏度高，动作电流有15mA、30mA及50mA等。缺点是有时间死区，可能出现误动作，集成电路有抗干扰能力，被广泛采用。

漏电保护器的防护等级应与使用环境条件相适应。对电压偏差较小的照明电气设备，应优先选用电磁式漏电保护器。在高温或特低温度环境下的电器设备应优先选用电磁式漏电保护器。雷电活动频繁地区的电气设备应选用冲击电压不动作型漏电保护器。安装在易燃易爆、潮湿或有腐蚀性气体等恶劣环境下的漏电保护器，应根据有关标准选用特殊防护条件的漏电保护器，否则应采取相应的防护措施。

（3）漏电开关的型号。例如，DZ15L—60/3，型号中的DZ表示塑料壳式漏电开关，15表示设计序号，L是电磁式漏电开关，60是壳架等级额定电流（还有40A）；3是极数。

三、电气照明安装工程工程量计算及定额套用

（一）控制设备及低压电器

（1）控制设备及低压电器安装均以“台”为计量单位。以上设备安装均未包括基础槽钢、角钢的制作安装，其工程量应按相应定额另行计算。

（2）铁构件制作安装均按施工图设计尺寸，以成品质量“kg”为计量单位。

（3）网门、保护网制作安装，按网门或保护网设计图示的框外围尺寸，以“m^2”为计量单位。

（4）盘柜配线分不同规格，以“m”为计量单位。盘柜配线是指盘柜内组装电气元件之间的连接线，计算工程量时，可以导线的不同截面，按盘、柜、箱、板的半周长（即长+宽）乘以所用导线的根数简化计算。

（5）盘、箱、柜的外部进出线预留长度按表7-11计算。

表7-11　盘、箱、柜的外部进出线预留长度　单位：m/根

序号	项目	预留长度	说明
1	各种箱、柜、板、盒	高+宽	盘面尺寸
2	单独安装的铁壳开关、自动开关、刀开关、启动器、箱式电阻器、变阻器	0.5	从安装对象中心算起
3	继电器、控制开关、信号灯、按钮、熔断器等小电器	0.3	从安装对象中心算起
4	分支接头	0.2	分支线预留

（6）配电板制作安装及包铁皮，按配电板图示外形尺寸，以“m^2”为计量单位。

(7) 焊（压）接线端子定额只适用于导线，电缆终端头制作安装定额中已包括压接线端子，不得重复计算。

接线端子是连接设备和导线的，多股导线在与电机或设备连接时，一般都需要有接线端子，以保证连接可靠。一般导线在 $16mm^2$ 以上都要求用接线端子。接线端子按材质分为铜接线端子、铝接线端子和铜铝接线端子（铝线与设备铜端子连接用）。

外线接到配电设备上有一根线计算一个头（$16mm^2$ 以上的截面）；内线连接两个配电设备的导线，有一根线计算两个头。焊、压铜铝接线端子，按不同材质和截面积，以"10个"为单位计算，并套用定额。

(8) 端子板外部接线按设备盘、箱、柜、台的外部接线图计算，以"个头"为计量单位。

端子板是为连接电力电路或控制电路中线端连接用的，一般用于成套控制设备或现场组装配电盘等内部出线头与外部线路的连接。端子板外部接线适用于盘、柜、箱、台的端子外端接线，不包括控制设备或配电盘内部各种电器元件之间连接线在端子板上的接线。端子板外部接线按导线截面不同，以接线的"10个"数套用定额。

上述"端子板安装及外部接线"、"焊、压铜铝接线端子"等工程，通常在施工图纸上均无具体表示，需按实际情况进行计算和套用定额。

(9) 盘、柜配线定额只适用于盘上小设备元件的少量现场配线，不适用于工厂的设备修、配、改工程。

(二) 电缆

(1) 直埋电缆的挖、填土（石）方除特殊要求外，可如表 7-12 所示计算土方量。

表 7-12 直埋电缆的挖、填土（石）方量

项目	电缆根数	
	1～2	每增一根
每米沟长挖方量（m^3）	0.45	0.153

注 1. 两根以内的电缆沟，按上口宽度 600mm、下口宽度 400mm 和深度 900mm 计算常规土方量（深度按规范的最低标准）。
2. 每增加一根电缆，其宽度增加 170mm。
3. 以上土方量是按埋深从自然地面起算，设计埋深超过 900mm 时，多挖的土方量应另行计算。

(2) 电缆沟盖板揭、盖定额，按每揭或每盖一次以延长米计算，如又揭又盖，则按两次计算。

(3) 电缆保护管长度，除按设计规定长度计算外，遇有下列情况，应按以下规定增加保护管长度：

1) 横穿道路，按路基宽度两端各增加 2m。

2) 垂直敷设时，管口距地面增加 2m。

3) 穿过建筑物外墙时，按基础外缘以外增加 1m。

4) 穿过排水沟时，按沟壁外缘以外增加 1m。

(4) 电缆保护管埋地敷设，其土方量凡有施工图注明的按施工图计算；无施工图的，一般沟深按 0.9m、沟宽按最外边的保护管两侧边缘外各增加 0.3m 工作面计算。

(5) 电缆敷设按单根以延长米计算，一个沟内（或架上）敷设三根各长 100m 电缆，应按 300m 计算，以此类推。

(6) 电缆敷设长度应根据敷设路径的水平和垂直敷设长度，按表 7-13 规定增加附加长度。

表 7-13　　电缆敷设的附加长度

序号	项目	预留长度	说明
1	电缆敷设弛度、波形宽度、交叉	2.5%	按电缆全长计算
2	电缆进入建筑物	2.0m	规范规定最小值
3	电缆进入沟内或引上（下）预留	1.5m	规范规定最小值
4	变电所进线、出线	1.5m	规范规定最小值
5	电力电缆终端头	1.5m	检修余量最小值
6	电缆中间接头盒	两端各预留 2.0m	检修余量最小值
7	电缆进控制、保护屏及模拟盘等	高+宽	按盘面尺寸
8	高压开关柜及低压配电盘、箱	2.0m	盘下进出线
9	电缆至电动机	0.5m	从电机接线盒起算
10	厂用变压器	3.0m	从地坪起算
11	电缆绕过梁柱等增加长度	按实计算	按被绕物的断面情况计算增加长度
12	电梯电缆和电缆架固定点	每处 0.5m	规范最小值

(7) 电缆终端头和中间头均以“个”为计量单位。电力电缆和控制电缆均按一根电缆有两个终端头考虑。中间电缆头设计有图示的，按设计确定；设计没有规定的，按实际情况计算（或按平均 250m 一个中间头考虑）。

电缆敷设完毕，各段必须连接起来，使其成为一个连续的整体。这些连接装置称为电缆头，电缆两端的接头称为终端接头，电缆中间连接的称为中间头。一根电缆有两个终端头，中间电缆头根据设计需要计算。

(8) 桥架安装，以“10m”为计量单位。

(9) 吊电缆的钢索及拉紧装置，应按《全国统一安装定额》第二册相应定额另行计算。

(10) 钢索的计算长度以两端固定点的距离为准，不扣除拉紧装置的长度。

(11) 电缆敷设及桥架安装，应按定额说明的综合内容范围计算。

(三) 配管配线

配管配线是指从配电控制设备到用电器具的配电线路的控制线路敷设，它分为明配和暗配两种形式。明配是指配管沿墙壁、天棚、梁、柱和钢结构支架等处明敷设；暗配是指将配管预先埋设在墙壁内、楼板或天棚内等敷设。

配管配线工程量计算的基本顺序是：先列项计算电源引进到配电箱的工程量，再计算配电箱到各用电器具的工程量，最后再考虑加上规定的预留长度。

1. 配管

配管工程按材质不同，分为电线管、钢管、防爆钢管、硬塑料管、塑料软管和金属软管；按敷设方式不同，分为沿砖、混凝土结构明敷和暗敷，沿钢结构支架、钢索、钢模板暗敷等。

各种配管应区别不同敷设方式、敷设位置、管材材质和规格以“延长米”为计量单位计算，不扣除管路中间的接线箱（盒）、灯头盒和开关盒所占长度。定额中未包括钢索架设及拉紧装置、接线箱（盒）和支架的制作安装，其工程量应另行计算。

2. 管内穿线

管内穿线的工程量，应区别线路性质、导线材质和导线截面以单线“延长米”为计量单位计算。线路分支接头线的长度已综合考虑在定额中，不得另行计算。照明线路中的导线截面大于或等于 $6mm^2$ 以上时，应执行动力线路相应项目。

3. 配线

常用配线有线夹配线、绝缘子配线、槽板配线和塑料护套线明敷设等。

（1）线夹配线。线夹配线工程量，应区别线夹材质（塑料、瓷质）、线式（两线、三线）、敷设位置（在砖、混凝土）以及导线规格，以线路“延长米”为计量单位计算。

（2）绝缘子配线。绝缘子配线工程量，应区别绝缘子形式（针式、鼓形、蝶式）、绝缘子配线位置（沿屋架、梁、柱、墙，跨屋架、梁、柱、木结构、顶棚内、砖、混凝土结构，沿钢支架及钢索）、导线截面积，以线路“延长米”为计量单位计算。绝缘子暗配，引下线按线路支持点至天棚下缘距离的长度计算。

（3）槽板配线。槽板配线工程量，应区别槽板材质（木质、塑料）、配线位置（木结构、砖、混凝土）、导线截面、线式（两线、三线），以线路“延长米”为计量单位计算。

（4）塑料护套线明敷设。塑料护套线明敷工程量，应区别导线截面、导线芯数（二芯、三芯）、敷设位置（木结构、砖混凝土结构、沿钢索），以单根线路“延长米”为计量单位计算。

所有配线进入灯具、明暗开关、插座和按钮等的预留线，已分别综合在相应的定额内，不另行计算。配线进入开关箱、柜、板的预留线，按表 7－14 规定的长度计入相应的工程量。

表 7－14　配线进入箱、柜、板的预留线（每一根线）

序号	项目	预留长度	说明
1	各种开关、柜、板	宽＋高	盘面尺寸
2	单独安装（无箱、盘）的铁壳开关、闸刀开关、启动器和线槽进出线盒等	0.3m	从安装对象中心计算
3	由地面管子出口引至动力接线箱	1.0m	从管口计算
4	电源与管内导线连接（管内穿线与软、硬母线接点）	1.5m	从管口计算
5	出户线	1.5m	从管口计算

4. 接线箱（盒）安装

接线箱（盒）是用来接线和分线用的，按材料划分，有铁质和塑料两种；按安装方式划分，有明装和暗装两类。接线箱安装工程量，应区别安装形式（明装、暗装）、接线箱半周长，以“个”为计量单位计算；接线盒安装工程量，应区别安装形式（明装、暗装、钢索上安装）以及接线盒类型，以“个”为计量单位计算。

电线管敷设超过下列长度时，中间应加接线盒：

（1）管子长度每超过 4.5m 无弯时。

（2）管子长度每超过 30m 有一个弯时。

（3）管子长度每超过 20m 有两个弯时。

（4）管子长度每超过 12m 有三个弯时。

两接线盒间对于暗配管其直角弯曲不得超过三个，对于明配管不超过四个。

5. 槽架安装和线槽配线

用薄形钢板弯制成各种形状的槽形板，并配以活动盖板，称为槽架。将槽架逐段连接成实际需要的长度，固定在车间墙壁上或支架上，然后在槽架内配线，称为线槽配线。线槽配线工程量，应区别导线截面，以单根线路“延长米”为计量单位计算。

（四）照明器具安装

1. 灯具安装

（1）普通灯具安装。普通灯具安装工程量，应区别灯具的种类、型号和规格以“套”为计量单位计算。普通灯具安装定额适用范围如表 7－15 所示。

表 7－15　　普通灯具安装定额适用范围

定额名称	灯具种类
圆球吸顶灯	材质为玻璃的螺口、卡口圆球吸顶灯
半圆球吸顶灯	材质为玻璃的独立的半圆球吸顶灯、扁圆罩吸顶灯、大口方罩吸顶灯
方形吸顶灯	材质为玻璃的独立的矩形罩吸顶灯、方形罩吸顶灯、平圆形吸顶灯
软线吊灯	利用软线为垂吊材料，独立的材质为玻璃、塑料和搪瓷，形状如碗伞、平盘灯罩组成的各式软线吊灯
吊链灯	利用吊链作辅助悬吊材料，独立的采用玻璃罩或塑料罩的各式吊链灯
防水吊灯	一般防水吊灯
一般弯勃灯	圆球弯勃灯、风雨壁灯
一般墙壁灯	各种材质的一般壁灯、镜前灯
软线吊灯头	一般吊灯头
声光控座灯头	一般声控光控座灯头
座灯头	一般塑胶、瓷质座灯头

（2）装饰灯具安装。

1）吊式艺术装饰灯具：根据装饰灯具示意图集所示，区别不同装饰物以及灯体直径和灯体垂吊长度，以“套”为计量单位计算。灯体直径为装饰物的最大外缘直径，灯体垂吊长度为灯座底部到灯梢之间的总长度。

2）吸顶式艺术装饰灯具：根据装饰灯具示意图集所示，区别不同装饰物、吸盘的几何形状、灯体直径、灯体周长和灯体垂吊长度，以“套”为计量单位计算。灯体直径为吸盘最大外缘直径，灯体半周长为矩形吸盘的半周长；吸顶式艺术装饰灯具的灯体垂吊长度为吸盘到灯梢之间的总长度。

3）荧光艺术装饰灯具：根据装饰灯具示意图集所示，区别不同安装形式和计量单位计算。

• 组合荧光灯光带安装的工程量，应根据装饰灯具示意图集所示，区别安装形式、灯管数量，以“延长米”为计量单位计算。灯具的设计数量与定额不符时可以按设计数量加损耗量调整主材。

• 内藏组合式灯安装的工程量，应根据装饰灯具示意图集所示，区别灯具组合形式，以“延长米”为计量单位。灯具的设计数量与定额不符时可以按设计数量加损耗量调整主材。

• 发光棚安装的工程量，应根据装饰灯具示意图集所示，以“m^2”为计量单位，发光棚灯具按设计用量加损耗量计算。

• 立体广告灯箱、荧光灯光沿的工程量，应根据装饰灯具示意图集所示，以“延长米”为计量单位。灯具的设计数量与定额不符时可以按设计数量加损耗量调整主材。

4）几何形状组合艺术灯具：应根据装饰灯具示意图集所示，区别不同安装形式及灯具的不同形式，以“套”为计量单位。

5）标志、诱导装饰灯具：应根据装饰灯具示意图集所示，区别不同安装形式，以“套”为计量单位计算。

6）水下艺术装饰灯具：应根据装饰灯具示意图集所示，区别不同安装形式，以“套”为计量单位计算。

7）点光源艺术装饰灯具：应根据装饰灯具示意图集所示，区别不同安装形式、不同灯具直径，以“套”为计量单位计算。

8）草坪灯具安装：应根据装饰灯具示意图集所示，区别不同安装形式，以“套”为计量单位计算。

9）歌舞厅灯具安装：应根据装饰灯具示意图集所示，区别不同灯具形式，分别以“套”、“延长米”和“台”为计量单位计算。

装饰灯具安装定额适用范围如表7-16所示。

表7-16　装饰灯具安装定额适用范围

定额名称	灯具种类（形式）
吊式艺术装饰灯具	不同材质、不同灯体垂吊长度、不同灯体直径的蜡烛灯、挂片灯、串珠（穗）、串棒灯、吊杆式组合灯、玻璃罩（带装饰）灯
吸顶式艺术装饰灯具	不同材质不同灯体垂吊长度、不同灯体几何形状的串珠（穗）灯、挂片、串棒灯、挂碗、挂吊蝶灯、玻璃（带装饰）灯
荧光艺术装饰灯具	不同安装形式、不同灯管数量的组合荧光灯光带，不同几何组合形式的内藏组合式灯，不同几何尺寸、不同灯具形式的发光棚，不同形式的立体广告灯箱、荧光灯光沿
几何形状组合艺术灯具	不同固定形式、不同灯具形式的繁星灯、钻石星灯、礼花灯、玻璃罩钢架组合灯、凸片灯、反射挂灯、筒形钢架灯、U形组合灯、弧形组合灯
标志、诱导装饰灯具	不同安装形式的标志灯、诱导灯

续表

定额名称	灯具种类（形式）
水下艺术装饰灯具	简易形彩灯、密封形彩灯、喷水池灯、幻光形灯
点光源艺术装饰灯具	不同安装形式、不同灯体直径的筒灯、牛眼灯、射灯、轨道射灯
草坪灯具	各种立柱式、墙壁式的草坪灯
歌舞厅灯具	各种安装形式的变色转盘灯、雷达射灯、幻影转形灯、维纳斯旋转彩灯、卫星旋转效果灯、飞碟旋转效果灯、多头转灯、滚筒灯、频闪灯、太阳灯、雨灯、歌星灯、边界灯、射灯、泡泡发生器、迷你满天星彩灯、迷你单立（盘彩灯）、多头宇宙灯、镜面球灯、蛇光管

(3) 荧光灯具安装。荧光灯具安装的工程量，应区别灯具的安装形式、灯具种类和灯管数量，以“套”为计量单位计算。荧光灯具安装定额适用范围如表7－17所示。

表7－17　荧光灯具安装定额适用范围

定额名称	灯具种类
组装型荧光灯	单管、双管、三管吊链式、吸顶式、现场组装独立荧光灯
成套型荧光灯	单管、双管、三管吊链式、吊管式、吸顶式、成套独立荧光灯

(4) 工厂灯及防水防尘灯安装。工厂灯及防水防尘灯安装的工程量，应区别不安装形式，以“套”为计量单位计算。

(5) 医院灯具安装。医院灯具安装的工程量，应区别灯具种类，以“套”为计量单位计算。

(6) 路灯安装。路灯安装工程，应区别不同臂长和不同灯数，以“套”为计量单位计算。

2. 开关、按钮、插座安装

(1) 开关、按钮安装的工程量，应区别开关、按钮安装形式，开关、按钮种类，开关极数以及单控与双控，以“套”为计量单位计算。

(2) 插座安装的工程量，应区别电源相数、额定电流、插座安装形式和插座插孔个数，以“套”为计量单位计算。

(3) 盘管风机三速开关、请勿打扰灯、须刨插座安装的工程量，以“套”为计量单位计算。

3. 安全变压器、电铃、风扇安装

(1) 安全变压器安装的工程量，应区别安全变压器容量，以“台”为计量单位计算。

(2) 电铃、电铃号码牌箱安装的工程量，应区别电铃直径和电铃号码牌箱规格（号），以“套”为计量单位计算。

(3) 门铃安装工程量计算，应区别门铃安装形式，以“个”为计量单位计算。

(4) 风扇安装的工程量，应区别风扇种类，以“台”为计量单位计算。

(五) 防雷及接地装置

(1) 接地极制作安装以“根”为计量单位，其长度按设计长度计算，设计无规定时，每根长度按 2.5m 计算。若设计有管帽时，管帽另按加工件计算。

(2) 接地母线敷设，按设计长度以“m”为计量单位计算。接地终线、避雷线敷设，均按延长米计算，其长度按施工图设计水平和垂直规定长度另加 3.9%的附加长度（包括转弯、上下波动、避绕障碍物和搭接头所占长度）计算。计算主材费时应另增加规定的损耗率。

(3) 接地跨接线以“处”为计量单位，按规程规定凡需作接地跨接线的工程内容，每跨接一次按一处计算，户外配电装置构架均需接地，每副构架按“一处”计算。

(4) 避雷针的加工制作、安装以“根”为计量单位计算，独立避雷针安装以“基”为计量单位计算。长度、高度和数量均按设计规定。独立避雷针的加工制作应执行“一般铁件”制作定额或按成品计算。

(5) 利用建筑物内主筋作接地引下线安装以“10m”为计量单位，每一柱子内按焊接两根主筋考虑，如果焊接主筋数超过两根时，可按比例调整。

(6) 断接卡子制作安装以“套”为计量单位，按设计规定装设断接卡子数量计算，接地检查井内的断拔卡子安装按每井一套计算。

(7) 高层建筑物屋顶的防雷接地装置应执行“避雷网安装”定额，电缆支架的接地线安装应执行“户内接地母线敷设”定额。

(8) 均压环敷设以“m”为计量单位，主要考虑利用圈梁内主筋作压环接地连线，焊接按两根主筋考虑，超过两根时，可按比例调整。长度按设计需要作均压接地的圈梁中心线长度，以延长米计算。

(9) 钢、铝窗接地以“处”为计量单位（高层建筑六层以上的金属窗设计一般要求接地），按设计规定接地的金属窗数进行计算。

(10) 柱子主筋与圈梁连接以“处”为计量单位，每处按两根主筋与两根圈梁钢筋分别焊接连接考虑。如果焊接主筋和圈梁钢筋超过两根时，可按比例调整，需要连接的柱子主筋和圈梁钢筋“处”数按规定设计计算。

四、电气照明安装工程施工图预算编制实例

(一) 施工说明

以下实例工程为五层混合结构单身宿舍楼，电气施工图如图 7-18～图 7-21 所示。

(1) 电源由变电所通过直埋电缆沿地（地面下 0.8m）引入，电压 380/220V，使用电压 220V。

(2) 导线除图中注明外均采用 BV—500 型 1.5mm² 铜芯塑料线穿 BYG15 难燃型半硬质塑料管暗敷。

(3) 安装高度（下沿距地）：计量箱、配电箱 1.5m，跷板开关 1.4×11，刮须插座 1.4m，排气扇插座 2.2m，其余插座 0.3m。

(4) 所有电气设备不带电的金属外壳及穿线铁管均须按规程接零保护，保护零线必须在进户线零线重复接地处单独引入，不得与工作零线共用，单相三极插座的接地极必须与保护零线可靠连接。

(5) 进户线零线设置重复接地装置，其接地电阻不得大于 10Ω。接地极采用∠50×50，$L=2500$ 镀锌角钢，接地线采用∠40×4 镀锌扁钢，与接地极须焊接一体，做

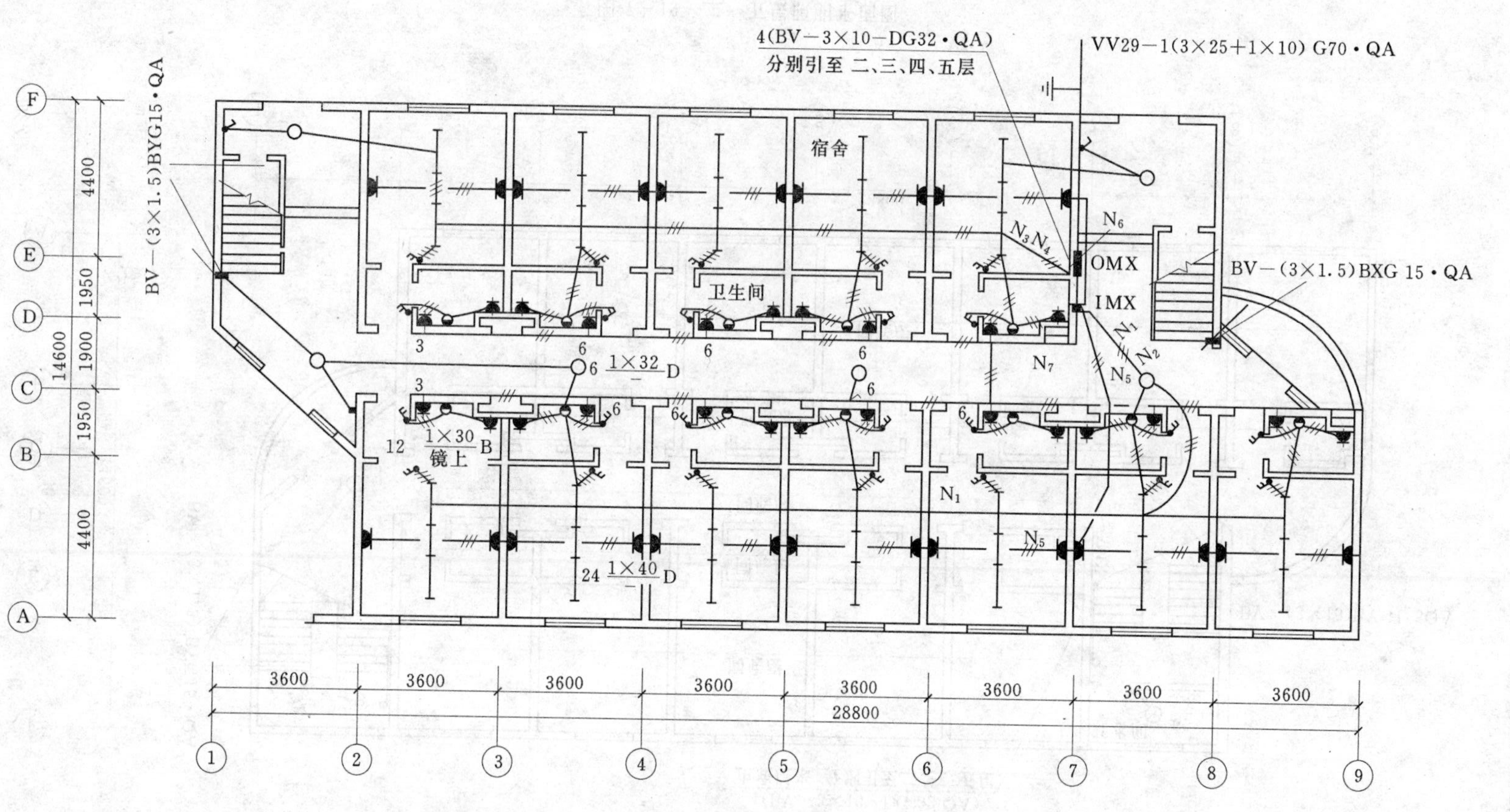

图 7-18　底层照明平面图

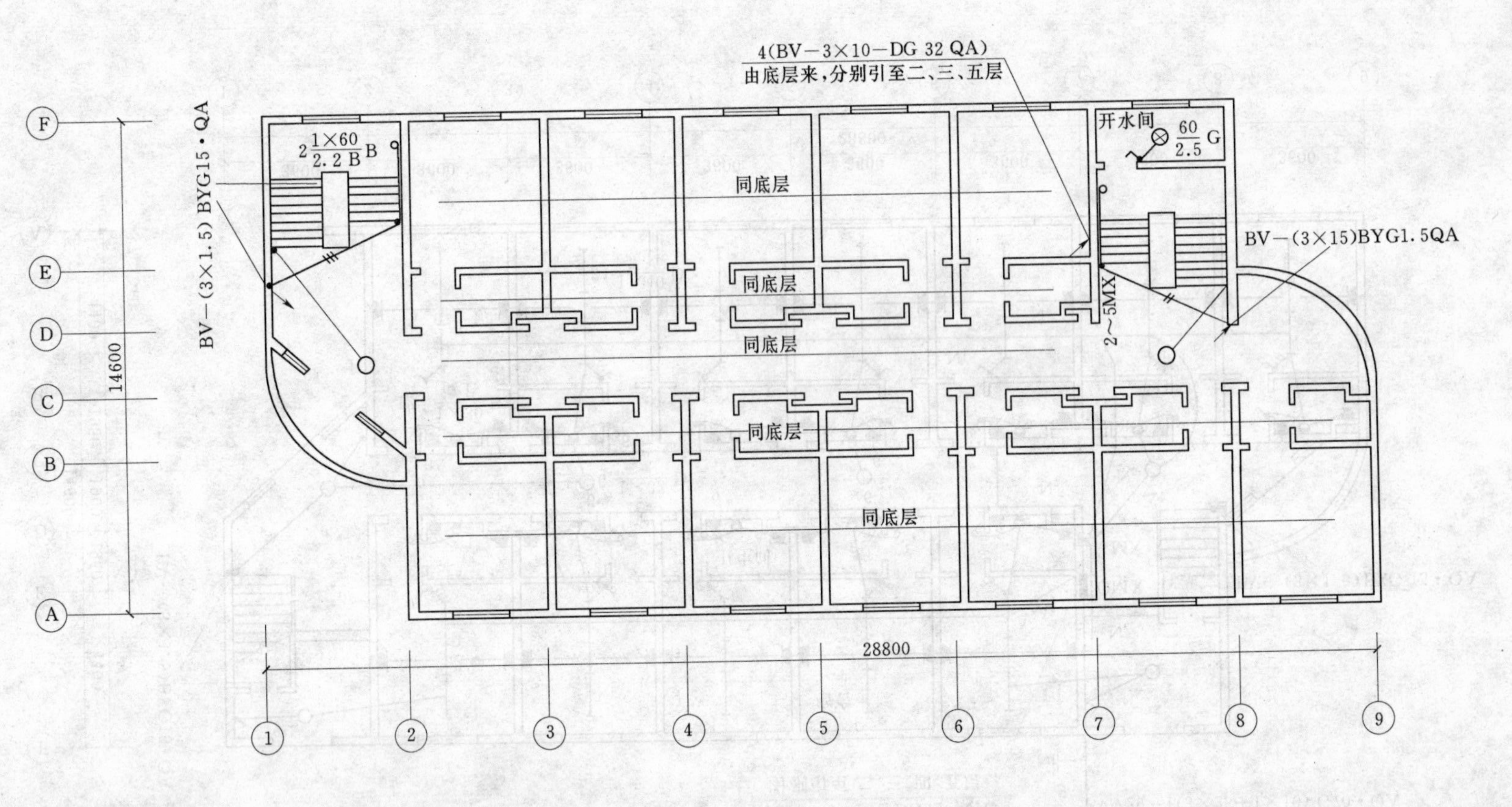

图 7-19　二～五层照明平面图

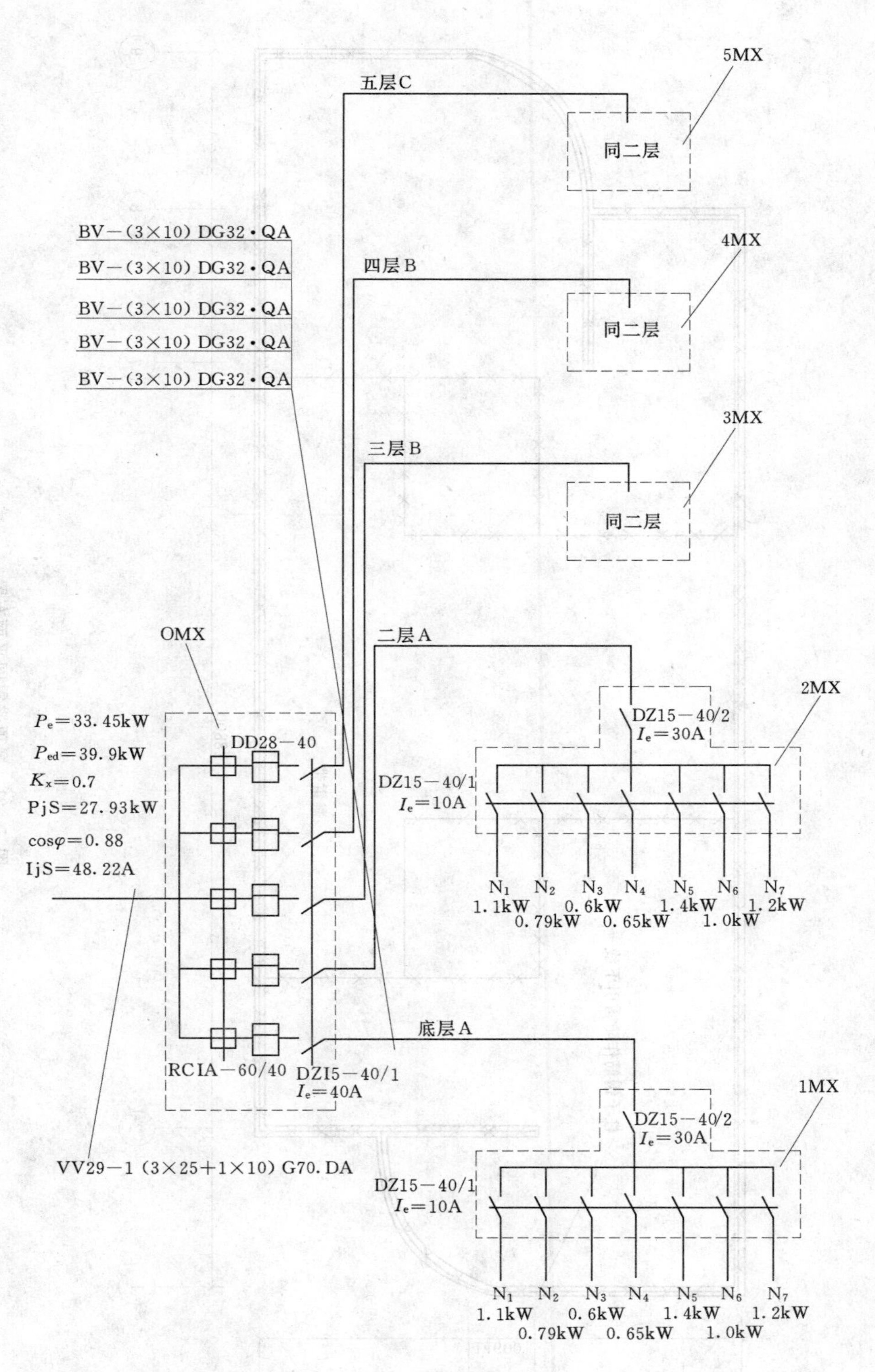

五层C
5MX
同二层
BV－(3×10) DG32・QA
BV－(3×10) DG32・QA
BV－(3×10) DG32・QA
BV－(3×10) DG32・QA
BV－(3×10) DG32・QA
四层B
4MX
同二层
三层B
3MX
同二层
二层A
OMX
2MX
DZ15－40/2
Ie＝30A
Pe＝33.45kW
Ped＝39.9kW
Kx＝0.7
PjS＝27.93kW
cosφ＝0.88
IjS＝48.22A
DD28－40
DZ15－40/1
Ie＝10A
N1 N2 N3 N4 N5 N6 N7
1.1kW 0.6kW 1.4kW 1.2kW
0.79kW 0.65kW 1.0kW
底层A
RCIA－60/40
DZI5－40/1
Ie＝40A
1MX
DZ15－40/2
Ie＝30A
VV29－1 (3×25＋1×10) G70.DA
DZ15－40/1
Ie＝10A
N1 N2 N3 N4 N5 N6 N7
1.1kW 0.6kW 1.4kW 1.2kW
0.79kW 0.65kW 1.0kW

图 7－20　供电系统图

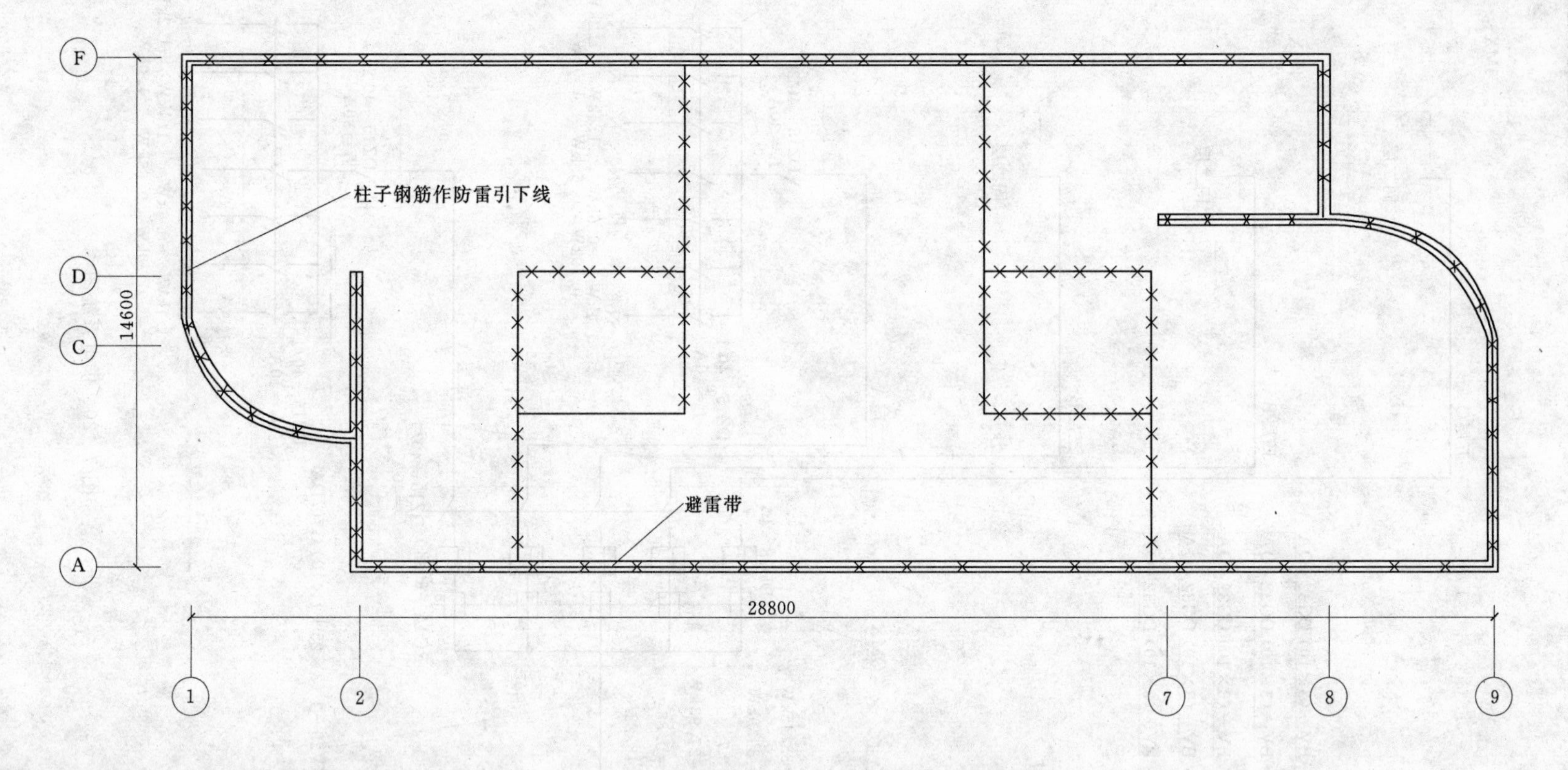

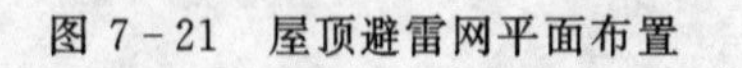
图 7－21 屋顶避雷网平面布置

法详见《建筑电气安装工程图集》10.26，接地极一组一般为三根，若实测接地电阻达不到要求可增加接地极或延长接地线。

(6) 防雷说明：

1) 避雷带采用 $\phi10$ 镀锌圆钢，沿女儿墙和水箱一周敷设，固定支架采用 $\phi10$ 圆钢，高 0.1m，间距 1m，由土建预埋。

2) 接地板利用基础主钢筋，接地电阻不得大于 10Ω，若达不到此值可加设人工接地装置。

3) 引下线利用柱子主钢筋（如防雷平面图所示），图示各柱的主钢筋须伸出顶面 0.1m 与避雷带焊接，接地极、引下线、避雷带须自下而上焊接为一体。

4) 屋面上所有高出避雷带的金属构筑物或管道等均须用 $\phi10$ 镀锌圆钢与避雷带连接成电气通路。

5) 作引下线的各柱在±0.8m 处分别用∠40×4 扁钢做预埋连接板和引出连接板与柱内主钢筋焊接，供测量接地电阻和必要时加人工接地装置连接用。

(7) 配电箱预留洞和暗管预埋须与土建密切配合，预埋暗管时若遇到非电气设备应设法避开，以免与其碰撞。

(8) 建筑层高：底层 3.1m，二～五层 2.9m。

(二) 主要材料及设备用量（见表 7-18）

表 7-18 主要材料及设备用量

序号	名 称	型号或规格	数量	单位	备 注
1	分层计量箱（10MX）	JLX（R）—5	1	只	830×670×180（mm×mm×mm）
2	照明配电箱（1～5MX）	XRM9—205	5	只	525×320×93（mm×mm×mm）
3	接线盒	86HS60 75×75×60	10	只	
4	荧光灯	YG1—1 1×40W	120	套	
5	吸顶灯	HXXD377 1×32W	22	套	
6	防潮灯	GC33 1×60W	4	套	
7	壁灯	HXBD447 1×30W	60	套	
8	壁灯	HXBD433 1×60W	8	套	
9	单相二极加三极暗插座	86Z223A10	120	只	
10	单相三极暗插座	86Z13A10	60	只	卫生间排气扇适用
11	跷板式暗开关	86K11—10	26	只	
12	跷板式暗开关	86K21—10	120	只	
13	跷板式暗开关	86K12—10	16	只	
14	刮须插座	146ZX22D	60	只	
15	进户零线重复接地装置		1	组	

(三) 工程量计算表 (见表 7－19)

表 7－19 **工 程 量 计 算 表**

序号	分部分项名称	计 算 式	单位	数量
1	电缆 VV29－1(3×25－1×10)G70DA	VV29－1(3×25＋1×10)：10^{水平长度}＋(0.8＋1.5)^{垂直长度}＋(0.83＋0.67)^{配电箱半周长}＝13.80 G70：10＋(0.8＋1.5)＝12.30	m	13.80 12.30
2	电缆沟挖填土	查表得出 0.45m^3/m，10×0.45＝4.5	m^3	4.5
3	电缆沟铺砂盖砖	10	m	10
4	电缆终端头	按每根电缆 2 个终端头计算	个	2
5	铜芯塑料绝缘线 BV(3×10)DG32QA	1.5^{水平长度}＋(0.525＋0.32)^{配电箱半周长}＝2.35 3.1^{引至二层}＋(0.525＋0.32)^{配电箱半周长}＋1.5^{水平长度}＝5.45 (3.1＋2.9)^{引至三层}＋(0.525＋0.32)^{配电箱半周长}＋1.5^{水平长度}＝8.35 (3.1＋2.9)^{引至四层}＋(0.525＋0.32)^{配电箱半周长}＋1.5^{水平长度}＝11.25 (3.1＋2.9×2)^{引至五层}＋(0.525＋0.32)^{配电箱半周长}＋1.5^{水平长度}＝14.15 小计：41.55 BV(10)：41.55×3＝124.65 DG32：41.55－(0.525＋0.32)^{配电箱半周长}×5＝37.33	m	124.65 37.33
6	铜芯塑料线 1.5，穿 BYG 管	BV(3×1.5)BYG15： N_1、N_2： (1)水平管线：21.50＋2×4＋1.5×2×7＋0.8×7＝60.10 (2)垂直管线：(3.1－1.4)^{引至开关}×14＋(3.1－2.2)×7^{排气扇插座}＋(3.1－1.5)^{配电箱引上}＝31.70 小计：91.80 N_3、N_4： (1)水平管线：10.80＋2×3＋0.8×5＋1.5×2×5＋3.0＝38.80 (2)垂直管线：(3.1－1.5)＋(3.1－1.4)×10＋(3.1－2.2)×5＝23.10 小计：61.90 N_5： (1)水平管线：7.5＋25＝32.50 (2)垂直管线：配电箱引下 1.50＋0.3×14＝5.70 小计：38.20 N_6： (1)水平管线：3＋18＝21 (2)垂直管线：1.50＋0.3×11＝4.8 小计：25.80 N_7： (1)水平管线：17＋22.50＋2.50＝42 (2)垂直管线：(3.1－1.5)^{配电箱引上}＋(3.1－1.4)^{引至刮须插座}×5＝10.10 小计：52.10 合计：N_1＋N_2＋N_3＋N_4＋N_5＋N_6＋N_7＝269.80	m	

续表

序号	分部分项名称	计 算 式	单位	数量
6	铜芯塑料线 1.5，穿 BYG 管	BV（4×1.5）BYG15： （1）水平管线：6.6 （2）垂直管线：3.1－1.5＝1.60 小计：8.20 BV（2×1.5）BYG15： （1）水平管线：3.0荧光灯×（7＋5）＋1.0走道灯×3＋12梯间过道＋5.5梯间处×2＝62.0 （2）垂直管线：（3.1－1.40）×7＝11.90 小计：73.90 BV（3×1.5）BYG15： 梯间干线：3.10 BV（6×1.5）BYG20： 0.4×7＋（3.1－1.4）×7＝14.70 总计： BV（2×1.5）BYG15：73.90×5＝369.50 BV（3×1.5）BYG15：（269.80＋3.10）×5＝1364.50 BV（4×1.5）BYG15：8.20×5＝41.00 BV（6×1.5）BYG20：14.70×5＝73.50 BV（1.5）：369.50×2＋1364.50×3＋41×4＋73.50×6＝5437.50 BYG15：369.50＋1364.50＋41＝1775.0 BYG20：73.50	m	
7	避雷引下线（利用 6 根柱子主钢筋引下）	（3.1＋2.9×4＋0.8＋0.9）×2×6＝16.40×2×6＝196.80	m	196.80
8	避雷带 φ10 镀锌圆钢	（28.80－3.60）×2＋（4.40＋1.95＋4.40）×2＋3.6×3.14×0.25×2＝77.55 4.8＋3.8＝8.60 （9.5＋10＋3.8×2＋1.5×2×2＋0.9×2）×2＝63.80 合计：149.95	m	149.95
9	分层计量箱 JLX（R）—5	830×670×180	只	1
10	照明配电箱 XRM9—205	525×320×93	只	5
11	单管吸顶式荧光灯 YG1—1，1×40W		套	120
12	环型管吸顶灯 HXXD377，1×32W	底层：6 二～五层：4×4＝16 小计：22	组	22
13	防潮灯 GC331＋60W	二～五层开水间：4	组	4
14	壁灯 HXBD447，1×30W	卫生间：12×5	组	60
15	壁灯 HXBD433，1×60	梯间：2×4＝8	组	8
16	单相二极加三极暗插座 86Z223A10	24×5＝120	只	120
17	单相三极暗插座 86Z13A10	卫生间排气扇专用：12×5＝60	只	60

续表

序号	分部分项名称	计 算 式	单位	数量
18	跷板式暗开关 86K11—10		只	26
19	跷板式暗开关 86K21—10		只	120
20	跷板式暗开关 86K12—10		只	16
21	刮须插座		只	60
22	接地极	按每组 3 根计	根	3
23	接地线	5×3＝15	m	15
24	接地装置调试		组	1
25	送配电系统调试		系统	1

(四) 施工图预算文件

安装工程施工图预算文件一般应由封面、编制说明、工程取费表、施工图预算表和主要材料、设备价格表以及工程量计算书等组成。

1. 封面（略）

2. 编制说明

编 制 说 明

1. 工程概况

本工程电源由变电所通过直埋电缆沿地引入，电压 380/220V，使用电压 220V。导线除图中注明外均采用 BV—500 型 1.5mm² 铜芯塑料线穿 BYG15 难燃型半硬质塑料管暗敷。所有电气设备不带电的金属外壳及穿线铁管均须按规程接零保护。避雷带采用 ϕ10 镀锌圆钢，引下线利用柱子主钢筋。

2. 主要编制依据

(1) ××单身宿舍楼电气照明施工图。

(2)《江苏省安装工程计价表》(2004 年)。

(3)《江苏价格信息》(2009 年下半年)。

(4) 其他有关文件、资料。

3. 编制范围

编制范围是××单身宿舍楼室内电气照明工程。

4. 其他说明

(1) 工期：执行国家定额工期。

(2) 质量：执行国家施工验收规范标准。

(3) 人工及机械台班单价：直接采用《江苏省安装工程计价表》(2004 年) 价格，未作价差调整。

(4) 材料预算单价：辅材价格直接采用《江苏省安装工程计价表》(2004 年) 价格，主材及设备价格采用《江苏价格信息》(2009 年下半年) 价格。

3. 工程取费表

××单身宿舍楼安装工程取费表如表7-20所示。

表7-20　安装工程取费表

工程名称：××单身宿舍楼安装工程

序号	名　称	计算公式	金额（元）
一	分部分项工程费用	《江苏省安装工程计价表》(2004年)预算价+价差	60132.65
二	措施项目费用		2337.92
1	措施项目费用（二）	《江苏省安装工程计价表》(2004年)预算价+价差	684.27
2	措施项目费用（一）	一×费率	1653.65
(1)	现场安全文明施工措施费	一×1.6%	962.12
	其中：基本费	一×0.8%	481.06
	考评费	一×0.4%	240.53
	奖励费	一×0.4%	240.53
(2)	临时设施费	一×1.0%	601.33
(3)	企业检验试验费	一×0.15%	90.20
三	规　费	（一+二）×2.77%	1730.43
1	工程排污费	本工程不计	
2	建筑安全监督管理费	（一+二）×0.19%	118.69
3	社会保障费	（一+二）×2.2%	1374.35
4	住房公积金	（一+二）×0.38%	237.39
四	税　金	（一+二+三）×3.44%	2208.51
五	总造价（大写）	陆万陆仟肆佰壹拾元	66409.52

4. 工程预算表

表7-21中综合单价由人工、材料、机械费、管理费和利润组成，价格已调至编制期水平。

表7-21　工 程 预 算 表

工程名称：××单身宿舍楼电气工程

序号	项目编码	项　目　名　称	计量单位	工程数量	单价	合价
1	2—266	配电箱JLX（R）□5	台	1.00	1709.13	1709.13
	〈主材〉	配电箱JLX（R）□5	台	1.00	1500.00	1500.000
2	2—331	焊铜接线端子导线截面10mm²	10个	1.50	91.30	136.95
3	2—264	配电箱XRM9□205	台	5.00	1138.26	5691.30
	〈主材〉	配电箱XRM9□205	台	5.00	1000.00	5000.000
4	2—327	无端子外部接线2.5	10个	10.80	25.55	275.94
5	2—521	电缆沟挖填一般土沟	m³	4.50	29.36	132.12
6	2—529	铺砂盖砖1—2根	100m	0.10	1090.10	109.01
7	2—618	VV29—3×25+1×10电缆敷设	100m	0.138	5681.03	783.98
	〈主材〉	全塑铜芯电缆	m	13.938	0.00	0.000
	〈主材〉	铠装全塑铜芯电缆VV29—3×25+1×10	m	13.938	50.48	703.590
8	2—626	1kV以下户内干包电缆终端头制安35mm²（铜芯）	个	2.00	161.50	323.00

续表

序号	项目编码	项 目 名 称	计量单位	工程数量	单价	合价
9	2—1014	砖、混凝土结构暗配钢管 DN70	100m	0.123	4354.80	535.64
	〈主材〉	钢管 DN70	m	12.669	26.06	330.154
10	2—1201	动力线路（铜芯）$10mm^2$	100m 单	1.2465	863.82	1076.75
	〈主材〉	铜芯绝缘导线截面＜$10mm^2$	m	130.882	7.50	981.615
11	2—984	砖、混凝土结构暗配电线管 DN32	100m	0.3733	1282.23	478.66
	〈主材〉	电线管 DN32mm	m	38.45	6.13	235.698
12	2—1171	管内穿照明线路铜芯 $1.5mm^2$	100m 单	54.375	175.82	9560.21
	〈主材〉	铜芯绝缘导线截面＜$1.5mm^2$	m	6307.50	0.90	5676.750
13	2—1124	砖、混凝土结构暗配刚性阻燃管 DN15	100m	17.75	660.10	11716.78
	〈主材〉	刚性阻燃管 DN15	m	1952.50	1.35	2635.875
14	2—1125	砖、混凝土结构暗配刚性阻燃管 DN20	100m	0.735	745.81	548.17
	〈主材〉	刚性阻燃管 DN20	m	80.85	1.76	142.296
15	2—1594	成套型吸顶式单管荧光灯安装	10 套	12.00	594.98	7139.76
	〈主材〉	吸顶式单管成套型灯具 YG1—11×40W	套	121.20	40.00	4848.000
	〈主材〉	圆木台 63—138×22	块	252.00	2.00	504.000
16	2—1594 换	环型管吸顶灯安装	10 套	2.20	1200.98	2642.16
	〈主材〉	环型管吸顶灯 HXXD3771×32W	套	22.22	100.00	2222.000
	〈主材〉	圆木台 63—138×22	块	46.20	2.00	92.400
17	2—1605	防潮灯安装	10 套	0.40	1581.21	632.48
	〈主材〉	圆木台 275—350	块	4.20	2.00	8.400
	〈主材〉	防潮灯 GC331＋60W	套	4.04	140.00	565.600
18	2—1393	一般壁灯 HBD4471×30W 安装	10 套	6.00	612.71	3676.26
	〈主材〉	圆木台 150—250	块	63.00	2.00	126.000
	〈主材〉	一般壁灯 HBD4471×30W	套	60.60	45.00	2727.000
19	2—1393	一般壁灯 HBD4331×60W 安装	10 套	0.80	663.21	530.57
	〈主材〉	圆木台 150—250	块	8.40	2.00	16.800
	〈主材〉	一般壁灯 HBD4331×60W	套	8.08	50.00	404.000
20	2—1670	5 孔单相暗插座 15A	10 套	12.00	157.46	1889.52
	〈主材〉	5 孔单相暗插座 15A	套	122.40	8.04	984.096
21	2—1668	3 孔单相暗插座 15A	10 套	6.00	120.33	721.98
	〈主材〉	3 孔单相暗插座 15A	套	61.20	5.75	351.900
22	2—1637	单联板式暗开关安装（单控）	10 套	2.60	102.90	267.54
	〈主材〉	单联板式暗开关（单控）	只	26.52	4.73	125.440

续表

序号	项目编码	项　目　名　称	计量单位	工程数量	单价	合价
23	2—1638	双联板式暗开关安装（单控）	10套	12.00	140.68	1688.16
	〈主材〉	双联板式暗开关（单控）	只	122.40	8.12	993.888
24	2—1643	单联板式暗开关安装（双控）	10套	1.60	115.77	185.23
	〈主材〉	单联板式暗开关（双控）	只	16.32	5.94	96.941
25	2—1668	3孔单相刮须插座	10套	6.00	120.33	721.98
	〈主材〉	3孔单相刮须插座15A	套	61.20	5.75	351.900
26	2—690	角钢接地极制安普通土	根	3.00	48.69	146.07
27	2—696	户内接地母线敷设	10m	1.50	110.07	165.11
	〈主材〉	扁钢	m	15.75	0.00	0.000
	〈主材〉	镀锌扁钢	m	15.75	0.00	0.000
	〈主材〉	圆钢	m	15.75	0.00	0.000
	〈主材〉	镀锌圆钢	m	15.75	0.00	0.000
28	2—746	避雷利用建筑物主筋引下敷设	10m	19.68	114.49	2253.16
	〈主材〉	扁钢	m	206.64	0.00	0.000
	〈主材〉	镀锌扁钢	m	206.64	0.00	0.000
	〈主材〉	圆钢	m	206.64	0.00	0.000
	〈主材〉	镀锌圆钢	m	206.64	0.00	0.000
	〈主材〉	裸铜线	m	206.64	0.00	0.000
29	2—749	避雷网安装沿折板支架敷设	10m	14.995	253.84	3806.33
	〈主材〉	扁钢	m	157.447	0.00	0.000
	〈主材〉	镀锌扁钢	m	157.447	0.00	0.000
	〈主材〉	圆钢	m	157.447	0.00	0.000
	〈主材〉	镀锌圆钢 ϕ10	m	157.447	3.05	480.213
	〈主材〉	裸铜线	m	157.447	0.00	0.000
30	2—886	接地网系统装置调试	系统	1.00	579.74	579.74
		脚手架				684.27
	2—9300	第二册脚手架搭拆费按人工费的4%其中工资25%材料75%	项	1.00	684.27	684.27
		二次搬运费				
		大型机械设备进出场及安拆费				
		施工排水费				
		施工降水费				
		地上、地下设施，建筑物的临时保护设施费				
		特殊条件下施工增加费				
		组装平台				
		格架式抱杆				
		合计				60816.92

5. 人材机价差表

表 7-22 **人 材 机 差 价 表**

工程名称：××单身宿舍楼电气工程

序号	地方码	名称	规格	单位	数量	预算价		市场价		差价	
						单价	合计	单价	合计	单价	合计
		人工					**8771.90**		**14843.48**		**6071.57**
1	00202	一类工电气设备安装工		工日	6.00	28.00	168.00	47.00	282.00	19.00	114.00
2	00302	二类工电气设备安装工		工日	328.4561	26.00	8539.86	44.00	14452.07	18.00	5912.21
3	00402	三类工电气设备安装工		工日	2.6685	24.00	64.04	41.00	109.41	17.00	45.36
		机械					**1314.49**		**1646.51**		**332.03**
4	03017	汽车式起重机	5t	台班	0.0012	410.48	0.49	477.02	0.57	66.54	0.08
5	04005	载重汽车	5t	台班	0.0012	279.30	0.34	366.82	0.44	87.52	0.11
6	09001	交流电焊机	21kVA	台班	14.7486	89.07	1313.66	111.57	1645.50	22.50	331.84
		材料					**103.49**		**149.41**		**45.92**
7	509007	电焊条	（结）422ϕ3.2	kg	16.0773	3.40	54.66	4.89	78.62	1.49	23.96
8	509008	电焊条	（结）422ϕ4	kg	13.776	3.40	46.84	4.77	65.71	1.37	18.87
9	702081	橡皮绝缘线	BX—1.5	m	3.256	0.61	1.99	1.56	5.08	0.95	3.09
		主材					**0.00**		**32104.57**		**32104.57**
10	110810	镀锌圆钢	ϕ10	m	157.4475	0.00	0.00	3.05	480.21	3.05	480.21
11	402008	圆木台	150—250	块	71.40	0.00	0.00	2.00	142.80	2.00	142.80
12	402009	圆木台	275—350	块	4.20	0.00	0.00	2.00	8.40	2.00	8.40
13	402011	圆木台	63—138×22	块	298.20	0.00	0.00	2.00	596.40	2.00	596.40
14	504091	钢管	DN70	m	12.669	0.00	0.00	26.06	330.15	26.06	330.15

续表

序号	地方码	名称	规格	单位	数量	预算价		市场价		差价	
						单价	合计	单价	合计	单价	合计
15	702077	铜芯绝缘导线截面	<10mm²	m	130.8825	0.00	0.00	7.50	981.62	7.50	981.62
16	702077	铜芯绝缘导线截面	<1.5mm²	m	6307.50	0.00	0.00	0.90	5676.75	0.90	5676.75
17	704015	5孔单相暗插座	15A	套	122.40	0.00	0.00	8.04	984.10	8.04	984.10
18	704015	3孔单相暗插座	15A	套	61.20	0.00	0.00	5.75	351.90	5.75	351.90
19	704015	3孔单相刮须插座	15A	套	61.20	0.00	0.00	5.75	351.90	5.75	351.90
20	704016	吸顶式单管成套型灯具	YGl—11 * 40W	套	121.20	0.00	0.00	40.00	4848.00	40.00	4848.00
21	704016	环型管吸顶灯	HXXD3771 * 32W	套	22.22	0.00	0.00	100.00	2222.00	100.00	2222.00
22	704016	防潮灯	GC331+60W	套	4.04	0.00	0.00	140.00	565.60	140.00	565.60
23	704016	一般壁灯 HBD4471 * 30W		套	60.60	0.00	0.00	45.00	2727.00	45.00	2727.00
24	704016	一般壁灯 HBD4331 * 60W		套	8.08	0.00	0.00	50.00	404.00	50.00	404.00
25	704063	单联板式暗开关（单控）		只	26.52	0.00	0.00	4.73	125.44	4.73	125.44
26	704063	双联板式暗开关（单控）		只	122.40	0.00	0.00	8.12	993.89	8.12	993.89
27	704063	单联板式暗开关（双控）		只	16.32	0.00	0.00	5.94	96.94	5.94	96.94
28	902091	电线管	DN32mm	m	38.4499	0.00	0.00	6.13	235.70	6.13	235.70
29	902132	刚性阻燃管	DN15	m	1952.50	0.00	0.00	1.35	2635.88	1.35	2635.88
30	902132	刚性阻燃管	DN20	m	80.85	0.00	0.00	1.76	142.30	1.76	142.30
31	1810629	铠装全塑铜芯电缆	VV29—3 * 25+1 * 10	m	13.938	0.00	0.00	50.48	703.59	50.48	703.59
32	2010316	配电箱 JLX（R）□5		台	1.00	0.00	0.00	1500.00	1500.00	1500.00	1500.00
33	2010316	配电箱 XRM9□205		台	5.00	0.00	0.00	1000.00	5000.00	1000.00	5000.00
		合计					**10189.88**		**48743.97**		**38554.09**

第八章　工程量清单的编制

第一节　概　述

一、工程量清单的概念及组成

工程量清单是载明建设工程分部分项工程项目、措施项目和其他项目的名称和相应数量以及规费和税金项目等内容的明细清单。工程量清单应由分部分项工程量清单、措施项目清单、其他项目清单、规费项目清单、税金项目清单组成。

《计价规范》(GB 50500—2013) 将工程量清单分为招标工程量清单和已标价工程量清单。其中，招标工程量清单是指招标人依据国家标准、招标文件、设计文件以及施工现场实际情况编制的，随招标文件发布供投标报价的工程量清单，包括对其的说明和表格；已标价工程量清单是指构成合同文件组成部分的投标文件中已标明价格，经算术性错误修正（如有）且承包人已确认的工程量清单，包括对其的说明和表格。

工程量清单是招标文件不可分割的一部分，体现了招标人要求投标人完成的工程项目及相应工程数量，全面反映了对投标人投标报价的要求，是编制招标控制价和投标报价的依据，是签订合同、支付工程款、调整合同价款、办理竣工结算以及工程索赔的基础。工程量清单应反映拟建工程的全部工作范围和内容，及为完成实体工作内容而必须进行的其他相关工作。招标工程量清单应由具有编制招标文件能力的招标人或受其委托、具有相应资质的工程造价咨询人依据有关计价办法、招标文件的有关要求、设计文件和施工现场的实际情况进行编制。

二、工程量清单编制的规定

《计价规范》(GB 50500—2013) 第四章“工程量清单编制”共 19 条，规定了工程量清单编制人、工程量清单组成和分部分项工程量清单、措施项目清单、其他项目清单编制要求。

（一）一般规定

(1) 招标工程量清单应由具有编制能力的招标人或受其委托、具有相应资质的工程造价咨询人编制。

招标工程量清单是招标投标活动中，对招标人和投标人都具有约束力的重要文件，是招标投标活动的依据，专业性强，内容复杂，对编制人的业务技术水平要求高，能否编制出完整、严谨的招标工程量清单，直接影响招标的质量，也是招标成败的关键。因此，规定了招标工程量清单应由具有编制招标文件能力的招标人或具有相应资质的工程造价咨询人进行编制。

(2) 招标工程量清单必须作为招标文件的组成部分，其准确性和完整性应由招标人负责。

《中华人民共和国招标投标法》规定，招标文件应当包括招标项目的技术要求和投标报价要求。招标工程量清单体现了招标人要求投标人完成的工程项目及相应工程数量，全面反映了投标报价要求，是投标人进行报价的依据，招标工程量清单应是招标文件不可分割的一部分。投标人依据招标工程量清单进行投标报价，对招标工程量清单不负有核实的义务，更不具有修改和调整的权力。

（3）招标工程量清单是工程量清单计价的基础，应作为编制招标控制价、投标报价、计算或调整工程量、索赔等的依据之一。

（4）招标工程量清单应以单位（项）工程为单位编制，应由分部分项工程量清单、措施项目清单、其他项目清单、规费和税金项目清单组成。

工程量清单应反映拟建工程的全部工作范围和内容，及为完成实体工作内容而必须进行的其他相关工作。借鉴外国实行工程量清单计价的做法，结合我国当前实际情况，我国的工程量清单由分部分项工程量清单、措施项目清单、其他项目清单、规费项目清单、税金项目清单组成。分部分项工程量清单应表明拟建工程的全部分项实体工程名称和相应数量，编制时应避免错项、漏项。措施项目清单表明了为完成分项实体工程而必须采取的一些措施性工作，编制时力求全面。其他项目清单主要体现了招标人提出的一些与拟建工程有关的特殊要求，这些特殊要求所需的金额计入报价中。规费项目清单应根据省级政府或省级有关权力部门的规定列项。税金项目清单应根据税务部门的规定列项。

（5）编制招标工程量清单应依据：

1）《计价规范》（GB 50500—2013）和相关工程的国家计量规范。

2）国家或省级、行业建设主管部门颁发的计价定额和办法。

3）建设工程设计文件及相关资料。

4）与建设工程有关的标准、规范、技术资料。

5）拟定的招标文件。

6）施工现场情况、地勘水文资料、工程特点及常规施工方案。

7）其他相关资料。

（二）分部分项工程量清单编制规定

（1）分部分项工程量清单必须载明项目编码、项目名称、项目特征、计量单位和工程量。

（2）分部分项工程量清单必须根据相关工程现行国家计量规范规定的项目编码、项目名称、项目特征、计量单位和工程量计算规则进行编制。

分部分项工程量清单包括的内容应满足规范管理、方便管理的要求和计价的要求。为了满足上述要求，本规范提出了分部分项工程量清单的五个统一，即项目编码统一、项目名称统一、项目特征统一、计量单位统一、工程量计算规则统一。招标人必须按规定执行，不得因情况不同而变动。

（三）措施项目清单编制规定

（1）措施项目清单必须根据相关工程现行国家计量规范的规定编制。

（2）措施项目清单应根据拟建工程的实际情况列项。

（四）其他项目清单编制规定

（1）其他项目清单应按照下列内容列项：

1）暂列金额。

2）暂估价，包括材料暂估单价、工程设备暂估单价、专业工程暂估价。

3）计日工。

4）总承包服务费。

（2）暂列金额应根据工程特点按有关计价规定估算。

（3）暂估价中的材料、工程设备暂估单价应根据工程造价信息或参照市场价格估算，列出明细表；专业工程暂估价应分不同专业，按有关计价规定估算，列出明细表。

（4）计日工应列出项目名称、计量单位和暂估数量。

（5）总承包服务费应列出服务项目及其内容等。

（6）出现本规范未列的项目，应根据工程实际情况补充。

（五）规费项目清单编制规定

（1）规费项目清单应按照下列内容列项：

1）社会保险费：包括养老保险费、失业保险费、医疗保险费、工伤保险费、生育保险费。

2）住房公积金。

3）工程排污费。

（2）出现本规范未列的项目，应根据省级政府或省级有关权力部门的规定列项。

（六）税金项目清单编制规定

（1）税金项目清单应包括下列内容：

1）营业税。

2）城市维护建设税。

3）教育费附加。

4）地方教育附加。

（2）出现本规范未列的项目，应根据税务部门的规定列项。

三、工程量清单格式

（一）封面

封面应填写招标工程项目的具体名称，招标人应盖单位公章，如委托工程造价咨询人编制，还应由其加盖相同单位公章。

1. 招标人自行编制招标工程量清单封面

招标人自行编制招标工程量清单的封面如图 8-1 所示。

2. 招标人委托工程造价咨询人编制招标工程量清单封面

招标人委托工程造价咨询人编制招标工程量清单封面如图 8-2 所示。

（二）扉页

扉页应按规定的内容填写、签字、盖章，造价员编制的工程量清单应有负责审核的造价工程师签字、盖章。受委托编制的工程量清单，应有造价工程师签字、盖章以及招标代理人或工程造价咨询人盖章。

1. 招标人自行编制招标工程量清单扉页

招标人自行编制招标工程量清单扉页如图 8-3 所示。

______工程
招标工程量清单

招 标 人：______
（单位盖章）

年 月 日

图 8-1 招标人自行编制招标工程量清单封面示意

______工程
招标工程量清单

招 标 人：______
（单位盖章）
造价咨询人：______
（单位盖章）

年 月 日

图 8-2 招标人委托工程造价咨询人编制招标工程量清单封面示意

______工程
招标工程量清单

招 标 人：______
（单位盖章）

法定代表人
或其授权人：______
（签字或盖章）

编制人：______ 复核人：______
（造价人员签字盖专用章） （造价工程师签字盖专用章）

编制时间： 年 月 日 复核时间： 年 月 日

图 8-3 招标人自行编制招标工程量清单扉页示意

2. 招标人委托工程造价咨询企业编制招标工程量清单的扉页

招标人委托工程造价咨询企业编制招标工程量清单的扉页如图8-4所示。

______工程

招标工程量清单

招标人：______________ 造价咨询人：______________

(单位盖章) (单位资质专用章)

法定代表人
或其授权人：______________ 法定代表人
或其授权人：______________

(签字或盖章) (签字或盖章)

编制人：______________ 复核人：______________

(造价人员签字盖专用章) (造价工程师签字盖专用章)

编制时间： 年 月 日 复核时间： 年 月 日

图8-4 招标人委托工程造价咨询企业编制招标工程量清单的扉页示意

(三) 总说明

总说明（见图8-5)：应按下列内容填写。

(1) 工程概况：建设规模、工程特征、计划工期、施工现场实际情况、自然地理条件、环境保护要求等。

(2) 工程招标和专业工程发包范围。

(3) 工程量清单编制依据。

(4) 工程质量、材料、施工等的特殊要求。

(5) 其他需要说明的问题。

总 说 明

工程名称： 第 页 共 页

图8-5 工程量清单总说明示意

（四）分部分项工程和单价措施项目清单与计价表

分部分项工程和单价措施项目清单与计价表如表8－1所示。

表8－1　　分部分项工程和单价措施项目清单与计价表

工程名称：　　　　　　　标段：　　　　　　　第　页　共　页

序号	项目编码	项目名称	项目特征描述	计量单位	工程量	金额（元）		
						综合单价	合价	其中：暂估价

（五）总价措施项目清单与计价表

总价措施项目清单与计价表如表8－2所示，表中的项目可根据工程实际情况进行增减。

表8－2　　总价措施项目清单与计价表

工程名称：　　　　　　　标段：　　　　　　　第　页　共　页

序号	项目编码	项目名称	计算基础	费率（%）	金额（元）	调整费率（%）	调整后金额（元）	备注
		安全文明施工费						
		夜间施工增加费						
		二次搬运费						
		冬雨季施工增加费						
		已完工程及设备保护费						
		合计						

编制人（造价人员）：　　　　　　　　　复核人（造价工程师）：

（六）其他项目清单与计价汇总表

其他项目清单与计价汇总表应根据拟建工程的具体情况，参照表8－3内容列项。

表8－3　　其他项目清单与计价汇总表

工程名称：　　　　　　　标段：　　　　　　　第　页　共　页

序　号	项目名称	金额（元）	结算金额（元）	备　注

(七) 规费、税金项目计价表

规费、税金项目计价表如表8-4所示。

表8-4　　规费、税金项目计价表

工程名称：　　　　标段：　　　第　页　共　页

序号	项目名称	计算基础	计算基数	计算费率（%）	金额（元）

四、工程量清单编制应注意的问题

(一) 合理设置工程量清单项目

1. 第五级编码设置

在工程量清单编制中，应特别注意个别特征不同而多数特征相同的项目，必须慎重考虑第五级编码并项问题，否则会影响投标人的报价质量，或给工程变更带来不必要的麻烦。例如，一个多层砖混住宅，240厚双面混水墙体，砖强度MU10，混合砂浆M5砌筑，工程量424m³；同工程围墙，240厚双面混水墙体，砖强度M10，混合砂浆M5砌筑，工程量162.7m³；同工程窗间墙，240厚单面清水墙体，砖强度MU10，混合砂浆M5砌筑，工程量31.32m³。上述墙体是否能并项只设置一项清单项目，要谨慎考虑。

2. 项目名称表达

《计价规范》(GB 50500—2013) 规定"项目名称"应以工程实体命名。这里所指的工程实体，有些项目是可用适当的计量单位计算的简单完整的施工过程的分部分项工程，也有些项目是分部分项工程的组合。无论是哪种，项目名称命名应规范、准确、通俗，以避免报价人报价的失误。

3. 项目特征描述

项目特征的描述，是投标人编制施工组织设计或施工方案、报价的重要依据；也是有关信息系统进行项目综合单价分析、研究发布综合单价信息的基础。特征的描述应简练、明确、详尽。

(二) 准确计算工程数量

工程量清单所提供的工程量是投标单位投标报价的基本依据，在工程量计算中，要做到不重不漏，更不能发生计算错误，否则会带来下列问题：

(1) 工程量的错误一旦被承包商发现和利用，采用不平衡单价报价，则会给业主带来损失。

(2) 工程量的错误会引发其他施工索赔。

(3) 工程量的错误还会增加变更工程的处理难度。

由于承包商采用了不平衡报价，所以当工程发生设计变更而引起工程量清单中工程量的增减时，会使得工程师不得不和业主及承包商协商确定新的单价，对变更工程进行计价。

(4) 工程量的错误会造成投资控制和预算控制的困难。

总之，合理的清单项目设置和准确的工程数量，是清单计价的前提和基础。对于招标人来讲，工程量清单是进行投资控制的前提和基础，工程量清单编制的质量直接关系和影响到工程建设的最终结果。

第二节　工程量计算规范

一、房屋建筑与装饰工程工程量计算规范

《房屋建筑与装饰工程工程量计算规范》(GB 50854—2013)［以下简称《房屋计量规范》(GB 50854—2013)］规定了房屋建筑与装饰工程工程量清单编制项目及计算规范。

(一)《房屋计量规范》(GB 50854—2013) 概述

1. 内容及适用范围

《房屋计量规范》适用于工业与民用的房屋建筑与装饰工程发承包及实施阶段计价活动中的工程计量和工程量清单编制。清单项目包括土石方工程，地基处理与边坡支护工程，桩基工程，砌筑工程，混凝土及钢筋混凝土工程，金属结构工程，木结构工程，门窗工程，屋面及防水工程，保温、隔热、防腐工程，楼地面装饰工程，墙、柱面装饰与隔断、幕墙工程，天棚工程，油漆、涂料、裱糊工程，其他装饰工程，拆除工程共 17 章 114 节，561 个项目。

包含的 17 个附录分别如下所示。

附录 A：土石方工程。

附录 B：地基处理与边坡支护工程。

附录 C：桩基工程。

附录 D：砌筑工程。

附录 E：混凝土及钢筋混凝土工程。

附录 F：金属结构工程。

附录 G：木结构工程。

附录 H：门窗工程。

附录 I：屋面及防水工程。

附录 J：保温、隔热、防腐工程。

附录 K：楼地面装饰工程。

附录 L：墙、柱面装饰与隔断、幕墙工程。

附录 M：天棚工程。

附录 N：油漆、涂料、裱糊工程。

附录 P：其他装饰工程。

附录 Q：拆除工程。

附录 R：措施项目。

2. 章、节、项目的划分

(1)《房屋计量规范》(GB 50854—2013) 清单项目与《全国统一建筑工程基础定额》

章、节、项目划分进行适当对应衔接，以便广大的建设工程造价从业者从熟悉的计价办法尽快适应新的计量规范。

(2)《房屋计量规范》(GB 50854—2013) 清单项目"子目"的设置力求齐全，补充了新材料、新技术、新工艺、新施工方法的有关项目，以适应建筑技术发展的需要。设置的新项目有：钢管桩、构造柱、挡土墙、钢架桥、单独木门框、自流地坪楼地面等。

3. 有关问题的说明

(1) 计算规范之间的衔接。

1)《房屋计量规范》(GB 50854—2013) 的管沟土石方、垫层、基础、地沟等清单项目也适用于《通用安装工程工程量计算规范》。

2)《房屋计量规范》(GB 50854—2013) 清单项目也适用于《园林绿化工程工程量清单计算规范》中未列项的清单项目。

(2)《房屋计量规范》(GB 50854—2013) 共性问题的说明。

1)《房屋计量规范》(GB 50854—2013) 清单项目中的工程量是按建筑物的实体净量计算，施工中所发生的材料、成品、半成品的各种制作、运输、安装等的一切损耗，应包括在报价内。

2)《房屋计量规范》(GB 50854—2013) 清单项目中所发生的钢材 (包括钢筋、型钢、钢管等) 均按理论重量计算，其理论重量与实际重量的偏差，应包括在报价内。

3) 设计规定或施工组织设计规定的已完工产品保护发生的费用列入工程量清单措施项目费。

4) 高层建筑所发生的人工降效、机械降效、施工用水加压等应包括在各分项报价内；卫生用临时管道应考虑在临时设施费用内。

5) 施工中所发生的施工降水、土方支护结构、施工脚手架、模板及支撑费用、垂直运输费用等，应列在工程量清单措施项目费内。

(二) 土石方工程工程量计算规范

附录 A 土石方工程中共 3 节 13 个项目，包括土方工程、石方工程、回填，适用于建筑物的土石方开挖及回填工程。工程量清单的工程量，按《房屋计量规范》(GB 50854—2013) 规定"是拟建工程分项工程的实体数量"。土石方工程除场地、房心填土外，其他土石方工程不构成工程实体。但目前没有一个建筑物是不动土可以修建起来的，土石方工程是修建中实实在在的必须发生的施工工序，如果采用基础清单项目内含土石方报价，由于地表以下存在许多不可知的自然条件，势必增加基础项目报价的难度。为此，"规范"将土石方单独列项。

1. 平整场地 (010101001)

平整场地按设计图示尺寸建筑物首层建筑面积计算，以 m^2 计量。工作内容包括：土方挖填、场地找平、运输。

"首层建筑面积"应按建筑物外墙外边线计算。落地阳台计算全面积；悬挑阳台不计算面积。设地下室和半地下室的采光井等不计算建筑面积的部位也应计入平整场地的工程量。地上无建筑物的地下停车场按地下停车场外墙外边线外围面积计算，包括出入口、通风竖井和采光井计算平整场地的面积。

注意：计算时，工程量“按建筑物首层建筑面积计算”，如施工组织设计规定超面积平整场地时，超出部分应包括在报价内。

2. 挖一般土方（010101002）

挖一般土方按设计图示尺寸以体积计算，以 m^3 计量。工作内容包括：排地表水、土方开挖、围护（挡土板）及拆除、基底钎探、运输。

“挖一般土方”项目适用于±30cm 以外的竖向布置的挖土或山坡切土，是指设计标高以上的挖土，并包括指定范围内的土方运输。

注意：由于地形起状变化大，不能提供平均挖土厚度时应提供方格网法或断面法施工的设计文件；设计标高以下的填土应按“回填”项目编码列项。

3. 挖沟槽土方（010101003）

挖沟槽土方按设计图示尺寸以基础垫层底面积乘以挖土深度计算，以 m^3 计量。工作内容包括：排地表水、土方开挖、围护（挡土板）及拆除、基底钎探、运输。

4. 挖基坑土方（010101004）

挖基坑土方按设计图示尺寸以基础垫层底面积乘以挖土深度计算，以 m^3 计量。工作内容包括：排地表水、土方开挖、围护（挡土板）及拆除、基底钎探、运输。

沟槽、基坑、一般土方的划分为：底宽小于或等于 7m、底长大于 3 倍底宽为沟槽；底长小于或等于 3 倍底宽、底面积小于或等于 $150m^2$ 为基坑；超出上述范围则为一般土方。

“挖沟槽土方”、“挖基坑土方”项目适用于沟槽和基坑土方开挖（包括人工挖孔桩土方），并包括指定范围内的土方运输。

注意：

（1）挖沟槽土方、基坑土方、一般土方因工作面和放坡增加的工程量（管沟工作面增加的工程量），是否并入各土方工程量中，按各省、自治区、直辖市或行业建设主管部门的规定实施。如并入各土方工程量中，办理工程结算时，按经发包人认可的施工组织设计规定计算，编制工程量清单时，可按《房屋计量规范》（GB50854—2013）表 A. 1－3、表 A. 1－4、表 A. 1－5 规定计算。

（2）工程量清单“挖沟槽土方”、“挖基坑土方”项目中弃、取土运距可以不描述，但应注明由投标人根据施工现场实际情况自行考虑，决定报价。

（3）深基础的支护结构：如钢板桩、H 钢桩、预制钢筋混凝土板桩、钻孔灌注混凝土排桩挡墙、预制钢筋混凝土排桩挡墙、人工挖孔灌注混凝土排桩挡墙、旋喷桩地下连续墙和基坑内的水平钢支撑、水平钢筋混凝土支撑、锚杆拉固、基坑外拉锚、排桩的圈梁、H 钢桩之间的木挡土板以及施工降水等，应列入工程量清单措施项目费内。

对于带形基础来说，内外墙基础垫层长应分别取值：外墙基础垫层按中心线长计算，内墙基垫层按净长线计算。

【例 8－1】 某工程外墙钢筋混凝土条形基础，底宽 800mm，混凝土垫层宽 1000mm，厚 200mm，施工时不需支设模板，土壤为Ⅱ类土，自然地坪标高为＋0. 30m，基础底面标高为－0. 70m，基础总长为 200m，试计算沟槽土方量。

解：按工程量计算规范，项目编码为010101003001，计量单位为 m^3，则沟槽人工挖土工程量为

$$1\times1.2\times200=240\ (m^3)$$

5. *冻土开挖*（010101005）

冻土开挖按设计图示尺寸开挖面积乘以厚度以体积计算，以 m^3 计量。工作内容包括：爆破、开挖、清理、运输。

6. *挖淤泥、流砂*（010101006）

挖淤泥、流砂按设计图示位置、界限以体积计算，以 m^3 计量。工作内容包括：开挖、运输。

淤泥，是指在静水或缓慢的流水环境中沉积并经过生物化学作用形成的一种稀软状、不易成形的灰黑色、有臭味、含有半腐朽的植物遗体（占60%以上）、置于水中有动植物残体渣滓浮于水面，并常有气泡由水中冒出的泥土。例如，原来为河塘，抽水后底层的淤积层便是淤泥。

流砂，是指在地下水位以下进行挖土施工时，或在坑内抽水时，坑底的土会成流动状态，随地下水涌出，这种土无承载力，边挖边冒，无法挖深，强挖会掏空邻近地基。

7. *管沟土方*（010101007）

管沟土方：①按设计图示管道中心线长度计算，以m计量；②按设计图示管底垫层面积乘以挖土深度计算，以 m^3 计量，无管底垫层按管外径的水平投影面积乘以挖土深度计算。不扣除各类井的长度，井的土方并入。工作内容包括：排地表水、土方开挖、围护（挡土板）支撑、运输、回填。

"管沟土方"项目适用于管沟土方开挖、回填。

注意：

(1) 管沟开挖加宽工作面、放坡和接口处加宽工作面，应包括在管沟土方报价内。

(2) 采用多管同一管沟直埋时，管间距离必须符合有关规范的要求。

8. *挖一般石方*（010102001）

挖一般石方按设计图示尺寸计算，以 m^3 计量。工作内容包括：排地表水、凿石、运输。

9. *挖沟槽石方*（010102002）

挖沟槽石方按设计图示尺寸沟槽底面积乘以挖石深度计算，以 m^3 计量。工作内容包括：排地表水、凿石、运输。

10. *挖基坑石方*（010102003）

挖基坑石方按设计图示尺寸基坑底面积乘以挖石深度计算，以 m^3 计量。工作内容包括：排地表水、凿石、运输。

11. *挖管沟石方*（010102004）

挖管沟石方按设计图示管道中心线长度计算，以m计量；亦可按设计图示截面积乘以长度计算，以 m^3 计量。工作内容包括：排地表水、凿石、回填、运输。

12. *回填方*（010103001）

回填方按设计图示尺寸以体积计算，以 m^3 计量。工作内容包括：运输、回填、

压实。

“回填方”项目适用于场地回填、室内回填和基础回填并包括指定范围内的运输以及借土回填的土方开挖。

注意：基础土方放坡等施工的增加量，应包括在报价内。

13. 余方弃置（010103002）

余方弃置按挖方清单项目工程量减利用回填方体积（正数）计算，以 m^3 计量。工作内容包括：余方点装料运输至弃置点。

土石方工程工程量清单编制时应注意以下共性问题：

（1）“指定范围内的运输”是指由招标人指定的弃土地点或取土地点的运距；若招标文件规定由投标人确定弃土地点或取土地点时，则此条件不必在工程量清单中进行描述。

（2）土石方清单项目报价应包括指定范围内的土石一次或多次运输、装卸以及基底夯实、修理边坡、清理现场等全部施工工序。

（3）桩间挖土方工程量不扣除桩所占体积，并在项目特征中加以描述。

（4）因地质情况变化或设计变更，引起的土（石）方工程量的变更，由业主与承包人双方现场认证，依据合同条件进行调整。

（三）地基处理与边坡支护工程工程量计算规范

附录B地基处理与边坡支护工程共2节28个项目，包括地基处理、基坑与边坡支护。本章的支护结构项目，如高压喷射注浆桩、锚杆（锚索）、地下连续墙等在实际工作中也可能被列入措施项目清单，其基本判别原则是：构成建筑物实体的，必然在设计中有具体设计内容。例如，坡地建筑采用的抗滑桩、挡土墙、土钉支护、锚杆支护等。属于施工中采取的技术措施，在设计文件中无具体设计内容，招标人在分部分项工程量清单中不列项（也无法列项），而是由投标人做施工组织设计或施工方案，反映在投标人报价的措施项目费内。例如，深基础土石方开挖，设计文件中可能提示你要采用支护结构，但到底用什么支护结构，是打预制混凝土桩、钢板桩，还是做人工挖孔桩、地下连续墙；是否需做水平支撑等，由投标人做具体的施工方案来确定，其报价反映在措施项目费内。

1. 换填垫层（010201001）

换填垫层按设计图示尺寸以体积计算，以 m^3 计量。工作内容包括：分层铺填，碾压、振密或夯实，材料运输。

2. 铺设土工合成材料（010201002）

铺设土工合成材料按设计图示尺寸以面积计算，以 m^2 计量。工作内容包括：挖填锚固沟、铺设、固定、运输。

3. 预压地基（010201003）

预压地基按设计图示处理范围以面积计算，以 m^2 计量。工作内容包括：设置排水竖井、盲沟、滤水管；铺设砂垫层、密封膜；堆载、卸载或抽气设备安拆、抽真空；材料运输。

4. 强夯地基（010201004）

强夯地基按设计图示处理范围以面积计算，以 m^2 计量。工作内容包括：铺设夯填材料、强夯、夯填材料运输。

强夯地基，是当地基较弱时，为提高地基强度和承载能力，降低地基压缩性，使地基在上部荷载作用下，能满足容许沉降量和容许承载力要求，对地基进行加固处理的一种方法。

强夯法是用起重机械将8～40t的夯锤吊起，从6～30m的高处自由下落，对土体进行强力夯实的地基加固方法。强夯适用于碎石土、砂土、黏性土、湿陷性黄土及杂填土地基的深层加固。地基经强夯加固后，承载能力可以提高2～5倍；压缩性可降低200%～1000%，其影响深度在10m以上，是一种效果好、速度快、节省材料、施工简便的地基加固方法。

5. *振冲密实（不填料）*（010201005）

振冲密实（不填料）按设计图示处理范围以面积计算，以m^2计量。工作内容包括：振冲加密、泥浆运输。

6. *振冲桩（填料）*（010201006）

振冲桩（填料）：①按设计图示尺寸以桩长计算，以m计量；②按设计桩截面乘以桩长以体积计算，以m^3计量。工作内容包括：振冲成孔、填料、振实；材料运输；泥浆运输。

7. *砂石桩*（010201007）

砂石桩：①按设计图示尺寸以桩长（包括桩尖）计算，以m计量；②按设计桩截面乘以桩长（包括桩尖）以体积计算，以m^3计量。工作内容包括：成孔，填充、振实；材料运输。

砂石桩是指用打桩机将钢管打入土中成孔，拔出桩管填砂（砂石）捣实，或在桩管中灌砂（砂石），边拔管边振动，使砂（砂石）留于桩孔中形成密实的砂（砂石）桩。适用于各种成孔方式（振动沉管、锤击沉管等）的砂石桩，如用于加固饱和软土地基或人工松散填土或松散砂土地基。

注意：灌注桩的砂石级配、密实系数均应包括在报价内。

8. *水泥粉煤灰碎石桩*（010201008）

水泥粉煤灰碎石桩按设计图示尺寸以桩长（包括桩尖）计算。工作内容包括：成孔；混合料制作、灌注、养护；材料运输。

9. *深层搅拌桩*（010201009）

深层搅拌桩按设计图示尺寸以桩长计算。工作内容包括：预搅下钻、水泥浆制作、喷浆搅拌提升成桩；材料运输。

10. *粉喷桩*（010201010）

粉喷桩按设计图示尺寸以桩长计算。工作内容包括：预搅下钻、喷粉搅拌提升成桩；材料运输。

粉喷桩作为软土地基改良加固方法和重力式支护结构，是在桩位搅拌后将水泥干粉用压缩空气输入到软土中，强行拌和，使其充分吸收地下水并与地基土发生理化反应，形成具有水稳定性、整体性和一定强度的柱状体，并使桩间土得到改善，从而满足建筑基础的设计要求。可用于水泥、生石灰粉的喷粉桩。“粉喷桩”项目适用于水泥、生石灰粉等粉喷桩。

11. *夯实水泥土桩*（010201011）

夯实水泥土桩按设计图示尺寸以桩长（包括桩尖）计算。工作内容包括：成孔、夯底，水泥土拌和、填料、夯实，材料运输。

12. 高压喷射注浆桩（010201012）

高压喷射注浆桩按设计图示尺寸以桩长计算。工作内容包括：成孔、水泥浆制作、高压喷射注浆，材料运输。

13. 石灰桩（010201013）

石灰桩按设计图示尺寸以桩长（包括桩尖）计算。工作内容包括：成孔、混合料制作、运输、夯填。

14. 灰土（土）挤密桩（010201014）

灰土（土）挤密桩按设计图示尺寸以桩长（包括桩尖）计算。工作内容包括：成孔、灰土拌和、运输、填充、夯实。

灰土（土）挤密桩是指先按桩孔设计布点，将钢管打入土中，达到要求的深度后将管拔出，在形成的桩孔中回填规定比例的灰土等，并逐层夯实而成的一种桩。适用于处理湿陷性黄土、素填土以及杂填土地基，处理后地基承载力可以提高一倍以上，同时具有节省大量土方，降低造价，施工简便等优点。“挤密桩”项目适用于各种成孔方式的灰土、石灰、水泥粉、煤灰、碎石等挤密桩。

注意：挤密桩的灰土级配、密实系数均应包括在报价内。

15. 柱锤冲扩桩（010201015）

柱锤冲扩桩按设计图示尺寸以桩长计算。工作内容包括：安拔套管，冲孔、填料、夯实，桩体材料制作、运输。

16. 注浆地基（010201016）

注浆地基：①按设计图示尺寸以钻孔深度计算，以 m 计量；②按设计图示尺寸以加固体积计算，以 m^3 计量。工作内容包括：成孔，注浆导管制作、安装，浆液制作、压浆，材料运输。

17. 褥垫层（010201017）

褥垫层：①按设计图示尺寸以铺设面积计算，以 m^2 计量；②按设计图示尺寸以体积计算，以 m^3 计量。工作内容包括：材料拌和、运输、铺设、压实。

18. 地下连续墙（010202001）

地下连续墙按设计图示墙中心线长乘以厚度乘以槽深以体积计算，以 m^3 计量。工作内容包括：导墙挖填、制作、安装、拆除；挖土成槽、固壁、清底置换；混凝土制作、运输、灌注、养护；接头处理；土方、废泥浆外运；打桩场地硬化及泥浆池、泥浆沟。

地下连续墙是在地面上用一种特殊的挖槽设备，沿着地下室外墙（或其他基础）的周边，在泥浆护壁的情况下，开挖一条狭长的深槽，在槽内放置钢筋笼，用水下浇筑混凝土的方法，筑成一条地下的连续墙。地下连续墙可作为防渗、截水、挡土结构，也可利用地下连续墙作为建筑物的基础，例如，在高层建筑的基础施工中，可把地下室的边墙作成地下连续墙。“地下连续墙”项目适用于各种导墙施工的复合型地下连续墙工程。

19. 咬合灌注桩（010202002）

咬合灌注桩：①按设计图示尺寸以桩长计算，以 m 计量；②按设计图示数量计算，以根计量。工作内容包括：成孔、固壁；混凝土制作、运输灌注、养护；套管压拔；土方、废泥浆外运；打桩场地硬化及泥浆池、泥浆沟。

20. 圆木桩（010202003）

圆木桩：①按设计图示尺寸以桩长（包括桩尖）计算，以m计量；②按设计图示数量计算，以根计量。工作内容包括：工作平台搭拆、桩机移位、桩靴安装、沉桩。

21. 预制钢筋混凝土板桩（010202004）

预制钢筋混凝土板桩：①按设计图示尺寸以桩长（包括桩尖）计算，以m计量；②按设计图示数量计算，以根计量。工作内容包括：工作平台搭拆、桩机移位、沉桩、板桩连接。

22. 型钢桩（010202005）

型钢桩：①按设计图示尺寸以质量计算，以t计量；②按设计图示数量计算，以根计量。工作内容包括：工作平台搭拆、桩机移位、打（拔）桩、接桩、刷防护材料。

23. 钢板桩（010202006）

钢板桩：①按设计图示尺寸以质量计算，以t计量；②按设计图示墙中心线长乘以桩长以面积计算，以m^2计量。工作内容包括：工作平台搭拆、桩机移位、打拔钢板桩。

24. 锚杆（锚索）（010202007）

锚杆（锚索）：①按设计图示尺寸以钻孔深度计算，以m计量；②按设计图示数量计算，以根计量。工作内容包括：钻孔、浆液制作、运输、压浆；锚杆（锚索）制作、安装；张拉锚固；锚杆（锚索）施工平台搭设、拆除。

“锚杆（锚索）”项目适用于岩石高削坡混凝土支护挡墙和风化岩石混凝土、砂浆护坡。

注意：

（1）钻孔、布筋、锚杆安装、灌浆、张拉等搭设的脚手架，应列入措施项目费。

（2）锚杆土钉应按混凝土及钢筋混凝土相关项目编码列项。

25. 土钉（010202008）

土钉：①按设计图示尺寸以钻孔深度计算，以m计量；②按设计图示数量计算，以根计量。工作内容包括：钻孔、浆液制作、运输、压浆；土钉制作、安装；土钉施工平台搭设、拆除。

“土钉”项目适用于土层的锚固［注意事项同锚杆（锚索）］。

26. 喷射混凝土、水泥砂浆（010202009）

喷射混凝土、水泥砂浆：按设计图示尺寸以面积计算。工作内容包括：修整边坡；混凝土（砂浆）制作、运输、喷射、养护；钻排水孔、安装排水管；喷射施工平台搭设、拆除。

27. 钢筋混凝土支撑（010202010）

钢筋混凝土支撑按设计图示尺寸以体积计算。工作内容包括：模板（支架或支撑）制作、安装、拆除、堆放、运输及清理模内杂物、刷隔离剂等；混凝土制作、运输、浇筑、振捣、养护。

28. 钢支撑（010202011）

钢支撑按设计图示尺寸以质量计算。不扣除孔眼质量，焊条、铆钉、螺栓等不另增加质量。工作内容包括：支撑、铁件制作（摊销、租赁）；支撑、铁件安装；探伤；刷漆；

拆除；运输。

地基处理与边坡支护工程工程量清单编制时应注意以下共性问题：

(1) 各种桩的充盈量，应包括在报价内。

(2) 振动沉管、锤击沉管若使用预制钢筋混凝土桩尖时，应包括在报价内。

(3) 桩的钢筋（例如，灌注桩的钢筋笼、地下连续墙的钢筋网、锚杆支护、土钉支护的钢筋网及预制桩头钢筋等）应按混凝土及钢筋混凝土有关项目编码列项。

使用本计算规范应注意：

(1) 为避免“空桩长度、桩长”的描述引起重新组价，可采用以下方法处理：第一种方法是描述“空桩长度、桩长”的范围值，或描述空桩长度、桩长所占比例及范围值；第二种方法是空桩部分单独列项。

(2) 项目特征中的桩长应包括桩尖，空桩长度＝孔深－桩长，孔深为自然地面至设计桩底的深度。

(四) 桩基工程工程量计算规范

附录C桩基工程共2节11个项目，分为打桩和灌注桩两节。

1. 预制钢筋混凝土方桩（010301001）

预制钢筋混凝土方桩：①按设计图示尺寸以桩长（包括桩尖）计算，以m计量；②按设计图示截面积乘以桩长（包括桩尖）以体积计算，以m^3计量；③按设计图示数量计算，以根计量。工作内容包括：工作平台搭拆；桩机竖拆、移位；沉桩；接桩；送桩。

2. 预制钢筋混凝土管桩（010301002）

预制钢筋混凝土管桩：①按设计图示尺寸以桩长（包括桩尖）计算，以m计量；②按设计图示截面积乘以桩长（包括桩尖）以体积计算，以m^3计量；③按设计图示数量计算，以根计量。工作内容包括：工作平台搭拆；桩机竖拆、移位；沉桩；接桩；送桩；桩尖制作安装；填充材料、刷防护材料。

3. 钢管桩（010301003）

钢管桩：①按设计图示尺寸以质量计算，以t计量；②按设计图示数量计算，以根计量。工作内容包括：工作平台搭拆；桩机竖拆、移位；沉桩；接桩；送桩；切割钢管、精割盖帽；管内取土；填充材料、刷防护材料。

4. 截（凿）桩头（010301004）

截（凿）桩头：①按设计桩截面乘以桩头长度以体积计算，以m^3计量；②按设计图示数量计算，以根计量。工作内容包括：截（切割）桩头、凿平、废料外运。

5. 泥浆护壁成孔灌注桩（010302001）

泥浆护壁成孔灌注桩：①按设计图示尺寸以桩长（包括桩尖）计算，以m计量；②按不同截面在桩上范围内以体积计算，以m^3计量；③按设计图示数量计算，以根计量。工作内容包括：护筒埋设；成孔、固壁；混凝土制作、运输、灌注、养护；土方、废泥浆外运；打桩场地硬化及泥浆池、泥浆沟。

6. 沉管灌注桩（010302002）

沉管灌注桩：①按设计图示尺寸以桩长（包括桩尖）计算，以m计量；②按不同截面在桩上范围内以体积计算，以m^3计量；③按设计图示数量计算，以根计量。工作内容包括：打（沉）拔钢管；桩尖制作、安装；混凝土制作、运输、灌注、养护。

7. 干作业成孔灌注桩（010302003）

干作业成孔灌注桩：①按设计图示尺寸以桩长（包括桩尖）计算，以m计量；②按不同截面在桩上范围内以体积计算，以 m^3 计量；③按设计图示数量计算，以根计量。工作内容包括：成孔、扩孔；混凝土制作、运输、灌注、振捣、养护。

8. 挖孔桩土（石）方（010302004）

挖孔桩土（石）方：按设计图示尺寸（含护壁）截面积乘以挖孔深度计算，以 m^3 计量。工作内容包括：排地表水、挖土、凿石、基底钎探、运输。

9. 人工挖孔灌注桩（010302005）

人工挖孔灌注桩：①按桩芯混凝土体积计算，以 m^3 计量；②按设计图示数量计算，以根计量。工作内容包括：护壁制作；混凝土制作、运输、灌注、振捣、养护。

注意：人工挖孔时采用的护壁（例如，砖砌护壁、预制钢筋混凝土护壁、现浇钢筋混凝土护壁、钢模周转护壁、竹笼护壁等），应包括在报价内。

10. 钻孔压浆桩（010302006）

钻孔压浆桩：①按设计图示尺寸以桩长计算，以m计量；②按设计图示数量计算，以根计量。工作内容包括：钻孔、下注浆管、投放骨料、浆液制作、运输、压浆。

11. 灌注桩后压浆（010302007）

灌注桩后压浆按设计图示以注浆孔数计算。工作内容包括：注浆导管制作、安装；浆液制作、运输、压浆。

（五）砌筑工程工程量计算规范

附录D砌筑工程共4节27个项目，包括砖砌体、砌块砌体、石砌体、垫层，适用于建筑物的砌筑工程。

1. 砖基础（010401001）

砖基础按设计图示尺寸以体积计算，包括附墙垛基础宽出部分体积。

（1）扣除及不扣除的体积。扣除地梁（圈梁）、构造柱所占体积，不扣除基础大放脚T形接头处的重叠部分及嵌入基础内的钢筋、铁件、管道、基础砂浆防潮层和单个面积小于或等于 $0.3m^2$ 的孔洞所占体积，靠墙暖气沟的挑檐不增加。

（2）砖基础长度：外墙按外墙中心线，内墙按内墙净长线计算。

工作内容包括：砂浆制作、运输；砌砖；防潮层铺设；材料运输。

“砖基础”项目适用于各种类型砖基础：柱基础、墙基础、烟囱基础、水塔基础、管道基础等。

注意：对基础类型应在工程量清单中进行描述。

2. 砖砌挖孔桩护壁（010401002）

砖砌挖孔桩护壁按设计图示尺寸以体积计算。工作内容包括：砂浆制作、运输；砌砖；材料运输。

3. 实心砖墙（010401003）

实心砖墙按设计图示尺寸以体积计算。

（1）扣除及不扣除的体积。

扣除门窗、洞口、嵌入墙内的钢筋混凝土柱、梁、圈梁、挑梁、过梁及凹进墙内的壁龛、管槽、暖气槽、消火栓箱所占体积。

不扣除梁头、板头、檩头、垫木、木楞头、沿椽木、木砖、门窗走头、砖墙内加固钢筋、木筋、铁件、钢管及单个面积在 0.3m^2 以内的孔洞所占体积。

凸出墙面的腰线、挑檐、压顶、窗台线、虎头砖、门窗套的体积也不增加。凸出墙面的砖垛并入墙体体积内计算。

(2) 墙长度：外墙按中心线，内墙按净长线计算。

(3) 墙高度。

1) 外墙：斜（坡）屋面无檐口天棚者算至屋面板底；有屋架且室内外均有天棚者算至屋架下弦底另加 200mm；无天棚者算至屋架下弦底另加 300mm，出檐宽度超过 600mm 时按实砌高度计算；有钢筋混凝土楼板隔层者算至板顶；平屋面算至钢筋混凝土板底。

2) 内墙：位于屋架下弦者，算至屋架下弦底；无屋架者算至天棚底另加 100mm；有钢筋混凝土楼板隔层者算至楼板顶；有框架梁时算至梁底。

3) 女儿墙：从屋面板上表面算至女儿墙顶面（如有混凝土压顶时算至压顶下表面）。

4) 内、外山墙：按其平均高度计算。

(4) 框架间墙：不分内外墙按墙体净尺寸以体积计算。

(5) 围墙：高度算至压顶上表面（如有混凝土压顶时算至压顶下表面），围墙柱并入围墙体积内。

工作内容包括砂浆制作、运输；砌砖；刮缝；砖压顶砌筑；材料运输。“实心砖墙”项目适用于各种类型实心砖墙，可分为外墙、内墙、围墙、双面混水墙、双面清水墙、单面清水墙、直形墙、弧形墙以及不同的墙厚，砌筑砂浆分水泥砂浆、混合砂浆以及不同的强度，不同的砖强度等级，加浆勾缝、原浆勾缝等，应在工程量清单项目中一一进行描述。

注意：

(1) 不论三皮砖以下或三皮砖以上的腰线、挑檐突出墙面部分均不计算体积（与基础定额不同）。

(2) 内墙算至楼板隔层板顶（与基础定额不同）。

(3) 女儿墙的砖压顶、围墙的砖压顶突出墙面部分不计算体积，压顶顶面凹进墙面的部分也不扣除（包括一般围墙的抽屉檐、棱角檐、仿瓦砖檐等）。

(4) 墙内砖平旋、砖拱旋、砖过梁的体积不扣除，应包括在报价内。

4. 多孔砖墙（010401004）

多孔砖墙按设计图示尺寸以体积计算（具体计算规则同实心砖墙）。工作内容包括：砂浆制作、运输；砌砖；刮缝；砖压顶砌筑；材料运输。

5. 空心砖墙（010401005）

空心砖墙按设计图示尺寸以体积计算（具体计算规则同实心砖墙）。工作内容包括：砂浆制作、运输；砌砖；刮缝；砖压顶砌筑；材料运输。

6. 空斗墙（010401006）

空斗墙按设计图示尺寸以空斗墙外形体积计算。墙角、内外墙交接处、门窗洞口立边、窗台砖、屋檐处的实砌部分体积并入空斗墙体积内。工作内容包括：砂浆制作、运输；砌砖；装填充料；刮缝；材料运输。

"空斗墙"项目适用于各种砌法的空斗墙。

注意：空斗墙工程量以空斗墙外形体积计算，包括墙角、内外墙交接处、门窗洞口立边、窗台砖、屋檐实砌部分的体积，窗间墙、窗台下、楼板下、梁头下的实砌部分，应另行计算。按零星砌砖项目编码列项。

7. 空花墙（010401007）

空花墙按设计图示尺寸以空花部分的外形体积计算，不扣除空洞部分体积。工作内容包括：砂浆制作、运输；砌砖；装填充料；刮缝；材料运输。

"空花墙"项目适用于各种类型空花墙。

注意：

(1)"空花部分的外形体积计算"应包括空花的外框。

(2) 使用混凝土花格砌筑的空花墙，实砌墙体与混凝土花格应分别计算，混凝土花格按混凝土及钢筋混凝土中预制构件相关项目编码列项。

8. 填充墙（010401008）

填充墙按设计图示尺寸以填充墙外形体积计算。工作内容包括：砂浆制作、运输；砌砖；装填充料；刮缝；材料运输。

9. 实心砖柱（010401009）

实心砖柱按设计图示尺寸以体积计算，扣除混凝土及钢筋混凝土梁垫、梁头、板头所占体积。工作内容包括：砂浆制作、运输；砌砖；刮缝；材料运输。

"实心砖柱"项目适用于各种类型柱、矩形柱、异形柱、圆柱、包柱等。

注意：工程量应扣除混凝土及钢筋混凝土梁垫、梁头、板头所占体积（与基础定额不同）。

10. 多孔砖柱（010401010）

多孔砖柱按设计图示尺寸以体积计算。扣除混凝土及钢筋混凝土梁垫、梁头、板头所占体积。工作内容包括：砂浆制作、运输；砌砖；刮缝；材料运输。

11. 砖检查井（010401011）

砖检查井按设计图示数量计算。工作内容包括：砂浆制作、运输；铺设垫层；底板混凝土制作、运输、浇筑、振捣、养护；砌砖；刮缝；井池底、壁抹灰；抹防潮层；材料运输。

12. 零星砌砖（010401012）

零星砌砖：①按设计图示尺寸截面积乘以长度计算，以 m^3 计量；②按设计图示尺寸水平投影面积计算，以 m^2 计量；③按设计图示尺寸长度计算，以 m 计量。④按设计图示数量计算，以个计量。工作内容包括：砂浆制作、运输；砌砖；刮缝；材料运输。

"零星砌砖"项目适用于台阶、台阶挡墙、梯带、锅台、炉灶、蹲台等。

注意：

(1) 台阶工程量可按水平投影面积计算（不包括梯带或台阶挡墙）。

(2) 小型池槽、锅台、炉灶可按个计算，以长×宽×高顺序标明外形尺寸。

（3）砖砌小便槽等可按长度计算。

13. 砖散水、地坪（010401013）

砖散水、地坪按设计图示尺寸以面积计算。工作内容包括：土方挖、运、填；地基找平、夯实；铺设垫层；砌砖散水、地坪；抹砂浆面层。

14. 砖地沟、明沟（010401013）

砖地沟、明沟按设计图示以中心线长度计算，以m计量。工作内容包括：土方挖、运、填；铺设垫层；底板混凝土制作、运输、浇筑、振捣、养护；砌砖；刮缝、抹灰；材料运输。

15. 砌块墙（010402001）

砌块墙按设计图示尺寸以体积计算。

（1）扣除及不扣除的体积。

扣除门窗、洞口、嵌入墙内的钢筋混凝土柱、梁、圈梁、挑梁、过梁及凹进墙内的壁龛、管槽、暖气槽、消火栓箱所占体积。

不扣除梁头、板头、檩头、垫木、木楞头、沿椽木、木砖、门窗走头、砖墙内加固钢筋、木筋、铁件、钢管及单个面积在0.3m² 以内的孔洞所占体积。

凸出墙面的腰线、挑檐、压顶、窗台线、虎头砖、门窗套的体积也不增加。凸出墙面的砖垛并入墙体体积内计算。

（2）墙长度：外墙按中心线，内墙按净长线计算。

（3）墙高度：

1）外墙：斜（坡）屋面无檐口天棚者算至屋面板底；有屋架且室内外均有天棚者算至屋架下弦底另加200mm；无天棚者算至屋架下弦底另加300mm，出檐宽度超过600mm时按实砌高度计算；与钢筋混凝土楼板隔层者算至板顶；平屋面算至钢筋混凝土板底。

2）内墙：位于屋架下弦者，算至屋架下弦底；无屋架者算至天棚底另加100mm；有钢筋混凝土楼板隔层者算至楼板顶；有框架梁时算至梁底。

3）女儿墙：从屋面板上表面算至女儿墙顶面（如有混凝土压顶时算至压顶下表面）。

4）内、外山墙：按其平均高度计算。

（4）框架间墙：不分内外墙按墙体净尺寸以体积计算。

（5）围墙：高度算至压顶上表面（如有混凝土压顶时算至压顶下表面），围墙柱并入围墙体积内。工作内容包括：砂浆制作、运输；砌砖、砌块；勾缝；材料运输。

“砌块墙”项目适用于各种规格的砌块砌筑的各种类型的墙体。

注意：嵌入砌块墙的实心砖不扣除。

16. 砌块柱（010402002）

砌块柱按设计图示尺寸以体积计算。扣除混凝土及钢筋混凝土梁垫、梁头、板头所占体积。工作内容包括：砂浆制作、运输；砌砖、砌块；勾缝；材料运输。

“砌块柱”项目适用于各种类型柱（矩形柱、方柱、异形柱、圆柱、包柱等）。

注意：

（1）工程量“扣除混凝土及钢筋混凝土梁头、梁垫、板头所占体积”（与基础定额不同)。

(2) 梁头、板头下镶嵌的实心砖体积不扣除。

17. *石基础* (010403001)

石基础按设计图示尺寸以体积计算。

(1) 扣除及不扣除的体积:包括附墙垛基础宽出部分体积。不扣除基础砂浆防潮层和单个面积在 0.3m^2 以内的孔洞所占体积,靠墙暖气沟的挑檐不增加体积。

(2) 石基础长度:外墙按中心线,内墙按净长线计算。

工作内容包括:砂浆制作、运输;吊装;砌石;防潮层铺设;材料运输。"石基础"项目适用于各种规格(粗料石、细料石等)、各种材质(砂石、青石等)和各种类型(柱基、墙基、直形、弧形等)基础。

18. *石勒脚* (010403002)

石勒脚按设计图示尺寸以体积计算。扣除单个面积 0.3m^2 以外的孔洞所占的体积。工作内容包括:砂浆制作、运输;吊装;砌石;石表面加工;勾缝;材料运输。

19. *石墙* (010403003)

石墙按设计图示尺寸以体积计算。

(1) 扣除及不扣除的体积。

扣除门窗、洞口、嵌入墙内的钢筋混凝土柱、梁、圈梁、挑梁、过梁及凹进墙内的壁龛、管槽、暖气槽、消火栓箱所占体积。

不扣除梁头、板头、檩头、垫木、木楞头、沿椽木、木砖、门窗走头、砖墙内加固钢筋、木筋、铁件、钢管及单个面积 0.3m^2 以内的孔洞所占体积。

凸出墙面的腰线、挑檐、压顶、窗台线、虎头砖、门窗套的体积也不增加。凸出墙面的砖垛并入墙体体积内计算。

(2) 墙长度:外墙按中心线,内墙按净长线计算。

(3) 墙高度:

1) 外墙:斜(坡)屋面无檐口天棚者算至屋面板底;有屋架且室内外均有天棚者算至屋架下弦底另加 200mm;无天棚者算至屋架下弦底另加 300mm,出檐宽度超过 600mm 时按实砌高度计算;有钢筋混凝土楼板隔层者算至板顶;平屋面算至钢筋混凝土板底。

2) 内墙:位于屋架下弦者,算至屋架下弦底;无屋架者算至天棚底另加 100mm;有钢筋混凝土楼板隔层者算至楼板顶;有框架梁时算至梁底。

3) 女儿墙:从屋面板上表面算至女儿墙顶面(如有混凝土压顶时算至压顶下表面)。

4) 内、外山墙:按其平均高度计算。

(4) 围墙:高度算至压顶上表面(如有混凝土压顶时算至压顶下表面),围墙柱、砖压顶并入围墙体积内。

工作内容包括:砂浆制作、运输;吊装;砌石;石表面加工;勾缝;材料运输。

"石勒脚"、"石墙"项目适用于各种规格(粗料石、细料石等)、各种材质(砂石、青石、大理石、花岗石等)和各种类型(直形、弧形等)勒脚和墙体。

注意:

(1) 石料天、地座打平、拼缝打平、打扁口等工序包括在报价内。

（2）石表面加工分为打钻路、钉麻石、剁斧、扁光等。

20. *石挡土墙*（010403004）

石挡土墙按设计图示尺寸以体积计算。工作内容包括：砂浆制作、运输；吊装；砌石；变形缝、泄水孔、压顶抹灰；滤水层；勾缝；材料运输。

“石挡土墙”项目适用于各种规格（粗料石、细料石、块石、毛石、卵石等）、各种材质（砂石、青石、石灰石等）和各种类型（直形、弧形、台阶形等）的挡土墙。

注意：

（1）变形缝、泄水孔、压顶抹灰等应包括在项目内。

（2）挡土墙若有滤水层要求的应包括在报价内。

（3）包括搭、拆简易起重架。

21. *石柱*（010403005）

石柱按设计图示尺寸以体积计算。工作内容包括：砂浆制作、运输；吊装；砌石；变形缝、泄水孔、压顶抹灰；滤水层；勾缝；材料运输。

“石柱”项目适用于各种规格、各种石质、各种类型的石柱。

注意：工程量应扣除混凝土梁头、板头和梁垫所占体积。

22. *石栏杆*（010403006）

石栏杆按设计图示长度以长度计算。工作内容包括：砂浆制作、运输；吊装；砌石；石表面加工；勾缝；材料运输。“石栏杆”项目适用于无雕饰的一般石栏杆。

23. *石护坡*（010403007）

石护坡按设计图示尺寸以体积计算。工作内容包括：砂浆制作、运输；吊装；砌石；石表面加工；勾缝；材料运输。“石护坡”项目适用于各种石质和各种石料（粗料石、细料石、片石、毛石、块石、卵石等）。

24. *石台阶*（010403008）

石台阶按设计图示尺寸以体积计算。工作内容包括：铺设垫层；石料加工；砂浆制作、运输；砌石；石表面加工；勾缝；材料运输。“石台阶”项目包括石梯带（垂带），不包括石梯膀，石梯膀按《房屋计量规范》（GB 50854—2013）附录C石挡土墙项目编码列项。

石梯带是指在石梯的两侧（或一侧）、与石梯斜度完全一致的石梯封头的条石。石梯的两侧面，形成的两直角三角形称石梯膀（古建筑中称“象眼”）。石梯膀的工程量计算以石梯带下边线为斜边，与地平相交的直线为一直角边，石梯与平台相交的垂线为另一直角边，形成一个三角形，三角形面积乘以砌石的宽度即为石梯膀的工程量。

25. *石坡道*（010403009）

石坡道按设计图示尺寸以水平投影面积计算。工作内容包括：铺设垫层；石料加工；砂浆制作、运输；砌石；石表面加工；勾缝；材料运输。

26. *石地沟、石明沟*（010403010）

石地沟、石明沟按设计图示以中心线长度计算。工作内容包括：土方挖、运；砂浆制作、运输；铺设垫层；砌石；石表面加工；勾缝；回填；材料运输。

27. 垫层（010404001）

垫层按设计图示尺寸以体积计算，以 m^3 计量。工作内容包括：垫层材料的拌制、垫层铺设、材料运输。

注意：除混凝土垫层应按附录E（混凝土及钢筋混凝土工程）中相关项目编码列项外，没有包括垫层要求的清单项目应按本垫层项目编码列项。

砌筑工程工程量清单编制时应注意以下共性问题：

(1) 基础与墙（柱）身使用同一种材料时，以设计室内地面为界（有地下室者，以地下室室内设计地面为界），以下为基础，以上为墙（柱）身。基础与墙身使用不同材料时，位于设计室内地面高度小于或等于±300mm时，以不同材料为分界线；高度大于±300mm时，以设计室内地面为分界线。砖围墙以设计室外地坪为界，以下为基础，以上为墙身。

(2) 框架外表面的镶贴砖部分，按零星项目编码列项。

(3) 附墙烟囱、通风道、垃圾道，应按设计图示尺寸以体积（扣除孔洞所占体积）计算，并入所依附的墙体体积内。当设计规定孔洞内需抹灰时，应按附录M（墙、柱面装饰与隔断、幕墙工程）中零星抹灰项目编码列项。

(4) 石基础、石勒脚、石墙身的划分：基础与勒脚应以设计室外地坪为界，勒脚与墙身应以设计室内地面为界。石围墙内外地坪标高不同时，应以较低地坪标高为界，以下为基础；内外标高之差为挡土墙时，挡土墙以上为墙身。

(5) 砌体内加筋的制作、安装，应按混凝土及钢筋混凝土的钢筋相关项目编码列项。

（六）混凝土及钢筋混凝土工程工程量计算规范

附录E混凝土及钢筋混凝土工程共16节76个项目，包括现浇混凝土基础、现浇混凝土柱、现浇混凝土梁、现浇混凝土墙、现浇混凝土板、现浇混凝土楼梯、现浇混凝土其他构件、后浇带、预制混凝土柱、预制混凝土梁、预制混凝土屋架、预制混凝土板、预制混凝土楼梯、其他预制构件、钢筋工程、螺栓、铁件等。“混凝土及钢筋混凝土工程”项目适用于建筑物的混凝土工程。

1. 现浇混凝土基础（010501）

现浇混凝土基础按设计图示尺寸以体积计算。不扣除伸入承台基础的桩头所占体积。

现浇混凝土基础包括垫层（010501001）、带形基础（010501002）、独立基础（010501003）、满堂基础（010501004）、桩承台基础（010501005）、设备基础（010501006）。工作内容包括：模板及支撑制作、安装、拆除、堆放、运输及清理模内杂物、刷隔离剂等；混凝土制作、运输、浇筑、振捣、养护。

“带形基础”项目适用于各种带形基础，墙下的板式基础包括浇筑在一字排桩上面的带形基础。

注意：工程量不扣除浇入带形基础体积内的桩头所占体积。

“独立基础”项目适用于块体柱基、杯基、柱下的板式基础、无筋倒圆台基础、壳体基础、电梯井基础等。

“满堂基础”项目适用于地下室的箱式、筏式基础等。

“桩承台基础”项目适用于浇筑在组桩（如梅花桩）上的承台。

注意：工程量不扣除浇入承台体积内的桩头所占体积。

“设备基础”项目适用于设备的块体基础、框架基础等。

注意：螺栓孔灌浆包括在报价内。

2. 现浇混凝土柱（010502）

现浇混凝土柱按设计图示尺寸以体积计算。

柱高：

（1）有梁板的柱高，应自柱基上表面（或楼板上表面）至上一层楼板上表面之间的高度计算。

（2）无梁板的柱高，应自柱基上表面（或楼板上表面）至柱帽下表面之间的高度计算。

（3）框架柱的柱高，应自柱基上表面至柱顶高度计算。

（4）构造柱按全高计算，嵌接墙体部分并入柱身体积。

（5）依附柱上的牛腿和升板的柱帽，并入柱身体积计算。

现浇混凝土柱包括矩形柱（010502001）、构造柱（010502002）、异形柱（010502003）项目。工作内容包括：模板及支架（撑）制作、安装、拆除、堆放、运输及清理模内杂物、刷隔离剂等；混凝土制作、运输、浇筑、振捣、养护。

注意：单独的薄壁柱以异形柱编码列项。柱帽的工程量计算在无梁板体积内。混凝土柱上的钢牛腿按附录F（钢构件）零星钢构件编码列项。

3. 现浇混凝土梁（010503）

现浇混凝土梁按设计图示尺寸以体积计算。伸入墙内的梁头、梁垫并入梁体积内。

梁长：

（1）梁与柱连接时，梁长算至柱侧面。

（2）主梁与次梁连接时，次梁长算至主梁侧面。

各种梁项目的工程量主梁与次梁连接时，次梁长算至主梁侧面。简言之，截面小的梁长度计算至截面大的梁侧面。

现浇混凝土梁包括基础梁（010503001）、矩形梁（010503002）、异形梁（010503003）、圈梁（010503004）、过梁（010503005）、弧形、拱形梁（010503006）。工作内容包括：模板及支架（撑）制作、安装、拆除、堆放、运输及清理模内杂物、刷隔离剂等；混凝土制作、运输、浇筑、振捣、养护。

4. 现浇混凝土墙（010504）

现浇混凝土墙按设计图示尺寸以体积计算。扣除门窗洞口及单个面积大于0.3m^2的孔洞所占体积，墙垛及突出墙面部分并入墙体体积内。

现浇混凝土墙包括直形墙（010504001）、弧形墙（010504002）、短肢剪力墙（010504003）、挡土墙（010504004）。工作内容包括：模板及支架（撑）制作、安装、拆除、堆放、运输及清理模内杂物、刷隔离剂等；混凝土制作、运输、浇筑、振捣、养护。

“直形墙”、“弧形墙”项目也适用于电梯井。

注意：与墙相连接的薄壁柱按墙项目编码列项。

5. 现浇混凝土板（010505）

（1）有梁板（010505001）、无梁板（010505002）、平板（010505003）、拱板（010505004）、薄壳板（010505005）、栏板（010505006）：按设计图示尺寸以体积计算。不扣除单个面积 $0.3m^2$ 以内的柱、垛以及孔洞所占体积。压形钢板混凝土楼板扣除构件内压形钢板所占体积。有梁板（包括主、次梁与板）按梁、板体积之和计算，无梁板按板与柱帽体积之和计算，各类板伸入墙内的板头并入板体积内计算，薄壳板的肋、基梁并入薄壳板体积内计算。工作内容包括：模板及支架（撑）制作、安装、拆除、堆放、运输及清理模内杂物、刷隔离剂等；混凝土制作、运输、浇筑、振捣、养护。

（2）天沟（檐沟）、挑檐板（010505007）：按设计图示尺寸以体积计算。工作内容包括：模板及支架（撑）制作、安装、拆除、堆放、运输及清理模内杂物、刷隔离剂等；混凝土制作、运输、浇筑、振捣、养护。

（3）雨篷、悬挑板、阳台板（010505008）：按设计图示尺寸以墙外部分体积计算。包括伸出墙外的牛腿和雨篷反挑檐的体积。工作内容包括：模板及支架（撑）制作、安装、拆除、堆放、运输及清理模内杂物、刷隔离剂等；混凝土制作、运输、浇筑、振捣、养护。

（4）空心板（010505009）：按设计图示尺寸以体积计算。空心板（GBF 高强薄壁蜂巢芯板等）应扣除空心部分体积。工作内容包括：模板及支架（撑）制作、安装、拆除、堆放、运输及清理模内杂物、刷隔离剂等；混凝土制作、运输、浇筑、振捣、养护。

（5）其他板（010505010）：按设计图示尺寸以体积计算。工作内容包括：模板及支架（撑）制作、安装、拆除、堆放、运输及清理模内杂物、刷隔离剂等；混凝土制作、运输、浇筑、振捣、养护。

注意：

（1）现浇挑檐、天沟板、雨篷、阳台与板（包括屋面板、楼板）连接时，以外墙外边线为分界线；与圈梁（包括其他梁）连接时，以梁外边线为分界线。外边线以外为挑檐、天沟、雨篷或阳台。

（2）混凝土板采用浇入复合高强薄型空心管时，其工程量应扣除管所占体积，复合高强薄型空心管应包括在报价内。采用轻质材料浇筑在有梁板内，轻质材料应包括在报价内。

6. 现浇混凝土楼梯（010506）

现浇混凝土楼梯：①按设计图示尺寸以水平投影面积计算，以 m^2 计量，不扣除宽度不大于 500mm 的楼梯井，伸入墙内部分不计算；②按设计图示尺寸以体积计算，以 m^3 计量。

现浇混凝楼梯包括直形楼梯（010506001）、拱形楼梯（010506002）。工作内容包括：模板及支架（撑）制作、安装、拆除、堆放、运输及清理模内杂物、刷隔离剂等；混凝土制作、运输、浇筑、振捣、养护。

单跑楼梯的工程量计算与直形楼梯、弧形楼梯的工程量计算相同，单跑楼梯如无中间休息平台时，应在工程量清单中进行描述。

7. 现浇混凝土其他构件（010507）

（1）散水、坡道（010507001）、室外地坪（010507002）：按设计图示尺寸以水平投影面积计算。不扣除单个面积 0.3m^2 以内的孔洞所占面积。工作内容包括：地基夯实；铺设垫层；模板及支撑制作、安装、拆除、堆放、运输及清理模内杂物、刷隔离剂等；混凝土制作、运输、浇筑、振捣、养护；变形缝填塞。

（2）电缆沟、地沟（010507003）：按设计图示尺寸以中心线长度计算。工作内容包括：挖填、运土石方；铺设垫层；模板及支撑制作、安装、拆除、堆放、运输及清理模内杂物、刷隔离剂等；混凝土制作、运输、浇筑、振捣、养护；刷防护材料。

（3）台阶（010507004）：①按设计图示尺寸以水平投影面积计算，以 m^2 计量；②按设计图示尺寸以体积计算，以 m^3 计量。工作内容包括：模板及支撑制作、安装、拆除、堆放、运输及清理模内杂物、刷隔离剂等；混凝土制作、运输、浇筑、振捣、养护。

（4）扶手、压顶（010507005）：①按设计图示的中心线延长米计算，以 m 计量；②按设计图示尺寸以体积计算，以 m^3 计量。工作内容包括：模板及支架（撑）制作、安装、拆除、堆放、运输及清理模内杂物、刷隔离剂等；混凝土制作、运输、浇筑、振捣、养护。

（5）化粪池、检查井（010507006）、其他构件（010507007）：①按设计图示尺寸以体积计算；②按设计图示数量计算，以座计量。工作内容包括：模板及支架（撑）制作、安装、拆除、堆放、运输及清理模内杂物、刷隔离剂等；混凝土制作、运输、浇筑、振捣、养护。

“电缆沟、地沟”、“散水、坡道”需抹灰时，应包括在报价内。

8. 后浇带（010508001）

后浇带按设计图示尺寸以体积计算。工作内容包括：模板及支架（撑）制作、安装、拆除、堆放、运输及清理模内杂物、刷隔离剂等；混凝土制作、运输、浇筑、振捣、养护及混凝土交接面、钢筋等的清理。

9. 预制混凝土柱（010509）

预制混凝土柱：①按设计图示尺寸以体积计算，以 m^3 计量；②按设计图示尺寸以数量计算，以根计量。

预制混凝土柱包括矩形柱（010509001）、异形柱（010509002）。工作内容包括：模板制作、安装、拆除、堆放、运输及清理模内杂物、刷隔离剂等；混凝土制作、运输、浇筑、振捣、养护；构件运输、安装；砂浆制作、运输；接头灌缝、养护。

10. 预制混凝土梁（010510）

预制混凝土梁：①按设计图示尺寸以体积计算，以 m^3 计量；②按设计图示尺寸以数量计算，以根计量。

预制混凝土梁项目有矩形梁（010510001）、异形梁（010510002）、过梁（010510003）、拱形梁（010510004）、鱼腹式吊车梁（010510005）、其他梁（010510006）。工作内容包括：模板制作、安装、拆除、堆放、运输及清理模内杂物、刷隔离剂等；混凝土制作、运输、浇筑、振捣、养护；构件运输、安装；砂浆制作、运输；接头灌缝、养护。

11. 预制混凝土屋架（010511）

预制混凝土屋架：①按设计图示尺寸以体积计算，以 m^3 计量；②按设计图示尺寸以数量计算，以榀计量。以榀计量，必须描述单件体积。

预制混凝土屋架项目有折线型（010511001）、组合（010511002）、薄腹（010511003）、门式刚架（010511004）、天窗架（010511005）。工作内容包括：模板制作、安装、拆除、堆放、运输及清理模内杂物、刷隔离剂等；混凝土制作、运输、浇筑、振捣、养护；构件运输、安装；砂浆制作、运输；接头灌缝、养护。

12. 预制混凝土板（010512）

（1）平板（010512001）、空心板（010512002）、槽形板（010512003）、网架板（010512004）、折线板（010512005）、带肋板（010512006）、大型板（010512007）：①按设计图示尺寸以体积计算，以 m^3 计量。不扣除单个面积小于或等于 300mm×300mm 的孔洞所占体积，扣除空心板空洞体积。②按设计图示尺寸以数量计算，以块计量。工作内容包括：模板制作、安装、拆除、堆放、运输及清理模内杂物、刷隔离剂等；混凝土制作、运输、浇筑、振捣、养护；构件运输、安装；砂浆制作、运输；接头灌缝、养护。

（2）沟盖板、井盖板、井圈（010512008）：①按设计图示尺寸以体积计算，以 m^3 计量；②按设计图示尺寸以数量计算，以块计量。工作内容包括：模板制作、安装、拆除、堆放、运输及清理模内杂物、刷隔离剂等；混凝土制作、运输、浇筑、振捣、养护；构件运输、安装；砂浆制作、运输；接头灌缝、养护。

13. 预制混凝土楼梯（010513）

楼梯（010513001）：①按设计图示尺寸以体积计算，以 m^3 计量，扣除空心踏步板空洞体积；②按设计图示数量计算，以块计量。工作内容包括：模板制作、安装、拆除、堆放、运输及清理模内杂物、刷隔离剂等；混凝土制作、运输、浇筑、振捣、养护；构件运输、安装；砂浆制作、运输；接头灌缝、养护。

14. 其他预制构件（010514）

通风道、垃圾道、烟道（010514001）、其他构件（010514002）：①按设计图示尺寸以体积计算，以 m^3 计量。不扣除单个面积小于或等于 300mm×300mm 的孔洞所占体积，扣除烟道、垃圾道、通风道的孔洞所占体积。②按设计图示尺寸以面积计算，以 m^2 计量，不扣除单个面积小于或等于 300mm×300mm 的孔洞所占面积。③按设计图示尺寸以数量计算，以根计量。工作内容包括：模板制作、安装、拆除、堆放、运输及清理模内杂物、刷隔离剂等；混凝土制作、运输、浇筑、振捣、养护；构件运输、安装；砂浆制作、运输；接头灌缝、养护。

15. 钢筋工程（010515）

钢筋工程包括现浇构件钢筋、预制构件钢筋、钢筋网片、钢筋笼、先张法预应力钢筋、后张法预应力钢筋、预应力钢丝、预应力钢绞线、支撑钢筋（铁马）、声测管十个项目。

（1）现浇构件钢筋（010515001）、预制构件钢筋（010515002）：按设计图示钢筋（网）长度（面积）乘以单位理论质量计算。工作内容包括：钢筋制作、运输；钢筋安装；焊接（绑扎）。

(2) 钢筋网片 (010515003)：按设计图示钢筋（网）长度（面积）乘以单位理论质量计算。工作内容包括：钢筋网制作、运输；钢筋网安装；焊接（绑扎）。

(3) 钢筋笼 (010515004)：按设计图示钢筋（网）长度（面积）乘以单位理论质量计算。工作内容包括：钢筋笼制作、运输；钢筋笼安装；焊接（绑扎）。

(4) 先张法预应力钢筋 (010515005)：按设计图示钢筋长度乘以单位理论质量计算。工作内容包括：钢筋制作、运输，钢筋张拉。

(5) 后张法预应力钢筋 (010515006)、预应力钢丝 (010515007)、预应力钢绞线 (010515008)。

1) 按设计图示钢筋（丝束、绞线）长度乘以单位理论质量计算。

2) 低合金钢筋两端均采用螺杆锚具时，钢筋长度按孔道长度减 0.35m 计算，螺杆另行计算。

3) 低合金钢筋一端采用镦头插片、另一端采用螺杆锚具时，钢筋长度按孔道长度计算，螺杆另行计算。

4) 低合金钢筋一端采用镦头插片、另一端采用帮条锚具时，钢筋长度按孔道长度增加 0.15m 计算；两端均采用帮条锚具时，钢筋长度按孔道长度增加 0.3m 计算。

5) 低合金钢筋采用后张混凝土自锚时，钢筋长度按孔道长度增加 0.35m 计算。

6) 低合金钢筋（钢绞线）采用 JM、XM、QM 型锚具时，孔道长度在 20m 以内时，钢筋长度按孔道长度增加 1m 计算；孔道长度在 20m 以外时，钢筋（钢绞线）长度按孔道长度增加 1.8m 计算。

7) 碳素钢丝采用锥型锚具时，孔道长度在 20m 以内时，钢丝束长度按孔道长度增加 1m 计算；孔道长度在 20m 以上时，钢丝束长度按孔道长度增加 1.8m 计算。

8) 碳素钢丝束采用镦头锚具时，钢丝束长度按孔道长度增加 0.35m 计算。

工作内容包括：钢筋、钢丝、钢绞线制作、运输；钢筋、钢丝、钢绞线安装；预埋管孔道铺设；锚具安装；砂浆制作、运输；孔道压浆、养护。

(6) 支撑钢筋（铁马）(010515009)：按钢筋长度乘以单位理论质量计算。工作内容包括：钢筋制作、焊接、安装。

(7) 声测管 (010515010)：按设计图示尺寸以质量计算。工作内容包括：检测管截断、封头；套管制作、焊接；定位、固定。

注意：

1) 现浇构件中伸出构件的锚固钢筋应并入钢筋工程量内。除设计（包括规范规定）标明的搭接外，其他施工搭接不计算工程量，在综合单价中综合考虑。

2) 现浇构件中固定位置的支撑钢筋、双层钢筋用的“铁马”在编制工程量清单时，如果设计未明确，其工程数量可为暂估量，结算时按现场签证数量计算。

16. 螺栓、铁件 (010516)

(1) 螺栓 (010516001)、铁件 (010516002)：按设计图示尺寸以质量计算。工作内容包括：螺栓、铁件制作、运输；螺栓、铁件安装。

(2) 机械连接 (010516003)：按数量计算。工作内容包括：钢筋套丝、套筒连接。

混凝土及钢筋混凝土工程工程量清单编制时应注意以下共性问题：

(1) 混凝土的供应方式（现场搅拌混凝土、商品混凝土）以合同条件确定。

(2) 购入的商品构配件以商品价计入报价。

(3) 预制构件的吊装机械（如履带式起重机、轮胎式起重机、汽车式起重机、塔式起重机等）不包括在项目内，应列入措施项目费。

(4) 滑模的提升设备（如千斤顶、液压操作台等）应列在模板及支撑费内。

(5) 钢网架在地面组装后的整体提升、倒锥客水箱在地面就位预制后的提升设备（如液压千斤顶及操作台等）应列在垂直运输费内。

(七) 金属结构工程工程量计算规范

附录F金属结构工程共7节31个项目，包括钢网架、钢屋架、钢托架、钢桁架、钢架桥、钢柱、钢梁、钢板楼板、墙板、钢构件、金属制品，适用于建筑物的钢结构工程。

1. 钢网架（010601001）

钢网架按设计图示尺寸以质量计算。不扣除孔眼的质量，焊条、铆钉等不另增加质量。工作内容包括：拼装、安装、探伤、补刷油漆。

“钢网架”项目适用于一般钢网架和不锈钢网架。无论节点形式（球形节点、板式节点等）和节点连接方式（焊结、丝结）等均使用该项目。

2. 钢屋架（010602001）

钢屋架：①按设计图示数量计算，以榀计量；②按设计图示尺寸以质量计算，以t计量。不扣除孔眼的质量，焊条、铆钉、螺栓等不另增加质量。工作内容包括：拼装；安装；探伤；补刷油漆。

“钢屋架”项目适用于一般钢屋架和轻钢屋架、冷弯薄壁型钢屋架。

3. 钢托架（010602002）、钢桁架（010602003）、钢架桥（010602004）

钢托架、钢桁架、钢架桥按设计图示尺寸以质量计算。不扣除孔眼的质量，焊条、铆钉、螺栓等不另增加质量。工作内容包括：拼装、安装、探伤、补刷油漆。

4. 实腹钢柱（010603001）、空腹钢柱（010603002）

实腹钢柱、空腹钢柱按设计图示尺寸以质量计算。不扣除孔眼的质量，焊条、铆钉、螺栓等不另增加质量，依附在钢柱上的牛腿及悬臂梁等并入钢柱工程量内。工作内容包括：拼装、安装、探伤、补刷油漆。

“实腹钢柱”项目适用于实腹钢柱和实腹式型钢混凝土柱。“空腹钢柱”项目适用于空腹钢柱和空腹型钢混凝土柱。

5. 钢管柱（010603003）

钢管柱按设计图示尺寸以质量计算。不扣除孔眼的质量，焊条、铆钉、螺栓等不另增加质量，钢管柱上的节点板、加强环、内衬管、牛腿等并入钢管柱工程量内。工作内容包括：拼装、安装、探伤、补刷油漆。

“钢管柱”项目适用于钢管柱和钢管混凝土柱。

注意：钢管混凝土柱的盖板、底板、穿心板、横隔板、加强环、明牛腿、暗牛腿，应包括在报价内。

6. 钢梁（010604001）、钢吊车梁（010604002）

钢梁、钢吊车梁按设计图示尺寸以质量计算。不扣除孔眼的质量，焊条、铆钉、螺栓等不另增加质量，制动梁、制动板、制动桁架、车挡并入钢吊车梁工程量内。工作内容包括：拼装、安装、探伤、补刷油漆。

“钢梁”项目适用于钢梁和实腹式型钢混凝土梁、空腹式型钢混凝土梁。“钢吊车梁”项目适用于钢吊车梁及吊车梁的制动梁、制动板、制动桁架，车挡应包括在报价内。

7. 钢板楼板（010605001）

钢板楼板按设计图示尺寸以铺设水平投影面积计算，以 m^2 计量，不扣除单个面积小于或等于 0.3m^2 柱、垛及孔洞所占面积。工作内容包括：拼装、安装、探伤、补刷油漆。

“钢板楼板”项目适用于现浇混凝土楼板，使用压型钢板作永久性模板，并与混凝土叠合后组成共同受力的构件。压型钢板采用镀锌或经防腐处理的薄钢板。

8. 钢板墙板（010605002）

钢板墙板按设计图示尺寸以铺挂展开面积计算，以 m^2 计量，不扣除单个面积小于或等于 0.3m^2 的梁、孔洞所占面积，包角、包边、窗台泛水等不另加面积。工作内容包括：拼装、安装、探伤、补刷油漆。

9. 钢支撑、钢拉条（010606001），钢檩条（010606002），钢天窗架（010606003），钢挡风架（010606004），钢墙架（010606005），钢平台（010606006），钢走道（010606007），钢梯（010606008），钢护栏（010606009）

钢支撑、钢拉条，钢檩条，钢天窗架，钢挡风架，钢墙架，钢平台，钢走道，钢梯，钢护栏按设计图示尺寸以质量计算，以 t 计量，不扣除孔眼的质量，焊条、铆钉、螺栓等不另增加质量。工作内容包括：拼装、安装、探伤、补刷油漆。

“钢护栏”适用于工业厂房平台钢栏杆。

10. 钢漏斗（010606010）、钢板天沟（010606011）

钢漏斗、钢板天沟按设计图示尺寸以质量计算，以 t 计量。不扣除孔眼的质量，焊条、铆钉、螺栓等不另增加质量，依附漏斗或天沟的型钢并入漏斗或天沟工程量内。工作内容包括：拼装、安装、探伤、补刷油漆。

11. 钢支架（010606012）、零星钢构件（010606013）

钢支架、零星钢构件按设计图示尺寸以质量计算，以 t 计量，不扣除孔眼的质量，焊条、铆钉、螺栓等不另增加质量。工作内容包括：拼装、安装、探伤、补刷油漆。

12. 成品空调金属百页护栏（010607001）

成品空调金属百页护栏按设计图示尺寸以框外围展开面积计算，以 m^2 计量。工作内容包括：安装、校正、预埋铁件及安螺栓。

13. 成品栅栏（010607002）

成品栅栏按设计图示尺寸以框外围展开面积计算，以 m^2 计量。工作内容包括：安装、校正、预埋铁件、安螺栓及金属立柱。

14. 成品雨篷（010607003）

成品雨篷：①按设计图示接触边计算，以 m 计量；②按设计图示尺寸以展开面积计算，以 m^2 计量。工作内容包括：安装、校正、预埋铁件及安螺栓。

15. 金属网栏（010607004）

金属网栏按设计图示尺寸以框外围展开面积计算，以 m^2 计量。工作内容包括：安装、校正、安螺栓及金属立柱。

16. *砌块墙钢丝网加固（010607005）、后浇带金属网（010607006）*

砌块墙钢丝网加固、后浇带金属网按设计图示尺寸以面积计算，以 m^2 计量。工作内容包括：铺贴、铆固。

金属结构工程工程量清单编制时应注意以下共性问题：

（1）钢构件的除锈刷漆包括在报价内。

（2）钢构件的拼装台的搭拆和材料摊销应列入措施项目费。

（3）钢构件需探伤（包括射线探伤、超声波探伤、磁粉探伤、金相探伤、着色探伤、荧光探伤等）应包括在报价内。

（八）木结构工程工程量计算规范

附录 G 木结构工程共 3 节 8 个项目，包括木屋架、木构件、屋面木基层，适用于建筑物的木结构工程。

1. *木屋架（010701）*

（1）木屋架（010701001）：①按设计图示数量计算，以榀计量；②按设计图示的规格尺寸以体积计算，以 m^3 计量。工作内容包括：制作、运输、安装、刷防护材料。

“木屋架”项目适用于各种方木、圆木屋架。

注意：与屋架相连接的挑檐木应包括在木屋架报价内；钢夹板构件、连接螺栓应包括在报价内。

（2）钢木屋架（010701002）：按设计图示数量计算，以榀计量。工作内容包括：制作、运输、安装、刷防护材料。

“钢木屋架”项目适用于各种方木、圆木的钢木组合屋架。

注意：钢拉杆（下弦拉杆）、受拉腹杆、钢夹板、连接螺栓应包括在报价内。

2. *木构件（010702）*

（1）木柱（010702001）、木梁（010702002）：按设计图示尺寸以体积计算。工作内容包括：制作、运输、安装、刷防护材料。“木柱”“木梁”项目适用于建筑物各部位的柱、梁。

注意：接地、嵌入墙内部分的防腐应包括在报价内。

（2）木檩（010702003）：①按设计图示尺寸以体积计算，以 m^3 计量；②按设计图示尺寸以长度计算，以 m 计量。工作内容包括：制作、运输、安装、刷防护材料。

（3）木楼梯（010702004）：按设计图示尺寸以水平投影面积计算。不扣除宽度小于或等于 300mm 的楼梯井，伸入墙内部分不计算。工作内容包括：制作、运输、安装、刷防护材料。

“木楼梯”项目适用于楼梯和爬梯。

注意：楼梯的防滑条应包括在报价内。楼梯栏杆（栏板）、扶手，应按《房屋计量规范》（GB 50854—2013）附录 Q 中的相关项目编码列项。

（4）其他木构件（010702005）：①按设计图示尺寸以体积计算，以 m^3 计量；②按设计图示尺寸以长度计算，以 m 计量。工作内容包括：制作、运输、安装、刷防护材料。

“其他木构件”项目适用于斜撑，传统民居的垂花、花芽子、封檐板、博风板等构件。

注意：封檐板、博风板工程量按延长米计算。博风板带大刀头时，每个大刀头增加长度 50cm。

3. *屋面木基层*（010703001）

屋面木基层按设计图示尺寸以斜面积计算。不扣除房上烟囱、风帽底座、风道、小气窗、斜沟等所占面积。小气窗的出檐部分不增加面积。工作内容包括：椽子制作、安装；望板制作、安装；顺水条和挂瓦条制作、安装；刷防护材料。

木结构工程工程量清单编制时应注意以下共性问题：

（1）原木构件设计规定梢径时，应按原木材积计算表计算体积。

（2）设计规定使用干燥木材时，干燥损耗及干燥费应包括在报价内。

（3）木材的出材率应包括在报价内。

（4）木结构有防虫要求时，防虫药剂应包括在报价内。

（九）门窗工程工程量计算规范

附录 H 门窗工程共 10 节 55 个项目，包括木门、金属门、金属卷帘（闸）门、厂库房大门、特种门、其他门、木窗、金属窗、门窗套、窗台板、窗帘、窗帘盒、轨，适用于门窗工程。

1. 木门（010801）

（1）木质门（010801001）、木质门带套（010801002）、木质连窗门（010801003）、木质防火门（010801004）：①按设计图示数量计算，以樘计量；②按设计图示洞口尺寸以面积计算，以 m^2 计量。工作内容包括：门安装、玻璃安装、五金安装。

木质门应区分镶板木门、企口木板门、实木装饰门、胶合板门、夹板装饰门、木纱门、全玻门（带木质扇框）、木质半玻门（带木质扇框）等项目，分别编码列项。

木门五金应包括：折页、插销、风钩、弓背拉手、搭扣、木螺丝、弹簧折页（自动门）、管子拉手（自由门、地弹门）、地弹簧（地弹门）、角铁、门扎头（地弹门、自由门）等。

（2）木门框（010801005）：①按设计图示数量计算，以樘计量；②按设计图示框的中心线以延长米计算，以 m 计量。工作内容包括：木门框制作、安装；运输；刷防护材料。

（3）门锁安装（010801006）：按设计图示数量（个/套）。工作内容包括：安装。

2. 金属门（010802）

金属门：①按设计图示数量计算，以樘计量；②按设计图示洞口尺寸以面积计算，以 m^2 计量。

（1）金属（塑钢）门（010802001）、彩板门（010802002）、钢质防火门（010802003），工作内容包括：门安装、五金安装、玻璃安装。

（2）防盗门（010802004），工作内容包括：门安装；五金安装。

金属门应区分金属平开门、金属推拉门、金属地弹门、全玻门（带金属扇框）、金属半玻门（带扇框）等项目，分别编码列项。

铝合金门五金应包括：地弹簧，门锁、拉手、门插、门铰、螺丝等。

3. 金属卷帘（闸）门（010803）

金属卷帘（闸）门：①按设计图示数量计算，以樘计量；②按设计图示洞口尺寸以面积计算，以 m^2 计量。

金属卷帘（闸）门（010803001）、防火卷帘（闸）门（010803002），工作内容包括：门运输、安装；启动装置、活动小门、五金安装。

4. 厂库房大门、特种门（010804）

（1）木板大门（010804001）、钢木大门（010804002）、全钢板大门（010804003）：①按设计图示数量计算，以樘计量；②按设计图示洞口尺寸以面积计算，以 m^2 计量。工作内容包括：门（骨架）制作、运输；门、五金配件安装；刷防护材料。

（2）防护铁丝门（010804004）：①按设计图示数量计算，以樘计量；②按设计图示门框或扇以面积计算，以 m^2 计量。工作内容包括：门（骨架）制作、运输；门、五金配件安装；刷防护材料。

（3）金属格栅门（010804005）：①按设计图示数量计算，以樘计量；②按设计图示洞口尺寸以面积计算，以 m^2 计量。工作内容包括：门安装；启动装置、五金配件安装。

（4）钢质花饰大门（010804006）：①按设计图示数量计算，以樘计量；②按设计图示门框或扇以面积计算，以 m^2 计量。工作内容包括：门安装；五金配件安装。

（5）特种门（010804007）：①按设计图示数量计算，以樘计量；②按设计图示洞口尺寸以面积计算，以 m^2 计量。工作内容包括：门安装、五金配件安装。

5. 其他门（010805）

其他门：①按设计图示数量计算，以樘计量；②按设计图示洞口尺寸以面积计算，以 m^2 计量。

（1）电子感应门（010805001）、旋转门（010805002）、电子对讲门（010805003）、电动伸缩门（010805004），工作内容包括：门安装；启动装置、五金、电子配件安装。

（2）全玻自由门（010805005）、镜面不锈钢饰面门（010805006）、复合材料门（010805007），工作内容包括：门安装；五金安装。

其他门五金应包括：L 形执手插锁（双舌）、球形执手锁（单舌）、门扎头、地锁、防盗门扣、门眼（猫眼）、门碰珠、电子销（磁卡销）、闭门器、装饰拉手等。

6. 木窗（010806）

（1）木质窗（010806001）：①按设计图示数量计算，以樘计量；②按设计图示洞口尺寸以面积计算，以 m^2 计量。工作内容包括：窗安装；五金、玻璃安装。

（2）木飘（凸）窗（010806002）：①按设计图示数量计算，以樘计量；②按设计图示尺寸以框外围展开面积计算，以 m^2 计量。工作内容包括：窗安装；五金、玻璃安装。

（3）木橱窗（010806003）：①按设计图示数量计算，以樘计量；②按设计图示洞口尺寸以面积计算，以 m^2 计量。工作内容包括：窗制作、运输、安装；五金、玻璃安装；刷防护材料。

（4）木纱窗（010806004）：①按设计图示数量计算，以樘计量；②按框的外围尺寸以面积计算，以 m^2 计量。工作内容包括：窗安装、五金安装。

木质窗应区分木百叶窗、木组合窗、木天窗、木固定窗、木装饰空花窗等项目，分别编码列项。

木窗五金包括：折页、插销、风钩、木螺丝、滑轮滑轨（推拉窗）等。

7. 金属窗（010807）

（1）金属（塑钢、断桥）窗（010807001）、金属防火窗（010807002）：①按设计图示数量计算，以樘计量；②按设计图示洞口尺寸以面积计算，以 m^2 计量。工作内容包括：窗安装；五金、玻璃安装。

（2）金属百叶窗（010807003）：①按设计图示数量计算，以樘计量；②按设计图示洞口尺寸以面积计算，以 m^2 计量。工作内容包括：窗安装；五金安装。

（3）金属纱窗（010807004）：①按设计图示数量计算，以樘计量；②按框的外围尺寸以面积计算，以 m^2 计量。工作内容包括：窗安装；五金安装。

（4）金属格栅窗（010807005）：①按设计图示数量计算，以樘计量；②按设计图示洞口尺寸以面积计算，以 m^2 计量。工作内容包括：窗安装；五金安装。

（5）金属（塑钢、断桥）橱窗（010807006）：①按设计图示数量计算，以樘计量；②按设计图示尺寸以框外围展开面积计算，以 m^2 计量。工作内容包括：窗制作、运输、安装；五金、玻璃安装；刷防护材料。

（6）金属（塑钢、断桥）飘（凸）窗（010807007）：①按设计图示数量计算，以樘计量；②按设计图示尺寸以框外围展开面积计算，以 m^2 计量。工作内容包括：窗安装；五金、玻璃安装。

（7）彩板窗（010807008）、复合材料窗（010807009）：①按设计图示数量计算，以樘计量；②按设计图示洞口尺寸或框外围以面积计算，以 m^2 计量。工作内容包括：窗安装；五金、玻璃安装。

金属窗应区分金属组合窗、防盗窗等项目，分别编码列项。

金属窗五金包括：折页、螺丝、执手、卡锁、铰拉、风撑、滑轮、滑轨、拉把、拉手、角码、牛角制等。

8. 门窗套（010808）

（1）木门窗套（010808001）、木筒子板（010808002）、饰面夹板筒子板（010808003）：①按设计图示数量计算，以樘计量；②按设计图示尺寸以展开面积计算，以 m^2 计量；③按设计图示中心以延长米计算，以 m 计量。工作内容包括：清理基层；立筋制作、安装；基层板安装；面层铺贴；线条安装；刷防护材料。

（2）金属门窗套（010808004）：①按设计图示数量计算，以樘计量；②按设计图示尺寸以展开面积计算，以 m^2 计量；③按设计图示中心以延长米计算，以 m 计量。工作内容包括：清理基层；立筋制作、安装；基层板安装；面层铺贴；刷防护材料。

（3）石材门窗套（010808005）：①按设计图示数量计算，以樘计量；②按设计图示尺寸以展开面积计算，以 m^2 计量；③按设计图示中心以延长米计算，以 m 计量。工作内容包括：清理基层；立筋制作、安装；基层抹灰；面层铺贴；线条安装。

（4）门窗木贴脸（010808006）：①按设计图示数量计算，以樘计量；②按设计图示尺寸以延长米计算，以 m 计量。工作内容包括安装。

（5）成品木门窗套（010808007）：①按设计图示数量计算，以樘计量；②按设计图示尺寸以展开面积计算，以 m^2 计量；③按设计图示中心以延长米计算，以 m 计量。工作内容包括：清理基层；立筋制作、安装；板安装。

9. 窗台板（010809）

窗台板按设计图示尺寸以展开面积计算。

（1）木窗台板（010809001）、铝塑窗台板（010809002）、金属窗台板（010809003），工作内容包括：基层清理，基层制作、安装，窗台板制作、安装，刷防护材料。

（2）石材窗台板（010809004），工作内容包括：基层清理；抹找平层；窗台板制作、安装。

10. 窗帘、窗帘盒、轨（010810）

（1）窗帘（010810001）：①按设计图示尺寸以成活后长度计算，以 m 计量。②按图示尺寸以成活后展开面积计算，以 m^2 计量。工作内容包括：制作、运输、安装。

（2）木窗帘盒（010810002），饰面夹板、塑料窗帘盒（010810003），铝合金窗帘盒（010810004），窗帘轨（010810005）：按设计图示尺寸以长度计算。工作内容包括：制作、运输、安装；刷防护材料。

注意：

（1）框截面尺寸（或面积）指边立挺截面尺寸或面积。

（2）门窗套、筒子板和窗台板“以展开面积计算”，即指按其铺钉面积计算。包括底层抹灰，如底层抹灰已包括在墙、柱面底层抹灰内，应在工程量清单中进行描述；窗帘盒、窗台板，如为弧形时，其长度以中心线计算。

（3）框架结构的连续长窗也以“樘”计算，但对连续长窗的扇数和洞口尺寸应在工程量清单中进行描述。

（4）设置在隔断、幕墙上的门窗，可包括在隔墙、幕墙项目报价内，也可单独编码列项，并在清单项目中进行描述。

（十）屋面及防水工程工程量计算规范

附录I屋面及防水工程共 4 节 21 个项目，包括瓦、型材及其他屋面、屋面防水及其他、墙面防水、防潮、楼（地）面防水、防潮，适用于建物屋面工程。

1. 瓦屋面（010901001）

瓦屋面按设计图示尺寸以斜面积计算。不扣除房上烟囱、风帽底座、风道、小气窗、斜沟等所占面积。小气窗的出檐部分不增加面积。工作内容包括：砂浆制作、运输、摊铺、养护；安瓦、作瓦脊。

“瓦屋面”项目适用于小青瓦、平瓦、筒瓦、石棉水泥瓦、玻璃钢波形瓦等。

注意：屋面基层包括檩条、椽子、木屋面板、顺水条、挂瓦条等；木屋面板应明确启口、错口、平口接缝。

2. 型材屋面（010901002）

型材屋面按设计图示尺寸以斜面积计算。不扣除房上烟囱、风帽底座、风道、小气窗、斜沟等所占面积。小气窗的出檐部分不增加面积。工作内容包括：檩条制作、运输、安装；屋面型材安装；接缝、嵌缝。

“型材屋面”项目适用于压型钢板、金属压型夹心板、阳光板、玻璃钢等。

注意：型材屋面的钢檩条或木檩条以及骨架、螺栓、挂钩等应包括在报价内。

3. 阳光板屋面（010901003）

阳光板屋面按设计图示尺寸以斜面积计算。不扣除屋面面积小于或等于 $0.3m^2$ 孔洞所占面积。工作内容包括：骨架制作、运输、安装、刷防护材料、油漆；阳光板安装；接缝、嵌缝。

4. 玻璃钢屋面（010901004）

玻璃钢屋面按设计图示尺寸以斜面积计算。不扣除屋面面积小于或等于 $0.3m^2$ 孔洞所占面积。工作内容包括：骨架制作、运输、安装、刷防护材料、油漆；玻璃钢制作、安装；接缝、嵌缝。

型材屋面、阳光板屋面、玻璃钢屋面的柱、梁、屋架，按《房屋计量规范》（GB 50854—2013）附录 F 金属结构工程、附录 G 木结构工程中相关项目编码列项。

5. 膜结构屋面（010901005）

膜结构屋面按设计图示尺寸以需要覆盖的水平投影面积计算。工作内容包括：膜布热压胶接；支柱（网架）制作、安装；膜布安装；穿钢丝绳、锚头锚固；锚固基座挖土、回填；刷防护材料，油漆。

“膜结构屋面”项目适用于膜布屋面。

注意：

（1）工程量的计算按设计图示尺寸以需要覆盖的水平投影面积计算（见图 8－6）。

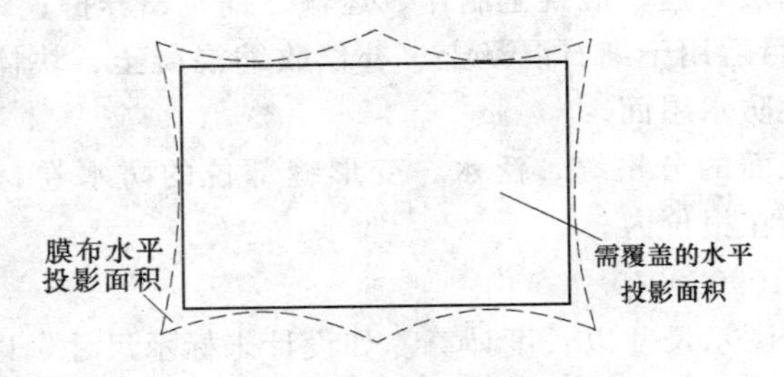

图 8－6　膜结构屋面工程量计算图

（2）支撑和拉固膜布的钢柱、拉杆、金属网架、钢丝绳、锚固的锚头等应包括在报价内。

（3）支撑柱的钢筋混凝土的柱基，锚固的钢筋混凝土基础以及地脚螺栓等按混凝土及钢筋混凝土相关项目的编码列项。

6. 屋面卷材防水（010902001）、屋面涂膜防水（010902002）

屋面卷材防水、屋面涂膜防水按设计图示尺寸以面积计算。斜屋顶（不包括平屋顶找坡）按斜面积计算，平屋顶按水平投影面积计算。不扣除房上烟囱、风帽底座、风道、屋面小气窗和斜沟等所占面积。屋面的女儿墙、伸缩缝和天窗等处的弯起部分，并入屋面工程量内。

“屋面卷材防水”工作内容包括：基层处理；刷底油；铺油毡卷材、接缝。该项目适用于利用胶结材料粘贴卷材进行防水的屋面。

注意：

（1）基层处理（清理修补、刷基层处理剂）等应包括在报价内。

(2) 檐沟、天沟、水落口、泛水收头、变形缝等处的卷材附加层应包括在报价内。

(3) 浅色、反射涂料保护层、绿豆砂保护层、细砂、云母及蛭石保护层应包括在报价内。

(4) 水泥砂浆保护层、细石混凝土保护层可包括在报价内，也可按相关项目编码列项。

“屋面涂膜防水”工作内容包括：基层处理；刷基层处理剂；铺布、喷涂防水层。该项目适用于厚质涂料、薄质涂料和有加增强材料或无加增强材料的涂膜防水屋面。

注意：

(1) 基层处理（清理修补、刷基层处理剂等）应包括在报价内。

(2) 需加强材料的应包括在报价内。

(3) 檐沟、天沟、水落口、泛水收头、变形缝等处的附加层材料应包括在报价内。

(4) 浅色、反射涂料保护层、绿豆砂保护层、细砂、云母、蛭石保护层应包括在报价内。

(5) 水泥砂浆、细石混凝土保护层可包括在报价内，也可按相关项目编码列项。

7. 屋面刚性层（010902003）

屋面刚性层按设计图示尺寸以面积计算。不扣除房上烟囱、风帽底座、风道等所占面积。工作内容包括：基层处理；混凝土制作、运输、铺筑、养护；钢筋制安。

“屋面刚性层”项目适用于细石混凝土、补偿收缩混凝土、块体混凝土、预应力混凝土和钢纤维混凝土刚性防水屋面。

注意：刚性防水屋面的分格缝、泛水、变形缝部位的防水卷材、密封材料、背衬材料、沥青麻丝等应包括在报价内。

8. 屋面排水管（010902004）

屋面排水管按设计图示尺寸以长度计算。如设计未标示尺寸，以檐口至设计室外散水上表面垂直距离计算。工作内容包括：排水管及配件安装、固定；雨水斗、山墙出水口、雨水箅子安装；接缝、嵌缝；刷漆。

“屋面排水管”项目适用于各种排水管材（PVC管、玻璃钢管、铸铁管等）。

注意：

(1) 排水管、雨水口、箅子板、水斗等应包括在报价内。

(2) 埋设管卡箍、裁管、接嵌缝应包括在报价内。

9. 屋面排（透）气管（010902005）

屋面排（透）气管按设计图示尺寸以长度计算。工作内容包括：排（透）气管及配件安装、固定；铁件制作、安装；接缝、嵌缝；刷漆。

10. 屋面（廊、阳台）泄（吐）水管（010902006）

屋面（廊、阳台）泄（吐）水管按设计图示尺寸以数量计算。工作内容包括：水管及配件安装、固定；接缝、嵌缝；刷漆。

11. 屋面天沟、檐沟（010902007）

屋面天沟、檐沟按设计图示尺寸以展开面积计算。工作内容包括：天沟材料铺设；天沟配件安装；接缝、嵌缝；刷防护材料。

“屋面天沟、檐沟”项目适用于：水泥砂浆天沟、细石混凝土天沟、预制混凝土天沟板、卷材天沟、玻璃钢天沟、镀锌铁皮天沟等；塑料沿沟、镀锌铁皮沿沟、玻璃钢天沟等。

注意：

(1) 天沟、沿沟固定卡件、支撑件应包括在报价内。

(2) 天沟、沿沟的接缝、嵌缝材料应包括在报价内。

12. 屋面变形缝（010902008）

屋面变形缝按设计图示以长度计算。工作内容包括：清缝；填塞防水材料；止水带安装；盖缝制作、安装；刷防护材料。

13. 墙面卷材防水（010903001）、墙面涂膜防水（010903002）、墙面砂浆防水（防潮）(010903003)

墙面卷材防水、墙面涂膜防水、墙面砂浆防水（防潮）按设计图示尺寸以面积计算。

“墙面卷材防水”工作内容包括：基层处理；刷黏结剂；铺防水卷材；接缝、嵌缝。“墙面涂膜防水”工作内容包括：基层处理；刷基层处理剂；铺布、喷涂防水层。“墙面砂浆防水（防潮）”工作内容包括：基层处理；挂钢丝网片；设置分格缝；砂浆制作、运输、摊铺、养护。

“墙面卷材防水”、“墙面涂膜防水”项目适用于基础、楼地面、墙面等部位的防水。

注意：

(1) 刷基础处理剂、刷胶黏剂、胶黏防水卷材应包括在报价内。

(2) 特殊处理部位（如管道的通道部位）的嵌缝材料、附加卷材衬垫等应包括在报价内。

(3) 永久保护层（如砖墙、混凝土地坪等）应按相关项目编码列项。

“墙面砂浆防水（防潮）”项目适用于地下、基础、楼地面、墙面等部位的防水防潮。

注意：防水、防潮层的外加剂应包括在报价内。

14. 墙面变形缝（010903004）

墙面变形缝按设计图示以长度计算。工作内容包括：清缝；填塞防水材料；止水带安装；盖缝制作、安装；刷防护材料。

“墙面变形缝”项目适用于基础、墙体、屋面等部位的抗震缝、温度缝（伸缩缝）、沉降缝。

注意：止水带安装、盖板制作安装应包括在报价内。

15. 楼（地）面卷材防水（010904001）、楼（地）面涂膜防水（010904001）、楼（地）面砂浆防水（防潮）(010904003)

楼（地）面卷材防水、楼（地）面涂膜防水、楼（地）面砂浆防水（防潮）按设计图示尺寸以面积计算。

(1) 楼（地）面防水：按主墙间净空面积计算，扣除凸出地面的构筑物、设备基础等所占面积，不扣除间壁墙及单个面积小于或等于 0.3m^2 柱、垛、烟囱和孔洞所占面积。

(2) 楼（地）面防水反边高度小于或等于 300mm 算作地面防水，反边高度大于

300mm 按墙面防水计算。

"楼（地）面卷材防水"工作内容包括：基层处理；刷黏结剂；铺防水卷材；接缝、嵌缝。"楼（地）面涂膜防水"工作内容包括：基层处理；刷基层处理剂；铺布、喷涂防水层。"楼（地）面砂浆防水（防潮）"工作内容包括：基层处理；砂浆制作、运输、摊铺、养护。

16. 楼（地）面变形缝（010904004）

楼（地）面变形缝按设计图示以长度计算。工作内容包括：清缝；填塞防水材料；止水带安装；盖缝制作、安装；刷防护材料。

屋面及防水工程工程量清单编制时应注意以下共性问题：

（1）"瓦屋面"、"型材屋面"的木檩条、木椽子木屋面板需刷防火涂料时，可按相关项目单独编码列项，也可包括在"瓦屋面"、"型材屋面"项目报价内。

（2）"瓦屋面"、"型材屋面"、"膜结构屋面"的钢檩条、钢支撑（柱、网架等）和拉结结构，需刷防护材料时，可按相关项目单独编码列项，也可包括在"瓦屋面"、"型材屋面"、"膜结构屋面"项目报价内。

（十一）保温、隔热、防腐工程工程量计算规范

附录J保温、隔热、防腐工程共3节16个项目，包括保温、隔热、防腐面层、其他防腐。

1. 保温隔热屋面（011001001）

保温隔热屋面按设计图示尺寸以面积计算。扣除面积大于 $0.3m^2$ 孔洞及占位面积。工作内容包括：基层清理；刷黏结材料；铺黏保温层；铺、刷（喷）防护材料。

"保温隔热屋面"项目适用于各种材料的屋面隔热保温。

注意：

（1）屋面保温隔热层上的防水层应按屋面的防水项目单独列项。

（2）预制隔热板屋面的隔热板与砖墩分别按混凝土及钢筋混凝土工程和砌筑工程相关项目编码列项。

（3）屋面保温隔热的找坡、找平层应包括在报价内，如果屋面防水层项目包括找平层和找坡，屋面保温隔热不再计算，以免重复。

2. 保温隔热天棚（011001002）

保温隔热天棚按设计图示尺寸以面积计算。扣除面积大于 $0.3m^2$ 上柱、垛、孔洞所占面积，与天棚相连的梁按展开面积，计算并入天棚工程量内。工作内容包括：基层清理；刷黏结材料；铺粘保温层；铺、刷（喷）防护材料。

"保温隔热天棚"项目适用于各种材料的下贴式或吊顶上搁置式的保温隔热的天棚。

注意：

（1）下贴式如需底层抹灰时，应包括在报价内。

（2）保温隔热材料需加药物防虫剂时，应在清单中进行描述。

3. 保温隔热墙面（011001003）

保温隔热墙面按设计图示尺寸以面积计算。扣除门窗洞口以及面积大于 $0.3m^2$ 梁、孔洞所占面积；门窗洞口侧壁以及与墙相连的柱，并入保温墙体工程量内。工作内容包

括：基层清理；刷界面剂；安装龙骨；填贴保温材料；保温板安装；粘贴面层；铺设增强格网、抹抗裂、防水砂浆面层；嵌缝；铺、刷（喷）防护材料。

“保温隔热墙面”项目适用于工业与民用建筑物外墙、内墙保温隔热工程。

注意：

（1）外墙内保温和外保温的面层应包括在报价内。

（2）外墙内保温的内墙保温踢脚线应包括在报价内。

（3）外墙外保温、内保温、内墙保温的基层抹灰或刮腻子应包括在报价内。

4. 保温柱、梁（011001004）

保温柱、梁按设计图示尺寸以面积计算。

（1）柱按设计图示柱断面保温层中心线展开长度乘保温层高度以面积计算，扣除面积大于 $0.3m^2$ 梁所占面积。

（2）梁按设计图示梁断面保温层中心线展开长度乘保温层长度以面积计算。

工作内容包括：基层清理；刷界面剂；安装龙骨；填贴保温材料；保温板安装；粘贴面层；铺设增强格网、抹抗裂、防水砂浆面层；嵌缝；铺、刷（喷）防护材料。

5. 保温隔热楼地面（011001005）

保温隔热楼地面按设计图示尺寸以面积计算。扣除面积大于 $0.3m^2$ 柱、垛、孔洞所占面积。门洞、空圈、暖气包槽、壁龛的开口部分不增加面积。工作内容包括：基层清理；刷黏结材料；铺粘保温层；铺、刷（喷）防护材料。

6. 其他保温隔热（011001006）

其他保温隔热项目按设计图示尺寸以展开面积计算。扣除面积大于 $0.3m^2$ 孔洞及占位面积。工作内容包括：基层清理；刷界面剂；安装龙骨；填贴保温材料；保温板安装；粘贴面层；铺设增强格网、抹抗裂防水砂浆面层；嵌缝；铺、刷（喷）防护材料。

注意：池槽保温隔热应按其他保温隔热项目编码列项。

7. 防腐混凝土面层（011002001）、防腐砂浆面层（011002002）、防腐胶泥面层（011002003）、玻璃钢防腐面层（011002004）、聚氯乙烯板面层（011002005）、块料防腐面层（011002006）

防腐混凝土面层、防腐砂浆面层、防腐胶泥面层、玻璃钢防腐面层、聚氯乙烯板面层、块料防腐面层按设计图示尺寸以面积计算。

（1）平面防腐：扣除凸出地面的构筑物、设备基础等以及面积大于 $0.3m^2$ 孔洞、柱、垛所占面积。

（2）立面防腐：扣除门、窗、洞口以及面积大于 $0.3m^2$ 孔洞、梁所占面积，门、窗、洞口侧壁、垛突出部分按展开面积并入墙面积内。

“防腐混凝土面层”工作内容包括：基层清理；基层刷稀胶泥；混凝土制作、运输、摊铺、养护。“防腐砂浆面层”工作内容包括：基层清理；基层刷稀胶泥；砂浆制作、运输、摊铺、养护。“防腐胶泥面层”工作内容包括：基层清理；胶泥调制、摊铺。“玻璃钢防腐面层”工作内容包括：基层清理；刷底漆、刮腻子；胶浆配制、涂刷；粘布、涂刷面层。“聚氯乙烯板面层”工作内容包括：基层清理；配料、涂胶；聚氯乙烯板铺设。“块料防腐面层”工作内容包括：基层清理；铺贴块料；胶泥调制、勾缝。

“防腐混凝土面层”、“防腐砂浆面层”、“防腐胶泥面层”项目适用于平面或立面的水玻璃混凝土、水玻璃砂浆、水玻璃胶泥、沥青混凝土、沥青砂浆、沥青胶泥、树脂砂浆、树脂胶泥以及聚合物水泥砂浆等的防腐工程。

注意：

(1) 因防腐材料不同价格上的差异，清单项目中必须列出混凝土、砂浆、胶泥的材料种类，例如，水玻璃混凝土、沥青混凝土等。

(2) 如遇池槽防腐，池底和池壁可合并列项，也可分为池底面积和池壁防腐面积分别列项。

“玻璃钢防腐面层”项目适用于树脂胶料与增强材料（例如，玻璃纤维丝、布、玻璃纤维表面毡、玻璃纤维短切毡或涤纶布、涤纶毡、丙纶布、丙纶毡等）复合塑制而成的玻璃钢防腐。

注意：

(1) 项目名称应描述构成玻璃钢、树脂和增强材料名称。例如，环氧酚醛（树脂）玻璃钢、酚醛（树脂）玻璃钢、环氧煤焦油（树脂）玻璃钢、环氧呋喃（树脂）玻璃钢、不饱合聚酯（树脂）玻璃钢等。增强材料玻璃纤维布、毡、涤纶布毡等。

(2) 应描述防腐部位和立面、平面。

“聚氯乙烯板面层”项目适用于地面、墙面的软、硬聚氯乙烯板防腐工程。

注意：聚氯乙烯板的焊接应包括在报价内。

“块料防腐面层”项目适用于地面、沟槽、基础的各类块料防腐工程。

注意：

(1) 防腐蚀块料粘贴部位（地面、沟槽、基础）应在清单项目中进行描述。

(2) 防腐蚀块料的规格、品种（磁板、铸石板、天然石板等）应在清单项目中进行描述。

8. *池、槽块料防腐面层*（011002007）

池、槽块料防腐面层按设计图示尺寸以展开面积计算。工作内容包括：基层清理；铺贴块料；胶泥调制、勾缝。

9. *隔离层*（011003001）

隔离层按设计图示尺寸以面积计算。工作内容包括：基层清理、刷油；煮沥青；胶泥调制；隔离层铺设。

(1) 平面防腐：扣除凸出地面的构筑物、设备基础等以及面积大于 $0.3m^2$ 孔洞、柱、垛所占面积。

(2) 立面防腐：扣除门、窗、洞口以及面积大于 $0.3m^2$ 孔洞、梁所占面积，门、窗、洞口侧壁、垛凸出部分按展开面积并入墙面积内。

“隔离层”项目适用于楼地面的沥青类、树脂玻璃钢类防腐工程隔离层。

10. *砌筑沥青浸渍砖*（011003002）

砌筑沥青浸渍砖按设计图示尺寸以体积计算。工作内容包括：基层清理、胶泥调制、浸渍砖铺砌。

“砌筑沥青浸渍砖”项目适用于浸渍标准砖。工程量以体积计算，立砌按厚度115mm

计算，平砌以 53mm 计算。

11. 防腐涂料（011003003）

防腐涂料按设计图示尺寸以面积计算。工作内容包括：基层清理、刮腻子、刷涂料。

（1）平面防腐：扣除凸出地面的构筑物、设备基础等以及面积大于 0.3m² 孔洞、柱、垛所占面积。

（2）立面防腐：扣除门、窗、洞口以及面积大于 0.3m² 孔洞、梁所占面积，门、窗、洞口侧壁、垛凸出部分按展开面积并入墙面积内。

“防腐涂料”项目适用于建筑物以及钢结构的防腐。

注意：

（1）项目名称应对涂刷基层（混凝土、抹灰面）进行描述。

（2）需刮腻子时应包括在报价内。

（3）应对涂料底漆层、中间漆层、面漆涂刷（或刮）遍数进行描述。

保温、隔热、防腐工程工程量清单编制时应注意如下共性问题：

（1）防腐工程中需酸化处理时应包括在报价内。

（2）防腐工程中的养护应包括在报价内。

（3）保温隔热装饰面层，按《房屋计量规范》（GB 50854—2013）附录 L、附录 M、附录 N、附录 P、附录 Q 中相关项目编码列项；仅做找平层按该规范附录 K 楼地面装饰工程“平面砂浆找平层”或附录 M 墙、柱面装饰与隔断、幕墙工程“立面砂浆找平层”项目编码列项。

（十二）楼地面装饰工程工程量计算规范

附录 K 楼地面装饰工程共 8 节 43 个项目，包括整体面层及找平层、块料面层、橡塑面层、其他材料面层、踢脚线、楼梯面层、台阶装饰、零星装饰项目，适用于楼地面、楼梯、台阶等装饰工程。

1. 水泥砂浆楼地面（011101001）、现浇水磨石楼地面（011101002）、细石混凝土楼地面（011101003）、菱苦土楼地面（011101004）、自流坪楼地面（011101005）

水泥砂浆楼地面、现浇水磨石楼地面、细石混凝土楼地面、菱苦土楼地面、自流坪楼地面按设计图示尺寸以面积计算。扣除凸出地面的构筑物、设备基础、室内铁道、地沟等所占面积，不扣除间壁墙和 0.3m² 以内的柱、垛、附墙烟囱及孔洞所出面积。不增加门洞、空圈、暖气包槽、壁龛的开口部分的面积。

“水泥砂浆楼地面”工作内容包括：基层清理、抹找平层、抹面层、材料运输。“现浇水磨石楼地面”工作内容包括：基层清理、抹找平层、面层铺设、嵌缝条安装；磨光、酸洗打蜡；材料运输。“细石混凝土楼地面”工作内容包括：基层清理、抹找平层、面层铺设、材料运输。“菱苦土楼地面”工作内容包括：基层清理、抹找平层、面层铺设、打蜡、材料运输。“自流坪楼地面”工作内容包括：基层处理，抹找平层，涂界面剂，涂刷中层漆，打磨、吸尘；镘自流平面漆（浆）；拌和自流平浆料；铺面层。

2. 平面砂浆找平层（011101006）

平面砂浆找平层按设计图示尺寸以面积计算。工作内容包括：基层清理、抹找平层、材料运输。

注意：平面砂浆找平层只适用于仅做找平层的平面抹灰。

3. 块料面层（011102）

块料面层按设计图示尺寸以面积计算。门洞、空圈、暖气包槽、壁龛的开口部分并入相应的工程量内。

块料面层项目有石材楼地面（011102001）、碎石材楼地面（011102002）、块料楼地面（011102003）。工作内容包括：基层清理；抹找平层；面层铺设、磨边；嵌缝；刷防护材料；酸洗、打蜡；材料运输。

4. 橡塑面层（011103）

橡塑面层按设计图示尺寸以面积计算。门洞、空圈、暖气包槽、壁龛的开口部分并入相应的工程量内。

橡塑面层项目有橡胶板楼地面（011103001）、橡胶板卷材楼地面（011103002）、塑料板楼地面（011103003）、塑料卷材楼地面（011103004）。工作内容包括：基层清理、面层铺贴、压缝条装钉、材料运输。

5. 其他材料面层（011104）

其他材料面层按设计图示尺寸以面积计算。门洞、空圈、暖气包槽、壁龛的开口部分并入相应的工程量内。

（1）地毯楼地面（011104001）：工作内容包括：基层清理、铺贴面层、刷防护材料、装钉压条、材料运输。

（2）竹、木（复合）地板（011104002）、金属复合地板（011104003）：工作内容包括：基层清理、龙骨铺设、基层铺设、面层铺贴、刷防护材料、材料运输。

（3）防静电活动地板（011104004）：工作内容包括：基层清理、固定支架安装、活动面层安装、刷防护材料、材料运输。

6. 踢脚线（011105）

踢脚线：①按设计图示长度乘宽度以面积计算，以 m^2 计量；②按延长米计算，以 m 计量。

（1）水泥砂浆踢脚线（011105001），工作内容包括：基层清理、底层和面层抹灰、材料运输。

（2）石材踢脚线（011105002）、块料踢脚线（011105003），工作内容包括：基层清理；底层抹灰；面层铺贴、磨边；擦缝；磨光、酸洗、打蜡；刷防护材料；材料运输。

（3）塑料板踢脚线（011105004）、木质踢脚线（011105005）、金属踢脚线（011105006）、防静电踢脚线（011105007），工作内容包括：基层清理、基层铺贴、面层铺贴、材料运输。

7. 楼梯面层（011106）

楼梯面层按设计图示尺寸以楼梯（包括踏步、休息平台及宽度 500mm 以内的楼梯井）水平投影面积计算。楼梯与楼地面相连时，算至梯口梁内侧边沿；无梯口梁者，算至最上一层踏步边沿加 300mm。

（1）石材楼梯面层（011106001）、块料楼梯面层（011106002）、拼碎块料面层

(011106003)，工作内容包括：基层清理；抹找平层；面层铺贴、磨边；贴嵌防滑条；勾缝；刷防护材料；酸洗、打蜡；材料运输。

(2) 水泥砂浆楼梯面层（011106004），工作内容包括：基层清理；抹找平层；抹面层；抹防滑条；材料运输；

(3) 现浇水磨石楼梯面层（011106005），工作内容包括：基层清理、抹找平层、抹面层，贴嵌防滑条，磨光、酸洗、打蜡，材料运输。

(4) 地毯楼梯面层（011106006），工作内容包括：基层清理；铺贴面层、固定配件安装、刷防护材料、材料运输。

(5) 木板楼梯面层（011106007），工作内容包括：基层清理、基层铺贴、面层铺贴、刷防护材料、材料运输。

(6) 橡胶板楼梯面层（011106008）、塑料板楼梯面层（011106009），工作内容包括：基层清理、面层铺贴、压缝条装钉、材料运输。

注意：单跑楼梯无论其中间是否有休息平台，其工程量与双跑楼梯同样计算。

8. 台阶装饰（011107）

台阶装饰按设计图示尺寸以台阶（包括最上层踏步边沿加 300mm）水平投影面积计算。

(1) 石材台阶面（011107001）、块料台阶面（011107002）、拼碎块料台阶面（011107003），工作内容包括：基层清理、抹找平层、面层铺贴、贴嵌防滑条、勾缝、刷防护材料、材料运输。

(2) 水泥砂浆台阶面（011107004），工作内容包括：基层清理、抹找平层、抹面层、抹防滑条、材料运输。

(3) 现浇水磨石台阶面（011107005），工作内容包括：清理基层；抹找平层；抹面层；贴嵌防滑条；打磨、酸洗、打蜡；材料运输。

(4) 剁假石台阶面（011107006），工作内容包括：清理基层、抹找平层、抹面层、剁假石、材料运输。

注意：台阶面层与平台面层是同一种材料时，平台计算面层后，台阶不再计算最上一层踏步面积；如台阶计算最上一层踏步（加 30cm），平台面层中必须扣除该面积；当台阶面层与找平台层材料相同时，而最后一步台阶投影面积不计算时，应将最后一步台阶的踢脚板面层考虑在报价内。

9. 零星装饰项目（011108）

零星装饰项目按设计图示尺寸以面积计算。

(1) 石材零星项目（011108001）、拼碎石材零星项目（011108002）、块料零星项目（011108003），工作内容包括：清理基层；抹找平层；面层铺贴、磨边；勾缝；刷防护材料；酸洗、打蜡；材料运输。

(2) 水泥砂浆零星项目（011108004），工作内容包括：清理基层、抹找平层、抹面层、材料运输。

注意：零星装饰适用于小面积（$0.5m^2$ 以内）少量分散的楼地面装饰，其工程部位或名称应在清单项目中进行描述；楼梯、台阶侧面装饰，可按零星装饰项目编码列项，并在清单项目中进行描述。

（十三）墙、柱面装饰与隔断、幕墙工程工程量计算规范

附录L墙、柱面装饰与隔断、幕墙工程共10节35个项目，包括墙面抹灰、柱（梁）面抹灰、零星抹灰、墙面块料面层、柱（梁）面镶贴块料、镶贴零星块料，墙饰面、柱（梁）饰面、幕墙工程、隔断，适用于一般抹灰、装饰抹灰工程。

1. 墙面抹灰（011201）

墙面抹灰按设计图示尺寸以面积计算。扣除墙裙、门窗洞口及单个 $0.3m^2$ 以外的孔洞面积；不扣除踢脚线、挂镜线和墙与构件交接处的面积；门窗洞口和孔洞的侧壁及顶面不增加面积。附墙柱、梁、垛、烟囱侧壁并入相应的墙面面积内。

（1）内墙面抹灰面积，按主墙间的净长乘以高度计算。

内墙面抹灰高度：无墙裙的按室内楼地面至天棚底面之间距离计算；有墙裙的按墙裙顶至天棚底面之间距离计算；有吊顶天棚抹灰，高度算至天棚底。

（2）内墙裙抹灰面积按内墙净长乘以高度计算。

（3）外墙面抹灰面积，按外墙面的垂直投影面积计算。

（4）外墙裙抹灰面积，按按其长度乘以高度计算。

“墙面抹灰”项目适用于墙面一般抹灰（011201001）、墙面装饰抹灰（011201002）。工作内容包括：基层清理；砂浆制作、运输；底层抹灰；抹面层；抹装饰面；勾分格缝。

墙面勾缝（011201003），工作内容包括：基层清理；砂浆制作、运输；勾缝。

立面砂浆找平层（011201004），工作内容包括：基层清理；砂浆制作、运输；抹灰找平。

注意：立面砂浆找平项目适用于仅做找平层的立面抹灰。

2. 柱、梁面一般抹灰（011202001），柱、梁面装饰抹灰（011202002）

（1）柱面抹灰：按设计图示柱断面周长乘高度以面积计算。

（2）梁面抹灰：按设计图示梁断面周长乘长度以面积计算。

工作内容包括基层清理；砂浆制作、运输；底层抹灰；抹面层；勾分格缝。

3. 柱、梁面砂浆找平（011202003）

（1）柱面抹灰：按设计图示柱断面周长乘高度以面积计算。

（2）梁面抹灰：按设计图示梁断面周长乘长度以面积计算。

工作内容包括：基层清理；砂浆制作、运输；抹灰找平。

注意：砂浆找平项目适用于仅做找平层的柱（梁）面抹灰。

4. 柱面勾缝（011202004）

柱面勾缝柱面按设计图示柱断面周长乘高度以面积计算。工作内容包括：基层清理；砂浆制作、运输；勾缝。

5. 零星抹灰（011203）

零星抹灰按设计图示尺寸以面积计算。

（1）零星项目一般抹灰（011203001）、零星项目装饰抹灰（011203002），工作内容包括：基层清理；砂浆制作、运输；底层抹灰；抹面层，抹装饰面；勾分格缝。

(2) 零星项目砂浆找平（011203003），工作内容包括：基层清理；砂浆制作、运输；抹灰找平。

零星抹灰项目适用于小面积（0.5m^2）以内少量分散的抹灰。

6. *石材墙面*（011204001）、*拼碎石材墙面*（011204002）、*块料墙面*（011204003）

石材墙面、拼碎石材墙面、块料墙面按镶贴表面积计算。工作内容包括：基层清理；砂浆制作、运输；黏结层铺贴；面层安装；嵌缝；刷防护材料；磨光、酸洗、打蜡。

7. *干挂石材钢骨架*（01120400204）

干挂石材钢骨架按设计图示尺寸以质量计算。工作内容包括：骨架制作、运输、安装；刷漆。

8. *柱（梁）面镶贴块料*（011205）

柱（梁）面镶贴块料按镶贴表面积计算。

石材柱面（011205001）、块料柱面（011205002）、拼碎块柱面（011205003）、石材梁面（011205004）、块料梁面（011205005），工作内容包括：基层清理；砂浆制作、运输；黏结层铺贴；面层安装；嵌缝；刷防护材料；磨光、酸洗、打蜡。

9. *镶贴零星块料*（011206）

镶贴零星块料按镶贴表面积计算。

石材零星项目（011206001）、块料零星项目（011206002）、拼碎块零星项目（011206003），工作内容包括：基层清理；砂浆制作、运输；面层安装；嵌缝；刷防护材料；磨光、酸洗、打蜡。

镶贴零星块料面层项目适用于小面积（0.5m^2）以内少量分散的块料面层。

10. *墙面装饰板*（011207001）

墙面装饰板按设计图示墙净长乘净高以面积计算。扣除门窗洞口及单个大于0.3m^2的孔洞所占面积。工作内容包括：基层清理；龙骨制作、运输、安装；钉隔离层；基层铺钉；面层铺贴。

11. *墙面装饰浮雕*（011207002）

墙面装饰浮雕按设计图示尺寸以面积计算。工作内容包括：基层清理；材料制作、运输；安装成型。

12. *柱（梁）面装饰*（011208001）

柱（梁）面装饰按设计图示饰面外围尺寸以面积计算。柱帽、柱墩并入相应柱饰面工程量内。工作内容包括：清理基层；龙骨制作、运输、安装；钉隔离层；基层铺钉；面层铺贴。

13. *成品装饰柱*（011208002）

成品装饰柱：①按设计数量，以根计量；②按设计长度计算，以m计量。工作内容包括：柱运输、固定、安装。

14. *带骨架幕墙*（011209001）

带骨架幕墙按设计图示框外围尺寸以面积计算。与幕墙同种材质的窗所占面积不扣除。工作内容包括：骨架制作、运输、安装；面层安装；隔离带、框边封闭；嵌缝、塞口；清洗。

15. 全玻（无框玻璃）幕墙（011209002）

全玻（无框玻璃）幕墙按设计图示尺寸以面积计算。带肋全玻幕墙按展开面积计算。工作内容包括：幕墙安装；嵌缝、塞口；清洗。

16. 木隔断（011210001）

木隔断按设计图示框外围尺寸以面积计算。不扣除单个小于或等于 0.3m² 的孔洞所占面积；浴厕门的材质与隔断相同时，门的面积并入隔断面积内。工作内容包括：骨架及边框制作、运输、安装；隔板制作、运输、安装；嵌缝、塞口；装钉压条。

17. 金属隔断（011210002）

金属隔断按设计图示框外围尺寸以面积计算。不扣除单个小于或等于 0.3m² 的孔洞所占面积；浴厕门的材质与隔断相同时，门的面积并入隔断面积内。工作内容包括：骨架及边框制作、运输、安装；隔板制作、运输、安装；嵌缝、塞口。

18. 玻璃隔断（011210003）

玻璃隔断按设计图示框外围尺寸以面积计算。不扣除单个小于或等于 0.3m² 的孔洞所占面积。工作内容包括：边框制作、运输、安装；玻璃制作、运输、安装；嵌缝、塞口。

19. 塑料隔断（011210004）

塑料隔断按设计图示框外围尺寸以面积计算。不扣除单个小于或等于 0.3m² 的孔洞所占面积。工作内容包括：骨架及边框制作、运输、安装；隔板制作、运输、安装；嵌缝、塞口。

20. 成品隔断（011210005）

成品隔断：①按设计图示框外围尺寸以面积计算；②按设计间的数量以间计算。工作内容包括：隔断运输、安装；嵌缝、塞口。

21. 其他隔断（011210006）

其他隔断按设计图示框外围尺寸以面积计算。不扣除单个小于或等于 0.3m² 的孔洞所占面积。工作内容包括：骨架及边框安装；隔板安装；嵌缝、塞口。

注意：石灰砂浆、水泥砂浆、水泥混合砂浆、聚合物水泥砂浆、麻刀石灰、纸筋石灰、石膏灰等的抹灰应按墙面抹灰（011201）中一般抹灰项目编码列项；水刷石、斩假石（剁斧石、剁假石）、干粘石、假面砖等的抹灰应按墙面抹灰应按墙面抹灰（011201）中装饰抹灰项目编码列项；0.5m² 以内少量分散的抹灰和镶贴块料面层，应按墙面抹灰（011201）和镶贴零星块料（011206）中相关项目编码列项。

（十四）天棚工程工程量计算规范

附录 M 天棚工程共 4 节 10 个项目，包括天棚抹灰、天棚吊顶、采光天棚、天棚其他装饰，适用于天棚装饰工程。

1. 天棚抹灰（011301）

天棚抹灰按设计图示尺寸以水平投影面积计算。不扣除间壁墙、垛、柱、附墙烟囱、检查口和管道所占的面积，带梁天棚的梁两侧抹灰面积并入天棚面积内，板式楼梯底面抹灰按斜面积计算，锯齿形楼梯底面抹灰按展开面积计算。

天棚抹灰（011301001）工作内容包括：基层清理、底层抹灰、抹面层。

2. 吊顶天棚（011302001）

吊顶天棚按设计图示尺寸以水平投影面积计算。天棚面中的灯槽及跌级、锯齿形、吊挂式、藻井式天棚面积不展开计算。不扣除间壁墙、检查口、附墙烟囱、柱垛和管道所占面积，扣除单个大于 $0.3m^2$ 的孔洞、独立柱及与天棚相连的窗帘盒所占的面积。工作内容包括：基层清理、吊杆安装；龙骨安装；基层板铺贴；面层铺贴；嵌缝；刷防护材料。

天棚面层适用于：石膏板（包括装饰石膏板、纸面石膏板、吸声穿孔石膏板、嵌装式装饰石膏等）、埃特板、装饰吸声罩面板［包括矿棉装饰吸声板、贴塑矿（岩）棉吸声板、膨胀珍珠岩石装饰吸声制品、玻璃棉装饰吸声板等］、塑料装饰罩面板（钙塑泡沫装饰吸声板、聚苯乙烯泡沫塑料饰吸声板、聚氯乙烯塑料天花板等）、纤维水泥加压板（包括穿孔吸声石棉水泥板、轻质硅酸钙吊顶板等）、金属装饰板（包括铝合金罩面板、金属微孔吸声板、铝合金单体构件等）、木质饰板（胶合板、薄板、板条、水泥木丝板、刨花板等），玻璃饰面（包括镜面玻璃、镭射玻璃等）。

3. 格栅吊顶（011302002）、吊筒吊顶（011302003）、藤条造型悬挂吊顶（011302004）、织物软雕吊顶（011302005）、装饰网架吊顶（011302006）

格栅吊顶、吊筒吊顶、藤条造型悬挂吊顶、织物软雕吊顶、装饰网架吊顶按设计图示尺寸以水平投影面积计算。

（1）"格栅吊顶"适用于木格栅、金属格栅、塑料格栅等。工作内容包括：基层清理、安装龙骨、基层板铺贴、面层铺贴、刷防护材料。

（2）"吊筒吊顶"适用于木（竹）质吊筒、金属吊筒、塑料吊筒，吊筒形状可以是圆形、矩形、扁钟形等。工作内容包括：基层清理；吊筒制作安装；刷防护材料。

（3）"藤条造型悬挂吊顶"、"织物软雕吊顶"工作内容包括：基层清理、龙骨安装、铺贴面层。

（4）"装饰网架吊顶"工作内容包括：基层清理、网架制作安装。

4. 采光天棚（011303001）

采光天棚按框外围展开面积计算。工作内容包括：清理基层；面层制安；嵌缝、塞口；清洗。

5. 天棚其他装饰（011304）

（1）灯带（槽）（011304001）：按设计图示尺寸以框外围面积计算。工作内容包括：安装、固定。

（2）送风口、回风口（011304002）：按设计图示数量计算，适用于金属、塑料、木质风口。工作内容包括：安装、固定；刷防护材料。

注意：

（1）天棚的检查孔、天棚内的检修走道、灯槽等应包括在报价内。

（2）天棚吊顶的平面、跌级、锯齿形、阶梯形、吊挂式、藻井式以及矩形、弧形、拱形等应在清单项目中进行描述。

（3）采光天棚和天棚设置保温、隔热、吸声层时，按附录 K 相关项目编码列项。

（十五）油漆、涂料、裱糊工程工程量计算规范

附录N油漆、涂料、裱糊工程共8节36个项目，包括门油漆、窗油漆、木扶手及其他板条、线条油漆、木材面油漆、金属面油漆、抹灰面油漆、喷刷涂料、裱糊，适用于门窗油漆、金属、抹灰面油漆工程。

1. 门油漆（011401）

门油漆：①按设计图示数量计量，以樘计量；②按设计图示洞口尺寸以面积计算，以 m^2 计量。

（1）木门油漆（011401001），工作内容包括：基层清理、刮腻子、刷防护材料、油漆。

（2）金属门油漆（011401002），工作内容包括：除锈、基层清理、刮腻子、刷防护材料、油漆。

注意：木门油漆应区分木大门、单层木门、双层（一玻一纱）木门、双层（单裁口）木门、全玻自由门、半玻自由门、装饰门及有框门或无框门等项目，分别编码列项。

2. 窗油漆（011402）

窗油漆：①按设计图示数量计量，以樘计量；②按设计图示洞口尺寸以面积计算，以 m^2 计量。

（1）木窗油漆（011402001），工作内容包括：基层清理、刮腻子、刷防护材料、油漆。

（2）金属窗油漆（011402002），工作内容包括：除锈、基层清理、刮腻子、刷防护材料、油漆。

注意：木窗油漆应区分单层木门、双层（一玻一纱）木窗、双层框扇（单裁口）木窗、双层框三层（二玻一纱）木窗、单层组合窗、双层组合窗、木百叶窗、木推拉窗等项目，分别编码列项。

3. 木扶手及其他板条、线条油漆（011403）

木扶手及其他板条、线条油漆按设计图示尺寸以长度计算。

木扶手油漆（011403001），窗帘盒油漆（011403002），封檐板，顺水板油漆（011403003），挂衣板、黑板框油漆（011403004），挂镜线、窗帘棍、单独木线油漆（011403005），工作内容包括：基层清理；刮腻子；刷防护材料、油漆。

4. 木材面油漆（011404）

（1）木护墙、木墙裙油漆（011404001），窗台板、筒子板、盖板、门窗套、踢脚线油漆（011404002），清水板条天棚、檐口油漆（011404003），木方格吊顶天棚油漆（011404004），吸声板墙面、天棚面油漆（011404005），暖气罩油漆（011404006），其他木材面（011404007），按设计图示尺寸以面积计算。工作内容包括：基层清理；刮腻子；刷防护材料、油漆。木板、纤维板、胶合板油漆、单面油漆按单面面积计算、双面油漆按双面面积计算；木护墙、木墙裙油漆按垂直投影面积计算。

（2）木间壁、木隔断油漆（011404008），玻璃间壁露明墙筋油漆（011404009），木栅栏、木栏杆（带扶手）油漆（011404010），按设计图示尺寸以单面外围面积计算。工作内容包括：基层清理；刮腻子；刷防护材料、油漆。

（3）衣柜、壁柜油漆（011404011），梁柱饰面油漆（011404012），零星木装修油漆（011404013），按设计图示尺寸以油漆部分展开面积计算。工作内容包括：基层清理；刮腻子；刷防护材料、油漆。

（4）木地板油漆（011404014），按设计图示尺寸以面积计算。空洞、空圈、暖气包槽、壁龛的开口部分并入相应工程量内。工作内容包括：基层清理；刮腻子；刷防护材料、油漆。

（5）木地板烫硬蜡面（011404015），按设计图示尺寸以面积计算。空洞、空圈、暖气包槽、壁龛的开口部分并入相应工程量内。工作内容包括：基层清理、烫蜡。

5. 金属面油漆（011405）

金属面油漆：①按设计图示尺寸以质量计算，以 t 计量；②按设计展开面积计算，以 m^2 计量。

金属面油漆（011405001）工作内容包括：基层清理；刮腻子；刷防护材料、油漆。

6. 抹灰面油漆（011406）

（1）抹灰面油漆（011406001），按设计图示尺寸以面积计算。工作内容包括：基层清理；刮腻子；刷防护材料、油漆。

（2）抹灰线条油漆（011406002），按设计图示尺寸以长度计算。工作内容包括：基层清理；刮腻子；刷防护材料、油漆。

（3）满刮腻子（011406003），按设计图示尺寸以面积计算。工作内容包括：基层清理、刮腻子。

7. 喷刷涂料（011407）

（1）墙面喷刷涂料（011407001）、天棚喷刷涂料（011407002），按设计图示尺寸以面积计算。工作内容包括：基层清理；刮腻子；刷、喷涂料。

（2）空花格、栏杆刷涂料（011407003），按设计图示尺寸以单面外围面积计算。工作内容包括：基层清理；刮腻子；刷、喷涂料。

（3）线条刷涂料（011407004），按设计图示尺寸以长度计算。工作内容包括：基层清理；刮腻子；刷、喷涂料。

（4）金属构件刷防火涂料（011407005）：①按设计图示尺寸以质量计算，以 t 计量；②按设计展开面积计算，以 m^2 计量。工作内容包括：基层清理；刷防护材料、油漆。

（5）木材构件喷刷防火涂料（011407006），按设计图示尺寸以面积计算，以 m^2 计量。工作内容包括：基层清理、刷防火材料。

8. 裱糊（011408）

裱糊按设计图示尺寸以面积计算。

墙纸裱糊（011408001）、织锦缎裱糊（011408002）：工作内容包括：基层清理、刮腻子、面层铺粘、刷防护材料。

注意：

（1）有关项目中已包括油漆、涂料的不再单独按本章列项。

（2）连窗门可按门油漆项目编码列项。

（3）木扶手区别带托板与不带托板分别编码（第五级编码）列项。

(十六) 其他装饰工程工程量计算规范

附录P其他装饰工程共8节62个项目，包括柜类、货架、压条、装饰线、扶手、栏杆、栏板装饰、暖气罩、浴厕配件、雨篷、旗杆、招牌、灯箱、美术字等项目，适用于装饰物件的制作、安装工程。

1. 柜类、货架 (011501)

柜类、货架：①按设计图示数量计量，以个计量，②按设计图示尺寸以延长米计算，以m计量；③按设计图示尺寸以体积计算，以m^3计量。

柜台 (011501001)、酒柜 (011501002)、衣柜 (011501003)、存包柜 (011501004)、鞋柜 (011501005)、书柜 (011501006)、厨房壁柜 (011501007)、木壁柜 (011501008)、厨房低柜 (011501009)、厨房吊柜 (011501010)、矮柜 (011501011)、吧台背柜 (011501012)、酒吧吊柜 (011501013)、酒吧台 (011501014)、展台 (011501015)、收银台 (011501016)、试衣间 (011501017)、货架 (011501018)、书架 (011501019)、服务台 (011501020)，工作内容包括：台柜制作、运输、安装 (安放)；刷防护材料、油漆；五金件安装。

台柜工程量以"个"计算，即能分离的同规格的单体个数计算，例如，柜台有相同规格1500mm×400mm×1200mm，5个单体，另有一个柜台规格为1500mm×400mm×1150mm，台底安装胶轮4个，以便柜台内营业员由此出入，这样1500mm×400mm×1200mm规格的柜台数为5个，1500mm×400mm×1150mm柜台数为1个。

2. 压条、装饰线 (011502)

压条、装饰线按设计图示尺寸以长度计算。

(1) 金属装饰线 (011502001)、木质装饰线 (011502002)、石材装饰线 (011502003)、石膏装饰线 (011502004)、镜面玻璃线 (011502005)、铝塑装饰线 (011502006)、塑料装饰线 (011502007)，工作内容包括：线条制作、安装以及刷防护材料。

(2) GRC装饰线条 (011502008)，工作内容包括：线条制作安装。

3. 扶手、栏杆、栏板装饰 (011503)

扶手、栏杆、栏板装饰按设计图示尺寸以扶手中心线长度 (包括弯头长度) 计算，适用于楼梯、阳台、走廊、回廊及其他装饰性扶手栏杆、栏板。

项目包括金属扶手、栏杆、栏板 (011503001)，硬木扶手、栏杆、栏板 (011503002)，塑料扶手、栏杆、栏板 (011503003)，GRC栏杆、扶手 (011503004)，金属靠墙扶手 (011503005)，硬木靠墙扶手 (011503006)，塑料靠墙扶手 (011503007)，玻璃栏板 (011503008)，工作内容包括：制作、运输、安装、刷防护材料。

4. 暖气罩 (011504)

暖气罩按设计图示尺寸以垂直投影面积 (不展开) 计算。

饰面板暖气罩 (011504001)、塑料板暖气罩 (011504002)、金属暖气罩 (011504003) 的工作内容包括：暖气罩制作、运输、安装；刷防护材料。

5. 浴厕配件 (011505)

(1) 洗漱台 (011505001)：①按设计图示尺寸以台面外接矩形面积计算。不扣除孔洞、挖弯、削角所占面积，挡板、吊沿板面积并入台面面积内。②按设计图示数量计算。工作内容包括：台面及支架运输、安装；杆、环、盒、配件安装；刷油漆。

洗漱台放置洗面盆的地方必须挖洞，根据洗漱台摆放的位置有些还需选形，产生挖弯、削角，为此洗漱台的工程量按外接矩形计算。挡板指镜面玻璃下边沿至洗漱台面和侧墙与台面接触部位的竖挡板（一般档板与台面使用同种材料品种，不同材料品种，应另行计算）。吊沿指台面外边沿下方的竖档板。挡板和吊沿均以面积并入台面面积内计算。洗漱台现场制作，切割、磨边等人工、机械的费用应包括在报价内。

(2) 晒衣架（011505002）、帘子杆（011505003）、浴缸拉手（011505004）、卫生间扶手（011505005），按设计图示数量计算。工作内容包括：台面及支架运输、安装；杆、环、盒、配件安装；刷油漆。

(3) 毛巾杆（架）（011505006）、毛巾环（011505007）、卫生纸盒（011505008）、肥皂盒（011505009），按设计图示数量计算。工作内容包括：台面及支架制作、运输、安装；杆、环、盒、配件安装；刷油漆。

(4) 镜面玻璃（011505010），按设计图示尺寸以边框外围面积计算。工作内容包括：基层安装；玻璃及框制作、运输、安装。

(5) 镜箱（011505011），按设计图示数量计算。工作内容包括：基层安装；箱体制作、运输、安装；玻璃安装；刷防护材料、油漆。

6. 雨篷、旗杆（011506）

(1) 雨篷吊挂饰面（011506001），按设计图示尺寸以水平投影面积计算。工作内容包括：底层抹灰；龙骨基层安装；面层安装；刷防护材料、油漆。

(2) 金属旗杆（011506002），按设计图示数量计算。工作内容包括：土石挖、填、运；基础混凝土浇筑；旗杆制作、安装；旗杆台座制作、饰面。金属旗杆也可将旗杆台座及台座面层一并纳入报价。

(3) 玻璃雨篷（011506003），按设计图示尺寸以水平投影面积计算。工作内容包括：龙骨基层安装；面层安装；刷防护材料、油漆。

7. 招牌、灯箱（011507）

(1) 平面、箱式招牌（011507001），按设计图示尺寸以正立面边框外围面积计算。不增加复杂形凹凸造型部分面积。工作内容包括：基层安装；箱体及支架制作、运输、安装；面层制作、安装；刷防护材料、油漆。

(2) 竖式标箱（011507002）、灯箱（011507003）、信报箱（011507004），按设计图示数量计算。工作内容包括：基层安装；箱体及支架制作、运输、安装；面层制作、安装；刷防护材料、油漆。

8. 美术字（011508）

美术字按设计图示数量计算。

泡沫塑料字（011508001）、有机玻璃字（011508002）、木质字（011508003）、金属字（011508004）、吸塑字（011508005），工作内容包括：字制作、运输、安装；刷油漆。

（十七）拆除工程工程量计算规范

附录 Q 拆除工程共 15 节 37 个项目，包括砖砌体拆除、混凝土及钢筋混凝土构件拆除、木构件拆除、抹灰面拆除、块料面层拆除、龙骨及饰面拆除、屋面拆除、铲除油漆涂料裱糊面、栏杆、轻质隔断隔墙拆除、门窗拆除、金属构件拆除、管道及卫生洁具拆除、灯具、玻璃拆除、其他构件拆除、开孔（打洞）。适用于房屋工程的维修、加固、二次装修前的拆除，不适用于房屋的整体拆除。

1. 砖砌体拆除（011601001）

砖砌体拆除：①按拆除的体积计算，以 m^3 计量；②按拆除的延长米计算，以 m 计量。工作内容包括：拆除；控制扬尘；清理；建渣场内、外运输。

注意：以 m 计量，如砖地沟、砖明沟等必须描述拆除部位的截面尺寸；以 m^3 计量，截面尺寸则不必描述。

2. 混凝土及钢筋混凝土构件拆除（011602）

混凝土及钢筋混凝土构件拆除：①按拆除构件的混凝土体积计算，以 m^3 计算；②按拆除部位的面积计算，以 m^2 计算；③按拆除部位的延长米计算，以 m 计算。

混凝土构件拆除（011602001）、钢筋混凝土构件拆除（011602002）工作内容包括：拆除；控制扬尘；清理；建渣场内、外运输。

3. 木构件拆除（011603001）

木构件拆除：①按拆除构件的体积计算，以 m^3 计算；②按拆除面积计算，以 m^2 计算；③按拆除延长米计算，以 m 计算。工作内容包括：拆除；控制扬尘；清理；建渣场内、外运输。

4. 抹灰层拆除（011604）

抹灰层拆除按拆除部位的面积计算。

平面抹灰层拆除（011604001）、立面抹灰层拆除（011604002）、天棚抹灰面拆除（011604003）工作内容包括：拆除；控制扬尘；清理；建渣场内、外运输。

5. 块料面层拆除（011605）

块料面层拆除按拆除面积计算。

平面块料拆除（011605001）、立面块料拆除（011605002）工作内容包括：拆除；控制扬尘；清理；建渣场内、外运输。

6. 龙骨及饰面拆除（011606）

龙骨及饰面拆除按拆除面积计算。

楼地面龙骨及饰面拆除（011606001）、墙柱面龙骨及饰面拆除（011606002）、天棚面龙骨及饰面拆除（011606003）工作内容包括：拆除；控制扬尘；清理；建渣场内、外运输。

7. 屋面拆除（011607）

屋面拆除按铲除部位的面积计算。

刚性层拆除（011607001）、防水层拆除（011607002）工作内容包括：铲除；控制扬尘；清理；建渣场内、外运输。

8. 铲除油漆涂料裱糊面（011608）

铲除油漆涂料裱糊面：①按铲除部位的面积计算，以 m^2 计算；②按按铲除部位的延长米计算，以 m 计算。

铲除油漆面（011608001）、铲除涂料面（011608002）、铲除裱糊面（011608003）工作内容包括：铲除；控制扬尘；清理；建渣场内、外运输。

9. 栏杆、轻质隔断隔墙拆除（011609）

（1）栏杆、栏板拆除（011609001）：①按拆除部位的面积计算，以 m^2 计量；②按拆除的延长米计算，以 m 计量。工作内容包括：拆除；控制扬尘；清理；建渣场内、外运输。

（2）隔断隔墙拆除（011609002），按拆除部位的面积计算。工作内容包括：拆除；控制扬尘；清理；建渣场内、外运输。

10. 门窗拆除（011610）

门窗拆除：①按拆除面积计算，以 m^2 计量；②按拆除樘数计算，以樘计量。

木门窗拆除（011610001）、金属门窗拆除（011610002）工作内容包括：拆除；控制扬尘；清理；建渣场内、外运输。

11. 金属构件拆除（011611）

（1）钢梁拆除（011611001）、钢柱拆除（011611002）：①按拆除构件的质量计算，以 t 计量；②按拆除延长米计算，以 m 计量。工作内容包括：拆除；控制扬尘；清理；建渣场内、外运输。

（2）钢网架拆除（011611003）：按拆除构件的质量计算。工作内容包括：拆除；控制扬尘；清理；建渣场内、外运输。

（3）钢支撑、钢墙架拆除（011611004）、其他金属构件拆除（011611005）：①按拆除构件的质量计算，以 t 计量；②按拆除延长米计算，以 m 计量。工作内容包括：拆除；控制扬尘；清理；建渣场内、外运输。

12. 管道及卫生洁具拆除（011612）

（1）管道拆除（011612001）：按拆除管道的延长米计算。工作内容包括：拆除；控制扬尘；清理；建渣场内、外运输。

（2）卫生洁具拆除（011612002）：按拆除的数量计算。工作内容包括：拆除；控制扬尘；清理；建渣场内、外运输。

13. 灯具、玻璃拆除（011613）

（1）灯具拆除（011613001）：按拆除的数量计算。工作内容包括：拆除；控制扬尘；清理；建渣场内、外运输。

（2）玻璃拆除（011613002）：按拆除的面积计算。工作内容包括：拆除；控制扬尘；清理；建渣场内、外运输。

14. 其他构件拆除（011614）

（1）暖气罩拆除（011614001）、柜体拆除（011614002）：①按拆除个数计算，以个计量；②按拆除延长米计算，以 m 计量。工作内容包括：拆除；控制扬尘；清理；建渣场内、外运输。

（2）窗台板拆除（011614003）、筒子板拆除（011614004）：①按拆除数量计算，以块计量。②按拆除的延长米计算，以 m 计量。工作内容包括：拆除；控制扬尘；清理；建渣场内、外运输。

(3) 窗帘盒拆除 (011614005)、窗帘轨拆除 (011614006): 按拆除的延长米计算。工作内容包括: 拆除; 控制扬尘; 清理; 建渣场内、外运输。

15. 开孔 (打洞) (011615001)

开孔 (打洞) 按数量计算。工作内容包括: 拆除; 控制扬尘; 清理; 建渣场内、外运输。

拆除工程工程量清单编制时应注意以下共性问题:

(1) 本拆除工程适用于房屋建筑工程, 仿古建筑、构筑物、园林景观工程等项目拆除, 可按此附录编码列项, 市政工程、园路、园桥工程等项目拆除, 按《市政工程工程量计算规范》(GB 50857—2013) 相应项目编码列项; 城市轨道交通工程拆除, 按《城市轨道交通工程工程量计算规范》(GB 50861—2013) 相应项目编码列项。

(2) 拆除项目工作内容中含"建渣场内、外运输", 因此, 组成综合单价, 应含建渣场内、外运输。

(十八) 措施项目工程量清单项目及计算规则

附录 R 措施项目共 7 节 52 个项目, 包括脚手架工程、混凝土模板及支架 (撑)、垂直运输、超高施工增加、大型机械设备进出场及安拆、施工排水、降水、安全文明施工及其他措施项目。

1. 脚手架工程 (011701)

(1) 综合脚手架 (011701001): 按建筑面积计算。工作内容包括: 场内、场外材料搬运; 搭、拆脚手架、斜道、上料平台; 安全网的铺设; 选择附墙点与主体连接; 测试电动装置、安全锁等; 拆除脚手架后材料的堆放。

使用综合脚手架时, 不再使用外脚手架、里脚手架等单项脚手架; 综合脚手架适用于能够按"建筑面积计算规则"计算建筑面积的建筑工程脚手架, 不适用于房屋加层、构筑物及附属工程脚手架。

(2) 外脚手架 (011701002)、里脚手架 (011701003): 按所服务对象的垂直投影面积计算。工作内容包括: 场内、场外材料搬运; 搭、拆脚手架、斜道、上料平台; 安全网的铺设; 拆除脚手架后材料的堆放。

(3) 悬空脚手架 (011701004): 按搭设的水平投影面积计算。工作内容包括: 场内、场外材料搬运; 搭、拆脚手架、斜道、上料平台; 安全网的铺设; 拆除脚手架后材料的堆放。

(4) 挑脚手架 (011701005): 按搭设长度乘以搭设层数以延长米计算。工作内容包括: 场内、场外材料搬运; 搭、拆脚手架、斜道、上料平台; 安全网的铺设; 拆除脚手架后材料的堆放。

(5) 满堂脚手架 (011701006): 按搭设的水平投影面积计算。工作内容包括: 场内、场外材料搬运; 搭、拆脚手架、斜道、上料平台; 安全网的铺设; 拆除脚手架后材料的堆放。

(6) 整体提升架 (011701007): 按所服务对象的垂直投影面积计算。工作内容包括: 场内、场外材料搬运; 选择附墙点与主体连接; 搭、拆脚手架、斜道、上料平台; 安全网的铺设; 测试电动装置、安全锁等; 拆除脚手架后材料的堆放。

(7) 外装饰吊篮 (011701008)：按所服务对象的垂直投影面积计算。工作内容包括：场内、场外材料搬运；吊篮的安装；测试电动装置、安全锁、平衡控制器等；吊篮的拆卸。

2. 混凝土模板及支架（撑）(011702)

(1) 基础 (011702001)，矩形柱 (011702002)，构造柱 (011702003)，异形柱 (011702004)，基础梁 (011702005)，矩形梁 (011702006)，异形梁 (011702007)，圈梁 (011702008)，过梁 (011702009)，弧形，拱形梁 (011702010) 直形墙 (011702011)，弧形墙 (011702012)，短肢剪力墙，电梯井壁 (011702013)，有梁板 (011702014)，无梁板 (011702015)，平板 (011702016)，拱板 (011702017)，薄壳板 (011702018)，空心板 (011702019)，其他板 (011702020)，栏板 (011702021)：按模板与现浇混凝土构件的接触面积计算。工作内容包括：模板制作；模板安装、拆除、整理堆放及场内外运输；清理模板粘结物及模内杂物、刷隔离剂等。

扣除及不扣除的面积：

1) 现浇钢筋混凝土墙、板单孔面积不大于 0.3m² 的孔洞不予扣除，洞侧壁模板亦不增加；单孔面积大于 0.3m² 时应予扣除，洞侧壁模板面积并入墙、板工程量内计算。

2) 现浇框架分别按梁、板、柱有关规定计算；附墙柱、暗梁、暗柱并入墙内工程量内计算。

3) 柱、梁、墙、板相互连接的重迭部分，均不计算模板面积。

4) 构造柱按图示外露部分计算模板面积。

(2) 天沟、檐沟 (011702022)：按模板与现浇混凝土构件的接触面积计算；或者按图示外挑部分尺寸的水平投影面积计算，挑出墙外的悬臂梁及板边不另计算。工作内容包括：模板制作；模板安装、拆除、整理堆放及场内外运输；清理模板黏结物及模内杂物、刷隔离剂等。

(3) 雨篷、悬挑板、阳台板 (011702023)：按模板与现浇混凝土构件的接触面积计算。工作内容包括：模板制作；模板安装、拆除、整理堆放及场内外运输；清理模板黏结物及模内杂物、刷隔离剂等。

(4) 楼梯 (011702024)：按楼梯（包括休息平台、平台梁、斜梁和楼层板的连接梁）的水平投影面积计算，不扣除宽度小于或等于 500mm 的楼梯井所占面积，楼梯踏步、踏步板、平台梁等侧面模板不另计算，伸入墙内部分亦不增加。

工作内容包括：模板制作；模板安装、拆除、整理堆放及场内外运输；清理模板黏结物及模内杂物、刷隔离剂等。

(5) 其他现浇构件 (011702025)：按模板与现浇混凝土构件的接触面积计算。工作内容包括：模板制作；模板安装、拆除、整理堆放及场内外运输；清理模板黏结物及模内杂物、刷隔离剂等。

(6) 电缆沟、地沟 (011702026)：按模板与电缆沟、地沟接触的面积计算。工作内容包括：模板制作；模板安装、拆除、整理堆放及场内外运输；清理模板黏结物及模内杂物、刷隔离剂等。

(7) 台阶 (011702027)：按图示台阶水平投影面积计算，台阶端头两侧不另计算模板面积；架空式混凝土台阶，按现浇楼梯计算。工作内容包括：模板制作；模板安装、拆除、整理堆放及场内外运输；清理模板黏结物及模内杂物、刷隔离剂等。

(8) 扶手 (011702028)：按模板与扶手的接触面积计算。工作内容包括：模板制作；模板安装、拆除、整理堆放及场内外运输；清理模板黏结物及模内杂物、刷隔离剂等。

(9) 散水 (011702029)：按模板与散水的接触面积计算。工作内容包括：模板制作；模板安装、拆除、整理堆放及场内外运输；清理模板黏结物及模内杂物、刷隔离剂等。

(10) 后浇带 (011702030)：按模板与后浇带的接触面积计算。工作内容包括：模板制作；模板安装、拆除、整理堆放及场内外运输；清理模板黏结物及模内杂物、刷隔离剂等。

(11) 化粪池 (011702031)、检查井 (011702032)：按模板与混凝土接触面积计算。工作内容包括：模板制作；模板安装、拆除、整理堆放及场内外运输；清理模板黏结物及模内杂物、刷隔离剂等。

3. *垂直运输* (011703)

垂直运输：①按建筑面积计算；②按施工工期日历天数计算。

垂直运输 (011703001) 工作内容包括：垂直运输机械的固定装置、基础制作、安装；行走式垂直运输机械轨道的铺设、拆除、摊销。

注意：

(1) 建筑物的檐口高度是指设计室外地坪至檐口滴水的高度（平屋顶系指屋面板底高度），突出主体建筑物屋顶的电梯机房、楼梯出口间、水箱间、瞭望塔、排烟机房等不计入檐口高度。

(2) 垂直运输指施工工程在合理工期内所需垂直运输机械。

(3) 同一建筑物有不同檐高时，按建筑物的不同檐高做纵向分割，分别计算建筑面积，以不同檐高分别编码列项。

4. *超高施工增加* (011704)

超高施工增加按建筑物超高部分的建筑面积计算。

超高施工增加 (011704001)，工作内容包括：建筑物超高引起的人工工效降低以及由于人工工效降低引起的机械降效；高层施工用水加压水泵的安装、拆除及工作台班；通讯联络设备的使用及摊销。

注意：

(1) 单层建筑物檐口高度超过 20m，多层建筑物超过 6 层时，可按超高部分的建筑面积计算超高施工增加。计算层数时，地下室不计入层数。

(2) 同一建筑物有不同檐高时，可按不同高度的建筑面积分别计算建筑面积，以不同檐高分别编码列项。

5. *大型机械设备进出场及安拆* (011705)

大型机械设备进出场及安拆按使用机械设备的数量计算，以台次计量。

安拆费包括：施工机械、设备在现场进行安装拆卸所需人工、材料、机械和试运转费用以及机械辅助设施的折旧、搭设、拆除等费用。进出场费包括：施工机械、设备整体或分体自停放地点运至施工现场或由一施工地点运至另一施工地点所发生的运输、装卸、辅助材料等费用。

6. 施工排水、降水（011706）

（1）成井（011706001）：按设计图示尺寸以钻孔深度计算。工作内容包括：准备钻孔机械、埋设护筒、钻机就位；泥浆制作、固壁；成孔、出渣、清孔等；对接上、下井管（滤管），焊接，安放，下滤料，洗井，连接试抽等。

（2）排水、降水（011707002）：按排、降水日历天数计算。工作内容包括：管道安装、拆除，场内搬运等；抽水、值班、降水设备维修等。

7. 安全文明施工及其他措施项目（011707）

（1）安全文明施工（011707001）。安全文明施工费是指工程施工期间按照国家现行的环境保护、建筑施工安全、施工现场环境与卫生标准和有关规定，购置和更新施工安全防护用具及设施、改善安全生产条件和作业环境所需要的费用。

工作内容包括：

1）环境保护包含范围：现场施工机械设备降低噪声、防扰民措施费用；水泥和其他易飞扬细颗粒建筑材料密闭存放或采取覆盖措施等费用；工程防扬尘洒水费用；土石方、建渣外运车辆冲洗、防洒漏等费用；现场污染源的控制、生活垃圾清理外运、场地排水排污措施的费用；其他环境保护措施费用。

2）文明施工包含范围："五牌一图"的费用；现场围挡的墙面美化（包括内外粉刷、刷白、标语等）、压顶装饰费用；现场厕所便槽刷白、贴面砖，水泥砂浆地面或地砖费用，建筑物内临时便溺设施费用；其他施工现场临时设施的装饰装修、美化措施费用；现场生活卫生设施费用；符合卫生要求的饮水设备、淋浴、消毒等设施费用；生活用洁净燃料费用；防煤气中毒、防蚊虫叮咬等措施费用；施工现场操作场地的硬化费用；现场绿化费用、治安综合治理费用；现场配备医药保健器材、物品费用和急救人员培训费用；用于现场工人的防暑降温费、电风扇、空调等设备及用电费用；其他文明施工措施费用。

3）安全施工包含范围：安全资料、特殊作业专项方案的编制，安全施工标志的购置及安全宣传的费用；"三宝"（安全帽、安全带、安全网）、"四口"（楼梯口、电梯井口、通道口、预留洞口）、"五临边"（阳台围边、楼板围边、屋面围边、槽坑围边、卸料平台两侧），水平防护架、垂直防护架、外架封闭等防护的费用；施工安全用电的费用，包括配电箱三级配电、两级保护装置要求、外电防护措施；起重机、塔吊等起重设备（含井架、门架）及外用电梯的安全防护措施（含警示标志）费用及卸料平台的临边防护、层间安全门、防护棚等设施费用；建筑工地起重机械的检验检测费用；施工机具防护棚及其围栏的安全保护设施费用；施工安全防护通道的费用；工人的安全防护用品、用具购置费用；消防设施与消防器材的配置费用；电气保护、安全照明设施费；其他安全防护措施费用。

4）临时设施包含范围：施工现场采用彩色、定型钢板，砖、混凝土砌块等围挡的安砌、维修、拆除费或摊销费；施工现场临时建筑物、构筑物的搭设、维修、拆除或摊销的费用；如临时宿舍、办公室，食堂、厨房、厕所、诊疗所、临时文化福利用房、临时仓库、加工场、搅拌台、临时简易水塔、水池等。施工现场临时设施的搭设、维修、拆除或摊销的费用。如临时供水管道、临时供电管线、小型临时设施等；施工现场规定范围内临时简易道路铺设，临时排水沟、排水设施安砌、维修、拆除；其他临时设施费搭设、维修、拆除或摊销的费用。

(2) 夜间施工（011707002）。工作内容包括：

1) 夜间固定照明灯具和临时可移动照明灯具的设置、拆除。

2) 夜间施工时，施工现场交通标志、安全标牌、警示灯等的设置、移动、拆除。

3) 包括夜间照明设备摊销及照明用电、施工人员夜班补助、夜间施工劳动效率降低等费用。

(3) 非夜间施工照明（011707003）。工作内容包括：为保证工程施工正常进行，在如地下室等特殊施工部位施工时所采用的照明设备的安拆、维护、摊销及照明用电等费用。

(4) 二次搬运（011707004）。工作内容包括：由于施工场地条件限制而发生的材料、成品、半成品等一次运输不能到达堆放地点，必须进行二次或多次搬运的费用。

(5) 冬雨季施工（011707005）。工作内容包括：

1) 冬雨（风）季施工时增加的临时设施（防寒保温、防雨、防风设施）的搭设、拆除。

2) 冬雨（风）季施工时，对砌体、混凝土等采用的特殊加温、保温和养护措施。

3) 冬雨（风）季施工时，施工现场的防滑处理、对影响施工的雨雪的清除。

4) 包括冬雨（风）季施工时增加的临时设施的摊销、施工人员的劳动保护用品、冬雨（风）季施工劳动效率降低等费用。

(6) 地上、地下设施、建筑物的临时保护设施（011707006）。工作内容包括：在工程施工过程中，对已建成的地上、地下设施和建筑物进行的遮盖、封闭、隔离等必要保护措施所发生的费用。

(7) 已完工程及设备保护（011707007）。工作内容包括：对已完工程及设备采取的覆盖、包裹、封闭、隔离等必要保护措施。

措施项目工程工程量清单编制时应注意以下共性问题：

1) 在编制清单项目时，当列出了综合脚手架项目时，不得再列出单项脚手架项目。综合脚手架是针对整个房屋建筑的土建和装饰装修部分。

2) 临时排水沟、排水设施安砌、维修、拆除，已包含在安全文明施工中，不包括在施工排水、降水措施项目。

3) 表 S.7“安全文明施工及其他措施项目”与其他项目的表现形式不同，没有项目特征，也没有“计量单位”和“工程量计算规则”，取而代之的是该措施项目的“工作内容及包含范围”，在使用时充分分析其工作内容和包含范围，根据工程的实际情况进行科学、合理、完整地计量。未给出固定的计量单位，以便于根据工程特点灵活使用。

第三节　建筑与装饰工程工程量清单编制实例

一、招标文件

青蓝小学办公楼建筑与装饰工程施工招标文件摘要如下所示。

第二章　投标人须知

投标人须知前附表

条款号	条款名称	编列内容
1.1.2	招标人	名称：青蓝小学 地址：××市××路××号 联系人：略 电话：略
1.1.3	招标代理机构	名称：××建设工程招标代理公司 地址：××市××路××号 联系人：略 电话：略
1.1.4	项目名称	青蓝小学办公楼建筑与装饰工程
1.1.5	建设地点	××市××路××号
1.2.1	资金来源及比例	财政拨款，全额
1.2.2	资金落实情况	已落实
1.3.1	招标范围	设计图纸范围内建筑与装饰工程
1.3.2	计划工期	计划工期：40日历天 计划开工日期：2013年11月1日 计划竣工日期：2013年12月10日
1.3.3	质量要求	符合国家施工验收规范标准

条款号	条款名称	编列内容
1.4.1	投标人资质条件、能力	资质条件：房屋建筑工程施工总承包三级及以上的施工企业 项目经理（建造师，下同）资格：建造师按照建筑［2008］870号文件规定执行。本工程需配备项目经理一名（资质等级为建筑工程二级及以上国家注册建造师），安全项目经理一名，安全项目经理必须经安全培训考核后任职，且必须有投标单位任命书方可上岗 财务要求：提供近3年财务报表 业绩要求：提供近3年类似工程资料 其他要求：无
1.9.1	踏勘现场	☑不组织 □组织，踏勘时间： 踏勘集中地点：
1.10.1	投标预备会	☑不召开 □召开，召开时间： 召开地点：
1.10.2	投标人提出问题的截止时间	2013 年 7 月 30 日 15 时前
1.10.3	招标人书面澄清的时间	2013 年 8 月 3 日 15 时
1.11	偏离	☑不允许 □允许
2.1	构成招标文件的其他材料	
2.2.1	投标人要求澄清招标文件的截止时间	2013 年 7 月 30 日 15 时前
2.2.2	投标截止时间	2013 年 8 月 22 日 15 时 00 分
2.2.3	投标人确认收到招标文件澄清的时间	收到该澄清文件后3日内以书面形式给予确认
2.3.2	投标人确认收到招标文件修改的时间	收到该修改文件后3日内以书面形式给予确认
3.1.1	构成投标文件的其他材料	无
3.2.3	最高投标限价或其计算方法	见招标控制价
3.3.1	投标有效期	60天
3.4.1	投标保证金	□不要求递交投标保证金 ☑要求递交投标保证金 投标保证金的形式：支票 投标保证金的金额：人民币 贰 万元整
3.5.2	近年财务状况的年份要求	3 年
3.5.3	近年完成的类似项目的年份要求	3 年

条款号	条款名称	编列内容
3.6.3	签字或盖章要求	标准施工招标文件提供的投标文件格式中所有需签字、盖章的部分应有投标人的单位盖章和法定代表人或其委托代理人签字或盖章
3.6.4	投标文件副本份数	4 份
3.6.5	装订要求	胶装
4.1.2	封套上应载明的信息	招标人地址：××市××路××号 招标人名称：青蓝小学 青蓝小学办公楼建筑与装饰工程投标文件 在2013 年8 月 22 日 15 时 00 分前不得开启
4.2.2	递交投标文件地点	××市建设工程交易中心二楼第三会议室
4.2.3	是否退还投标文件	☑否 □是
5.1	开标时间和地点	开标时间：同投标截止时间 开标地点：××市建设工程交易中心二楼第三会议室
5.2	开标程序	密封情况检查：由投标人代表检查 开标顺序：**按照递交投标文件的逆顺序**
6.1.1	评标委员会的组建	评标委员会构成：5 人，其中招标人代表 1 人，专家 4 人 评标专家确定方式：随机抽取
7.1	是否授权评标委员会确定中标人	☑是 □否，推荐的中标候选人数：
7.2	中标候选人公示媒介	××省公共资源交易信息网
7.4.1	履约担保	履约担保的形式：银行履约保函 履约担保的金额：5 万元
9	需要补充的其他内容	
10	电子招标投标	□否 ☑是，具体要求：按现行市文件执行
……		……

1 总 则

1.1 项目概况

1. 现场施工条件

(1) 建设用地面积总用地面积约 300m²。

(2) 场地拆迁及平整情况已完成 。

(3) 施工用水、电已具备。

(4) 有关勘探资料地质勘探已结束。

(5) 其他建设场地交通运输较为方便，施工中建筑材料与构配件均可经城市道路直接运进工地。

2. 建筑面积：300.00m²

3. 工程结构、建筑概况

(1) 工程结构概况：

结构形式：框架＋砖混结构。

基础类别：钢筋混凝土独立基础＋钢筋混凝土条形基础。

墙体类别：标准砖内、外墙。

楼、屋盖类别：现浇钢筋混凝土楼板及屋面板。

(2) 工程建筑概况：

楼地面：花岗岩石材地面——门厅及接待室，地砖地面——其他。

墙面：内墙面——白色乳胶漆：外墙面——苯丙乳胶漆。

天棚：纸面石膏板吊顶——门厅及接待室；白色乳胶漆顶棚——其他。

屋面：刚性防水屋面（有保温层）。

门窗：铝合金窗；胶合板门，榉木板面层刷聚氨酯 3 遍。

1.2～1.4（略）

1.5 费用承担

投标人准备和参加投标活动发生的费用自理。

2. 招标文件（略）

3. 投标报价

3.1 投标报价的组成（略）

3.2 投标报价

1. 投标报价应是招标文件所确定的招标范围内的全部工作内容的价格体现。其应包括施工设备、劳务、管理、材料、安装、维护、利润、税金及政策性文件规定的各项应有费用。

2. 投标报价的计价方法按《建设工程工程量清单计价规范》(GB 50500—2013) 执行。

3. 可参考的工程计价表和有关文件：江苏省相关工程计价表《江苏省建筑与装饰工程计价表》(2004)、《江苏省建设工程工程量清单计价项目指引》等。

4. 投标报价编制要求

(1) 投标人应根据招标人所提供的工程量清单进行报价，工程量清单中子目和数量不得增减，并自行考虑风险系数进行投标报价，投标报价应包含完成招标文件提供的工程量清单的全部内容。

(2) 材料由投标人自购，其规格、技术指标、质量等级必须满足相关技术规范要求，采购前需报监理及业主确认后进行，价格执行投标价格，结算时不予调整。

(3) 投标人可以对工程施工现场和周围环境进行勘察，以获取编制投标文件和签署合同所需的所有资料，并在在投标中充分考虑一切可能会影响工程造价、质量、进度的因素，中标单位不得以建筑结构复杂以及不完全了解现场情况为借口，向招标人提出费用和（或）工期的索赔要求，结算不予调整。

(4) 合同工期执行中标单位投标函中自报工期，中标单位必须在约定工期内完成所有工程的施工。具体条款执行合同专用条款第 35.2 条。

(5) 本工程质量标准为建筑工程统一验收标准。

其他略。

招标单位：青蓝小学

招标代理单位：××建设工程招标代理公司

二〇一三年七月十八日

二、工程量清单编制

(一) 建筑工程工程量清单

青蓝小学办公楼建筑与装饰工程

招标工程量清单

招　标　人：　青蓝小学
(单位签字盖章)

造价咨询人：　××造价咨询有限公司
(单位签字盖章)

2013年8月5日

青蓝小学办公楼建筑与装饰工程

招标工程量清单

招 标 人：青蓝小学
（单位签字盖章）

工程造价咨询人：××造价咨询有限公司
（单位签字盖章）

法定代表人
或其授权人：李××
（单位签字盖章）

法定代表人
或其授权人：王××
（单位签字盖章）

编制人：张××
（造价人员签字盖专用章）

复核人：于××
（造价人员签字盖专用章）

编制时间：2013-08-05

编制时间：2013-08-05

总 说 明

工程名称：青蓝小学办公楼建筑与装饰工程　　　　第 页 共 页

1. 工程概况

本工程建筑面积300.00m²，建筑层数二层，檐口高度7.20 m；框架+砖混结构，基础为钢筋混凝土独立基础+钢筋混凝土条形基础，墙体为标准砖内、外墙，楼、屋盖为现浇钢筋混凝土楼板及屋面板；门厅及接待室为花岗岩石材地面，纸面石膏板吊顶；其他为地砖地面，白色乳胶漆顶棚；内墙面为白色乳胶漆，外墙面为苯丙乳胶漆，屋面为刚性防水（有保温层）屋面，门窗为铝合金窗、胶合板贴榉木切片板门。

2. 招标范围：青蓝小学办公楼建筑与装饰工程

3. 工程质量及工期要求

质量：符合国家施工验收规范标准。

工期：执行国家工期定额。

4. 工程量清单编制依据

(1) ××设计院设计的青蓝小学办公楼建筑与装饰工程施工图。

(2) 青蓝小学办公楼建筑与装饰工程施工招标文件。

(3)《建设工程工程量清单计价规范》(GB 50500—2013)。

(4) 其他相关资料。

5. 其他说明事项

(1) 暂列金额为：5000元。

(2) 本工程现浇混凝土及钢筋混凝土模板及支撑（架）不单列，按混凝土及钢筋混凝土实体项目执行，综合单价中应包含模板及支撑（架）。

(3) 本工程挖基础土方清单工程量不含工作面和放坡增加的工程量，按《房屋建筑与装饰工程工程量计算规范》的计算规则计算。

表 8-5　**分部分项工程和单价措施项目清单与计价表**

工程名称：青蓝小学办公楼建筑与装饰工程　　标段：　　第　页　共　页

序号	项目编码	项目名称	项目特征描述	计量单位	工程量	金额（元）		
						综合单价	合价	其中：暂估价
			土石方工程					
1	010101001001	平整场地	土壤类别：三类干土　弃、取土运距：由投标人根据施工现场实际情况自行考虑	m²	150.00			
2	010101002001	挖土方	三类干土，运距 30m	m³	3.92			
3	010101003001	挖沟槽土方	三类干土，带形基础，垫层底宽 700～800mm，H＝0.75m，运距 5m	m³	39.85			
4	010101004001	挖基坑土方	三类干土，独立基础，垫层底面积 1.36～2.89m²，H＝0.75m，运距 5m	m³	12.76			
5	010103001001	基础土方回填	三类干土，夯填	m³	17.93			
6	010103001002	室内土方回填	三类干土，夯填	m³	38.60			
			砌筑工程					
7	010401001001	砖基础	MU10 黏土砖，带形基础，H＝0.65m，M5 水泥砂浆砌筑	m³	12.67			
8	010401003001	实心砖墙	MU10 甲级标准砖一砖外墙，H＝2.8～3.36m，M5 混合砂浆砌筑	m³	54.67			
9	010401003002	实心砖墙	MU10 甲级标准砖屋面一砖墙，H＝0.78m，M5 混合砂浆砌筑	m³	8.32			
10	010401003003	实心砖墙	MU10 甲级标准砖一砖内墙，H＝3.00～3.36m，M5 混合砂浆砌筑	m³	53.26			
11	010401003004	实心砖墙	MU10 甲级标准砖 1/2 砖内墙，H＝3.20～3.50m，M5 混合砂浆砌筑	m³	1.69			
			混凝土及钢筋混凝土工程					
12	010501001001	垫层	混凝土强度等级：C10	m³	7.14			
13	010501003001	独立基础	混凝土强度等级：C20 混凝土，碎石粒径 40mm，水泥 32.5 级	m³	5.67			
14	010502001001	矩形柱	H＝7.82m，截面尺寸 400×300，C25 现浇钢筋混凝土，碎石粒径 5～31.5mm	m³	3.75			
15	010502001002	矩形柱	H＝7.82m，截面尺寸 300×300，C25 现浇钢筋混凝土，碎石粒径 5～31.5mm	m³	2.82			

续表

序号	项目编码	项目名称	项目特征描述	计量单位	工程量	金额（元）		
						综合单价	合价	其中：暂估价
16	010502002001	构造柱	H：－0.65～7.98m，截面尺寸240×240，C25现浇钢筋混凝土，碎石粒径5～20mm	m^3	8.53			
17	010503001001	基础梁	混凝土强度等级：C20混凝土，碎石粒径40mm水泥32.5级	m^3	17.72			
18	010503002001	矩形梁	LL－1：梁底标高2.7m，截面250×350，YPL－2：梁底标高2.1m，截面240×240，LL－1（C）：梁底标高6.0m，截面250×350，C20现浇钢筋混凝土单梁，碎石粒径5～31.5mm	m^3	2.03			
19	010503004001	圈梁	梁底标高3.45～7.05m，截面240×240，C20现浇钢筋混凝土，碎石粒径5～20mm	m^3	2.54			
20	010503005001	过梁	梁底标高一层：2.100～2.400m，二层：5.700～6.000m，截面240×240，C20现浇钢筋混凝土，碎石粒径5～20mm	m^3	1.96			
21	010505001001	有梁板	板底标高3.47m，板厚100，C20现浇钢筋混凝土，碎石粒径5～20mm	m^3	15.04			
22	010505001002	有梁板	板底标高3.47m，板厚80，C20现浇钢筋混凝土，碎石粒径5～20mm	m^3	0.94			
23	010505001003	有梁板	板底标高7.07m，板厚100，C20现浇钢筋混凝土，碎石粒径5～20mm	m^3	15.94			
24	010505003001	平板	板底标高3.47m，板厚100，C20现浇钢筋混凝土，碎石粒径5～20mm	m^3	3.55			
25	010505003002	平板	板底标高7.07m，板厚100，C20现浇钢筋混凝土，碎石粒径5～20mm	m^3	6.19			
26	010505008001	雨篷、阳台板	C20现浇钢筋混凝土，碎石粒径5～20mm	m^3	3.70			
27	010506001001	直形楼梯	C25现浇钢筋混凝土，碎石粒径5～20mm	m^2	8.68			
28	010507001001	散水、坡道	道渣垫层厚40～80，1∶2水泥砂浆面层厚20，C15现浇混凝土，碎石粒径5～40mm	m^2	22.92			

续表

序号	项目编码	项目名称	项目特征描述	计量单位	工程量	金额（元）		
						综合单价	合价	其中：暂估价
29	010507005001	扶手、压顶	YP－1 压顶 350×100，C20 现浇钢筋混凝土，碎石粒径 5～20mm	m	14.30			
30	010507005002	扶手、压顶	屋面压顶 240×120，C20 现浇钢筋混凝土，碎石粒径 5～20mm	m	48.04			
31	010507007001	其他构件	YP－1 上小方柱 200×100×200，C20 现浇钢筋混凝土，碎石粒径 5～20mm	m^3	0.056			
32	010515001001	现浇混凝土钢筋	ϕ12mm 以内	t	3.292			
33	010515001002	现浇混凝土钢筋	ϕ12mm 以外	t	5.41			
34	010516002001	预埋铁件	楼梯踏步，100×100×8	t	0.022			
			门窗工程					
35	010801001001	木质门	无腰单扇平开门，框截面：55×100，单扇面积：1000×2100，榉木板面层，聚氨酯 3 遍，门碰各 1 个	樘	8.00			
36	010801006001	门锁安装	执手锁	套	8.00			
37	010802001001	金属（塑钢）门	金属地弹门，铝合金有上亮四扇；洞口尺寸 3000×2700，购入成品安装，地弹簧 4 个，门锁 3 把，铝合金拉手 4 对	樘	1.00			
38	010802001002	金属（塑钢）门	塑钢门，平开无亮，洞口尺寸 800×2100，购入成品安装，门吸门阻 2 个，执手锁 2 把，插销 3 副	樘	5.00			
39	010802004001	防盗门	钢防盗门（成品，含安装）	樘	1.00			
40	010807001001	金属（塑钢、断桥）窗	金属推拉窗，铝合金双扇，洞口尺寸 1800×1500，购入成品安装	樘	4.00			
41	010807001002	金属（塑钢、断桥）窗	金属推拉窗，铝合金双扇，洞口尺寸 1500×1500，购入成品安装	樘	1.00			
42	010807001003	金属（塑钢、断桥）窗	金属推拉窗，铝合金六扇，洞口尺寸 3360×1500，购入成品安装	樘	1.00			
43	010807001004	金属（塑钢、断桥）窗	金属推拉窗，铝合金六扇，洞口尺寸 3520×1500，购入成品安装	樘	2.00			

续表

序号	项目编码	项目名称	项目特征描述	计量单位	工程量	金额（元）		
						综合单价	合价	其中：暂估价
44	010807001005	金属（塑钢、断桥）窗	金属平开窗，铝合金单扇，洞口尺寸 600×1500，购入成品安装	樘	4.00			
45	010807001006	金属（塑钢、断桥）窗	金属固定窗，铝合金框，洞口尺寸 3520×2300，购入成品安装	樘	2.00			
			屋面及防水工程					
46	010902003001	屋面刚性层	40 厚 C20 细石混凝土，内配 ϕ4@150 双向钢筋	m^2	207.71			
47	010902004001	屋面排水管	PVC 落水管 D100，铸铁落水口，PVC 雨水斗	m	37.64			
			保温、隔热、防腐工程					
48	011001001001	保温隔热屋面	25 厚聚苯乙烯泡沫板	m^2	138.47			
			楼地面装饰工程					
49	011101006001	平面砂浆找平层	屋面找平层 20 厚，1∶3 水泥砂浆	m^2	207.71			
50	011102001001	石材楼地面	花岗岩地面，80 厚 C10 混凝土垫层，刷素水泥浆 1 道，30 厚干硬性水泥砂浆结合层，20 厚 800×800 花岗岩面层	m^2	78.58			
51	011102003001	块料楼地面	地砖地面，100 厚 C10 混凝土垫层，刷素水泥砂浆 0 道，20 厚 1∶3 水泥砂浆、5 厚 1∶2 水泥砂浆结合层，10 厚 400×400 地砖面层	m^2	44.28			
52	011102003002	块料楼地面	陶瓷防滑地砖地面，80 厚 C10 混凝土垫层，C20 细石混凝土找 0.5% 坡（最薄处 20mm 厚），15 厚 1∶2 水泥砂浆找平，1.5 厚聚氨酯防水涂料，25 厚 1∶3 水泥砂浆结合层，300×300×10 地砖面层	m^2	7.44			
53	011102003003	块料楼地面	地砖楼面，刷素水泥砂浆 1 道，20 厚 1∶3 水泥砂浆、5 厚 1∶2 水泥砂浆结合层，10 厚 400×400 地砖面层	m^2	113.09			
54	011102003004	块料楼地面	陶瓷防滑地砖楼面，20 细石混凝土找 0.5% 坡（最薄处 20mm 厚），15 厚 1∶2 水泥砂浆找平，25 厚 1∶3 水泥砂浆结合层，300×300 地砖面层	m^2	7.34			

续表

序号	项目编码	项目名称	项目特征描述	计量单位	工程量	金额（元）		
						综合单价	合价	其中：暂估价
55	011105002001	石材踢脚线	花岗岩踢脚，高 150mm，做法详见 J01—2005（5/4）	m²	6.71			
56	011105003001	块料踢脚线	地砖踢脚，高 150mm，做法详见 J01—2005（7/4）	m²	21.65			
57	011106002001	块料楼梯面层	楼梯地砖，刷素水泥砂浆 1 道，20 厚 1：3 水泥砂浆、5 厚 1：2 水泥砂浆结合层，300×300 同质地砖面层	m²	8.97			
58	011107001001	石材台阶面	石材台阶面，素土夯实，80 厚 1：1 砂石垫层，100 厚 C15 混凝土，素水泥浆 1 道，30 厚 1：3 水泥砂浆结合层，20 厚花岗岩面层	m²	13.68			
			墙、柱面装饰与隔断、幕墙工程					
59	011201001001	墙面一般抹灰	砖内墙面，12 厚 1：1：6 水泥石灰膏砂浆打底，5 厚 1：0.3：3 水泥石灰膏砂浆粉面	m²	640.47			
60	011201001002	墙面一般抹灰	砖外墙面，12 厚 1：3 水泥砂浆打底，6 厚 1：2.5 水泥砂浆粉面	m²	285.51			
61	011201001003	墙面一般抹灰	女儿墙内侧面，12 厚 1：3 水泥砂浆打底，8 厚 1：2.5 水泥砂浆粉面	m²	36.72			
62	011202001001	柱、梁面一般抹灰	12 厚 1：1：6 水泥石灰膏砂浆打底，5 厚 1：0.3：3 水泥石灰膏砂浆粉面	m²	165.16			
63	011203001001	零星项目一般抹灰	女儿墙压顶，12 厚 1：3 水泥砂浆打底，6 厚 1：2.5 水泥砂浆粉面	m²	23.06			
64	011204003001	块料墙面	卫生间内墙，12 厚 1：3 水泥砂浆打底，5 厚 1：1 水泥细砂结合层，8 厚地砖素水泥擦缝，J01—2005（7/4）	m²	43.89			
			天棚工程					
65	011301001001	天棚抹灰	现浇混凝土基层，刷素水泥浆 1 道，6 厚 1：0.3：3 水泥石灰膏砂浆打底，6 厚 1：0.3：3 水泥石灰膏砂浆粉面	m²	183.18			

续表

序号	项目编码	项目名称	项目特征描述	计量单位	工程量	金额（元）		
						综合单价	合价	其中：暂估价
66	011301001002	天棚抹灰	楼梯底面，现浇混凝土基层，刷素水泥浆1道，6厚1：0.3：3水泥石灰膏砂浆打底，6厚1：0.3：3水泥石灰膏砂浆粉面	m^2	11.20			
67	011301001003	天棚抹灰	雨篷抹灰，现浇混凝土基层，刷素水泥浆1道，12厚1：3水泥砂浆打底，6厚1：2.5水泥砂浆粉面	m^2	63.00			
68	011302001001	吊顶天棚	装配式U形（不上人形）轻钢龙骨，石膏板面层，规格600×600	m^2	77.38			
			油漆、涂料、裱糊工程					
69	011406001001	抹灰面油漆	乳胶漆内墙面，在抹灰面上批混合腻子、刷乳胶漆2遍	m^2	702.35			
70	011406001002	抹灰面油漆	乳胶漆天棚，在抹灰面上批混合腻子、刷乳胶漆2遍	m^2	183.18			
71	011406001003	抹灰面油漆	雨篷底，在抹灰面上批混合腻子、刷乳胶漆2遍	m^2	19.35			
72	011406001004	抹灰面油漆	楼梯底，在抹灰面上批混合腻子、刷乳胶漆2遍	m^2	11.20			
73	011406001005	抹灰面油漆	石膏板天棚封油、满批腻子2遍，刷乳胶漆2遍	m^2	77.38			
74	011406001006	抹灰面油漆	外墙抹灰面上刷苯丙乳胶漆2遍	m^2	356.91			
75	011406001007	抹灰面油漆	雨篷抹灰面上刷苯丙乳胶漆2遍	m^2	25.64			
			其他装饰工程					
76	011503001001	金属扶手带栏杆、栏板	金属扶手带栏杆，不锈钢扶手ϕ25、不锈钢栏杆ϕ70	m	8.16			
			措施项目					
77	011701001001	脚手架	砖混结构，檐口高度7.20 m	m^2	300			
78	011703001001	垂直运输机械	砖混结构，檐口高度7.20 m，二层	m^2	300			

表 8-6　　**总价措施项目清单与计价表**

工程名称：青蓝小学办公楼建筑与装饰工程　　标段：　　第　页　共　页

序号	项目编码	项目名称	计算基础	费率（%）	金额（元）	调整费率（%）	调整后金额（元）	备注
1	011707001001	安全文明施工						
2	011707002001	夜间施工						
3	011707005001	冬雨季施工						
4	011707007001	已完工程及设备保护						
		合计						

表 8-7　　**其他项目清单与计价汇总表**

工程名称：青蓝小学办公楼建筑与装饰工程　　标段：　　第　页　共　页

序号	项目名称	金额（元）	结算金额（元）	备注
1	暂列金额：	5000		
2	暂估价			
2.1	材料（工程设备）暂估价			
2.2	专业工程暂估价			
3	计日工			
4	总承包服务费			
	合计	5000		

（二）工程量计算式

表 8-8　　**建筑与装饰工程分部分项工程量计算表**

序号	项目编码	项目名称	工程量计算式	单位	数量
		土石方工程			
1	010101001001	平整场地，三类干土，弃土运距 5m	按设计图示尺寸以建筑物首层面积计算： (11.76＋0.24)×(12.26＋0.24)＝150.00(m²)	m²	150.00
2	010101002001	取土回填，运距 50m	挖土体积-回填土体积 (12.76＋39.30＋0.55)－(17.93＋38.60)＝52.61－56.53＝－3.92(m³)	m³	－3.92
3	010101003002	挖沟槽土方，三类干土，基础梁，垫层底宽 700～800mm，弃土运距 5m 以内	按图示尺寸以基础垫层底面积乘以挖土深度计算： DL－1：带形基础，垫层底宽 700mm，H＝0.75m 1 轴：5.16×(0.50＋0.10×2)×(1.2－0.45)＝2.71(m³) 2 轴：[3.80－(0.50＋0.10×2)/2]×(0.50＋0.10×2)×(1.2×0.45)＝1.81(m³) 5、7 轴：[3.80－(0.50＋0.10×2)]×(0.50＋0.10×2)×(1.2×0.45)×2＝3.26(m³) 8 轴：5.16×(0.50＋0.10×2)×(1.2－0.45)＝2.71(m³) A 轴：11.76×(0.50＋0.10×2)×(1.2? 0.45)＝6.17(m³) C 轴：[9.16－(0.5/2＋0.10)]×(0.50＋0.10×2)×(1.2×0.45)＝4.625(m³)	m³	39.85

续表

序号	项目编码	项目名称	工程量计算式	单位	数量
3	010101003002	挖沟槽土方，三类干土，基础梁，垫层底宽 700～800mm，弃土运距 5m 以内	D 轴：[11.76－0.60－0.10×2－(1.50＋0.10×2)×2]×(0.50＋0.10×2)×(1.2－0.45)＝3.97(m^3) G 轴：[11.76－(1.50＋0.10×2)×2]×(0.50＋0.10×2)×(1.2－0.45)＝4.39(m^3) DL－1 小计：29.27m^3 DL－2：带形基础，垫层底宽 800mm，H＝0.75m 1 轴：[7.10－(0.6＋0.1×2)×2]×(0.60＋0.10×2)×(1.2－0.45)＝3.30(m^3) 6 轴：[7.10－(1.5＋0.1×2)]×(0.60＋0.10×2)×(1.2－0.45)＝3.24(m^3) 8 轴：[7.10－(0.6＋0.1×2)×2]×(0.60＋0.10×2)×(1.2－0.45)＝3.30(m^3) DL－2 小计：9.84 m^3 DL－3：带形基础，垫层底宽 350mm，H＝0.55m 3 轴：[1.5－(0.5＋0.1×2)/2－(0.15＋0.10×2)/2]×(0.15＋0.10×2)×(0.20＋0.25＋0.10)＝0.19(m^3) DL－4：带形基础，垫层底宽 350mm，H＝0.60m B 轴：[2.40－(0.50＋0.10×2)]×(0.15＋0.10×2)×(0.20＋0.30＋0.10)＝0.36(m^3) 合计：39.66m^3	m^3	39.85
4	010101004001	挖基坑土方，三类干土，独立基础，垫层底面积 1.36～2.89m^2 H＝0.75m 弃土运距 5m 以内	按图示尺寸以基础垫层底面积乘以挖土深度计算 J－1： D 轴：$(1.50＋0.10×2)^2$× (1.2－0.45) ×2＝4.34(m^3) G 轴：$(1.50＋0.10×2)^2$× (1.2－0.45) ×2＝4.34(m^3) J－2： 1 轴：(1.50＋0.10×2)×(0.6＋0.10×2)×2×(1.2－0.45)＝2.04(m^3) 8 轴：(1.50＋0.10×2)×(0.6＋0.10×2)×2×(1.2－0.45)＝2.04(m^3) 合计：12.76m^3	m^3	12.76
5	010103001001	基础土方回填，三类干土，人工夯填，运距 5m	挖方体积减去设计室外地坪以下埋设的基础体积（包括基础垫层及其他构筑物）计算： 基坑回填＝挖土体积－垫层体积－混凝土基础体积－砖基体积－室外地坪以下柱体积 ＝52.61－(5.23＋0.09＋1.70)^{垫层}－(17.39＋0.04＋0.09＋5.67)^{混凝土基础}－4.10^{砖基}－(0.10＋0.07)^{柱}－(0.072^{L型}×5^{个}＋0.0792^{T型}×8^{个})×0.20＝17.93(m^3)	m^3	17.93
6	010103001002	室内土方回填，三类干土，人工夯填，运距 5m	主墙间净面积乘以回填厚度 门厅： (7.76－0.24)×(7.1－0.24)×(0.45－0.08－0.03－0.02)＝16.51(m^3) 接待室： (4.0－0.24)×(7.1－0.24)×(0.45－0.08－0.03－0.02)＝8.25(m^3) 办公室 1、2： [(3.4－0.24)×(3.8－0.24)＋(3.36－0.24)×(3.8－0.24)]×(0.45－0.1－0.025－0.01)＝7.04(m^3)	m^3	38.60

续表

序号	项目编码	项目名称	工程量计算式	单位	数量
6	010103001002	室内土方回填，三类干土，人工夯填，运距 5m	过道： [(11.76－0.24)×(1.36－0.24)－(0.40－0.24)×0.30×2]×(0.45－0.1－0.025－0.01)＝4.03(m^3) 卫生间：回填与高差抵消不算。 楼梯间： 1～2 轴：(3.80－0.24－2.40)×(2.60－0.24)×(0.45－0.1－0.025－0.01)＝0.86(m^3) 坡道：$[2.40^2+(2.40/8)^2]^{1/2}$×(2.60－0.24)×(0.45－0.1－0.025－0.01)＝1.80(m^3) 合计：38.60m^3	m^3	38.60
		砌筑工程			
7	010401001001	砖基础，MU10 黏土砖，带形基础，H＝0.65m，M5 水泥砂浆砌筑	按设计图示尺寸以体积计算。包括附墙垛基础宽出部分体积，扣除地梁（圈梁）、构造柱所占体积，不扣除基础大放脚 T 形接头处的重叠部分即基础内的钢筋、铁件、管道、基础砂浆防潮层和单个面积在 0.3m^2 以内的空洞所占体积，暖气沟的购的挑檐不增加。 一砖墙基础： A 轴：11.76m C 轴：11.76－2.6－0.12＝9.04（m） D 轴：11.76－0.24－0.3×2＝10.92（m） G 轴：11.76－0.3×2＝11.16（m） 1、8 轴：(12.26－0.3×2）×2＝23.32（m） 2 轴：3.80－0.12＝3.68（m） 5、7 轴：(3.8－0.24）×2＝7.12（m） 6 轴：7.1－0.40＝6.70（m） 小计：(11.76＋9.04＋10.92＋11.16＋23.32＋3.68＋7.12＋6.70）×0.24×0.65＝13.06（m^3） 1/2 砖墙基础： B 轴：2.4－0.24＝2.16（m） 3 轴：1.50－0.12－0.06＝1.32（m） 小计： (2.16＋1.32)×0.115×0.65＝0.26(m^3) ±0.00 以下构造柱体积 ($0.072^{L形}$×5个＋$0.0792^{T形}$×8个)×0.65＝0.65(m^3) 墙基合计：13.06＋0.26－0.65＝12.67（m^3） 墙基防潮层：砖基长×砖基宽度－各类柱占面积 83.72×0.24－（0.4×0.3×4＋0.3×0.3×4＋$0.072^{L形}$×5个＋$0.0792^{T形}$×8个）＋（2.16＋1.32）×0.115＝18.25＋0.4＝18.65(m^2)	m^3	12.67
8	010401003001	实心砖墙，MU10 甲级标准砖一砖外墙，H＝2.8～3.36m，M5 混合砂浆砌筑	按设计图示尺寸以体积计算。扣除门窗洞口、过人洞、空圈、嵌入墙内的钢筋混凝土柱、梁、圈梁、挑梁、过梁及凹进墙内的壁龛、管槽、暖气槽、消火栓箱所占体积。不扣除梁头、板头、榛头、垫木、木楞头、沿缘木、木砖、门窗走头、砖墙内加固钢筋、木筋、铁件、钢管及单个面积在 0.3m^2 以内的空洞所占体积。凸出墙面的腰线、挑檐、压顶、窗台线、虎头砖、门窗套的体积也不增加。凸出墙面的砖垛并入墙体体积计算。 1. 墙长度：外墙按中心线 2. 外墙高度：平屋面算至钢筋混凝土板底 一层：层高 3.6m	m^3	54.67

续表

序号	项目编码	项目名称	工程量计算式	单位	数量
8	010401003001	实心砖墙，MU10甲级标准砖一砖外墙，H=2.8～3.36m，M5混合砂浆砌筑	1、8轴A～D轴：[5.16－(0.24＋0.03×2)^{构造柱}]×(3.60－0.24^{QL})×0.24×2－(0.24＋0.03×2)^{构造柱}×(3.60－0.24^{QL})×0.24＝7.60(m^3) 1、8轴D～G轴：[(7.10－0.30×2^{Z-1}－(0.24＋0.03×2^{构造柱})]×(3.60－0.35^{LL-2})×0.24×2＝9.68(m^3) A轴：[11.76－(0.24×4＋0.03×8)^{构造柱}]×(3.6－0.24)×0.24－(1.00×2.10^{M4}＋0.60×1.50×2^{C3}＋1.8×1.5×2^{C2}＋2.00×0.24^{YP-2})×0.24＝6.17(m^3) G轴：[11.76－(0.24＋0.03×2)－0.30×2]×(3.6－0.45^{YPL}－0.35^{LL-1})×0.24－(3.00×2.70^{M1}＋3.52×2.30×2^{C1})×0.24＝1.47(m^3) 一层小计：7.60＋9.68＋6.17＋1.47＝24.92（m^3） 二层：层高3.6m 1、8轴A～D轴：同一层的7.60m^3 1、8轴D～G轴：[(7.10－0.30×2^{Z-1}－(0.24＋0.03×2^{构造柱})]×(3.60－0.35^{LL-2})×0.24×2＝9.68(m^3) A轴：[11.76－(0.24×4＋0.03×8)^{构造柱}]×(3.6－0.24)×0.24－(0.60×1.50×2^{C3}＋1.8×1.5×2^{C2}＋1.50×1.50^{C5})×0.24＝6.25(m^3) G轴：[11.76－(0.24＋0.03×2)－0.30×2]×(3.6－0.35^{LL-1})×0.24－(3.36×1.5^{C4}＋3.52×1.50×2^{C6})×0.24＝7.12(m^3) 二层小计：7.60＋9.68＋6.25＋7.12＝30.65（m^3） 扣过梁： C2：(1.80＋0.25×2)×(2＋2)＝9.2(m) C3：(0.60＋0.25×2)×(2＋2)＝4.4(m) C5：(1.50＋0.25×2)×1＝2.0(m) 过梁体积＝0.24×0.24×(9.2＋4.4＋2.0)＝0.90(m^3) 合计：24.92＋30.65－0.90＝54.67（m^3）	m^3	54.67
9	010401003002	实心砖墙，MU10甲级标准砖屋面一砖墙，H=0.78m	女儿墙：从屋面板上表面算至女儿墙顶面（如有混凝土压顶时算至压顶下表面） [(11.76＋12.26)×2－(0.24×12＋0.03×24)^{构造柱}]×(8.10－7.20－0.12)×0.24＝8.32(m^3)	m^3	8.32
10	010401003003	实心砖墙，MU10甲级标准砖一砖内墙，H＝3.00～3.36m，M5混合砂浆砌筑	一层：层高3.6m 2、5、7轴：[1.50＋2.30－(0.24＋0.03×2)^{构造柱}]×(3.60－0.24^{QL})×0.24×3＝8.47(m^3) 6轴：[(7.10－0.24)×(3.60－0.60^{KJ-1})－1.00×2.10^{M2}]×0.24＝4.44(m^3) C轴：{[2.40＋3.40＋3.36－(0.24×3＋0.03×6)^{构造柱}]×(3.60－0.24)－1.00×2.10^{M2}×2－0.80×2.10m^3}×0.24＝5.25(m^3) D轴1～8轴：[11.76－(0.24＋0.03×2)－0.30×2)$^{KJ-1}$×(3.60－0.40^{LL-1a})×0.24－1.00×2.10×0.24^{M2}＝7.84(m^3) 一层小计：8.47＋4.44＋5.25＋7.84＝26.00（m^3） 二层：层高3.6m 2、5轴：[1.50＋2.30－(0.24＋0.03×2)^{构造柱}]×(3.60－0.24^{QL})×0.24×2＝5.64(m^3) 4、6轴：(7.10－0.24)×(3.60－0.60^{KJ-1})×0.24×2＝9.88(m^3)	m^3	53.26

续表

序号	项目编码	项目名称	工程量计算式	单位	数量
10	010401003003	实心砖墙，MU10甲级标准砖一砖内墙，H＝3.00～3.36m，M5混合砂浆砌筑	C轴：{[11.76－2.60－(0.24×3＋0.03×6)^{构造柱}]×(3.60－0.24)－1.00×2.10^{M2}－0.80×2.10m^3}×0.24＝5.75(m^3) D轴：{[11.76－(0.24＋0.03×2)－0.30×2)$^{KJ-1}$]×(3.60－0.40^{LL-1a})－1.00×2.10×3}×0.24＝6.83(m^3) 二层小计：5.64＋9.88＋ 5.75＋6.83＝28.10 (m^3) 扣过梁：M2：(1.00＋0.25×2)×(4＋4)＝12(m) M3：(0.80＋0.25×2)×2＝2.60(m) 过梁体积＝0.24×0.24×14.60＝0.84 (m^3) 合计：26.00＋28.10－0.84＝53.26 (m^3)	m^3	53.26
11	010401003004	实心砖墙，MU10甲级标准砖1/2砖内墙，H＝3.20～3.50m，M5混合砂浆砌筑	内墙按净长计算 内墙高度：有钢筋混凝土楼板隔层者算至楼板顶；有框架梁时算至梁底 一层：层高3.6m 3轴：(1.50－0.12－0.07)×(3.60－0.40)×0.115＝0.48(m^3) B轴：[(2.40－0.24)×(3.60－0.40)－0.80×2.10×2]×0.115＝0.41(m^3) 二层：层高3.6m 3轴：(1.50－0.12)×(3.60－0.10)×0.115＝0.56(m^3) B轴：[(1.20－0.12)×(3.60－0.10)－0.80×2.10]×0.115＝0.24(m^3) 合计：1.69m^3	m^3	1.69
		混凝土及钢筋混凝土工程			
12	010501001001	垫层，C10混凝土，100厚，碎石粒径5～40mm	DL-1： 1、8轴：(5.16－0.25－0.10)×(0.50＋0.20)×0.10×2＝0.68(m^3) 2轴：[3.80－(0.50＋0.10×2)/2]×(0.50＋0.20)×0.10＝0.24(m^3) 5、7轴：[3.80－(0.50＋0.10×2)]×(0.50＋0.20)×0.10×2 ＝0.43(m^3) A轴：11.76×(0.50＋0.20)×0.10＝0.82(m^3) C轴：[9.16－(0.50＋0.10×2)/2]×(0.50＋0.20)×0.10＝0.46(m^3) D轴：[11.76－(1.50＋0.20)×2－(0.60＋0.20)]×(0.50＋0.20)×0.10＝0.53(m^3) G轴：[11.76－(1.50＋0.20)×2]×(0.50＋0.20)×0.10＝0.76(m^3) DL-2： 1、8轴：[7.10－(0.60＋0.20)×2]×(0.60＋0.20)×0.10×2＝0.88(m^3) 6轴：[7.10－(1.50＋0.20)]×(0.60＋0.20)×0.10＝0.43(m^3) DL-3： 3轴：[1.50－(0.50＋0.10×2)/2－(0.15＋0.10×2)/2]×(0.15＋0.20)×0.10＝0.03(m^3) DL-4： B轴：[2.40－(0.50＋0.10×2)/2×2]×(0.15＋0.10×2)×0.10＝0.06(m^3) 现浇基层梯口梁垫层：2.60×0.47×0.10＝0.12 (m^3) J-1：(1.50＋0.20)×(1.50＋0.20)×0.10×4＝1.16(m^3) J-2：(1.50＋0.20)×(0.60＋0.20)×0.10×4＝0.54(m^3) 合计：7.14 m^3	m^3	7.14

续表

序号	项目编码	项目名称	工程量计算式	单位	数量
13	010501003001	独立基础，C20现浇钢筋混凝土，碎石粒径5～40mm	J-1：1.50×1.50×0.45×4=4.05(m^3) J-2：1.50×0.60×0.45×4=1.62(m^3) 合计：5.67 m^3	m^3	5.67
14	010502001001	矩形柱，H=7.82m，截面尺寸400×300，C25现浇钢筋混凝土，碎石粒径5～31.5mm	按设计图示尺寸以体积计算。不扣除构件内钢筋、预埋铁件所占体积。有梁板的柱高，应自柱基上表面（或楼板上表面）至上一层楼板上表面之间的高度计算。 KJ-1： 0.40×0.30×（7.17+1.2-0.10-0.45）×4=3.75（m^3） ±0.00以下：0.40×0.30×（1.2-0.10-0.45）×4=0.31（m^3） 室外地坪以下：0.40×0.30×0.20×4=0.10（m^3）	m^3	3.75
15	010502001002	矩形柱，H=7.82m，截面尺寸300×300，C25现浇钢筋混凝土碎石粒径5～31.5mm	Z-1： 0.30×0.30×（7.17+1.2-0.10-0.45）×4=2.82（m^3） ±0.00以下： 0.30×0.30×（1.2-0.10-0.45）×4=0.23（m^3） 室外地坪以下： 0.30×0.30×0.20×4=0.07(m^3)	m^3	2.82
16	010402002001	C20构造柱，H：-0.65～7.98m 截面尺寸：240×240，C25现浇钢筋混凝土，碎石粒径5～20mm	构造柱按全高计算，嵌接墙体部分并入柱身体积（-0.65～7.17m） 两边有墙型（5根）、三边有墙T形（8根） (0.072^{L形}×5^{个}+0.0792^{T形}×8^{个})×(0.65+7.17)=7.77(m^3) 女儿墙上（7.17-7.98m）（13根） 0.072^{L形}×13^{个}×（7.98-7.17）=0.76(m^3) 合计：8.53m^3	m^3	8.53
17	010503001001	基础梁，C20现浇钢筋混凝土，碎石粒径5～40mm	按设计图示尺寸以体积计算。不扣除构件内钢筋、预埋铁件和伸入承台基础的桩头所占体积 DL-1： 1、8轴：(5.16-0.25)×0.50×0.45×2=2.21(m^3) 2轴：(3.80-0.25)×0.50×0.45=0.80(m^3) 5、7轴：(3.80-0.50)×0.50×0.45×2=1.49(m^3) A轴：11.76×0.50×0.45=2.65（m^3） C轴：(9.16-0.25)×0.50×0.45=2.00（m^3） D轴：（11.76-0.60-1.50×2）×0.50×0.45=1.84（m^3） G轴：（11.76-1.50×2）×0.50×0.45=1.97（m^3） DL-2： 1、8轴：（7.10-0.60×2+0.25）×0.60×0.45×2=3.32（m^3） 6轴：（7.10-1.50×2）×0.60×0.45=1.11（m^3） DL-1、DL-2带形基础合计：17.39m^3 DL-3： 3轴：(1.50-0.50/2-0.15/2)×0.15×0.25=0.04（m^3） DL-4： B轴：(2.40-0.50)×0.15×0.3=0.09(m^3) 现浇底层梯口梁： TKL-1：2.60×0.27×0.30=0.21（m^3） 合计：17.39+0.04+0.09+0.21=17.72（m^3）	m^3	17.72

续表

序号	项目编码	项目名称	工程量计算式	单位	数量
18	010503002001	矩形梁，LL－1：梁底标高 2.7m，截面 250×350，YPL－2：梁底标高 2.1m，截面 240×240，LL－1（C）：梁底标高 6.0m，截面 250×350mm C20 现浇钢筋混凝土单梁，碎石粒径 5～31.5mm	按设计图示尺寸以体积计算。不扣除构件内钢筋、预埋铁件所占体积，伸入墙内的梁头、梁垫并入梁体积内。 梁长： 1. 梁与柱连接时，梁长算至柱侧面 主梁与次梁连接时，次梁长算至主梁侧面 LL－1，LL－1（C）：(11.76－0.24－0.30×2)×0.25×0.35×2＝1.91(m^3) YPL－2：(1.50＋0.25×2)×0.24×0.24＝0.12(m^3) 2. 合计：2.03m^3	m^3	2.03
19	010503004001	圈梁，梁底标高 3.450～7.050m 截面 240×240，C20 现浇钢筋混凝土，碎石粒径 5～20mm	二层 1 轴交 A～D 轴：(5.16－0.24)×0.24×(0.24－0.10)＝0.17(m^3) 2 轴交 A～C 轴：(3.80－0.24)×0.24×(0.24－0.10)＝0.12(m^3) 5 轴交 A～C 轴：(3.80－0.24)×0.24×(0.24－0.10)＝0.12(m^3) 8 轴交 A～D 轴：(5.16－0.24×2)×0.24×(0.24－0.10)＝0.16(m^3) 7 轴交 A～C 轴：(3.80－0.24)×0.24×(0.24－0.10)＝0.12(m^3) A 轴交 1～8 轴：(11.76－0.24×4)×0.24×(0.24－0.10)＝0.36(m^3) C 轴交 2～8 轴：(11.76－2.6－0.24×3)×0.24×(0.24－0.10)＝0.28(m^3) 小计：1.33m^3 屋面 1 轴交 A～D 轴：(5.16－0.24)×0.24×(0.24－0.10)＝0.17(m^3) 2、5 轴交 A～C 轴：(3.80－0.24)×0.24×(0.24－0.10)×2＝0.24(m^3) 8 轴交 A～D 轴：(5.16－0.24×2)×0.24×(0.24－0.10)＝0.16(m^3) A 轴交 1～8 轴：(11.76－0.24×4)×0.24×(0.24－0.10)＝0.36(m^3) C 轴交 2～8 轴：(11.76－2.6－0.24×3)×0.24×(0.24－0.10)＝0.28(m^3) 小计：1.21m^3 合计：2.54m^3	m^3	2.54
20	010503005001	过梁，梁底标高一层： 2.100～2.400m，二层：5.700～6.000m，截面 240×240，C20 现浇钢筋混凝土，碎石粒径 5～20mm	按设计图示尺寸以体积计算。不扣除构件内钢筋、预埋铁件所占体积。 M2：(1.00＋0.25×2)×(4＋4)＝12(m) M3：(0.80＋0.25×2)×(3＋2)＝6.5(m) C2：(1.80＋0.25×2)×(2＋2)＝9.2(m) C3：(0.60＋0.25×2)×(2＋2)＝4.4(m) C5：(1.50＋0.25×2)×1＝2.0(m) 过梁体积＝0.24×0.24×34.10＝1.96（m^3）	m^3	1.96

续表

序号	项目编码	项目名称	工程量计算式	单位	数量
21	010505001001	有梁板，板底标高3.47m，板厚100，C20现浇钢筋混凝土，碎石粒径5～20mm	按设计图示尺寸以体积计算。不扣除构件内钢筋预埋铁件及单个面积0.3以内的孔洞所占体积。有梁板（包口主次梁与板）按梁、板体积之和计算。 二层 板：1～8轴交D～G轴：(11.76＋0.24)×(7.10＋0.24)×0.10＝8.81(m^3) 板：1～5轴交C～D轴：(2.60＋2.40＋0.12)×(1.36－0.24)×0.10＝0.57(m^3) LL-1a：(11.76－0.25－0.3×2)×0.25×(0.40－0.10)＝0.80(m^3) LL-1b：(11.76－0.18×2－0.25×2)×0.25×(0.35－0.10)×2＝1.36(m^3) LL-2：(7.10－0.25－0.30×2)×0.25×(0.35－0.10)×2＝0.78(m^3) KJ-1：(7.10－0.125×2)×0.25×(0.60－0.10)×2＝1.71(m^3) YPL：(11.76－0.25－0.30×2)×0.25×(0.45－0.10)＝0.95(m^3) L-3：(1.36－0.24)×0.25×(0.30－0.10)＝0.06(m^3) 合计：15.04m^3	m^3	15.04
22	010505001002	有梁板，板底标高3.47m，板厚80，C20现浇钢筋混凝土，碎石粒径5～20mm	二层 板：2～5轴交A～C轴：2.40×（1.50＋2.30＋0.24）×0.08＝0.78（m^3） L-1：(1.50－0.15/2－0.24/2)×0.15×(0.40－0.08)＝0.06(m^3) L-2：(2.40－0.24)×0.15×(0.40－0.08)＝0.10m^3 合计：0.94m^3	m^3	0.94
23	010505001003	有梁板，板底标高7.07m，板厚100，C20现浇钢筋混凝土，碎石粒径5～20mm	屋面 板：1～8轴交D～G轴：(11.76＋0.24)×(7.10＋0.24)×0.10＝8.81(m^3) LL-1a：(11.76－0.25－0.3×2)×0.25×(0.40－0.10)＝0.80(m^3) LL-1b：(11.76－0.18×2－0.25×2)×0.25×(0.35－0.10)×2＝1.36(m^3) LL-1：(11.76－0.24－0.30×2)×0.25×(0.35－0.10)＝2.48(m^3) LL-2：(7.10－0.25－0.30×2)×0.25×(0.35－0.10)×2＝0.78(m^3) KJ-1：(7.10－0.125×2)×0.25×(0.60－0.10)×2＝1.71(m^3) 合计：15.94m^3	m^3	15.94
24	010505003001	平板，板底标高3.47m，板厚100，C20现浇钢筋混凝土，碎石粒径5～20mm	二层 板：5～8轴交A～D轴：(3.40＋3.36＋0.12)×5.16×0.10＝3.55(m^3)	m^3	3.55

续表

序号	项目编码	项目名称	工程量计算式	单位	数量
25	010505003002	平板，板底标高7.07m，板厚100，C20现浇钢筋混凝土，碎石粒径5～20mm	屋面板：1～8轴交A～D轴（11.76＋0.24）×5.16×0.10＝6.19(m^3)	m^3	6.19
26	010505008001	雨篷，C20现浇钢筋混凝土，碎石粒径5～20mm	按设计图示尺寸以墙外部分体积计算。包括伸入墙外的牛腿和雨篷反挑檐的体积。 YP－1：1.15×(11.76－0.23×2)×0.12＝1.56(m^3) 卷边 0.35×0.40×（11.76＋0.24＋1.15×2）＝2.00（m^3） YP－2：板 1.50×0.90×0.10＝0.135（m^3）	m^3	3.695
27	010506001001	直形楼梯，C25现浇钢筋混凝土，碎石粒径5～20mm	按设计图示尺寸以水平投影面积计算。不扣除宽度小于500mm的楼梯井，伸入墙内部分不计算。 (3.8－0.12)×(2.60－0.24)＝8.68(m^2)	m^2	8.68
28	010507001001	散水，道渣垫层厚40～80mm，1∶2水泥砂浆面层厚20，C15现浇混凝土，碎石粒径5～40mm	按设计图示尺寸以面积计算。不扣除单个0.3以内的孔洞所占面积。 0.6×[(12.26＋0.24)×2＋(11.76＋0.24)＋0.60×2]＝22.92(m^2)	m^2	22.92
29	010507005001	扶手、压顶，YP－1压顶350×100 C20现浇钢筋混凝土，碎石粒径5～20mm	现浇混凝土压顶（包括伸入墙内的长度）应按延长米计算。 YP－1：350cm宽　L＝11.76＋0.24＋1.15×2＝14.30(m)	m	14.30
30	010507005002	扶手、压顶，屋面压顶240×120 C20现浇钢筋混凝土，碎石粒径5～20mm	屋面：(11.76＋12.26）×2＝48.04（m） 合计：48.04m	m	48.04
31	010507007001	其他构件，YP－1上小方柱200×100×200，C20现浇钢筋混凝土，碎石粒径5～20mm	按设计图示尺寸以体积计算。不扣除构件内钢筋、预埋铁件所占体积。 YP－1上的小方柱　11.76/1＋2＝14（个） 0.20×0.10×0.20×14＝0.056（m^3）	m^3	0.056

续表

序号	项目编码	项目名称	工程量计算式	单位	数量
32	010515001001	现浇混凝土钢筋，ϕ12 以内	暂按《江苏省建筑与装饰工程计价表》含钢量计算 带形基础（ϕ12 以内）：（17.39 ＋0.33）×0.021＝0.372（t） 独立基础（ϕ12 以内）：5.67×0.012＝0.068（t） 矩形柱、构造柱（ϕ12 以内）：（3.75 ＋2.82＋8.53）×0.038＝0.574（t） 单梁（ϕ12 以内）：2.03 ×0.043＝0.087（t） 圈梁、过梁（ϕ12 以内）：4.37 × 0.017 ＋ 1.96 × 0.032＝0.137（t） 有梁板（ϕ12 以内）：（15.04＋0.94 ＋ 15.94 ）× 0.030＝0.958（t） 平板（ϕ12 以内）：（3.55＋6.19）×0.076＝0.740（t） 刚性屋面（ϕ12 以内）：207.71×0.011/10＝0.228（t） 板式雨篷（ϕ12 以内）：1.50×0.90×0.020/10＝0.003（t） 复式雨篷（ϕ12 以内）：1.5×12×0.034/10＝0.061（t） 直形楼梯 ϕ12 以内：8.68 ×0.036/10＝0.031（t） 雨篷小柱（ϕ12 以内）：0.056 ×0.024＝0.001（t） 压顶（ϕ12 以内）：（14.30×0.35 ×0.10＋48.04×0.24×0.12）×0.017＝0.032(t) 合计：3.292t	t	3.292
33	010515001002	现浇混凝土钢筋，ϕ12 以外	暂按《江苏省建筑与装饰工程计价表》含钢量计算 带形基础（ϕ12 以外）：（17.39 ＋0.33）×0.049＝0.868（t） 独立基础（ϕ12 以外）：5.67×0.028＝0.159（t） 矩形柱、构造柱（ϕ12 以外）：（3.75 ＋2.82＋8.53）×0.088＝1.329（t） 单梁（ϕ12 以外）：2.03 ×0.100＝0.203（t） 圈梁、过梁（ϕ12 以外）：4.37 ×0.040 ＋ 1.96 × 0.074＝0.320（t） 有梁板（ϕ12 以外）：（15.04＋0.94 ＋ 15.94 ）× 0.070＝2.234（t） 板式雨篷（ϕ12 以外）：1.50×0.90×0.046/10＝0.006（t） 复式雨篷（ϕ12 以外）：1.5×12×0.078/10＝0.140（t） 直形楼梯（ϕ12 以外）：8.68 ×0.084/10＝0.073（t） 雨篷小柱（ϕ12 以外）：0.056 ×0.056＝0.003（t） 压顶（ϕ12 以外）：（14.30×0.35 ×0.10＋48.04×0.24×0.12）×0.040＝0.075（t） 合计：5.410t	t	5.410
34	010516002001	预埋铁件，楼梯踏步，100×100×8	按设计图示尺寸以质量计算。 100×100×8：预埋铁件 18.72kg　钢筋 3.675kg	t	0.0224

续表

序号	项目编码	项目名称	工程量计算式	单位	数量
		门窗工程			
35	010801001001	木质门，无腰单扇平开门，框截面：55×100 单扇面积：1000×2100，榉木板面层，聚氨酯3遍，门碰、执手锁各1个	按设计图示数量计算 ①胶合板门（榉木面层），M2，8樘：1.00×2.10×8=16.80（m^2） ②油漆：聚氨酯漆三遍 16.80 m^2 ③门吸门阻：8个 ④铰链：24个	樘	8.00
36	010801006001	门锁安装，木门门锁	按设计图示数量计算 执手锁：8把	套	8
37	010802001001	金属地弹门，铝合金有上亮四扇；洞口尺寸3000×2700，购入成品安装，地弹簧4个，门锁3把，铝合金拉手4对	①铝合金地弹门，四扇四开，M1，1樘：3.00×2.70=8.10（m^2） ②五金配件：地弹簧4个；门锁3把；铝合金拉手4对	樘	1.00
38	010802001001	塑钢门，平开无亮，洞口尺寸800×2100，购入成品安装，门吸门阻2个，执手锁2把，插销3副	①塑钢门，M-3，5樘：0.80×2.10×5=8.4 ②门吸门阻：2个 ③执手锁：2把 ④插销：3副	樘	5.00
39	010802004001	钢防盗门，平开无亮，洞口尺寸1000×2100，购入成品安装，门吸门阻1个	①钢防盗门，M-4，1樘：1.00×2.10=2.10 ②门吸门阻：1个	樘	1.00
40	010807001001	金属推拉窗，铝合金双扇，洞口尺寸1800×1500，购入成品安装	①铝合金双扇推拉窗，C-2，4樘：1.80×1.50×4=10.80 ②铝合金双扇推拉窗五金配件：4樘	樘	4.00
41	010807001002	金属推拉窗，铝合金双扇，洞口尺寸1500×1500，购入成品安装	①铝合金双扇推拉窗，C-5，1樘：1.50×1.50=2.25 ②铝合金双扇推拉窗五金配件：1樘	樘	1.00
42	010807001003	金属推拉窗，铝合金六扇，洞口尺寸3360×1500，购入成品安装	①铝合金六扇推拉窗，C-4，1樘：3.36×1.50=5.04 ②铝合金双扇推拉窗五金配件：1樘 ③铝合金四扇推拉窗五金配件：1樘	樘	1.00
43	010807001004	金属推拉窗，铝合金六扇，洞口尺寸3520×1500，购入成品安装	①铝合金六扇推拉窗，C-6，2樘：3.52×1.50×2=10.56 ②铝合金双扇推拉窗五金配件：2樘 ③铝合金四扇推拉窗五金配件：2樘	樘	2.00

续表

序号	项目编码	项目名称	工程量计算式	单位	数量
44	010807001005	金属平开窗，铝合金单扇，洞口尺寸600×1500，购入成品安装	①铝合金单扇平开窗，C-3，4樘：0.60×1.50×4=3.6 ②铝合金单扇平开窗五金配件：4樘	樘	4.00
45	010807001006	全玻固定窗，铝合金框，洞口尺寸3520×2300，购入成品安装	全玻固定窗，C-1，2樘：3.52×2.30×2=16.20	樘	2.00
		屋面及防水工程			
46	010902003001	屋面刚性层，做法详见J01—2005（12/7）	按设计图示尺寸以面积计算。不扣除房上烟囱、风帽底座、风道等所占面积。 （11.76－0.24）×（12.26－0.24）=138.47（m^2） （11.76－0.24）×（12.26－0.24）×2×0.25=69.24（m^2） 合计：207.71 m^2	m^2	207.71
47	010902004001	屋面排水管，PVC落水管D100，铸铁落水口，PVC雨水斗	按设计图示尺寸以长度计算。如设计未标注尺寸，以檐口至设计室外散水上表面垂直距离计算。 屋面：（0.45＋7.20）×4根=30.6（m） 雨棚：（3.40＋0.12）×2根=7.04（m） 合计：37.64m 雨水斗：6个	m	37.64
		隔热、保温、防腐工程			
48	010803001001	保温隔热屋面，25厚聚苯乙烯泡沫板	按设计图示尺寸以面积计算。不扣除柱、垛所占面积。 （11.76－0.24）×（12.26－0.24）=138.47（m^2）	m^2	138.47
		楼地面装饰工程			
49	011101006001	平面砂浆找平层，20厚1∶3水泥砂浆	同屋面工程量207.71m^2	m^2	207.71
50	011102001001	花岗岩地面，80厚C10混凝土垫层，刷素水泥浆1道，30厚干硬性水泥砂浆结合层，20厚800×800花岗岩面层	按图示设计尺寸以面积计算。不扣除突出地面构筑物设备基础室内管道地沟等所占面积，不扣除间壁墙和0.3以内的柱垛附墙烟囱及孔洞所占面积。门洞空圈暖气包槽、壁龛的开口部分不增加面积。 一层门厅及接待室： （2.30＋2.40＋2.40－0.24）×（11.76－0.24）－6.86×0.24=77.38（m^2） 门洞：3.00×0.24＋1.00×0.24×2=1.2（m^2） 合计：78.58 m^2 C10素混凝土垫层：78.58×0.08=6.29（m^3） 花岗岩面层：800×800×20 结合层：30厚干硬性水泥砂浆	m^2	78.58

续表

序号	项目编码	项目名称	工程量计算式	单位	数量
51	011102003001	地砖地面，100厚C10混凝土垫层，刷素水泥浆1道，20厚1：3水泥砂浆、5厚1：2水泥砂浆结合层，10厚400×400地砖面层	办公室1、2： (3.40－0.24)×(3.80－0.24)＋(3.36－0.24)×(3.80－0.24)＝22.36(m^2) 楼梯间：1～2轴(3.80－0.24－2.40)×(2.60－0.24)＝2.74(m^2) 坡道：[2.402＋(2.40/8)2]1/2×(2.60－0.24)＝5.71(m^2) 过道：(11.76－0.24)×(1.36－0.24)－(0.40－0.24)×0.30×2＝12.8(m^2) 门洞：0.24×1.00×2＋0.24×0.80＝0.67（m^2） 地砖面层合计：44.28m^2 C10素混凝土垫层：44.28×0.10＝4.43（m^3） 结合层：20厚1：3水泥砂浆、5厚1：2水泥砂浆 面层：400×400×10地砖面层	m^2	44.28
52	011102003002	陶瓷防滑地砖地面，80厚C10混凝土垫层，C20细石混凝土找0.5%坡（最薄处20mm厚），15厚1：2水泥砂浆找平，1.5厚聚氨酯防水涂料，25厚1：3水泥砂浆结合层，300×300×10地砖面层	卫生间：(2.30－0.12－0.07)×(2.40－0.24)＝4.56(m^2) 蹲位：(1.20－0.12－0.07)×(1.50－0.12－0.07)×2＝2.65(m^2) 门洞空圈：0.12×0.80×2＝0.19（m^2） 小计：(4.56＋2.65＋0.19)×(1＋0.5%)＝7.40×1.005＝7.44(m^2) ①C10素混凝土垫层：7.40×0.08＝0.59（m^3） ②C20细石混凝土找0.5%坡（最薄处20mm厚） 找坡平均厚度：[20＋(20＋3560×0.5%)]/2＝29(mm) 面积：7.21×(1＋0.5%)＝7.25(m^2) ③15厚1：2水泥砂浆找平层：(4.56＋2.65)×(1＋0.5%)＝7.25（m^2） ④1.5厚聚氨酯防水涂料 地面：7.44m^2 四周上翻150mm卫生间：[(2.11＋2.16)×2－0.8×3]×0.15＝0.92(m^2) 蹲位：[(1.01＋1.31)×2－0.80]×2×0.15＝1.15(m^2) 合计：9.51m^2 ⑤陶瓷防滑地砖地面 结合层：25mm厚1：3水泥砂浆 面层：200×200×10陶瓷防滑地砖	m^3	7.44
53	011102003003	地砖楼面，刷素水泥浆1道，20厚1：3水泥砂浆、5厚1：2水泥砂浆结合层，10厚400×400地砖面层	二层： 北边办公室：(7.10－0.24)×(11.76－0.24)－(7.10－0.24)×0.24×2＝75.73（m^2） 南边办公室：(3.8－0.24)×(6.76－0.24)＝23.21（m^2） 走廊：(11.76－0.24)×(1.36－0.24)－(0.40－0.24)×0.30×2＝12.81（m^2） 门洞：0.24×1.00×4＋0.24×0.80×2＝1.34（m^2） 合计：113.09m^2 地砖地面 结合层：20厚1：3水泥砂浆、5厚1：2水泥砂浆 面层：400×400×10地砖面层	m^2	113.09

续表

序号	项目编码	项目名称	工程量计算式	单位	数量
54	011102003004	陶瓷防滑地砖楼面，C20 细石混凝土找 0.5%坡（最薄处 20mm 厚），15 厚 1：2 水泥砂浆找平，25 厚 1：3 水泥砂浆结合层，300×300 地砖面层	二层卫生间： (2.30－0.12－0.07)×(2.40－0.24)＋(1.20－0.12－0.07)×(1.50－0.12＋0.07)＝5.88(m^2) 蹲位：(1.20－0.12－0.07)×(1.50－0.12－0.07)＝1.32(m^2) 门洞：0.12×0.80＝0.10(m^2) 合计：(5.88＋1.32＋0.10)×(1＋0.5%)＝7.30×1.005＝7.34(m^2) ①C20 细石混凝土找 0.5%坡（最薄处 20mm 厚）找坡平均厚度： [20＋(20＋3560×0.5%)]/2＝29(mm) 面积：7.24m^2 ②15 厚 1：2 水泥砂浆找平层：(5.88＋1.32)×(1＋0.5%)＝7.24(m^2) ③1.5 厚聚氨酯防水涂料 地面：7.30　四周上翻 150mm [(3.80－0.24＋2.40－0.24)×2－0.8×2]×0.15＝1.48(m^2) 蹲位：[(1.01＋1.31)×2－0.80]×0.15＝0.58(m^2) 合计：9.36m^2 ⑤陶瓷防滑地砖地面 结合层：25mm 厚 1：3 水泥砂浆 面层：300×300×10 陶瓷防滑地砖	m^2	7.34
55	011105002001	花岗岩踢脚，高 150mm，做法详见 J01—2005 (5/4)	按设计图示长度乘以高度以面积计算。 一层门厅及接待室： [(7.10－0.24＋11.76－0.24)×2＋(0.30－0.24)×8＋(7.10－0.24)×2－0.24×2－3.00－1.00×3＋(0.24－0.10)×2]×0.15＝6.71(m^2)	m^2	6.71
56	011105003001	地砖踢脚，高 150mm，做法详见 J01—2005 (7/4)	按设计图示长度乘以高度以面积计算。 一层 办公室 1：(3.40－0.24＋3.80－0.24)×2－1.00＝12.44(m) 办公室 2：(3.36－0.24＋3.80－0.24)×2－1.00＝12.36(m) 走廊 1～8：(11.76－0.24)×2＋(1.36－0.24)×2＋(0.40－0.24)×4－(2.6－0.24)－1.00×3－0.80＝19.76(m)　一层小计：44.56m 二层 北边办公室：(11.76－0.24＋7.10－0.24)×2＋(7.10－0.24)×4＋(0.30－0.24)×8－0.24×4－1.00×3＝60.72(m) 南边办公室：[(3.8－0.24)＋(6.76－0.24)]×2－1＝19.16(m) 走廊 1～8：(11.76－0.24)×2＋(1.36－0.24)×2＋(0.40－0.24)×4－(2.6－0.24)－1.00×4－0.80＝18.76(m) 门侧壁：(0.24－0.10)×8＝1.12(m) 踢脚线长度合计：44.56＋98.64＋1.12＝144.32(m) 踢脚线面积：144.32×0.15＝21.65(m^2)	m^2	21.65

续表

序号	项目编码	项目名称	工程量计算式	单位	数量
57	020106002001	楼梯地砖，刷素水泥浆1道，20厚1：3水泥砂浆、5厚1：2水泥砂浆结合层，300×300同质砖面层	按设计图示尺寸以楼梯（包括踏步、休息平台及500以内的楼梯井）水平投影面积计算。楼梯与楼地面向连接时，算至梯口梁内侧边沿；无梯口梁者，算至最上一层踏步边沿加300mm (2.70＋1.22－0.12)×(2.60－0.24)＝8.97(m^2)	m^2	8.97
58	020108001001	石材台阶面，素土夯实，80厚1：1砂石垫层，100厚C15混凝土，素水泥浆1道，30厚1：3水泥砂浆结合层，20厚花岗岩面层	按设计图示尺寸以台阶（包括最上层踏步边沿加300mm）水平投影面积计算 ①1：1砂石垫层 平面：(1.32－0.12)×(12.00－0.30×2×2)＝12.96(m^2) 梯级：0.30×[12.00＋(1.32－0.12＋0.30)×2]＋0.30×[(12.00－0.60)＋(1.32－0.12)×2]＝8.46(m^2) 小计：(12.96＋8.46)×0.08＝1.71(m^3) ②C15混凝土垫层，100mm厚：(12.96＋8.46)×0.10＝2.14(m^3) 梯级：1/2×0.30×0.15×(15.00＋13.80)＝0.65(m^3) 小计：2.14＋0.65＝2.79(m^3) ③花岗岩台阶水平投影面积：12.00×(1.32＋0.30×2)－9.18＝13.68(m^2) ④花岗岩铺贴面积： 花岗岩地面面层：(12.00－0.30×2×3)×(1.32－0.12－0.30)＝9.18(m^2) 台阶踏面：12.00×(1.32＋0.30×2)－9.18＝13.68(m^2) 台阶踢面：{[12.00＋(1.32＋0.30×2)×2]＋[(12.00－0.30×2)＋(1.32＋0.30)×2]＋[(12.00－0.30×4)＋1.32×2]}×0.15＝6.59(m^2) 小计：20.45m^2 ⑤台阶平面梯级填素土（计入土方工程） (1.32－0.12)×(12.00－0.30×2×2)×(0.45－0.08－0.1)＝3.50(m^3)	m^2	13.68
		墙、柱面装饰与隔断、幕墙工程			
59	011201001001	墙面一般抹灰，砖内墙面，12厚1：1：6水泥石灰膏砂浆打底，5厚1：0.3：3水泥石灰膏砂浆粉面)	按设计图示尺寸以面积计算。扣除墙裙、门窗洞口及单个0.3以外的孔洞面积，不扣除踢脚线、挂镜线和墙与构件交接处的面积，门窗洞口和孔洞的侧壁及顶面不增加面积。附墙柱梁垛烟囱侧壁并入相应的墙面面积内。 一层 门厅及接待室：[(7.10－0.24＋11.76－0.24)×2＋(0.30－0.24)×8＋(7.10－0.24)×2]×(2.90吊顶高度＋0.10－0.15踢脚)－3.00×2.70－1.00×2.10×3－3.52×2.30×2＝114.64(m^2) 办公室1：(3.40－0.24＋3.80－0.24)×2×(3.60－0.10－0.15踢脚)－1.00×2.10－1.80×1.50＝40.22(m^2) 办公室2：(3.36－0.24＋3.80－0.24)×2×(3.60－0.10－0.15)－1.00×2.10－1.80×1.50＝39.96(m^2) 走廊：[(1.36－0.24)×2＋(11.76－2.60)＋11.76＋(0.40－0.24)×4]×(3.60－0.10－0.15)－1.00×2.10×3－0.80×2.10＝71.75(m^2)	m^2	640.47

续表

序号	项目编码	项目名称	工程量计算式	单位	数量
59	011201001001	墙面一般抹灰，砖内墙面，12厚1：1：6水泥石灰膏砂浆打底，5厚1：0.3：3水泥石灰膏砂浆粉面	梯间：斜道长＝ $(2.40^2+(2.40/8)^2)^{1/2}=2.42$ (m) [(3.80－0.24－2.40＋2.42)＋(2.60－0.24)＋(3.80－0.12－2.40＋2.42)]×(3.60－0.10－0.15)－1.00×2.10＝16.24(m²) 卫生间： (2.40－0.24＋2.30－0.24)×2×(3.60－1.50－0.08)－0.80×(2.10－1.50)＝16.57 (m²) [(1.20－0.12－0.07＋1.50－0.12－0.07)×2×(3.60－1.50－0.08)－0.80×(2.10－1.50)－0.60×(0.90＋1.50－1.50)]×2 ＝16.71(m²) 一层小计：316.09m² 二层 北边办公室：[(11.76－0.24＋7.10－0.24)×2＋(7.10－0.24)×4＋(0.30－0.24)×8－0.24×4] ×(3.60－0.10－0.15)－1.00×2.10×3－3.52×1.50×2－3.36×1.50＝191.56(m²) 南边办公室：[(3.8－0.24)＋(6.76－0.24)]×2×(3.60－0.10－0.15)－1.00×2.10－1.80×1.50×2＝60.04(m²) 走廊1～8：[(11.76－0.24)×2＋(1.36－0.24)×2＋(0.40－0.24)×4－(2.6－0.24)]×(3.60－0.10－0.15)－1.00×2.10×4－0.80×2.10＝68.85(m²) 梯间：[(2.70＋1.22－0.12)×2＋(2.60－0.24)]×(3.60－0.10)－1.50×1.50＝32.61(m²) 卫生间：(3.80－0.24＋2.40－0.24)×2×(3.60－1.50－0.10)－ 0.80×(2.10－1.50)×2－0.60×(0.90＋1.50－1.50) ＝17.72(m²) (1.20－0.12－0.07＋1.50－0.12－0.07)×2×(3.60－1.50－ 0.10)－0.80×(2.10－1.50)－0.60×(0.90＋1.50－1.50)＝8.26(m²) 二层小计：379.04m² (已扣踢脚线) 踢脚线面积：[44.74＋(157.28－1.12)]×0.15＝30.14 (m²) 扣内墙面上混凝土柱、梁面积：84.80m² (见序号58) 一层、二层合计：316.09＋379.04＋30.14－84.80＝640.47 (m²)	m²	640.47
60	011201001002	墙面一般抹灰，砖外墙面，12厚1：3水泥砂浆打底，6厚1：2.5水泥砂浆粉面	外墙面抹灰面积，按外墙面的垂直投影面积计算。 A轴：(11.76＋0.24)×(8.10＋0.45－0.12)－[2.10^{M4}＋0.90×4^{C3}＋2.70×4^{C2}＋2.25^{C5}]＝82.41 (m²) G轴：(11.76＋0.24)×(8.10－0.12)－(2×8.10^{C1}＋8.10^{M1}＋5.04^{C4}＋5.28×2^{C6})＝55.86(m²) 1、8轴：(12.26＋0.24)×(8.10＋0.45－0.12)×2＝ 210.75(m²) 小计：349.02m² 加门窗洞口侧壁、顶面： $(0.14×2.10×2＋1.00×0.14)^{M4}$＋$(0.14×1.50×2＋0.60×0.14)^{C3}$×4＋$(0.14×1.50×2＋1.80×0.14)^{C2}$×4＋$(0.14×1.50×2＋1.50×0.14)^{C5}$＋$(0.14×2.30×2)^{C1}$＋$(0.14×1.50×2)^{C6}$＋$(0.14×2.70×2)^{M1}$＝ 7.89(m²) 扣混凝土柱、梁正面面积：71.40m² (见序号58) 合计：285.51m²	m²	285.51

续表

序号	项目编码	项目名称	工程量计算式	单位	数量
61	011201001003	墙面一般抹灰，女儿墙内侧面，12厚1：3水泥砂浆打底，8厚1：2.5水泥砂浆粉面，J01—2005(5/6)	(11.52＋12.02)×2×(8.1－7.2－0.12)＝36.72(m^2)	m^2	36.72
62	011202001001	柱面一般抹灰，12厚1：1：6水泥石灰膏砂浆打底，5厚1：0.3：3水泥石灰膏砂浆粉面	内墙面上混凝土柱、梁面抹混合砂浆： 1、8轴内侧：[0.30＋(0.30－0.24)]×[(2.90＋0.10)＋(3.60－0.10)]$^{Z-1}$×4＋[(5.16－0.24＋5.16－0.48)×(0.24－0.10)×2^{圈梁}＋(7.10－0.24－0.30×2)×(0.35－0.10)×2^{屋面}]＝15.18(m^2) 2、5、7轴：0.24×(7.07－0.10)^{构造柱}＋(3.80－0.24)×(0.24－0.10)×(6^{二层}＋4^{顶层})^{圈梁}＝6.66(m^2) 4、6轴：(7.10－0.25)×(0.60－0.10)×4^{KJ-1}＝13.70(m^2) A轴内侧：(12.00－0.24×5)×(0.24－0.10)×2^{圈梁}＝3.02(m^2) G轴内侧：0.30×[(2.90＋0.10)＋(3.60－0.10)]$^{KJ-1柱}$×2＋(12.00－0.30×2－0.24×2)×0.35×2$^{LL-1梁}$＋(12.00－0.30×2－0.24×2)×(0.35－0.10)$^{LL-1}$＝14.27(m^2) C轴：0.24×(7.07－0.10)×3^{构造柱}＋(9.16－0.24×3)×(0.24－0.10)×2$^{二、顶层圈梁}$＝7.38(m^2) D轴：[0.30＋(0.40－0.24)×2]×(7.07－0.10)×2$^{KJ-1柱南立面}$＋0.30×[(2.90＋0.10)＋(3.60－0.10)]$^{KJ-1柱北立面}$×2＋(11.76－0.24－0.30×2)×(0.40－0.10)$^{LL-1梁}$×3＝22.37(m^2) 3轴：(1.50－0.15/2－0.24/2)×(0.40－0.08)×2＝0.84(m^2) B轴：(2.40－0.24)×(0.40－0.08)×2＝1.38(m^2) 小计：84.80m^2 外墙面上混凝土柱、梁正面面积： A轴外侧：0.24×(8.10＋0.45－0.12)×5^{构造柱}＋(12.00－0.24×5)×0.24×2^{圈梁}＝15.30(m^2) G轴外侧：(0.30×7.20$^{KJ-1柱}$×2)＋(12.00－0.30×2－0.24×2)×0.35×3$^{LL-1梁}$＋(12.00－0.30×2－0.24×2)×(0.45－0.12)^{雨篷梁}＝19.39(m^2) 1、8轴外侧：[0.30×(7.20＋0.45)$^{Z-1}$×4＋0.24×(8.10＋0.45－0.12)^{构造柱}×7]＋[0.24×(5.16－0.24＋5.16－0.48)×2^{圈梁}＋(7.10－0.24－0.30×2)×0.35×4]＝36.71(m^2) 小计：71.40m^2 外墙面上柱侧面展开及梁底： (0.40－0.24)×7.20×4$^{KJ-1柱}$＋(0.14×2.30＋3.52×0.14)×2^{C1}＋3.00×0.14^{M1}＋(0.14×1.50×2＋0.14×3.36)^{C4}＋(0.14×1.50＋0.14×3.52)×2^{C6}＝8.95(m^2) 合计：84.80＋71.40＋8.95＝165.16(m^2)	m^2	165.16

续表

序号	项目编码	项目名称	工程量计算式	单位	数量
63	011203001001	零星项目一般抹灰，女儿墙压顶，12厚1∶3水泥砂浆打底，8厚1∶2.5水泥砂浆粉面	按图示尺寸以面积计算。 （11.76＋12.26）×2×（0.24＋0.12）＝23.06（m^2）	m^2	23.06
64	011204003001	块料墙面，卫生间内墙，12厚1∶3水泥砂浆打底，5厚1∶1水泥细纱结合层，8厚地砖素水泥擦缝，J01—2005（7/4）	按设计图示尺寸以面积计算 一层卫生间：(2.40－0.24＋2.30－0.12－0.07)×2×1.50－0.80×1.50×3＝9.21(m^2) 二层卫生间：(2.40－0.24＋5.16－0.24)×2×1.50－0.80×1.50×2－0.60×(1.50－0.90)＝18.48(m^2) 厕所（3间）：[(1.20－0.12－0.07＋1.50－0.12－0.07)×2×1.50－0.80×1.50－0.60×(1.50－0.90)]×3＝16.20(m^2) 合计：43.89m^2	m^2	43.89
		天棚工程			
65	011301001001	现浇混凝土基层，刷素水泥浆1道，6厚1∶0.3∶3水泥石灰膏砂浆打底，6厚1∶0.3∶3水泥石灰膏砂浆粉面，乳胶漆2遍，J01—2005（6/8）	按设计图示尺寸以水平投影面积计算。不扣除间壁墙、垛、柱、附墙烟囱、检查口和管道所占的面积，带梁天棚、梁两侧抹灰面积并入天棚面积内。 一层 办公室1、2： (3.40－0.24)×(3.80－0.24)＋(3.36－0.24)×(3.80－0.24)＝22.36(m^2) 过道：1～8轴：（11.76－0.24）×（1.36－0.24）＝12.90（m^2） 卫生间：（2.40－0.24）×（3.80－0.24）＝7.69（m^2） 梁两侧抹灰：[（1.36－0.24）×0.20×2＋（1.36－0.24）×0.25]$^{L-3}$＝0.73（m^2） 一层小计：43.68m^2 二层： 北边办公室：（7.10－0.24）×（11.76－0.24）－（7.10－0.24）×0.24×2＝75.73（m^2） 南边办公室：(3.8－0.24）×（6.76－0.24）＝23.21（m^2） 走廊：(11.76－0.24）×（1.36－0.24）＝12.90（m^2） 卫生间：（2.40－0.24）×（3.80－0.24）＝7.69（m^2） 楼梯间：3.80×（2.60－0.24）＝8.97（m^2） 梁展开：（12.00－0.25×4）×（0.35－0.10）×4$^{顶层LL-1b梁}$＝11.00（m^2） 二层小计：139.50m^2 合计：183.18m^2	m^2	183.18
66	011301001002	楼梯底面，现浇混凝土基层，刷素水泥浆1道，6厚1∶0.3∶3水泥石灰膏砂浆打底，6厚1∶0.3∶3水泥石灰膏砂浆粉面，乳胶漆2遍J01—2005（6/8）	板式楼梯底面抹灰按斜面积计算，锯齿形楼梯底面抹灰按展开面积计算楼梯间： [2.70^2＋1.80^2]$^{1/2}$×(2.60－0.24)＝7.66(m^2) (1.22－0.12)×(2.60－0.24)＝2.60(m^2) 梯口梁侧：(0.30－0.10)×(2.60－0.24)×2＝0.94（m^2） 合计：11.20m^2	m^2	11.20

续表

序号	项目编码	项目名称	工程量计算式	单位	数量
67	011301001003	天棚抹灰，雨篷上部、底部、四周12厚1∶3水泥砂浆打底，6厚1∶2.5水泥砂浆粉面	YP-1 内面：1.15×(12.00－0.35×2)×1.01起坡＋(0.40－0.12)×(12.00－0.35×2＋1.15×2)＝16.66(m^2) 外面：(12.00＋1.50×2)×(0.40＋0.35梁顶)－0.20×0.10×14＝10.97(m^2) 小立柱： (0.20×0.10×2＋0.20×0.20×2)×14＝1.68(m^2) 压顶上下面：0.35×[12.00＋(1.50－0.35)×2]×2－0.20×0.10×14＝9.73(m^2) 侧面：0.10×(12.00＋1.50×2)×2＝3.00(m^2) YP-2 0.90×1.50＋(1.50＋0.90×2)×0.08＝1.61(m^2) 雨篷底：(0.35＋1.15)×(11.76＋0.24)＋0.90×1.50＝19.35(m^2) 雨篷抹水泥砂浆：16.66＋10.97＋1.68＋9.73＋3.00＋1.61＋19.35＝63.00(m^2)	m^2	63.00
68	011302001001	天棚吊顶，装配式U形（不上人型）轻钢龙骨，石膏板面层，规格600×600	按设计图示尺寸以水平投影面积计算。天棚面中的灯槽及跌级、锯齿形、吊挂式、藻井式天棚面积不展开计算。不扣除间壁墙、检查口、附墙烟囱、柱垛和管道所占面积，扣除单个0.3以外的孔洞、独立柱及与天棚相连的窗帘盒所占的面积。 一层门厅及接待室： (11.76－0.24)×(7.10－0.24)－(7.10－0.24)×0.24＝77.38(m^2) 石膏板天棚面层（同轻钢龙骨）：77.38m^2	m^2	77.38
		油漆、涂料、裱糊工程			
69	011406001001	乳胶漆内墙面，在抹灰面上批混合腻子、刷乳胶漆2遍	按设计图示尺寸以面积计算 内墙面：316.09＋379.04＝695.13（m^2） 洞口侧壁和顶面： [(0.24－0.10)×2.10×2＋(0.24－0.10)×1.00]M2×8＋[(0.24－0.10)×2.10×2＋(0.24－0.10)×0.80]M3×2＝5.82＋1.40＝7.22(m^2) 合计：702.35m^2	m^2	702.35
70	011406001002	混凝土基层乳胶漆天棚，在抹灰面上批混合腻子、刷乳胶漆2遍	同序号65	m^2	183.18
71	011406001003	雨篷底刷乳胶漆2遍	雨篷底：(0.35＋1.15)×(11.76＋0.24)＋0.90×1.50＝19.35(m^2)	m^2	19.35
72	011406001004	楼梯底面乳胶漆2遍	同序号66	m^2	11.20
73	011406001005	石膏板天棚封油、满批腻子2遍，刷乳胶漆2遍	同序号68	m^2	77.38

续表

序号	项目编码	项目名称	工程量计算式	单位	数量
74	011406001006	外墙抹灰面上刷苯丙乳胶漆2遍	按设计图示尺寸以面积计算 外墙面：349.02m^2 加门窗洞口侧壁、顶面： $(0.14\times2.10\times2+1.00\times0.14)^{M4}+(0.14\times1.50\times2+0.60\times0.14)^{C3}\times4+(0.14\times1.50\times2+1.80\times0.14)^{C2}\times4+(0.14\times1.50\times2+1.50\times0.14)^{C5}+(0.14\times2.30\times2)^{C1}+(0.14\times1.50\times2)^{C6}+(0.14\times2.70\times2)^{M1}=7.89(m^2)$ 合计：356.91m^2	m^2	356.91
75	011406001007	雨篷抹灰面上刷苯丙乳胶漆2遍	雨篷苯丙乳胶漆：$(10.97+1.68+9.73+3.00)+(1.50+0.90\times2)\times0.08=25.64(m^2)$	m^2	25.64
		其他装饰工程			
76	020107001001	金属扶手带栏杆，不锈钢扶手 $\phi25$、不锈钢栏杆 $\phi70$	按设计图示尺寸以扶手中心线长度（包括弯头长度）计算 $[2.70^2+1.80^2]^{1/2}=3.24(m)$ $(3.24\times2+0.25\times2)+(1.30-0.12)=8.16(m)$	m	8.16
		措施项目			
77	011701001001	脚手架，砖混，檐口7.2m	建筑面积：300m^2	m^2	300
78	011703001001	脚手架，二层，砖混，檐口7.2m	建筑面积：300m^2	m^2	300

第九章　建设工程招标控制价与投标报价及合同价款的约定

第一节　概　述

一、建设工程招投标制度对工程造价的影响

建设工程招投标是指招标人在发包建设项目前，公开招标或邀请投标人，根据招标人意图和要求提出报价，择日当场开标，以便从中择优选定中标人的一种经济活动。招投标制度是商品经济发展到一定阶段的产物，在市场经济条件下，它是一种最普遍、最常见的择优方式。建设工程招投标制度是我国建筑业和固定资产投资管理体制改革的主要内容，也是我国建筑市场走向规范化、完善化的重要举措。建设工程招投标制度的推行，使计划经济条件下建设任务的发包从以计划分配为主转变到以投标竞争为主，使我国发承包方式发生了质的变化。推行建设工程招投标制度，对降低工程造价，进而使工程造价得到合理的控制具有非常重要的影响。这种重要影响主要表现在以下几方面：

（1）建设工程招投标制度将市场机制、竞争机制引入到建筑业，促进了工程造价市场定价价格机制的建立，使工程造价更加趋于合理。

（2）建设工程招投标制度能够不断降低社会平均劳动消耗水平，使工程造价得到有效控制。在建筑市场中，不同投标者的个别劳动消耗水平不同。招投标制度的推行，使那些个别劳动消耗水平最低或接近最低的投标者获胜，实现了生产力资源较优配置，也对不同投标者实行了优胜劣汰。投标者面对激烈竞争的压力，为了自身的生存与发展，都必须切实在降低自己个别劳动消耗水平上下功夫，这样将逐步而全面地降低社会平均劳动消耗水平，使工程造价得到有效控制。

（3）建设工程招投标制度便于供求双方更好地相互选择，使工程造价更加符合价值基础，进而更好地控制工程造价。由于供求双方各自出发点不同，存在利益矛盾，因而单纯采用“一对一”的选择方式，成功的可能性较小。采用招投标方式就为供求双方在较大范围内进行相互选择创造了条件，为需求者（如建设单位、业主）与供给者（如勘察设计单位、施工单位）在最佳点上结合提供了可能。需求者对供给者选择（即建设单位、业主对勘察设计单位和施工单位的选择）的基本出发点是“择优选择”，即选择那些报价较低、工期较短、具有良好业绩和管理水平的供给者，这样即为合理控制工程造价奠定了基础。

（4）建设工程招投标制度有利于规范价格行为，使公开、公平、公正的原则得以贯彻。我国招投标活动有特定的机构进行管理，有严格的程序必须遵循，有高素质的专家支持系统、工程技术人员的群体评估与决策，能够避免盲目过度的竞争和营私舞弊现象的发生，对建筑领域中的腐败现象也是强有力的遏制，使价格形成过程变得透明而较为规范。

（5）建设工程招投标制度能够减少交易费用，节省人力、物力、财力，进而使工程造价有所降低。我国目前从招标、投标、开标、评标直至定标，均有相应法律、法规规定，

已进入制度化操作。招投标中，若干投标人在同一时间、地点报价竞争，在专家支持系统的评估下，以群体决策方式确定中标者，必然减少交易过程的费用，这本身就意味着招标人收益的增加，对工程造价必然产生积极的影响。

二、建设工程招标投标计价方法

根据建设部第 107 号部令《建筑工程施工发包与承包计价管理办法》的规定，发包与承包价的计算方法分为工料单价法和综合单价法。

从字面上理解，工料单价和综合单价只是对分部分项工程量单价的构成所包括的费用内容进行的一种分类。所谓工料单价是指分部分项工程量单价的构成仅含人工、材料和机械费用；所谓综合单价是指分部分项工程量单价除含人工、材料和机械费用外，还综合了其他费用。根据综合程度的不同，又可分为“全费用综合单价”和“工程量清单计价综合单价”（含人工、材料和机械费用，以及管理费、利润、风险，不含规费及税金）。应该说，这种按单价构成所包括的费用内容的分类与计价方法是采用计划价格（概预算定额价），还是计划与市场相结合价格（消耗量执行概预算定额，预算单价执行市场价），或是完全市场化价格（消耗量及预算单价均按市场情况确定），是性质完全不同的分类，但在我国特殊的历史背景和现实情况下，工料单价法和综合单价法除反映单价构成的区别外，还与价格形成的机制——定额计价（计划价格）与工程量清单计价（市场化价格）有关。建设部第 107 号部令及建标［2003］26 号文中解释的工料单价法和综合单价法含义如下。

（一）工料单价法

工料单价法是以分部分项工程量乘以单价后的合计为直接工程费，直接工程费以人工、材料和机械的消耗量及其相应价格确定，直接工程费汇总后另加措施费、间接费、利润和税金生成工程发包与承包价的计价方法。

（二）综合单价法

1. 全费用综合单价法

全费用综合单价法即分部分项工程量的单价为全费用综合单价，工程量乘以相应综合单价汇总后得到分部分项工程的造价，再加上措施费（措施费也可采用全费用综合单价）和其他项目费用得到单位工程的发包与承包价的计价方法。

2. 工程量清单计价综合单价法

工程量清单计价综合单价法即分部分项工程量的单价为《计价规范》（GB 50500—2013）综合单价，工程量乘以相应综合单价汇总后得到分部分项工程的部分造价费用，再加上措施费（措施费也采用《计价规范》综合单价）和其他项目费用，最后加上规费及税金得到单位工程的发包与承包价的计价方法。

一般来说，可以这样理解：工料单价法是与我国传统概、预算定额计价模式相匹配的一种计价方法；综合单价法是与我国正在推行的工程量清单计价模式相匹配的一种计价方法。综合单价法比工料单价法能更合理地确定每个分部分项工程的造价，符合国际惯例，使工程造价接近市场行情，有利于竞争，有利于控制工程造价。

三、招投标阶段与工程造价计价有关的主要工作

建设工程招标投标定价程序是我国以法律《招标投标法》方式规定的一种定价方式，是由招标人编制招标文件，投标人进行报价竞争，中标人中标后与招标人通过谈判签订合同，以合同价格为建设工程价格的定价方式，这种定价方式无疑属于市场调节价，也是企业自主定价。由此，在招投标阶段与工程造价计价有关的主要工作有以下几方面。

(一) 招标文件的编制

招标文件是整个招标过程所遵循的法律性文件，是业主对工程招标和工程实施中各种问题的规定，是业主的期望，也是投标人报价、投标、编制施工组织设计和合同实施的基础。因此，招标文件是联系、沟通招标人与投标人的桥梁。能否编制出完整、严谨的招标文件，对工程造价的合理确定和有效控制有着重大的影响。重视招标文件的编制，从招标文件编制着手控制工程造价，是一项十分重要的工作。

(二) 工程量清单的编制

在工程量清单计价制度下，招标文件还应提供工程量清单。工程量清单是表现拟建工程的分部分项工程项目、措施项目、其他项目、规费、税金项目名称和相应数量的明细清单，是按照招标文件要求和施工设计图纸要求规定，将拟建招标工程的全部项目和内容，依据统一的工程量计算规则、统一的工程量清单项目编制规则要求，计算拟建招标工程的分部分项工程数量的表格，是招标文件的组成部分，一经中标且签订合同，即成为合同的组成部分。在工程量清单的计价工程中，工程量清单为建设市场的交易双方提供了一个平等的平台，其内容和编制原则的确定是整个计价方式改革中的重要工作。

(三) 招标控制价的编制

招标控制价是招标人根据国家或省级、行业建设主管部门颁发的有关计价依据和办法，以及拟定的招标文件和招标工程量清单，结合工程具体情况编制的招标工程的最高投标限价。

招标控制价是在建设市场发展过程中对传统标底概念的性质进行的界定，这主要是由于我国工程建设项目施工招标从推行工程量清单计价以来，对招标时评标定价的管理方式发生了根本性的变化。其具体表现在从 1983 年原建设部试行施工招标投标制到 2003 年 7 月 1 日推行工程量清单计价这一时期，各地对中标价基本上采取不得高于标底的 3%，不得低于标底的 3%或 5%的限制性措施评标定标，在这一评标方法下，标底必须保密，这一原则也在 2000 年实施的《招标投标法》中得到了体现。但在 2003 年推行工程量清单计价以后，由于各地基本取消了中标价不得低于标底一定限额的规定，从而出现了新的问题，即根据什么来确定合理报价。实践中，一些工程项目在招标中除了过度的低价恶性竞争外，也出现了所有投标人的投标报价均高于招标人的标底，即使是最低的报价，招标人也不能接受，但由于缺乏相应的制度规定，招标人如果不接受投标又产生了招标的合法性问题。针对这一新的形式，为避免投标人串标、哄抬标价，我国多个省、市相继出台了控制最高限价的规定，但在名称上有所不同，包括拦标价、最高报价、预算控制价、最高限价等，并大多要求在招标文件中将其公布，并规定投标人的报价如果超过公布的最高限价，其投标将作为废标处理。由此可见，面临新的招标形式，在修订 2003 版清单计价规范时，为避免与《招标投标法》关于标底必须保密的规定相违背，因此采用了“招标控制价”这一概念。

(四) 投标报价的编制

投标报价是指投标人以招标文件中的合同条件、技术规范、工程性质和范围（工程量清单或图纸)、评标定标方法和标准等为依据，根据拟定的施工组织设计及有关企业定额和价格资料，结合市场竞争状况，综合考虑造价、工期和质量等方面的因素计算和确定承包该项工程的单价和总价的工作。投标报价是卖方的要价，如果中标，这个价格就是合同谈判和签订合同确定工程造价的基础。投标报价是企业自主定价的一个步骤，是实现市场调节价的一项内容。编制投标报价前要认真研究招标文件及工程量清单，以满足《招标投标法》中“能够最大限度地满足招标文件中规定的各种综合评价标准”或“能够满足招标文件的实质性要求”的规定。投标报价一般由企业自己编制，也可以委托代理机构代为编制，企业自行决策。

投标报价是施工企业的一项重要工作。根据目前我国招投标及工程造价管理的实际情况，大部分省市仍然采用按概预算定额计价与工程量清单计价两种方式并存的方式，并且这两种计价模式在一定时期内将长期存在，在国家大力推行采用国际通用的工程量清单计价的同时，人们也不会全盘否定预算定额计价，其原因有三：一是定额计价在我国实行了几十年，虽然有其不适应的地方，但不影响其计价的准确性；二是地区存在差异性，市场经济情况不一致；三是各自有不同的适用情况，清单计价比较适合招投标，比较适合在设计深度达到一定程度、变更不太大的情况使用，而定额计价较适合造价鉴定以及“三边”工程造价确定。

招标控制价与投标报价的计价方法应响应招标文件的要求，如前所述，招标控制价与报价的编制有两种方法——工料单价法与综合单价法。采用工料单价法编制招标控制价和投标报价的基本计算和编制方法与施工图预算基本相同，在此不再赘述。以下主要介绍工程量清单综合单价法下招标控制价与投标报价的计算及合同价的确定。

第二节　工程量清单计价下招标控制价与报价编制的有关规定

一、招标控制价编制的基本要求

(一) 一般规定

《计价规范》(GB 50500—2013) 对招标控制价编制的一般规定如下：

(1) 国有资金投资的建设工程招标，招标人必须编制招标控制价。

本条作为强制性条款，与《计价规范》(GB 50500—2008) 中的“应编制招标控制价”相比，更强调了招标控制价编制的强制性。

(2) 招标控制价应由具有编制能力的招标人或受其委托具有相应资质的工程造价咨询人编制和复核。

(3) 工程造价咨询人接受招标人委托编制招标控制价，不得再就同一工程接受投标人委托编制投标报价。

(4) 招标控制价按照该规范第 5.2.1 条的规定编制，不应上调或下浮。

(5) 招标控制价超过批准的概算时，招标人应将其报原概算审批部门审核。

(6) 招标人应在发布招标文件时公布招标控制价，同时应将招标控制价及有关资料报送工程所在地（或有该工程管辖权的行业管理部门）工程造价管理机构备查。

(二) 编制与复核的具体要求

《计价规范》(GB 50500—2013) 对招标控制价编制与复核的具体要求如下：

（1）分部分项工程费应根据招标文件中的分部分项工程量清单项目的特征描述及有关要求确定。综合单价中应包括招标文件中要求投标人承担的风险费用。招标文件提供了暂估单价的材料，按暂估的单价计入综合单价。

（2）措施项目费应根据招标文件中的措施项目清单按以下要求计价：

1）根据施工现场情况、工程特点及常规施工方案，可以计算工程量的措施项目，应按分部分项工程量清单的方式采用综合单价计价；其余的措施项目可以“项”为单位的方式计价，应包括除规费、税金外的全部费用。

2）措施项目清单中的安全文明施工费应按照国家或省级、行业建设主管部门的规定计价，不得作为竞争性费用。

（3）其他项目费应按下列规定计价：

1）暂列金额应按招标工程量清单中列出的金额填写。

2）暂估价中的材料、工程设备单价应按招标工程量清单中列出的单价计入综合单价；暂估价中的专业工程金额应按招标工程量清单中列出的金额填写。

3）计日工应按招标工程量清单中列出的项目根据工程特点和有关计价依据确定综合单价计算。

4）总承包服务费应根据招标工程量清单列出的内容和要求估算。

《计价规范》（GB 50500—2013）中其他项目费的规定与《计价规范》（GB 50500—2008）相比，有两点变化：一是将其计价原则作了改变，将《计价规范》（GB 50500—2008）中笼统的“按有关计价规定估算或计算”改为“按工程量清单中列出的金额或单价、项目或内容计算”；二是将暂估价分为材料、工程设备暂估价和专业工程暂估价，即将专业工程暂估价单独列出。

本条还规定了编制招标控制价时，其他项目费的计价原则。

·暂列金额。暂列金额可根据工程的复杂程度、设计深度、工程环境条件（包括地质、水文、气候条件等）进行估算，一般可按分部分项工程费的10%～15%作为参考。

·暂估价。暂估价包括材料暂估价和专业工程暂估价。

·计日工。计日工包括计日工人工、材料和施工机械。

·总承包服务费。编制招标控制价时，总承包服务费应按照省级或行业建设主管部门的规定计算。

a. 招标人仅要求对分包的专业工程进行总承包管理和协调时，按分包的专业工程估算造价的1.5%计算。

b. 招标人要求对分包的专业工程进行总承包管理和协调，并同时要求提供配合服务时，根据招标文件列出的配合服务内容和提出的要求，按分包的专业工程估算造价的3%～5%计算。

c. 招标人自行供应材料的，按招标人供应材料价值的1%计算。

二、投标报价编制的基本要求

（一）一般规定

《计价规范》（GB 50500—2013）对投标报价编制的一般规定如下：

（1）投标价应由投标人或受其委托具有相应资质的工程造价咨询人编制。

(2) 投标价应由投标人自主确定，但不得低于成本。

这条规定了投标报价编制和确定的最基本特征是投标人自主报价，它是市场竞争形成价格的体现。

(3) 投标人必须按招标工程量清单填报价格。填写的项目编码、项目名称、项目特征、计量单位、工程量必须与招标工程量清单一致。

实行工程量清单招标，招标人在招标文件中提供工程量清单，其目的是使各投标人在投标报价中具有共同的竞争平台。因此，要求投标人在投标报价中填写的工程量清单的项目编码、项目名称、项目特征、计量单位、工程数量必须与招标人招标文件中提供的一致。

(4) 投标人的投标报价高于招标控制价的应予以废标。

(二) 编制与复核的具体要求

《计价规范》(GB 50500—2013) 对投标报价编制与复核的具体要求如下：

(1) 分部分项工程和措施项目中的单价项目，应依据招标文件和招标工程量清单项目中的特征描述确定综合单价计算。

(2) 综合单价中应包括招标文件中要求投标人承担的风险费用。

(3) 招标文件中提供了暂估单价的材料，按暂估的单价计入综合单价。

确定分部分项工程量清单项目综合单价的最重要依据之一是该清单项目的特征描述。在招投标过程中，当出现招标文件中分部分项工程量清单特征描述与设计图纸不符时，投标人应以分部分项工程量清单的项目特征描述为准，确定投标报价的综合单价。当施工中施工图纸或设计变更与工程量清单项目特征描述不一致时，发、承包双方应按实际施工的项目特征，依据合同约定重新确定综合单价。

招标文件中要求投标人承担的风险费用，投标人应考虑进入综合单价。在施工过程中，当出现的风险内容及其范围在招标文件规定的范围内时，综合单价不得变动，工程价款不作调整。

(4) 投标人可根据工程实际情况结合施工组织设计，对招标人所列的措施项目进行增补。

措施项目费应根据招标文件中的措施项目清单及投标时拟定的施工组织设计或施工方案自主确定。其中安全文明施工费不得作为竞争性费用。

1) 措施项目的内容应依据招标人提供的措施项目清单和投标人投标时拟定的施工组织设计或施工方案，可增补。

2) 措施项目费的计价方式应根据招标文件的规定，可以计算工程量的措施清单项目采用综合单价方式报价，其余的措施清单项目采用以"项"为计量单位的方式报价。

3) 措施项目费由投标人自主确定，但其中安全文明施工费应按国家或省级、行业建设主管部门的规定确定。

(5) 其他项目费应按下列规定报价：

1) 暂列金额应按招标人在其他项目清单中列出的金额填写。

2) 材料暂估价应按招标人在其他项目清单中列出的单价计入综合单价；专业工程暂估价应按招标人在其他项目清单中列出的金额填写。

3）计日工按招标人在其他项目清单中列出的项目和数量，自主确定综合单价并计算计日工费用。

4）总承包服务费根据招标文件中列出的内容和提出的要求自主确定。

（6）投标总价应当与分部分项工程费、措施项目费、其他项目费和规费、税金的合计金额一致。

即投标人在进行工程量清单招标的投标报价时，不能进行投标总价优惠（或降价、让利），投标人对投标报价的任何优惠（或降价、让利）均应反映在相应清单项目的综合单价中。

三、工程量清单计价表格

工程量清单计价应采用统一的计价编制格式，《计价规范》（GB 50500—2013）要求投标文件的标准格式要随招标文件发至投标人，由投标人填写。《计价规范》（GB 50500—2013）中与招标控制价和投标报价有关的工程量清单计价表格主要如下。

（1）封面与扉页：包括招标控制价与投标总价封面、扉页，格式及内容如表 9-1、表 9-2 所示。

表 9-1　　招标控制价扉页

________工程 招标控制价	
招标控制价（小写）：________ （大写）：________	
招标人：________ （单位盖章）	工程造价咨询人：________ （单位资质专用章）
法定代表人 或其授权人：________ （签字或盖章）	法定代表人 或其授权人：________ （签字或盖章）
编制人：________ （造价人员签字盖专用章）	复核人：________ （造价工程师签字盖专用章）
编制时间：　　年　月　日	复核时间：　　年　月　日

表 9-2　　投标总价扉页

投标总价
招标人：________
工程名称：________
投标总价（小写）：________ （大写）：________
投标人：________ （单位盖章）
法定代表人 或其授权人：________ （签字或盖章）
编制人：________ （造价人员签字盖专用章）
编制时间：　　年　月　日

（2）总说明：一般包括以下内容：

1）工程概况：主要说明建设规模（m^2）、建筑层数（层）、计划工期、施工现场实际情况、交通运输情况、自然地理条件和环境保护要求等。

2）招标控制价/投标报价包括范围。

3）招标控制价/投标报价编制依据。

4）其他特殊说明。

（3）汇总表：包括建设项目招标控制价/投标报价汇总表（见表9-3）、单项工程招标控制价/投标报价汇总表（见表9-4）、单位工程招标控制价/投标报价汇总表（见表9-5）。

表9-3　建设项目招标控制价/投标报价汇总表

工程名称：　　　　　　　　　　　　　　　　　　　　　　　　第　页　共　页

序号	单项工程名称	金额（元）	其中		
			暂估价（元）	安全文明施工费（元）	规费（元）
合计					

表9-4　单项工程招标控制价/投标报价汇总表

工程名称：　　　　　　　　　　　　　　　　　　　　　　　　第　页　共　页

序号	单项工程名称	金额（元）	其中		
			暂估价（元）	安全文明施工费（元）	规费（元）
合计					

表9-5　单位工程招标控制价/投标报价汇总表

工程名称：　　　　　　　　　　标段：　　　　　　　　　　　第　页　共　页

序号	汇总内容	金额（元）	其中暂估价（元）
1	分部分项工程		
1.1			
1.2			
1.3			
2	措施项目		
2.1	其中：安全文明施工费		
3	其他项目		
3.1	其中：暂列金额		
3.2	其中：专业工程暂估价		

续表

序　号	汇总内容	金额（元）	其中暂估价（元）
3.3	其中：计日工		
3.4	其中：总承包服务费		
4	规费		
5	税金		
合　计			

（4）分部分项工程和措施项目计价表：包括分部分项工程和单价措施项目清单与计价表（见表 9-6）、综合单价分析表（见表 9-7）。

（5）其他项目计价表：包括其他项目清单与计价汇总表（见表 9-9）、暂列金额明细表、材料暂估单价表专业工程暂估价表、计日工表、总承包服务费计价表。

（6）规费、税金项目计价表（见表 9-10）。

表 9-6　　分部分项工程和单价措施项目清单与计价表

工程名称：　　　　　　　　　　　　标段：　　　　　　　　　　第　页　共　页

序号	项目编码	项目名称	项目特征描述	计量单位	工程量	金额（元）		
						综合单价	合价	其中暂估价
本页小计								
合　计								

表 9-7　　综合单价分析表

工程名称：　　　　　　　　　　　　标段：　　　　　　　　　　第　页　共　页

项目编码		项目名称				计量单位			工程量		
清单综合单价组成明细											
定额编号	定额项目名称	定额单位	数量	单　价				合　价			
				人工费	材料费	机械费	管理费和利润	人工费	材料费	机械费	管理费和利润
人工单价	小计										
元/工日	未计价材料费										
清单项目综合单价											

材料费明细	主要材料名称、规格、型号	单位	数量	单　价（元）	合　价（元）	暂估单价（元）	暂估合价（元）
	其他材料费						
	材料费小计						

表 9－8　　总价措施项目清单与计价表

工程名称：　　标段：　　第　页　共　页

序号	项目编码	项目名称	计算基础	费率（%）	金额（元）	调整费率（%）	调整后余额（元）	备注
合计								

表 9－9　　其他项目清单与计价汇总表

工程名称：　　标段：　　第　页　共　页

序号	项目名称	计量单位	金额（元）	备注
1	暂列金额			
2	暂估价			
2.1	材料暂估价			
2.2	专业暂估价			
3	计日工			
4	总承包服务费			
合计				

表 9－10　　规费、税金项目与计价表

工程名称：　　标段：　　第　页　共　页

序号	项目名称	计算基础	费率（%）	金额（元）
1	规费			
1.1	社会保险费			
1.2	住房公积金			
1.3	工程排污费			
2	税金			
合计				

第三节　招标控制价的编制

一、招标控制价编制依据

(1)《计价规范》(GB 50500—2013)。

(2) 国家或省级、行业建设主管部门颁发的计价定额和计价办法。

(3) 建设工程设计文件及相关资料。

(4) 拟定的招标文件及招标工程量清单。

(5) 与建设项目相关的标准、规范、技术资料。

(6) 施工现场情况、工程特点及常规施工方案。

(7) 工程造价管理机构发布的工程造价信息；工程造价信息没有发布的，参照市场价。

(8) 其他的相关资料。

《计价规范》(GB 50500—2013) 与《计价规范》(GB 50500—2008) 相比，招标控制价的编制和复核依据基本一致，《计价规范》(GB 50500—2013) 增加了第6条依据，说明编制招标控制价时要充分考虑施工现场情况、工程特点及施工方案对措施项目费的影响。

二、招标控制价应用中应注意的主要问题

(1) 招标控制价应在招标时公布，不应上调或下浮，招标人应将招标控制价及有关资料报送工程所在地工程造价管理机构备查。招标控制价的编制特点和作用决定了招标控制价不同于标底，无须保密。招标人在招标文件中公布招标控制价时，应公布招标控制价各组成部分的详细内容，不得只公布招标控制价总价。

(2) 投标人经复核认为招标人公布的招标控制价未按照本规范的规定进行编制的，应在开标前5天向招投标监督机构或(和)工程造价管理机构投诉。招投标监督机构应会同工程造价管理机构对投诉进行处理，发现确有错误的，应责成招标人修改。

三、房屋建筑与装饰工程招标控制价编制实例

(一) 招标文件

青蓝小学办公楼建筑与装饰工程施工招标文件见第八章第三节。

(二) 建筑与装饰工程招标控制价

青蓝小学办公楼建筑与装饰工程施工招标控制价见下表［按《计价规范》(GB 50500—2013) 和江苏省有关文件要求编制］。

1. 封面

封面格式如下。

青蓝小学办公楼建筑与装饰 工程
招 标 控 制 价

招 标 人：青蓝小学
（单位签字盖章）

造价咨询人：××造价咨询有限公司
（单位签字盖章）

2013年8月8日

2. 扉 页

青蓝小学办公楼建筑与装饰 工程
招 标 控 制 价

招标控制价（小写）：338354.43元
（大写）：叁拾叁万捌仟叁佰伍拾肆元肆角叁分

招 标 人：
（单位盖章）

工程造价咨询人：
（单位资质专用章）

法定代表人
或其授权人：
（签字或盖章）

法定代表人
或其授权人：
（签字或盖章）

编制人：
（造价人员签字盖专用章）

复核人：
（造价工程师签字盖专用章）

编制时间：2013年8月8日

复核时间：2013年8月9日

3. 总说明

总 说 明

工程名称：青蓝小学办公楼建筑与装饰工程 第 页，共 页

1. 工程概况

本工程建筑面积300.00m²，建筑层数二层，檐口高度7.20 m；框架+砖混结构，基础为钢筋混凝土独立基础+钢筋混凝土条形基础，墙体为标准砖内、外墙，楼、屋盖为现浇钢筋混凝土楼板及屋面板；门厅及接待室为花岗岩石材地面，纸面石膏板吊顶；其他为地砖地面，白色乳胶漆顶棚；内墙面为白色乳胶漆，外墙面为苯丙乳胶漆，屋面为刚性防水（有保温层）屋面，门窗为铝合金窗、胶合板贴榉木切片板门。

2. 招标范围

青蓝小学办公楼建筑与装饰工程

3. 工程质量及工期要求

质量：符合国家施工验收规范标准

工期：执行国家工期定额

4. 工程量清单编制依据

(1) ××设计院设计的青蓝小学办公楼建筑与装饰工程施工图。

(2) 青蓝小学办公楼建筑与装饰工程施工招标文件。

(3)《建设工程工程量清单计价规范》(GB 50500—2013)。

(4)《江苏省建筑与装饰工程计价表》(2004)。

(5)《江苏省建设工程费用定额》(2009)。

(6) 其他相关资料。

5. 其他说明事项

(1) 暂列金额为：5000元。

(2) 本工程现浇混凝土及钢筋混凝土模板及支撑（架）不单列，按混凝土及钢筋混凝土实体项目执行，综合单价中应包含模板及支撑（架）。

(3) 本工程挖基础土方清单工程量不含工作面和放坡增加的工程量，按《房屋建筑与装饰工程工程量计算规范》的计算规则计算。

(4) 总价措施取费基数暂按分部分项工程和单价措施项目清单费计算。

4. 建设项目招标控制价汇总表

建设项目招标控制价汇总表如表9-12所示。

表9-12 **建设项目招标控制价汇总表**

工程名称：青蓝小学办公楼建筑与装饰工程 第 页 共 页

序号	单项工程名称	金额（元）	其中		
			暂估价（元）	安全文明施工费（元）	规费（元）
1	青蓝小学办公楼建筑与装饰工程	338354.43		11779.21	11366.48
合计		338354.43		11779.21	11366.48

5. 单项工程招标控制价汇总表

单项工程招标控制价汇总表如表 9-13 所示。

表 9-13　　单项工程招标控制价汇总表

工程名称：青蓝小学办公楼建筑与装饰工程　　　　第　页　共　页

序号	单项工程名称	金额（元）	其中		
			暂估价（元）	安全文明施工费（元）	规费（元）
1	青蓝小学办公楼建筑与装饰工程	338354.43		11779.21	11366.48
合计		338354.43		11779.21	11366.48

6. 单位工程招标控制价汇总表

单位工程招标控制价汇总表如表 9-14 所示。

表 9-14　　单位工程招标控制价汇总表

工程名称：青蓝小学办公楼建筑与装饰工程　　　　第　页　共　页

序号	汇总内容	金额（元）	其中：暂估价（元）
1	分部分项工程	294480.33	
1.1	土石方工程	4427.46	0.00
1.2	砌筑工程	37268.38	0.00
1.3	混凝土及钢筋混凝土工程	86451.86	0.00
1.4	门窗工程	37136.00	0.00
1.5	屋面及防水工程	8279.91	0.00
1.6	保温、隔热、防腐工程	4987.69	0.00
1.7	楼地面工程	49426.99	0.00
1.8	墙、柱面工程	21441.27	0.00
1.9	天棚工程	12800.20	0.00
1.10	油漆、涂料、裱糊工程	13745.08	0.00
1.11	其他装饰工程	2982.15	0.00
1.12	单价措施项目	15533.35	0.00
2	总价措施项目	16255.31	0.00
2.1	安全文明施工费	11779.21	—
3	其他项目	5000.00	
3.1	暂列金额	5000.00	
3.2	专业工程暂估价		—
3.3	计日工		—
3.4	总承包服务费		—
4	规费	11366.48	—
5	税金	11252.31	—
6	招标控制价	338354.43	

7. 分部分项工程和措施项目计价表

分部分项工程和单价措施项目清单与计价表如表 9-15 所示。

表 9-15　　分部分项工程和单价措施项目清单与计价表

工程名称：青蓝小学办公楼建筑与装饰工程　　标段：　　第　页　共　页

序号	项目编码	项目名称	项目特征描述	计量单位	工程量	金额（元）		
						综合单价	合价	其中：暂估价
			土石方工程				4427.46	
1	010101001001	平整场地	土壤类别：三类干土 弃、取土运距：由投标人根据施工现场实际情况自行考虑	m^2	150.00	5.63	844.5	
2	010101002001	挖土方	三类干土，运距 30m	m^3	3.92	31.81	124.70	
3	010101003001	挖沟槽土方	三类干土，带形基础，垫层底宽 700～800mm，$H=0.75$m，运距 5m	m^3	39.85	36.82	1467.28	
4	010101004001	挖基坑土方	三类干土，独立基础，垫层底面积 1.36～2.89m^2，$H=0.75$m，运距 5m	m^3	12.76	46.86	597.93	
5	010103001001	基础土方回填	三类干土，夯填	m^3	17.93	41.29	740.33	
6	010103001002	室内土方回填	三类干土，夯填	m^3	38.60	16.91	652.73	
			砌筑工程				37268.38	
7	010401001001	砖基础	MU10 黏土砖，带形基础，$H=0.65$m，M5 水泥砂浆砌筑	m^3	12.67	286.61	3631.35	
8	010401003001	实心砖墙	MU10 甲级标准砖一砖外墙，$H=2.8\sim3.36$m，M5 混合砂浆砌筑	m^3	54.67	288.81	15789.24	
9	010401003002	实心砖墙	MU10 甲级标准砖屋面一砖墙，$H=0.78$m，M5 混合砂浆砌筑	m^3	8.32	288.81	2402.90	
10	010401003003	实心砖墙	MU10 甲级标准砖一砖内墙，$H=3.00\sim3.36$m，M5 混合砂浆砌筑	m^3	53.26	280.59	14944.22	
11	010401003004	实心砖墙	MU10 甲级标准砖 1/2 砖内墙，$H=3.20\sim3.50$m，M5 混合砂浆砌筑	m^3	1.69	296.25	500.66	
			混凝土及钢筋混凝土工程				86451.86	
12	010501001001	垫层	混凝土强度等级：C10	m^3	7.14	281.05	2006.70	
13	010501003001	独立基础	混凝土强度等级：C20 混凝土，碎石粒径 40mm，水泥 32.5 级	m^3	5.67	324.56	1840.26	
14	010502001001	矩形柱	$H=7.82$m，截面尺寸 400×300，C25 现浇钢筋混凝土，碎石粒径 5～31.5mm	m^3	3.75	754.54	2829.53	

续表

序号	项目编码	项目名称	项目特征描述	计量单位	工程量	金额（元）		
						综合单价	合价	其中：暂估价
15	010502001002	矩形柱	H＝7.82m，截面尺寸 300×300，C25 现浇钢筋混凝土，碎石粒径5～31.5mm	m^3	2.82	754.54	2127.81	
16	010502002001	构造柱	H：－0.65－7.98m，截面尺寸 240×240，C25 现浇钢筋混凝土，碎石粒径5～20mm	m^3	8.53	802.15	6842.33	
17	010503001001	基础梁	混凝土强度等级：C20 混凝土，碎石粒径 40mm，水泥 32.5 级	m^3	17.72	412.13	7302.95	
18	010503002001	矩形梁	LL－1：梁底标高 2.7m，截面 250×350，YPL－2：梁底标高 2.1m，截面 240×240，LL－1（C）：梁底标高 6.0m，截面 250×350 C20 现浇钢筋混凝土单梁，碎石粒径 5～31.5mm	m^3	2.03	598.53	1215.03	
19	010503004001	圈梁	梁底标高 3.45～7.05m 截面 240×240，C20 现浇钢筋混凝土，碎石粒径 5～20mm	m^3	2.54	550.46	1398.18	
20	010503005001	过梁	梁底标高一层：2.100～2.400m，二层：5.700～6.000m，截面 240×240，C20 现浇钢筋混凝土，碎石粒径 5～20mm	m^3	1.96	763.00	1495.49	
21	010505001001	有梁板	板底标高 3.47m，板厚 100，C20 现浇钢筋混凝土，碎石粒径 5～20mm	m^3	15.04	574.36	8638.35	
22	010505001002	有梁板	板底标高 3.47m，板厚 80，C20 现浇钢筋混凝土，碎石粒径 5～20mm	m^3	0.94	574.36	539.90	
23	010505001003	有梁板	板底标高 7.07m，板厚 100，C20 现浇钢筋混凝土，碎石粒径 5～20mm	m^3	15.94	574.36	9155.30	
24	010505003001	平板	板底标高 3.47m，板厚 100，C20 现浇钢筋混凝土，碎石粒径 5～20mm	m^3	3.55	618.40	2195.33	
25	010505003002	平板	板底标高 7.07m，板厚 100，C20 现浇钢筋混凝土，碎石粒径 5～20mm	m^3	6.19	618.41	3827.93	
26	010505008001	雨蓬、阳台板	C20 现浇钢筋混凝土，碎石粒径 5～20mm	m^3	3.70	223.04	825.24	
27	010506001001	直形楼梯	C25 现浇钢筋砼，碎石粒径 5～20mm	m^2	8.68	156.69	1360.09	

续表

序号	项目编码	项目名称	项目特征描述	计量单位	工程量	金额（元）		
						综合单价	合价	其中：暂估价
28	010507001001	散水、坡道	道渣垫层厚40～80，1：2水泥砂浆面层厚20，C15现浇混凝土，碎石粒径5～40mm	m^2	22.92	37.70	864.08	
29	010507005001	扶手、压顶	YP－1压顶350×100，C20现浇钢筋混凝土，碎石粒径5～20mm	m	14.30	16.15	230.89	
30	010507005002	扶手、压顶	屋面压顶240×120，C20现浇钢筋混凝土，碎石粒径5～20mm	m	48.04	13.94	669.75	
31	010507007001	其他构件	YP－1上小方柱200×100×200，C20现浇钢筋混凝土，碎石粒径5～20mm	m^3	0.056	384.64	21.54	
32	010515001001	现浇混凝土钢筋	ϕ12mm以内	t	3.292	3749.29	12342.66	
33	010515001002	现浇混凝土钢筋	ϕ12mm以外	t	5.41	3420.73	18506.15	
34	010516002001	预埋铁件	楼梯踏步，100×100×8	t	0.022	9835.91	216.39	
			门窗工程				37136.00	
35	010801001001	木质门	无腰单扇平开门，框截面：55×100，单扇面积：1000×2100，榉木板面层，聚氨酯3遍，门碰各1个	樘	8.00	600.00	4800.00	
36	010801006001	门锁安装	执手锁	套	8.00	30.00	240.00	
37	010802001001	金属（塑钢）门	金属地弹门，铝合金有上亮四扇；洞口尺寸3000×2700，购入成品安装，地弹簧4个，门锁3把，铝合金拉手4对	樘	1.00	8100.00	8100.00	
38	010802001002	金属（塑钢）门	塑钢门，平开无亮，洞口尺寸800×2100，购入成品安装，门吸门阻2个，执手锁2把，插销3副	樘	5.00	672.00	3360.00	
39	010802004001	防盗门	钢防盗门（成品，含安装）	樘	1.00	1260.00	1260.00	
40	010807001001	金属（塑钢、断桥）窗	金属推拉窗，铝合金双扇，洞口尺寸1800×1500，购入成品安装	樘	4.00	1080.00	4320.00	
41	010807001002	金属（塑钢、断桥）窗	金属推拉窗，铝合金双扇，洞口尺寸1500×1500，购入成品安装	樘	1.00	900.00	900.00	
42	010807001003	金属（塑钢、断桥）窗	金属推拉窗，铝合金六扇，洞口尺寸3360×1500，购入成品安装	樘	1.00	2016.00	2016.00	

续表

序号	项目编码	项目名称	项目特征描述	计量单位	工程量	金额（元）		
						综合单价	合价	其中：暂估价
43	010807001004	金属（塑钢、断桥）窗	金属推拉窗，铝合金六扇，洞口尺寸 3520 × 1500，购入成品安装	樘	2.00	2112.00	4224.00	
44	010807001005	金属（塑钢、断桥）窗	金属平开窗，铝合金单扇，洞口尺寸 600×1500，购入成品安装	樘	4.00	360.00	1440.00	
45	010807001006	金属（塑钢、断桥）窗	金属固定窗，铝合金框，洞口尺寸 3520×2300，购入成品安装	樘	2.00	3238.00	6476.00	
			屋面及防水工程				8279.91	
46	010902003001	屋面刚性层	40 厚 C20 细石混凝土，内配 Φ4 @150 双向钢筋	m^2	207.71	32.81	6814.97	
47	010902004001	屋面排水管	PVC 落水管 D100，铸铁落水口，PVC 雨水斗	m	37.64	38.92	1464.95	
			保温、隔热、防腐工程				4987.69	
48	011001001001	保温隔热屋面	25 厚聚苯乙烯泡沫板	m^2	138.47	36.02	4987.69	
			楼地面装饰工程				49426.99	
49	011101006001	平面砂浆找平层	屋面找平层 20 厚 1：3 水泥砂浆	m^2	207.71	12.30	2554.83	
50	011102001001	石材楼地面	花岗岩地面，80 厚 C10 混凝土垫层，刷素水泥浆 1 道，30 厚干硬性水泥砂浆结合层，20 厚 800×800 花岗岩面层	m^2	78.58	315.08	24758.99	
51	011102003001	块料楼地面	地砖地面，100 厚 C10 混凝土垫层，刷素水泥砂浆 1 道，20 厚 1：3 水泥砂浆、5 厚 1：2 水泥砂浆结合层，10 厚 400×400 地砖面层	m^2	44.28	87.76	3886.01	
52	011102003002	块料楼地面	陶瓷防滑地砖地面，80 厚 C10 混凝土垫层，C20 细石混凝土找 0.5%坡（最薄处 20mm 厚），15 厚 1：2 水泥砂浆找平，1.5 厚聚氨酯防水涂料，25 厚 1：3 水泥砂浆结合层，300×300×10 地砖面层	m^2	7.44	139.19	1035.57	
53	011102003003	块料楼地面	地砖楼面，刷素水泥砂浆 1 道，20 厚 1：3 水泥砂浆、5 厚 1：2 水泥砂浆结合层，10 厚 400×400 地砖面层	m^2	113.09	59.22	6697.19	
54	011102003004	块料楼地面	陶瓷防滑地砖楼面，20 细石混凝土找 0.5%坡（最薄处 20mm 厚），15 厚 1：2 水泥砂浆找平，25 厚 1：3 水泥砂浆结合层，300×300 地砖面层	m^2	7.34	95.17	698.55	

续表

序号	项目编码	项目名称	项目特征描述	计量单位	工程量	金额（元）		
						综合单价	合价	其中：暂估价
55	011105002001	石材踢脚线	花岗岩踢脚，高 150mm，做法详见 J01—2005（5/4）	m^2	6.71	296.65	1990.52	
56	011105003001	块料踢脚线	地砖踢脚，高 150mm，做法详见 J01—2005（7/4）	m^2	21.65	98.20	2126.03	
57	011106002001	块料楼梯面层	楼梯地砖，刷素水泥砂浆 1 道，20 厚 1∶3 水泥砂浆、5 厚 1∶2 水泥砂浆结合层，300×300 同质地砖面层	m^2	8.97	118.58	1063.66	
58	011107001001	石材台阶面	石材台阶面，素土夯实，80 厚 1∶1 砂石垫层，100 厚 C15 混凝土，素水泥浆 1 道，30 厚 1∶3 水泥砂浆结合层，20 厚花岗岩面层	m^2	13.68	337.40	4615.63	
			墙、柱面装饰与隔断、幕墙工程				21441.27	
59	011201001001	墙面一般抹灰	砖内墙面，12 厚 1∶1∶6 水泥石灰膏砂浆打底，5 厚 1∶0.3∶3 水泥石灰膏砂浆粉面	m^2	640.47	13.69	8768.03	
60	011201001002	墙面一般抹灰	砖外墙面，12 厚 1∶3 水泥砂浆打底，6 厚 1∶2.5 水泥砂浆粉面	m^2	285.51	18.86	5384.72	
61	011201001003	墙面一般抹灰	女儿墙内侧面，12 厚 1∶3 水泥砂浆打底，8 厚 1∶2.5 水泥砂浆粉面	m^2	36.72	16.72	613.96	
62	011202001001	柱、梁面一般抹灰	12 厚 1∶1∶6 水泥石灰膏砂浆打底，5 厚 1∶0.3∶3 水泥石灰膏砂浆粉面	m^2	165.16	16.71	2759.82	
63	011203001001	零星项目一般抹灰	女儿墙压顶，12 厚 1∶3 水泥砂浆打底，6 厚 1∶2.5 水泥砂浆粉面	m^2	23.06	25.36	584.80	
64	011204003001	块料墙面	卫生间内墙，12 厚 1∶3 水泥砂浆打底，5 厚 1∶1 水泥细砂结合层，8 厚地砖素水泥擦缝，J01—2005（7/4）	m^2	43.89	75.87	3329.93	
			天棚工程				12800.20	
65	011301001001	天棚抹灰	现浇混凝土基层，刷素水泥浆 1 道，6 厚 1∶0.3∶3 水泥石灰膏砂浆打底，6 厚 1∶0.3∶3 水泥石灰膏砂浆粉面	m^2	183.18	12.50	2289.75	
66	011301001002	天棚抹灰	楼梯底面，现浇混凝土基层，刷素水泥浆 1 道，6 厚 1∶0.3∶3 水泥石灰膏砂浆打底，6 厚 1∶0.3∶3 水泥石灰膏砂浆粉面	m^2	11.20	12.50	140.00	

续表

序号	项目编码	项目名称	项目特征描述	计量单位	工程量	金额（元）		
						综合单价	合价	其中：暂估价
67	011301001003	天棚抹灰	雨篷抹灰，现浇混凝土基层，刷素水泥浆1道，12厚1：3水泥砂浆打底，6厚1：2.5水泥砂浆粉面	m²	63.00	62.96	3966.48	
68	011302001001	吊顶天棚	装配式U形（不上人型）轻钢龙骨，石膏板面层，规格600×600	m²	77.38	82.76	6403.97	
			油漆、涂料、裱糊工程				13745.07	
69	011406001001	抹灰面油漆	乳胶漆内墙面，在抹灰面上批混合腻子、刷乳胶漆2遍	m²	702.35	10.20	7163.97	
70	011406001002	抹灰面油漆	乳胶漆天棚，在抹灰面上批混合腻子、刷乳胶漆2遍	m²	183.18	10.83	1983.84	
71	011406001003	抹灰面油漆	雨棚底，在抹灰面上批混合腻子、刷乳胶漆2遍	m²	19.35	10.83	209.56	
72	011406001004	抹灰面油漆	楼梯底，在抹灰面上批混合腻子、刷乳胶漆2遍面	m²	11.20	10.83	121.30	
73	011406001005	抹灰面油漆	石膏板天棚封油、满批腻子2遍，刷乳胶漆2遍	m²	77.38	14.89	1152.19	
74	011406001006	抹灰面油漆	外墙抹灰面上刷苯丙乳胶漆2遍	m²	356.91	8.14	2905.25	
75	011406001007	抹灰面油漆	雨棚抹灰面上刷苯丙乳胶漆2遍	m²	25.64	8.15	208.97	
			其他装饰工程				2982.15	
76	011503001001	金属扶手带栏杆、栏板	金属扶手带栏杆，不锈钢扶手Φ25、不锈钢栏杆Φ70	m	8.16	365.46	2982.15	
			措施项目				15533.35	
77	011701001001	脚手架	砖混结构，檐口高度7.20m	m²	300	14.68	4402.55	
78	011703001001	垂直运输机械	砖混结构，檐口高度7.20 m，2层	m²	300	37.10	11130.80	
			合计				294480.33	

8. 综合单价分析表

综合单价分析表如表9-16～表9-18所示。

表 9-16　　**分部分项工程量清单综合单价分析表**

工程名称：青蓝小学办公楼建筑与装饰工程　　标段：　　第　页　共　页

项目编码		010502001002		项目名称			矩形柱		计量单位				m³
清单综合单价组成明细													
定额编号	定额名称	定额单位	数量	单价					合价				
				人工费	材料费	机械费	管理费	利润	人工费	材料费	机械费	管理费	利润
5-181换	矩形柱（C25泵送商品混凝土）	m³	1	33.44	298.01	15.57	12.25	5.88	33.44	298.01	15.57	12.25	5.88
20-26换	现浇矩形柱复合木模板	10m²	1.333	141.68	84.36	9.96	37.91	18.2	188.86	112.45	13.28	50.53	24.26
综合人工工日		小计							222.3	410.46	28.85	62.78	30.14
5.0523 工日		未计价材料费											
清单项目综合单价									754.54				

	主要材料名称、规格、型号	单位	数量	单价（元）	合价（元）	暂估单价（元）	暂估合价（元）
材料费明细	（C25泵送商品混凝土）	m³	0.99	290	287.1		
	塑料薄膜	m²	0.28	0.86	0.24		
	水	m³	1.2593	2.8	3.53		
	泵管摊销费	元	0.24	1	0.24		
	复合木模板 18mm	m²	2.9326	23.5	68.92		
	零星卡具	kg	2.3594	3.8	8.97		
	钢支撑(钢管)	kg	4.7589	3.1	14.75		
	铁钉	kg	1.293	3.7	4.78		
	镀锌铁丝 18～22 号	kg	0.04	5	0.2		
	回库修理、保养费	元	2.0262	1	2.03		
	其他材料费	元	12.7969	1	12.8		
	水泥 32.5 级	kg	17.2744	0.3	5.18		
	中砂	t	0.0454	38	1.73		
	其他材料费						
	材料费小计			—	410.46	—	

表 9－17　　**分部分项工程量清单综合单价分析表**

工程名称：青蓝小学办公楼建筑与装饰工程　　标段：　　第　页　共　页

项目编码		011102001001		项目名称			石材楼地面		计量单位				m³
清单综合单价组成明细													
定额编号	定额名称	定额单位	数量	单价					合价				
				人工费	材料费	机械费	管理费	利润	人工费	材料费	机械费	管理费	利润
12－11	（C10 混凝土 20mm32.5）垫层不分格	m³	0.08	59.84	158.69	5.22	16.27	7.81	4.79	12.69	0.42	1.3	0.62
20－1换	现浇混凝土垫层基础组合钢模板	10m²	0.0016	183.93	99.44	8.04	47.97	23.07	0.29	0.16	0.01	0.08	0.04
12－54换	花岗岩楼地面干硬性水泥砂浆粘贴	10m²	0.1	185.68	2683	6.87	48.14	23.11	18.57	268.3	0.69	4.81	2.31
综合人工工日		小计							23.65	281.15	1.12	6.19	2.97
0.5375 工日		未计价材料费											
清单项目综合单价									315.08				

	主要材料名称、规格、型号	单位	数量	单价（元）	合价（元）	暂估单价（元）	暂估合价（元）
材料费明细	水	m³	0.1008	2.8	0.28		
	组合钢模板	kg	0.0087	5	0.04		
	零星卡具	kg	0.0004	5			
	钢支撑（钢管）	kg	0.0024	3.1	0.01		
	周转木材	m³	0.0001	1400	0.14		
	铁钉	kg	0.0009	3.6			
	回库修理、保养费	元	0.0034	1			
	其他材料费	元	0.508	1	0.51		
	花岗岩综合	m²	1.02	255	260.1		
	水泥 32.5 级	kg	4.597	0.3	1.38		
	白水泥	kg	0.1	0.6	0.06		
	棉纱头	kg	0.01	6	0.06		
	锯（木）屑	m³	0.006	9	0.05		
	合金钢切割锯片	片	0.0042	175	0.74		
	水泥 32.5 级	kg	35.0987	0.28	9.83		
	中砂	t	0.1189	38	4.52		
	碎石 5～20mm	t	0.0977	35.6	3.48		
	其他材料费				－0.05		
	材料费小计	—	281.15	—			

表 9－18　　分部分项工程量清单综合单价分析表

工程名称：青蓝小学办公楼建筑与装饰工程　　标段：　　第　页　共　页

项目编码		011302001001		项目名称			天棚吊顶			计量单位			m³
清单综合单价组成明细													
定额编号	定额名称	定额单位	数量	单价					合价				
				人工费	材料费	机械费	管理费	利润	人工费	材料费	机械费	管理费	利润
14－11换	装配式U形（不上人型）轻钢龙骨简单面层规格＞600×600	10m²	0.1	86.24	354.9	3.4	22.41	10.76	8.62	35.49	0.34	2.24	1.08
14－54换	纸面石膏板天棚面层安装在U形轻钢龙骨上平面	10m²	0.1	54.56	211.11		13.64	6.55	5.46	21.11		1.36	0.65
14－42换	Φ8，H＝吊筋750＋螺杆250mm	10m²	0.1		49.69	10.48	2.62	1.26		4.97	1.05	0.26	0.13
综合人工工日		小计							14.08	61.57	1.39	3.86	1.86
0.32工日		未计价材料费											
清单项目综合单价									82.76				

	主要材料名称、规格、型号	单位	数量	单价（元）	合价（元）	暂估单价（元）	暂估合价（元）
材料费明细	大龙骨轻钢	m	1.318	8	10.54		
	中龙骨轻钢	m	2.067	4	8.27		
	中龙骨横撑	m	2.195	5	10.98		
	主接件	只	0.5	0.56	0.28		
	次接件	只	0.7	0.69	0.48		
	大龙骨垂直吊件（轻钢）45	只	1.48	0.4	0.59		
	中龙骨垂直吊件	只	2.26	0.38	0.86		
	中龙骨平面连接件	只	6.7	0.45	3.02		
	其他材料费	元	0.552	1	0.55		
	纸面石膏板（龙牌）1200×3000×9.5	m²	1.1	18	19.8		
	自攻螺丝（钉）	百只	0.345	3.8	1.31		
	圆钢	kg	0.393	4	1.57		
	角钢 $L40\times40\times4$	kg	0.16	4	0.64		
	膨胀螺栓 M10×100	套	1.326	1.35	1.79		
	螺杆 $L=250\phi8$	根	1.326	0.41	0.54		
	双螺母双垫片 ϕ8	副	1.326	0.26	0.34		
	其他材料费						
	材料费小计			—	61.57	—	

9. 总价措施项目清单与计价表

总价措施项目清单与计价表如表9－19所示。

表9－19　总价措施项目清单与计价表

工程名称：青蓝小学办公楼建筑与装饰工程　标段：　第　页　共　页

序号	项目编码	项目名称	计算基础	费率（%）	金额（元）	调整费率（%）	调整后金额	备注
1	011707001001	安全文明施工	分部分项工程和单价措施项目清单费	4	11779.21			
2	011707002001	夜间施工	分部分项工程和单价措施项目清单费	1	2944.80			
3	011707005001	冬雨季施工	分部分项工程和单价措施项目清单费	0.5	1472.40			
4	011707007001	已完工程及设备保护	分部分项工程和单价措施项目清单费	0.02	58.90			
		合计			16255.31			

10. 其他项目清单与计价汇总表

其他项目清单与计价汇总表如表9－20所示。

表9－20　其他项目清单与计价汇总表

工程名称：青蓝小学办公楼建筑与装饰工程　标段：　第　页　共　页

序号	项目名称	金额（元）	结算金额（元）	备注
1	暂列金额	5000		
2	暂估价			
2.1	材料（工程设备）暂估价			
2.2	专业工程暂估价			
3	计日工			
4	总承包服务费			
	合计	5000		

11. 暂列金额明细表（略）

12. 规费、税金项目计价表

规费、税金项目计价表如表9－21所示。

表9－21　规费、税金项目计价表

工程名称：青蓝小学办公楼建筑与装饰工程　标段：

序号	项目名称	计算基础	费率（%）	金额（元）
1	规费			11366.48
1.1	工程排污费		0.1	315.74
1.2	建筑安全监督管理费			0.00
1.3	社会保障费		3	9472.07
1.4	住房公积金		0.5	1578.68
2	税金		3.44	11252.31
	合计			22618.80

第四节　投标报价的编制

投标报价编制的基本程序包括：研究招标文件；收集基础资料；复核工程量清单；确定分包项目，组织分包询价；编制施工组织设计或施工方案，计算施工方案工程量；计算初始投标报价；项目资金流动及工程成本分析；投标报价策略及最终报价的确定等。

一、研究招标文件

投标人通过资格审查取得招标文件后，应认真研究招标文件，制定最佳的投标方案及策略，避免由于误解招标文件的内容而造成不必要的损失。

（一）熟悉本次招标的基本要求

研究招标文件首先应熟悉招标范围、工程基本情况以及招标人对投标报价及投标文件的编制、递交的基本要求，避免由于失误而造成不必要的损失。特别是对招标文件规定的工期、投标书的格式、签署方式、密封方法和投标的截止日期等要熟悉，并形成备忘录。

（二）研究评标办法

评标办法是招标文件的组成部分，是评标定标的依据。我国施工招标目前一般采用两种评标办法：综合评估法和经评审的最低投标价法。

综合评估法是根据投标报价及其合理性、施工组织设计、自报工期和质量、主要材料、投标人经历及业绩、项目经理的素质等因素综合评议投标人，选择综合评分最高的投标人中标。采用综合评估法时，投标人的投标策略就是在保证综合评分最高的前提下尽可能提高报价，这就要求投标人要有先进科学的施工方案、施工工艺水平、合理的施工组织及质量保证措施、良好的项目管理班子及业绩等，能在技术标和其他评标标准上获得较高的得分。当然，采用这种策略时，投标人必须要有丰富的投标经验，并能很好地对全局进行分析，才能做到综合评分最高。如果一味地追求报价，而使综合得分降低就失去了意义，是不可取的。

经评审的最低投标价法是根据不低于自身个别成本的最低价格选择中标人，这就要求投标人在确定报价时，既要做到使报价最低，又要考虑如何使利润相对最高，避免造成中标工程越多亏损越多的现象。

显然，不同的评标办法对投标人报价的确定有不同的影响，投标人只有顺应评标办法的要求去准备和编制投标文件，才能既提高中标的可能性，又保证中标后利润的最大化。

（三）研究合同形式及主要合同条款

投标人是以招标文件中设定的发承包双方的责任划分作为投标报价费用项目和费用计算基础的，因此，招标文件必须明确拟采用的合同形式和合同的主要条款，投标人要报出合理的价格，必须认真研究不同合同形式的特点和主要合同条款的内容，根据合同条款明确的双方的权利责任和义务进行分析测算，预测可能存在的风险并采取相应的投标报价对策。

研究合同条款，主要应从以下几方面进行分析：

(1) 工程量风险责任的承担：一般来说，清单计价是招标人提供拟建工程的工程量清单，工程量在招投标中不参与竞争；定额计价是投标人计算拟建工程的分部分项工程量，工程量在招投标中参与竞争。无论采用何种计价方式，工程变更导致的工程量增减一般均由招标人承担。

(2) 价格风险责任的承担：主要分析招标范围内工程单价能否调整，如何调整以及工程变更和索赔价格如何确定。特别是要认真分析主要建筑材料及设备供应方式及价格风险责任的承担对报价的影响，以采取合理的报价策略。

(3) 预付款比例及工程价款结算方式：充足、及时到位的资金是投标人保质保量按期完工的条件，也是投标人及时收回工程价款，保证企业正常运营、发展的前提。投标人应认真分析招标文件拟定的预付款比例及工程价款结算方式对投标人现金流量的影响和潜在的风险，以采取合理的报价对策。

(4) 工期、质量要求及违约责任：投标人应根据招标文件要求的工期和质量编制施工方案或施工组织设计，同时分析按期完工和保证质量的可能性及潜在的风险，分析工期延误和出现质量问题时可能承担的违约责任，为正确处理工期、成本和质量三者关系以及合理报价提供依据。

二、收集基础资料

编制投标报价、确定投标策略所需的基础资料有两类：一类是公用基础资料，即任何工程都必须使用的、投标人可以在平时积累的资料，如规范、法律、法规、企业内部定额、有参考价值的政府消耗量定额及人工、材料和机械价格系统等；另一类是特有的资料，即只能在得到招标文件后才能针对具体的工程收集整理的资料，如设计文件、施工现场情况和与拟建工程有关的环境、竞争对手及招标人情况等。

确定投标策略的资料主要是特有资料，具体分析如下。

(一) 设计文件

投标人应将设计施工图纸结合工程实际进行分析，预测设计及对应的清单项目在施工过程中发生变化的可能性，对估计不变的项目报价要适中，对有可能增加工程量的项目报价要偏高，有可能降低工程量的项目报价要偏低等，只有这样才能降低风险，获得最大的利润。

(二) 施工现场情况

在编制施工方案之前，投标人应按照招标文件规定的时间参加招标人组织的现场踏勘，了解和熟悉施工现场和周围环境，为合理编制施工组织设计以及准确、完整报价提供依据。实地勘察施工现场应收集的基础资料主要有：施工现场的形状和条件，包括地表以下的条件、水文和气候条件；进入现场的手段；投标人可能的住宿条件等。

(三) 与拟建工程有关的环境

投标人不仅要勘察施工现场，在报价前还要详尽了解项目所在地的环境，包括政治形势、经济形势、法律法规和风俗习惯、自然条件、生产和生活条件等。对政治形势的调查，应着重工程所在地和投资方所在地的政治稳定性；对经济形势的调查，应着重了解工程所在地和投资方所在地的经济发展情况，工程所在地金融方面的换汇限制、官方和市场汇率、主要银行及其存款和信贷利率、管理制度等；对自然条件的调查，应着重工程所在地的水文地质情况、交通运输条件、是否多发自然灾害、气候状况如何等；对法律法规和风俗习惯的调查，应着重工程所在地政府对施工的安全、环保和时间限制等各项管理规定，以及宗教信仰和节假日等；对生产和生活条件的调查，应着重施工现场周围情况，如道路、供电、给水排水、通信是否便利，工程所在地的劳务和材料资源是否丰富，生活物资的供应是否充足等。

（四）招标人及竞争对手情况

对招标人的调查应着重于以下几个方面：第一，资金来源是否可靠，避免承担过多的资金风险；第二，项目开工手续是否齐全，提防有些发包人以招标为名，让投标人免费为其估价；第三，是否有明显的授标倾向，招标是否仅仅是出于政府的压力而不得不采取的形式。

对竞争对手的调查应着重从以下几方面进行：首先，了解参加投标的竞争对手有几个，其中有威胁性的是哪些；其次，根据上述分析，筛选出主要竞争对手，分析其以往同类工程投标方法、惯用的投标策略、开标会上提出的问题等。投标人必须知己知彼才能制定切实可行的投标策略，提高中标的可能性。

三、复核工程量清单

若招标文件提供了工程量清单，投标人需对招标文件中所列的工程量认真进行复核。

若招标文件中明确规定对招标工程量存在误差的地方可以调整，则应根据图纸详细计算工程量，并与工程量清单的数量进行比较，对存在误差的地方应在招标单位答疑会上提出调整意见，取得招标单位同意后予以调整；若招标文件中规定工程量不允许调整，则应记录下那些有错误的工程量，以便确定报价时采用合适的对策。

工程量清单作为招标文件的重要组成部分，既是招标人提供的投标人用以报价的依据，也是最终结算及支付的依据。所以投标人在复核工程量清单时，还必须对工程量清单中的工程量在施工过程及最终结算时是否会变更等情况进行分析，并详细分析工程量清单包括的具体内容。只有这样，投标人才能准确把握每一清单项目的内容范围，作出正确的报价，避免由于分析不到位、误解或错解工程量清单而造成报价不全导致的损失。

投标人在复核工程量清单时还需注意：招标人提供的工程量清单中的工程量是工程净量，不包括任何损耗及实施施工方案、施工工艺造成的工程增量，损耗及工程增量应计入投标报价中。最后，复核工程量清单还应注意设计图纸、技术规范和工程量清单三者之间的范围、做法和数量之间有无互相矛盾的情况。

四、确定分包项目，组织分包询价

在投标报价的初期阶段，投标人就必须决定哪些工程项目要分包出去，并对这些分包工作的内容有一定的认识，独立匡算这些分包工程项目的单价，以便能对分包商的报价进行验算和核算。如果合适的分包商已经确定，投标人填入清单的单价应与分包商的报价相协调，即在分包商的价格上加上适应的分包管理费以及配合费，以构成分包项目的综合单价。在进行分包询价时，不能仅局限于哪一家，平时造价工程师应注重这一方面资料的积累，在询价时要多方面比较，这样投标人的报价才能有竞争力，不至于上当受骗。

五、编制施工组织设计或施工方案，计算施工方案工程量

施工组织设计或施工方案是招标人评标时考虑的主要因素之一，也是投标人确定施工

工程量的主要依据。它的科学性与合理性不仅关系到招标工程的工期、质量，还对工程成本和报价的确定有直接的影响。好的施工组织设计，应能紧紧抓住工程特点，采用科学的施工方法，合理安排工期，充分有效地利用机械设备和劳动力，尽可能减少临时设施和资金的占用，降低成本。

在工程量清单计价模式下，投标人必须按招标人提供的工程量清单进行计价，并按综合单价的形式进行报价，而招标人提供的分部分项清单中的工程量是工程净量，不包括任何损耗及施工方案、施工工艺造成的工程增量。因此，投标人在报价时，必须把施工方案、施工工艺造成的工程增量以价格的形式包括在综合单价内。此外，招标人在工程量清单中仅提供了措施项目的类别名称，并不提供具体内容及工程量，投标人编制报价前也需根据其拟订的施工组织设计或施工方案计算施工工程量。

【例 9-1】 某招标工程土壤类别为三类土，施工图设计基础为砖大放脚条形基础，垫层宽度为920mm，挖土深度为1.8m，基础总长度为1590.6m，计算土方工程量。

解：

(1) 业主根据基础施工图计算的清单工程量如下：

基础挖土截面积为 $0.92\times1.8=1.656$ (m^2)

基础总长度为1590.6m

土方挖方总量为 $1.656\times1590.6=2634$ (m^3)

(2) 投标人根据地质资料和施工方案计算施工工程量如下：

施工方案拟订基础挖方工作面宽度为各边加0.25m、放坡系数为0.2，则

基础挖土截面为 $1.53\times1.8=2.75$ (m^2)

基础总长度为1590.6m

土方挖方总量为4380.5m^3

六、计算初始投标报价

(一) 分部分项工程费用的计算

1. 分部分项工程直接工程费的确定

分部分项工程人工、材料和机械消耗量可根据企业定额或参照政府消耗量定额确定，人工、材料和机械预算单价应根据市场价格确定。由此，投标人应建立完善的询价系统，询价的内容主要包括：材料市场价、人工当地的行情价、机械设备的租赁价、分部分项工程的分包价等。

(1) 材料市场价：材料和设备在工程造价中常常占总造价的60%左右，对报价影响很大，因而在报价阶段对材料和设备市场价的了解要十分认真。对于一项建筑工程，材料品种规格有上百种甚至上千种，要对每一种材料在有限的投标时间内都进行询价不现实，必须对材料进行分类，分为主要材料和次要材料。主要材料是指对工程造价影响比较大的，必须进行多方询价并进行对比分析，选择合理的价格。询价方式有：到厂家或供应商上门询问价、已施工工程材料的购买价、厂家或供应商的挂牌价、政府定期或不定期发布的信息价、各种信息网站上发布的信息价等。在清单模式下计价，由于材料价格随着时间

的推移变化较大，不能只看当时的建筑材料价格，必须做到对不同渠道询到的价格进行有机的综合，并能分析今后材料价格的变化趋势，用综合方法预测价格变化，把风险变为具体数值加到价格上。可以说投标报价引起的损失有一大部分就是预测风险失误造成的。对于次要材料，投标人应建立材料价格储存库，按库内的材料价格分析市场行情及对未来进行预测，用系数的形式进行整体调整，不需临时询价。

(2) 人工：人工当地的行情价的高低，直接影响到投标人个别成本的真实性和竞争性。人工应是企业内部人员水平及工资标准的综合。从表面上没有必要询价，但必须用社会的平均水平和当地的人工工资标准，来判断企业内部管理水平，并确定一个适中的价格，既要保证风险最低，又要具有一定的竞争力。

(3) 机械设备的租赁价：机械设备是以折旧摊销的方式进入报价的，进入报价的多少主要体现在机械设备的利用率及机械设备的完好率上。机械设备除与工程数量有关外，还与施工工期及施工方案有关。进行机械设备租赁价的询价分析，可以判定企业是购买机械还是租赁机械经济，从而确定合理的经营方案。

2. 分部分项工程管理费的确定

确定分部分项工程管理费的方法同标底管理费确定方法。

3. 分部分项工程利润的确定

投标报价中的利润是投标人的预期利润，确定利润取值的目标是考虑既可以获得最大的可能利润，又要保证投标价格具有一定的竞争性。投标报价时投标人应根据市场竞争情况、招标项目工程难易程度和企业经营目标等因素综合确定在该工程上的利润率。

4. 分部分项工程风险费用的确定

风险是指某一事件可能的结果或不确定性。由此，如果预计的风险没有全部发生，则可能预计的风险费有剩余，这部分剩余和预期利润加在一起就是盈余；如果风险费估计不足，则由盈利来补贴。在投标时应该根据该工程规模及工程所在地的实际情况，由有经验的专业人员对可能的风险因素进行逐项分析后确定一个比较合理的费用比率。施工阶段应考虑的风险主要有：天然风险、作业能力风险、社会及政治风险、财务风险等。

(二) 措施项目费的计算

措施项目清单中所列的措施项目均以“一项”提出，在计价时，首先应根据编制的施工组织设计或施工方案及计算的施工工程量详细分析其所包含的全部，然后确定费用。措施项目费的计算方法有以下几种。

1. 定额法

定额法是按投标人拟订的施工组织设计计算施工工程量，参照预算定额或依据企业定额确定人工、材料和机械消耗量，再根据调查、分析确定的人工、材料和机械预算价格以及管理费和利润、风险费率等确定综合单价的方法。该方法主要适用于一些与实体有紧密联系的措施项目费，如模板、脚手架、垂直运输等。

2. 实物量法

实物量法是按投标人拟订的施工组织设计，结合企业类似工程成本资料，预测将要发生的每一项措施项目费用的合计数，并考虑一定的涨浮因素及其他社会环境影响因素来确定措施项目费的方法。该方法是最基本且最能反映投标人个别成本的计价方法。

3. 公式参数法

公式参数法是按一定的基数乘以系数来计算措施项目费的方法。这种方法简单、明了，定额计价模式下几乎所有的措施费用都采用这种办法（以地区费用定额的形式体现），但最大的难点是公式的科学性、准确性难以把握，尤其是系数的测算是一个敏感而又复杂的问题。这种方法主要适用于施工过程中必须发生，但在投标时很难具体分项预测，又无法单独列出项目内容的措施项目，如夜间施工、二次搬运费等。

4. 分包法

分包法即在分包价格的基础上增加投标人的管理费及风险进行计价的方法，这种方法适用于可以分包的独立项目，如大型机械设备进出场及安拆、室内空气污染测试等。

措施项目费用计价方法的多样化体现了工程量清单计价投标人自由组价的特点，上述4种方法也可用于分部分项工程、其他项目的组价。用上述4种方法组价时需注意以下问题：

(1)《计价规范》规定，在确定措施项目综合单价时，规范规定的综合单价组成仅供参考，也就是措施项目内的人工费、材料费、机械费、管理费和利润等不一定全部发生，不要求每个措施项目内都必须有人工费、材料费、机械费、管理费和利润。

(2) 在投标报价时，招标人一般要求提供措施项目分析明细表，而用公式参数法、分包法组价都是先知道总数，这就需要人为地用系数或比例的办法分摊人工费、材料费、机械费及管理费和利润。

(3) 招标人提出的措施项目清单是根据一般情况确定的，没有考虑不同投标人的“个性”，因此投标人在报价时，可以根据本企业的实际情况，增加措施项目内容并报价。

【例9-2】 某住宅基础分部工程措施项目费计算案例

1. 安全施工措施费

安全施工措施费拟用实物量法计算，基本操作程序如下：

(1) 收集安全施工措施项目费用计算基础数据。

1) 本工程工期为一个月，实际施工天数为30天。

2) 本工程投入生产工人120名，各类管理人员（包括辅助服务人员）8名，在生产工人当中抽出1名专职安全员，负责整个现场的施工安全。

3) 进入现场的人员一律穿安全鞋、戴安全帽，高空作业人员一律佩戴安全带。

4) 为安全起见，施工现场脚手架均须安装防护网。

5) 每天早晨施工以前，进行10分钟的安全教育，每个星期一半小时的安全例会。

6) 班组的安全记录要按日填写完整。

(2) 根据施工方案对安全生产的要求，编制安全措施费用。

1) 专职安全员的人工工资及奖金补助等费用支出为1500元。

2) 安全鞋、安全帽费用，安全鞋按每个职工每人1双，每双为20元；安全帽每个职工每人1顶，每顶为8元。按50%回收，其费用为（120+8）×（20+8）×50%＝1792（元）。

3) 安全教育与安全例会费为1800元。

4）安全防护网措施费，根据计算，防护网搭设面积为400m²，安全网每平方米8元，每平方米搭拆费用为2.5元，工程结束后，安全网一次性摊销完，安全防护网措施费为100×（8+2.5）=1050（元）。

5）安全生产费用合计为1500+1792+1800+1050=6142（元）。

2. 临时设施、环境保护、文明施工措施费

按公式参数法进行计算，临时设施费按分部分项工程费用的3%、环境保护按分部分项工程费用的1%、文明施工按分部分项工程费用的5%计取，因此，临时设施措施费为22695.50×3%=680（元）；环境保护措施费为22695.50×1%=227（元）；文明施工措施费为22695.50×5%=1135（元）；三项合计为2042元。

3. 施工排水、降水措施费

施工排水、降水措施费按现场平面布置图，参照预算定额组价计算，计算结果为1500元。

经分析计算，该住宅基础分部工程措施项目费共计为6142+2042+1500=9684（元）。

（三）其他项目费、规费及税金的确定

暂列金额应按招标人在其他项目清单中列出的金额填写；材料暂估价应按招标人在其他项目清单中列出的单价计入综合单价；专业工程暂估价应按招标人在其他项目清单中列出的金额填写；计日工按招标人在其他项目清单中列出的项目和数量，自主确定综合单价并计算计日工费用；总承包服务费根据招标文件中列出的内容和提出的要求自主确定。

规费及税金的确定按工程所在地有关规定执行。

七、项目资金流动及工程成本分析

（一）项目资金流动分析

项目资金周转和流动状况是否良好，对工程施工的顺利进行及施工企业的经济效益有着重大的影响。因此，投标报价时应根据招标文件提供的商务条款和企业积累的施工管理经验及收集的其他相关资料分析投标项目可能的资金周转和流动状况，为合理确定工程成本以及采用不平衡报价策略提供基础。分析工程项目资金流动状况的一般步骤如下：

（1）确定合同标价与时间的关系图。

（2）确定各种资源（人工、材料、机械和分包等）费用的时间分布。

（3）确定收支费用的延搁时间。收支费用的延搁时间是资金流动分析中的一个重要因素，它主要取决于合同条款的规定，主要包括以下方面内容：

1）监理、业主进行工程量计量时间的延搁。

2）业主付款的延搁。

3）承包商自身购买货物及支付分包款项目的时间延搁。

（二）项目流动资金的计算

流动资金的计算可以采用现金流量表的形式，一个工程项目的资金流动开始为负值（有预付款的项目可能为正值），资金流动由负值流动转为正值流动，此点称为自供资金的

时间点，至此，承包商不必再投入新的流动资金了。承包商可以据此对自己能否承受资金压力进行分析。资金流动计算表样式如表 9－22 所示。

表 9－22　　　　　资金流动计算表

序号	类　别	月　份				
		1	2	3	…	n
1	累计合同金额					
2	扣除保留金后标价累计					
3	经批准后可收工程款累计					
4	累计保留金支付					
5	累计成本费用					
6	累计人工费					
7	累计人工付款					
8	累计材料费					
9	累计材料付款					
10	累计机械费					
11	累计机械付款					
12	累计分包完成					
13	累计分包付款					
14	累计资金支出					
15	累计资金流动					

（三）工程成本分析

企业生产的最终目的是盈利，因此，在最终报价前应首先分析项目的红线成本，保证投标报价的科学合理性。红线成本的编制必须按照企业自身实际的管理水平，根据优化后实际可行的施工组织方案，结合市场的实际价格来进行。为了保证红线成本的可靠，编制红线成本时应组织有关人员参加，并拟出与之对应的可靠的项目管理措施。投标所报出的价格一般不得低于红线成本。红线成本的主要分析方法有以下几种。

1. 工序作业分析法

工序作业分析法是建立在施工组织设计和进度计划的基础上的单价分析方法，是根据工序总工作量及其资源需在现场的总时间，来计算每一工序人工和机械的费用。由于这种分析单价方法计算出来的机械费用已综合考虑了机械的闲置时间、维修时间、转移时间和窝工时间，所以特别适用于以机械为主的工程项目，如吊装工程、运输工程和土石方工程等。

2. 成本分析法

成本分析法是建立在施工组织设计、施工方案和企业管理水平的基础上的单价分析方法，是主要根据施工详图、施工方案、自身施工条件、现场材料价格来计算实际人工、材料和机械消耗投入及管理费开支的方法。由于这种方法抓住了工程成本的实际投入，与目前实施的项目法施工要求一致，因此可以较好地保证承包商不至于在施工过程中出现大的亏损。这种方法特别适用于铝合金、高级装饰和模板工程等大多数项目的单价分析。

八、投标报价策略及最终报价的确定

最终的投标报价是在前述分析计算的基础上，运用一定的策略对初始报价进行调整，得到的一个既能使招标人可以接受，又能使投标人获得更多利润的一个价格。

常用的投标报价策略有以下几种。

（一）不平衡报价法

不平衡报价法是指一个工程项目的投标报价在总价基本确定后，通过调整内部各个项目的单价，以期既不提高总价，不影响中标，又能在结算时得到更理想的经济效益的方法。不平衡报价法的具体操作方式如下：

（1）能够早日结算的项目，如前期措施费、基础工程费、土石方工程费等可以报得较高，以利资金周转。后期工程项目（如设备安装、装饰工程等）的报价可适当降低。

【例 9－3】 某办公楼施工招标文件的合同条款中规定：预付款数额为合同价的10%，开工日支付，基础工程完工时一次性全额扣回，工程款按季支付。

投标单位C参加该项目投标，经造价师估算，总价为9000万元，总工期为24个月，其中：基础工程估价为1200万元，工期为6个月；上部结构工程估价为4800万元，工期为12个月；装饰和安装工程造价为3000万元，工期为6个月。

经营部经理认为，该工程虽然有预付款，但平时工程款按季度支付不利于资金周转，决定除按上述数额报价外，另外建议业主将付款条件改为：预付款为合同价的5%，工程款按月支付，其余条款不变。

假定贷款月利率为1%（为简化计算，季利率取3%），各分部工程每月完成的工作量相同且能按规定及时收到工程款（不考虑工程款结算所需要的时间），计算结果保留两位小数。

问题：若投标单位C中标且业主采纳其建议的付款条件，投标单位C所得工程款现值比原付款条件增加多少？（年金现值系数如表9－23所示）

表 9－23　　年金现值系数（*P/A*，*i*，*n*）

i ＼ *n*	2	3	4	6	9	12	18
1%	1.9704	2.9410	3.9020	5.7955	8.5660	11.2551	16.3983
3%	1.9135	2.8286	3.7171	5.4172	7.7861	9.9540	13.7535

解：

（1）计算按原付款条件所得工程款的现值：

预付款＝9000×10%＝900（万元）

基础工程每季度工程款＝1200/2＝600（万元）

上部结构工程每季度工程款＝4800/4＝1200（万元）

装饰和安装工程每季度工程款＝3000/2＝1500（万元）

则按原付款条件所得工程款的现值为

$$PV_1 = 900 + 600(P/A,3\%,2) - 900(P/F,3\%,2) + 1200(P/A,3\%,4)(P/F,3\%,2) + 1500(P/A,3\%,2)(P/F,3\%,6) = 7808.08(万元)$$

(2) 计算按建议的付款条件所得工程款的现值：

预付款＝9000×5%＝450（万元）

基础工程每月工程款＝1200/6＝200（万元）

上部结构工程每月工程款＝4800/12＝400（万元）

装饰和安装工程每月工程款＝3000/6＝500（万元）

则按建议的付款条件所得工程款的现值为

$$PV_2 = 450 + 200(P/A,1\%,6) - 450(P/F,1\%,6) + 400(P/A,1\%,12)(P/F,1\%,6) + 500(P/A,1\%,6)(P/F,1\%,18) = 7848.64(万元)$$

两者的差额为

$$PV_2 - PV_1 = 7848.64 - 7808.08 = 40.56（万元）$$

因此，按建议的付款条件，投标单位C所得工程款的现值比原付款条件增加40.56万元。

(2) 经过工程量核算，预计今后工程量会增加的项目，单价适当提高，这样在最终结算时可多赚钱，而将来工程量有可能减少的项目单价降低，工程结算时损失不大。

【例9-4】 某招标工程采用固定单价合同形式，承包商复核的工程量清单结果如表9-24所示，承包商拟将B分部分项工程单价降低10%。

表9-24 **工程量清单表**

分部分项工程	工程量（$100m^3$）		综合单价（元/$100m^3$）
	业主提供清单量	承包商复核后预计量	
A	40	45	3000
B	30	28	2000

问题：确定采用不平衡报价法后A、B分部分项工程单价及预期效益；若由于某种原因A未能按预期工程量施工，问A项工程量减少至多少时，不平衡报价法会减少该工程的正常利润。

解：

(1) 因分部分项工程A、B预计工程量变化趋势为一增一减，且该工程采用固定单价合同形式，可用不平衡报价法报价。

计算正常报价的工程总造价为

$$40 \times 3000 + 30 \times 2000 = 180000（元）$$

将B分项工程单价降低10%，即B分项工程单价为

$$2000\times90\%=1800（元/100m^3）$$

设分项工程A的综合单价为x，根据总造价不变原则，有

$$40x+30\times1800=40\times3000+30\times2000$$

求解得

$$x=3150（元/100m^3）$$

则分部分项工程A、B可分别以综合单价3150元/100 m^3及1800元/100m^3报价。

计算预期效益为

$$45\times3150+28\times1800-(40\times3000+30\times2000)=12150(元)$$

(2) 若由于某种原因未能按预期的工程量施工，也有可能造成损失。

假设竣工后A的工程量为y，则下式成立时将造成亏损：

$$3150y+28\times1800<40\times3000+30\times2000$$

求解得$y<41.14$（100m^3），即A项工程量减少至小于4114m^3时，不平衡报价法会减少该工程的正常利润。因此，应在对工程量清单的误差或预期工程量变化有把握时，才能使用此不平衡报价。

(3) 设计图纸不明确，估计修改后工程量要增加的，可以提高单价，而无法估计修改后工程量是增加还是减少的，则可以降低一些单价。

虽然不平衡报价对投标人可以降低一定的风险，但报价必须建立在对工程量清单表中的工程量风险仔细核对的基础上，特别是对于降低单价的项目，工程量一旦增多，将造成投标人的重大损失。不平衡报价一定要控制在合理幅度内，一般在10%以内，以免评标时被扣分，影响中标。

（二）多方案报价法

多方案报价法是指在充分考虑风险的前提下，对工程范围不明确或条款不清的项目提出报价降低的新方案，需对原方案和新方案同时报价并进行对比。

（三）增加建议法

增加建议法是指在招标方同意的前提下，投标人可以提出有利于降低报价的改进设计方案的建议，应做到技术可行，经济合理，降低报价。

（四）突然降价法

突然降价法是指在充分考虑报价风险的前提下，认真分析建筑市场信息，在投标截止时间之前提出比原报价降低的新报价有利于中标。

第五节　工程合同价的确定

一、工程合同价的表现形式

《建设工程施工合同（示范文本）》（GF—2013—0201）规定：发包人和承包人应在合同协议书中选择下列一种合同价格形式。

（一）单价合同

单价合同是指合同当事人约定以工程量清单及其综合单价进行合同价格计算、调整和确认的建设工程施工合同，在约定的范围内合同单价不作调整。合同当事人应在专用合同条款中约定综合单价包含的风险范围和风险费用的计算方法，并约定风险范围以外的合同价格的调整方法，其中因市场价格波动引起的调整按第 11.1 款（市场价格波动引起的调整）约定执行。

（二）总价合同

总价合同是指合同当事人约定以施工图、已标价工程量清单或预算书及有关条件进行合同价格计算、调整和确认的建设工程施工合同，在约定的范围内合同总价不作调整。合同当事人应在专用合同条款中约定总价包含的风险范围和风险费用的计算方法，并约定风险范围以外的合同价格的调整方法，其中因市场价格波动引起的调整按第 11.1 款（市场价格波动引起的调整）、因法律变化引起的调整按第 11.2 款（法律变化引起的调整）约定执行。

（三）其他价格形式

合同当事人可在专用合同条款中约定其他合同价格形式。

《计价规范》（GB 50500—2013）规定：实行工程量清单计价的工程，应采用单价合同；建设规模较小，技术难度较低，工期较短，且施工图设计已审查批准的建设工程可采用总价合同；紧急抢险、救灾以及施工技术特别复杂的建设工程可采用成本加酬金合同。

不同的合同计价形式会产生不同的技术经济效果，采用何种合同形式才能更好地降低投资风险、发挥投资效益，需要视工程项目以及招标人、投标人和当时、当地建筑市场的具体情况而定。一般来说，在选择合同形式时，业主占有主动权，但业主不能单方面考虑自已利益，应综合考虑项目的各种因素，考虑承包商的承受能力，确定双方都能认可的合同形式及合同价格。

二、招投标工程合同价的确定

（一）工程合同价确定的基本过程

建设工程合同是承包人进行工程建设，发包人支付价款的合同。我国《合同法》规定：当事人订立合同，采取要约、承诺方式。要约是希望和他人订立合同的意思表示，该意思表示应当符合下列规定：

（1）内容具体确定。

（2）表明经受要约人承诺，要约人即受该意思表示约束。

我国法学界一般认为，建设工程招标是邀请投标人对其提出要约（报价），属于要约邀请。而投标则是一种要约，它符合要约的所有条件，具有缔结合同的主观目的，一旦中标，投标人将受投标书的约束，投标书的内容具有足以使合同成立的主要条件。招标人向中标的投标人发出的中标通知书，则是招标人同意接受中标的投标人的投标条件，即同意接受投标人的要约的意思表示，应属于承诺。

（二）工程合同价的确定

《招标投标法》规定：招标人和中标人应当自中标通知书发出之日起 30 日内，按照招标文件和中标人的投标文件订立书面合同。招标人和中标人不得再行订立背离合同实质性内容的其他协议；招标人与中标人不按照招标文件和中标人的投标文件订立合同的，或者招标人、中标人订立背离合同实质性内容的协议的，责令改正；可以处中标项目金额5‰以上10‰以下的罚款；中标人不履行与招标人订立的合同的，履约保证金不予退还，给招标人造成的损失超过履约保证金数额的，还应当对超过部分予以赔偿；没有提交履约保证金的，应当对招标人的损失承担赔偿责任。

我国《招标投标法》和《合同法》还规定：建设工程合同应当采用书面形式。

由此可以明确，招投标工程的合同价款应当在规定时间内，依据招标文件、中标人的投标文件，由发包人与承包人订立书面合同约定。

三、非招投标工程合同价的确定

不实行招标的工程合同价款，在发、承包人双方认可的工程价款基础上，由发、承包人双方在合同中约定。

四、合同条款中应约定的与工程价款有关的主要事项

《计价规范》（GB 50500—2013）规定：发、承包人双方应在合同条款中对下列与工程价款有关的事项进行约定：

（1）预付工程款的数额、支付时间及抵扣方式。

（2）安全文明施工措施的支付计划，使用要求等。

（3）工程计量与支付工程进度款的方式、数额及时间。

（4）工程价款的调整因素、方法、程序、支付及时间。

（5）施工索赔与现场签证的程序、金额确认与支付时间。

（6）承担计价风险的内容、范围以及超出约定内容、范围的调整办法。

（7）工程竣工价款结算编制与核对、支付及时间。

（8）工程质量保证金的数额、预留方式及时间。

（9）违约责任以及发生合同价款争议的解决方法及时间。

（10）与履行合同、支付价款有关的其他事项等。

合同中没有按照本条要求约定或约定不明的，若发承包双方在合同履行中发生争议由双方协商确定；当协商不能达成一致时，应按本规范的规定执行。

第十章 建设工程价款结算

第一节 概 述

一、施工合同管理与工程价款结算

施工阶段是建筑物实体形成、工程项目价值和使用价值实现的主要阶段，也是人力、物力和财力消耗的主要阶段。在工程项目实施的各环节中，施工阶段占整个工程建设周期的时间最长，对业主而言，施工阶段是其资金投入量最大的阶段，也是其实现工程造价控制目标的最后阶段。尽管从理论上说，通过招标投标签订合同价格，工程造价已基本确定，但由于建筑安装产品生产与管理有许多独特的技术经济特点，施工阶段由于各种主客观原因，会不断地出现一些与签订合同价格时基本条件不一致的新情况，从而导致签约合同价款的调整；此外，在施工阶段，业主、承包商、监理和设备材料供应商等由于各自是处于不同利益的主体，他们之间相互交叉、相互影响、相互制约，任何一方出现与合同约定不符的行为都会导致工程造价的变化。因此，施工阶段的工程价款是一个协调好多方面利益的复杂而敏感的工作，按照合同约定合理办理合同价款结算和确定合同调整价款对工程建设有关各方都有着重要的意义。

业主和承包商签订的施工合同是施工阶段工程结算的基本依据，要搞好工程结算离不开合同管理工作，工程造价人员不仅要懂得工程预算、投标报价，具有合同管理意识与能力对造价人员而言同样重要。

（一）工程变更与工程价款结算

工程建设实施阶段工程变更的管理是合同管理的重要内容，对提高合同管理的质量与水平具有重要的意义。工程变更常常伴随着合同价格的调整，合理地处理工程变更能促进合同管理的深化和细化，它是建设单位施工阶段投资控制的主要工作，是承包商施工阶段“第二次经营”的重要内容，是监理单位维护建设单位和承包商合法权益、促进工程顺利进行的难点与重点。特别是在工程量清单计价模式下，工程变更的处理已不是定额计价模式下变更费用按计价时的概、预定额标准简单加减的算术问题，它常常引起合同双方对增减项目及费用合理性的争执（如实体项目工程量变更时，措施费用是否调整，如何调整等），影响合同的正常履行和工程的顺利进行。因此在工程量清单计价模式下，在施工阶段的工程造价计价过程中，合同双方及监理单位的造价管理人员都必须重视工程变更对造价计价与控制的影响，加强工程变更的研究与管理。

设计变更是最常见的工程变更，设计变更应尽量提前，变更发生得越早，损失越小，反之就越大。为此，必须加强设计变更管理，尽可能把设计变更控制在设计阶段初期，尤其对影响工程造价的重大设计变更，更要用先算账后变更的办法解决，使工程造价得到有效控制。

（二）索赔与工程价款结算

索赔是合同管理的重要环节，是指在合同履行过程中，对于并非自己的过错，而是应由对方承担责任的情况造成的实际损失，向对方提出经济补偿和时间补偿要求的工作。工程索赔是双向的，包括施工索赔和业主索赔两个方面，一般习惯上将承包商向业主的施工索赔简称为“索赔”，将业主向承包商的索赔称为“反索赔”。工程索赔是工程承包中经常发生的正常现象，对施工合同双方而言，工程索赔是维护双方合法利益的权利，它与合同条件中的合同责任一样，构成严密的合同制约关系。

长期以来，我国工程建设有关各方风险与索赔意识薄弱，对索赔管理的重要性没有给予足够的重视，索赔的理论研究不够成熟，尚未形成较为合理、完整的理论体系，导致索赔一直是我国工程建设项目管理中相对薄弱的环节。近年来，随着我国改革开放的不断深入及建筑市场竞争激烈程度的不断增加，有关各方才开始逐步重视该项工作。实务操作中，索赔无论是在数量上还是在金额上都呈现逐渐递增的趋势。

从理论上说，索赔是一种风险费用的转移或再分配，如果施工单位利用索赔的方法能使其可能受到的损失得到补偿，就会降低投标报价中的风险费用，从而使建设单位得到相对较低的报价；同时，当工程施工中发生这种费用时可以按实际支出给予补偿，也会使工程造价构成更趋于合理。当然，作为施工单位，要通过索赔保证自己应得的利益，就必须做到自己不违约，全力保证工程质量和进度，实现合同目标。

工程建设是索赔多发区，索赔是保证合同实施，落实和调整合同双方经济责任关系，维护合同当事人正当权益，促使工程造价构成更合理的重要手段。为此，业主与承包商都应重视索赔问题，随时关注可能出现的索赔因素，认真研究并运用好明示和隐含的索赔条款，将索赔管理贯穿于工程项目全过程、工程实施的各个环节和各个阶段，以此带动施工企业管理和工程项目管理整体水平的提高。

（三）签证与工程价款结算

签证是专指在工程建设的施工过程中，发、承包双方的现场代表（或其委托人）对发包人要求承包人完成合同内容外的额外工作及其产生的费用作出的书面签字确认凭证。签证是施工过程中的例行工作，是合同双方协商一致的结果，是双方的法律行为。签证一般可直接作为工程价款结算的凭据。

因此，发承包双方都应提高和强化及时签证的意识和自觉性，把签证作为降低成本和提高效益的最有效手段；建立严格的文档记录和资料保管制度，加强专业的和有针对性的签证管理；明确甲方代表和乙方项目经理的量化管理责任，杜绝该签未签的情况；注意提出签证的期限和程序，凡是应该在施工过程中提出的均应及时提出。

二、涉及工程价款结算的事项及价款结算的依据

（一）涉及工程价款结算的事项

《建设工程价款结算暂行办法》（财建［2004］369号）规定：建设工程价款结算（简称为“工程价款结算”），是指对建设工程的发、承包合同价款进行约定和依据合同约定进行工程预付款、工程进度款、工程竣工价款结算的活动。涉及工程价款结算的事项主要有以下几项：

（1）工程预付款的数额、支付时限及抵扣方式。

（2）工程进度款的支付方式、数额及时限。

（3）工程施工中发生变更时，工程价款的调整方法、索赔方式、时限要求及金额支付方式。

（4）工程竣工价款的结算与支付方式、数额及时限。

（5）发生工程价款纠纷的解决方法。

（二）工程价款结算的依据

《建设工程价款结算暂行办法》（财建［2004］369号）规定：工程价款结算应按合同约定办理，合同未作约定或约定不明的，发、承包双方应依照下列规定与文件协商处理：

（1）国家有关法律、法规和规章制度。

（2）国务院建设行政主管部门、省、自治区、直辖市或有关部门发布的工程造价计价标准、计价办法等有关规定。

（3）建设项目的合同、补充协议、变更签证和现场签证，以及经发、承包人认可的其他有效文件。

（4）其他可依据的材料。

三、工程价款结算的方式

工程价款结算的方式主要有以下几种。

（一）按月结算

按月结算即实行按月支付进度款，竣工后清算的办法。合同工期在2个年度以上的工程，在年终进行工程盘点，办理年度结算。

（二）分段结算

分段结算即当年开工、当年不能竣工的工程按照工程形象进度，划分不同阶段支付工程进度款，具体划分在合同中明确。实行按工程形象进度分段结算工程价款办法的工程合同，应于完成合同规定的工程形象进度或工程阶段，与发包单位进行工程价款结算时，确认为工程收入的实现。

（三）目标结款方式

目标结款方式即在工程合同中，将承包工程的内容分解成不同的控制界面，以业主验收控制界面作为支付工程价款的前提条件。也就是说，将合同中的工程内容分解成不同的验收单元，当承包商完成单元工程内容并经业主验收后，业主支付构成单元工程内容的工程价款。

第二节　工程计量与价款支付

一、工程预付款的数额、支付时限及抵扣方式

（一）工程预付款的数额

1．工程预付款数额测算的基本方法

工程预付款是指发包人提供的用于承包人为合同工程施工购置材料、工程设备、施工设备、修建临时设施以及组织施工队伍进场等的款项。一般应根据施工工期、建安工作量、主要材料和构件费用占建安工作量的比例及材料储备周期等因素分析测算。测算的基本方法如下。

（1）百分比法。百分比法是按年度工作量的一定比例确定预付备料款额度的一种方法。

（2）数学计算法。数学计算法是根据主要材料（含结构件等）占年度承包工程总价的比重、材料储备定额天数和年度施工天数等因素，通过数学公式计算预付备料款额度的一种方法。其计算公式为

备料款限额＝(年度承包工程总价×主要材料所占比重／年度施工日历天数)×材料储备天数

式中　年度施工日历天数——按 365 天日历天计算；

材料储备天数——由当地材料供应的在途天数、加工天数、整理天数、供应间隔天数、保险天数等因素决定。

2. 工程预付款数额确定的有关规定

《建设工程价款结算暂行办法》（财建［2004］369 号）规定：包工包料工程的预付款按合同约定拨付，原则上预付比例不低于合同金额的 10％，不高于合同金额的 30％，对重大工程项目，按年度工程计划逐年预付。

《计价规范》（GB 50500—2013）规定：包工包料工程的预付款的支付比例不得低于签约合同价（扣除暂列金额）的 10％，不宜高于签约合同价（扣除暂列金额）的 30％。

（二）工程预付款支付时间及抵扣方式

《建设工程施工合同（示范文本）》（GF—2013—0201）规定：预付款的支付按照专用合同条款约定执行，但至迟应在开工通知载明的开工日期 7 天前支付。预付款应当用于材料、工程设备、施工设备的采购及修建临时工程、组织施工队伍进场等。

除专用合同条款另有约定外，预付款在进度付款中同比例扣回。在颁发工程接收证书前，提前解除合同的，尚未扣完的预付款应与合同价款一并结算。

发包人逾期支付预付款超过 7 天的，承包人有权向发包人发出要求预付的催告通知，发包人收到通知后 7 天内仍未支付的，承包人有权暂停施工，并按第 16.1.1 项（发包人违约的情形）执行。

二、工程计量的程序及要求

工程计量是工程价款结算的基础，发、承包双方只有按照合同约定的计量程序及要求及时、规范、准确、完整地计量才能保证项目管理各项工作的顺利开展。

（一）《建设工程施工合同（示范文本）》（GF—2013—0201）的有关规定

1. 计量原则

工程量计量按照合同约定的工程量计算规则、图纸及变更指示等进行计量。工程量计算规则应以相关的国家标准、行业标准等为依据，由合同当事人在专用合同条款中约定。

2. 计量周期

除专用合同条款另有约定外，工程量的计量按月进行。

3. 单价合同的计量

除专用合同条款另有约定外，单价合同的计量按照本项约定执行：

（1）承包人应于每月 25 日向监理人报送上月 20 日至当月 19 日已完成的工程量报告，

并附具进度付款申请单、已完成工程量报表和有关资料。

(2) 监理人应在收到承包人提交的工程量报告后 7 天内完成对承包人提交的工程量报表的审核并报送发包人，以确定当月实际完成的工程量。监理人对工程量有异议的，有权要求承包人进行共同复核或抽样复测。承包人应协助监理人进行复核或抽样复测，并按监理人要求提供补充计量资料。承包人未按监理人要求参加复核或抽样复测的，监理人复核或修正的工程量视为承包人实际完成的工程量。

(3) 监理人未在收到承包人提交的工程量报表后的 7 天内完成审核的，承包人报送的工程量报告中的工程量视为承包人实际完成的工程量，据此计算工程价款。

4. 总价合同的计量

除专用合同条款另有约定外，按月计量支付的总价合同，按照本项约定执行。

(1) 承包人应于每月 25 日向监理人报送上月 20 日至当月 19 日已完成的工程量报告，并附具进度付款申请单、已完成工程量报表和有关资料。

(2) 监理人应在收到承包人提交的工程量报告后 7 天内完成对承包人提交的工程量报表的审核并报送发包人，以确定当月实际完成的工程量。监理人对工程量有异议的，有权要求承包人进行共同复核或抽样复测。承包人应协助监理人进行复核或抽样复测并按监理人要求提供补充计量资料。承包人未按监理人要求参加复核或抽样复测的，监理人审核或修正的工程量视为承包人实际完成的工程量。

(3) 监理人未在收到承包人提交的工程量报表后的 7 天内完成复核的，承包人提交的工程量报告中的工程量视为承包人实际完成的工程量。

5. 总价合同采用支付分解表计量支付的

可以按照第 12.3.4 项（总价合同的计量）约定进行计量，但合同价款按照支付分解表进行支付。

6. 其他价格形式合同的计量

合同当事人可在专用合同条款中约定其他价格形式合同的计量方式和程序。

(二)《计价规范》(GB 50500—2013) 有关规定

1. 单价合同的计量

施工中进行工程计量，当发现招标工程量清单中出现缺项、工程量偏差，或因工程变更引起工程量增减时，应按承包人在履行合同义务中完成的工程量计算。

2. 总价合同的计量

采用经审定批准的施工图纸及其预算方式发包形成的总价合同，除按照工程变更规定的工程量增减外，总价合同各项目的工程量应为承包人用于结算的最终工程量。

三、工程进度款的支付方式、数额及时限

(一)《建设工程施工合同（示范文本）》(GF—2013—0201) 的有关规定

1. 付款周期

除专用合同条款另有约定外，付款周期应按照第计量周期的约定与计量周期保持一致。

2. 进度付款申请单的编制

除专用合同条款另有约定外，进度付款申请单应包括下列内容：

（1）截至本次付款周期已完成工作对应的金额。

（2）根据变更应增加和扣减的变更金额。

（3）根据预付款约定应支付的预付款和扣减的返还预付款。

（4）根据质量保证金约定应扣减的质量保证金。

（5）根据索赔应增加和扣减的索赔金额。

（6）对已签发的进度款支付证书中出现错误的修正，应在本次进度付款中支付或扣除的金额。

（7）根据合同约定应增加和扣减的其他金额。

3. 进度付款申请单的提交

（1）单价合同进度付款申请单的提交。单价合同的进度付款申请单，按照单价合同的计量约定的时间按月向监理人提交，并附上已完成工程量报表和有关资料。单价合同中的总价项目按月进行支付分解，并汇总列入当期进度付款申请单。

（2）总价合同进度付款申请单的提交。总价合同按月计量支付的，承包人按照总价合同的计量约定的时间按月向监理人提交进度付款申请单，并附上已完成工程量报表和有关资料。

总价合同按支付分解表支付的，承包人应按照支付分解表及进度付款申请单的编制的约定向监理人提交进度付款申请单。

（3）其他价格形式合同的进度付款申请单的提交。合同当事人可在专用合同条款中约定其他价格形式合同的进度付款申请单的编制和提交程序。

4. 进度款审核和支付

（1）除专用合同条款另有约定外，监理人应在收到承包人进度付款申请单以及相关资料后 7 天内完成审查并报送发包人，发包人应在收到后 7 天内完成审批并签发进度款支付证书。发包人逾期未完成审批且未提出异议的，视为已签发进度款支付证书。

发包人和监理人对承包人的进度付款申请单有异议的，有权要求承包人修正和提供补充资料，承包人应提交修正后的进度付款申请单。监理人应在收到承包人修正后的进度付款申请单及相关资料后 7 天内完成审查并报送发包人，发包人应在收到监理人报送的进度付款申请单及相关资料后 7 天内，向承包人签发无异议部分的临时进度款支付证书。存在争议的部分，按照争议解决的约定处理。

（2）除专用合同条款另有约定外，发包人应在进度款支付证书或临时进度款支付证书签发后 14 天内完成支付，发包人逾期支付进度款的，应按照中国人民银行发布的同期同类贷款基准利率支付违约金。

（3）发包人签发进度款支付证书或临时进度款支付证书，不表明发包人已同意、批准或接受了承包人完成的相应部分的工作。

5. 进度付款的修正

在对已签发的进度款支付证书进行阶段汇总和复核中发现错误、遗漏或重复的，发包人和承包人均有权提出修正申请。经发包人和承包人同意的修正，应在下期进度付款中支付或扣除。

6. 支付分解表

(1) 支付分解表的编制要求。

1) 支付分解表中所列的每期付款金额，应为第 12.4.2 项（进度付款申请单的编制）第（1）目的估算金额。

2) 实际进度与施工进度计划不一致的，合同当事人可按照第 4.4 款（商定或确定）修改支付分解表。

3) 不采用支付分解表的，承包人应向发包人和监理人提交按季度编制的支付估算分解表，用于支付参考。

(2) 总价合同支付分解表的编制与审批。

1) 除专用合同条款另有约定外，承包人应根据第 7.2 款（施工进度计划）约定的施工进度计划、签约合同价和工程量等因素对总价合同按月进行分解，编制支付分解表。承包人应当在收到监理人和发包人批准的施工进度计划后 7 天内，将支付分解表及编制支付分解表的支持性资料报送监理人。

2) 监理人应在收到支付分解表后 7 天内完成审核并报送发包人。发包人应在收到经监理人审核的支付分解表后 7 天内完成审批，经发包人批准的支付分解表为有约束力的支付分解表。

3) 发包人逾期未完成支付分解表审批的，也未及时要求承包人进行修正和提供补充资料的，则承包人提交的支付分解表视为已经获得发包人批准。

(3) 单价合同的总价项目支付分解表的编制与审批。除专用合同条款另有约定外，单价合同的总价项目，由承包人根据施工进度计划和总价项目的总价构成、费用性质、计划发生时间和相应工程量等因素按月进行分解，形成支付分解表，其编制与审批参照总价合同支付分解表的编制与审批执行。

(二)《计价规范》(GB 50500—2013) 的有关规定

(1) 发承包双方应按照合同约定的时间、程序和方法，根据工程计量结果，办理期中价款结算，支付进度款。

(2) 进度款支付周期应与合同约定的工程计量周期一致。

(3) 已标价工程量清单中的单价项目，承包人应按工程计量确认的工程量与综合单价计算；综合单价发生调整的，以发承包双方确认调整的综合单价计算进度款。

(4) 已标价工程量清单中的总价项目和按照本规范第 8.3.2 条规定形成的总价合同，承包人应按合同中约定的进度款支付分解，分别列入进度款支付申请中的安全文明施工费和本周期应支付的总价项目的金额中。

(5) 发包人提供的甲供材料金额，应按照发包人签约提供的单价和数量从进度款支付中扣除，列入本周期应扣减的金额中。

(6) 承包人现场签证和得到发包人确认的索赔金额应列入本周期应增加的金额中。

(7) 进度款的支付比例按照合同约定，按期中结算价款总额计，不低于 60%，不高于 90%。

(8) 承包人应在每个计量周期到期后的 7 天内向发包人提交已完工程进度款支付申请一式四份，详细说明此周期认为有权得到的款额，包括分包人已完工程的价款。支付申请应包括下列内容：

1）累计已完成的合同价款。

2）累计已实际支付的合同价款。

3）本周期合计完成的合同价款。

a. 本周期已完成单价项目的金额。

b. 本周期应支付的总价项目的金额。

c. 本周期已完成的计日工价款。

d. 本周期应支付的安全文明施工费。

e. 本周期应增加的金额。

4）本周期合计应扣减的金额。

a. 本周期应扣回的预付款。

b. 本周期应扣减的金额。

5）本周期实际应支付的合同价款。

(9) 发包人应在收到承包人进度款支付申请后的 14 天内，根据计量结果和合同约定对申请内容予以核实，确认后向承包人出具进度款支付证书。若发承包双方对部分清单项目的计量结果出现争议，发包人应对无争议部分的工程计量结果向承包人出具进度款支付证书。

(10) 发包人应在签发进度款支付证书后的 14 天内，按照支付证书列明的金额向承包人支付进度款。

(11) 若发包人逾期未签发进度款支付证书，则视为承包人提交的进度款支付申请已被发包人认可，承包人可向发包人发出催告付款的通知。发包人应在收到通知后的 14 天内，按照承包人支付申请的金额向承包人支付进度款。

(12) 发包人未按照本规范第 10.3.9～10.3.11 条的规定支付进度款的，承包人可催告发包人支付，并有权获得延迟支付的利息；发包人在付款期满后的 7 天内仍未支付的，承包人可在付款期满后的第 8 天起暂停施工。发包人应承担由此增加的费用和延误的工期，向承包人支付合理利润，并应承担违约责任。

第三节　工程变更与工程价款调整

一、《建设工程施工合同（示范文本）》(GF—2013—0201) 中涉及工程变更的有关规定

(一) 变更的范围

除专用合同条款另有约定外，合同履行过程中发生以下情形的，应按照本条约定进行变更。

(1) 增加或减少合同中任何工作，或追加额外的工作。

(2) 取消合同中任何工作，但转由他人实施的工作除外。

(3) 改变合同中任何工作的质量标准或其他特性。

(4) 改变工程的基线、标高、位置和尺寸。

(5) 改变工程的时间安排或实施顺序。

（二）变更权

发包人和监理人均可以提出变更。变更指示均通过监理人发出，监理人发出变更指示前应征得发包人同意。承包人收到经发包人签认的变更指示后，方可实施变更。未经许可，承包人不得擅自对工程的任何部分进行变更。

涉及设计变更的，应由设计人提供变更后的图纸和说明。如变更超过原设计标准或批准的建设规模时，发包人应及时办理规划、设计变更等审批手续。

（三）变更程序

1. 发包人提出变更

发包人提出变更的，应通过监理人向承包人发出变更指示，变更指示应说明计划变更的工程范围和变更的内容。

2. 监理人提出变更建议

监理人提出变更建议的，需要向发包人以书面形式提出变更计划，说明计划变更工程范围和变更的内容、理由，以及实施该变更对合同价格和工期的影响。发包人同意变更的，由监理人向承包人发出变更指示。发包人不同意变更的，监理人无权擅自发出变更指示。

3. 变更执行

承包人收到监理人下达的变更指示后，认为不能执行，应立即提出不能执行该变更指示的理由。承包人认为可以执行变更的，应当书面说明实施该变更指示对合同价格和工期的影响，且合同当事人应当按照第 10.4 款（变更估价）约定确定变更估价。

（四）变更估价

1. 变更估价原则

除专用合同条款另有约定外，变更估价按照本款约定处理。

(1) 已标价工程量清单或预算书有相同项目的，按照相同项目单价认定。

(2) 已标价工程量清单或预算书中无相同项目，但有类似项目的，参照类似项目的单价认定。

(3) 变更导致实际完成的变更工程量与已标价工程量清单或预算书中列明的该项目工程量的变化幅度超过 15%的，或已标价工程量清单或预算书中无相同项目及类似项目单价的，按照合理的成本与利润构成的原则，由合同当事人按照第 4.4 款（商定或确定）确定变更工作的单价。

2. 变更估价程序

承包人应在收到变更指示后 14 天内，向监理人提交变更估价申请。监理人应在收到承包人提交的变更估价申请后 7 天内审查完毕并报送发包人，监理人对变更估价申请有异议，通知承包人修改后重新提交。发包人应在承包人提交变更估价申请后 14 天内审批完毕。发包人逾期未完成审批或未提出异议的，视为认可承包人提交的变更估价申请。

因变更引起的价格调整应计入最近一期的进度款中支付。

（五）承包人的合理化建议

承包人提出合理化建议的，应向监理人提交合理化建议说明，说明建议的内容和理由，以及实施该建议对合同价格和工期的影响。

除专用合同条款另有约定外，监理人应在收到承包人提交的合理化建议后 7 天内审查完毕并报送发包人，发现其中存在技术上的缺陷，应通知承包人修改。发包人应在收到监理人报送的合理化建议后 7 天内审批完毕。合理化建议经发包人批准的，监理人应及时发出变更指示，由此引起的合同价格调整按照第 10.4 款（变更估价）约定执行。发包人不同意变更的，监理人应书面通知承包人。

合理化建议降低了合同价格或者提高了工程经济效益的，发包人可对承包人给予奖励，奖励的方法和金额在专用合同条款中约定。

（六）变更引起的工期调整

因变更引起工期变化的，合同当事人均可要求调整合同工期，由合同当事人按照第 4.4 款（商定或确定）并参考工程所在地的工期定额标准确定增减工期天数。

（七）暂估价

暂估价专业分包工程、服务、材料和工程设备的明细由合同当事人在专用合同条款中约定。

1. 依法必须招标的暂估价项目

对于依法必须招标的暂估价项目，采取以下第 1 种方式确定。合同当事人也可以在专用合同条款中选择其他招标方式。

第 1 种方式：对于依法必须招标的暂估价项目，由承包人招标，对该暂估价项目的确认和批准按照以下约定执行：

(1) 承包人应当根据施工进度计划，在招标工作启动前 14 天将招标方案通过监理人报送发包人审查，发包人应当在收到承包人报送的招标方案后 7 天内批准或提出修改意见。承包人应当按照经过发包人批准的招标方案开展招标工作。

(2) 承包人应当根据施工进度计划，提前 14 天将招标文件通过监理人报送发包人审批，发包人应当在收到承包人报送的相关文件后 7 天内完成审批或提出修改意见；发包人有权确定招标控制价并按照法律规定参加评标。

(3) 承包人与供应商、分包人在签订暂估价合同前，应当提前 7 天将确定的中标候选供应商或中标候选分包人的资料报送发包人，发包人应在收到资料后 3 天内与承包人共同确定中标人；承包人应当在签订合同后 7 天内，将暂估价合同副本报送发包人留存。

第 2 种方式：对于依法必须招标的暂估价项目，由发包人和承包人共同招标确定暂估价供应商或分包人的，承包人应按照施工进度计划，在招标工作启动前 14 天通知发包人，并提交暂估价招标方案和工作分工。发包人应在收到后 7 天内确认。确定中标人后，由发包人、承包人与中标人共同签订暂估价合同。

2. 不属于依法必须招标的暂估价项目

除专用合同条款另有约定外，对于不属于依法必须招标的暂估价项目，采取以下第 1 种方式确定：

第 1 种方式：对于不属于依法必须招标的暂估价项目，按本项约定确认和批准。

(1) 承包人应根据施工进度计划，在签订暂估价项目的采购合同、分包合同前 28 天向监理人提出书面申请。监理人应当在收到申请后 3 天内报送发包人，发包人应当在收到申请后 14 天内给予批准或提出修改意见，发包人逾期未予批准或提出修改意见的，视为该书面申请已获得同意。

(2) 发包人认为承包人确定的供应商、分包人无法满足工程质量或合同要求的，发包人可以要求承包人重新确定暂估价项目的供应商、分包人。

(3) 承包人应当在签订暂估价合同后7天内，将暂估价合同副本报送发包人留存。

第2种方式：承包人按照第10.7.1项（依法必须招标的暂估价项目）约定的第1种方式确定暂估价项目。

第3种方式：承包人直接实施的暂估价项目。

承包人具备实施暂估价项目的资格和条件的，经发包人和承包人协商一致后，可由承包人自行实施暂估价项目，合同当事人可以在专用合同条款约定具体事项。

3. 因发包人原因导致暂估价合同订立和履行迟延的

由此增加的费用和（或）延误的工期由发包人承担，并支付承包人合理的利润。因承包人原因导致暂估价合同订立和履行迟延的，由此增加的费用和（或）延误的工期由承包人承担。

(八) 暂列金额

暂列金额应按照发包人的要求使用，发包人的要求应通过监理人发出。合同当事人可以在专用合同条款中协商确定有关事项。

(九) 计日工

需要采用计日工方式的，经发包人同意后，由监理人通知承包人以计日工计价方式实施相应的工作，其价款按列入已标价工程量清单或预算书中的计日工计价项目及其单价进行计算；已标价工程量清单或预算书中无相应的计日工单价的，按照合理的成本与利润构成的原则，由合同当事人按照第4.4款（商定或确定）确定变更工作的单价。

采用计日工计价的任何一项工作，承包人应在该项工作实施过程中，每天提交以下报表和有关凭证报送监理人审查：

(1) 工作名称、内容和数量。

(2) 投入该工作的所有人员的姓名、专业、工种、级别和耗用工时。

(3) 投入该工作的材料类别和数量。

(4) 投入该工作的施工设备型号、台数和耗用台时。

(5) 其他有关资料和凭证。

计日工由承包人汇总后，列入最近一期进度付款申请单，由监理人审查并经发包人批准后列入进度付款。

二、《建设工程施工合同（示范文本）》（GF—2013—0201）中涉及价格调整的有关规定

(一) 市场价格波动引起的调整

除专用合同条款另有约定外，市场价格波动超过合同当事人约定的范围，合同价格应当调整。合同当事人可以在专用合同条款中约定选择以下一种方式对合同价格进行调整。

第1种方式：采用价格指数进行价格调整。

1. 价格调整公式

因人工、材料和设备等价格波动影响合同价格时，根据专用合同条款中约定的数据，

按以下公式计算差额并调整合同价格：

$$\Delta P=P_0\left[A+\left(B_1\times\frac{F_{t1}}{F_{01}}+B_2\times\frac{F_{t2}}{F_{02}}+B_3\times\frac{F_{t3}}{F_{03}}+\cdots+B_n\times\frac{F_{tn}}{F_{0n}}\right)-1\right]$$

式中　ΔP——需调整的价格差额；

P_0——约定的付款证书中承包人应得到的已完成工程量的金额。此项金额应不包括价格调整、不计质量保证金的扣留和支付、预付款的支付和扣回。约定的变更及其他金额已按现行价格计价的，也不计在内；

A——定值权重（即不调部分的权重）；

B_1、B_2、B_3、…、B_n——各可调因子的变值权重（即可调部分的权重），为各可调因子在签约合同价中所占的比例；

F_{t1}、F_{t2}、F_{t3}、…、F_{tn}——各可调因子的现行价格指数，指约定的付款证书相关周期最后一天的前 42 天的各可调因子的价格指数；

F_{01}、F_{02}、F_{03}、…、F_{0n}——各可调因子的基本价格指数，指基准日期的各可调因子的价格指数。

以上价格调整公式中的各可调因子、定值和变值权重，以及基本价格指数及其来源在投标函附录价格指数和权重表中约定，非招标订立的合同，由合同当事人在专用合同条款中约定。价格指数应首先采用工程造价管理机构发布的价格指数，无前述价格指数时，可采用工程造价管理机构发布的价格代替。

2. 暂时确定调整差额

在计算调整差额时无现行价格指数的，合同当事人同意暂用前次价格指数计算。实际价格指数有调整的，合同当事人进行相应调整。

3. 权重的调整

因变更导致合同约定的权重不合理时，按照第 4.4 款（商定或确定）执行。

4. 因承包人原因工期延误后的价格调整

因承包人原因未按期竣工的，对合同约定的竣工日期后继续施工的工程，在使用价格调整公式时，应采用计划竣工日期与实际竣工日期的两个价格指数中较低的一个作为现行价格指数。

第 2 种方式：采用造价信息进行价格调整。

合同履行期间，因人工、材料、工程设备和机械台班价格波动影响合同价格时，人工、机械使用费按照国家或省、自治区、直辖市建设行政管理部门、行业建设管理部门或其授权的工程造价管理机构发布的人工、机械使用费系数进行调整；需要进行价格调整的材料，其单价和采购数量应由发包人审批，发包人确认需调整的材料单价及数量，作为调整合同价格的依据。

（1）人工单价发生变化且符合省级或行业建设主管部门发布的人工费调整规定，合同当事人应按省级或行业建设主管部门或其授权的工程造价管理机构发布的人工费等文件调整合同价格，但承包人对人工费或人工单价的报价高于发布价格的除外。

（2）材料、工程设备价格变化的价款调整按照发包人提供的基准价格，按以下风险范围规定执行。

1）承包人在已标价工程量清单或预算书中载明材料单价低于基准价格的：除专用合同条款另有约定外，合同履行期间材料单价涨幅以基准价格为基础超过5%时，或材料单价跌幅以在已标价工程量清单或预算书中载明材料单价为基础超过5%时，其超过部分据实调整。

2）承包人在已标价工程量清单或预算书中载明材料单价高于基准价格的：除专用合同条款另有约定外，合同履行期间材料单价跌幅以基准价格为基础超过5%时，材料单价涨幅以在已标价工程量清单或预算书中载明材料单价为基础超过5%时，其超过部分据实调整。

3）承包人在已标价工程量清单或预算书中载明材料单价等于基准价格的：除专用合同条款另有约定外，合同履行期间材料单价涨跌幅以基准价格为基础超过±5%时，其超过部分据实调整。

4）承包人应在采购材料前将采购数量和新的材料单价报发包人核对，发包人确认用于工程时，发包人应确认采购材料的数量和单价。发包人在收到承包人报送的确认资料后5天内不予答复的视为认可，作为调整合同价格的依据。未经发包人事先核对，承包人自行采购材料的，发包人有权不予调整合同价格。发包人同意的，可以调整合同价格。

前述基准价格是指由发包人在招标文件或专用合同条款中给定的材料、工程设备的价格，该价格原则上应当按照省级或行业建设主管部门或其授权的工程造价管理机构发布的信息价编制。

(3) 施工机械台班单价或施工机械使用费发生变化超过省级或行业建设主管部门或其授权的工程造价管理机构规定的范围时，按规定调整合同价格。

第3种方式：专用合同条款约定的其他方式。

（二）法律变化引起的调整

基准日期后，法律变化导致承包人在合同履行过程中所需要的费用发生除第11.1款（市场价格波动引起的调整）约定以外的增加时，由发包人承担由此增加的费用；减少时，应从合同价格中予以扣减。基准日期后，因法律变化造成工期延误时，工期应予以顺延。

因法律变化引起的合同价格和工期调整，合同当事人无法达成一致的，由总监理工程师按第4.4款（商定或确定）的约定处理。

因承包人原因造成工期延误，在工期延误期间出现法律变化的，由此增加的费用和（或）延误的工期由承包人承担。

三、《计价规范》(GB 50500—2013) 中涉及合同价款调整的有关规定

（一）一般规定

(1) 下列事项（但不限于）发生，发承包双方应当按照合同约定调整合同价款。

1）法律法规变化。

2）工程变更。

3）项目特征不符。

4）工程量清单缺项。

5）工程量偏差。

6）计日工。

7）物价变化。

8）暂估价。

9）不可抗力。

10）提前竣工（赶工补偿）。

11）误期赔偿。

12）索赔。

13）现场签证。

14）暂列金额。

15）发承包双方约定的其他调整事项。

（2）出现合同价款调增事项（不含工程量偏差、计日工、现场签证、索赔）后的14天内，承包人应向发包人提交合同价款调增报告并附上相关资料；承包人在14天内未提交合同价款调增报告的，应视为承包人对该事项不存在调整价款请求。

（3）出现合同价款调减事项（不含工程量偏差、索赔）后的14天内，发包人应向承包人提交合同价款调减报告并附相关资料；发包人在14天内未提交合同价款调减报告的，应视为发包人对该事项不存在调整价款请求。

（4）发（承）包人应在收到承（发）包人合同价款调增（减）报告及相关资料之日起14天内对其核实，予以确认的应书面通知承（发）包人。当有疑问时，应向承（发）包人提出协商意见。发（承）包人在收到合同价款调增（减）报告之日起14天内未确认也未提出协商意见的，应视为承（发）包人提交的合同价款调增（减）报告已被发（承）包人认可。发（承）包人提出协商意见的，承（发）包人应在收到协商意见后的14天内对其核实，予以确认的应书面通知发（承）包人。承（发）包人在收到发（承）包人的协商意见后14天内既不确认也未提出不同意见的，应视为发（承）包人提出的意见已被承（发）包人认可。

（5）发包人与承包人对合同价款调整的不同意见不能达成一致的，只要对发承包双方履约不产生实质影响，双方应继续履行合同义务，直到其按照合同约定的争议解决方式得到处理。

（6）经发承包双方确认调整的合同价款，作为追加（减）合同价款，应与工程进度款或结算款同期支付。

（二）法律法规变化

（1）招标工程以投标截止日前28天、非招标工程以合同签订前28天为基准日，其后因国家的法律、法规、规章和政策发生变化引起工程造价增减变化的，发承包双方应按照省级或行业建设主管部门或其授权的工程造价管理机构据此发布的规定调整合同价款。

（2）因承包人原因导致工期延误的，按本规范第9.2.1条规定的调整时间，在合同工程原定竣工时间之后，合同价款调增的不予调整，合同价款调减的予以调整。

（三）工程变更

（1）因工程变更引起已标价工程量清单项目或其工程数量发生变化时，应按照下列规定调整：

1）已标价工程量清单中有适用于变更工程项目的，应采用该项目的单价；但当工程变更导致该清单项目的工程数量发生变化，且工程量偏差超过15%时，该项目单价应按照本规范第9.6.2条的规定调整。

2）已标价工程量清单中没有适用但有类似于变更工程项目的，可在合理范围内参照类似项目的单价。

3）已标价工程量清单中没有适用也没有类似于变更工程项目的，应由承包人根据变更工程资料、计量规则和计价办法、工程造价管理机构发布的信息价格和承包人报价浮动率提出变更工程项目的单价，并应报发包人确认后调整。承包人报价浮动率可按下列公式计算：

招标工程：

承包人报价浮动率 $L=(1-\text{中标价}/\text{招标控制价})\times 100\%$

非招标工程：

承包人报价浮动率 $L=(1-\text{报价}/\text{施工图预算})\times 100\%$

4）已标价工程量清单中没有适用也没有类似于变更工程项目，且工程造价管理机构发布的信息价格缺价的，应由承包人根据变更工程资料、计量规则、计价办法和通过市场调查等取得有合法依据的市场价格提出变更工程项目的单价，并应报发包人确认后调整。

（2）工程变更引起施工方案改变并使措施项目发生变化时，承包人提出调整措施项目费的，应事先将拟实施的方案提交发包人确认，并应详细说明与原方案措施项目相比的变化情况。拟实施的方案经发承包双方确认后执行，并应按照下列规定调整措施项目费：

1）安全文明施工费应按照实际发生变化的措施项目依据本规范第3.1.5条的规定计算。

2）采用单价计算的措施项目费，应按照实际发生变化的措施项目，按本规范第9.3.1条的规定确定单价。

3）按总价（或系数）计算的措施项目费，按照实际发生变化的措施项目调整，但应考虑承包人报价浮动因素，即调整金额按照实际调整金额乘以本规范第9.3.1条规定的承包人报价浮动率计算。

如果承包人未事先将拟实施的方案提交给发包人确认，则应视为工程变更不引起措施项目费的调整或承包人放弃调整措施项目费的权利。

（3）当发包人提出的工程变更因非承包人原因删减了合同中的某项原定工作或工程，致使承包人发生的费用或（和）得到的收益不能被包括在其他已支付或应支付的项目中，也未被包含在任何替代的工作或工程中时，承包人有权提出并应得到合理的费用及利润补偿。

（四）项目特征不符

（1）发包人在招标工程量清单中对项目特征的描述，应被认为是准确的和全面的，并且与实际施工要求相符合。承包人应按照发包人提供的招标工程量清单，根据项目特征描述的内容及有关要求实施合同工程，直到项目被改变为止。

（2）承包人应按照发包人提供的设计图纸实施合同工程，若在合同履行期间出现设计图纸（含设计变更）与招标工程量清单任一项目的特征描述不符，且该变化引起该项目工程造价增减变化的，应按照实际施工的项目特征，按本规范第 9.3 节相关条款的规定重新确定相应工程量清单项目的综合单价，并调整合同价款。

（五）工程量清单缺项

（1）合同履行期间，由于招标工程量清单中缺项，新增分部分项工程清单项目的，应按照本规范第 9.3.1 条的规定确定单价，并调整合同价款。

（2）新增分部分项工程清单项目后，引起措施项目发生变化的，应按照本规范第 9.3.2 条的规定，在承包人提交的实施方案被发包人批准后调整合同价款。

（3）由于招标工程量清单中措施项目缺项，承包人应将新增措施项目实施方案提交发包人批准后，按照本规范第 9.3.1 条、第 9.3.2 条的规定调整合同价款。

（六）工程量偏差

（1）合同履行期间，当应予计算的实际工程量与招标工程量清单出现偏差，且符合本规范第 9.6.2 条、第 9.6.3 条规定时，发承包双方应调整合同价款。

（2）对于任一招标工程量清单项目，当因本节规定的工程量偏差和第 9.3 节规定的工程变更等原因导致工程量偏差超过 15%时，可进行调整。当工程量增加 15%以上时，增加部分的工程量的综合单价应予调低；当工程量减少 15%以上时，减少后剩余部分的工程量的综合单价应予调高。

（3）当工程量出现本规范第 9.6.2 条的变化，且该变化引起相关措施项目相应发生变化时，按系数或单一总价方式计价的，工程量增加的措施项目费调增，工程量减少的措施项目费调减。

（七）计日工

（1）发包人通知承包人以计日工方式实施的零星工作，承包人应予执行。

（2）采用计日工计价的任何一项变更工作，在该项变更的实施过程中，承包人应按合同约定提交下列报表和有关凭证送发包人复核：

1）工作名称、内容和数量。

2）投入该工作所有人员的姓名、工种、级别和耗用工时。

3）投入该工作的材料名称、类别和数量。

4）投入该工作的施工设备型号、台数和耗用台时。

5）发包人要求提交的其他资料和凭证。

（3）任一计日工项目持续进行时，承包人应在该项工作实施结束后的 24 小时内向发包人提交有计日工记录汇总的现场签证报告一式三份。发包人在收到承包人提交现场签证报告后的 2 天内予以确认并将其中一份返还给承包人，作为计日工计价和支付的依据。发包人逾期未确认也未提出修改意见的，应视为承包人提交的现场签证报告已被发包人认可。

（4）任一计日工项目实施结束后，承包人应按照确认的计日工现场签证报告核实该类项目的工程数量，并应根据核实的工程数量和承包人已标价工程量清单中的计日工单价计算，提出应付价款；已标价工程量清单中没有该类计日工单价的，由发承包双方按本规范第 9.3 节的规定商定计日工单价计算。

（5）每个支付期末，承包人应按照本规范第 10.3 节的规定向发包人提交本期间所有计日工记录的签证汇总表，并应说明本期间自己认为有权得到的计日工金额，调整合同价款，列入进度款支付。

(八) 物价变化

(1) 合同履行期间，因人工、材料、工程设备、机械台班价格波动影响合同价款时，应根据合同约定，按本规范附录 A 的方法之一调整合同价款。

(2) 承包人采购材料和工程设备的，应在合同中约定主要材料、工程设备价格变化的范围或幅度；当没有约定，且材料、工程设备单价变化超过 5%时，超过部分的价格应按照本规范附录 A 的方法计算调整材料、工程设备费。

(3) 发生合同工程工期延误的，应按照下列规定确定合同履行期的价格调整：

1) 因非承包人原因导致工期延误的，计划进度日期后续工程的价格，应采用计划进度日期与实际进度日期两者的较高者。

2) 因承包人原因导致工期延误的，计划进度日期后续工程的价格，应采用计划进度日期与实际进度日期两者的较低者。

(4) 发包人供应材料和工程设备的，不适用本规范第 9.8.1 条、第 9.8.2 条规定，应由发包人按照实际变化调整，列入合同工程的工程造价内。

(九) 暂估价

(1) 发包人在招标工程量清单中给定暂估价的材料、工程设备属于依法必须招标的，应由发承包双方以招标的方式选择供应商，确定价格，并应以此为依据取代暂估价，调整合同价款。

(2) 发包人在招标工程量清单中给定暂估价的材料、工程设备不属于依法必须招标的，应由承包人按照合同约定采购，经发包人确认单价后取代暂估价，调整合同价款。

(3) 发包人在工程量清单中给定暂估价的专业工程不属于依法必须招标的，应按照本规范第 9.3 节相应条款的规定确定专业工程价款，并应以此为依据取代专业工程暂估价，调整合同价款。

(4) 发包人在招标工程量清单中给定暂估价的专业工程，依法必须招标的，应当由发承包双方依法组织招标选择专业分包人，并接受有管辖权的建设工程招标投标管理机构的监督，还应符合下列要求：

1) 除合同另有约定外，承包人不参加投标的专业工程发包招标，应由承包人作为招标人，但拟定的招标文件、评标工作、评标结果应报送发包人批准。与组织招标工作有关的费用应当被认为已经包括在承包人的签约合同价（投标总报价）中。

2) 承包人参加投标的专业工程发包招标，应由发包人作为招标人，与组织招标工作有关的费用由发包人承担。同等条件下，应优先选择承包人中标。

3) 应以专业工程发包中标价为依据取代专业工程暂估价，调整合同价款。

(十) 不可抗力

(1) 因不可抗力事件导致的人员伤亡、财产损失及其费用增加，发承包双方应按下列原则分别承担并调整合同价款和工期：

1) 合同工程本身的损害、因工程损害导致第三方人员伤亡和财产损失以及运至施工场地用于施工的材料和待安装的设备的损害，应由发包人承担。

2）发包人、承包人人员伤亡应由其所在单位负责，并应承担相应费用。

3）承包人的施工机械设备损坏及停工损失，应由承包人承担。

4）停工期间，承包人应发包人要求留在施工场地的必要的管理人员及保卫人员的费用应由发包人承担。

5）工程所需清理、修复费用，应由发包人承担。

（2）不可抗力解除后复工的，若不能按期竣工，应合理延长工期。发包人要求赶工的，赶工费用应由发包人承担。

（3）因不可抗力解除合同的，应按本规范第 12.0.2 条的规定办理。

（十一）提前竣工（赶工补偿）

（1）招标人应依据相关工程的工期定额合理计算工期，压缩的工期天数不得超过定额工期的 20%，超过者，应在招标文件中明示增加赶工费用。

（2）发包人要求合同工程提前竣工的，应征得承包人同意后与承包人商定采取加快工程进度的措施，并应修订合同工程进度计划。发包人应承担承包人由此增加的提前竣工（赶工补偿）费用。

（3）发承包双方应在合同中约定提前竣工每日历天应补偿额度，此项费用应作为增加合同价款列入竣工结算文件中，应与结算款一并支付。

（十二）误期赔偿

（1）承包人未按照合同约定施工，导致实际进度迟于计划进度的，承包人应加快进度，实现合同工期。

合同工程发生误期，承包人应赔偿发包人由此造成的损失，并应按照合同约定向发包人支付误期赔偿费。即使承包人支付误期赔偿费，也不能免除承包人按照合同约定应承担的任何责任和应履行的任何义务。

（2）发承包双方应在合同中约定误期赔偿费，并应明确每日历天应赔额度。误期赔偿费应列入竣工结算文件中，并应在结算款中扣除。

（3）在工程竣工之前，合同工程内的某单项（位）工程已通过了竣工验收，且该单项（位）工程接收证书中表明的竣工日期并未延误，而是合同工程的其他部分产生了工期延误时，误期赔偿费应按照已颁发工程接收证书的单项（位）工程造价占合同价款的比例幅度予以扣减。

（十三）索赔

（1）当合同一方向另一方提出索赔时，应有正当的索赔理由和有效证据，并应符合合同的相关约定。

（2）根据合同约定，承包人认为非承包人原因发生的事件造成了承包人的损失，应按下列程序向发包人提出索赔：

1）承包人应在知道或应当知道索赔事件发生后 28 天内，向发包人提交索赔意向通知书，说明发生索赔事件的事由。承包人逾期未发出索赔意向通知书的，丧失索赔的权利。

2）承包人应在发出索赔意向通知书后 28 天内，向发包人正式提交索赔通知书。索赔通知书应详细说明索赔理由和要求，并应附必要的记录和证明材料。

3）索赔事件具有连续影响的，承包人应继续提交延续索赔通知，说明连续影响的实际情况和记录。

4）在索赔事件影响结束后的28天内，承包人应向发包人提交最终索赔通知书，说明最终索赔要求，并应附必要的记录和证明材料。

（3）承包人索赔应按下列程序处理：

1）发包人收到承包人的索赔通知书后，应及时查验承包人的记录和证明材料。

2）发包人应在收到索赔通知书或有关索赔的进一步证明材料后的28天内，将索赔处理结果答复承包人，如果发包人逾期未作出答复，视为承包人索赔要求已被发包人认可。

3）承包人接受索赔处理结果的，索赔款项应作为增加合同价款，在当期进度款中进行支付；承包人不接受索赔处理结果的，应按合同约定的争议解决方式办理。

（4）承包人要求赔偿时，可以选择下列一项或几项方式获得赔偿：

1）延长工期。

2）要求发包人支付实际发生的额外费用。

3）要求发包人支付合理的预期利润。

4）要求发包人按合同的约定支付违约金。

（5）当承包人的费用索赔与工期索赔要求相关联时，发包人在作出费用索赔的批准决定时，应结合工程延期，综合作出费用赔偿和工程延期的决定。

（6）发承包双方在按合同约定办理了竣工结算后，应被认为承包人已无权再提出竣工结算前所发生的任何索赔。承包人在提交的最终结清申请中，只限于提出竣工结算后的索赔，提出索赔的期限应自发承包双方最终结清时终止。

（7）根据合同约定，发包人认为由于承包人的原因造成发包人的损失，宜按承包人索赔的程序进行索赔。

（8）发包人要求赔偿时，可以选择下列一项或几项方式获得赔偿：

1）延长质量缺陷修复期限。

2）要求承包人支付实际发生的额外费用。

3）要求承包人按合同的约定支付违约金。

（9）承包人应付给发包人的索赔金额可从拟支付给承包人的合同价款中扣除，或由承包人以其他方式支付给发包人。

（十四）现场签证

（1）承包人应发包人要求完成合同以外的零星项目、非承包人责任事件等工作的，发包人应及时以书面形式向承包人发出指令，并应提供所需的相关资料；承包人在收到指令后，应及时向发包人提出现场签证要求。

（2）承包人应在收到发包人指令后的7天内向发包人提交现场签证报告，发包人应在收到现场签证报告后的48小时内对报告内容进行核实，予以确认或提出修改意见。发包人在收到承包人现场签证报告后的48小时内未确认也未提出修改意见的，应视为承包人提交的现场签证报告已被发包人认可。

（3）现场签证的工作如已有相应的计日工单价，现场签证中应列明完成该类项目所需的人工、材料、工程设备和施工机械台班的数量。

如现场签证的工作没有相应的计日工单价，应在现场签证报告中列明完成该签证工作所需的人工、材料设备和施工机械台班的数量及单价。

（4）合同工程发生现场签证事项，未经发包人签证确认，承包人便擅自施工的，除非征得发包人书面同意，否则发生的费用应由承包人承担。

（5）现场签证工作完成后的7天内，承包人应按照现场签证内容计算价款，报送发包人确认后，作为增加合同价款，与进度款同期支付。

（6）在施工过程中，当发现合同工程内容因场地条件、地质水文、发包人要求等不一致时，承包人应提供所需的相关资料，并提交发包人签证认可，作为合同价款调整的依据。

（十五）暂列金额

（1）已签约合同价中的暂列金额应由发包人掌握使用。

（2）发包人按照本规范第9.1节至第9.14节的规定支付后，暂列金额余额应归发包人所有。

第四节　工　程　索　赔

一、索赔的依据及成立条件

（一）索赔依据

索赔依据主要有以下几项：

（1）招标文件、工程合同及附件，发包方认可的施工组织设计、工程图纸、各种变更、签证、技术规范等。

（2）工程各项会议纪要、往来信件、指令、信函、通知、答复等。

（3）施工计划、现场实施情况记录、施工日报、工作日志、备忘录，图纸变更、交底记录的送达份数及日期记录，工程有关施工部位的照片及录像等，以及工程验收报告及各项技术鉴定报告等。

（4）工程材料采购、订货、运输、进场、验收、使用等方面的凭据；工程停送电、停送水、道路开通封闭等干扰事件影响的日期及恢复施工的日期；工程现场气候记录，有关天气的温度、风力、雨雪等。

（5）国家、省、市有关影响工程造价、工期的文件、规定等。

（6）工程材料采购、订货、运输、进场、验收、使用等方面的凭据；工程预付款、进度款拨付的数额及日期记录；工程会计核算资料等其他与工程有关的资料。

（二）索赔成立的条件

索赔成立的条件主要有以下三个方面：

（1）与合同对照，事件已造成了承包人工程项目成本的额外费用增加或工期损失。

（2）造成费用增加或工期损失的原因，按合同约定不属于承包人的行为责任或风险责任。

（3）承包人在合同规定的期限内提交了书面的索赔意向通知和索赔报告。

二、索赔的程序及期限

《建设工程施工合同（示范文本）》（GF—2013—0201）对索赔程序和期限作了如下

规定。

（一）承包人的索赔

根据合同约定，承包人认为有权得到追加付款和（或）延长工期的，应按以下程序向发包人提出索赔：

(1) 承包人应在知道或应当知道索赔事件发生后28天内，向监理人递交索赔意向通知书，并说明发生索赔事件的事由；承包人未在前述28天内发出索赔意向通知书的，丧失要求追加付款和（或）延长工期的权利。

(2) 承包人应在发出索赔意向通知书后28天内，向监理人正式递交索赔报告；索赔报告应详细说明索赔理由以及要求追加的付款金额和（或）延长的工期，并附必要的记录和证明材料。

(3) 索赔事件具有持续影响的，承包人应按合理时间间隔继续递交延续索赔通知，说明持续影响的实际情况和记录，列出累计的追加付款金额和（或）工期延长天数。

(4) 在索赔事件影响结束后28天内，承包人应向监理人递交最终索赔报告，说明最终要求索赔的追加付款金额和（或）延长的工期，并附必要的记录和证明材料。

（二）对承包人索赔的处理

对承包人索赔的处理如下：

(1) 监理人应在收到索赔报告后14天内完成审查并报送发包人。监理人对索赔报告存在异议的，有权要求承包人提交全部原始记录副本。

(2) 发包人应在监理人收到索赔报告或有关索赔的进一步证明材料后的28天内，由监理人向承包人出具经发包人签认的索赔处理结果。发包人逾期答复的，则视为认可承包人的索赔要求。

(3) 承包人接受索赔处理结果的，索赔款项在当期进度款中进行支付；承包人不接受索赔处理结果的，按照第20条（争议解决）约定处理。

（三）发包人的索赔

根据合同约定，发包人认为有权得到赔付金额和（或）延长缺陷责任期的，监理人应向承包人发出通知并附有详细的证明。

发包人应在知道或应当知道索赔事件发生后28天内通过监理人向承包人提出索赔意向通知书，发包人未在前述28天内发出索赔意向通知书的，丧失要求赔付金额和（或）延长缺陷责任期的权利。发包人应在发出索赔意向通知书后28天内，通过监理人向承包人正式递交索赔报告。

（四）对发包人索赔的处理

对发包人索赔的处理如下：

(1) 承包人收到发包人提交的索赔报告后，应及时审查索赔报告的内容、查验发包人证明材料。

(2) 承包人应在收到索赔报告或有关索赔的进一步证明材料后28天内，将索赔处理结果答复发包人。如果承包人未在上述期限内作出答复的，则视为对发包人索赔要求的认可。

(3) 承包人接受索赔处理结果的，发包人可从应支付给承包人的合同价款中扣除赔付的金额或延长缺陷责任期；发包人不接受索赔处理结果的，按第 20 条（争议解决）约定处理。

（五）提出索赔的期限

（1）承包人按第 14.2 款（竣工结算审核）约定接收竣工付款证书后，应被视为已无权再提出在工程接收证书颁发前所发生的任何索赔。

（2）承包人按第 14.4 款（最终结清）提交的最终结清申请单中，只限于提出工程接收证书颁发后发生的索赔。提出索赔的期限自接受最终结清证书时终止。

三、工期及费用索赔的确定

（一）《标准施工招标文件》（2007）中合同条款规定的可索赔条款

《标准施工招标文件》（2007）中合同通用条款规定的可以合理补偿承包人索赔的条款如表 10－1 所示。

表 10－1　《标准施工招标文件》（2007）中合同条款规定的可索赔条款

序号	条款号	主要内容	可补偿内容		
			工期	费用	利润
1	1.10.1	施工过程发现文物、古迹以及其他遗迹、化石、钱币或物品	√	√	
2	4.11.2	承包人遇到不利物质条件	√	√	
3	5.2.4	发包人要求向承包人提前交付材料和工程设备		√	
4	5.2.6	发包人提供的材料和工程设备不符合合同要求	√	√	√
5	8.3	发包人提供基准资料错误导致承包人的返工或造成工程损失	√	√	√
6	11.3	发包人的原因造成工期延误	√	√	√
7	11.4	异常恶劣的气候条件	√		
8	11.6	发包人要求承包人提前竣工		√	
9	12.2	发包人原因引起的暂停施工	√	√	√
10	12.4.2	发包人原因造成暂停施工后无法按时复工	√	√	√
11	13.1.3	发包人原因造成工程质量达不到合同约定验收标准的	√	√	√
12	13.5.3	监理人对隐蔽工程重新检查，经检验证明工程质量符合合同要求的	√	√	√
13	16.2	法律变化引起的价格调整		√	
14	18.4.2	发包人在全部工程竣工前，使用已接收的单位工程导致承包人费用增加	√	√	√
15	18.6.2	发包人的原因导致试运行失败的		√	√
16	19.2	发包人原因导致的工程缺陷和损失		√	√
17	21.3.1	不可抗力	√		

（二）工期索赔的确定

在工程施工中，常会发生一些未能预见的干扰事件使施工不能按预定的施工计划顺利进行，造成工期延长。承包商提出工期索赔的目的通常有两个：一个目的是免去或推卸自己对已产生的工期延长承担合同责任，使自己不支付或尽可能不支付工期延长的罚款；另一个目的是要求业主对自己因工期延长而遭受的费用损失进行补偿。《标准施工招标文件》（2007）中合同通用条款规定的可以合理补偿承包人工期索赔的情况如表 10－1 所示。

1. 工期索赔应注意的问题

(1) 划清施工进度拖延的责任。因承包人的原因造成施工进度滞后，属于不可原谅的延期；只有承包人不应承担任何责任的延误，才是可原谅的延期。有时工期延期的原因中可能包含有双方责任，此时工程师应进行详细分析，分清责任比例，只有可原谅延期部分才能批准顺延工期。可原谅延期，又可细分为可原谅并给与补偿费用的延期和可原谅但不给与补偿费用的延期；后者是指非承包人责任的影响并未导致施工成本的额外支出，大多属于发包人应承担风险责任事件的影响，如异常恶劣的气候条件影响的停工等。

(2) 被延误的工作影响了总工期。只有位于关键线路上工作内容的滞后，才会影响到竣工日期。但有时也应注意，既要看被延误的工作是否在批准进度计划的关键路线上，又要详细分析这一延误对后续工作的可能影响。因为若对非关键路线工作的影响时间较长，超过了该工作可用于自由支配的时间，也会导致进度计划中非关键路线转化为关键路线，其滞后将影响总工期的拖延。此时，应充分考虑该工作的自由时间，给予相应的工期顺延，并要求承包人修改施工进度计划。

2. 工期索赔的计算

工期索赔的计算主要有网络图分析法和比例计算法两种。

(1) 网络图分析法是利用进度计划的网络图，分析其关键线路。如果延误的工作为关键工作，则总延误的时间为批准顺延的工期；如果延误的工作为非关键工作，当该工作由于延误超过时差限制而成为关键工作时，可以批准延误时间与时差的差值；若该工作延误后仍为非关键工作，则不存在工期索赔问题。

(2) 比例计算法的计算公式如下：

对于已知部分工程的延期的时间：

$$工期索赔值 = 受干扰部分工程的合同价 / 原合同总价 \times 该受干扰部分工期拖延时间$$

对于已知额外增加工程量的价格：

$$工期索赔值 = 额外增加的工程量的价格 / 原合同总价 \times 原合同总工期$$

比例计算法简单方便，但有时不完全符合实际情况，因此，这种方法不适用于变更施工顺序、加速施工、删减工程量等事件的索赔。

【例 10-1】 某工程原合同规定分两阶段进行施工，土建工程 21 个月，安装工程 12 个月。假定以一定量的劳动力需要量为相对单位，则合同规定的土建工程量可折算为 310 个相对单位，安装工程量折算为 70 个相对单位。合同规定，在工程量增减 10% 的范围内，作为承包商的工期风险．不能要求工期补偿。在工程施工过程中，土建和安装的工程量都有较大幅度的增加。实际土建工程量增加到 430 个相对单位，实际安装工程量增加到 117 个相对单位。

解： 承包商提出的工期索赔计算如下：

不索赔的土建工程量的高限＝310×1.1＝341（个相对单位）

不索赔的安装工程量的高限＝70×1.1＝77（个相对单位）

由于工程量增加而造成工期延长如下：

土建工程工期延长＝21×（430/341－1）＝5.5（个月）

安装工程工期延长＝12×（117/77－1）＝6.（2个月）

因此，总工期索赔为5.5个月＋6.2个月＝11.7（个月）。

实务操作中，工期索赔一般采用分析法进行计算，其主要依据是合同规定的总工期计划、进度计划，以及双方共同认可的对工期修改文件，调整计划和受干扰后实际工程进度记录（如施工日记、工程进度表等）。施工单位应在每个月底以及若干干扰事件发生时，分析对比上述资料，以发现工期拖延以及拖延原因，提出有说服力的索赔要求。

（三）费用索赔的确定

1. 索赔费用的组成

（1）人工费。可索赔的人工费包括：完成合同之外的额外工作所花费的人工费用；由于非施工单位责任导致的工效降低所增加的人工费用；法定的人工费增长以及非施工单位责任工程延误导致的人员窝工费和工资上涨费等。

（2）材料费。可索赔的材料费包括：由于索赔事项的材料实际用量超过计划用量而增加的材料费；由于客观原因材料价格大幅度上涨引起的费用；由于非施工单位责任工程延误导致的材料价格上涨和材料超期储存费用。

（3）施工机械使用费。可索赔的施工机械使用费包括：由于完成额外工作增加的机械使用费；非施工单位责任的工效降低增加的机械使用费；由于建设单位或监理工程师原因导致机械停工的窝工费。

（4）分包费用。分包费用索赔指的是分包人的索赔费。分包人的索赔应如数列入总承包人的索赔款总额中。

（5）工地管理费。可索赔的工地管理费是指施工单位完成额外工程、索赔事项工作以及工期延长期间的工地管理费。对部分工人窝工损失索赔时，因其他工程仍然进行，可能不予计算工地管理费索赔。

（6）利息。索赔费用中的利息包括；拖期付款利息；由于工程变更的工程延误增加投资的利息；索赔款的利息；错误扣款的利息。利率可执行当时的银行贷款利率、银行透支利率或合同双方协议利率。

（7）企业管理费。索赔费用中的企业管理费主要指工程延误期间所增加的企业管理费。

（8）利润。与旧版相比，《建设工程施工合同（示范文本）》（GF—2013—0201）通用合同条款中增加了业主原因导致工期延误可以索赔合理利润的条款。

2. 索赔费用的计算方法

索赔费用的计算方法主要有三种。

（1）总费用法。总费用法又称为总成本法，是指当发生多次索赔事件以后，重新计算出该工程的实际总费用，再从这个实际总费用中减去投标报价时的估算总费用，计算出索赔值的方法。

以总费用法计算索赔值的公式为

索赔值 ＝ 实际总费用 － 投标报价估算总费用

总费用法简单但不尽合理，因为实际完成工程的总费用中，可能包括由于施工单位的原因（如管理不善、材料浪费、效率太低等）所增加的费用，而这些费用是不该索赔的；此外，投标报价估算总费用也可能因工程变更或单价合同中的工程量变化等原因而不能代表真正的工程成本，因此，索赔采用总费用法往往会引起争议。但是在某些特定条件下，当需要具体计算索赔金额很困难，甚至不可能时，也可以采用这种方法。

（2）修正的总费用法。修正的总费用法是对总费用法的改进，即在总费用计算的基础上，去掉一些不合理的因素，使其更符合实际情况。修正的内容主要有以下几项：

1）计算索赔金额的时期仅限于受事件影响的时段，而不是整个工期。

2）只计算在该时期内受影响项目的费用，而不是全部工作项目的费用。

3）与该项工作无关的费用不列入总费用中。

4）对投标报价费用重新进行核算，得出调整后报价费用。

通过上述修正，即可比较合理地计算出受索赔事件影响而实际增加的费用。

（3）实际费用法。实际费用法又称为分项法，是按每个索赔事件所引起损失的费用项目分别分析计算索赔值的一种方法。这种方法能客观地反映索赔事件所引起的实际损失，易于被当事人接受，但分析计算工作量较大。实际费用法在操作中通常分为以下三步：

第1步：分析每个或每类索赔事件所影响的费用项目，这些费用项目通常应与合同报价中的费用项目一致。

第2步：计算每个费用项目受索赔事件影响的数值，一般通过与合同价中的费用价值进行比较即可得到该项费用的索赔值。

第3步：将各费用项目的索赔值汇总，得到总费用索赔值。

【例10-2】 某城市地下工程，业主与施工单位签订了施工合同，除税金外的合同总价为8600万元，其中现场管理费率15%、企业管理费率8%、利润率5%；合同工期730天。为保证施工安全，合同中规定施工单位应安装满足最小排水能力1.5t/min的排水设施，并安装1.5t/min的备用排水设施，两套设施合计15900元。合同中还规定，施工中如遇业主原因造成工程停工或窝工，业主对施工单位自有机械按台班单价的60%给予补偿，对施工单位租赁机械按租赁费给予补偿（不包括运转费用）。该工程施工过程中发生以下3个事件。

事件1：施工过程中业主通知施工单位某分项工程（非关键工作）需进行设计变更，由此造成施工单位的机械设备窝工12天。

事件2：施工过程中遇到了非季节性大暴雨天气，由于地下断层相互贯通及地下水位不断上升等不利条件，原有排水设施不能满足排水要求，施工工区涌水量逐渐增加，使施工单位被迫停工，并造成施工设备被淹没。

为保证施工安全和施工进度，业主指令施工单位紧急增加购买额外排水设施，尽快恢复施工，施工单位按业主要求购买并安装了两套1.5t/min的排水设施，恢复了施工。

事件3：施工中发现地下文物，处理地下文物工作造成工期拖延40天。

就以上3个事件，施工单位按合同规定的索赔程序向业主提出索赔如下：

（1）事件1，由于业主修改工程设计12天，造成施工单位机械设备窝工费用索赔，具体索赔机械名称和费用如表10-2所示。

表 10－2　　索赔机械名称和费用

项　　目	机械台班单价（元/台班）	时间（天）	金额（元）
$9m^3$ 空压机	310	12	3720
25t 履带吊车（租赁）	1500	12	18000
塔　　吊	1000	12	12000
混凝土泵车（租赁）	600	12	7200
合　　计			40920

现场管理费：40920×15％＝6138（元）。

企业管理费：（40920＋6138）×8％＝3764.64（元）。

利润：（40920＋6138＋3764.64）×5％＝2541.13（元）。

合计 53363.77 元。

（2）事件 2，由于非季节性大暴雨天气费用索赔如下。

备用排水设施及额外增加排水设施费：（15900÷2×3）＝23850（元）。

被地下涌水淹没的机械设备损失费 16000 元。

额外排水工作的劳务费 8650 元。

合计 48500 元。

（3）事件 3，由于处理地下文物，导致延长工期 40 天，索赔现场管理费增加额如下。

现场管理费：8600×15％＝1290（万元）。

因此，每天增加费用：1290×10000÷730＝17671.23（元/天）。

40 天合计：17671.23×40＝706849.20（元）。

问题：

（1）指出事件 1 中施工单位的哪些索赔要求不合理，为什么？造价工程师审核施工单位机械设备窝工费用索赔时，核定施工单位提供的机械台班单价属实，并核定机械台班单价中运转费用分别为 $9m^3$ 空压机为 93 元/台班，25t 履带吊车为 300 元/台班，塔吊为 190 元/台班，混凝土泵车为 140 元/台班，造价工程师核定的索赔费用应是多少？

（2）事件 2 中施工单位可获得哪几项费用的索赔？核定的索赔费用应是多少？

（3）事件 3 中造价工程师是否应同意 40 天的工期延长？为什么？补偿的现场管理费如何计算？应补偿多少费用？

解：

（1）事件 1 中以下索赔要求不合理：

1）自有机械索赔要求不合理，因为合同规定业主应按自有机械使用费的 60％补偿。

2）租赁机械索赔要求不合理，因为合同规定租赁机械业主按租赁费补偿。

3）现场管理费、企业管理费索赔要求不合理，因为分项工程窝工没有造成全工地的停工。

4）利润索赔要求不合理，因为机械窝工并未造成利润的减少。

（2）造价工程师核定的索赔费用如下：

3720×60％＝2232（元）

18000－300×12＝14400（元）

12000×60％＝7200（元）

7200 － 140×12＝5520（元）

2232＋14400＋7200＋5520＝29352（元）

（3）事件2中可获得以下费用的索赔：

1）可索赔额外增加的排水设施费。

2）可索赔额外增加的排水工作劳务费。

核定的索赔费用应为15900＋8650＝24550（元）。

（4）事件3中应同意40天工期延长，因地下文物处理是有经验的承包商不可预见的，属于不利物质条件，可索赔工期和费用，但不能索赔延误所损失的利润。

现场管理费应补偿额如下：

1）现场管理费：86000000.00÷（1.15×1.08×0.05）×0.15＝9891879.46（元）。

2）每天的现场管理费：9891879.46÷730＝13550.52（元）。

3）应补偿的现场管理费：13550.52×40＝542020.80（元）。

四、索赔文件的编制

索赔文件主要包括索赔意向通知和索赔报告。

（一）索赔意向通知

索赔意向通知标志着一项索赔的开始，通常包括以下四个方面的内容：

（1）事件发生的时间和情况的简单描述。

（2）合同依据的条款和理由。

（3）有关后续资料的提供，包括及时记录和提供事件发展的动态。

（4）对工程成本和工期产生不利影响的严重程度，以期引起工程师（或业主）的注意。

（二）索赔报告

索赔报告是承包商向工程师（或业主）提交的一份要求业主给予一定经济（费用）补偿和延长工期的正式报告。承包商应该在索赔事件对工程产生的影响结束后，在规定时限内向工程师（或业主）提交正式的索赔报告。索赔报告通常包括以下四个方面的内容：

（1）总述部分。概要论述索赔事件发生的日期和过程，承包人为该索赔事项付出的努力和附加开支，以及承包人的具体索赔要求。

（2）论证部分。说明索赔的合同依据，即基于何种理由提出索赔要求，责任分析应清楚、准确。要证明索赔事件与损失之间的因果关系，说明索赔前因后果的关联性、业主违约或合同变更与引起索赔的必然性联系。论证部分是否合理，是索赔能否成立的关键。

（3）索赔款项（或工期）计算部分。索赔报告中必须有详细准确的损失金额及时间的计算。索赔事件发生后，如何正确计算索赔给承包商造成的损失，直接牵涉承包商的利益。工程索赔费用包含了施工承包合同中规定的所有可索赔费，具体哪些费用可以得到补偿，必须通过具体分析来决定。对于不同原因引起的索赔，其费用的具体内容有所不同，有的可以列入索赔费用，有的则不能列入，这是专业从事造价与合同管理必须熟悉的工作范围，必须针对具体问题具体分析、灵活对待。

（4）证据部分。索赔的成功很大程度上取决于承包商对索赔作出的解释和具有强有力的证明材料。因此，承包商在正式提出索赔报告前的资料准备工作极为重要，这就要求承包商注重记录和积累保存各方面的资料。这些证据资料必须真实、全面、及时、与干扰事件关联，并具有法律证明效力。

第五节 竣工结算

一、竣工结算的含义及编制依据

（一）竣工结算的含义

竣工结算是指在工程竣工验收质量合格，达到合同各项要求后，建筑安装施工企业就竣工工程按照约定的合同价款、合同价款调整内容以及索赔事项等，与建设单位办理最后工程造价款结算，确定工程实际造价的经济文件。竣工结算是建设单位支付施工单位最终工程款的依据。

工程竣工结算分为单位工程竣工结算、单项工程竣工结算和建设项目竣工总结算。单位工程竣工结算由承包人编制，发包人审查；实行总承包的工程，由具体承包人编制，在总包人审查的基础上，发包人审查。单项工程竣工结算或建设项目竣工总结算由总（承）包人编制，发包人可直接进行审查，也可以委托具有相应资质的工程造价咨询机构进行审查。政府投资项目，由同级财政部门审查。单项工程竣工结算或建设项目竣工总结算经发、承包人签字盖章后有效。承包人应在合同约定期限内完成项目竣工结算编制工作，未在规定期限内完成的并且提不出正当理由延期的，责任自负。

（二）竣工结算的编制依据

工程竣工后，发、承包双方应在合同约定时间内依据合同有关规定及时办理工程竣工结算，编制竣工结算的主要依据如下：

（1）国家有关法律、法规、规章制度和相关的司法解释。

（2）建设工程工程量清单计价规范。

（3）施工发承包合同、专业分包合同及补充合同，有关材料、设备采购合同。

（4）招投标文件，包括招标答疑文件、投标承诺、中标报价书及其组成内容。

（5）工程竣工图或施工图、施工图会审记录，经批准的施工组织设计，以及设计变更、工程洽商和相关会议纪要。

（6）经批准的开、竣工报告或停、复工报告。

（7）双方确认的工程量。

（8）双方确认追加（减）的工程价款。

（9）双方确认的索赔、现场签证事项及价款。

（10）其他依据。

二、竣工结算的编制内容

工程竣工结算的编制内容应包括工程量清单计价表中所包含的各项费用内容。《计价规范》（GB 50500—2013）规定如下。

（1）分部分项工程和措施项目中的单价项目应依据发承包双方确认的工程量与已标价工程量清单的综合单价计算；发生调整的，应以发承包双方确认调整的综合单价计算。

（2）措施项目中的总价项目应依据已标价工程量清单的项目和金额计算；发生调整的，应以发承包双方确认调整的金额计算，其中安全文明施工费应按本规范第3.1.5条的规定计算。

（3）其他项目应按下列规定计价：

1）计日工应按发包人实际签证确认的事项计算。

2）暂估价应按本规范第9.9节的规定计算。

3）总承包服务费应依据已标价工程量清单金额计算；发生调整的，应以发承包双方确认调整的金额计算。

4）索赔费用应依据发承包双方确认的索赔事项和金额计算。

5）现场签证费用应依据发承包双方签证资料确认的金额计算。

6）暂列金额应减去合同价款调整（包括索赔、现场签证）金额计算，如有余额归发包人。

（4）规费和税金应按本规范第3.1.6条的规定计算。规费中的工程排污费应按工程所在地环境保护部门规定的标准缴纳后按实列入。

（5）发承包双方在合同工程实施过程中已经确认的工程计量结果和合同价款，在竣工结算办理中应直接进入结算。

三、竣工结算价款的支付

《建设工程施工合同（示范文本）》（GF—2013—0201）对竣工结算价款的支付作了规定。

（一）竣工结算申请

除专用合同条款另有约定外，承包人应在工程竣工验收合格后28天内向发包人和监理人提交竣工结算申请单，并提交完整的结算资料，有关竣工结算申请单的资料清单和份数等要求由合同当事人在专用合同条款中约定。

除专用合同条款另有约定外，竣工结算申请单应包括以下内容：

（1）竣工结算合同价格。

（2）发包人已支付承包人的款项。

（3）应扣留的质量保证金。

（4）发包人应支付承包人的合同价款。

（二）竣工结算审核

（1）除专用合同条款另有约定外，监理人应在收到竣工结算申请单后14天内完成核查并报送发包人。发包人应在收到监理人提交的经审核的竣工结算申请单后14天内完成审批，并由监理人向承包人签发经发包人签认的竣工付款证书。监理人或发包人对竣工结算申请单有异议的，有权要求承包人进行修正和提供补充资料，承包人应提交修正后的竣工结算申请单。

发包人在收到承包人提交竣工结算申请书后28天内未完成审批且未提出异议的，视为发包人认可承包人提交的竣工结算申请单，并自发包人收到承包人提交的竣工结算申请单后第 29 天起视为已签发竣工付款证书。

（2）除专用合同条款另有约定外，发包人应在签发竣工付款证书后的 14 天内，完成对承包人的竣工付款。发包人逾期支付的，按照中国人民银行发布的同期同类贷款基准利率支付违约金；逾期支付超过 56 天的，按照中国人民银行发布的同期同类贷款基准利率的两倍支付违约金。

（3）承包人对发包人签认的竣工付款证书有异议的，对于有异议部分应在收到发包人签认的竣工付款证书后 7 天内提出异议，并由合同当事人按照专用合同条款约定的方式和程序进行复核，或按照第 20 条（争议解决）约定处理。对于无异议部分，发包人应签发临时竣工付款证书，并按本款第（2）项完成付款。承包人逾期未提出异议的，视为认可发包人的审批结果。

（三）甩项竣工协议

发包人要求甩项竣工的，合同当事人应签订甩项竣工协议。在甩项竣工协议中应明确，合同当事人按照第 14.1 款（竣工结算申请）及 14.2 款（竣工结算审核）的约定，对已完合格工程进行结算，并支付相应合同价款。

（四）最终结清

1. *最终结清申请单*

（1）除专用合同条款另有约定外，承包人应在缺陷责任期终止证书颁发后 7 天内，按专用合同条款约定的份数向发包人提交最终结清申请单，并提供相关证明材料。

除专用合同条款另有约定外，最终结清申请单应列明质量保证金、应扣除的质量保证金、缺陷责任期内发生的增减费用。

（2）发包人对最终结清申请单内容有异议的，有权要求承包人进行修正和提供补充资料，承包人应向发包人提交修正后的最终结清申请单。

2. *最终结清证书和支付*

（1）除专用合同条款另有约定外，发包人应在收到承包人提交的最终结清申请单后 14 天内完成审批并向承包人颁发最终结清证书。发包人逾期未完成审批，又未提出修改意见的，视为发包人同意承包人提交的最终结清申请单，且自发包人收到承包人提交的最终结清申请单后 15 天起视为已颁发最终结清证书。

（2）除专用合同条款另有约定外，发包人应在颁发最终结清证书后 7 天内完成支付。发包人逾期支付的，按照中国人民银行发布的同期同类贷款基准利率支付违约金；逾期支付超过 56 天的，按照中国人民银行发布的同期同类贷款基准利率的两倍支付违约金。

（3）承包人对发包人颁发的最终结清证书有异议的，按第 20 条（争议解决）的约定办理。

第六节　合同解除的价款结算与支付

《计价规范》（GB 50500—2013）对合同解除的价款结算与支付作了规定。

（1）发承包双方协商一致解除合同的，应按照达成的协议办理结算和支付合同价款。

（2）由于不可抗力致使合同无法履行解除合同的，发包人应向承包人支付合同解除之日前已完成工程但尚未支付的合同价款，此外，还应支付下列金额：

1）本规范第 9.11.1 条规定的由发包人承担的费用。

2）已实施或部分实施的措施项目应付价款。

3）承包人为合同工程合理订购且已交付的材料和工程设备货款。

4）承包人撤离现场所需的合理费用，包括员工遣送费和临时工程拆除、施工设备运离现场的费用。

5）承包人为完成合同工程而预期开支的任何合理费用，且该项费用未包括在本款其他各项支付之内。

发承包双方办理结算合同价款时，应扣除合同解除之日前发包人应向承包人收回的价款。当发包人应扣除的金额超过了应支付的金额，承包人应在合同解除后的 56 天内将其差额退还给发包人。

（3）因承包人违约解除合同的，发包人应暂停向承包人支付任何价款。发包人应在合同解除后 28 天内核实合同解除时承包人已完成的全部合同价款以及按施工进度计划已运至现场的材料和工程设备货款，按合同约定核算承包人应支付的违约金以及造成损失的索赔金额，并将结果通知承包人。发承包双方应在 28 天内予以确认或提出意见，并应办理结算合同价款。如果发包人应扣除的金额超过了应支付的金额，承包人应在合同解除后的 56 天内将其差额退还给发包人。发承包双方不能就解除合同后的结算达成一致的，按照合同约定的争议解决方式处理。

（4）因发包人违约解除合同的，发包人除应按照本规范第 12.0.2 条的规定向承包人支付各项价款外，应按合同约定核算发包人应支付的违约金以及给承包人造成损失或损害的索赔金额费用。该笔费用应由承包人提出，发包人核实后应与承包人协商确定后的 7 天内向承包人签发支付证书。协商不能达成一致的，应按照合同约定的争议解决方式处理。

第十一章　竣工决算、缺陷责任和保修

第一节　竣　工　验　收

一、竣工验收的含义及作用

（一）竣工验收的含义

竣工验收是指承包人完成了全部合同工作后，发包人按合同要求进行的验收。国家验收是政府有关部门根据法律、规范、规程和政策要求，针对发包人全面组织实施的整个工程正式交付投运前的验收。需要进行国家验收的，竣工验收是国家验收的一部分。建设项目竣工验收，按被验收的对象划分，可分为单位工程验收、单项工程验收及工程整体验收（称为“动用验收”）。竣工验收所采用的各项验收和评定标准应符合国家验收标准。发包人和承包人为竣工验收提供的各项竣工验收资料应符合国家验收的要求。按照我国建设程序的规定，竣工验收是建设工程的最后阶段，是建设项目施工阶段和保修阶段的中间过程，是全面检验建设项目是否符合设计要求和工程质量检验标准的重要环节，是审查投资使用是否合理的重要环节，还是投资成果转入生产或使用的标志。只有经过竣工验收，建设项目才能实现由承包人管理向发包人管理的过渡，它标志着建设投资成果投入生产或使用，对促进建设项目及时投产或交付使用、发挥投资效果、总结建设经验有着重要的作用。

工业生产项目，须经试生产（投料试车）合格，形成生产能力，能正常生产出产品后，才能进行验收。非工业生产项目，应能正常使用，才能进行验收。

（二）竣工验收的作用

竣工验收的作用如下：

(1) 全面考核建设成果，检查设计、工程质量是否符合要求，确保建设项目按设计要求的各项技术经济指标正常使用。

(2) 通过竣工验收办理固定资产使用手续，可以总结工程建设经验，为提高建设项目的经济效益和管理水平提供重要依据。

(3) 建设项目竣工验收是项目施工阶段的最后一个程序，是建设成果转入生产使用的标志，是审查投资使用是否合理的重要环节。

(4) 建设项目建成投产交付使用后，能否取得良好的宏观效益，需要经过国家权威管理部门按照技术规范、技术标准组织验收确认。通过建设项目验收，国家可以全面考核项目的建设成果，检验建设项目决策、设计、设备制造和管理水平，以及总结建设经验。因此，竣工验收是建设项目转入投产使用的必要环节。

二、竣工验收的条件及依据

（一）竣工验收的条件

(1)《建设工程质量管理条例》规定，建设工程竣工验收应当具备以下条件：

1）完成建设工程设计和合同约定的各项内容，并满足使用要求。

2）有完整的技术档案和施工管理资料。

3）有工程使用的主要建筑材料、建筑构配件和设备的进场试验报告。

4）有勘察、设计、施工、工程监理等单位分别签署的质量合格文件。

5）发包人已按合同约定支付工程款。

6）有承包人签署的工程质量保修书。

7）在建设行政主管部门及工程质量监督部门等有关部门的历次抽查中，责令整改的问题全部整改完毕。

8）工程项目前期审批手续齐全，主体工程、辅助工程和公用设施已按批准的设计文件要求建成。

9）国外引进项目或设备应按合同要求完成负荷调试考核，并达到规定的各项技术经济指标。

10）建设项目基本符合竣工验收标准，但有部分零星工程和少数尾工未按设计规定的内容全部建成，而且不影响正常生产和使用，也应组织竣工验收。对剩余工程应按设计留足投资。

近几年，国家在竣工验收方面对节能有了新的要求。国务院颁布的《民用建筑节能条例》规定：建设单位组织竣工验收，应当对民用建筑是否符合民用建筑节能强制性标准进行查验；对不符合民用建筑节能强制性标准的，不得出具竣工验收合格报告。《民用建筑节能信息公示办法》规定：新建（改建、扩建）和进行节能改造的民用建筑在获得建筑工程施工许可证后30天内至工程竣工验收合格期间，在施工现场要公示建筑节能信息。《公共建筑室内温度控制管理办法》规定：建筑所有权人、使用人或实施改造的单位应采购具有产品合格证和计量检定证书的温度监测和控制设施，并进行调试。改造完成后应进行竣工验收。《建筑节能工程施工验收规范》（GB 50411—2007）中规定建筑节能工程为单位建筑工程的一个分部工程。单位工程竣工验收应在建筑节能分部工程验收合格后进行。

(2)《标准施工招标文件》(2007) 中的合同条款规定：当工程具备以下条件时，承包人即可向监理人报送竣工验收申请报告：

1）除监理人同意列入缺陷责任期内完成的尾工（甩项）工程和缺陷修补工作外，合同范围内的全部单位工程以及有关工作，包括合同要求的试验、试运行以及检验和验收均已完成，并符合合同要求。

2）已按合同约定的内容和份数备齐了符合要求的竣工资料。

3）已按监理人的要求编制了在缺陷责任期内完成的尾工（甩项）工程和缺陷修补工作清单以及相应施工计划。

4）监理人要求在竣工验收前应完成的其他工作。

5）监理人要求提交的竣工验收资料清单。

(二) 竣工验收的依据

建设项目竣工验收的主要依据包括以下几项：

(1) 国家、省、直辖市、自治区和行业行政主管部门颁布的法律、法规，现行的施工技术验收标准及技术规范、质量标准等有关规定。

（2）审批部门批准的可行性研究报告、初步设计、实施方案、施工图纸和设备技术说明书。

（3）施工图设计文件及设计变更洽商记录。

（4）国家颁布的各种标准和现行的施工验收规范。

（5）工程承包合同文件。

（6）技术设备说明书。

（7）建筑安装工程统计规定及主管部门关于工程竣工规定。

（8）从国外引进的新技术和成套设备的项目，以及中外合资建设项目，要按照签订的合同和进口国提供的设计文件等资料进行验收。

（9）利用世界银行等国际金融机构贷款的建设项目，应按世界银行规定，按时编制《项目完成报告》。

三、竣工验收报告的内容

竣工验收报告一般由设计、施工、监理等单位提供单项总结或素材，由建设单位汇总和编制，应包括以下内容：

（1）工程建设概况：包括建设项目及工程概况、建设依据、工程自然条件、建设规模、建设管理情况等。

（2）设计：包括设计概况（设计单位及其分工、设计指导思想等）、设计进度、设计特点、采用的新工艺和新技术、设计效益分析、对设计的评价。

（3）施工：包括施工单位及其分工、施工工期及主要实物工程量、采用的主要施工方案和施工技术、施工质量和工程质量评定、中间交接验收情况和竣工资料汇编、对施工的评价。

（4）试运和生产考核：包括试运组织、方案和试运情况。

（5）生产准备：包括生产准备概况、生产组织机构及人员配备、生产培训制度及规章制度的建立、生产物资准备等。

（6）环境保护：主要包括污染源及其治理措施、环境保护组织及其规章制度的建立等。

（7）劳动生产安全卫生：包括劳动生产安全卫生的概况、劳动生产安全卫生组织及其规章制度的建立等。

（8）消防：包括消防设施的概况、消防组织及其规章制度的建立等。

（9）节能降耗：包括节能降耗的设施及采取的措施的概况、节能降耗规章制度的建立等。

（10）投资执行情况：包括概预算执行情况、竣工决算、经济效益分析和评价。

（11）未完工程、遗留问题及其处理和安排意见。

（12）引进建设项目还应包括合同执行情况及外事工作方面的内容。

（13）工程总评语。

竣工验收委员会（验收组）出具竣工验收报告的内容应包括：项目名称、建设地址、项目类别、建设规模和主要工程量、建设性质、施工单位、工程开工竣工时间、工程质量评定、工程总投资等。其中工程竣工验收意见应侧重于对设计、施工、环境保护、劳动安全卫生、消防等评价；以及对概、预算执行情况，经济效益分析评价，未完工程、遗留问题（工程缺陷及修复、补救措施等）等的处理意见及安排。该报告应由竣工验收委员会（验收组）主任委员、副主任委员、委员共同签署。

竣工验收报告应分章节编写，并附封面。在编写过程中可以根据项目的规模和复杂程度对其内容进行调整和增减。

第二节 竣 工 决 算

一、竣工决算的含义及作用

（一）竣工决算的含义

竣工决算是以实物数量和货币指标为计量单位，综合反映竣工项目从筹建开始到项目竣工交付使用为止的全部建设费用、投资效果和财务情况的总结性文件，是竣工验收报告的重要组成部分。竣工决算是正确核定新增固定资产价值、考核分析投资效果、建立健全经济责任制的依据，是反映建设项目实际造价和投资效果的文件。通过竣工决算，既能够正确反映建设工程的实际造价和投资结果；又可以通过竣工决算与概算、预算的对比分析，考核投资控制的工作成效，为工程建设提供重要的技术经济方面的基础资料，提高未来工程建设的投资效益。

（二）竣工决算的作用

（1）建设项目竣工决算是综合、全面地反映竣工项目建设成果及财务情况的总结性文件。竣工决算采用货币指标、实物数量、建设工期和各种技术经济指标综合、全面地反映建设项目自开始建设到竣工为止的全部建设成果和财物状况。

（2）建设项目竣工决算是办理交付使用资产的依据，也是竣工验收报告的重要组成部分。建设单位与使用单位在办理交付资产的验收交接手续时，通过竣工决算反映了交付使用资产的全部价值，包括固定资产、流动资产、无形资产和其他资产的价值。同时，它还详细提供了交付使用资产的名称、规格、数量、型号和价值等明细资料，是使用单位确定各项新增资产价值并登记入账的依据。

（3）建设项目竣工决算是分析和检查设计概算的执行情况，考核投资效果的依据。竣工决算反映了竣工项目计划、实际的建设规模、建设工期以及设计和实际的生产能力，反映了概算总投资和实际的建设成本，同时还反映了所达到的主要技术经济指标。通过对这些指标计划数、概算数与实际数进行对比分析，不仅可以全面掌握建设项目计划和概算执行情况，而且可以考核建设项目投资效果，为今后制定基建计划、降低建设成本、提高投资效果提供必要的资料。

二、竣工决算的编制依据

竣工决算应依据以下文件、资料编制：

（1）经批准的可行性研究报告或核准（备案）的项目申请报告、初步设计、概算或调整概算等有关资料。

（2）历年的年度基本建设投资计划。

（3）经审核批复的历年年度基本建设财务决算。

（4）编制的施工图预算、承包合同、工程结算等有关资料。

（5）历年有关财产物资、统计、财务会计核算、劳动工资、审计及环境保护等有关资料。

（6）工程质量鉴定、检验等有关文件，以及工程监理有关资料。

（7）施工企业交工报告等有关技术经济资料。

（8）有关建设项目附产品、简易投产、试运营（生产）、重载负荷试车等产生基本建设收入的财务资料。

（9）有关征地拆迁资料（协议）和土地使用权确权证明。

（10）其他有关的重要文件。

三、竣工决算的内容

建设项目竣工决算应包括从筹集到竣工投产全过程的全部实际费用，即包括建筑工程费、安装工程费、设备及工器具购置费及预备费等费用。按照财政部、国家发改委及住房和城乡建设部的有关文件规定，竣工决算是由竣工财务决算说明书、竣工财务决算报表、工程竣工图和工程竣工造价对比分析四部分组成的。其中竣工财务决算说明书和竣工财务决算报表两部分又称为建设项目竣工财务决算，是竣工决算的核心内容。

财政部 2008 年 9 月公布的《关于进一步加强中央基本建设项目竣工财务决算工作的通知》指出，财政部将按规定对中央级大中型项目、国家确定的重点小型项目竣工财务决算的审批实行“先审核、后审批”的办法，即对需“先审核、后审批”的项目，先委托财政投资评审机构或经财政部认可的有资质的中介机构对项目单位编制的竣工财务决算进行审核，再按规定批复项目竣工财务决算。该通知指出，项目建设单位应在项目竣工后 3 个月内完成竣工财务决算的编制工作，并报主管部门审核。主管部门收到竣工财务决算报告后，对于按规定由主管部门审批的项目，应及时审核批复，并报财政部备案；对于按规定报财政部审批的项目，一般应在收到决算报告后 1 个月内完成审核工作，并将经其审核后的决算报告报财政部审批。以前年度已竣工尚未编报竣工财务决算的基建项目，主管部门应督促项目建设单位抓紧编报。此外，主管部门应对项目建设单位报送的项目竣工财务决算认真审核、严格把关。审核的重点内容包括：项目是否按规定程序和权限进行立项、可研和初步设计报批工作；项目建设超标准、超规模、超概算投资等问题审核；项目竣工财务决算金额的正确性审核；项目竣工财务决算资料的完整性审核；项目建设过程中存在主要问题的整改情况审核等。

（一）竣工财务决算说明书

竣工财务决算说明书主要反映竣工工程建设成果和经验，是对竣工决算报表进行分析和补充说明的文件，是全面考核分析工程投资与造价的书面总结，是竣工决算报告的重要组成部分，其内容主要包括以下几方面：

（1）建设项目概况，对工程总的评价。一般从进度、质量、安全和造价方面进行分析说明。进度方面主要说明开工和竣工时间，对照合理工期和要求工期分析是提前还是延期；质量方面主要根据竣工验收委员会或相当一级质量监督部门的验收评定等级、合格率和优良品率；安全方面主要根据劳动工资和施工部门的记录，对有无设备和人身事故进行说明；造价方面主要对照概算造价，说明节约或超支的情况，用金额和百分率进行分析说明。

(2) 资金来源及运用等财务分析。其主要包括工程价款结算、会计账务的处理、财产物资情况及债权债务的清偿情况。

(3) 基本建设收入、投资包干结余、竣工结余资金的上交分配情况。通过对基本建设投资包干情况的分析，说明投资包干数、实际支用数和节约额、投资包干节余的有机构成和包干节余的分配情况。

(4) 各项经济技术指标的分析。概算执行情况分析，根据实际投资完成额与概算进行对比分析；新增生产能力的效益分析，说明支付使用财产占总投资额的比例、占支付使用财产的比例，不增加固定资产的造价占投资总额的比例，分析有机构成和成果。

(5) 工程建设的经验及项目管理和财务管理工作以及竣工财务决算中有待解决的问题。

(6) 需要说明的其他事项。

(二) 竣工财务决算报表

竣工财务决算报表按大、中型建设项目和小型建设项目分别制定。大、中型建设项目的竣工决算报表一般包括大、中型建设项目竣工工程概况表，大、中型建设项目竣工财务决算表，大、中型建设项目交付使用资产总表，以及交付使用资产明细表等。小型建设项目的竣工财务决算报表一般包括建设项目竣工决算总表和交付使用资产明细表两部分。

1. 大、中型建设项目竣工工程概况表

大、中型建设项目竣工工程概况表综合反映大、中型建设项目的基本情况，主要是说明建设项目名称、项目总投资、设计及施工单位、建设地址、占地面积、新增生产能力、建设时间、完成主要工程量、未完工程尚需投资额和主要技术经济指标等，为全面考核和分析投资效果提供依据。其格式如表 11-1 所示。

2. 大、中型建设项目竣工财务决算表

大、中型建设项目竣工财务决算表是反映竣工的大、中型建设项目从开工起到竣工时止的全部资金来源和运用情况的表格。它是考核和分析投资效果、落实节余资金，并作为报告上级核销基本建设支出和基本建设拨款的依据。

3. 大、中型建设项目交付使用资产总表

大、中型建设项目交付使用资产总表是反映建设项目建成后新增固定资产、流动资产、无形资产和递延资产价值的情况和价值，作为财产交接、检查投资计划完成情况和分析投资效果的依据。

(三) 建设工程竣工图

建设工程竣工图是真实地记录各种地上、地下建筑物、构筑物等情况的技术文件，是工程进行交工验收、维护改建和扩建的依据，是国家的重要技术档案。

国家规定，各项新建、扩建、改建的基本建设工程，都要编制竣工图。为确保竣工图质量，必须在施工过程中及时做好隐蔽工程检查记录，整理好设计变更文件。

(四) 工程造价比较分析

对控制工程造价所采取的措施、效果及其动态的变化进行认真的比较对比，总结经验教训。批准的概算是考核建设工程造价的依据。在分析时，可先对比整个项目的总概算，然后将建筑安装工程费、设备及工器具费和其他工程费用逐一与竣工决算表中所提供的实际数据和相关资料及批准的概算、预算指标、实际的工程造价进行对比分析，以确定竣工项目总造价是节约还是超支，并在对比的基础上，总结先进经验，找出节约和超支的内容和原因，提出改进措施。在实际工作中，应主要分析以下内容：

表 11－1　　大、中型建设项目竣工工程概况表

<table>
<tr><td>建设项目（单项工程）名称</td><td colspan="2"></td><td>建设地址</td><td colspan="4"></td></tr>
<tr><td>主要设计单位</td><td colspan="2"></td><td>主要施工企业</td><td colspan="4"></td></tr>
<tr><td rowspan="3">占地面积</td><td rowspan="2">计划</td><td rowspan="2">实际</td><td rowspan="3">总投资（万元）</td><td colspan="2">设计</td><td colspan="2">实际</td></tr>
<tr><td>固定资产</td><td>流动资产</td><td>固定资产</td><td>流动资产</td></tr>
<tr><td></td><td></td><td></td><td></td><td></td><td></td></tr>
<tr><td rowspan="2">新增生产能力</td><td colspan="2">能力（效益）名称</td><td>设计</td><td colspan="4">实际</td></tr>
<tr><td colspan="2"></td><td></td><td colspan="4"></td></tr>
<tr><td rowspan="2">建设起、止时间</td><td colspan="2">设计</td><td colspan="5">从　年　月开工至　年　月竣工</td></tr>
<tr><td colspan="2">实际</td><td colspan="5">从　年　月开工至　年　月竣工</td></tr>
<tr><td>设计概算批准文号</td><td colspan="7"></td></tr>
<tr><td rowspan="3">完成主要工程量</td><td colspan="2">建筑面积（m²）</td><td colspan="5">设　备（台、套、t）</td></tr>
<tr><td>设计</td><td>实际</td><td colspan="2">设计</td><td colspan="3">实际</td></tr>
<tr><td></td><td></td><td colspan="2"></td><td colspan="3"></td></tr>
<tr><td rowspan="2">收尾工程</td><td colspan="2">工程内容</td><td colspan="2">投资额</td><td colspan="3">完成时间</td></tr>
<tr><td colspan="2"></td><td colspan="2"></td><td colspan="3"></td></tr>
</table>

<table>
<tr><td colspan="3">项目</td><td>概算</td><td>实际</td><td rowspan="8">主要指标</td></tr>
<tr><td rowspan="7">基建支出</td><td colspan="2">建筑安装工程</td><td></td><td></td></tr>
<tr><td colspan="2">设备　工具　器具</td><td></td><td></td></tr>
<tr><td colspan="2">待摊投资
其中建设单位管理费</td><td></td><td></td></tr>
<tr><td colspan="2">其他投资</td><td></td><td></td></tr>
<tr><td colspan="2">待核销基建支出</td><td></td><td></td></tr>
<tr><td colspan="2">非经营项目转出投资</td><td></td><td></td></tr>
<tr><td colspan="2">合　计</td><td></td><td></td></tr>
<tr><td rowspan="4">主要材料消耗</td><td>名称</td><td>单位</td><td>概算</td><td>实际</td><td rowspan="4"></td></tr>
<tr><td>钢材</td><td>t</td><td></td><td></td></tr>
<tr><td>木材</td><td>m³</td><td></td><td></td></tr>
<tr><td>水泥</td><td>t</td><td></td><td></td></tr>
<tr><td>主要技术经济指标</td><td colspan="5"></td></tr>
</table>

（1）主要实物工程量。对于实物工程量出入比较大的情况，必须查明原因。

（2）主要材料消耗量。考核主要材料消耗量，要按照竣工决算表中所列明的三大材料实际超概算的消耗量，查明是在工程的哪个环节超出量最大，再进一步查明超耗的原因。

（3）考核建设单位管理费、建筑及安装工程其他直接费、现场经费和间接费的取费标准。建设单位管理费、建筑及安装工程其他直接费、现场经费和间接费的取费标准要按照国家和各地的有关规定，根据竣工决算报表中所列的建设单位管理费与概预算所列的建设单位管理费数额进行比较，依据规定查明是否多列或少列费用项目，确定其节约超支的数额，并查明原因。

四、竣工决算的编制步骤

竣工决算的编制步骤如下：

（1）收集、整理和分析有关依据资料。在编制竣工决算文件之前，应系统地整理所有的技术资料、工料结算的经济文件、施工图纸和各种变更与签证资料，并分析它们的准确性。完整、齐全的资料，是准确而迅速编制竣工决算的必要条件。

（2）清理各项财务、债务和结余物资。在收集、整理和分析有关资料中，要特别注意建设工程从筹建到竣工投产或使用的全部费用的各项账务；债权和债务的清理，做到工程完毕账目清晰，既要核对账目，又要查点库存实物的数量，做到账与物相等，账与账相符，对结余的各种材料、工器具和设备，要逐项清点核实，妥善管理，并按规定及时处理，收回资金。对各种往来款项要及时进行全面清理，为编制竣工决算提供准确的数据和结果。

（3）核实工程变动情况。重新核实各单位工程、单项工程造价，将竣工资料与原设计图纸进行查对、核实，必要时可实地测量，确认实际变更情况；根据经审定的承包人竣工结算等原始资料，按照有关规定对原概、预算进行增减调整，重新核定工程造价。

（4）编制建设工程竣工决算说明。按照建设工程竣工决算说明的内容要求，根据编制依据材料填写在报表中的结果，编写文字说明。

（5）填写竣工决算报表。按照建设工程决算表格中的内容，根据编制依据中的有关资料进行统计或计算各个项目和数量，并将其结果填到相应表格的栏目内，完成所有报表的填写。

（6）做好工程造价对比分析。

（7）清理、装订好竣工图。

（8）上报主管部门审查存档。

将上述编写的文字说明和填写的表格经核对无误，装订成册，即为建设工程竣工决算文件。将其上报主管部门审查，并把其中财务成本部分送交开户银行签证。竣工决算在上报主管部门的同时，抄送有关设计单位。大、中型建设项目的竣工决算还应抄送财政部、建设银行总行及省、市、自治区的财政局和建设银行分行各一份。建设工程竣工决算的文件，由建设单位负责组织人员编写，在竣工建设项目办理验收使用1个月之内完成。

五、单项工程竣工决算

建设项目全部建成验收后应及时编制竣工决算。但对工期长、单项工程多的大型或特大型建设项目，可分期分批地对具有独立生产能力的单项工程办理单项工程竣工决算并向使用单位移交。单项工程竣工决算是建设项目竣工决算的组成部分，在建设项目全部竣工并经初步验收后，应当及时汇总编制建设项目总决算。

单项工程决算文件由以下几部分组成：

（1）工程竣工资料：包括竣工图、各类签证、核定单、工程量增补单、设计变更通知等。

（2）工程决算说明：包括各类设备材料清单、价格一览表、编制依据、工程调整情况及其原因、决算表。

（3）工程决算汇总表：包括各单位工程决算造价、技术经济指标。

（4）各单位工程决算表：包括决算计算分析表。

（5）各种费用汇总表：包括赔偿金及其他各种已经发生的费用。

第三节　缺陷责任和保修

一、工程质量保证金的含义

建设工程质量保证金是指发包人与承包人在建设工程承包合同中约定，从应付的工程款中预留，用以保证承包人在缺陷责任期内对建设工程出现的缺陷进行维修的资金。缺陷是指建设工程质量不符合工程建设强制标准、设计文件，以及承包合同的约定。缺陷责任期一般为 6 个月、12 个月或 24 个月，具体可由发、承包双方在合同中约定。

《建设工程施工合同（示范文本）》（GF—2013—0201）通用条款对缺陷责任和保修作了规定。

二、工程保修原则

在工程移交发包人后，因承包人原因产生的质量缺陷，承包人应承担质量缺陷责任和保修义务。缺陷责任期届满，承包人仍应按合同约定的工程各部位保修年限承担保修义务。

三、缺陷责任期

（1）缺陷责任期自实际竣工日期起计算，合同当事人应在专用合同条款约定缺陷责任期的具体期限，但该期限最长不超过 24 个月。

单位工程先于全部工程进行验收，经验收合格并交付使用的，该单位工程缺陷责任期自单位工程验收合格之日起算。因发包人原因导致工程无法按合同约定期限进行竣工验收的，缺陷责任期自承包人提交竣工验收申请报告之日起开始计算；发包人未经竣工验收擅自使用工程的，缺陷责任期自工程转移占有之日起开始计算。

（2）工程竣工验收合格后，因承包人原因导致的缺陷或损坏致使工程、单位工程或某项主要设备不能按原定目的使用的，则发包人有权要求承包人延长缺陷责任期，并应在原缺陷责任期届满前发出延长通知，但缺陷责任期最长不能超过 24 个月。

（3）任何一项缺陷或损坏修复后，经检查证明其影响了工程或工程设备的使用性能，承包人应重新进行合同约定的试验和试运行，试验和试运行的全部费用应由责任方承担。

（4）除专用合同条款另有约定外，承包人应于缺陷责任期届满后 7 天内向发包人发出缺陷责任期届满通知，发包人应在收到缺陷责任期满通知后 14 天内核实承包人是否履行缺陷修复义务，承包人未能履行缺陷修复义务的，发包人有权扣除相应金额的维修费用。发包人应在收到缺陷责任期届满通知后 14 天内，向承包人颁发缺陷责任期终止证书。

四、质量保证金的方式、扣留和退还

经合同当事人协商一致扣留质量保证金的，应在专用合同条款中予以明确。

（一）承包人提供质量保证金的方式

承包人提供质量保证金有以下三种方式：

（1）质量保证金保函。

（2）相应比例的工程款。

（3）双方约定的其他方式。

除专用合同条款另有约定外，质量保证金原则上采用上述第（1）种方式。

（二）质量保证金的扣留

质量保证金的扣留有以下三种方式：

(1) 在支付工程进度款时逐次扣留，在此情形下，质量保证金的计算基数不包括预付款的支付、扣回以及价格调整的金额。

(2) 工程竣工结算时一次性扣留质量保证金。

(3) 双方约定的其他扣留方式。

除专用合同条款另有约定外，质量保证金的扣留原则上采用上述第 (1) 种方式。

发包人累计扣留的质量保证金不得超过结算合同价格的 5%，如承包人在发包人签发竣工付款证书后 28 天内提交质量保证金保函，发包人应同时退还扣留的作为质量保证金的工程价款。

（三）质量保证金的退还

发包人应按 14.4 款（最终结清）的约定退还质量保证金。

五、保修

（一）保修责任

工程保修期从工程竣工验收合格之日起算，具体分部分项工程的保修期由合同当事人在专用合同条款中约定，但不得低于法定最低保修年限。在工程保修期内，承包人应当根据有关法律规定以及合同约定承担保修责任。

发包人未经竣工验收擅自使用工程的，保修期自转移占有之日起算。

（二）修复费用

保修期内，修复的费用按照以下约定处理：

(1) 保修期内，因承包人原因造成工程的缺陷、损坏，承包人应负责修复，并承担修复的费用以及因工程的缺陷、损坏造成的人身伤害和财产损失。

(2) 保修期内，因发包人使用不当造成工程的缺陷、损坏，可以委托承包人修复，但发包人应承担修复的费用，并支付承包人合理利润。

(3) 因其他原因造成工程的缺陷、损坏，可以委托承包人修复，发包人应承担修复的费用，并支付承包人合理的利润，因工程的缺陷、损坏造成的人身伤害和财产损失由责任方承担。

（三）未能修复的责任

因承包人原因造成工程的缺陷或损坏，承包人拒绝维修或未能在合理期限内修复缺陷或损坏，且经发包人书面催告后仍未修复的，发包人有权自行修复或委托第三方修复，所需费用由承包人承担。但修复范围超出缺陷或损坏范围的，超出范围部分的修复费用由发包人承担。

第十二章　国外工程造价计价

第一节　概　　述

一、世界银行工程造价的构成

（一）项目直接建设成本

项目直接建设成本包括以下内容：

（1）土地征购费。

（2）场外设施费用，如道路、码头、桥梁、机场和输电线路等设施费用。

（3）场地费用，指用于场地准备、厂区道路、铁路、围栏和场内设施等的建设费用。

（4）工艺设备费，指主要设备、辅助设备及零配件的购置费用，包括海运包装费用交货港离岸价，但不包括税金。

（5）设备安装费，指设备供应商的监理费用，本国劳务及工资费用，辅助材料、施工设备、消耗品和工具等费用，以及安装承包商的管理费和利润等。

（6）管道系统费用，指与系统的材料及劳务相关的全部费用。

（7）电气设备费，其内容与第（4）项相似。

（8）电气安装费，指设备供应商的监理费用，本国劳务与工资费用，辅助材料、电缆、管道和工具费用，以及营造承包商的管理费和利润。

（9）仪器仪表费，指所有自动仪表、控制板、配线和辅助材料的费用以及供应商的监理费用，外国或本国劳务及工资费用，承包商的管理费和利润。

（10）机械的绝缘和油漆费，指与机械及管道的绝缘和油漆相关的全部费用。

（11）工艺建筑费，指原材料、劳务费以及与基础、建筑结构、屋顶、内外装修和公共设施有关的全部费用。

（12）服务性建筑费用，其内容与第（11）项相似。

（13）工厂普通公共设施费，包括材料和劳务费以及与供水、燃料供应、通风、蒸汽发生及分配、下水道、污物处理等公共设施有关的费用。

（14）车辆费，指工艺操作必需的机动设备零件费用，包括海运包装费用以及交货港的离岸价，但不包括税金。

（15）其他当地费用，指那些不能归类于以上任何一个项目，不能计入项目的间接成本，但在建设期间又是必不可少的当地费用，如临时设备、临时公共设施及场地的维持费，营地设施及其管理、建筑保险和债券、杂项开支等费用。

（二）项目间接建设成本

项目间接建设成本包括以下内容：

（1）项目管理费：

1）总部人员的薪金和福利费，以及用于初步详细工程设计、采购、时间和成本控制、行政和其他一般管理的费用。

2）施工管理现场人员的薪金、福利费和用于施工现场监督、质量保证、现场采购、时间及成本控制、行政及其他施工管理机构的费用。

3）零星杂项费用，如返工、旅行、生活津贴和业务支出等。

4）各种酬金。

(2) 开工试车费，指下厂投料试车必需的劳务和材料费用（项目直接成本包括项目完工后的试车和空运转费用）。

(3) 业主的行政性费用，指业主的项目管理人员费用及支出（其中某些费用必须排除在外，并在“估算基础”中详细说明）。

(4) 生产前费用，指前期研究、勘测、建矿、采矿等费用（其中一些费用必须排除在外，并在“估算基础”中详细说明）。

(5) 运费和保险费，指海运、国内运输、许可证及佣金、海洋保险和综合保险等费用。

(6) 地方税，指地方关税、地方税及对特殊项目征收的税金。

(三) 应急费

应急费包括以下内容：

(1) 未明确项目的准备金：用于在估算时不可能明确的潜在项目，包括那些在做成本估算时因为缺乏完整、准确和详细的资料而不能完全预见和不能注明的项目，并且这些项目是必须完成的，或它们的费用是必定要发生的。在每一个组成部分中均单独以一定的百分比确定，并作为估算的一个项目单独列出。该项准备金不是为了支付工作范围以外可能增加的项目，不是用以应付天灾、非正常经济情况及罢工等情况，也不是用来补偿估算的任何误差，而是用来支付那些几乎可以肯定要发生的费用。因此，它是估算不可缺少的一个组成部分。

(2) 不可预见准备金：（在未明确项目准备金之外）用于在估算达到了一定的完整性并符合技术标准的基础上，由于物质、社会和经济的变化，导致估算增加的情况。该种情况可能发生，也可能不发生。因此，不可预见准备金只是一种储备，可能不动用。

(四) 建设成本上升费用

通常，估算中使用的构成工资率、材料和设备价格基础的截止日期就是“估算日期”。必须对该日期或已知成本基础进行调整，以补偿直至工程结束时的未知价格增长。

工程的各个主要组成部分（国内劳务和相关成本、本国材料、外国材料、本国设备、外国设备、项目管理机构）的细目划分决定以后，便可确定每一个主要组成部分的增长率。这个增长率是一项判断因素，它以已发表的国内和国际成本指数、公司记录等为依据，并与实际供应商进行核对，然后根据确定的增长率和从工程进度表中获得的每项活动的中点值，计算出每项主要组成部分的成本上升值。

二、国外工程造价管理的特点

分析国外的工程造价管理，其特点主要体现在以下几个方面。

(一) 政府的间接调控

在国外，按项目投资来源渠道的不同，一般可划分为政府投资项目和私人投资项目。

政府对建设工程造价的管理，主要采用间接手段，对政府投资项目和私人投资项目实施不同力度和深度的管理，重点控制政府投资项目。例如，英国对政府投资项目采取集中管理的办法，按政府的有关面积标准、造价指标，在核定的投资范围内进行方案设计、施工设计，实行目标控制，不得突破。遇到非正常因素非突破不可时，宁可在保证使用功能的前提下降低标准，也要将投资控制在额度范围内。美国对政府投资项目则采用两种方式：一是由政府设专门机构对工程进行直接管理，美国各地方政府、州政府、联邦政府都设有相应的管理机构，如纽约市政府的综合开发部（DGS)、华盛顿政府的综合开发局（GSA）等都是代表各级政府专门负责管理建设工程的机构；二是通过公开招标委托承包商进行管理，美国在法律规定所有的政府投资项目都要采用公开招标，特定情况下（涉及国防、军事机密等）可邀请招标和议标，但对项目的审批权限、技术标准（规范)、价格和指数都作出特定规定，确保项目资金不突破审批的金额。而对于私人投资项目，国外先进的工程造价管理一般都是对各项目的具体实施过程不加干预，只进行政策引导和信息指导，由市场经济规律调节，体现政府对造价的宏观管理和间接调控。美国政府对私人工程项目投资方向的控制有一套完整的项目或产品目录，明确规定私人投资者应在哪些领域投资，应将资金投放在哪些行业上。政府鼓励私人投资投放在哪些方面，所采取的手段是使用经济杠杆，如价格、税收、利率、信息指导和城市规划等来引导和约束私人投资方向和区域分布。政府通过定期发布信息资料，使私人投资者了解市场状况，尽可能使投资项目符合经济发展的需要。

（二）有章可循的计价依据

从国外造价管理来看，一定的造价依据仍然是不可缺少的。美国对于工程造价计价的标准不由政府部门组织制定，没有统一的造价计价依据和标准。定额、指标和费用标准等，一般是由各个大型的工程咨询公司制定。各地的咨询机构，根据地区的具体特点，制定单位建筑面积的消耗量和基价，作为所管辖项目的造价估算的标准。此外，美国联邦政府、州政府和地方政府也根据各自积累的工程造价资料，并参考各工程咨询公司有关造价的资料，对各自管辖的政府工程项目制定相应的计价标准，作为项目费用估算的依据。英国工程量计算规则是参与工程建设各方共同遵守的计量、计价的基本规则，现行的《建筑工程量标准计算规则》（SMM7）是皇家特许测量师学会组织制定并为各方共同认可的，在英国使用最为广泛。此外，还有《土木工程工程量计算规则》等。英国政府投资的工程从确定投资和控制工程项目规模及计价的需要出发，各部门大都制定了经财政部门认可的各种建设标准和造价指标，如政府办公楼人均面积标准（m^2/人及镑/m^2），这些标准和指标均作为各部门向国家申报投资、控制规划设计、确定工程项目规模和投资的基础，也是审批立项、确定规模和造价限额的依据。在英国十分重视已完工数据资料的积累和数据库的建设。每个皇家特许测量师学会会员都有责任和义务将自己经办的已完工程的数据资料按照规定的格式认真填报，收入学会数据库，同时也即取得利用数据库资料的权利。计算机实行全国联网，所有会员资料共享。这些不仅为测算各类工程的造价指数提供基础，同时也为工程在没有设计图纸及资料的情况下，提供类似工程造价资料和信息参考。在英国，对工程造价的调整及价格指数的测定、发布等有一整套比较科学、严密的办法，政府部门发布《工程调整规定》和《价格指数说明》等文件。

（三）多渠道的工程造价信息

及时、准确地捕捉建筑市场价格信息是业主和承包商保持竞争优势和取得盈利的关键。造价信息是建筑产品估价和结算的重要依据，是建筑市场价格变化的指示灯。在美国，建筑造价指数一般由一些咨询机构和新闻媒介来编制，在多种造价信息来源中，《工程新闻记录》（Engineering－News－Record，简称为ENR）造价指标是比较重要的一种。编制ENR造价指数的目的是为了准确地预测建筑价格，确定工程造价。它是一个加权总指数，由构件钢材、波特兰水泥、木材和普通劳动力四种个体指数组成。ENR共编制两种造价指数，一种是建筑造价指数，另一种是房屋造价指数，这两个指数在计算方法上基本相同，区别仅体现在计算总指数中的劳动力要素不同。ENR指数资料来源于20个美国城市和2个加拿大城市，ENR在这些城市中派有信息员，专门负责收集价格资料和信息。ENR总部则将这些信息员收集到的价格信息和数据汇总，并在每周的星期四计算并发布最近的造价指数。

（四）造价工程师的动态估价

在英国，业主对工程的估价一般要委托工料测量师行来完成。工料测量师行的估价大体上是按比较法和系数法进行，经过长期的估价实践，他们都拥有极为丰富的工程造价实例资料，甚至建立了工程造价数据库，对于标书中所列出的每一项目价格的确定都有自己的标准。在估价时，工料测量师行将不同设计阶段提供的拟建工程项目资料与以往同类工程项目对比，结合当前建筑市场行情，确定项目单价，未能计算的项目（或没有对比对象的项目），则以其他建筑物的造价分析得来的资料补充。承包商在投标时的估价一般要凭自己的经验来完成，往往把投标工程划分为各分部工程，根据本企业定额计算出所需人工、材料和机械等的耗用量，而人工单价主要根据各工头的报价，材料单价主要根据各材料供应商的报价加以比较确定，承包商根据建筑市场供求情况随行就市，自行确定管理费率，最后作出体现当时当地实际价格的工程报价。总之，工程任何一方的估价，都是以市场状况为重要依据，是完全意义的动态估价。在美国，工程造价的估算主要由设计部门或专业估价公司来承担，造价估算师在具体编制工程造价估算时，除了考虑工程项目本身的特征因素（如项目采用的独特工艺和新技术、项目管理方式、现有场地条件以及资源获得的难易程度等）外，一般还对项目进行较为详细的风险分析，以确定适度的预备费。但确定工程预备费的比例并不固定，因项目风险程度大小而不同，对于风险较大的项目，预备费的比例较高，反之较小：造价估算师通过掌握不同的预备费率来调节造价估算的总体水平。

美国工程造价估算中的人工费由基本工资和工资附加两部分组成。其中，工资附加项目包括管理费、保险金、劳动保护金、退休金和税金等。估算中的人工费是基本工资加工资附加总额。至于材料费和机械使用费均以现行的市场行情或市场租赁价作为造价估算的基础，并在人工费、材料费和机械使用费总额的基础上按照一定的比例（一般为10%左右）再计提管理费和利润。

考虑到工程造价管理的动态性，美国造价估算也允许有一定的误差范围。目前在造价估算中允许的误差幅度一般为：可行性研究阶段估算－20%～＋30%；初步设计阶段估算－10%～＋15%；施工图设计阶段估算－5%～＋10%。对造价估算规定一定的误差范围，有利于有效控制工程造价。

总之，美国在编制造价估算方面的工作做得细致具体，而且考虑了动态因素对造价估算的影响。这种实事求是地确定工程造价的做法是值得我们借鉴和学习的。我国工程造价的确定和编制主要是由国家有关部门确定计价定额、规定费用构成和颁布价格及费率来完成的，工程设计部门在编制造价方面的主动性、创造性不高，责任感不强，他们只注重套定额指标，造价估算编制基本上属于静态管理，显然，造价估算的结果难以反映造价变化的客观事实。

（五）通用的合同文本

作为各方签订的契约，合同在国外工程造价管理中有着重要的地位，对双方都具有约束力，对于各方利益与义务的实现都有重要的意义。因此，国外都把严格按合同规定办事作为一项通用的准则来执行，并且有的国家还实行通用的合同文本。在英国，其建筑合同制度已有几百年的历史，有着丰富的内容和庞大的体系。澳大利亚、新加坡和中国香港地区的建筑合同制度都始于英国，著名的国际咨询工程师联合会 FIDIC 合同文件，也以英国的一种文件作为母本。英国有着一套完整的标准建筑合同体系，包括 JCT（Join Contract Tribunal，联合合同化）合同系列、ACA（咨询顾问建筑师协会）合同系列、ICE（土木工程师学会）合同系列、皇家政府合同系列。JCT 合同系列是英国的主要合同体系，主要通用于房屋建筑工程。ICE 合同系列本身又是一个系统的合同文件体系，它针对房屋建筑中不同的工程规模、性质、建造条件，提供各种不同的文本，供建设人员在发包和采购时选择。其内容由三部分组成，即协议书条款、合同条件和附录。

（六）重视实施过程中的造价控制

国外对工程造价的管理是以市场为中心的动态控制。造价工程师能对造价计划执行中所出现的问题及时分析研究，及时采取纠正措施。这种强调项目实施过程中的造价管理的做法，体现造价控制的动态性，并且重视造价管理所具有的随环境、工作的进行以及价格等变化而调整造价控制标准和控制方法的动态特征。以美国为例，造价工程师十分重视工程项目具体实施过程中的控制和管理，对工作预算执行情况的检查和分析工作做得非常细致，对于建设工程的各分部分项工程都有详细的成本计划，美国的建筑承包商是以各分部分项工程的成本详细计划为依据来检查工程造价计划的执行情况。对于工程实施阶段实际成本与计划目标出现偏差的工程项目，首先按照一定标准筛选成本差异，然后进行重要成本差异分析，并填写成本差异分析报告表，由此反映出造成此项差异的原因、此项成本差异对项目其他成本项目的影响、拟采取的纠正措施以及实施这些措施的时间、负责人及所需条件等。对于采取措施的成本项目，每月还应跟踪检查采取措施后费用的变化情况。如若采取的措施不能消除成本差异，则需重新进行此项成本差异的分析，再提出新的纠正措施，如果仍不奏效，造价控制项目经理则有必要重新审定项目的竣工决算。而且，美国一些大的工程公司，重视工程变更的管理工作，建立了较为详细的工程变更制度，可随时根据各种变化了的情况及时提出变更，修改造价估算。美国工程造价的动态控制还体现在造价信息的反馈系统。各微观造价管理单位十分注意收集在造价管理各个阶段上的造价资料，并把向有关行业提出造价信息资料视为一种应尽的义务，不仅注意收集造价资料，也派出调查员实地调查，以事实为依据。这种造价控制反馈系统使动态控制以事实为依据，保证了造价管理的科学性。

第二节 英国QS制度下的工程量清单计价

一、基本情况

英国传统的建筑工程计价模式下，一般情况都在招标时附带由业主委托工料测量师（quantity surveyor）编制的工程量清单，其工程量按照《建筑工程量标准计算规则》（Standard Method of Measurement of Building Works，简称为SMM）规定进行编制、汇总构成工程量清单，工程量清单通常按分部分项工程划分，工程量清单的粗细程度主要取决于设计深度，与图纸相对应，也与合同形式有关，在初步设计阶段，工料测量师根据初步设计图纸编制工程量表；在详细的技术设计阶段（施工图设计阶段），工料测量师编制最终工程量表。在工程招投标阶段，工程量清单是为投标者提供一个共同竞争性投标报价的基础；工程量清单中的单价或价格是施工过程中支付工程进度款的依据；此外，当有工程变更时，其单价或价格也是合同价格调整或索赔的重要参考资料。承包商的估价师参照工程量清单进行成本要素分析，根据其以前的经验，并收集市场信息资料、分发咨询单、回收相应厂商及分包商报价，对每一项工程都添入单价，以及单价与工程量相乘后的金额，其中包括人工、材料、机械设备、分包工程、临时工程、管理费和利润。所有分项工程费用之和，再加上开办费、基本费用项目（这里指投标费、保证金、保险、税金等）和指定分包工程费，构成工程总造价，一般也是承包商的投标报价。在施工期间，每个分项工程都要计量实际完成的工程量，并按承包商报价计费。增加的工程需要重新报价，或者按类似的现行单价重新估算。

二、QS制度下工程量清单计价的基本依据

英国皇家特许测量师学会（RICS）于1922年出版了第1版的《建筑工程量标准计算规则》（SMM）；后经几次修订出版，于1988年7月1日正式使用其第7版（以下简称为SMM7），并在英联邦国家中广泛使用。

SMM7为工程量清单的编制提供了最基本的依据。SMM7将工程量的计算划分为23个部分，正是基于这样的划分原则，才能完成工程量清单中的分部分项工程的划分，基于这种分部分项工程的划分，业主才能编制出可用于各阶段造价计算和招投标阶段竞争性投标报价的工程量清单，承包商才可能按照自己的工作经验和市场行情编制合理的投标报价。因此，可以说SMM7是工程量清单计价模式的核心和基础。

三、QS制度下工程量清单的构成

工程量清单的主要作用是为参加竞标者提供一个平等的报价基础。它提供了精确的工程量和质量要求，让每一个参与投标的承包商分别报价。工程量清单通常被认为是合同文件的一部分。传统上，合同条款、图纸及技术规范应与工程量清单同时由发包方提供，清单中的任何错误都允许在今后修改。因而在报价时承包商可以不对工程量进行复核，这样可以减少投标的准备时间。编写工程量清单时要把有关项目写全，最好将所有工程量清单采用的图纸号也在相应的条目说明的地方注明，以方便承包商报价。工程量清单一般由下述部分构成。

（一）开办费

本部分需说明参加工程的各方名称、工程地点、工程范围、可以使用的合同形式和其他相关情况，使参加投标的承包商对工程的情况有一个概括的了解。在 SMM7 中列出了开办费包括的常规项目，开办费中还应包括临时设施费用，如临时用水、临时用电、临时道路交通费，现场住所费，围墙费，工程的保护与清理费等，工程测量是根据工程特点选择费用项目，组成开办费。

（二）分部工程概要

在每一个分部工程或每一个工种项目开始前，有一个分部工程概要，包括对人工、材料的要求和质量检查的具体内容。

（三）工程量

工程量部分在工程量清单中占的比重最大，它把整个工程的分项工程的工程量都集中在一起。

（四）暂定金额和基本成本

1. 暂定金额

根据 SMM7 的规定，工程量清单应该完整、精确地描述工程项目的质量和数量。如果设计尚未全部完成，承包商不能精确地描述某些分部工程，应给出项目名称，以暂定金额编入工程量清单。在 SMM7 中有两种形式的暂定金额：确定项目暂定金额和不确定项目暂定金额。

2. 不可预见费

有时在一些难以预测的工程中，如地质情况较为复杂的工程中，不可预见费可以作为暂定金额编入工程量清单中，也可以单独列入工程量清单中。在 SMM7 中没有提及这笔费用，但在实际工程运作当中却经常使用。

3. 基本成本

在工程中约定指定分包商或供货商提供材料时，他们的投标中标价应以基本成本的形式编入工程量清单中。如果分包商是政府机构，如国家电力局、煤气公司等，该工程款应以暂定金额表示。由于分包工程款内容范围与工程使用的合同形式有关，所以 SMM7 未对其范围作规定。

（五）汇总

为了便于投标者整理报价的内容，比较简单的方法是在工程量清单的每一页的最后做一个累加，然后在每一分部的最后做一个汇总。在工程量清单的最后把前面各个分部的名称和金额都集中在一起，得到项目投标价。

四、QS 制度下工程量清单的编制方法

英国工程量清单的编制方法一般有三种：传统式、改进式和纸条分类法。其中传统式的工程量清单编制方法主要包括下述几个步骤。

（一）工程量计算

英国工程量计算按照 SMM7 的计算原理和规则进行。SMM7 将建筑工程划分为地下结构工程、钢结构工程、混凝土工程、门窗工程、楼梯工程、屋面工程和粉刷工程等分部分项工程，就每一部分分别列明具体的计算方法和程序。工程量清单根据图纸编制，清单的每一项中都对要实施的工程写出简要文字说明，并注上相应的工程量。

（二）算术计算

算术计算过程即把计算纸上的延长米、m^2、m^3 工程量结果计算出来。实际工程中由专门的工程量计算员来完成，在算术计算前，应先核对所有的初步计算，如有任何错误应及时通知工程量计算员。在算术计算后再另行安排人员核对，以确保计算结果的准确性。

（三）抄录工作

抄录工作包括把计算纸上的工程量计算结果和项目描述抄录到专门的纸上。各个项目按照一定的顺序以工种操作顺序或其他方式合并整理。在同一分部中，先抄 m^3 项目，再抄 m^2 项目和延长米项目；从下部的工程项目到上部的项目；水平方向在先，斜面和垂直的在后等。抄录完毕后有另外的工作人员核对，一个分部结束应换新的抄录纸重新开始。

（四）项目工程量的增加或减少

项目工程量的增加或减少是计算抄录每个项目最终工程量的过程。由于工程量计算的整体性，一个项目可能在不同的时间和分部中计算，例如，墙身工程中计算墙身不扣除门窗洞口，而在计算门窗工程时才扣去该部分工程量。因此，需要把工程量中增加或减少的所有项目计算出来，得到项目的最终工程量。该工程量应该是该项工程项目精确的工程量。无论计算是采用何种方法，结果应该是相同的或近似的。

（五）编制工程量清单

先起草工程量清单，把计算结果、项目描述按清单的要求抄录在清单纸上。在检查了所有的编号、工程量和项目描述并确认无误后，交由资深的工料测量师来进行编辑，使之成为最后的清单形式。在编辑时应考虑每个标题、句子、分部工程概要、项目描述等的形式和用词，使清单更为清晰易懂。

（六）打印装订

资深工料测量师修改编辑完毕后由打字员打印完成并装上封面成册。

第三节　SMM7 建筑工程工程量计算规则及计算方法

SMM7 将建筑工程划分为地下结构工程、钢结构工程、混凝土工程、门窗工程、楼梯工程、屋面工程和粉刷工程等分部分项工程，就每一部分分别列明了具体的计算规则和计算方法。

一、地下结构工程

（一）场地准备

1. 表土去除

新建工程建造在自然土上时，需要单独立一个项目，项目单位为 m^2，项目内容为保存去除的表土草皮并在工程结束后回填。工程量按基础建筑面积计算。如果场地太小需要场外堆放，还要设立一个 m^3 项目计算表土外运的工程量，并在项目描述中写明堆放地点。基础的开挖，包括条形基础、片筏基础的开挖，都从这一标高开始。如果场地内有混凝土道路要破除，应再立两个项目：一个项目为破除现有硬面道路，项目单位为 m^2，项目描述中说明道路的厚度；另一个项目为破除材料的外运，项目单位为 m^3。

2. 场地平整

为了达到平均地面标高，通常场地的一部分要铲去，而另一部分则需填平。平均地面标高的挖填工程量计算完毕后才能计算基础开挖工程量。

(二) 土方工程

1. 开挖

开挖工程量的计算不考虑土体开挖后的膨胀因素，按基坑尺寸计算，膨胀因素由承包商在报价时考虑。

(1) 条形基础的开挖。条形基础地槽开挖工程量为地槽的长乘以宽再乘以高。一般条形基础分成外墙下条形基础和内墙下条形基础两个部分。

1) 外墙下条形基础：外墙下条形基础土方开挖工程量的计算方法是算出条形基础的中心线长度和宽度。

2) 内墙下条形基础：内墙下条形基础开挖工程量亦是地槽的长乘以宽再乘以高。但要注意，这里的地槽长度不是取地槽的中心线长度，而是地槽的净长度。

此外，根据 SMM7 的规定，所有基础的开挖面若低于现有地面标高以下 250mm，在项目描述中应注明开挖面的初始标高。

(2) 地下室基础的开挖。地下室基础的开挖一般从表土底部或场地平整后的标高到地下室底板下。如果只有部分建筑有地下室基础，那么先按全部为地下室基础计算，然后再作调整，这样会比较简单一些。如果地下室基础下还有条形基础，条形基础的开挖再从地下室底面开始。

(3) 独立基础的开挖。独立基础的开挖与条形基础和地下室基础一样，以 m^3 计算，工程量为独立基础地坑实体积，并在项目描述中说明独立基础的个数。

(4) 开挖的额外项目。如果开挖面或部分开挖工程在地下水位下，应再立一个额外项目，单位为 m^3，工程量为地下水位下的开挖工程量，不分开挖深度和基础类型。

2. 土方回填和外运

基础工程结束后需要土方回填，开挖大于回填的那部分土方则需要外运（假设回填的材料与开挖得到的材料相同）。一般为了计算简便，回填工程量总是和外运工程量一同计算的。

计算土方外运前必须确定现场是否能够堆放，若不能堆放就需全部外运。全部外运的工程量即为开挖的工程量。如果开挖出来的土方中有部分要回填，部分外运，则在计算了开挖工程后，同时再计算一个回填项目，工程量与开挖工程量相同。实际回填工程量在计算了混凝土和砖墙工程后再作调整。

(三) 土壁支撑

在开挖深度大于 0.25m 或土壁面与水平面角度大于 45°时，应该计算土壁支撑。承包商是否确实在施工过程进行支撑由承包商自行决定。但是，一旦由于承包商未进行支撑而引起塌方，将由承包商负全部责任。

土壁支撑以 m^2 计算，工程量为所有需要支撑的土壁的表面积。项目描述中应说明开挖的深度和相对开挖面的距离。SMM7 把相对开挖面的距离分成 2m 以内、2～4m 和 4m 以上三类。不同的类别采用不同的支撑方法，支撑价格亦不同。开挖深度小于 0.25m 时，不需要支撑。

（四）工作空间

在计算地下室基础工程量时必须考虑到采用何种防水方法以及如何施工。如果要在外墙面外铺设防水层，那么根据 SMM7 的 D20.6 规则规定，开挖面距外墙外小于 600mm 时应计算工作空间。

工作空间以 m^2 计算，工程量为整个工作面的长度乘以工作面的高度。工作面高度是指开挖面到防水层底部的距离。

除了铺设防水层外，地坪以下的混凝土墙和地梁等施工时需要模板或要砌筑保护墙时，都需要考虑工作空间。计算方法与防水层工作空间的方法一样。

（五）混凝土基础

混凝土工程主要由三个部分组成：混凝土、钢筋、模板。SMM7 规定混凝土、钢筋、模板要分别计算。如果建筑师指定钢筋由专业分包商提供，则不必计算钢筋数量，只需在工程量清单中加入分包商的报价。

1. 混凝土

混凝土基础和地梁按实体积计算，单位为 m^3。混凝土工程量中不扣除钢筋和小于 $0.05m^3$ 的洞口。项目描述中应说明是素混凝土还是钢筋混凝土，浇捣基层是土还是三合土。素混凝土的计算方法和钢筋混凝土一样，只是钢筋混凝土中的骨料要比素混凝土中的要细。

混凝土底板、垫层和柱基底座均按混凝土板计算，除了在项目描述中说明有无钢筋和浇捣基层外，还应说明板的厚度，SMM7 中的板的厚度分为小于 150mm、150～450mm 和大于 450mm 三种。

条形基础和独立基础一般套用混凝土基础项目。计算条形基础开挖工程量时的中心线长度和宽度可以用来计算条形基础的混凝土工程量，厚度则按设计要求。地下室基础一般套用混凝土板和墙身项目（墙身工程量的计算在墙身工程中说明）。计算时先算出地下室基础的中心线，再计算外包线周长会更容易。

2. 钢筋

钢筋以重量计算，项目单位为 t。采用钢筋网配筋时以 m^2 计算。

浇捣钢筋混凝土基础时，基础底部通常需要 50～70mm 的垫层。这样的垫层在图纸上是不表示出来的，估价师应该向建筑师或者结构工程师询问是否需要。如果需要，应在混凝土工程中计算。

SMM7 规定钢筋的重量包括钢筋弯头和弯钩的重量。钢筋分成水平钢筋和插筋。水平钢筋指与水平面的角度小于 300°的钢筋。小于 12m 的钢筋要单独计算，并按 12～15m、15～18m 以此类推分别计算。如没有特别要求，应该考虑搭接长度。受拉钢筋的搭接长度至少是钢筋直径的 25 倍加 150mm，扭转钢筋和变形钢筋另行计算。插筋是指与垂直面的角度不超过 300°的钢筋。小于 6m 的钢筋单独计算，并按 6～9m、9～12m 以此类推分别计算。实际计算时混凝土的长度可以用来计算钢筋的长度，但必须减去两边的混凝土保护层厚度。

钢筋网配筋以 m^2 计算，一般配于混凝土的上部，其宽度应该相同。倾斜部分、弯曲和穿绕等都包括在内，不另行计算。

3. 模板

素混凝土基础工程不需计算模板工程量。钢筋混凝土基础工程的模板计算分成两大部分：钢筋混凝土基础边模和钢筋混凝土地梁、底板边模。无论何种基础形式，条形基础或独立基础都可套用钢筋混凝土基础。钢筋混凝土基础边模和地梁、底板边模高度大于1m时，按模板面积以m^2计算；当小于或等于1m时，按模板长度以延长米计算，高度划分成三类：小于250mm、250～500mm、500～1000mm，并且在项目描述中说明该模板为临时性模板还是永久性模板。

(六) 桩基础

在计算桩基础前，业主必须提供桩平面图、不同类型桩的分布图、工地现有建筑和工程位置图、与相邻建筑的关系图等。此外，还需提供有关土质或者地质勘察、地状报告，以便能够精确地估价。

桩基础一般分成板桩和承压桩两大类。板桩有临时性板桩或永久性板桩，承压桩用来承压和传递重量，可以是预制桩，也可以是钻孔灌注桩。无论采用任何形式的桩，必须在项目描述中写明桩的打入深度和实际长度。

1. 板桩

板桩的计算一般由下列项目组成：整根桩的打入面积、整根桩的面积、桩的连接、截桩和额外项目。

(1) 整根桩的打入面积。工程量为打入深度乘以桩的宽度，以m^2计算。打入深度指沿着桩的轴心线从现有地面到桩尖的长度。

(2) 整根桩的面积。以m^2计算，按桩长分为三类：桩长不超过14m、14～24m、大于24m，分别套用并且在项目描述中说明桩的截面尺寸。

(3) 桩的连接。当桩的长度不够时需要接桩，接桩时要计算两个项目：

1) 需要接桩的桩长：划分为连接长度小于或等于3m和大于3m两种。

2) 接桩的数量：以根计算。

在上述的两个项目描述中都需说明桩的截面面积。接桩是否倾斜，以及接桩的材料是否采用从其他桩上截下来的材料等都需要详细说明。项目内容中已包括所有的工作，如电焊。

(4) 截桩。项目单位为延长米，工程量为每根桩应截去的长度，项目内容包括了截桩所需的工作空间以及工作空间的回填和土方外运。

(5) 额外项目。项目单位为延长米，工程量为桩的全长，主要包括一些转角处桩的处理、延接和封闭等工作。

板桩可以是临时性的，也可以是永久性的。临时性板桩一般在基础施工完毕后拔出，拔桩要单独立项，费用另计。

桩的工程量计算主要取决于桩的设计程度。若桩的施工图设计都已完成，计算工作比较简单。若仅在初步设计阶段，很多数据都需要猜测，工程量清单中的工程量为估计数，待工程开始后再重新计算。

2. 预制桩

预制桩的工程量计算一般包括以下的项目：桩的数量、桩的打入深度、接桩、截桩。

(1) 桩的数量。项目以根计算，工程量为桩的数量，项目描述应说明桩的长度以及桩打入的起始标高。

(2) 桩的打入深度。项目单位为延长米。打入深度指沿着桩的轴心线从打入的起始标高至桩尖的长度。

(3) 接桩。接桩计算需立两个项目：

1) 接桩数量：以根计算。

2) 接桩长度：项目分为接桩长度小于或等于 3m 和大于 3m 两类。

桩的接头和电焊等接桩工作均包括在项目中。

(4) 截桩。项目单位为延长米，项目内容应包括把桩的钢筋与桩帽或与地梁的钢筋连接或割除的工作。

如果设计师或建筑师要求试桩，则需另立测试项目。项目描述中说明测试所需的时间、方法和要求。需要桩复打时，应另行计算复打的数量。

3. 钻孔灌注桩

钻孔灌注桩的工程量计算一般包括以下项目：桩的数量、桩混凝土部分的长度、最大的钻入深度、钢筋、泥浆处理。

(1) 桩的数量。项目以个计算，项目描述中应说明钻入的起始标高。

(2) 桩混凝土部分的长度。项目按实际长度计算。

(3) 最大的钻入深度。项目以延长米计算。钻入深度是沿着桩的轴心线从钻入的起始标高到钻孔底部的长度。

(4) 钢筋。项目以 t 按质量计算。一般钻孔桩的钢筋由插筋和螺旋箍筋组成。

钢筋的项目描述中要说明插筋和螺旋箍筋的直径和桩的直径。项目内容包括钢筋绑扎浇捣所用的铅丝、弯头和垫块等。

(5) 泥浆处理。项目以 m^3 计算，工程量为桩的断截面积乘以混凝土长度。项目描述中应说明是场内堆放还是场外堆放。

如果打桩采用永久性套管，则需另行计算套管的工程量。项目描述中说明套管的内径和厚度。设计要求试桩的话，要另行计算试桩。

(七) 地下连续墙

一般地下连续墙工程量的计算应包括以下几个项目。

1. 土方开挖和土方处理

土方开挖以 m^3 计算，工程量为地下连续墙的长度乘以深度再乘以厚度，地墙深度是指从开挖起始面到底部的高度。项目描述中应说明地墙的厚度和深度。

土方处理一般指土方外运，地墙开挖的土方不能做回填使用必须全部外运。项目以 m^3 为单位，工程量与地墙开挖工程量相同。

2. 地下连续墙混凝土工程

地下连续墙混凝土工程以 m^3 计算，以实体积计算混凝土工程量，一般与开挖工程量相同，并扣除大于 $0.05m^3$ 的洞孔，项目描述中应说明地墙的厚度。

3. 钢筋

地下连续墙的钢筋一般先在场地绑扎成钢筋笼，以 t 为单位计算。

4. 导墙

导墙项目的单位为延长米，工程量为导墙的长度，也就是地墙的长度。项目描述中应说明该工程做了一面导墙还是二面导墙。项目内容应包括导墙的开挖、土方处理、土壁支撑、混凝土、导墙钢筋和模板等。

此外，地下连续墙工程量的计算还应包括地墙顶面的处理，按延长米计算；工作空间的回填、地墙顶面的刮平等均按 m^2 计算；导墙的拆除以延长米计算，项目中还包括导墙拆除后碎混凝土的处置。

如果地下连续墙要作防水节点处理或测试，应另行计算。

二、钢筋混凝土工程

（一）钢筋混凝土结构

通常情况下，计算钢筋混凝土结构所用的图纸看起来都极其复杂，这就需要计算人员有一个清晰的思路。除另有说明外，混凝土、模板及钢筋应分别计算。可以分层计算每层的混凝土、模板和钢筋用量，但在大多数情况下，按结构构件计算或许更容易一些，例如，先计算柱，再计算梁等。一般来说，计算混凝土、模板及钢筋用量时，孔洞均不扣除，而是到日后再作调整。

（二）混凝土

混凝土工程以 m^3 计算，混凝土的成分及配合比（或强度要求）应予以说明。不同强度的混凝土须单独计算，混凝土板、墙、柱和梁等均应分别计算。钢筋的体积无须从混凝土体积中扣除。

现浇柱的混凝土用量为柱的横截面积乘以柱高，柱高是从基础顶面至板底面的高度或是楼板间的净高。梁的混凝土用量为横截面积乘以梁长，主梁的长度为柱间净长，次梁与主梁或柱交接时，次梁算至主梁或柱侧面。伸入墙内的部分应包括在梁的全长内计算。楼板的混凝土用量为楼层建筑面积乘以楼板厚度，楼层建筑面积应扣除楼梯及电梯井、管道孔所占的面积。墙体的混凝土用量为墙体面积乘以墙的高度。

（三）模板

模板应以与混凝土实际接触的表面计算，且一般均以 m^2 计算，保留不拆的模板应予以说明。独立柱和独立梁的模板用量为横截面周长乘以梁柱的长度。墙体模板的用量为墙体两侧面的面积。墙体附柱和楼板附梁的模板用量为突出于墙体和楼板的那部分截面的周长乘以附柱或附梁的长度。楼板的模板用量分成两部分计算：一是楼板的周边模板，若板厚不超过 250mm，以延长米计算楼板的周边长度，若板厚大于 250mm，则应计算楼板的周边面积；二是楼板底部的模板用量，即楼板面积减去与附梁相交的面积。值得注意的是，悬式楼板的底部模板以及附梁的模板还应注意离地面的高度。模板的分类和计算规则应仔细阅读，SMM7 中的相关规则为 E20。

（四）钢筋

钢筋以延长米计算（若配筋时选用钢筋网，则以面积计算），但在工程量清单中以不同直径分类，并以吨数计价。不同级别与强度的钢筋应分别计算，并注明其规格要求。

水平倾斜角不超过 30°的称为水平钢筋，长度超过 12m 归为一类，并以每递增 3m 为一个分类间隔。计算时应注意，钢筋的弯起端长度应不小于钢筋直径的 9 倍。如果是受拉钢筋，搭接钢筋的长度为钢筋直径的 25 倍再加 150mm；若是受压钢筋，长度则为钢筋直径的 20 倍再加 150mm。

水平倾斜角超过 30°的称为垂直钢筋，长度超过 6m 归为一类，并以每递增 3m 为一个分类间隔。

如果计算钢筋时有了一份钢筋表，则钢筋可直接按表格计算。但钢筋表必须核对，以保证所有的钢筋都已包括。

如果准备工程单清单时没有钢筋的资料，那么只能估计钢筋的用量，以便承包商投标时报上单价。

(五) 预制钢筋混凝土构件

预制钢筋混凝土构件的单价包括混凝土、钢筋、模板和提升安装。预制钢筋混凝土构件的计算，一般是点数个数，但有时也按延长米或面积计算，具体规则见 SMM7 的 E50. 1. 2a3。

三、门窗工程

(一) 门

门一般分为外门、内门和空洞（无须木工活）三类。

1. 门的计算

门按个数计算，并配上尺寸图。如果是某些制造商生产的标准类型的门，只需详细写明门的类型、装饰材料等，无须附图。不同类型和不同材料的门应分别计算。在描述中应尽可能详细说明门的尺寸形状、镶板面数和开启方式等特性。如果是防水门还应详细注明防水级数。

2. 门框的计算

门框的长度是门的尺寸加上木框的厚度。在工程量清单中需注明每一种尺寸的门框有几套。门框的上槛和边框以延长米计算。尺寸相同的门框也可以归在一起，在描述部分详述，然后点数个数即可。

3. 门缘饰的计算

门缘饰按以延长米计算。

4. 油漆的计算

门的油漆按面积计算。计算时不可忽略门的两侧，最简单的方法是把门的厚度加在门的宽度里，再乘以门高。这种方法是假定门的顶部与底部无须油漆，但计算外门时则不可忽略门顶部与底部的面积。装有玻璃门的油漆需注明玻璃的尺寸。门框、门缘饰如果周长超过 300mm，油漆按面积计算，未超过 300mm 的，按延长米计算。

(二) 窗

1. 窗的计算

木窗、铁窗和塑料窗一般以只数计算，且附上注明尺寸的图表。但如果有一份目录参考或标准说明书，可不必用图表。不同类型和不同材料的窗应分别计算。在描述中应尽可能详细说明窗的开启方式和材料要求等。窗框的垫层和勾缝以延长米计算，木制窗台板和盖缝嵌条也以延长米计算。

2. 窗格玻璃的计算

估价师可从制造商的目录里查找窗格玻璃的尺寸，如目录中无尺寸，则需用整个窗户的尺寸减去窗框得出玻璃的用量。

3. 五金的计算

五金的计算，除了点数个数之外，还必须在描述中注明安装部位。描述部分可参照制造商的目录，写明尺寸、材料和饰面。

如果在准备工程量清单时，五金的用量尚未确定，可以在工程量清单中对五金的用量估算一个总额，并要加上承包商的合理利润。

4. 油漆

窗框等部分的油漆以面积计算。

5. 窗洞

窗洞的尺寸应在计算墙体和装修时扣除。

6. 过梁

2m 左右的过梁一般都是预制的。预制混凝土过梁以根数计算，尺寸、形状和钢筋要在描述中注明，现浇混凝土过梁则按独立梁的算法计算混凝土、模板和钢筋的用量。钢制过梁除以根数计算外，还须给出制造商的名称。

7. 其他

门窗中外露墙侧面的抹灰，如果不超过 300mm 宽，按延长米计算；预制混凝土窗台的计算方法与过梁的计算相同；窗台的饰面如果注明了泄水斜度和尺寸，可按延长米计算。

四、楼梯工程

（一）现浇钢筋混凝土楼梯

现浇钢筋混凝土楼梯工程量的计算主要包括：混凝土、模板、钢筋和粉刷。

1. 混凝土

现浇楼梯混凝土按 m^3 计算，梯段踏步平台均归于同一个项目。

2. 模板

现浇楼梯模板工程量的计算比较特殊，一般分成梯段模板和楼梯平台模板两个部分。

（1）梯段模板。梯段模板项目应包括梯段、楼梯斜梁和踏步处的模板。该项目以延长米计算，工程量为楼梯段的斜长，计算时通常先算出梯段的高度（即最高踏步的突沿至最低踏步突沿之间垂直距离）和梯段的水平长度（即最高踏步突沿至最低踏步突沿之间的水平距离）；然后按三角形勾股定理算出斜长，即梯段的斜长。在项目描述中应详细说明梯段的数量、宽度、踏步的高度和宽度、斜梁处最大宽度和最小宽度等。

（2）楼梯平台模板。楼梯平台模板应单独计算，项目单位为 m^2。计算时按平台板的厚度和距地面或支撑面的高度分类。若楼梯平台正好与楼面连接，平台模板不用再单独计算而放在楼面模板中一起计算。

3. 钢筋

若楼梯图纸中有详细的配筋，应按图计算。直筋、弯筋都要分开计算。平钢筋大于

12m 和竖筋大于 6m 的都应在项目描述中说明。

4. 粉刷

楼梯的粉刷可以在楼梯部分中计算，也可以在粉刷部分中计算。楼梯各部分的粉刷都要分开计算，包括楼梯踏步、楼梯竖板、楼梯斜梁和楼梯栏杆。

（二）预制钢筋混凝土楼梯

一般预制混凝土构件以件计算，在项目描述中详细地说明构件的名称、具体尺寸、形状，以及钢筋布置。如果构件的长度由承包商决定或者许多构件的长度都相同时，如窗台梁、过梁等，构件可以用延长米来计算。若以延长米计算，就必须在项目描述中说明构件的个数。

五、屋面工程

屋面工程的工程量计算一般分成两个部分：屋面覆盖层和结构层。先计算屋面覆盖层会使屋面工程量计算更为简单。如果一个建筑中有不同类型的屋面，如瓦屋面和沥青防水层平屋面，应分别计算。如果屋面类型相似，可以组合在一起计算。雨水系统通常放在屋面工程的最后计算。对于平屋面，若没有屋面平面图，可以参考楼面平面图。对于斜屋面应该注意屋面坡度的方向。

（一）斜屋面

1. 斜屋面覆盖层

对于斜屋面，首先计算覆盖层的面积，在项目描述中说明板条和基座的情况。一般先计算一个方向的坡屋面，然后再乘以边坡的个数，接下来再计算屋面与女儿墙连接处、屋檐、山墙挑檐、屋脊线、屋面板连接处的长度。此外，金属天沟、防漏嵌条和泛水等可以放入覆盖层中计算，也可以单独计算。

除非特别说明，斜屋面上铝制品的长度应如下所示：

（1）一般泛水 150mm。

（2）阶梯段泛水（有防漏嵌条）200mm。

（3）阶梯段泛水（无防漏嵌条）300～350mm。

（4）披水 300mm。

（5）防漏嵌条长度＝间距＋搭接长度＋25mm。

2. 斜屋面结构层

（1）木屋面。横梁个数的计算应为两端横梁中心线长度除以横梁之间的距离。其结果进位成整数，并且乘以 2 为两边屋面的横梁个数。如果有居中横梁固定屋顶横梁，加托梁等，则应每一面逐个计算。屋顶格栅的计算方法与横梁的相类似，但是其长度是指从外墙内侧之间的距离减去木结构的间距。

所有的木制斜屋面均以延长米计算，在项目描述中说明屋面的尺寸。屋面板和托架单独计算，托架算入屋面板中。固定件和椽木垫块按个计算，在项目描述中说明其长度和尺寸。金属的连接件、吊架和系板等都按个计算。

（2）金属桁架。桁架按个计算并在项目描述中说明长度尺寸，如果屋面上装有储水池需要额外的横梁托架予以加固，计算时应该注意这一点。桁架的支撑和托梁按延长米计算。

3. 粉刷

屋檐、屋脊、封檐板和挡风板的粉刷按延长米计算，在项目描述中说明其尺寸，宽度大于 300mm 的应按 m^2 计算。

(二) 平屋面

1. 平屋面覆盖层

平屋面覆盖层以 m^2 计算，说明覆盖层的倾斜度。踢脚、天沟和侧边排水管等，周长小于 2m 的均按延长米计算。屋面排水口上盖的水落等按个计算。

沥青防水屋面的覆盖层亦以 m^2 计算，洞口小于 $1m^2$ 不予扣除，并在项目描述中说明倾斜度。沥青防水层的宽度按不超过 150mm、150～225mm、225～300mm 和超过 300mm 来分类。踢脚、封檐板、披水和天沟的内衬等都按延长米计算，并根据宽度和周长分类。沥青结点和圆形修边等按延长米计算。

2. 平屋面结构层

混凝土屋面结构层的计算方法同楼面的计算方法相似。如果屋面板倾斜，应分为倾斜角度大于 15°和小于 15°。若倾斜角度大于 15°，应计算上部模板。混凝土女儿墙按 m^3 计算，如果高度小于 1m，应按延长米计算边模，混凝土表面抄平按 m^2 计算。

(三) 雨水管系统

雨水管按延长米计算，不扣除配件长度，在项目描述中说明管道是否固定在找平层、混凝土或管道井上。雨水天沟的计算与雨水管相似，描述中应包括尺寸、连接方法、固定形式以及固定基础。雨水落斗按个计算，在项目描述中说明材料和等级等。

六、装饰工程

(一) 楼地面饰面

各种面层均按实际覆盖面积计算，扣除墙柱电梯井管道所占的面积。凸出地面的构筑物和设备基础等不做面层部分的面积也应扣除。如果几个房间的楼地面选用的装饰材料相同，一般先计算这些房间的总体面积，再用内墙的长度乘以内墙的厚度，得出的内墙面积从总体面积中扣除。

(二) 顶棚饰面

顶棚的面积按每个房间的结构尺寸计算，扣除墙、柱、电梯井和管道等所占的面积，附梁的装修需另外调整。层高超过 3.5m 时，顶棚装修的描述部分应注明层高，并以 1.5m 递增分类。

(三) 墙体饰面

墙面、墙裙的长度以主墙面的净长计算，墙面高度按室内地坪面至顶棚底净高计算，墙裙的高度按室内地坪面以上的图示高度计算，墙面抹灰面积应扣除墙裙和踢脚线的面积。

(四) 独立柱、墙裙、踢脚线

(1) 柱抹灰、镶贴块料按结构断面周长乘以高度计算，墙裙、护墙板均按净长乘以净高计算。

(2) 踢脚线以延长米计算，并应在描述部分中注明尺寸和形状。

(3) 画镜线的计算方法与踢脚线类似。

第四节 国外工程投标报价

国外工程投标报价的基本程序包括投标报价准备工作、分项工程基本直接费单价估算、分摊费用的估价及工程初始综合单价确定、开办费的估算和最终报价的确定几大步骤。

一、投标报价准备工作

投标报价准备工作包括：熟悉设计施工图纸、现场情况；复核工程量清单；确定进度计划与施工工期；选择施工方法；收集单价、税金与利率数据等。

二、分项工程基本直接费单价估算

分项工程基本直接费估算是工程估价中最重要的基础工作。在国外工程报价中，分项工程基本直接费一定要符合当地市场的实际情况，不能按照国内价格折算成相应外币进行计算。

(一) 分项工程工料消耗量的确定

国际工程承包没有统一的定额，分项工程工料消耗量的确定可根据国内的有关定额或具体情况测算。

在国际工程承包中，有些与国内相同或类似的项目（如砌墙、混凝土等），可以套用国内定额，只需对用工量、材料的配合比等酌情加以适当的调整。国内没有的项目，则可根据定额测定的方法，对现场进行调查后自行制定；对有些数个项目的组合项目，亦可套用国内相应的预算定额进行调整。无论采用哪种方法，都必须根据当地的国情、习惯做法、施工验收标准和具体施工方法进行，切不可生搬硬套。

任何一个普通的建筑工程，往往出现上百项分项工程，甚至更多。据统计，如果把这些分项工程按费用大小顺序排列可以看出，往往较少比例（约 20%）的分项工程却也占了合同工程款的绝大部分（约 80%）。因此，可根据不同项目所占总费用比例的重要程度，采用不同的方法测算。常用的测算方法有定额估价法、作业估价法和匡算估价法等。

1. 定额估价法

采用定额估价法应具备较正确的工效、材料和机械的消耗定额以及人工、材料和机械的使用单价。一般在有较可靠定额标准的企业，定额估价法应用得较为广泛。

2. 作业估价法

应用定额估价法是以定额消耗标准为依据，并不考虑作业的持续时间，特别是当机械设备所占比重较大，使用的均衡性较差，机械设备闲置时间过长而使其费用增大，这种机械闲置又无法在定额估价中给予恰当的考虑时，就应采用作业估价法进行计算。

作业估价法是先估算出总工作量、分项工程的作业时间和正常条件下劳动人员、施工机械的配备，然后计算出各项作业持续时间内的人工和机械费用。为保证估价的正确和合理性，作业估价法应包括制定施工计划和计算各项作业的资源费用等。这种方法应用相当普遍，尤其是在那些广泛使用网络计划方法编制施工作业计划的企业中。

3. 匡算估价法

估价师可以根据以往的实际经验或有关资料直接估算出分项工程中人工、材料的消耗定额，从而估算出分项工程的直接费单价。采用这种方法，估价师的实际经验直接决定了估价的正确程度。因此，往往适用于工程量不大、所占费用比例较小的那些分项工程。

如果在估价时把机械使用费列入"开办费"中或按待摊费分摊到各项工程单价中，那么，上述3种估价方法中只需估计出分项工程中的人工费和材料费，不必再去考虑机械费，估价工作更为简单。

（二）分项工程人工、材料和机械单价的确定

1. 人工单价的确定

我国在国际承包中工人工资分为出国人员工资与在国外雇用外籍和当地工人的工资两类。工资标准一般有月工资、日工资和小时工资之别，一般采用日工资形式较多。国际承包市场一般按技术条件分为普工、技工和高级技工三个等级。从目前情况看，只需一种标准即可（综合人工工资），当有要求分别计算时则应另行对待。

人工单价计算的具体步骤如下：①分别计算出上述两类工人的工资单价；②确定在总用工量中这两类工人完成工日数所占的比重（要考虑工效等有关因素）；③用加权平均的方法计算平均工资单价。

平均工资单价＝国内派遣出国工人工资单价×出国工日占总工日的百分比
＋当地雇用工人工资单价×当地雇用工人工日占总工日的百分比

（1）国内派遣出国工人工资单价。其计算公式为

国内派遣出国工人工资单价＝一个工人出国期间费用/出国工作天数

国内派遣出国工人工资一般由下列费用组成：

1）国内包干工资及中转费的摊销。国内包干工资是指对外承包公司给各人员派出单位的包干工资；中转费包括出国前的集训费，技术培训考核费，出国前体检、防疫、办理护照和签证等公杂费，回国后总结汇报事务处理费等。

2）置装费，指出国人员服装及购置生活用品的费用。根据相关部门现行规定，按温带及热带、寒带等不同地区发放，一般按两年摊销。

3）差旅费，包括国内从出发地到海关的差旅费和从海关到工程所在地的国际往返差旅费。往返一次一般按两年摊销，如规定享受一年一次探亲假者按一年摊销。

4）国外零用费。根据相关部门规定，承包工程项目出国人员国外零用费共分6级，1～4级适用于干部及技术人员，5～6级适用于工人。

5）人身保险费和税金。人身保险费是指承包公司对职工进行人身意外事故保险，一般同时还附加事故致伤的医疗保险，不同保险公司收取的费用不同，业主没有规定投保公司时，应争取在国内办理保险。发生在个人身上的税收一般即个人所得税，按当地规定计算。

6）伙食费，指工人在国外的主副食和水果饮料等费用。一般按规定的食品数量，以当地价格计算。

7）奖金，包括超产奖、提前工期奖和优质奖等，视具体情况而定。

8）加班工资，我国在国外承包工程施工往往实行大礼拜休息制。星期天工作的工资一般可列入加班工资，其他如节假日和夜间加班等，则视具体情况而定。

9）劳保福利费，指职工在国外的保健津贴费，如洗澡、理发、防暑、降温、医疗卫

生和水电费等，按当地具体条件确定。

10）卧具费，指工人在国外施工时所需的生活用具，如床、被、枕和蚊帐等费用，一般按两年摊销。

11）探亲及出国前后调迁期工资，探亲假一年享受1个月，调遣时间1～2个月按出国时间摊销（一般为2年）。

12）预涨工资，对于工期较长的国际承包工程应考虑工资上涨的因素，每年的上涨率一般可按5%～10%估计。

除上述费用之外，有些国家还需包括按职工人数征收的费用（如居住手续费等）。

对每一个国内派遣出国工人来说，以上所需费用大致相同，因此，可执行一种工资标准而不必再分技工和普工。年工作日执行大礼拜休息制可按300天计算，执行正常休息制则可按275天计。

（2）当地雇用工人工资单价。有些国家法律规定，外国承包商必须雇用一定比例的当地工人。当地雇用工人的工资包括下列费用：

1）日基本工资。

2）带薪法定假日、带薪休假日工资。

3）夜间施工或加班应增加的工资。

4）按规定应由雇主支付的税金、保险费。

5）招募费及解雇时需支付的解雇费。

6）上下班交通费。

以上费用应按当地劳动部门的有关规定结合企业的情况而定。工期在2年以上时，还应考虑工资上涨因素。在经济发达国家和地区当地雇用工人工资，一般比我国出国人员工资水平高，而在第三世界的一些国家雇用工人的工资则比较低，但两者劳动效率不相同。

（3）综合人工工资单价。为方便起见，对分项工程直接费单价估价一般都取用统一、不变的人工工资单价。而实际施工中工人的工资有国内派遣出国工人的工资，有当地雇用工人的工资，同时还有普工、技工、高级技工以及领班的工资之分，这些不同工人的工资实际上都不相同。因此，实际估价时一般都采用综合人工工资单价。

1）按技术等级工人工资单价进行综合。若某一承包单位工人的工资按技术等级分为高级技工、技工、普工以及辅助工和壮工等，这些等级技术工人的工资单价也可按该方法进行估算得出。计算综合工资单价时可先选择工程中的一个典型班组，配备一名班长，然后根据各级工人的人员组合来进行综合。

2）按国内派遣出国工人和在当地雇用工人的工资单价进行综合。

在当地雇用工人的数量应考虑以下因素：根据当地政府的规定；根据总包单位劳动力配备的实际需要；根据技术经济比较等。

总之，国际承包工程的人工费有时占到造价的20%～30%，大大高于国内工程的比率。确定一个合适的工资单价，对于今后在价格上竞争是十分重要的。

2. 材料单价的确定

估价师通过材料设备询价所得到的报价，仅是材料和设备供应商在出售这些材料的销售价格。在使用这些材料过程中，估价师还必须慎重地、准确地确定材料损耗、损坏、被窃及供货差错的影响，考虑用于卸料和贮料过程中的附加费。对于某些材料，这些因素的影响可能会达到较高的比例。因此，估价师必须对这些因素作出充分的估计并考虑如何反映在材料单价中去。

材料、半成品和设备的单价应按在工程所在国采购、国内供应和从第三国采购分别确定。

(1) 在工程所在国采购。在工程所在国就地采购的材料、半成品和设备，其预算单价一般应按施工现场交货价格以下公式计算：

材料或设备单价＝市场单价＋运杂费＋运输保管损耗

(2) 国内供应（或从第三国采购）。国内供应或从第三国采购的材料或设备的单价应为到岸价格（CIF价）及卸货口岸到施工现场仓库运杂费以及海关和港口等费用，可用以下公式计算：

材料或设备单价＝到岸价格（CIF价）＋海关税＋港口费＋运杂费＋保管费
＋运输保管损耗＋其他费用

在建筑工程中经常使用一些由若干种原材料按一定的配合比混合组成的半成品材料，如混凝土和砂浆等。这些混合材料用量较大，配合比各异，因而可先算出在各种配合比下的混合材料的单价，然后根据各种材料所占总工程量的比例，加权计算出其综合单价，作为该工程中统一使用的单价。

3. 机械单价的确定

机械单价由基本折旧费、运杂费、安装拆卸费、燃料动力费、机上人工费、维修保养费以及保险费等组成，其计算方法如下：

机械单价＝(基本折旧费＋安装拆卸费＋维修保养费＋保险费)/总台班数
＋机上人工费＋燃料动力费

(1) 基本折旧费。施工机械的基本折旧费不能按国内规定的固定折旧率计算，而应结合具体情况按以下公式计算：

基本折旧费＝(机械总值－残值)×折旧率

式中，机械总值可根据施工方案提出的机械设备清单及其询价确定。残值是工程结束后施工机械设备的残余价值，应按可用程度和可能的去向考虑确定。除可转移到其他工程上继续使用或运回国内的贵重机械设备外，一般可不计残值。折旧年限一般不超过5年，如果工程项目的工期为2年，则可从直线折旧法、递减余值折旧法、等值折旧法中任选一种计算。在工期较长（如2年以上）或工程量较大的工程上，机械设备可考虑一次折旧。

(2) 运杂费。机械设备运杂费的计算可参照材料运杂费的计算方法。如机械设备待工程结束后需运回国内或其他工地使用的，还应计算运回的运杂费等。

(3) 安装拆卸费。安装拆卸费可根据施工方案的安排，分别计算各种需装卸的机械设备在施工期间的拆装次数和每次拆装费用的总和。

(4) 燃料动力费。施工机械的燃料动力费一般应按实计算，也可按消耗定额相当地燃料、动力单价进行计算。

(5) 机上人工费。机上人工费是指操作或驾驶机械的人工工资（如起重机、推土机等操作人员的工资），小型机械一般不计（如混凝土振动器）。其费用按每台机械所配备的工人数和工资单价确定。

（6）维修保养费。施工机械的维修保养费是指日常维护保养中小修理的费用。凡替换附件、工具附件、润滑油料等，一般可按消耗定额和相应材料人工单价进行计算。

（7）保险费。保险费是指施工机械设备在使用期间为保证由于意外因素受到损失而向保险公司投保所支出的费用。其投保额一般为机械设备的价值；保险费率按投保的保险公司的规定计算。

机械单价除上述这些费用外，有时还包括银行贷款利息、使用税和使用许可证手续费等。

在国际承包工程中，机械单价有三种表现形式：①在“开办费”项目中列出一笔机械费总数，在工程量单价中不再考虑；②全部摊入工程量单价中，不再另计“开办费”；③部分列入开办费，部分摊入工程量单价。至于具体如何处理，则应视招标文件的要求有所不同。承包商采取某种形式必须与业主达成共识，否则会造成损失或不中标。

建筑施工机械设备除自行采购外，有条件时可向专业机械公司租借施工机械设备，即使是企业现有设备，也应考虑租赁费。租赁机械的基本费用是付给租赁公司的租金，另加一笔附加运营费，这些附加运营费包括：机上人员工资、燃料动力费以及各种消耗材料费用等。

大多数租借的机械都提供机上操作人员，且在租金中包括了他们的工资，但估价师仍需考虑他们的一些基本奖金和加班费等附加费。燃料动力费等费用可参考有关消耗标准按一定的比例增加即可，根据实际情况进行调整。

三、分摊费用的估价及工程初始综合单价确定

在国际工程估价中，凡是在招标文件没有开列，而要编入估价项目的费用，均可列入分摊费用或开办费用中。现场综合管理费等可分摊到每个分项工程单价中，即为分摊费用。开办费用根据招标文件可单独列项收费者即可独立报价。

（一）综合管理费的内容及其费率的确定

综合管理费包括施工管理费、施工机械费、临时设施费、保险费、税金、保函手续费、业务费、工程辅助费、贷款利息、利润和不可预见费等内容。

1. 施工管理费

我国在国际工程承包中的施工管理费一般包括：工作人员费、生产工人辅助工资、工资附加费、办公费、差旅交通费、文体宣教费、固定资产使用费、国外生活设施使用费、工具用具使用费、劳动保护费、检验试验费以及其他费用等内容，现分别加以介绍。

（1）工作人员费，包括行政、管理人员的国内工资、福利费、差旅费（国内往返车、船、飞机票等）、服装费、卧具费、国外伙食费、国外零用费、人身保险费、奖金、加班费、探亲及出国前后所需时间内调遣工资等。如雇用外国雇员，则包括工资、加班费、津贴、招雇和解雇费、保险费等。

（2）生产工人辅助工资，包括非生产工人（如参加工程所在国的活动，因气候影响而停工、工伤或病事假、国外短距离调迁等）的工资、夜间施工津贴费等。

（3）工资附加费，在国内按工资总额提取的职工福利费及工会经费。在国外的福利费已包括在生产工人的工资和工作人员费开支中；如果其中未包括医疗卫生费、水电费等，则可列入。国外一般没有工会经费，有时也可列入。此外，国外往往发生的生活物资运杂费（如在国内或国外订货的生活物资，包括习惯性食物、作料），这种费用也可列入。

(4) 办公费，包括行政部门的文具、纸张、印刷、账册、报表、邮电、会议、水电、烧水、取暖或空调费等。

(5) 旅差交通费，包括国内外因公出差费（其中包括病员及陪送人员回国机票等路费和临时出国、回国人员路费等）、交通工具使用费、养路费、牌照费等。

(6) 文体宣教费，包括学习资料、报纸、期刊、图片、电影、电视、录像设备的购置摊销，影片及录像带的租赁费，放映开支(如租用场地、招待费等)，体育设施及文体活动费等。

(7) 固定资产使用费，包括行政部门使用的房屋、设备、仪器、机动交通车辆等的折旧摊销、维修、租赁费，此外还包括房地税等。

(8) 国外生活设施使用费，主要包括厨房设备（如电冰箱、电冰柜、灶具和炊具等），由个人保管的食具、食堂家具、洗碗用热水器、洗涤盆、职工日常生活用的洗衣机、缝纫机、电熨斗、理发用具、职工宿舍内的家具、开水、洗澡等设备的购置及摊销、维修等。

(9) 工具用具使用费，主要包括除中小型机械和模板以外的零星机具、工具、卡具、人力运输车辆、办公用的家具、器具、计算机、消防器材和办公环境的遮光、照明、计时、清洁等低值易耗品的购置、摊销、维修；生产工人自备工具的补助费和运杂费等。

(10) 劳动保护费，包括安全技术设备、用具的购置、摊销、维修费；发给职工个人保管使用的劳动保护用品的购置费，防暑降温费；对有害健康作业者（如沥青等）发给的保健津贴、营养品等费用。

(11) 检验试验费，包括材料、半成品的检验、鉴定、试压、技术革新研究、试验、定额测定等费用。

(12) 其他费用，包括零星现场的图纸、摄影、现场材料保管等费用。如果国内规定有上级管理费的也可列入。

2. 保险费

建设工程规模大、工期长，遇到风险的可能性大。从业主和承包商双方的利益出发，在工程承包合同中规定有关保险的条款已成为国际惯例。所有保险支出的费用在估价时都应考虑。

(1) 工程一切险。工程一切险又称为工程全险，即对工程在施工和保修期间，由于自然灾害、意外事故、操作疏忽或过失而可能造成的一切损失（包括第三者责任险）进行保险。保险范围包括：合同规定的所有工程；到达工地的设备、材料和施工机具，临时设施及现场的其他物资。

建筑工程一切险的保险金额，应为保险标的建筑完成时的总值。保险费则按不同项目的危险程度、工期长短等因素确定，约为1.8‰～5‰。

(2) 施工机械保险。施工机械保险是承租人为保障工地的施工机械设备在遭受损失时得到补偿所投保的机械损坏险。其保险金额应以该机械设备的重置价值为准，年保险费率为10.5‰～25‰不等。

(3) 第三者责任险。建筑工程第三者责任险是分别附加在工程一切险中的。在工程保险期内，如发生意外事故造成在工地及邻近地区的第三者人身伤亡、疾病或财产损失，依当地法律应由被保险人负责时，被保险人因此而支付的诉讼费和经保险公司事先同意支付的其他费用，都将由保险公司负赔偿责任。第三者责任险的赔偿限额由双方商定，费率约在2.5‰～3.5‰。

（4）机动车辆保险。机动车辆包括汽车、拖拉机、摩托车以及各种特种车辆。机动车辆保险分为车辆损失险和第三者责任险两部分。保险金额按被保机动车辆原值确定，保险费按不同车辆规定的基本保费加上按保险金额1%计算的附加费。对第三者责任险也按不同车辆收取。

（5）人身意外险。为了使施工人员在遭受意外造成人身伤亡时得到经济补偿，减轻企业负担，可向保险公司投保团体人身意外伤害险。在国外承包工程时，施工人员人身意外险一般由中国人民保险公司承保，工人每人保险金额为人民币2万元，技术人员的保险金额较高（例如，总工程师可达10万元），保险费率为每年1%。

国际承包工程中还有货物运输险和临时房屋保险等。为节约外汇，除工程所在国或业主有特别规定时，通常尽量由中国人民保险公司承保。

3. 税金

国际承包工程应按各国税收制度的不同，照章纳税。各国情况不同税种也不同，主要有合同税、营业税、产业税、印花税、所得税、人头税、社会福利税、社会安全税、车辆牌照税及各种特种税等。上述税种中，以利润所得税和营业税的税率较高，有的国家分别达到30%和10%以上。

4. 保函手续费

（1）投标保函。国外工程投标时，投标者必须交出由有资格的银行出具的投标保证书，用于保证投标者在投标后不中途退标，并在中标后与业主签订工程承包合同，否则投标保证金将予以没收。一般规定投标保证金占投标金额的5%，或具体规定某一额度。保证期限到定标时为止（一般为3～6个月），中标者可将该保证书转为履约保证书，不中标者予以退还。办理投标保证书时应向银行缴纳一定比例的手续费，中东地区一般为保证金额的4‰～5‰。

（2）履约保函。投标人中标后与业主签订承包合同以前，需先交出履约保证书，用以确保合同的履行。其手续与办理投标保证书相同。保证金额一般为投标总价的10%，或具体规定某一额度。履约保证书的有效期至完工为止。如果承包人中途违约，则将被业主没收用以赔偿损失。

（3）预付款保函。承包商收受业主的预付工程款之前，必须交出与预付款金额相同的预付款保证书。该保证书同样也应由有资格的银行出具。

（4）保修期保函。保修期是指工程完工后如果发现质量上的问题，在规定的期限内由承包者负责修理，保修期一般为0.5～1年。保修金是指在保修期内为了确保承包者负责维修而保留的一部分承包额，直到保修期满为止。保修金一般占造价的5%～10%，同样也可由银行出具保证书。

5. 经营业务费

经营业务费包括为业主工程师在现场支付的工作与生活支出的费用及有关的加班工

资，为争取中标或加快收取工程款的代理人的佣金、法律顾问费、广告宣传费、考察联络费、业务资料费、咨询费、礼品、宴请及投标期间的有关费用。

6. 工程辅助费

工程辅助费包括成品的保护费、竣工清理费及工程维修费等。

7. 上级单位管理费

上级单位管理费是指上级单位管理部门或公司总部对现场施工项目经理收取的管理费，一般为工程总直接费的3%～5%。

8. 贷款利息

贷款利息包括国内人民币的贷款利息和外汇贷款的利息，国际上贷款利率往往高达10%～20%。

9. 利润

国外承包商的利润一般在10%～20%，也有的管理费与利润合取直接费的30%左右。近几年来，由于国际承包市场竞争更加激烈，标价普遍压得很低，承包工程利润率明显下降。我国对外承包公司由于管理费通常较高，因而利润率相应下降，根据"薄利多销"的原则，一般定在8%～15%较为合适。

10. 不可预见费

不可预见费主要是考虑资源物资价格上涨及承包风险的不可预见性而致，工程量或有关计算差错而增加的不可预见费用，一般占总报价的5%。

(二) 测定综合管理费率的基本数据

国内管理费的项目划分和开支内容比较明确，但国外管理费的项目与国内大不相同，且无统一的规定，一切都以实际情况而定。

1. 全员编制人数

全员编制人数即一个施工企业、一个核算单位或一个投标工程计划的全部编制人员数，包括企业领导、各级职能部门的行政管理、生产技术及服务人员，有时还需考虑施工基地的各项人员。国外承包工程一般视工程工期和工程总量需要而定。

2. 非生产人员数

非生产人员包括企业经理、副经理、生产、技术、材料与财务管理人员，以及翻译、司机、医务人员和炊事员等服务人员。非生产人员应严格控制，在满足生产需要的情况下越少越好。

3. 全员劳动生产率

全员劳动生产率包括生产人员和非生产人员的全部人员每人每年的平均产值。不同的企业每人每年平均产值按下式进行计算：

全员劳动生产率＝全员平均日工资×年有效工作天数＋工资占造价的比重×工效调整系数

或　　全员劳动生产率＝全年应完成的产值/（全年在编工人数＋非生产人数）

4. 年计划完成产值和年直接费产值

年计划完成产值可按企业年度利润计划的需要测定，也可按全员劳动生产率和在编人数来确定。国际承包工程一般按承包工程总造价和完成工期测算。

年直接费产值可按年计划完成产值和利润率、管理费率进行测算。

5. 年有效工作天数与非生产天数

年有效工作天数为全年日历天扣除法定假日、星期天及各项非生产天数后所得的净工作天数。各项非生产天数包括参加当地国的活动、受气候影响而停工、平均病事假、国外短距离调迁，以及其他不可预计的影响。在确定法定假日时，应考虑所在国及我国的假日，如实行大礼拜休息制的，则星期日休假可折半计算。

6. 施工组织设计或施工方案

根据施工组织设计或施工方案，了解各分部分项工程的施工顺序、持续时间和进度安排，从而明确各工种工人数的进场时间、所需的管理人员及材料进场和堆放设施和地点、筹划临时设施的需要量及费用等。

7. 各种资料数据

各种资料数据包括临时设施的标准、单价及各种日常支出等。这些资料可根据企业积累的数据，结合本工程的实际情况酌情修正而定。

(三) 分项工程初始综合单价的确定

分项工程初始综合单价的计算公式如下：

分项工程初始综合单价＝分项工程直接费单价×(1＋综合管理费)

四、开办费的估算

在国际工程承包中，开办费可单独列项计算（一般列在工程量清单的最前面，如SMM7)，也可将其分摊到分项工程单价中［如《建筑工程量计算原则（国际通用)》的“总则”中明确规定，除非另有规定，开办费应分摊到分项工程单价中］。开办费的内容也因不同国家和不同工程而有所不同，一般包括：施工用水、用电费；施工机械费；脚手架费；临时设施费；业主工程师（即监理工程师）费用；现场材料试验室及设备费；工人现场福利及安全费；职工交通费；日常气象报表费；现场道路及进出场通道修筑及维持费；恶劣气候下的工程保护措施费；现场保卫设施费等。

(一) 施工用水、电费

如果工程用水、用电可利用原有的供水、供电系统，则可根据实际用量和工期另酌加损耗（5%～10%）以及必要的线路设施即可算得所需费用。如工程无法利用现成的供水、供电系统（如中东地区)，则施工用水的费用应考虑采水、运水和贮水的设施费、买水费等。施工用电需考虑自行发电的费用。

(二) 施工机械费

在开办费中单独列出的施工机械费，可视工期长短和投标策略的需要，采取一次性摊销或者按照适当折旧费加经常费的计算方法。国外承包工程机械费通常占总标价的5%～10%。

(三) 脚手架费

脚手架费是指整个施工过程中使用的全部脚手架的费用，包括砌墙、浇筑混凝土、装饰工程所需的内外脚手等，应按实际用量加以必要的调整（损耗及周转次数)，逐项算出脚手架费用后进行汇总。如有以往测算的资料，也可按占全部造价的比率（约0.5%～1%）作适当调整，这种方法较为简单。

（四）临时设施费

临时设施费包括生活用房、生产用房和室外工程等临时房屋的建设费（或租房费），水、电、暖、卫及通信设施费等。

1. 生活用房

生活用房包括宿舍、食堂、厨房、生活物资仓库、办公室、浴室、厕所以及其他生活用房等。

2. 生产用房

生产用房包括材料、工具库、工作棚和附属企业（如预制构件厂）等，生产用房应按施工组织要求来确定。

3. 室外工程

室外工程包括临时道路、停车场、围墙、给排水管道（沟）和输电线路等。

临时设施费占工程总价的百分比不应超过国内的包干费率（2%）。

（五）业主工程师办公室及生活设施

一般在投标文件的工程说明书中有明确的面积、质量标准及所需的卫生设备、家具和仪器等。此外，还可能要求配备服务人员，这些费用都应计入。

（六）现场材料试验室及设备费

现场材料试验室也有面积要求和设备清单及配备的工作人员数量，可据此计算。一般工期较长的工程，这笔费用也不少，不可忽视。

（七）工人现场福利及安全费

工人现场福利及安全费相当于国内的劳动保护费，如安全技术设备、用具的购置、摊销费；劳保用品费；防暑降温费；保健、营养津贴以及医药卫生费等。该费用可按工期长短及每个工人每月若干金额计算。

（八）职工交通费

国际上通常规定工人每天上下班路上往返时间不得超过 1h，超过的时间可列为上班时间（实际上是不允许的）。因此住宿的地点离工地不会太远，一般采用汽车接送。中午休息时间很短，一般将午饭送至工地，由此产生的交通费用都应计入。

（九）日常气象报表费

日常气象报表费包括观察、记录每天气象的仪器设备、文具纸张以及负责日常报表工作专职人员的工资等。

（十）现场道路及进出场通道维护费

现场道路及进出场通道维护费包括场区内的道路和进出场必经的公共或私人道路的维护保养费，应按车辆及数量、工期和当地规定来估计。

（十一）恶劣气候下工程保护措施费

恶劣气候下工程保护措施费与国内冬雨季施工增加费相似，应结合当地气候条件考虑。实际上这笔费用难以估计正确，一般只能酌情估出一笔适当的金额。

（十二）现场保卫设施费和场地清理费

现场保卫设施费指现场围墙、出入口、警卫室及夜间照明设施等产生的费用，可按施工组织设计要求所需的工料费，一次摊销不计残值。

场地清理费指施工期间保持场地整洁、处理垃圾及竣工清理场地费用，可按单位建筑面积或直接费的一定比率估计。

在估计开办费时，为避免与分项工程单价所含内容重复（如脚手架费、施工机械费等），必须明确分项工程单价、总包管理费和开办费中应包括的内容。

开办费所占总价的比率一般与工程规模大小有关，约占工程总价的10%～20%，有的甚至可达25%。开办费的确定往往涉及施工组织和施工方法，需逐项分析计算，汇总后列出一项。

五、分包工程估价

（一）分包工程估价的组成

1. 分包工程合同价

对分包出去的工程项目，同样也要根据工程量清单分列出分项工程的单价，但这一部分的估价工作可由分包商去进行。通常总包的估价师一般对分包单价不作估算或仅作粗略估计，待收到来自各分包商的报价之后，对这些报价进行分析比较选出合适的分包报价。

2. 总包管理费及利润

对分包的工程应收取总包管理费、其他服务费和利润，再加上分包合同价就构成分包工程的估算价格。

（二）确定分包时应注意的问题

1. 指定分包的情况

在某些国际承包工程中，业主或业主工程师指定分包商，或者要求承包商在指定的一些分包商中选择分包商。一般来说，这些分包商和业主都有较好的关系。因此，在确认其分包工程报价时必须慎重，而且在总承包合同中应明确规定对指定分包商的工程付款必须由总承包商支付，以加强对分包商的管理。

2. 总承包合同签订后选择分包的情况

由于总承包合同已签订，总承包商对自己能够得到的工程款也已十分明确。因此，总承包商可以将某些单价偏低或可能亏损的分部工程分包出去来降低成本并转移风险，以此弥补估价时的失误。但是，在总合同业已生效后，开工的时间紧迫，要想在很短时间内找到资信条件好、报价又低的分包商比较困难。相反，某些分包商可能趁机抬高报价，与总承包商讨价还价，迫使总承包商作出重大让步。因此，总承包商原来转移风险的“如意算盘”就会落空，而且增加了风险。所以，应尽量避免在总合同签订后再选择分包商的做法。

六、最终报价的确定

各分项工程初始综合单价乘以相应的清单工程量汇总后加上开办费，即为初始总报价（如果有分包出去的工程还应加上分包工程估价）。为保证投标报价的竞争力和尽可能提高中标后的盈利率，投标人还应对拟订的初始总报价进行静态分析和动态分析，即分析报价各项组成比例及其合理性；测算影响报价的主要因素变化时标价的变化幅度，特别是这些变化对预期利润的影响。在对初始总报价进行分析、评判后，投标人应根据本公司的优势、劣势，招标项目的特点，招标人的要求及竞争对手情况等综合确定投标策略，确定最终报价。

主要参考文献

[1] 全国造价工程师执业资格考试培训教材编审委员会．建设工程计价［M］．北京：中国计划出版社，2013.

[2] 中华人民共和国住房和城乡建设部，中华人民共和国国家质量监督检验检疫总局．建设工程工程量清单计价规范（GB 50500—2013）［M］．北京：中国计划出版社，2013.

[3] 中华人民共和国住房和城乡建设部，中华人民共和国国家质量监督检验检疫总局．房屋建筑与装饰工程工程量计算规范（GB 50854—2013）．北京：中国计划出版社，2013.

[4] 李希伦．建设工程工程量清单计价编制实用手册［M］．北京：中国计划出版社，2003.

[5] 江苏省建设厅颁发．江苏省建筑与装饰工程计价表［M］．北京：知识产权出版社，2004.

[6] 中华人民共和国建设部．建筑工程建筑面积计算规范（GB/T 50353—2005）［M］．北京：中国计划出版社，2005.

[7] 投资项目可行性研究指南编写组．投资项目可行性研究指南［M］．北京：中国电力出版社，2002.

[8] 沈杰．建筑工程定额与预算［M］．南京：东南大学出版社，2002.

[9] 张雪莲，张清．建筑水电安装工程预算［M］．武汉：武汉理工大学出版社，2004.

[10] 全国造价工程师执业资格考试培训教材编审委员会．建设工程造价案例分析［M］．北京：中国计划出版社，2013.

[11] 刘伊生．工程造价管理基础理论与相关法规［M］．北京：中国计划出版社，2009.

[12] 张怡，方林梅．安装工程定额与预算［M］．北京：中国水利水电出版社，知识产权出版社，2003.

[13] 柯洪．工程造价计价与控制［M］．北京：中国计划出版社，2009.

[14] 建设项目投资估算编审规程（CECA/GC 1—2007）［M］．北京：中国计划出版社，2007.

[15] 建设项目设计概算编审规程（CECA/GC 2—2007）［M］．北京：中国计划出版社，2007.